中国建筑业
施工技术发展报告
（2020）

中国土木工程学会总工程师工作委员会
中建工程产业技术研究院有限公司　组织编写
中国建筑学会建筑施工分会

毛志兵　主　　编

中国建筑工业出版社

图书在版编目（CIP）数据

中国建筑业施工技术发展报告. 2020 / 中国土木工
程学会总工程师工作委员会，中建工程产业技术研究院有
限公司，中国建筑学会建筑施工分会组织编写；毛志兵
主编. — 北京：中国建筑工业出版社，2021.2（2022.2重印）
　ISBN 978-7-112-25914-4

　Ⅰ. ①中… Ⅱ. ①中… ②中… ③中… ④毛… Ⅲ.
①建筑工程—工程施工—研究报告—中国—2020 Ⅳ.
①TU74

中国版本图书馆 CIP 数据核字(2021)第 034423 号

　　本书结合重大工程实践，总结了中国建筑业施工技术的发展现状，展望了施工技术未来的发展趋势。本书共分25篇，主要内容包括：综合报告、地基与基础工程施工技术、基坑工程施工技术、地下空间工程施工技术、钢筋工程施工技术、模板与脚手架工程施工技术、混凝土工程施工技术、钢结构工程施工技术、砌筑工程施工技术、预应力工程施工技术、建筑结构装配式施工技术、装饰装修工程施工技术、幕墙工程施工技术、屋面与防水工程施工技术、防腐工程施工技术、给水排水工程施工技术、电气工程施工技术、暖通工程施工技术、建筑智能化工程施工技术、季节性施工技术、建筑施工机械技术、特殊工程施工技术、城市地下综合管廊施工技术、绿色施工技术、信息化施工技术。

　　本书可供建筑施工工程技术人员、管理人员施工，也可供大专院校相关专业师生参考。

　　责任编辑：范业庶　张　磊　万　李
　　责任校对：李美娜

中国建筑业施工技术发展报告（2020）
中国土木工程学会总工程师工作委员会
中建工程产业技术研究院有限公司　组织编写
中 国 建 筑 学 会 建 筑 施 工 分 会
毛志兵　主　　编

*

中国建筑工业出版社出版、发行（北京海淀三里河路 9 号）
各地新华书店、建筑书店经销
北京红光制版公司制版
北京建筑工业印刷厂印刷

*

开本：787 毫米×1092 毫米　1/16　印张：34¼　字数：850 千字
2021 年 4 月第一版　　2022 年 2 月第四次印刷
定价：99.00 元
ISBN 978-7-112-25914-4
（37153）

本书编审委员会

主　　任：毛志兵

副 主 任：（按姓氏笔画排序）

王清训　冯跃　刘子金　李娟　李景芳　杨健康　吴飞

张晋勋　陈浩　郑勇　宗敦峰　赵正嘉　胡德均　黄刚

龚剑　薛永武

编　　委：（按姓氏笔画排序）

马栋　王伟　王军　王工民　王永好　亓立刚　邓尤东

冯大斌　刘淼　刘军龙　刘明生　刘洪亮　刘新乐　许曙东

孙全明　严家友　李大宁　李吉帅　杨煜　杨双田　吴学松

邹厚存　张琨　张卫国　张太清　张志明　张志艳　陈宇峰

陈怡宏　陈德刚　罗华丽　庞涛　郑培壮　油新华　赵福明

胡筇　姜传库　钱秀纯　钱增志　徐坤　高秋利　郭海山

唐兴彦　黄晨光　彭爱红　葛兴杰　蒋矩平　韩宇峰　程杰

焦莹　鲁开明　薛刚　戴良军

审定人员：（按姓氏笔画排序）

王海云　王清训　刘子金　李云贵　张文杰　张可文　陈浩

周予启　姚金满　钱增志　倪金华　高淑娴　曹旭明　傅志斌

本书编写组

主　　编：毛志兵

副 主 编：（按姓氏笔画排序）

　　　　　冯　跃　刘子金　李景芳　杨健康　张晋勋　陈　浩　黄　刚
　　　　　龚　剑

编写人员：（按姓氏笔画排序）

于　洋	于冬维	弓晓丽	卫　民	马　栋	马　超	马黎黎
王　伟	王　旭	王　军	王　晖	王　清	王　斌	王工民
王小女	王卫宏	王巧莉	王冬雁	王永好	王武现	王建永
王强勋	王新新	王耀东	亓立刚	邓尤东	卢春亭	叶光伟
叶思伟	冯大斌	邢兆泳	毕　林	曲　艳	朱　盼	朱志雄
伍任雄	任　静	刘　云	刘　成	刘　洋	刘　森	刘小琴
刘军龙	刘若南	刘明生	刘建国	刘洪亮	刘晓敏	刘爱玲
刘海哲	刘新乐	决　伟	汤明雷	许瑞倩	许曙东	孙永民
孙全明	孙晓莉	年炳强	严　晗	严伟一	严家友	苏　斌
苏亚森	苏衍江	李　青	李　佳	李　潇	李　慧	李　鑫
李大宁	李小荣	李卫俊	李太胜	李长山	李长春	李文建
李玉屏	李吉帅	李学梅	李勤山	杨　煜	杨双田	杨永森
杨延超	杨旭东	杨晓冬	连春明	肖　飞	吴飞飞	吴　闽
吴天宇	吴宁娜	吴学松	吴家雄	邱德隆	何　平	何　萌
何成成	余　祥	余海敏	邹厚存	汪晓阳	张　旭	张　军
张　利	张　怡	张　弦	张　琨	张　强	张　意	张卫国
张太清	张中善	张华君	张志明	张阿晋	张昌绪	张显来
张磊庆	张德财	陈　东	陈永生	陈宇峰	陈国柱	陈怡宏
陈振明	陈桥生	陈德刚	武　术	武福美	直海娟	林吉勇
罗　震	罗浩文	金广明	金晓飞	庞　涛	郑　义	郑培壮
油新华	孟佳文	赵东明	胡　笳	胡延红	段　恺	姜传库
姜俊铭	姜博瀚	贺永跃	贺雄英	秦　琳	晋玉洁	原福渝

4

钱秀纯　钱忠勤　钱增志　徐　坤　徐小龙　徐宜军　徐福泉
高　顺　高　璞　高世莲　高秋利　郭传新　郭建涛　郭海山
唐兴彦　浦建华　姬建华　黄立鹏　黄晨光　曹立忠　曹亚军
崔海瑞　梁亚明　逯绍慧　隋小东　彭爱红　葛兴杰　葛隆博
董　成　董建伟　蒋矩平　韩宇峰　程　杰　傅致勇　焦　莹
鲁开明　曾宪友　谢明君　靳荣辉　蓝戊己　路立娜　路红卫
简征西　蔡建桢　翟晓琴　谭　卡　谭　乐　谭　笑　谭志成
潘一帆　薛　刚　霍　浩　戴良军　魏绍鹏

5

前　言

近年来，在习近平新时代中国特色社会主义思想指引下，我国各行业深入贯彻党的"十九大"精神，科学技术水平以前所未有的速度蓬勃发展。中国建筑业在创新发展的快车道上高速运行，新技术、新工艺、新材料、新设备不断涌现，建成了一大批规模宏大、结构新颖、技术难度大的超高层、异形大跨结构等工程，取得了显著的成绩和突破性进展，充分展示了我国建筑业施工技术的硬实力，很多工程施工技术达到国际先进以上水平。建筑施工技术是建筑质量和建筑效率的根本保证，它的发展与进步，不仅对我国建筑行业发展有着十分重要的意义，同时对推动我国国民经济的发展具有深远影响。

《中国建筑业施工技术发展报告》是由中国土木工程学会总工程师工作委员会联合中建工程产业技术研究院有限公司和中国建筑学会建筑施工分会共同组织发布的行业技术发展报告，其宗旨是促进我国建筑业发展，推动施工技术进步，以更好地为建筑业服务。

在中国土木工程学会总工程师工作委员会、中建工程产业技术研究院有限公司和中国建筑学会建筑施工分会的共同组织下，在行业内领导、专家学者的大力支持下，通过国内众多大型建筑企业和技术工作者积极参与和无私耕耘，经过六年共同努力，《中国建筑业施工技术发展报告（2013）》、《中国建筑业施工技术发展报告（2015）》、《中国建筑业施工技术发展报告（2017）》分别于 2014 年 4 月、2016 年 4 月和 2018 年 4 月出版发行，为中国建筑业施工技术发展做出了贡献。

《中国建筑业施工技术发展报告（2020）》在前三版的基础上，调研、参考大量国内外资料，结合一些重大工程实践，总结了中国建筑业近三年来施工技术发展现状，展望了施工技术未来发展趋势。本书包括地基与基础工程施工技术、混凝土工程施工技术、模板与脚手架工程施工技术、建筑结构装配式施工技术、信息化施工技术等 24 个单项技术报告。每个单项技术报告分别包含有概述、主要技术介绍、技术最新进展（1～3 年）、技术前沿研究、技术指标记录、典型工程案例等内容。

感谢编委会全体成员对本书从起草、编辑、统稿到定稿整个过程中的辛勤付出，感谢审定专家的认真审核。

由于对建筑业施工技术资料的收集和研究还不够全面，编者水平有限，报告难免存在不足之处，希望同行专家和广大读者给予批评指正。

在编写过程中，参考了众多建筑施工技术文献，不便一一列出，在此谨向各位编著者致谢。

本书编审委员会
2021 年 4 月

目　　录

第一篇 综 合 报 告

中建工程产业技术研究院有限公司 黄 刚 李景芳 王冬雁 晋玉洁

摘要

《中国建筑业施工技术发展报告》在业内已形成品牌效应，覆盖面不断扩大，在提高工程质量、降低能耗、加快新技术普及应用等方面发挥了显著作用，成为建筑业引领行业技术进步的重要助推力量。本篇回顾了近几年建筑业主要技术的发展历程及技术内容，重点讲述了创新技术的应用，并结合国内大型建筑企业的调研，分析得出建筑业未来发展的总体趋势，结合行业特点和发展规律给出政策建议，绿色建造、智慧建造是建筑业追求的目标，建造中国品质是我们长期坚守的主题，借助工业技术和信息技术的发展，我们不断提升建筑行业的科技含量，推动行业转型升级。

Abstract

The report of construction technologies development of China has formed a brand effect in the construction industry, and its coverage is constantly expanding. It has played a significant role in improving project quality, reducing energy consumption, accelerating the popularization and application of new technologies, and has became an important driving force to leading the technological development for the construction industry. This chaper reviews the development process and technical content of the main technologies in the construction industry in recent years, focuses on the application of innovative technologies. Combined with the research of domestic large-scale construction enterprises, it analyzed the development trend of the construction industry in the future, and it gave suggestions based on the characteristics and rules of the industry development. The Green construction and Smart construction are the long-held goals of the construction industry. Building Chinese quality is our long-term theme. With the development of industrial technology and information technology, we should continue to improve the level of science and technology and promote the transformation of the construction industry.

一、发展回顾

随着社会经济的持续发展以及城市现代化建设的推进，我国建筑业发展迅速，建筑业施工技术日新月异，与施工技术相关的新理论、新工艺和新材料等不断涌现。当前，建筑业处于新时代发展和全面深化改革的关键时期，《中国建筑业施工技术发展报告》契合了建筑业施工技术创新发展和建筑业转型升级的需要。增强施工技术创新能力，既是建筑业转变发展方式、推进工程技术领域进入并跑、领跑阶段的关键，也是推动工程建设领域向高质量发展的重要支撑。

2013 年，我们首次启动《中国建筑业施工技术发展报告（2013）》的编写工作，并先后于 2015 年和 2017 年又连续进行了两次编写，适时总结提炼了最具代表性的共性技术和最新技术，使技术内涵不断更新、提升和发展。7 年来，《中国建筑业施工技术发展报告》在业内已形成品牌效应，覆盖面不断扩大，在提高工程质量、降低能耗、加快新技术普及应用等方面发挥了显著作用，已经成为建筑业技术进步的重要助推力量。此次 2020 版的编写，既是贯彻实施《关于推动高质量发展的意见》的具体举措，也是增强建筑业科技创新力、加快产业技术进步的重要推动力。

《中国建筑业施工技术发展报告》经过几年应用实践的积累，吸纳了最新技术创新内容，以保持报告先进性、稳定性和前瞻性。虽然工程技术在高端领域得到迅速发展，但各地区技术发展水平很不均衡，中小建筑企业技术能力差距明显，量大面广工程的整体技术含量偏低，以上诸多发展不平衡、不充分的状况，在一定程度上制约了建筑行业整体竞争力。报告坚持先进、适用和可靠的原则，定位于适用范围较广、应用前景好和符合发展方向的新技术，整合资源，引导带动技术发展。

《中国建筑业施工技术发展报告（2020）》是由中国土木工程学会总工程师工作委员会、中建工程产业技术研究院有限公司与中国建筑学会建筑施工分会联合组织发布的行业技术发展报告。报告汇总、研究了近几年来建筑施工中相关专业的主要技术、最新技术以及相应技术指标，通过结合目前工程中存在的问题与需求展望了未来技术发展方向，系统展示了一个时期以来国内各项专业施工技术发展情况，服务对象主要为施工企业领导及各级总工程师。

二、主要技术内容

报告根据施工技术发展情况分 24 个专业进行编写，内容涵盖了工程施工中的主要分支领域，分别是：地基与基础工程、基坑工程、地下空间工程、钢筋工程、模板与脚手架工程、混凝土工程、钢结构工程、砌筑工程、预应力工程、建筑结构装配式施工、装饰装修工程、幕墙工程、屋面与防水工程、防腐工程、给水排水工程、电气工程、暖通工程、建筑智能化工程、季节性施工、建筑施工机械、特殊工程、城市地下综合管廊施工、绿色施工、信息化施工。

地基与基础工程主要介绍了近三年来我国地基处理与基础工程施工技术的发展概况。重点介绍了在注浆加固领域发展较快的 N-JET 桩和 CSM 桩施工方法，预制桩施工技术和旋挖钻孔灌注桩施工技术。希冀为我国地基基础施工领域技术发展提供一定的参考，更好地推进我国在该领域的技术进步。

基坑工程主要从基坑支护、土方开挖、地下水控制和基坑监测等方面进行了介绍。近几年，基坑监测技术迅猛发展，通过数据的在线监测，及时预测基坑变形及稳定状态的发展，指导基坑设计与施工，实现基坑施工信息化。

地下空间工程对于解决城市空间狭小、缓解城市交通压力、改善城市居住环境和建造宜居城市有着不可替代的作用。较为常见的施工方法主要有明挖法、暗挖法、盖挖逆作法、顶管法和盾构法等，在复杂的地下空间中，不同施工方法的组合也是解决难题的利器，也必将在地下空间的开发建设中发挥重要作用。

高强度钢筋的应用将成为钢筋应用发展的趋势，钢筋机械和钢筋加工工艺的发展与建筑结构和施工技术的发展相辅相成。钢筋自动化加工设备已广泛应用于预制构件厂，钢筋成型制品加工与配送技术成为钢筋工程发展的重点，先进钢筋连接技术对于提高工程质量、提高劳动生产率和降低成本具有十分重要的意义。

模板与脚手架技术主要体现在模板和脚手架两方面。近几年，新型材料模板体系（如塑料模板、不锈钢模板、铝合金模架体系等）的出现减少了模架工程中木材的消耗，使模板工程朝绿色施工方向发展；新技术模板体系（如快拆模板体系、组合模板体系等），改进了施工工艺，加速周转，节约材料；而机械化、智能化模架体系（如爬模、飞模、滑膜、顶模等）则将模架施工技术推向了一个新的高度；扣件式钢管脚手架、碗扣式钢管脚手架、盘销式钢管脚手架、承插式钢管脚手架、门式脚手架、可调钢（铝）支撑和爬架已广泛应用。一批新型脚手架产品（如盘销式钢管脚手架、电动桥式脚手架等）陆续进入国内市场。针对特殊结构形式和用途的模架体系研究应用（如装配式模架体系、综合管廊模架技术）在不断加强。

混凝土技术近几年取得了较大进展，特别在混凝土原材料选用（新型胶凝材料及新型矿物掺合料、固体废弃物资源利用、新型外加剂）、超高/超远距离泵送技术、超高性能混凝土及特种混凝土、装配式混凝土技术、混凝土行业绿色度、混凝土行业信息化技术等方面都体现出了新的变化；在未来 5～10 年，混凝土技术将持续在建筑工业化、互联网技术与混凝土领域的结合、原材料新技术、混凝土制备及施工技术、特种混凝土技术、混凝土3D打印技术和绿色混凝土技术等方面取得快速发展。

钢结构制造已从最初的手工放样、手工切割演变成采用数控、自动化设备加工，并将逐步进入智能化制造时代。高性能钢结构、钢结构制造、钢结构安全和钢结构检测技术日益丰富多样，通过典型工程来阐述上述技术的最新进展。

砌体结构部分以现代砌体结构发展中的材料特性、工艺特点和工程实例等内容，对我国现代砌体工程的施工建造技术做了较为全面、系统的描述与总结，同时结合当前我国节能环保和建设绿色建筑的需要，结合我国砌体结构工程的发展现状，以有利于砌体结构施工技术的发展和实现建筑节能为目标，对砌体工程先进建造技术的发展应用进行了展望。

预应力工程主要分为预应力混凝土结构和预应力钢结构。预应力混凝土结构根据张拉和浇筑混凝土的先后顺序可分为先张法和后张法。后张法根据工艺的特点，分为有粘结预应力技术、无粘结预应力技术、缓粘结预应力技术。预应力钢结构施工技术依据结构体系的不同而不同，主要包括：张弦结构体系、张弦体系结构形式、弦支穹顶结构体系、索穹顶结构体系、悬索结构体系、斜拉结构体系、索膜结构、点支式幕墙结构、预应力桁架结构等。

建筑结构装配式施工技术从构件设计、生产、安装等方面进行了介绍，涵盖了装配式施工的各种结构体系，包括：装配整体式剪力墙结构体系、叠合板式混凝土剪力墙结构体系、装配整体式框架结构体系、装配式复合外墙板、叠合板、SP预应力空心板和装配式装修等，装配式建筑从项目全寿命周期来统筹考虑。按照建筑、结构、设备和内装一体化设计原则，充分考虑建筑构配件应用技术的经济性和可建造性。

装饰装修工程施工主要包括：门窗工程、隔墙隔断工程、涂饰工程、饰面板（砖）工程，吊顶工程，楼地面工程，涂料及裱糊工程、细部装饰工程，形成了包括抹灰、油漆、刷浆、玻璃、裱糊、饰面、罩面板和花饰等施工工艺技术。随着建筑业的迅速发展，人们对生活和工作环境要求越来越高，建筑设计的造型越来越复杂，空间艺术感越来越强，传统生产力水平已不能满足市场的需求，各种新技术、新型机具、新型环保材料和复合材料应运而生，绿色建筑、BIM技术、装配化施工、信息化管理等先进建筑装饰设计和施工管理技术逐步引进和发展，逐步取代传统的手工作业和现场切割加工，推动建筑装饰行业朝着绿色化、智能化、工业化、信息化方向发展。

幕墙工程从设计、材料、加工及施工工艺、构造防火和安全性检测等技术方面进行阐述。BIM技术与可视化技术（VR）结合技术、绿色节能幕墙、建筑材料循环利用、既有幕墙安全检测和维护等技术成为发展方向。

屋面与防水工程包括防水材料、屋面保温材料、屋面工程施工技术、地下防水工程施工技术、外墙防水工程和室内防水工程。屋面工程用防水卷材、涂料和密封材料及与其配套辅助材料正在逐步完善，形成屋面防水系统。未来屋面工程继续提倡发展系统技术，发展种植屋面系统、太阳能光伏一体化屋面系统、膜结构和开合屋顶系统。防水工程是一门跨学科、跨领域、多专业的交叉学科，是具有综合技术特点的系统工程，我国建筑防水发展跨入产品品种和应用领域多元化的时期。

建筑防腐蚀工程主要包括混凝土结构防腐蚀工程、钢结构防腐蚀工程、木结构防腐蚀工程。目前针对混凝土结构和钢结构防腐蚀工程的附加措施，形成了一系列防腐施工技术。随着石墨烯、高性能聚合物和氧化聚合型等新型防腐材料的应用，相应施工技术也逐渐成熟。

给水排水工程施工技术主要包括给水工程和排水工程的安装技术，主要分为管道安装，管道支、吊、托架安装，设备安装和试验。其中，给水工程主要包括建筑给水、热水工程和消防给水安装技术。

电气工程施工技术与电气专业工艺措施密切相关，在传统技术基础上，近几年发展应用了一系列新技术，如：地热能、光伏发电、风力发电等新能源，电气火灾控制、机电集成单元、光导照明等系统，以及中低压电器设备变频器、LED新型光源和智能照明系统的节能措施等。

暖通工程为建筑的一个重要组成部分，承担着营造适宜的生产、生活建筑环境的重任。本篇以典型工程案例为依托，从传统暖通空调施工技术出发，介绍BIM＋技术、空调系统调试技术、减震降噪技术、试压清洗技术等暖通空调施工技术的最新进展。围绕空调系统研发，可再生能源利用，新材料、新技术、新工艺的研究等多方面对暖通工程施工技术未来的发展作出展望。

建筑智能化工程施工技术通过在智能家居、智慧社区、智慧管廊、智慧工地、装配式建筑智能化和智慧城市等建筑智能工程的应用，展望了物联网、云计算、大数据和移动互联等信息技术在建筑工程中的应用。建筑作为人们生活的基础元素，智能产品、智慧服务正逐步向工作生活场景全维度渗透，建筑"综合智能"将越来越彰显其重要性和时代性。

季节性施工技术就是考虑不同季节的气候对施工生产带来的不利因素，在工程建设中采取相应的技术措施来避开或者减弱其不利影响，确保工程质量、进度、安全等各项均达到设计及规范要求。主要介绍了不同季节采用施工技术的内容、特点，着重介绍了冬期施工的发展历程、技术要求、发展展望、技术指标、应用案例。

建筑施工机械对我国建筑业的迅速发展起到了至关重要的作用，根据不同的施工阶段，主要包括基础施工机械、土方施工机械、混凝土机械及砂浆机械、建筑起重机械（塔式起重机、施工升降机、工程起重机）、钢筋加工机械、高空作业平台等。机械化施工水平成为衡量施工企业技术进步的方向和标志，施工企业装备水平是构成施工企业核心竞争力的主要内容。近年来，我国已经成为建筑施工机械的制造大国和使用大国，部分国产建筑施工机械已经达到国际先进水平。

特殊工程施工技术包括加固改造工程、建（构）筑物整体移动、膜结构和建筑遮阳施工技术。既有建筑的改造和再生利用将是未来建筑市场的一大主要领域，因此相关技术也得到广泛应用。移位技术在我国经过近30年的研究与应用，得到了长足发展，在城市更新、老旧小区改造、地下空间开发、内河航道升级、铁路电气化改造和高速公路改扩建等工程领域中起着不可替代的作用。膜结构是20世纪中期发展起来的一种新型建筑结构形式，其自重轻，对结构要求低，节能环保、透光率高、形态表现形式多样、施工快速等优势，尤其在大跨度、体态复杂的空间结构上被广泛应用。建筑遮阳是现代建筑外围护结构不可缺少的节能措施。

城市地下综合管廊施工技术介绍了综合管廊适用的成型方式，包括明挖式现浇管廊架体搭设技术，全预制及分片预制式管廊拼装技术，暗挖式顶管法、盾构法等；讨论了综合管廊前沿施工技术如高压高温条件下盾构型管廊施工、大断面矩形顶管减阻技术应用研究、精细化预制管廊拼装技术、综合管廊自动化变形监测技术、BIM技术管廊工程应用等，给出了最新国内城市地下综合管廊施工技术指标记录。

绿色施工技术梳理了概念、原理、特点及发展脉络，分类列示了190多项"四节一环保"技术，阐释了绿色施工技术推广、绿色施工示范达标竞赛和绿色施工配套等方面的重要变化。技术前沿研究主要围绕国际前沿研究的长期愿景，归纳了近年来国际承包商十大领域的研究成果，展示了国家科技支撑计划项目与课题的核心技术。本篇绿色施工技术典型工程案例，再现了绿色施工示范工程的主要绿色施工技术。

信息化施工技术随着国内施工行业的发展，技术水平不断提高，国内施工行业在BIM、物联网、数字化加工等技术等方面的应用经过多年的探索和实践，取得了长足的发展和可喜的成果。在未来发展中，云平台以及大数据等技术也将在建筑施工中得到更多的应用。信息化技术将会大力推动建筑施工技术的革新以及项目施工管理水平的提高，有效促进项目施工向精细化、集成化方向发展，本篇将对以上技术的主要内容以及在施工行业的发展将做一个简要的介绍。

与 2017 版相比,《中国建筑业施工技术发展报告 (2020)》简化浓缩并增加了新技术等内容,部分专业更新了近 1～3 年以来施工技术进展深度;增加了施工技术前沿研发内容;采纳了最新典型工程案例;继续重点关注建筑业热点技术,如智能建造技术、装配建造技术和绿色施工技术等;总体描述了我国建筑工程近期施工技术发展情况,为中国建筑施工企业领导层决策提供依据,为专业技术人员提供技术发展方向和趋势发展思考素材。

三、技术发展趋势

当前,建筑业正掀起新一轮行业深化改革的热潮,工程总承包、全过程工程咨询、建筑师负责制等建设制度在探索推进,一场涉及开发、设计、咨询、施工、建材、装备、软件等全产业链的行业结构性变革正在悄然推进,传统的以专业划分业务边界的状态正破局变革,围绕产业链、以投资建设一体化实施为方向的行业变革已不可避免,未来中国建筑业的行业结构必将发生新的变化,行业深化改革和结构性调整将成为行业发展的"新常态"。

随着京津冀一体化、长江经济带、粤港澳大湾区和"一带一路"倡议等的加快实施,高铁、机场等一批重大基础设施建设的加快推进,绿色智造、5G 时代、3D 打印等新一轮产业革命的加速到来,我国建筑行业也面对着新的发展机遇,进入新的发展时代。与人民日益增长的美好生活需要相比,建筑业在科技创新、提高效率、提升质量、减少污染与排放等方面还有巨大的发展空间。

在新的历史时点,以绿色化、工业化、智能化和数字化为发展方向的新型建造方式,将会推进产业变革,把建筑产业的高质量发展落到实处。近年来施工技术发展主要有以下趋势:

(一) 绿色化是施工技术发展的必然方向

在国家政策的指导下,建筑业施工技术向新型环保绿色高质量的方向发展,再生、可回收、周转再利用的新材料不断衍生应用,绿色建筑和模块化工业建筑已经成为发展的主流,配套的施工技术也会逐步走向成熟。

2019 年 10 月 29 日,国家发展改革委印发《绿色生活创建行动总体方案》(发改环资〔2019〕1696 号)明确指出:到 2022 年,城镇新建建筑中绿色建筑面积占比达到 60%,既有建筑绿色改造取得积极成效。在绿色建筑实现规模化高效发展的基础上,大力推动新技术、新材料、新设备的应用,展现绿色建造技术对建筑业施工领域带来的革命性影响。

在建筑行业,资源环境问题、可持续发展理论逐步渗透到设计、施工各个阶段,我国对于推进建筑节能和绿色建筑发展的决心和政策扶持在"十三五"达到了一个全新高度。近年来,通过吸收和引进部分国外绿色施工技术,并经过有计划的研发活动和在工程实践中推广应用,我国已形成一批较成熟的绿色施工技术体系,在建筑物全生命周期内注重绿色策划、绿色设计和绿色施工,融入"资源节约和环境保护"技术措施,通过强化 EPC 总承包模式,推进绿色施工技术创新,实现绿色建造。

（二）工业化与智能化相融合是施工技术持续发展的基础

2020 年 8 月 28 日，住房城乡建设部等九部门联合发布了《关于加快新型建筑工业化发展的若干意见》（以下简称《意见》），其中明确：要通过新一代信息技术驱动，以工程全寿命期系统化集成设计、精益化生产施工为主要手段，整合工程全产业链、价值链和创新链，实现工程建设高效益、高质量、低消耗、低排放。

建筑工业化是以构件预制化生产、装配式施工为生产方式，整合设计、生产、施工等整个产业链，实现建筑产品节能、环保、全生命周期价值最大化的可持续发展。自 2015 年以来，我国建筑工业化受到前所未有的关注，各地政府部门、设计、科研单位以及施工企业正在为此积极准备和尝试，其产品无论从技术体系、制造工艺、商业模式上都与传统做法有所不同，因此被称为"新型建筑工业化"。新型建筑工业化背景下，要贯彻研究、设计、制作及施工安装一体化的管理理念，推进科技创新和产品标准化工作。

（1）持续推进以装配式建筑为抓手的工业化建造方式，推动在建筑业全面应用建筑、结构、机电、内装一体化，设计、制造、施工一体化的工业化的建造方式。

（2）开展智能建造和建筑工业化集成应用技术研究，积极探索适用于智能建造与建筑工业化协同发展的新型组织方式、发展路径、业务流程和管理模式。

（3）探索研究大数据、人工智能和区块链等技术在工程领域的应用，提升数据资源利用水平和信息服务能力。

（4）研究突破性的智能建造关键技术和装备，形成涵盖科研、设计、生产加工、施工装配、运营等全产业链融合一体的智慧建造产业体系，提升工程质量安全、效益和品质，促进建筑业转型升级和持续健康发展。

（三）数字化成为施工技术发展的主导方向

移动互联、物联网、云计算、大数据等技术的持续发展，人工智能、模拟仿真等新一代信息技术不断的推广，为现代建筑业数字化施工技术发展奠定了坚实的基础。

随着计算机软件、物联网、互联网、物联网、大数据、云计算、移动通信、人工智能、区块链等数字新技术的集成与创新应用以及机器人、3D 打印、数字化加工等智能制造技术的发展，以人力、手动器械为主的传统建筑施工方式逐渐向以数字化转型。现代建筑正从单点技术和单一产品的创新向多技术融合互动的系统化、集成化方向发展，已经形成智慧管廊、智慧工地、智能化装配式建筑、智慧城市等一系列形态：

（1）通过建设部署工程管理平台、物联网设备、智慧管廊运营中心、智慧管廊数据中心等软硬件基础设施和应用系统，实现管网规划、建设、运行、维护及管理、服务的数字化。用数字覆盖整个管廊运行管理的全过程，实现高效、节能、安全的"控、管、营"一体化智慧型管廊。

（2）综合运用信息模型（BIM）、物联网、云计算、大数据、移动计算和智能设备等软硬件信息技术，与施工生产过程相融合，对工程质量、安全等生产过程以及商务、技术等管理过程加以改造，提高工地现场的生产效率、管理效率和决策能力等，实现工地的数字化、精细化、智慧化生产和管理。

（3）建筑和 BIM、互联网、物联网、大数据等技术相结合，运用 BIM 软件进行装配式结构的深化设计，实现批量生成生产图纸、工程量自动统计、可视化深化设计，提高设计人员工作效率。

四、政策建议

以习近平新时代中国特色社会主义思想为指导，认真贯彻落实党中央、国务院重大决策部署，坚持新发展理念，着眼中华民族伟大复兴大局和世界百年未有之大变局，围绕科技变革、新型城镇化、"新基建"、应急基础设施建设、"一带一路"等行业重点问题，迎难而上，善于识变应变求变，实现"中国建造"建设中国、走向世界的伟大目标。"十四五"期间各领域施工技术的发展创新重点体现在以下几方面：

(一) 构建绿色建造技术体系，提高建筑产业现代化施工技术水平

（1）在保障安全、质量的前提下，以环境保护、资源高效利用、减轻劳动强度、改善作业条件为核心目标，对传统建造技术进行绿色化识别与改进，逐步淘汰资源能耗高、生产效率低、工程质量和安全生产不稳定的施工工艺和生产方式，引进国外先进的绿色建造管理经验、技术和建造方式，并进行绿色建造专项技术的创新研究，构建全面、系统的绿色建造技术体系。

（2）加强绿色建造技术与现代信息技术的融合创新。建筑工程施工是一个复杂的综合活动，绿色建造需要强有力的信息技术支撑。全过程模拟与监控技术、BIM技术的广度和深度应用和施工企业信息化管理系统、基于末端事件驱动的智能传感器技术、基于工程仿真的监测数据分析技术、基于监测数据的工程检测技术等新兴技术不断涌现，信息化技术可以大幅度地提高施工效率，减小劳动强度，减少排放，减少更多的能耗。

（3）加强绿色建造技术集成，结合新技术对传统建造技术进行升级改进，在继续发展建筑"四节一环保"技术的基础上，引导装配式施工技术、智能化施工技术、机械化施工技术、精益化施工技术、专业化施工技术的协同发展。

(二) 加快建筑工业化升级，大力发展智能化与工业化融合施工技术

（1）完善建筑结构装配式施工技术体系。重点研发装配整体式剪力墙结构体系、叠合板混凝土剪力墙结构体系、装配整体式框架结构体系，研制装配式复合外墙板、叠合板、SP预应力空心板，推广装配式装修方式，实现建筑工程的进度优化、质量控制和节约成本。

（2）从项目全寿命周期来统筹考虑装配式建筑，以建筑、结构、设备和内装一体化设计为原则，以完整的建筑体系和部品体系为基础，进行协调设计、密切配合，并充分研究建筑构配件应用技术的经济性和工业化住宅的可建造性。

（3）加快推动智能建造与建筑工业化协同发展，集成5G、人工智能、物联网等新技术，形成涵盖科研、设计、生产加工、施工装配、运营维护等全产业链融合一体的智能建造产业体系，走出一条内涵集约式高质量发展新路。

（三）依托新型信息技术，提升建筑业数字化建造施工技术水平

（1）通过人机交互、感知、决策、执行和反馈，与施工过程相融合，对工程质量、安全等生产过程及商务、技术等管理过程加以改造升级，构建互联协同、智能生产、科学管理的无纸化施工环境，使施工管理可感知、可决策、可预测，提高施工现场的生成效率、管理效率和决策能力，实现数字化、精细化、绿色化和智慧化的生产和管理。

（2）加大建筑信息模型（BIM）技术、智能化技术和信息系统等研发、应用和推广力度，推行设计标准化、生产工厂化、管理网络化及全流程集成创新，全面提高行业企业运营效率和管理能力。

（3）加快推进数字化转型升级。数字化升级需要以工程项目的智慧建造或数字化建造水平提升为根本标志。目前已在建筑工程、交通工程、水电能源和市政公用等多类工程项目中初步展示了应用效果，未来希望 BIM、大数据、移动互联网、云计算、物联网、人工智能等技术在设计、施工、运营维护全过程的集成应用。

第二篇 地基与基础工程施工技术

上海建工集团股份有限公司　　龚　剑　张阿晋　王新新

中国建筑第六工程局有限公司　　焦　莹　高　璞　刘晓敏　葛隆博　张　强

摘要

本篇主要介绍了近两年来我国地基处理施工技术与基础工程施工技术两方面的发展概况。地基处理技术主要介绍了在注浆加固领域发展较快的 N-JET 工法桩和 CSM 工法桩，分别阐述了两种工法的技术原理、工艺特点、国内外发展现状及技术优势等。基础工程施工技术主要介绍了三种预制桩施工技术及旋挖钻孔灌注桩施工技术；并在大量前期调研的基础上，详细介绍、分析了我国在地基基础施工领域的近两年的技术进展、最新技术前沿研究及未来发展的方向。最后结合工程实际案例，介绍了几种地基与基础工程施工技术的工程应用情况，希冀为我国地基基础施工领域技术发展提供一定的参考，更好地推进我国在该领域的技术进步。

Abstract

This report mainly introduces the development of the ground improvement and foundation engineering construction technology in recent years. The ground improvement technology mainly describes the rapid development of N-JET and CSM in the field of grouting reinforcement，respectively，introduces the two methods of reinforcement mechanism、process characteristics、domestic and international development status and related technical advantages etc. Foundation engineering construction technology mainly introduces the construction technology of three kinds of precast piles and：rotary hole filling pile. And on the basis of a large number of preliminary research，the report introduces the latest progress of our country in the field of the ground improvement and foundation engineering construction technology、the forefront of technology research and the future development direction. Finally，combined with the actual project case，this report introduces several kinds of ground improvement and foundation engineering application，with the purpose to provide some reference for China's technology development and to better promote the technological progress in this field of our country.

一、地基与基础工程施工技术概述

1. 地基处理技术

我国地域辽阔，从沿海到内地，由山区到平原，分布着多种多样的地基土，其土体特性如抗剪强度、压缩性以及透水性等因土的种类不同而可能存在很大的差别，其中特殊性岩土，如湿陷性黄土、红黏土、软土、混合土、填土、多年冻土、膨胀土、盐渍土、残积土、污染土等在我国地基土占有不少比例。据调查统计，世界各国各种土木、水利、交通等各类工程事故中，地基问题常常是主要原因。

传统地基处理技术如：垫层法、强夯法、预压法、换填法及排水固结法等由于施工速度慢、噪声及环境扰动严重、工后沉降控制难度高等多方面的原因，存在工程应用广但技术革新慢的局面。近年来，在地基处理施工技术领域，我国在注浆加固领域的技术发展较为迅速，体现了我国地基处理施工技术领域的蓬勃发展态势。注浆是将注浆材料注入岩土层中从而改变岩土层物理力学性质的方法，其注浆材料包括水泥类、化学溶液类、树脂类等。迄今为止，注浆技术的发展已有两百余年的历史。早在 1802 年，法国人 Charles Brigigny 在治理 Dieppe 冲刷闸的过程中，率先采用木质冲击装置，通过人工锤击的方式将石灰和黏土混合浆液压入地层中，开启了注浆技术的发展历史。早期的注浆技术发展较为缓慢，其注浆设备十分简陋、工艺较为单一，注浆材料多以颗粒型（或悬浮型）的黏土、生石灰等原始简单且容易获得的材料为主，注浆技术的应用也较为局限。1826 年，英国人阿斯普丁发明了硅酸盐水泥，在此之后硅酸盐水泥被成功应用于法国 Krubbs 大坝、美国滕斯托尔水坝、伦敦及巴黎地铁隧道衬砌等工程施工中，为注浆技术的进一步拓展应用创造了条件。与此同时，国外类似压力注浆泵等注浆设备、注浆材料配方及工艺的进一步发展也为现代岩土注浆技术打下了良好的基础。1920 年，荷兰人 E. J. Joosten 发明了水玻璃-氯化钙双液二次注浆法，标志着化学浆液注浆施工时代的开始。经过多年的发展，新型注浆装置的研发、注浆工艺的革新及新型注浆材料的研制大力推动了注浆技术的工程化推广应用。20 世纪 60 年代末期高压喷射注浆技术的出现标志了注浆技术进入了现代注浆阶段。相比于发达国家而言，我国在本领域的技术发展起步较晚，相关技术及配套装备较为落后，较多地依赖于国外设备进口与工艺引进。近年来，得益于我国大规模工程实践的开展，注浆技术、配套工艺及设备的研发正处在高速发展时期，在引进、消化吸收及再创新的基础上，正逐渐开发出众多具有自主知识产权的产品，未来市场前景非常广阔。

2. 基础工程施工技术

基础是指结构物以下的扩展部分，起传递荷载、调整变形承上启下的连接作用。基础工程包括浅基础工程与深基础工程，浅基础主要形式有扩展基础（独立基础、条形基础）、筏形基础及箱形基础，深基础主要形式有桩基础、地下连续墙基础、沉井、沉箱等。相对于传统扩展基础、筏形基础及箱形基础等浅基础施工而言，我国基础工程领域蓬勃发展主要体现在深基础工程施工技术，尤其是在桩基础工程施工领域。

　　桩基础是伴随着建筑工程的产生而产生，伴随着建筑工程的发展而发展的。早在远古时代，人类为了生存而不得不在水边建造房屋，于是在地基比较软弱的地方就用树木作为支撑结构，保证房屋不致倒塌，这就是最早的桩基础。随着科学技术的不断发展，特别是材料科学的进步，桩的材质也从单一的木桩发展成混凝土桩、钢桩等，并衍生出多种结构形式，以适应不同的地质条件和不同结构物的需要。按照施工方法分类，桩基础可分为非挤土桩、部分挤土桩和挤土桩三大类。非挤土桩包括：螺旋钻孔灌注桩、人工挖孔（扩）灌注桩、贝诺特灌注桩、反循环钻成孔灌注桩等。部分挤土桩包括：冲击钻成孔灌注桩、爆扩灌注桩、钻孔挤扩灌注桩、中掘施工法桩、预钻孔埋入式预制桩及多数组合桩等。挤土桩主要包括挤土灌注桩和挤土预制桩两类，挤土灌注桩又分为沉管灌注桩、沉管扩底桩、长螺旋挤压式灌注桩等；挤土预制桩包括冲击施工法桩、振动施工法桩及静压桩等。

　　近年来，随着绿色化、信息化及工业化施工理念的不断深入人心，传统桩基施工工艺如人工挖孔灌注桩及预制桩锤击法施工等，具有施工效率低、工程废弃物多、处理难度大且信息化手段应用缺失等缺点，正逐渐被各类新型绿色化、高效化、信息化桩基施工技术所取代，如：长螺旋压灌桩后插钢筋笼技术、大扭矩旋挖钻机嵌岩灌注桩施工技术、新型（或异型）预制桩施工技术及预制桩免共振沉桩施工工艺等。以预制桩免共振沉桩施工工艺为例，该工艺通过信息化技术、智能化技术及一系列配套技术（如导向桩架）的研发与应用，可实现工程施工的智能化控制，大幅提高施工效率，提高桩基施工垂直度，降低工程施工对周边环境的扰动影响，在充分保证成桩质量的同时，提高了桩基施工的整体水平。

二、地基与基础工程施工主要技术介绍

1. 地基处理主要技术介绍

1.1　N-JET 工法

　　超高压喷射搅拌成桩（New Three-pipe High-pressure Jet 工法）简称 N-JET 工法桩，是通过钻管连接特殊喷浆装置，通过全方位多角度旋转、向上提升、变换提升等方法结合多喷嘴多角度喷射切削土体，将切削土体与浆液混合搅拌，进行土体置换，凝固后可形成圆形、扇形、网格状圆形、网格状扇形的加固桩体，主要施工装备见图 2-1。本工法施工流程主要包括引孔、下喷浆管、喷浆、形成桩体、完成清洗等；主要施工工艺包括双喷嘴对称倾斜喷射（适合卵石层、漂石层）、三喷嘴三角形组合喷射（适用于深层加固止水）、三喷嘴单侧喷射（适用于超大超深、大面积大规模止水加固）、多喷嘴单侧喷射（适合大直径大深度加固）。本工法具有如下优点：（1）喷气、喷浆的结合及充叉喷射搅拌大幅提高了成桩效率，缩短了成桩时间且成桩质量较好；（2）施工中所需水泥的量较少，废弃泥浆排放量较少；（3）成桩具有多样性，加固的桩体形状包括 4 种类型：圆形、扇形、网格状、自由组合等；（4）适应地层较广；（5）工程经济性较好；（6）可进行地基超深加固施工，最大施工深度可达 120m。相比于 MJS 工法、RJP 工法，本工法具有成桩直径大、深度深、喷射压力强、流量大、喷嘴数量多、适用地层广等优点，常用作截水帷幕和地基加固施工。

图 2-1　N-JET 工法桩施工装备

本工法施工装备应符合下列规定：（1）主机应具备任意角度摆喷功能，全电脑监控喷射提升速度及旋转速度；（2）空气压缩机额定压力不小于 0.9MPa、输出压力、流量稳定且满足要求；（3）高压泥浆泵额定压力不小于 40MPa、额定流量不小于 90L/min，变动幅度为 ±5%；（4）拌浆系统应满足可精确控制浆液配比的要求。成孔技术应符合下列规定：（1）倾斜方向成孔时，宜采用 N-JET 工法钻机自行成孔，钻孔长度应满足喷射流喷嘴到达设计桩端；（2）倾斜方向成孔时，应在围护结构或结构墙上用钻机预先开孔，并安装防喷装置，成孔过程中应及时测斜纠偏；（3）成孔定位偏差不应大于 20mm；成孔轴线偏差不应大于 1/150。喷浆施工应符合下列规定：（1）喷射流压力宜分级加压至设定值；（2）钻杆分段提升或回抽的搭接长度不应小于 100mm，当喷射成桩中断超过 2h，恢复施工时，搭接长度不应小于 500mm；（3）喷射注浆完成后应采取在原孔位回灌浆液的措施。

施工完成后的桩体质量检验应符合下列规定：（1）检验点应选在建筑物荷载较大的部位、相邻桩搭接处、施工中出现异常情况的桩位或地质条件复杂，可能影响施工质量的部位；（2）质量验收可采用开挖检查、钻芯法或现场渗透试验等方法进行检验，承载力检验可采用静载试验。（3）采用钻芯法，取芯数量不宜少于总桩数的 1%，且不得少于 3 根；（4）取芯孔应注浆填充。

1.2　CSM 工法

双轮铣深层搅拌技术（Cutter Soil Mixing）简称 CSM 工法，是一种新型、高效、环保的地基加固技术，其主要原理是通过钻杆下端的一对液压铣轮，对原地层进行铣、销、搅拌，同时掺入水泥浆固化液，与被打碎的原地基土充分搅拌混合后，提高土体力学性能，可广泛用于防渗墙、挡土墙、地基加固等工程，其主要施工装备见图 2-2。

本工法结合了现有液压铣槽机和深层搅拌技术特点，将设备的应用范围扩展到更为复杂的地质条件中。液压铣槽机（俗称双轮铣）是由法国地基建筑公司发明，于 1973 年应用于法国里昂市地铁车站地下连续墙施工，经过多年的技术发展和设备革新，现已成为迄今为止最为先进的地下连续墙施工技术。本工法与传统深层搅拌工法的不同之处在于使用两组铣轮以水平轴向旋转搅拌方式，形成矩形槽段的改良土体，而非以单轴或多轴搅拌钻具垂直旋转，形成圆形的改良柱体。该工法经过近几年的

图 2-2　CSM 工法桩施工装备

应用发展，形成了导杆式、悬吊式两种机型，施工深度已达到 65m。CSM 工法施工时有两种注浆模式，分别为单注浆模式和双注浆模式。单注浆模式：铣头在削掘下沉和上提过程中均喷射注入水泥浆液。采用单注浆模式时设计水泥掺量的 70% 在削掘下沉过程中掺入，适合简单地层和水泥土地下连续墙深度小于 20m 的工况。双注浆模式：铣头在削掘下沉过程中喷射注入膨润土浆液或者自来水（黏性土地层或可自造泥浆地层），提升时喷射注入水泥浆液并搅拌，适用于复杂地层和水泥土地下连续墙深度大于 20m 的工况。

CSM 工法桩的性能特点主要有以下几方面：（1）削掘性能高。双轮铣深层搅拌铣头具有高达 100kN/m 的扭矩，导杆采用卷扬加压系统，铣头的刀具采用合金材料，因此铣头可以削掘密实的粉土、粉砂等硬质地层，可以在砂卵砾石层中切削掘进。（2）搅拌性能高。铣头由多排刀具组成，土体通过铣轮高速旋转被削掘，同时削掘过程中注入高压空气，使其具有非常优良的搅拌混合性能。（3）削掘精度高。通过在铣头内部安装垂直度监测装置，可以实时采集数据并输出至操作室的监视器上，操作人员通过对其分析可以进行实时修正。（4）施工深度大。目前，导杆式双轮铣深层搅拌设备可以削掘搅拌深度达 45m，悬吊式双轮铣深层搅拌设备削掘搅拌深度可达 65m。（5）设备稳定性高。设备质量较大的铣头驱动装置和铣头均设置在钻具底端，设备整体重心较低，稳定性高。（6）环保性能好。设备铣头驱动装置切削掘进过程中全部进入削掘沟内，使得噪声和振动大幅度降低。（7）内插劲性材料间距自由。本工法形成的水泥土地下连续墙为等厚连续墙，作为挡土墙应根据受力需要插入型钢，其间隔可根据需要任意设置。（8）信息化施工水平高。掘削深度、掘削速度、铣轮旋转速度、水泥浆液的注入量和压力、垂直度等数据通过铣头内部的传感器实时采集，显示在操作室的监视面板上，且采集的数据可以存储在计算机内。通过对其分析可对施工过程和参数进行控制和管理，确保施工质量，提高管理效率。（9）施工作业面小。本工法机械均采用履带式主机，具有占地面积小、移动灵活等优点。

2. 基础工程施工主要技术介绍

2.1 预制桩施工

预制桩施工技术主要有三类：静压法、锤击法和振动法。静压法施工是通过静力压桩机的自重和桩架上的配重作为反力将预制桩压入土层中的一种成桩工艺，既可施压预制方桩，也可施压预应力管桩等。静压法沉桩主要应用于软土地基，在成桩压入过程中，以桩机本身的自重（包括配重）作为反力，克服压桩过程中的桩侧摩阻力和桩端阻力，当预制桩在竖向静压力的作用下沉入土中时，桩周土体发生急剧的挤压，土中孔隙水压力急剧上升，土的抗剪强度降低，桩身可在压力下下沉。静压桩通常用于高压缩性黏土层或砂性较轻的软黏土地层。当桩需贯穿有一定厚度的砂性土夹层时，必须根据桩机的压桩力与终压力，土层的性质、厚度、密度等特点，上下土层的力学指标、桩型、桩的构造、强度、桩截面规格大小和布桩方式，地下水位高低，以及终压前的稳压时间与稳压次数等综合考虑其适用性。锤击法施工利用桩锤下落时的瞬时冲击机械能，克服土体对桩的阻力，使其静力平衡状态遭到破坏，导致桩体下沉，达到新的静压平衡状态，如此反复地锤击桩头，桩身也就不断地下沉。该法施工速度快，机械化程度高，适应范围广，但施工时有挤土、噪声和振动等公害，对城市中心和夜间施工有所限制。振动法沉桩即采用振动锤进行沉桩的施工方法，该方法在桩上设置以电、气、水或液压驱动的振动锤，使振动锤中的偏心重锤相互逆旋转，其横向偏心力相互抵消，而垂直离心力则叠加，使桩产生垂直的上下振动，造成桩及桩周土体处于强迫振动状态，从而使桩周土体强度显著降低和桩尖处土体被挤开，破坏了桩与土体间的粘结力和弹性力，桩周土体对桩的摩阻力和桩尖处抗力大大减小，桩在自重和振动力的作用下克服惯性阻力而逐渐沉入土中。该方法主要适用于各类钢板桩和钢管桩的沉拔作业，也可以用于混凝土桩施工。

2.2 旋挖钻孔灌注桩施工

旋挖钻孔灌注桩是指采用旋挖钻机进行成孔施工，并通过钢筋笼成型下放、混凝土浇筑等工序最终形成钻孔灌注桩。该工艺的主要特点在于成孔工艺的不同，传统灌注桩成孔工艺有正（反）循环钻机成孔、人工成孔、冲击成孔等。相比于传统成孔工艺，旋挖钻成孔具有孔壁不易产生泥皮、振动与噪声低、成孔效率高、劳动强度低、沉桩质量好等优点，被广泛应用于大型桥梁、超高层建筑等工程基础中。旋挖钻孔灌注桩的发展主要是依托于旋挖钻机及其配套设备的研制与更新。旋挖钻机是一种用于工程建设项目的大型灌注桩基钻孔设备，其以装机功率大、输出扭矩大、机动灵活、工程适应性强、钻孔高效优质、施工现场环保整洁等优点被广泛应用于大型建设项目的桩基施工中。在采用旋挖钻机施工时，钻机通过行走机构移动至指定工作位置后，变幅机构调节钻头在桩位就位，桅杆导向下放钻杆将钻头放置到孔位，动力头为钻杆提供扭矩和加压力，钻头开始钻削破碎岩土，当钻头完成钻进取土后，主副卷扬等提升装置通过伸缩式钻杆将钻头提出孔外卸下渣土。旋挖钻机循环往复完成五大动作：钻孔定位、钻杆伸出、钻头钻进、钻杆缩短、卸渣土，直至钻至目标深度。旋挖钻机不仅施工作业简单高效，而且其适用范围十分宽广。旋挖钻机一般适用于淤泥质土、人工回填土、粉土、黏土、砂土及含有部分碎石的地层，当配备短螺旋钻头、回转斗、岩心钻头等不同钻具时可适用于干式成孔、湿式成孔以及岩层成孔等不同场合成孔作业；而且旋挖钻机还可以配挂振动桩锤、连续墙抓斗以及长螺旋钻等，方便实现一机多用。旋挖钻机的发展起源于美国，发展于欧洲。第二次世界大战前，世界上首台回转斗钻机在美国卡尔维尔特公司成功问世，到了 20 世纪中叶，法国的一家名为贝诺特的公司开始将旋挖钻机用于桩基施工，随后意大利、德国等欧洲各国将其组合并不断改进，在这期间德国维尔特、宝峨等公司研发出了众多旋挖钻机施工装备。到了 20 世纪 80 年代，旋挖钻机迎来了发展的春天，尤其是日本在旋挖钻机施工工艺及装备研制方面有了突飞猛进的发展。相比于国外，旋挖钻机在我国起步较晚，刚开始主要通过引进国外样机进行仿制研究，经过十多年的发展，1999 年，我国成功研制出独立式和附着式两种旋挖钻机。2003 年后，徐工、三一等多家工程机械厂的众多型号旋挖钻机陆续进入市场。至此，旋挖钻机在我国得到了大力发展，我国也逐渐成为世界上最大的旋挖钻机生产和使用国。

三、地基与基础工程施工技术最新进展（1～3 年）

1. 地基处理技术最新进展

地基处理技术的最新发展主要体现在两个方面：新型地基处理材料的应用及多种地基

处理工艺的组合应用。新材料的不断涌现必将带来地基处理技术发展的新时代。材料性能的提高将解决目前地基处理技术发展所遇到的各种难题,例如,土工合成材料加筋处理过的地基改变了原有土体的动力特性,在地震中(如汶川大地震、阪神地震)表现出了较好的抗震性能;新型防渗材料的应用提高了土体的防渗性能等。得益于我国新型材料领域技术的不断革新,新型材料的研发和应用将为地基处理技术开辟一片更加广阔的发展领域。在多工艺组合应用方面,随着工程建设范围的逐渐扩大,工程师们不得不面对各种新出现的地基处理难题,单独靠传统的一种地基处理技术可能无法解决,这就要求将两种或两种以上的地基处理技术应用于同一场地的地基处理,达到提高地基承载力和稳定性,减小地基压缩性,提高地基基础耐久性的目的。多工艺组合应用技术在充分利用各单项地基处理技术优势的基础上,能够更好地适用于传统地基处理施工较难完成、对地基处理效果要求较高、施工工期较为紧迫的复杂工况。目前多工艺组合应用发展较为迅速的有:强夯结合碎石桩法、真空预压结合高压喷射注浆法、真空预压联合低能量强夯等。

2. 基础工程施工技术最新进展

我国基础工程施工技术领域的最新进展主要体现在绿色化施工理念的工程实践。随着"绿色建造"的理念逐渐深入人心,更多基础工程绿色施工技术及机械被应用于工程实践,如何有效地减少工程施工带来的二次污染,降低工程建设的生态成本已成为工程综合质量评价的重要标准。随着国家绿色施工理念的不断推进,钻孔灌注桩施工过程中的废弃泥浆绿色化处理技术越来越受到工程界的重视。传统钻孔灌注桩废弃泥浆的处理主要采用车辆外运或就地晾晒等方法处理,存在着处理效率低、工期拖延长、环境污染严重、消耗成本高等问题,社会和经济效益损耗严重。为了减少钻孔灌注桩施工中的废弃泥浆对周边环境的污染,提高泥浆处理效率及再生利用率,应运而生了众多新型泥浆绿色化处理技术,如固液分离技术,即通过在废弃泥浆中加入絮凝剂,使得废弃泥浆的部分组分絮凝成块,再通过固液分离设备进行处理,分离出的液相达到排放标准后排放、固相进行填埋处理;固化处理技术,即将固化剂加入到废弃泥浆中,使其转化成类似混凝土的固化体,从而减少液体运输及后期处理过程中的环境污染等问题;近两年,废弃泥浆的再生利用技术发展较为迅速,该技术将废弃泥浆液进行筛分、过滤、配合比再设计等工序,并通过添加合适的外加剂使原有废弃浆液满足工程实际需求,不仅大幅减少了废弃浆液对环境的污染,同时通过废弃浆液的再生利用实现了工程材料的可持续循环应用,综合效益显著。

四、地基与基础工程施工技术前沿研究

1. 地基处理技术前沿研究

近几年,随着信息化、数字化技术的不断发展,地基处理施工技术也面临着迫切的信息化、数字化及智能化转型发展。以施工装备的信息化为例,越来越多的地基处理施工装备具备了自动控制施工参数、自动故障报警、智能预判等功能。如我国大型装备建造公司开发的新型双钢轮振动压路机，通过将 CAN 和 PLC 总线技术进行高度集成，实现了设备控制系统的数字化与智能化；通过在传统搅拌桩施工装备上安装相应的各类传感器，实现对成桩深度、成桩直径、喷浆量及机架垂直度等的实时监测，实现了施工过程中的各类运行参数的智能化控制。地基处理施工技术领域的信息化、数字化发展，同样体现在施工过程的质量控制领域，如在施工工艺流程及施工质量的信息化监测与管控等方面，国内很多企业及研究机构都进行了持续的技术探索工作，取得了一定的技术成果。在施工质量数字化监控方面，充分利用已有信息化发展成果，如物联网、GIS、5G 等技术，在施工数据自动采集、无线传输及智能分析等方面进行了探索，实现了地基处理施工质量的数字化、可视化、智能化管控，为工程建设提供了技术保障。

2. 基础工程施工技术前沿研究

我国桩基础工程施工技术前沿研究主要体现在以下两个方面：桩基础工程装备研发及桩基工程施工工艺研究。在桩基工程装备研发领域，相比于欧美等发达国家，我国桩基施工装备起步较晚，但得益于我国经济建设事业的蓬勃发展，我国在桩基工程施工装备及其配套技术的创新研发领域发展迅猛，如在旋挖钻机嵌岩桩施工技术、植桩技术及异型预制桩施工技术领域发展成效显著。随着我国"一带一路"倡议的进一步落实，高速铁路建设逐渐走出国门，新型城镇化大力推进，风电、海上工程、新能源开发等领域建设市场不断发展，桩基工程装备在向大型化发展的同时，近年来为了顺应城市核心区工程建设的需要，逐渐呈现出小型化发展的趋势，桩基工程装备的小型化为城市建筑密集区新建工程、既有建筑更新改造提供了更多的可行性。桩基工程装备在向大型化、小型化两极发展的同时，开发新型具有自主知识产权的智能化桩基施工装备，提高装备操作的便捷性、安全性，实现桩基施工装备智能化、数字化和可视化正逐渐成为工程领域的研究热点。

在施工工艺开发方面，由于我国工程建设发展模式正处在传统粗放式发展向科学化、精细化发展模式转变阶段，传统施工工艺因具有工程废弃物多、环境扰动影响严重、资源消耗量大等制约因素，不再适用于新形势下的工程建设需求，尤其是在北京、上海等大中型城市工程建设对于绿色化、低扰动的新型施工工艺需求非常迫切。

五、地基与基础工程施工技术指标记录

地基与基础工程施工技术指标记录见表 2-1。

地基与基础工程施工技术指标记录 表 2-1

技术指标名称	工程名称及具体指标数据
最大加固深度	N-JET 工法桩：苏州河深隧工程项目；113m
最大激振力	高频免共振沉桩：天目路立交项目；3070kN

六、地基与基础工程施工技术典型工程案例

1. 地基处理施工案例

1.1 N-JET工法

北京在某轨道交通工程区间风井基坑施工中，采用了N-JET工法作为试验场地。项目场地地层较为平缓，土层结构清晰，施工范围分布着近10m厚的密实卵砾石地层，其中约有2.5m位于地下水位以下。根据地勘报告的显示，基坑底以下，除高程+8.0m上下存在1.5m厚粉质黏土及细中砂地层外，其余主要为卵石⑤、⑦、⑨层。3根N-JET工法桩设计直径为2.0m，采用间距1.5m梅花形布置（图2-3），两两搭接咬合0.5m，加固深度为地面以下8.0～40m，有效加固桩长为32m，约1/2加固体位于地下水位以下。试验桩施工参数见表2-2。

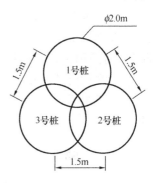

图2-3 桩位布置示意图

N-JET试桩参数表   表2-2

桩号	空气压 (MPa)	水		浆液			喷射	
		流速 (L/min)	压力 (MPa)	流速 (L/min)	压力 (MPa)	水灰比	转速 (r/min)	提速
1号桩		80	30～34	100	36～38		2	2.5cm/40s
2号桩	0.7～0.9	65	29～34	86	40～48	1:1	2～3	2.5cm/45s
3号桩		68	30～34	88.4	30～44		3	2.5cm/45s

3号试桩由于施工中断等其他因素未达到加固效果，最大直径仅为1.0m；1号和2号桩在粉细砂、粉质黏土、密实富水卵砾石地层均能有效地对周边地层进行加固，最大加固直径达到2.3m，且加固体间形成了完整的咬合体。经试验验证，N-JET工法在粗颗粒和细颗粒地层的加固体强度平均能达到10MPa以上，卵砾石地层中加固体强度较粉细砂、粉质黏土等细颗粒地层的加固体强度提高2倍以上，加固效果明显，能有效提供地层的承载力、强度和稳定性。在粗颗粒和细颗粒地层中，通过合理设定施工参数，加固体间均能形成有效咬合，咬合体的强度达20MPa以上，抗渗等级达10^{-8}cm/s级别，完全达到工程施工不透水层标准，可用于包含富水密实卵砾石地层在内的所有第四纪沉积层地层的注浆加固和止水帷幕施作。

1.2 CSM工法

上海市某合流一期污水总管（箱涵）建成较久、埋深较浅（2.5～3m）、体积较大（4.5m×10m），现已存在箱涵接头错位，局部产生均匀沉降变形且冒水现象。随着后续工程建设的进行，会进一步加重已有箱涵结构的沉降变形，严重时可能造成箱涵结构的破坏。为了降低后续工程建设对箱涵的扰动影响，本项目采用双轮铣搅拌墙（CSM工法）对已有结构进行加固处理。在箱涵接缝两侧及箱涵中间位置均采用双轮铣搅拌墙进行加

固，在接缝两侧各6m范围内工法墙长26m，间隔3m分别布置25m和11m长型钢，在中间位置，间隔布置26m和11.5m工法墙，内插25m型钢。CSM工法墙墙体厚度850mm，单幅宽度2800mm，搭接长度300mm，采用P.O42.5级普通硅酸盐水泥、自来水作为加固浆液，施工速度采用450m³/d，水泥掺量不少于35%；浆液压力控制在2.0～2.5MPa，水灰比控制在1.0～1.2；双轮下沉速度为1.0～1.2m/min，双轮提升速度为1.2～1.4 m/min；气压力空载0.5～0.8 MPa。本项目CSM工法施工主要步骤为：前期准备—测量放线—安装调试—铣削下沉搅拌并喷浆—提升喷浆—设备移机—型钢施工；本项目采用的CSM设备采用了先进的LCD监视器，可实现施工参数的实时显示，尤其是成槽垂直度的实时显示功能有效保障了工程的施工质量。工程实践表明CSM工法具有成桩质量好、施工场地布置灵活、环境扰动小、施工效率高等优点，在地基处理施工领域有着广阔的市场前景。

2. 基础工程施工案例

2.1 高频免共振沉桩施工

天目路立交桩基采用 φ800mm、φ1000mm 钻孔灌注桩、φ700mm 钢管桩，承台采用现浇承台，墩柱、盖梁采用预制结构，上部结构采用简支小箱梁结构，节点桥及部分匝道和跨度较大简支梁采用钢箱梁结构。为了降低钢管桩施工对周边环境的扰动影响，提高施工作业效率。本项目钢管桩采用 ICE-70RF 免共振锤进行沉桩施工，桩长为60m、55m两类，其中桩长60m共计16根，桩长55m共计646根，取土深度为10.12m，填芯混凝土强度为C40。ICE-70RF 免共振液压振动锤是目前世界上最大的液压免共振锤，该设备无共振，振动频率超高，达到2000RPM，可配合使用起吊能力大于80t的起重机，可在密集城市中振动受限制区域快速施工长60m以上的钢管桩，土塞与挤土效应远小于一般锤击桩，且振动锤噪声量极低。本项目70RF免共振锤使用1600型动力站，适用于350TU钢板桩夹具或200TC钢管桩夹具。为了提升钢管桩施打精准度与垂直度，本工程采用DH508型桩架进行导向施工，导向架高10m，长10.5m，宽9m。由底座、架体、顶部操作平台、爬梯及限位装置组成，架体在工厂加工成型，分块出厂运输至施工现场进行组装、焊接成整体。项目具体施工流程包括：安装导向架，吊机就位→吊装钢管桩至定位架内→吊装锤沉桩至定位架顶面平台→拆除定位架，桩沉至地面→依次吊装第二节、第三节钢管桩进行固定焊接，最后沉桩至地面→承台开挖后，吊装锤将桩沉至设计标高。在完成所有沉桩工作后，采用三一195型挖掘机选装旋挖钻进行桩内取土，清空完毕后，进行钢筋笼吊放及桩内填芯等工作。高频免共振沉桩施工工艺结合高精度定位导向架，确保了本工程钢管桩的高效、低扰动施工，符合我国绿色化施工理念，为城市核心区桩基工程施工提供了重要参考。

2.2 旋挖钻孔灌注桩施工

某项目总占地面积约4.9万 m²，主楼为11栋高层，下设一层地下室，桩基设计持力层为碎块状强风化粉砂岩，桩基总共1112根。工程地质属于沙溪二级阶地地貌，距离沙溪河约250m，由上至下分布着杂填土、粉质黏土、粉土、细砂、圆砾、卵石、砂土状强风化粉砂岩、碎块状强风化粉砂岩等。本工程原设计桩型为人工挖孔灌注桩，在施工过程中，施工至1号～3号楼区域时，开挖至6m左右遇到流砂、流泥，且出水量较大，无法进行人工挖孔桩施工。在综合考虑施工质量、施工进度和施工安全及桩基类型的基础上，充分利用人工挖孔桩的已有护壁，经研究在1号～3号楼区域内决定改用旋挖钻孔灌注桩，旋挖钻孔桩桩径为1.0m，总根数241根。本工程采用ZR250B旋挖钻机，额定功率252kW，最大钻进扭矩为250kN·m。在对原人工挖孔桩桩位进行复测的基础上，进行旋挖钻孔施工，该工艺流程主要包括：钻机就位→护筒埋设（孔位需复测）→钻进成孔→钢筋笼下放→导管安装→二次清孔→水下混凝土灌注→回填孔口等。由于工程桩位较密集，现场采用跳挖法进行钻孔施工，可有效降低邻近工程施工的扰动影响。桩基施工完成后，项目对所有旋挖钻孔灌注桩进行了动测法检测，其中151根桩为Ⅰ类桩，占比62.66%，90根桩为Ⅱ类桩，无Ⅲ类、Ⅳ类桩；对12根桩进行钻孔取芯检测，均为Ⅰ类桩；对4根桩进行静载试验，最大沉降量为19mm，满足设计和施工要求。旋挖钻孔灌注桩施工具有钻进速度快、成孔质量高、机械化作业程度高、适应地层广等优点，保证了项目的顺利实施。

参考文献

[1] 潘婷婷. 地基处理新技术及应用[J]. 岩土工程技术，2017(4).

[2] 曾国熙，卢肇钧，蒋国澄，叶政青. 地基处理手册[M]. 北京：中国建筑工业出版社，1988.

[3] 郑刚，龚晓南，谢永利，李广信. 地基处理技术发展综述[J]. 土木工程学报，2012.

[4] 刘汉龙，赵明华. 地基处理研究进展[J]. 土木工程学报，2016(4).

[5] 龚晓南. 地基处理新技术[M]. 北京：中国水利水电出版社，2000.

[6] 沈保汉. 桩基础施工技术现状及发展趋向浅谈[J]. 建设机械技术与管理，2005(3).

[7] 杨光强. 基于免共振液压振动锤系统沉桩施工对周围环境的影响分析[J]. 建筑施工，2017.

[8] 徐军彪. 钢管桩高频免共振沉桩在桥基施工中的应用[J]. 建筑施工，2017.

[9] 秦爱国，高强. 我国桩工机械产品发展趋势分析[J]. 工程机械，2013(12).

[10] 胡奇凡，张继清. 超高压旋喷注浆法在卵石地层的应用试验研究[J]. 铁道工程学报，2017(12).

[11] 郑亮. 双轮铣搅拌墙工法在合流污水管加固中的应用[J]. 城市道桥与防洪，2017(11).

[12] 黄开章. 浅谈旋挖钻孔灌注桩在中央领域桩基工程中的应用[J]. 四川水泥，2019(2).

[13] 李志鹏. 断层软弱介质注浆扩散加固机理及工程应用[D]. 山东大学，2015，7.

[14] 于亚玫. 注浆加固技术在青岛某地铁工程中的应用研究[D]. 青岛理工大学，2018，12.

[15] 龚雪强. 地质与岩土工程分布式光纤监测SWOT分析[D]. 南京大学，2019，5.

[16] 任军，范长春，李博. 富水砂卵石地层超高压旋喷桩施工技术研究[J]. 现代交通技术，2019(4).

[17] 吴磊. 废弃钻井泥浆固化处理技术的研究和进展[J]. 化学工程与装备，2018(3).

[18] 陶祝华. 桩基施工泥浆固化处理新技术应用分析[J]. 建筑技术开发，2019(1).

[19] 陈亮. 建筑桩基工程泥浆处理技术[D]. 重庆交通大学，2016，10.

[20] 贾小龙. 某型旋挖钻机钻杆振动及其控制仿真研究[D]. 长安大学，2017，5.

第三篇　基坑工程施工技术

中铁建工集团有限公司　　　　　　　　杨　煜　严　晗　路立娜
南京第二道路排水工程有限责任公司　　严家友　严伟一

摘要

　　基坑工程在建筑施工过程中占有举足轻重的地位，关乎整个工程的施工安全及正常使用情况，所以基坑工程施工技术的革新、管理及控制至关重要。本篇主要从基坑支护、地下水控制、土方开挖、基坑监测等几个方面介绍了相关施工技术及技术控制要点，总结基坑施工技术最新进展，展望基坑施工技术发展趋势。地下连续墙、联合支护技术逐渐成为超深超大基坑解决稳定性及防渗排水问题的优选方案；智能联网监测技术实现了基坑监测的智能化控制，自动采集和分析数据并生成监测预警报告。以扬子科创项目深基坑为例，解析深基坑工程施工技术的创新及控制方案，采用地连墙兼作止水帷幕，基坑分层暗挖，全逆作施工，在保障基坑安全的同时提高了施工效率。

Abstract

　　The foundation pit project plays a pivotal position in the construction process, which is related to the construction safety and normal use of the project, so the innovation, management and control of construction technology of foundation pit engineering are important. This article mainly introduces construction technology and technology controlling points from several aspects such as foundation pit support, groundwater control, earth excavation, and foundation pit monitoring, summarizes the latest development of foundation pit construction technology, looks forward to the development trend of foundation pit construction technology, diaphragm wall and joint support technology have gradually become the optimal solution for the stability, seepage prevention and drainage problems of ultra-deep and large foundation pits; intelligent network monitoring technology realizes intelligent control of foundation pit monitoring, it can automatically collect and analyze data and generate monitoring and early warning reports. Taking the deep foundation pit of the Yangzi Science and Technology Innovation Project as an example, analyze the innovation and control plan of deep foundation pit engineering construction technology, the diaphragm wall is also used as water-stop curtain, the foundation pit is excavated in layers, and the construction is fully reversed, which improves the construction efficiency while ensuring the safety of the foundation pit.

一、基坑工程施工技术概述

基坑工程是集地质工程、岩土工程、结构工程和岩土测试技术于一身的系统工程和交叉性技术学科，风险性高、综合性强。基坑工程的主要作用和目的在于：满足地下工程施工空间及安全要求；保证主体工程地基及桩基安全；保证基坑周边的环境安全和正常使用。主要包括支挡结构、土方开挖、地下水控制、环境监测及保护等施工技术。

基坑工程在初期发展阶段，开挖深度浅，面积小，场地周围环境简单，一般采用放坡开挖，或简单的护坡、支挡即可以满足工程需求。

随着城市建设进程加快，建（构）筑物纵深发展趋势日益明显，（超）高层建筑发展和地下空间深度开发，超大规模的深基坑逐渐成为发展趋势，上海虹桥交通枢纽工程的基坑开挖面积高达 52 万 m²，开挖深度在 30m 以上的基坑案例不胜枚举，基坑周边密集的建筑物、道路、管线等成为基坑工程安全施工的主要制约因素之一。各种基坑支护技术也应运而生，土钉墙、挡墙、排桩、地下连续墙、旋喷桩止水帷幕、内支撑等技术不断发展和完善。

近年来建筑密度逐年加大，建筑施工环境的复杂和敏感度日益加剧，增加施工难度的同时也促进了基坑施工技术的飞速发展，陕西省西安站东配楼基坑项目紧邻地铁四号线，东侧基坑坑底距既有隧道垂直距离仅 3m，采用抗隆起门桩有效保障既有隧道和基坑的安全，安徽合肥市中心交通大厦深基坑与相邻地铁轨道共用连续墙同时非同步深基坑逆作法施工方案的顺利实施，这些都验证了基坑施工技术的跨越式发展。

但是，复杂建筑环境的制约会日益加剧，尤其基坑环境变形的影响，无论对基坑自身还是周边建（构）筑物的安全都是挑战，兼顾安全和成本的新型支护技术将有重要的发展意义。

二、基坑工程施工主要技术介绍

1. 基坑支护技术

经过多年的工程建设实践，基坑支护技术水平由最原始的放坡开挖和木桩支护得到持续发展，传统支护形式的施工技术日趋成熟，新型支护形式也不断被开发应用。

常用的基坑支护类型及结构方式主要有：

1.1 自稳边坡

根据土质按一定的坡率，单一或分阶放坡，土工膜覆盖坡面，抹水泥砂浆或喷混凝土砂浆保护坡面，用砂袋或土包反压坡脚、坡面。

适用范围：基坑周边开阔，基坑周边土体允许有较大位移，相邻建（构）筑物距离较远，无地下管线或地下管线不重要可以迁移改道，开挖深度较小，开挖面以上一定范围内无地下水或已经降水处理。

该方法施工简单方便，成本低，但回填量较大。对于淤泥、流塑性土层以及地下水位高于开挖面且未降水处理的、基坑周围建筑物复杂空间狭小的不宜采用自稳放坡的形式。

1.2 坡体加固

1.2.1 加筋土重力式挡墙支护结构

由填土、在填土中布置一定量的带状拉筋、直立墙面板三部分组成的整体支护体系，能有效提高基坑边坡的稳定性，主要有土钉墙支护和复合土钉墙支护两种形式。

1）土钉墙支护

土钉加固，边坡表面铺设一道钢筋网再喷射一层混凝土面层，使其与土方边坡相结合的边坡加固支护技术。

适用范围：普通黏性土、黏性砂土、粉土等比较均匀的土体边坡，地下水位以上或经过降水处理，基坑深度一般不宜超过 12m，对于淤泥或淤泥质土层不适用。

2）复合土钉墙支护

随着基坑工程的发展，基坑开挖深度、面积逐渐加大，周边建筑环境日益紧张，地质条件复杂多变，单一的支护方式往往不能满足基坑稳定性、防水性等多方面要求，应运而生的两种或多种支护方式联合的支护方式能更好地解决这一问题。

土钉墙与一种或几种单项支护技术或截水技术有机组合成复合土钉墙支护体系，主要包括土钉、预应力锚杆、截水帷幕、微型桩、挂网喷射混凝土面层、原位土体等。是一种应用广泛且效果较佳的联合支护方式。但也有一定的局限性，基坑开挖深度一般不宜超过 15m。

常见形式及适用范围：

防渗帷幕＋土钉支护。对基坑有防渗要求时，为防止基坑外地下水位下降引起地面沉降，可采取这种联合支护方式。采用该支护方式时，止水帷幕作为临时挡墙和隔水帷幕，避免了土体开挖后土体渗水和强度降低，导致不能临时直立而失稳、基地隆起、管涌等问题。

预应力锚杆＋土钉支护。在基坑比较深，地质条件和周围环境比较复杂，而对基坑变形又有严格要求时，单独使用土钉支护不能满足设计要求，采用预应力锚杆与土钉组合的支护方式，可以较好地解决此类基坑支护问题，有效控制基坑变形，大大提高基坑边坡的稳定性。

超前微型桩＋土钉支护。该支护方式适用于土质松散、自立性较差、对基坑没有防渗要求或地下水位较低不必进行防渗处理的基坑工程，对增强土体的自立性、增加面层刚度、增加边坡稳定性、防止坑底涌土十分有利。

超前微型桩＋预应力锚杆＋土钉支护。当基坑开挖线距离红线或建（构）筑物很近，且土质条件较差时，机械作业条件较差，开挖前需要对开挖面进行加固，宜采用此种支护形式。超前微型桩既可以增加土体自立性，也可以增强面层的刚度，起到超前支护的效果；预应力锚杆使土钉墙转化为主动支护体系，限制了基坑的变形，土钉提高了支护土体自身的力学性能，三者结合大大提高了基坑边坡的稳定性。

防渗帷幕＋预应力锚杆＋土钉支护。这是一种应用非常广泛的复合土钉支护形式。基坑降水容易引起周围建筑、道路的沉降，甚至造成环境破坏，针对这种情况，基坑支护必须设置止水帷幕，止水帷幕有止水和加固支护面的双重作用。止水帷幕可采用搅拌桩、旋喷桩、注浆等办法形成。

桩撑结构＋土钉支护。上部土钉墙（复合土钉墙），下部桩撑（锚）组合是应用最为广泛的支持方式。当基坑开挖深度较大时，下部桩撑结构能更高效地保证基坑工程的安全性，增加了土体的整体刚度，但单纯的桩撑结构成本较高；上部土钉墙支护能有效减小边坡变形，从主动制约机制提高土层整体稳定性，还能减少支撑数量，降低成本。二者的有机结合不仅保障了基坑工程的安全，而且从经济上节约了成本，从时间上缩短了工期。但土钉墙支护刚度远小于桩撑结构的刚度，当周边环境保护要求较高时不建议使用该种支护方式。

深层搅拌桩＋工字钢＋土钉墙支护。对于地下水位较高及淤泥或淤泥质土层开挖，采用这种联合支护方式，不仅能够有效阻断地下水的影响，而且还能有效增加基坑边坡的刚度，减小其变形量，保证基坑开挖安全。

1.2.2　桩墙式支护结构

水泥土重力式挡墙支护结构。以水泥系材料为固化剂，通过高压旋喷或搅拌机械将固化剂和地基土进行搅拌，形成连续搭接的水泥土柱状加固体挡土墙，可兼作隔渗帷幕，靠挡土墙自身的强度抵抗水土压力。

主要适用于包括软弱土层在内的多种土质，支护深度不宜超过 7m，当周边环境要求较高时，基坑开挖深度宜控制在 5m 内，在施工过程中周边土体会产生一定的隆起或侧移，基坑周边需要有一定的施工场地。

钢板桩。根据其加工制作工艺的不同可以分为：槽钢钢板桩、锁口钢板桩，由钢板正反扣搭接或并排组成。钢板桩具有良好的耐久性，造价低、施工效率高，基坑施工完毕回填土后可将钢板桩拔出回收再次使用。见图 3-1、图 3-2。

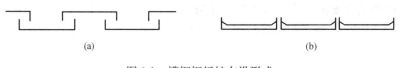

(a)　　　　　　　　　　　　　　(b)

图 3-1　槽钢钢板桩布设形式

（a）正反扣搭接；（b）并排布置

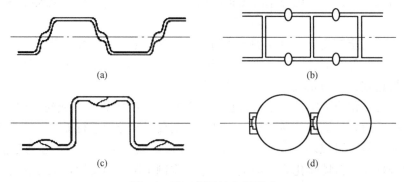

(a)　　　　　　　　　　　　　　(b)

(c)　　　　　　　　　　　　　　(d)

图 3-2　锁口钢板桩布设形式

钢筋混凝土板桩。板桩是一种防护桩，其形状长而扁，可用于低边坡、浅基坑等的防护。钢筋混凝土板桩具有施工简单、现场作业周期短等特点，曾在基坑中广泛应用，但由于钢筋混凝土板桩一般采用锤击式强夯打入的施工方法，振动与噪声大，同时沉桩过程中挤土也较为严重，目前在城市基坑工程中应用较少。见图 3-3。

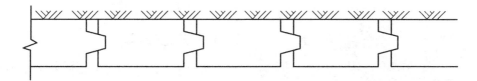

图 3-3 打入式钢筋混凝土板桩

咬合桩支护。指平面布置的相邻桩相互咬合而形成的钢筋混凝土桩墙，是具有良好防渗作用的整体连续防水、挡土围护结构。

地下连续墙。地下连续墙是在地面以下用于支承建筑物荷载、截水防渗或挡土支护而构筑的连续墙体。

本法的特点是：施工振动小，墙体刚度大，整体性好，施工速度快，可省土石方，可用于密集建筑群中建造深基坑支护及进行逆作法施工，可用于各种地质条件下，包括砂性土层、粒径 50mm 以下的砂砾层中施工。适用于建造建筑物的地下室、地下商场、停车场、地下油库、挡土墙、高层建筑的深基础、逆作法施工围护结构，工业建筑的深池、深坑、竖井等。

SMW 支护结构。又称为型钢水泥土搅拌墙，即在水泥土桩内插入型钢（H 型钢、钢板桩、钢管等，型钢插入深度一般小于搅拌深度），将承受荷载与防渗挡水结合起来，使之成为同时具有受力与抗渗两种功能的支护结构的围护墙。该支护方式对场地适应性强，施工周期短，成本低，型钢可循环利用，是一种相对绿色节能的支护方式。适宜的基坑深度为 6～10m，国外开挖深度已达到 20m。

SMW 支护结构＋一道锚索（旋喷扩大头）。扩大头锚索因其采用高压旋喷成孔注浆工艺，可以对周边土体起到加固的作用，且与周边土体形成较大的锚固直径，可以克服常规锚索施工对周边环境的影响，施工速度快，可靠性高。旋喷扩大头锚索在施工及受力等方面的优势，克服常规锚索支护对既有建筑的影响，确保了支护结构的安全，减小了对邻近建筑物的影响，降低了基坑支护的成本，有效保证工期，特别是针对欠固结土等软土地基，该联合支护体系更能体现其优势。

悬臂式排桩。将悬臂桩成排打入，桩内侧的土挖出，外侧土在排桩支护下不会坍塌的支护结构。悬臂高度不宜超过 6m，深度较大时可结合冠梁顶以上放坡卸载使用，在软土地层中，开挖深度大于 5m 时不宜采用。

锚固式排桩。由围护结构体系和锚固体系两部分组成，围护结构体系采用钢筋混凝土排桩，锚固体系可分为地面拉锚式和锚杆式两种。地面拉锚式需要有足够的场地设置锚桩，或其他锚固物；锚杆式需要地基土能提供锚杆较大的锚固力，适用于砂土地基或黏土地基，软黏土地基不能提供锚杆较大的锚固力，所以很少使用。

内支撑式排桩（装配式型钢内支撑）。装配式型钢支撑具有安全可靠、高效快捷、可循环使用、绿色环保、降本增效等优点，与排桩有机结合，有效解决了悬臂式排桩容易产生变形和位移的问题，是一种值得推广和应用的支撑手段，尤其是像水运工程项目中带状深基坑开挖，更能体现其优越性。见图 3-4。

双排桩。由前、后两排平行的钢筋混凝土桩以及压顶梁、前后排之间的连梁形成的支护结构，必要时对桩间进行加固处理。双排桩有更大的侧向刚度，有效减小基坑的侧向变

图 3-4　装配式型钢内支撑示意图

形，支护深度相应增加。

2. 土方开挖技术

基坑工程的挖土方案按照有无支护结构可以分为无支护开挖和有支护开挖。无支护开挖主要指放坡挖土，有支护开挖包括分层开挖、分段开挖、中心岛式（也称墩式）开挖、盆式开挖等。

放坡开挖。周围环境和地质条件较好，开挖深度较小，无需支护，根据开挖深度及土层类别确定放坡坡度即可。放坡开挖需要周围空间宽阔，有足够的放坡场地，在城市或人口密集地区，不适合采用这种开挖方式。

分层开挖。地质条件较差，软弱土层较多的深基坑分层开挖，边开挖，边支护，分层的厚度根据土层类型确定，保证基坑开挖的安全性。

分段开挖。又叫分块开挖，开挖一段后立即施工一段混凝土垫层或基础，可提高施工效率。一定区域工作面成型后及时分段施工支撑体系，减小围护结构的变形。

中心岛式开挖。先行挖去周边土层，以中心为支点，向四周开挖土方，且利用中心岛为支点架设支护结构的挖土方式。适合大型基坑开挖，周围土层挖除后应及时进行桁架式支撑结构的架设或浇筑，减小围护结构的变形量。见图 3-5。

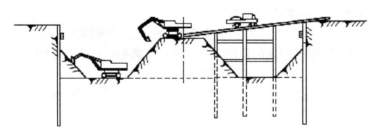

图 3-5　中心岛式开挖示意图

盆式开挖。适合开挖面积大且无法放坡的基坑开挖。先开挖基坑中间部分的土方，周围四边预留土坡，最后挖除。采用盆式挖土方法可以使周边的土坡对围护结构有支撑反压作用，减小围护结构的变形，其缺点是大量的土方不能直接外运。见图 3-6。

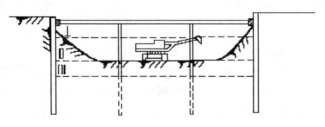

图 3-6　盆式开挖示意图

静力爆破。在硬土质地区施工深基坑工程时，可运用爆破先行松散硬土层，而后再使用机械进行基坑土方清运。相比传统的炸药爆破更安全，方便管理，不需要雷管、炸药等危险爆炸品，而且爆破材料环保，无声、无振动、无飞石、无毒气、无粉尘，是无公害环保产品。

分区对称开挖。这种开挖方式可以有效降低由于不对称卸荷导致既有建（构）筑物不均匀变形，尤其是对既有隧道的轴线偏移影响。

设内支撑的深基坑土方开挖。有内支撑的土方开挖时，由于受内支撑杆件的影响，作业面较窄，通常采用以下方式开挖，设置马道进行土方开挖、栈桥配合抓斗或加长臂挖掘机开挖、栈桥结合中心岛式土方开挖；对于基坑尺寸不能满足常规马道设置要求的超深基坑，可采用螺旋下降物料快速运输通道，提高出土效率，在天津津塔、深圳平安等项目中均有应用。见图3-7。

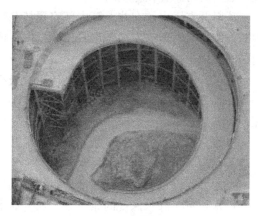

图3-7 螺旋通道照片

3. 地下水控制技术

基坑降水是指在开挖基坑时，地下水位高于开挖底面，地下水会不断渗入坑内，为保证基坑开挖无水作业环境，防止边坡失稳、基础流砂、坑底隆起、坑底管涌和地基承载力下降等，为保证建筑工程基坑施工顺利进行而做的降水工作。

3.1 井点降水

轻型井点降水。在基坑周围每隔一定距离布置井点管至透水层内，各井点之间用密封的管路相连，组成井群系统，在管路系统和井点管中形成真空，通过真空抽水设备集中抽吸基坑地下水，井点管和下部渗水管内的压力小于周围含水层中的压力，在压差作用下，地下水向滤水管中渗流，地下水经过井点管和总管被真空设备吸走，井点间降落深度叠加使基坑地下水在短时间内降至设计深度，以便进行基坑施工。

该方法一般适用于基坑面积不大，降低水位不深的情况，降低水位深度一般在3～6m之间，若降水深度超过6m，可采用多级井点系统，但要求基坑周围有足够的空间，便于放坡或挖槽。

管井井点降水。在工程场地按一定间距布置大口径管井，通过放置在管井内的潜水泵抽排降低地下水位，使管井内外形成水头差，在水压作用下井管外的地下水渗流到井管内，使井管周围形成降落漏斗，随着抽水时间加长降落漏斗不断扩大、加深，以降低基坑内地下水位。

该方法适用于渗透系数大、地下水丰富的砂性土层。每口管井出水流量可达到50～100m³/h，土的渗透系数在20～200m/d范围内，降水速度快，一般用于潜水层降水。

深井井点降水。在深基坑周围埋置深于基底的井管，依靠深井泵或深井潜水泵将地下水从深井内提升到地面排出，使地下水位降至坑底以下。

该方法排水量、降水深度和降水范围都比较大，降低水位深度大于15m，常用于降低承压水，但由于降水速度快，也容易引起周围土体的不均匀沉降，影响周围建筑物的安全，因此要实时观察，及时处理。

该方法适用于渗透系数为 $10\sim250m/d$、降水深度大于 15m 的情况，常在基坑外围布置，必要时可布置在基坑内。

喷射井点降水。在井点管内部安置特制喷射器，用高压水泵或空气压缩机通过井点管中的内管向喷射器输入高压水或压缩空气，形成水气射流，将地下水经井点外管与内管之间的间隙抽走排出。

喷射井点常用作深层降水，在粉土、极细砂和粉砂土层中较为适用，降水深度可达到 $8\sim20m$。在较粗的砂粒中，由于出水量较大，循环水流就显得不经济，这时宜采用真空深井。

电渗井点降水。利用轻型井点和喷射井点的井点管作阴极，另埋设金属棒作阳极，在电动势作用下构成电渗井点抽水系统。

自渗井点降水。在一定深度内，存在两层以上的含水层，且下层渗透能力大于上层，在下层水位低于降水深度的条件下，人为联通上下含水层，在水头差作用下，上层地下水通过井孔自然流到下部含水层中，从而无需抽水即可达到降低地下水位的目的。

辐射井点降水。在降水场地设置集水竖井，在竖井中不同深度和方向打水平井点，使地下水通过水平井点流入集水竖井中，再用水泵将竖井中的水抽出，达到降低地下水位的目的。

该方法一般适用于渗透系数较高的含水层降水，如粉土、砂土、卵石土等，可以满足不同深度降水，特别是大面积基坑降水。

真空管井降水。在常规管井降水的基础上，结合真空技术，使管井内形成一定的真空负压，在大气压的作用下，加快弱透水层中的地下水向管井内渗透，达到对弱透水地层的疏干目的。

真空管井降水不仅保留了管井重力释水的优点，而且可以根据地层条件和工程需要在任意井段增加负压汲取黏土、粉土等弱透水层中的地下水及地层界面残留水。主要适用于弱透水地层的疏干降水。

3.2 其他降水

止水帷幕＋固定式井管自动降水。该方法将下部开孔的钢管作为固定井管安装在基坑止水帷幕范围之内，避免了在土层开挖过程中井管随挖随拆导致降水中断的问题，适合开挖面积大、降水深度深、涌水量较大的深基坑。

盲沟和集水井组合降水。在基坑周围开挖截水沟，基坑内利用渗沟将水排至集水井，再通过水泵抽至基坑外。适用于吹填砂地或渗透系数较高的含水土层降水。

明沟和集水井组合降水。这种方法主要用于排除地下潜水、施工用水和天降雨水。在地下水较丰富地区，若仅单独采用这种方法降水，由于基坑边坡渗水较多，锚喷网支护施工难度加大。因此，这种降水方法一般不单独应用于高水位地区基坑边坡支护中，往往作为阻挡法或其他降水方法的辅助排降水措施。

回灌法。基坑降水会引起周围地面的不均匀沉降，为了减小基坑降水对周围环境的影响，在保证降低基坑内水位的同时设置回灌井，将抽出的地下水重新引入含水层，补给地下水，从而抬高因基坑降水而降低的地下水位，减小因地下水位降低而产生的地面沉降。

回灌法的工作原理是在井点降水的同时，将抽出的地下水通过回灌井重新灌入含水层中，回灌水向井点周围渗透，形成一个和降水曲线相反的降落漏斗，使降落漏斗的影响半径不超过回灌井所在的位置。这样回灌井点就形成一道隔水帷幕，阻止回灌井点外侧建筑物下方地下水的流失，并使回灌井外地下水位基本保持不变，含水层应力状态基本维持原状，有效地防止基坑降水对周围建筑物的影响。

隔离治水。基坑降水时处理不当会对工程施工造成不良影响，比如地面沉降导致的建筑物结构不稳定，甚至可能会造成建筑物倒塌，威胁人们的生命财产安全。因此通常情况下利用夹心墙、钢板桩、防渗垂直帷幕或者是冷冻的方法将地下水体分隔开，再结合其他降水方式在基坑内进行降水，这样基坑外的地下水位并不会受到影响。

4. 基坑监测技术

基坑监测是基坑工程施工中的一个重要环节，是指在基坑开挖及地下工程施工过程中，对基坑岩土性状、支护结构变位和周围环境条件的变化，进行各种观察及分析工作，并将监测结果及时反馈，预测进一步施工后将导致的变形及稳定状态的发展，根据预测判定施工对周围环境造成影响的程度，来指导设计与施工，实现所谓信息化施工。

4.1　基坑现场监测常用仪器

传统监测仪器主要有水准仪、经纬仪、全站仪、测斜仪、分层沉降仪、应力应变计、钢筋计、土压力计、孔隙水压计、水位计、温度计、低应变动测仪和超声波无损检测仪（检测支护结构的完整性和强度）。随着大数据、云计算等先进技术的发展，检测技术也逐步实现了数字化和智能化，一般有监控专家系统、智能控制系统、可视化监测软件等配套工具，反应时间可控制在 1s 范围内，采样频率可达 100Hz，完全能够做到实时监测，为工程建设提供信息化支持。

4.2　基坑工程现场监测内容及方法

基坑监测通常是指对变形、应力、地下水动态等的监测与分析。

1）变形监测主要指地面、边坡、坑底土体、支护结构（柱、锚、内支撑、连续墙等）、周围建（构）筑物、地下设施等水平或竖向位移的监测与分析。

采用目测的方法进行实时巡视，对倾斜、开裂等问题准确进行记录，并进行拍照；用精密光学仪器、全站仪、视准线或收敛计测量水平位移；经纬仪投影测量倾斜；埋设测斜管、分层沉降仪测量深层土体变形。

2）应力监测主要指支护结构中受力杆件、土体内应力的监测与分析。

预埋应力传感器、钢筋应力计、电阻应变片等原件，埋设土压力盒或应力铲测压仪测定杆件或土层中的应力变化。

3）地下水动态监测主要指对地下水位、水压力、排水量等的监测与分析。

设置地下水观测孔观测地下水位变化；埋设孔隙水压力计或钻孔测压仪监测孔隙水压力；对抽水量及含沙量定期观测记录。

4.3　基坑监测数据处理

基坑监测应科学、准确，及时反馈监测数据、进行数据分析，形成技术成果，包括当日报表、阶段性报告、总结报告，并及时报送，供施工、设计、监理等各方参考决策，并对后续施工及类似工程施工予以指导。

目前，我国 5G 技术领先全球，要充分利用 5G 互联网技术，开发集数据收集、存储、分析于一体的数据处理平台，避免重要科研数据的泄露和国外由于贸易战等因素带来的使用权限制，使基坑监测技术智能化。

4.4 新型监测技术

无人机图像处理技术＋数学算法的监测技术。利用无人机快速获取基坑图像，建立基坑点云模型，获取点云数据，结合数学算法计算监测指标，与安全指标对比确定其安全性能。

智能联网监测技术。在基坑周围埋设监测点，通过 GNSS 监测，并将数据通过传感器实时传至数据处理平台，自动进行计算与分析，生成变量曲线图，并根据预先设定好的规范值自动预警报警。

基于激光投射和图像识别的基坑监测技术。将激光发射器固定在监测点，将投射屏幕固定在基准点，监测系统工作时。激光发射器将光斑投射到屏幕上，摄像头固定在投射屏幕前正对屏幕，实时采集屏幕上光斑图像。若监测点发生位移，则光斑也会有相应的位移，通过采集图像并进行分析计算，得到光斑的位移，即监测点的位移。见图 3-8。

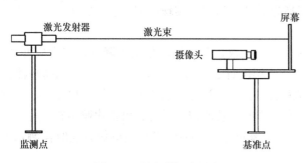

图 3-8　监测系统原理图

三维激光扫描仪。可以快速-准确地完成大型结构的监测工作，并能提供结构表面的三维点数据，从而建立高精度的结构三维模型，效率高、精度高，但造价较高，一般只适用于大坝、矿区等大型工程结构的监测和建模，对小型结构的监测不具备经济性。

数值模拟技术。近些年，有限元软件的功能不断完善，计算方法逐步成熟，可根据实际参数建立基坑模型，模拟基坑所处的力学变化状态，得到基坑支护结构及周围土体的位移和内力等结果。

由于土体环境较为复杂，而模型是在原基础上简化而成，所以计算结果会存在一定的偏差，但作为一种辅助手段对基坑及支护结构的位移进行监测，进一步指导施工过程是有必要的。

三、基坑工程施工技术最新进展（1～3 年）

随着深层地下空间的开发利用，基坑工程呈现出深、大、密集等特点，基坑施工安全；对周边建（构）筑物、地下管线（管道）、地铁车站与区间隧道等环境保护；与地裂缝、地下水等复杂地质环境之间的相互影响，成为基坑工程急需解决的问题，同时问题的产生也促进了基坑工程施工技术的更新与发展。

1）联合降水方式的应用。针对地下水位较高的深基坑开挖，单一井点降水往往会对周围环境造成不良影响。为了减小地下水位变化对周围既有建筑物的影响，近年来，地下连续墙、深层搅拌支护、钢板桩等既有支护功能又有防渗功能的支护方式得到广泛应用，能够有效降低对基坑周围地下水的扰动，降低对周围建筑物的危害程度，应用技术也不断发展和提升。

2）BIM 技术在深基坑工程项目管理中的应用。基坑工程作为一个复杂的系统工程，影响工作性状的因素众多，如场地的工程地质与水文地质条件、周边环境、开挖深度等，传统的二维设计图纸已不能很好满足目前项目管理中对成本控制、进度控制、质量控制、信息集成与共享的要求。BIM 技术的优势逐渐体现，BIM 具有可视化、可出图性、模拟性、优化性、协调性等优点，已逐渐运用在基坑工程的设计与施工中，实现基坑工程信息化设计和施工。

3）联合支护的广泛应用。随着基坑开挖深度的增加以及建筑环境日益复杂，单一的支护形式往往难以满足工程需要，多种支护形式联合应用已经成为必然趋势。多种支护形式联合应用，可以充分发挥各种支护形式的优点，适用范围更广。选择联合支护形式的类型时，应考虑各种支护形式的特点，选择合理的设计方案，实现最优的联合支护。

4）十字形装配式基坑支护结构。该支护方式是一种施工安全、速度快、造价低、可回收利用、绿色环保的新型基坑支护形式。它由很多个预制格构单元通过连接装置机械连接而成，每个格构单元由竖向肋梁、横向连梁、锚索孔、连接装置等组成，见图 3-9。将横向连梁与竖向肋梁呈十字正交，在肋梁与连梁交叉处设置锚索或锚杆与之一起构成复合结构，格构单元可由混凝土浇筑而成，也可由钢结构构件拼装而成。由于钢结构构件具有施工周期短、格构单元重量轻、利于批量预制加工等优势，故格构单元一般优选钢构件，竖向肋梁和横向连梁选用若干个方管和钢板焊接而成。格构单元事先在预制加工厂用型钢加工完毕，经过检验合格后再运至工地实行现场安装。新型

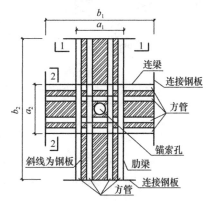

图 3-9　十字形装配式基坑
支护结构示意图

装配式基坑支护结构能较好地适应硬黏土、风化岩且不含地下水的地层。

5）预制地下连续墙技术。按常规施工方法成槽后，在泥浆中先插入预制墙段、预制桩等预制构件，然后以自凝泥浆置换成槽用的护壁泥浆，或直接以自凝泥浆护壁成槽插入预制构件，以自凝泥浆的凝固体填塞空隙，防止构件间接缝渗水，形成地下连续墙。

近年来，出现一种新型预制连续墙，采用常规的泥浆护壁成槽，成槽后插入预制构件并在构件间采用现浇混凝土将其连成一个完整的墙体。该工艺是一种相对经济又兼具现浇地下墙和预制地下墙优点的新技术，是一种绿色、环保的支护方法，得到了很广泛的应用。

四、基坑工程施工技术前沿研究

1）环境变形控制技术研发。城市化的迅速发展使得基坑工程对变形控制要求愈来愈高，甚至十分严苛，未来超大超深基坑毗邻地铁、高层建筑的情况会越来越多，环境变形控制技术是未来工程建设发展的需要。如今基坑围护体系设计采用按变形控制设计理论进

行了一定的探索和工作，但设计理论和方法尚不完善，还不成熟；变形控制技术单纯靠增大支护刚度，缺乏经济性。发展成熟的变形控制设计计算方法和经济高效的环境变形控制技术是基坑工程未来的重要研究方向。

2）智能监测技术研发。深基坑工程一直以来都是建设领域关注重点，施工方案需经过专家论证，研究审核通过后才可投入实施。为从根本上保障深基坑工程安全高质开展，需做好深基坑监测工作，对深基坑变形问题进行预防与控制。而现有的基坑安全监测数据获取渠道单一，处理方式较简单，一般无法及时准确地反映基坑形变，并做出应急措施。寻找工程建设与先进科学技术的融合点，准确、形象、直观体现基坑变形的监测方式，提升基坑施工安全信息化、智能化建设成为基坑监测领域有待研究和攻坚的课题。

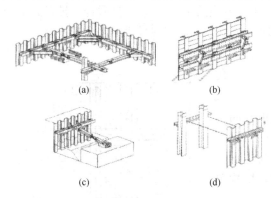

图 3-10　钢支撑体系基本结构形式
(a) 水平支撑体系；(b) 拉锚体系；
(c) 斜撑体系；(d) 拉杆体系

3）产业化绿色施工技术研发。坚持绿色施工是包括基坑工程施工技术在内的所有施工技术必须要遵循的发展方向，是实现健康可持续发展的必经之路，但是，目前在建筑业粗放型、高污染型的施工技术仍占有主体地位，以预制装配式为主的低能耗、产业化基坑支护技术必将成为发展趋势，将会有更多的装配式支护结构投入研究和使用。但是如传统钢支撑体系连接问题（图 3-10）较为突出，整体性较弱，制约了钢支撑在大跨度基坑工程中的发展，所以此方面的技术有待研究突破，在保证安全的基础上创造更大的经济效益。

4）工程软件研发。目前，世界上关于基坑工程分析计算的软件种类很多，但我国产权的工程应用软件相对较少，对国外的技术依赖较大，面对国外行业技术垄断很容易进入瓶颈期，所以研发自己的工程应用软件和技术，抵抗外国技术垄断，对于我国的工程建设和工程研发工作迫在眉睫。

5）施工机具研发。随着基坑开挖规模的扩大，内支撑更多的被应用到支护结构中，以增加基坑的稳定性，但支护杆件的存在，使得土方开挖工作往往受到空间限制，工作效率降低，研究开发小型、灵活、专用，适应狭小工作面开挖工作的地下挖土机械，以提高工效，加快施工进度，减小时间效应的影响。

6）发展新型支护结构形式。深基坑工程的不断发展必然会带动新型支护结构的出现，每种支护结构的适用范围也不同，根据工程条件研究新的支护结构（图 3-11），在保证工程安全的前提下创造更大的经济效益，将是未来支护技术的发展方向。

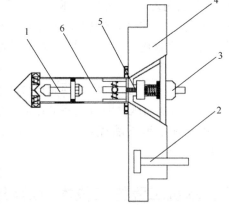

图 3-11　一种新型装配式深基坑
支护结构示意图
1—抓地支撑组件；2—预埋螺钉；3—连接螺母；
4—挂板；5—便捷拆装组件；6—预制锚杆

五、基坑工程施工技术指标记录

1）最大开挖深度：云南省滇中引水龙泉倒虹吸接收井基坑，开挖深度 77.3m，半径为 8.5m 的圆形结构，围护结构采用 1.5m 厚的地下连续墙帷幕止水，地连墙成槽深度达 96.6m，墙顶设锁口圈梁。

2）最大开挖面积：上海虹桥交通枢纽工程的基坑开挖面积高达 52 万 m²，开挖深度 7.8～29m，采用二级放坡＋重力式挡土墙＋地连墙＋内支撑的支护方式。

3）深圳恒大中心项目，总建筑面积约 33 万 m²，建筑高度约 400m，基坑深度达到 42.35m，是国内房建最深基坑项目。

六、基坑工程施工技术典型工程案例

扬子科创中心三期项目深基坑工程：

扬子科创中心三期项目位于南京江北新区产业技术研创园内浦滨路与江森路交口。基坑开挖面积约 9000m²，基坑总延长约为 386m，基坑大面开挖深度 23.9m，最大开挖深度 30.65m。地层以粉细砂质土为主，上层为淤泥粉质黏土。

该工程紧邻市政交通道路和既有建筑物，由于净距太小，给本工程地下连续墙施工、挖土施工等带来了较大的影响，场地周边地下管线复杂，项目西侧（浦滨路）φ1400 铸铁供水管离基坑较近，最大距离约 7.7m，最小距离约 6m，埋深 2.8～3.8m（设计单排隔离桩防护）；项目南侧（云驰街）φ600 混凝土排水管紧贴围墙，距离基坑 7.5m；项目北侧（江森路）15m 以内的人行道下方有天然气管、西北角有通信明管等管线，距离基坑约 13.7m。

本工程在老建筑包围之中施工，且地下结构几乎占满了红线范围，局部场地已紧贴，施工范围极其狭小，采用地下主体工程全逆作法施工较好地解决了施工范围狭小这一问题。

6.1 基坑支护

基坑支护采用地下连续墙结构，墙厚 1000mm、1200mm，连续墙总延长米约为 386m，地下连续墙深 62m，嵌入中风化泥质砂岩 0.5m，混凝土设计强度等级为水下 C35，抗渗等级为 P10，特殊段槽壁采用三轴搅拌桩进行加固。

地下连续墙施工接头采用刚性 H 型钢接头，槽段接头外侧设置旋喷桩，起到止水的效果。高压旋喷作为地下连续墙接头补强结构，深度同地连墙 62～64m。共计 124 根，桩径 1000mm。采用双高压工艺，浆压 20～25MPa，水压 35～38MPa。结构接头均采用刚性连接。

基坑工程中的竖向支撑构件包括钢立柱和立柱桩，本工程采用与主体地下结构柱及工程桩相结合的立柱和立柱桩（一柱一桩）的形式。

1）立柱：施工阶段的支承钢立柱类型采用钢管立柱，并外包混凝土作为主体结构框架柱的劲性叠合构件。立柱穿越基础底板范围内设置刚性环形止水板。

2）立柱桩：采用主体结构工程桩，共设计 3 种桩型：φ800（抗拔桩）、φ1400、φ1600。根据计算结果，φ1600 桩满足基坑逆作需要的立柱桩承载力特征值为 21000kN，φ1400 桩满足基坑逆作需要的立柱桩承载力特征值为 13000kN，抗拔承载力 54000kN。见图 3-12、图 3-13。

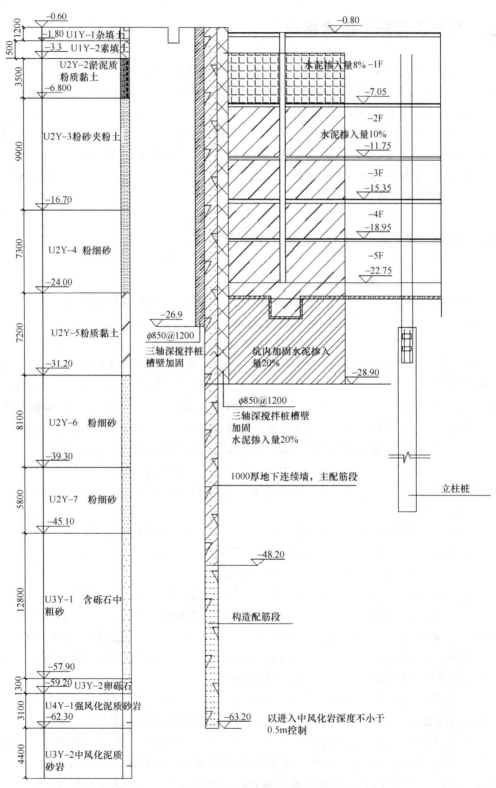

图 3-12　连续墙支护结构剖面示意图

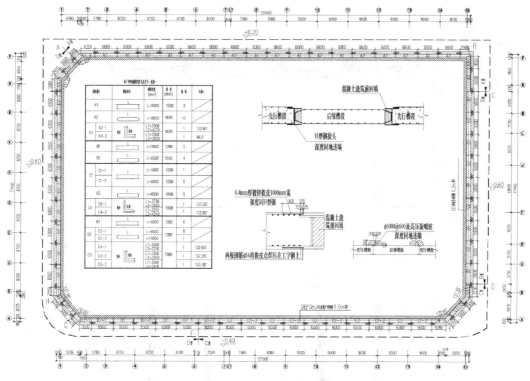

图 3-13　连续墙支护结构平面示意图

6.2　地下水控制

基坑止水采用两墙合一，地下连续墙作为周边围护体，兼做止水帷幕。

采取自流管井预降水的方式对基坑进行疏干和降压，将水位降至开挖面以下 1m，以提高基坑稳定性和变形控制。

坑内设置 12 口降水井：所有降水井全孔回填滤料，对开挖范围内地层起到引渗疏干作用。底板形成后混凝土强度形成期间，预留 8 口后封闭降水井（JA-01～08）继续降水，控制下部水压，待底板混凝土强度达到 100％后，采用注浆封堵。坑外设置 18 口备用观测降水井，作为坑外水位观测井使用。

6.3　基坑开挖

本工程采用全逆作法施工，基坑开挖竖向分 6 个层次进行，首层土采用明挖，以下全部采用分层暗挖土，每施工段均采用盆式开挖。①层土开挖最大开挖面为　4.2m（地连墙悬臂高度为 3.4m），②～④层土每层开挖至结构面以下 2.6m，⑤层土开挖至B4 层结构面以下 2.3m，⑥层土首先开挖至大面及承台垫层底标高，待大面垫层强度达到设计要求后，继续开挖坑中坑及电梯井、集水井深坑部位。基坑开挖逆作工况如图 3-14所示。

6.4　基坑监测

监测周期为自围护结构施工开始至基坑回填到±0.000 结束，监测工作始终跟进施工进度进行，在不同的施工工况时采用不同的监测频率。

水平位移监测：

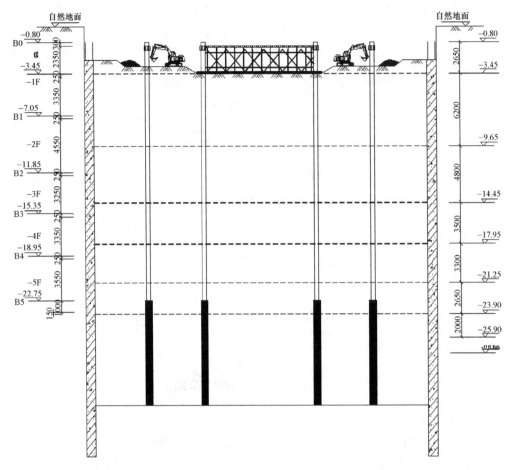

图 3-14 盖挖逆作工况图

圈梁水平位移监测，在圈梁顶上钻孔埋设专用沉降观测钉，共 17 个观测点，采用小角法和极坐标法进行监测，见图 3-15、图 3-16。

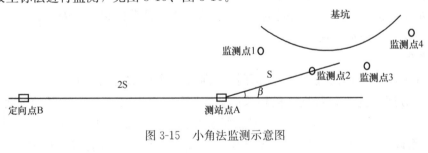

图 3-15 小角法监测示意图

图 3-16 极坐标法监测示意图

深层水平位移监测，根据设计图纸要求，本项目共布设墙体测斜 5 孔，坑外深层土体测斜 17 孔，测斜埋深 53m。供水管两侧测斜 26 孔，埋深约 10m。采用在桩体中预埋测斜管、通过测斜仪观测各深度处水平位移的方法，见图 3-17。

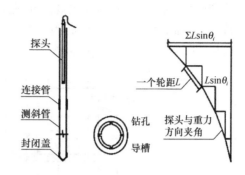

图 3-17　斜测仪埋设及测试原理图

竖向位移监测：

圈梁竖向位移监测，监测点布设与圈梁水平位移监测点相同，用电子水准仪进行监测。

立柱竖向位移监测，监测点采用带圆心或十字丝的道钉直接埋入立柱顶部的支撑梁中，共设 16 个监测点，方法同圈梁竖向位移监测。

周边道路沉降监测，在监测点埋设竖向钢筋并留置观测段，本工程共埋设 27 点道路沉降监测点，方法同圈梁竖向位移监测。

周围建筑物沉降监测，将沉降钢钉布置于观测点，本项目共布设 26 个建筑物沉降观测点。遵循监测点布置原则在建筑物的四角、大转角、伸缩缝处，靠近施工现场方向多布点，远离施工现场方向兼顾布点，对跨度较大、基础较弱的建筑物适当加密。

周边管线沉降监测，根据实际情况直接或间接安设监测点，观测方法同圈梁竖向位移监测。

支撑轴力监测：

本工程每层布设 18 组支撑轴力监测点，每组监测点设置 4 个钢筋应力计。共 5 层，共计 90 组支撑轴力监测点。钢筋混凝土支撑梁钢筋绑扎期间，将钢筋计焊接到受力主筋的预留位置上（两支点间的 1/3 部位），每个支撑断面布置 4 个钢筋应力计，导线沿钢筋绑扎引至支撑梁指定位置固定，并做好对应钢筋计的编号。当钢筋受拉压力时，引起钢筋应力计钢弦频率发生变化，由频率仪测得钢筋的频率变化即可计算出钢筋所受力的大小，见图 3-18。

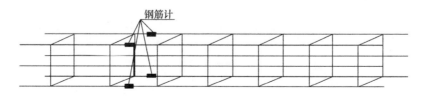

图 3-18　混凝土支撑钢筋计安装示意图

坑外水位监测：

本工程共布设 18 口坑外水位观测井。通过孔内设置水位管，采用水位计进行量测。

地下连续墙内力监测：

地下连续墙内力监测点按相关规范和设计要求共选择 4 幅墙体作为监测对象。每幅墙体钢筋笼迎土面和背土面沿竖向对应各安装 6 支钢筋计，每幅埋设 12 支钢筋计，见图 3-19。

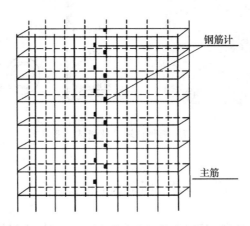

图 3-19　地连墙钢筋应力钢筋计埋设示意图

第四篇 地下空间工程施工技术

北京城建集团有限责任公司　张晋勋　武福美　邱德隆　邢兆泳　贺永跃

中国平煤神马集团　　　　　李吉帅　李勤山　吴　闽　梁亚明

北京京能建设集团有限公司　韩宇峰

摘要

城市地下空间工程对于解决城市空间狭小、缓解城市交通压力、改善城市居住环境，建造宜居城市有着不可替代的作用。其施工技术已经广泛应用于地下铁道车站、地下停车场、交通枢纽、商业设施及地下调蓄水池等工程。根据工程的施工特点，地下工程采用不同的施工方法，其中较为常见的施工方法主要有明挖法、暗挖法、盖挖逆作法、顶管法、盾构法等，在较为复杂的地下空间工程中，不同施工方法的组合也是解决难题的利器。城市地下空间的开发与利用是建设资源节约型与环境友好型社会的有效途径，其施工技术也必将在地下空间的开发建设中发挥重要作用。

Abstract

Urban underground space engineering plays an irreplaceable role in solving the narrow urban space，alleviating the urban traffic pressure，improving the urban living environment and building livable city. Its engineering technology has been widely used in metro stations, underground parking garage, transportation hubs, business facilities, underground storage tanks and other projects. According to the construction characteristics of the projects, underground engineering adopts different construction methods. Among them, the comparatively common construction methods mainly include open cut method, undermining method, reverse-cut method, pipe jacking method, shield method and so on. In comparatively complicated underground space projects, the combination of different construction methods is also a tool to solve problems. The development and utilization of urban underground space is an effective way to build the resource-saving and environment-friendly society，and its construction technology will also play an important role in the development and construction of underground space.

一、地下空间工程施工技术概述

目前，世界人口50％以上生活在城市。据预测，至2050年世界上将有66％人口生活在城市，其中未来大型城市将主要集中在东南亚、美洲和非洲。随着地表空间的日趋紧张，开发地下空间成为世界大型城市发展的必然选择，国际上各大城市正积极探索地下空间开发综合利用，并得到了一系列卓有成效的发展思路。

1.1 国外城市地下空间开发现状

英国作为工业革命的起源地，是世界上较早利用地下空间的国家。1861年，伦敦修建了世界上第一条地下综合管沟，将煤气、上水、下水管及居民管线引入地下；1863年修建了世界上第一条地铁；1927年建成了世界上第一条地下邮政物资运输系统。而日本受国土狭小、人口稠密限制，东京于1934年建成了世界上第一条地下商业街，开启了全面探索地下综合开发利用的序幕。随着城市地下空间开发的全面推进，地下空间作为城市地表空间的有效补充得到了全面发展，包括地下交通、地下公共服务设施、地下市政工程及地下人防工程等，概述如下。

1.1.1 地下交通

城市地下交通系统包括动态交通（如地铁、地下快速道路、地下步行系统等）及静态交通（如地下停车场等）。地铁作为有效缓解城市地表交通拥堵的重要举措，成为世界特大城市向地下索要空间的必然选择。截至2016年底，世界上地铁运营总里程超过6000km，其中超过100km的大城市已达到52座，地铁输送量已占据城市交通工具运输总量的40％～60％。

地下步行系统配合地铁换乘点、地下商业中心进行布局，较好地解决了地下交通、商业与地表空间的连接问题，在世界范围内也得到广泛应用。最具代表性的有：加拿大蒙特利尔地下步行系统和日本东京地下步行系统。通过地下步行系统将地铁站点、地下停车库、地下商场、地下物流仓储有效串联，实现城市中心资源高度整合，正成为大型城市地下交通发展的重要组成部分。

城市汽车保有量的快速增加，对停车空间的需要日趋旺盛，使得城市停车难也成为世界各大城市发展的共同问题。大规模的地下停车场对于缓解该问题起到很好作用。如：法国于1954年规划完成41座专门地下停车场，拥有超过5万个车位；日本于20世纪70年代在大型城市系统规划地下公共停车场，全面缓解了地表停车空间压力。

地下停车的不便捷性与高成本成为制约其发展的重要瓶颈，世界各国在解决上述问题上做了诸多探索，如：英国伦敦中心区建设地下高速公路并将地下停车场全部建于公路两侧，通过机械输送方式实现快速泊车，提升停车效率。此外，随着智能化水平的提升，智能化停车交通系统（ITS）、电子停车收费系统（ETC）、地下停车区位引导系统（DGS）等也在国外停车领域得到较为广泛应用，也为地下停车系统高效发展提供了新的思路。

1.1.2 地下公共服务设施

随着城市规模的扩大和集约化程度的提升，诸多城市公共服务设施（包括地下商业、地下文体娱乐设施、地下科教设施、地下仓储物流等）转入地下得到长足发展。

地下商业最初起步于日本，并在世界各地得到广泛采用。目前，日本东京建设有地下商业街 14 处，总面积达到 22.3 万 m²；名古屋建有 20 多处，总面积为 16.9 万 m²；而日本各地大于 1 万 m² 的地下街达到 26 处。此外，以地下商业为引导，世界各地出现了大量涵盖交通、商业、文娱、体育的多功能地下综合体，如：加拿大蒙特利尔 Eaton 中心地下综合体系包括地铁站、地下通道、地下公共广场、地下商业体、地下文娱等设施，并实现与地上 50 栋大厦连通；法国巴黎列阿莱地下综合体布局 4 层，总建筑面积达 20 多万 m²，通过与公共交通的有效衔接，实现了地下商业与交通的有机融合。此外，为充分发挥地下空间恒温、恒湿、隔音、无大气污染等优势，越来越多的公共服务设施选择转入地下，如地下公共图书馆、地下博物馆、地下医院、地下科研实验室、地下健身中心、地下仓库、地下变电站等。如挪威充分发挥岩洞优势，建成了世界上首个约维克奥林匹克地下运动馆；新加坡 2014 年建成裕廊岛地下储油库，该储油库耗资 9.5 亿新元，位于海床以下距离地表 150m 处，是新加坡迄今最深的地下公共设施工程（图 4-1a）。地下物流系统也在近年得到广泛的探讨，如德国自 1998 年起，从鲁尔工业区修建一条地下物流配送系统，该系统长约 80km，采用 CargoCap 自动装卸运输集装箱，可实现物流高效配送（图 4-1b）。但总体而言，受传统观念认知影响，地下公共服务设施的建设在全球仍有待提升。

 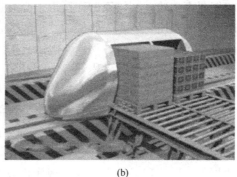

(a)   (b)

图 4-1　地下公间开发实例

（a）新加坡地下储油库；（b）德国地下物流系统

1.1.3　地下市政公用工程

地下市政公用工程服务于城市清洁、高效运转，属于城市"里子"工程，包括地下市政管线、共同沟（综合管廊）等。在国际大都市的建设过程中，一直非常重视地下市政公用工程的建设，并取得了诸多经典杰作。如法国巴黎老城区的地下排水系统总长 2347km，规模远超巴黎地铁，历经上百年仍高效发挥功能，堪称城市"良心工程"的代表，为巴黎国际化大都市进程提供了重要基础保障。

20 世纪以来，随着城市集中化程度的提升，对于地下市政公用工程的要求越来越高，出现将市政管网系统（如供水、排水、电力、通信、供热、燃气等）集中于同一沟道，以达到提升公用设施管理的高效性与便利性，称之为"共同沟"。

20 世纪 20 年代，东京就在市中心的九段地区干线道路地下修建了第一条地下共同沟，将电力、电话线路、供水、煤气管道等市政公用设施集中在一条管沟之中。日本政府于 1963 年颁布《关于建设共同沟的特别措施法》，要求在交通流量大、车辆拥堵主要干线道路地下，建设容纳多种市政公用设施共同沟，从法律层面给予保障。目前，日本已在东京、大阪、名古屋、横滨、福冈等近80个城市修建了总长度达2057km的地下共同沟，为日本城市现代化、科学化建设发展发挥了重要作用。此外，日本近年将垃圾分类收集系统与共同沟建设有机结合，提升了共同沟的有效服役水平及服务寿命。

另外，英国、法国、德国、西班牙、美国、新加坡、俄罗斯等发达国家在大型城市建设过程中也尤为重视地下综合管廊工程建设，并完成了诸多卓有成效的工作。近些年，随着互联网、信息技术的提升，现代信息化技术（如人工智能、遥感、BIM、GIS、AR/VR技术等）正逐渐被用于对管廊运营的全过程监控、预警、调控等领域，更为全面地保障了其高效运转。

1.1.4 地下人防工程

地下人防工程作为战时抵抗一定武器效应的杀伤破坏、保护人民生命财产安全的重要防护工程，贯穿于人类现代城市建设的整个过程。第一次世界大战之后，西方一些国家就非常重视人防工程与城市地下空间的结合利用，如：瑞典斯德哥尔摩自1938年开始全面构建城市防空掩体，以确保城市居民快速进入防护工事；其建成的"三防"斯德哥尔摩地下医院，总面积有4000m^2，战时能保护3000人或容纳150张床位，可同时发挥人防与紧急救援的双重功效；其建成的连接市中心与机场的高速列车隧道，长达40km，可实现战时城市人口的快速疏散，为典型的"平战结合"人防工程。

目前，美国、俄罗斯、英国、法国、德国等国家城市人防工程建设已具相当规模。其中，美国建成的人防掩遮工程约20.5万个，可容纳85%以上美国人口；俄罗斯在各大中心城市及重要工业区均构筑多个抗冲击地下人防工程；挪威利用其天然岩洞特色，在包括奥斯陆在内的大型城市建有多个岩洞型掩遮体，可有效保障居民战时安全。

新型战争武器（如钻地导弹、精准制导武器等）的进步对传统人防工程提出全新考验，如1998年美国轰炸我驻南联盟大使馆所使用的钻地导弹可深达地下室二层，处于地下浅表层的人防工程显然无法满足现代化战争的现实需要，向"深地、特种人防建设"发展成为城市人防工程的世界性课题。

1.2 中国城市地下空间开发发展现状

我国关于城市地下空间的利用起源于人民防空工程的建设，根据20世纪70年代初提出的"深挖洞、广积粮、备战备荒为人民"指导思想，全国大小城市开始了较为广泛的人民防空洞建设。而后根据实际形势的演变，经济建设成为社会的主旋律。1978年，中央提出"平战结合"的人防工程建设方针，但该阶段的城市地下空间利用仅局限于人防建设。1986年的全国人防建设与城市建设相结合座谈会上，中央提出人防工程"平战结合"的思路应与城市建设相结合，为城市地下空间利用的发展指明了方向。

而随着我国城市建设的高速发展，为缓解日趋严重的交通拥堵问题，各大城市开展了如火如荼的地铁建设，为城市地下空间的开发利用发展奠定了坚实的技术基础。进入21世纪以来，面对"大城市病"的问题趋于明显，对于城市地下空间的综合开发利用的需求达到了前所未有高度，包括地下综合体、地下综合枢纽、地下街区等新型地下空间设施不断涌现，为我国城市地下空间的综合利用掀开了新的篇章，现阶段发展情况概述如下。

1.2.1 地下交通

北京地铁是我国首条地铁，始建于1965年。截至2019年底，中国大陆地区共有40个城市开通城市轨道交通，运营线路208条，地铁运营总长度5180.6km。截至2019年底，共有 65 个城市的城轨交通线网规划获批（含地方政府批复的 21 个城市），其中，城轨交通线网建设规划在实施的城市共计 63 个，在实施的建设规划线路总长 7339.4km（不含已开通运营线路）。进入"十三五"四年来，共新增运营线路长度为 3118.2km，规划、建设、运营线路规模和投资稳步增长，进入"十三五"四年来，共有 27 个城市新一轮建设规划或规划调整获国家发展改革委批复，获批项目总投资额合计约 25000 亿元。我国地铁轨道交通的总体水平提升到一个全新高度（摘自《城市轨道交通 2019 年度统计和分析报告》）。

我国轨道交通的快速发展也带动了大型地下交通枢纽的发展。正在实施的北京城市副中心站综合交通枢纽，是"四网融合"的现代化交通枢纽。主要交通设施均位于地下，设计范围为 59 公顷。

1.2.2　地下公共服务设施

伴随我国地下交通工程的快速发展，地下公共服务设施在 21 世纪也得到迅速提升。目前，我国建成的超过 1 万 m^2 的地下综合体达到 200 个以上，其中，上海虹桥地下商业服务区地下空间开发面积达到 260 万 m^2，是目前国内最大的地下商业综合体。其街区间通过 20 条地下通道以及枢纽连接国家会展中心（上海）地下通道，将地下空间全部连通，可媲美加拿大蒙特利尔地下城。

我国城市地下公共服务设施（如地下博物馆、地下医院、地下实验室、地下文娱中心、地下仓库等）也在积极探索之中，如陕西汉阳陵地下博物馆就地开发保护，并充分融合现代化技术，直观呈现出波澜壮阔的地下王国。地下的恒温恒湿特点也为医疗卫生设施提供了先天条件，依据《杭州市地下空间开发利用专项规划（2012—2020 年）》规划，杭州将在未来修建一定规模的地下医疗空间；此外，基于早期民居地下室、人防工程发展起来的地下科研实验室、地下文娱健身中心、地下仓储中心也有少量报道。但总体而言，我国综合利用地下空间发展公共服务设施尚存在较大的发展空间。

1.2.3　地下市政公用工程

"城市看海"每每夏秋季节袭击我国各大城市，且存在蔓延之势；此外，因管网管理归口及反复开挖维修保养问题影响，"马路拉链"始终成为我国城市建设的顽疾，以上两大问题时刻拨动着城市建设者的敏感神经，据此，我国也加速了城市地下管网工程建设、改进的步伐。

我国于 2015 年出台了《国务院办公厅关于推进城市地下综合管廊建设的指导意见》，旨在到 2020 年建成一批具有国际先进水平的地下综合管廊，明显改善"马路拉链"问题，提升管线安全水平和防灾抗灾能力，逐步消除主要街道蜘蛛网式架空线，改善城市地面景观。此外，自 2015 年起，住房城乡建设部发布《城市综合管廊工程技术规范》，详细规定了给水、排水、雨水、污水、再生水、电力、通信、燃气、热力等城市工程管线敷设及安装技术要求及标准，为我国综合管廊工程建设提供了技术支持。此后，全国 36 个大中城市陆续启动地下综合管廊试点工程，为后续城市地下综合管廊建设提供重要参照。

1.2.4　地下人防工程

我国早期的人防工程建设缺乏整体规划与设计，采取的是"边创造、边设计、边建设"的群众路线，整体布局与城市发展相脱节，并造成了诸多地下空间的浪费问题。此后，开始全面贯彻"平战结合"方针，通过城市建设发展与人防工程协调发展的思路，但对当时城市地下空间开发利用尚缺乏系统认识，对于"平战结合"的地下协调规划与设计仍存在严重问题。进入 21 世纪后，随着城市地下空间开发的需求日益增加，对于地下空间统筹规划、协调发展的思路逐渐深入人心，并逐渐将城市交通枢纽、重要基础设施与地下停车场、地下商场等立体化设计，并开展专项的抗武器毁伤、战争避难生存概率评估分析，方从真正意义上开始体现出人防工程二元化作用。如：2002 年面积越 2.2 万 m² 的上海火车站南广场地下人防工程启用，平时可停车 561 辆，有效缓解了火车站地区的停车难问题。截至 2016 年年底，全国的平战结合开发利用的人防工程面积已经超过 1 亿多平方米，年产值 300 多亿元，总利润 120 多亿元，提供就业岗位约 700 万个。

此外，近年来人防工程有向民防工程建设发展趋势，即由单纯防止"战争灾害"转向防止"人为灾害（含战争灾害）"和"自然灾害"的两防机制，其防灾广度及深度进一步加强，进一步扩大了人防工程的应急避难、机动疏散等核心功能。同时，随着我国城市地下空间综合利用力度增加，探讨以大型地下综合体为主导的多元化融合规划成为新的命题，即将人防功能融入多元化地下综合体中，实现城市地下空间开发具有较强的人防功能，确保战时的避难、救援、机动疏散的多元功能发挥。

但总而言之，我国人防工程平时利用在起步上比较晚，利用形态比较单一，地下设施类型较少。与国外相比，无论是在技术规模、经济还是社会、环境效益上都存有较大的差距。

二、地下空间工程施工主要技术介绍

2.1 地下空间工程探测与施工技术的发展

地下空间工程是随着社会的进步而兴起并不断发展的。近代地下空间的发展源于工业化程度较高的西方国家。第一次工业革命以后，由于城市人口的增长，城市既有的基础设施无法满足城市发展的需求，西方一些国家开始开发利用地下空间修建地下供排水系统、共同沟、地下仓库等。地下市政设施的修建，是现代城市地下空间开发、利用开始的标志。而 1863 年英国伦敦修建的第一条地铁的运营，为近代地下空间发展的纪元；第二次世界大战以后，随着城市人口的激增，城市建设的深化，城市的综合性基础设施趋向地下化，特别是地下铁路、地下停车场、地下大型综合体等的建设，形成了地下空间开发利用的高潮。

我国城市地下工程的发展源于新中国成立初期的国防、人防工程的修建。20 世纪 80 年代提出了新建工程按"平战结合"的要求进行设计、建设，有力地推动了我国城市地下空间的开发利用。进入 21 世纪以后，我国城市地下空间的开发数量快速增长，特大城市地下空间开发利用的总体规模和发展速度已居世界同类城市的先进行列，成为世界上城市地下空间开发利用的大国。以地铁、地下综合管廊、大型公用建筑的地下商场、停车场等地下空间工程开发为主导的地下空间产业，已成为经济和社会发展不可或缺的一部分。地下空间工程的施工方法主要有明挖法、暗挖法、盾构法及沉埋管段法，其中明挖法、暗挖法、盾构法因其特有的技术工艺在城市建设中逐渐得到广泛应用。

地下空间的开发是城市建设的重要工作内容。地下空间的规划越来越重要，逐渐成为城市建设面临的重要问题，地下空间要进行合理的开发以及利用，要进行深入的进行相关城市的地质探测，对于地下空间进行深入的了解，要掌握相关的详细资料，明确地下空间建设的目标。现阶段有些城市地下空间的开发深度已经到 50m 左右，还有的工程甚至开发达到 70m，未来城市空间的建设要逐渐趋向于综合化，要对于城市的全局进行综合考虑，需要使用更加先进的探测技术，也就对于相关的技术提出了更加高的要求。目前通常使用的地下空间的探测技术是钻探、探测雷达以及高密度电法等，相关的探测技术正在逐步加强，能够逐步推进城市化建设的进程，有利于国家的城市化的发展。

2.2　明挖法施工技术的发展

明挖法是指在无支护或支护体系的保护下开挖基坑或沟槽，然后在基坑或沟槽内施作地下工程主体结构的施工方法。最早的明挖法放坡开挖及简易木桩围护可追溯到远古时代。在 20 世纪 30 年代 Terzaghi 和 Peck 等人最早提出了明挖基坑的分析方法，该理论在今后的工程实践中得到修正及改进，并一直沿用至今。

明挖法基坑工程在我国进行广泛的研究是始于 20 世纪 70 年代末。早期的开挖常采用放坡形式，后来随着开挖深度的增加，放坡面空间受到了限制，产生了围护开挖。20 世纪 80 年代以后，随着我国国民经济的发展，高层建筑、地下工程等基础设施建设规模不断扩大，深基坑问题逐渐出现，此时的围护结构主要采用人工挖孔桩及水泥土搅拌桩；20 世纪 90 年代，我国开始出现超深、超大的深基坑，基坑面积达到 2 万～3 万 m^2，深度达到 20m 左右，复合式土钉、SMW 工法、钻孔桩、地下连续墙及逆作法等开始推广使用；进入 21 世纪以后，我国地下工程明挖法基坑快速发展，出现了面积达 2 万～3 万 m^2，深度超过 30m，最深达 50m 的深基坑。

随着基坑施工技术的不断进度，日本 1935 年首次提出逆作法工艺概念，并试用于地下工程。经历了 70 余年的研究和工程实践，目前已在一定规模上应用于高层和超高层的多层地下室、大型地下商场、地下车库、地铁、隧道、大型污水处理池等结构。国外典型的工程有：世界上最大的地下街是日本东京八重洲地下街，共三层建筑面积 7 万 m^2；最深的地下街是莫斯科切尔坦沃住宅小区地下商业街，深达 70～100m；最高的地下综合体是德国慕尼黑卡尔斯广场综合体，共分六层。

随着国内大中城市中心区城市用地越来越紧张，在城市中心区高层建筑与地下轨道、市政管线密集分布区域的旧楼改造或新建工程深基坑的安全性及其基坑工程施工对周围环境的影响成为这类建筑施工的瓶颈问题；而逆作法施工正是妥善解决这类问题的有效施工方法。目前，北京、上海、南京、广州、天津和杭州等许多大中型城市的多个大型工程都已经采用或正在逆作法施工。如上海基础工程科研楼的两层地下室、高 116m 上海电信大楼的 3 层地下室、上海延安东路黄浦江越江隧道 1 号风塔的地下室、上海合流污水治理主泵房地下直径 63m 的圆井、上海明天广场 58 层 3 层地下室、广州新中国大厦地上 43 层地下 5 层、南京德基广场二期工程地上 8 层地下 5 层同步施工等，都成功地应用了逆作法。逆作法施工技术经历了半个多世纪的应用与发展已经成为较为成熟的一种建筑施工技术。在我国城市化的高速发展中与城区的高层建筑施工中应用越来越重要。

2.3　暗挖法施工技术发展

1948 年，奥地利专家 L. V. Rabcewicz 设计了建立在使用新建筑材料前提下的安全经济的隧道开挖方式及支护结构形式，并于 1963 年形成系统理论，定名为"新奥地利隧道建造法"，简称"新奥法"（NATM）。20世纪80年代军都山铁路双线隧道进口段在黄土地层首次应用新奥法（NATM）原理进行了浅埋暗挖施工技术的研究和试验。随后在1986年北京地铁复兴门折返段开发应用这种新技术并获得成功；20世纪90年代北京地铁复八线一全面推广浅埋暗挖法修建了约13.5km的地铁区间段及西单、天安门西、王府井和东单4座地下暗挖车站。国家科委于1987年8月25日鉴定并经过论证正式取名为"浅埋暗挖法"。

根据浅埋暗挖法施工技术20多年的工程经验，使施工技术具有了灵活多变、不拆迁、不影响交通、不破坏环境、综合造价较低、隧道支护结构强度高等优点，特别适合中国国情。浅埋暗挖法的实践是一个不断发展和完善的进步过程，特别是大跨度暗挖技术得到长足发展，是浅埋暗挖法成为一个成熟的技术，并逐步在地下空间工程中得到广泛的应用。近年来，随着我国城市轨道的快速发展暗挖法越来越多地应用于城市轨道建设中，尤其是地铁车站、地铁区间不规则变断面等特殊断面段的施工中。

2.4 盾构法施工技术的发展

盾构法是暗挖隧道的专用机械在地面以下建造隧道的一种施工方法。世界上第一台盾构机在1825年诞生于英国，1843年该条盾构隧道建成。19世纪末到20世纪初，盾构技术相继传入美国、法国、德国、日本、苏联，并得到了很大的发展。1931年苏联利用盾构机建造了莫斯科地铁隧道，并首次使用了化学注浆和冻结工法。20世纪60年代起，盾构法在日本得到了快速的发展，并在随后的几十年内研发了多种盾构机类型，使盾构机进入了一个新的台阶。目前，国外盾构机的主要制造厂家集中在欧美和日本，如美国的罗宾斯公司、德国的海瑞克公司、加拿大的加拿大Lovat公司以及日本的小松制作所、三菱重工、川崎重工等。

我国盾构法施工源于20世纪50年代初，在辽宁阜新煤矿使用手掘式盾构修建疏水巷道。随后的1957年，北京市下水道工程中进行了小口径盾构工法的尝试。20世纪60年代初，北京地铁研制网格式压缩混凝土盾构施工技术并成功地进行了试验。1966年采用网格挤压式盾构修建了打浦路过江隧道工程。1980年，上海地铁1号线试验段施工，采用网格挤压型盾构掘进机在淤泥质黏土地层中掘进隧道1230m。1987年，我国第一台加泥式土压平衡盾构掘进机用于市南站过江电缆隧道工程。1990年，上海地铁1号线采用了7台土压平衡盾构掘进机。1996年，上海地铁2号线再次使用原7台土压盾构，并从国外引进2台土压平衡盾构机。1996年，上海延安东路隧道南线工程采用从日本引进的$\phi 11.22m$泥水加压平衡盾构掘进机施工。1996年，广州引进日本1台土压平衡盾构和2台泥水加压盾构，进行了广州地铁1号线盾构隧道掘进施工。1999年，北京地铁5号线试验段采用盾构法设计施工。进入21世纪，我国盾构技术不断向前发展。2001年，我国将盾构关键技术列入863计划。2015年，国内第一台铁路大直径盾构机成功下线。国内首台铁路大直径盾构机的下线，开创了国产自主研制的先河，国产大型盾构施工装备创新能力与技术水平得到了前所未有的增长，目前国产盾构机最大直径达16m。

2.5 顶管施工技术的发展

顶管施工最早始于1896年美国的北太平洋铁路铺设工程施工中。日本最早的顶管始于1948年。我国顶管始于1953年，为手掘式顶管；1964年前后，上海开始采用大口径机械式顶管。1967年上海研制成功遥控土压式顶管机。1984年前后，我国在北京、上海、南京等地先后引进国外先进的顶管设备，使我国的顶管技术上了一个新台阶。随后，土压平衡理论、泥水平衡理论、管接口形式及制管新技术等慢慢发展起来。1999年4月，上海隧道股份所研制的3.8m×3.8m矩形顶管机于应用于上海地铁三号线五号出入口矩形通道，开创了国内矩形隧道研究和设备推广应用的先河。目前，国内宽度大于6m、高度大于3m的大断面矩形顶管施工已普及，矩形顶管机已发展成集光、机、电、液、传感和信息技术于一体，涵盖切削土体、输送渣土、测量导向和纠偏等多功能的专用工程机械。

2.6　沉井施工技术的发展

1841年法国的工程师（M. Triger）将气闸发明应用到沉箱下沉开挖中，1851年英国罗切斯特（Rochester）修建铁路桥基础开始，到1860年间，在欧洲的英国、法国、荷兰等地，大多应用的是2m小型气压沉箱，也称为圆筒形气压桩。20世纪初，在隧道竖井及地铁建设工程中很多地下工程也有采用气压沉箱施工，特别是德国最早开发研究的盾构掘进机（TBM），为了保证掘进面内外的压力平衡，减少地下水影响，在掘进机研发中，就是沉箱气压平衡技术使用的延伸。

1923年，日本引进气压沉箱技术，并使气压沉箱工法运用到桥梁基础、建筑基础、工厂设施的基础、河川港湾设施、地下铁道、地下道路、地下容器、地下储藏罐、地下防空洞等各种各样的构筑物工程的建设。

在沉井敞开式下沉施工技术方面，德国研发了沉井自动下沉开挖、泥水分离设备，能够应付各种复杂地层的开挖下沉。

1950年以来，沉井技术在我国得到广泛的应用和发展。我国的沉井使用有记录的是在1933年茅以升建钱塘江大桥工程，桥墩基础首先采用"沉箱法"，将钢筋混凝土做成的箱子口朝下沉入水中罩在江底，再用高压气挤走箱里的水，工人在沉箱里挖砂作业，使沉箱与木桩逐步结为一体，然后在沉箱上再筑桥墩时开始。

竖井、地下储库、取排水泵站、盾构与顶管工作井等大量采用沉井法施工。并且在一些水利大坝基础、隧道工程等方面，我国开发了沉井群连续下沉技术，解决了特殊地质环境基础施工的难题。如1996年施工的江阴长江大桥北锚墩沉井工程（69m×52m，深58m），为大型超深沉井。沉井平面分为36个隔舱。先采用排水下沉，后采用不排水下沉。2009年12月，吉林松花江盾构竖井（直径16.8m、深42m）需要穿越砂卵石、砾石、岩石地层，且遭遇50年未遇的严寒（最低气温−41℃），冻土深度达到3m，井壁外围被冻土冻胀抱死。为解决这个难题，我们采取了深层地下水解冻技术、钻孔爆破技术，克服严寒完成了该沉井的下沉所有工作。在很多大桥基础墩台施工中，也有很多沉井使用的范例。如南京长江大桥、武汉长江大桥、苏通大桥、润扬大桥等，大量的桥墩基础均采用了沉井（钢壳）工艺，完成了桥墩基础的施工，解决了深水、快流区基础施工困难。近年来，在城市建筑密集区域，很多地下车库均采用沉井工法完成地下库房构筑物的施工，减少了地面停车库房占地的矛盾。

2.7　地下空间探测技术的发展

我国的城市地质工作始于20世纪60年代，重点进行了城市地下水资源勘查、城市综合工程地质勘查、城市环境地质和地质灾害调查。20世纪80年代以来，城市地质工作逐步由早期单一的工程地质转向综合性地质调查。

近年来，地下空间开发利用以及与地下空间相关的安全运营已经成为我国大中型城市面临的重要课题，而准确的城市地下空间探测成果是保障其课题成功实施的关键。目前国内城市地下空间利用的深度已达 50m，局部特大工程深度在 70m 左右。未来城市地下空间利用将向综合化、深层化、人性化、生态化发展，从而对城市地下空间探测的可靠性提出了更高的要求。目前常用的地下空间探测技术除了钻探外，主要采用包括探地雷达、浅层地震、高密度电法、浅层瞬变电磁法、井间 CT、微动等地球物理方法。

随着城市地下空间探测精度要求的不断提高，三维高密度横波地震、三维高密度电磁法、抗干扰，大深度探地雷达技术以及高效三维探地雷达技术等，将成为城市地下空间探测技术的发展趋势。

三、地下空间工程施工技术最新进展（1～3年）

3.1　地下空间工程施工技术前沿研究

3.1.1　统一规划、多功能集成、规模化建设

我国传统的地下空间开发多是各自为政、单点建设、单一功能、单独运转，地下空间资源的开发利用受到很大限制。随着我国城市化建设的发展到，个体的、分散的地下建筑已不能适应城市生活多方面的需要，统一规划、多功能集成、规模化建设，已成为地下空间开发建设必然趋势，也是现阶段研究的热点及前沿。例如大型隧道与综合管廊的一体化建设、地铁车站、停车场和商业开发等的地下空间的综合建设。

3.1.2　统一分层规划，大深度开发

我国现阶段地下空间的利用主要集中在地下 20m 左右，随着城市化进程的发展，我国大城市市中心现状及中浅层地下空间利用日趋饱和，大深度地下空间的开发利用已成为地下空间开发利用的发展趋势，也是现阶段的研究前沿。例如新加坡根据 NTU 校园的地质特点及学校的长期发展规划，将校园开发深度规划为 3 个层次，分别为：现有建筑下 0～20m、地下 46～70m 及地下 96～120m。日本学者在日本的地下空间开发中提出了分四层开发的设想，第一层为办公室、商业设施、娱乐空间；第二层为地下铁路、地下快速道路；第三层为动力设备、变电所、生产设施等；第四层为污水管道、煤气管道和电缆等公共管线。

3.1.3　标准化、工厂化、机械化

装配式结构体系是建筑业发展的热点，装配式结构具有节能、减排、低碳和环保等优势。国外在地下工程预制技术方面发展较早，苏联在明挖法施工的地铁车站、区间隧道以及车站附属建筑和辅助隧道工程采用装配式钢筋混凝土结构。我国长春市地铁 2 号线袁家店站为预制装配式地铁车站工程，为我国首例装配式地铁车站。标准化、工厂化及机械化是现阶段我国地下空间发展的研究前沿。

3.1.4　多学科交叉研究

地下建筑的迅速发展，使越来越多的人以不同方式生活在地下环境中，因此在满足基本使用要求的基础上，对地下建筑不断提出更高的质量要求。从医学、生理学、心理学等学科的不同角度，多方面研究改善地下环境的途径和措施，包括一些比较复杂的问题。例如，地下环境中放射性元素的剂量及其影响问题，已开始进行研究。

3.2　近1～3年地下空间工程施工技术进展

明挖法基坑一直向大深度、大面积、大长度发展。基坑周边既有建筑和环境条件也越来越复杂。深基坑工程的主要技术难点在于对于基坑周围原状的保护，防止地表沉降，减少对既有建筑物的影响。近年来出现了装配式支护结构、无支撑多级支护新技术、地下水加压回灌、双井组合回灌等技术。

目前，装配式支护结构有：预制桩、预制地下连续墙结构、预应力鱼腹梁支撑结构、工具式组合内支撑等。

预制桩主要是采用预制桩施工方法，如静压或者锤击法施工，还可以采用拆入水泥土搅拌桩，TRD搅拌墙或CSM双轮铣搅拌墙内形成连续的水泥土复合支护结构。预制地下连续墙技术即按照常规的施工方法成槽后，在泥浆中先插入预制墙段、预制桩、型钢或钢管等预制构件，然后以自凝泥浆置换成槽用的护壁泥浆，或直接以自凝泥浆护壁成槽插入预制构件，以自凝泥浆的凝固体填塞墙后空隙和防止构件间接缝渗水，形成地下连续墙。预应力鱼腹梁支撑技术，由鱼腹梁、对撑、角撑、立柱、横梁、拉杆、三角形节点、预压顶紧装置等标准部件组合并施加预应力，形成平面预应力支撑系统与立体结构体系，支撑体系的整体刚度高、稳定性强。工具式组合内支撑技术是在混凝土内支撑技术的基础上发展起来的一种内支撑结构体系。该技术具有施工速度快，支撑形式多样，可拆卸重复利用等优点。

浅埋暗挖法是我国隧道施工的主要施工方法，其施工技术处于世界领先水平，但随着我国人口红利的逐渐衰减，浅埋暗挖法机械化要求逐渐提高。近几年我国城市轨道交通浅埋暗挖法机械化有了一定进步，研制成功了暗挖台车，暗挖台车提高了施工效率和施工过程安全性。暗挖台车具有挖土、开槽、支护、出渣、湿喷等的机械化功能，可有效改善施工作业环境，降低暗挖施工对劳动力的依赖程度，减少人员配备，具有保安全、保质量、保环境、高效率的优势。

盾构法施工在过去几年有了长足的进步，盾构施工技术方面，在大粒径砂卵石地层、高度软硬不均地层、极软土地层中取得了技术上的突破，在地层沉降控制方面，能控制在mm级水平上，最高月进度已达到700m以上；北京地下直径线自主研究开发了带压动火刀盘修复与刀具更换技术；在台山核电引水隧洞工程中，开发了基岩突起与孤石海底精确探测技术，创立了"海底地层定层位、定长度的碎裂爆破技术"；广深港铁路狮子洋水下隧道施工中，采用了"相向掘进、地中对接、洞内解体"的特长水下隧道施工技术。

四、地下空间工程施工技术指标记录

4.1　明挖法施工记录指标

正在实施的北京城市副中心站综合交通枢纽项目中城际车站部分基坑深度达到35.858～38.198m，宽度达170m，总长约1.8km。结构采用顺作、逆作结合施工方案。

4.2　矿山法施工记录指标

由北京城建集团有限责任公司、中国矿业大学（北京）开展的《北京地铁深层车站暗挖施工冻结止水技术与工程示范》课题研究，课题的目标是在不抽取地下水的前提下，安全、快速、经济地完成地铁暗挖车站的施工。通过课题研究，地铁暗挖车站冻结止水技术体系已基本形成。

4.3　盾构法施工记录指标

双护盾 TBM 工法在青岛 2 号线部分区段应用，丰富了我国城市轨道交通隧道建设形式，为岩质地层条件下轨道交通隧道建设提供了新方法。

南宁轨道交通 1 号线火车站～朝阳广场站区间通过优化施工顺序、采取了夹层土体洞内加固、结构加强、下洞临时支撑等措施，实现了四线叠交隧道安全穿越。

武汉地铁 8 号线越江盾构段为单洞双线隧道，管片外径 12.1m，克服了隧道断面大、水压高、穿越地层软硬不均等困难，实现了安全穿越。

北京东六环入地盾构直径达 16m，目前正在掘进过程中。

4.4　逆作法施工记录指标

南京青奥中心双塔楼及裙房工程塔楼（一）249.5m，塔楼（二）314.5m，地下室三层。采用全逆作法施工，是全国超 300m 高层塔楼逆作法首例，为国内超高层全逆作法施工开辟了先河。

4.5　沉井法施工记录指标

世界最大陆地深沉井—五峰山长江特大桥北锚碇超大沉井，重 133 万 t，2017 年 11 月 10 日成功下沉到位。

五、地下空间工程施工技术典型工程案例

5.1　北京城市副中心站综合交通枢纽项目

5.1.1　工程概况

北京城市副中心站综合交通枢纽项目是"四网融合"的现代化交通枢纽，主要交通设施均位于地下，设计范围为 59 公顷，内容包括：城际铁路工程（城际铁路联络线副中心站车站及部分区间、京唐城际副中心站车站及部分区间）、轨道交通工程（新建 M22 线、M101 线车站及部分区间预留工程、既有 M6 线改造）、接驳场站工程（东西接驳场站、地下联络道路、配套自行车停车设施）、公共服务空间、市政配套设施、综合交通枢纽配套工程。枢纽基坑属于超大超深基坑，其中城际车站部分基坑深度达到 35.858～38.198m，宽度达 170m，总长约 1.8km。通过下沉广场与共享空间设计，地下空间地面化、室内空间室外化，将阳光与自然风引入枢纽区地下空间，打造自然、舒适、宜人的地下阳光枢纽，见图 4-2。

5.1.2　施工关键技术

（1）枢纽基坑围护结构采用"T"形地连墙方案

本工程基坑开挖深度最深约 40m，属于超深基坑，基坑侧壁安全等级为一级，加之地下水丰富且存在易塌孔的砂层，保证基坑稳定安全是本工程施工控制的关键要素。基坑围护结构需要承受很大的水土压力，为了解决围护结构受力、节省土建工程投资，枢纽基坑围护结构采用"T"形地连墙方案。

1）场地内地下水丰富，采用地下连续墙隔水＋坑内疏干井相结合的地下水处理措施，既保证了基坑干槽施工，又减少了地下水的抽水量，最大限度地减小了地下水对周边环境

图 4-2　北京城市副中心站综合交通枢纽基坑航拍图

的影响。

2）地下连续墙的施工质量是保证基坑安全、稳定的前提，选用具备垂直度监测与纠偏的成槽设备保证成槽垂直度，严格控制泥浆的各项性能指标，保证槽壁的稳定性。

3）严格遵循"先支后挖、分层开挖、严禁超挖"的原则，组织土方开挖施工的顺序。

（2）采用先进的 HPE 工法进行钢管柱的施工

本工程逆作柱采用钢管混凝土永久柱，钢管柱的施工质量、定位精度、垂直度控制是本工程的重点，本工程采用先进的 HPE 工法进行钢管柱的施工。

1）考虑插入永久性钢管的需要，灌注桩的混凝土要有一定缓凝时间，缓凝时间不小于 36h。

2）钢管柱加工过程中的变形与垂直度不超过规范要求。

3）在钢管柱插入全过程中，采用多手段监测调控钢管柱垂直度。

5.2　北京地铁深层车站暗挖施工冻结止水技术与工程示范

5.2.1　研究背景

课题以北京地区典型地层及地下水的分布特点为研究对象，基于前期课题组的研究成果，提出适宜 PBA 车站的冻结建造体系，分析其温度场的扩展规律、揭示地下水流速对群孔冻结的影响机理、确定冻结工程关键指标。

5.2.2　研究主要成果

课题以冻结技术为依托，开展一系列的科学研究：

（1）系统地揭示了拟建工程所在地的水文地质条件，测定原状砂卵石物理性质及冻结后的强度特性和冻胀融沉特性，为车站冻结设计提供数据支撑。

（2）依托实际工程提出冻结建造体系，包含盆形冻结体系和帷幕冻结体系，并针对两种体系分别开展冻结设计参数的计算，给出工期、造价、进度筹划、监测方案等关键指标，方便决策及关键工序的把控。

（3）针对水平板冻结和盆形冻结两种冻结方式的积极冻结期冻结管布置技术开展物理模型及数值模拟研究，通过理论、物理模型和数值模拟相结合的方法，验证两种冻结方式的可行性及关键控制指标，提出冻结孔间距局部调整的计算式。

（4）主要开展水平板冻结和盆形冻结在维护冻结期温度场的精细化控制技术研究，分析不同地下水渗流条件下不同开挖工况对冻结体形态的影响，给出建议开挖方案。

（5）重点开展光纤监测技术和综合监测平台的研发工作，并在模型试验中应用，北京地铁深层车站暗挖施工冻结止水技术与工程示范结果显示光纤测温技术尚需进一步研究，监测平台的监测能力高及稳定性好，可以用于实际工程应用。

参考文献

[1] Admiraal H，Cornaro A. Why underground space shouldbe included in urban planning policy- And how this willenhance an urban underground future [J]. TunnellingandUnderground Sp：baceTechnology，2016.

[2] Wikipedia. List of metro systems [EB/OL]. https：//en. wikipedia. org/ wiki/List _ of _ metro _ systems，2017-04-12/2017-7-28.

[3] 谭卓英. 地下空间规划与设计[M]. 北京：科学出版社，2015.

[4] 束昱，路姗，阮叶菁. 城市地下空间规划与设计[M]. 上海：同济大学出版社，2015.

[5] 杉江功. 日本综合管廊的建设状况及其特征[J]. 中国市政工程，2016(增 1).

[6] 于晨龙，张作慧. 国内外城市地下综合管廊的发展历程及现状[J]. 建设科技，2015.

[7] 何智龙. 城市人防工程项目与地下空间开发利用相结合的研究[D]. 长沙：湖南大学，2009.

[8] 新民晚报. 20 条通道枢纽串虹桥地下空间媲美蒙特利尔地下城[EB/OL].

[9] 乔永康，张明洋，刘洋等. 古都型历史文化名城地下空间总体规划策略研究[J]. 地下空间与工程学报，2017.

[10] 杭州本地宝. 杭州规划 18 大地下综合体居然还有地下医院[EB/OL].

[11] 国务院办公厅. 国务院办公厅关于推进城市地下综合管廊建设的指导意见[J]. 安装，2015.

[12] 钱七虎. 建设城市地下综合管廊，转变城市发展方式[J]. 隧道建设，2017.

[13] 林枫，杨林德. 新世纪初的城市人防工程建设(一)——历史、现状与展望[J]. 地下空间与工程学报，2005.

[14] 住房城乡建设部. 建筑业 10 项新技术(2017 版)(建质函〔2017〕268 号).

第五篇　钢筋工程施工技术

北京建工集团有限责任公司　李大宁　张显来　刘爱玲

大元建业集团有限责任公司　郑培壮

摘要

　　高强度钢筋的应用将成为钢筋应用发展的趋势，钢筋机械、钢筋加工工艺的发展和建筑结构、施工技术的发展相辅相成。钢筋自动化加工设备已广泛应用于预制构件厂，钢筋成型制品加工与配送技术成为钢筋工程发展的重点，最终将和预拌混凝土行业一样实现商品化。钢筋焊接网技术和新型锚固板连接技术的大量应用是钢筋工程显著的技术进步，先进钢筋连接技术的应用对于提高工程质量、提高劳动生产率、降低成本具有十分重要的意义。连接大规格、高强度钢筋的新型灌浆接头研制成功，为建筑产业升级奠定了基础。

Abstract

　　High strength steel will be development trends in the future, steel bars machinery and construction technology development is mutually reinforcing, automatic steel bar processing equipment in the precast plant has been widely used, processing and distribution of bars products technology became a focus of bars engineering development, will eventually be as commercialized as ready-mixed concrete industry. Welded steel mesh and application of new anchorage plate connection technology is significantly bars engineering technology, and advanced application of bars splicing technology, for improving project quality and improving productivity and reducing costs is of great significance. Splicing specifications and high strength steel, developed new grouting joints laid the foundation for the upgrading the architecture industry.

一、钢筋工程施工技术概述

1. 钢筋

在建筑工程中钢筋作为最重要与最主要的材料之一，用量极大。2011 年我国建筑用钢中钢筋消耗约 1.36 亿 t，是钢铁工业的第一大用户，钢筋用量约占全国钢产量的 22％～25％。

钢筋是钢筋混凝土结构工程中主要材料，在承受载荷条件下，起着十分重要的作用。我国从研制到大规模生产 HRB335 热轧带肋钢筋已近 40 年历史，其化学成分几经调整，生产工艺稳定，产品质量得到用户肯定，是过去钢筋混凝土结构中的主导钢筋。现在 HRB400 热轧带肋钢筋经历近 20 年的研制和生产，产品质量为大家认同，已成为现在的主导钢筋。HRB500 高强度钢筋的应用成为将来钢筋应用发展的趋势。为此《钢筋混凝土用钢　第 1 部分：热轧光圆钢筋》GB/T 1499.1—2017 和《钢筋混凝土用钢　第 1 部分：热轧带肋钢筋》GB/T 1499.2—2018 分别取消了 HPB235 和 HRB335 两种牌号的钢筋。

目前，国外混凝土结构所采用的钢筋等级基本上以 300MPa 级、400MPa 级、500MPa 级三个等级为主，工程中普遍采用 400 MPa 级及以上的高强度钢筋，其用量一般达 70％～80％。日本钢筋混凝土结构用钢筋规范（JIS G3112）与我国目前钢筋标准比较一致。美国钢筋混凝土房屋建筑规范（ACI 318）对混凝土结构用钢筋的强度等级分别为 40 级（屈服强度 280MPa）、60 级（屈服强度 420MPa）、75 级（屈服强度 520MPa）。俄罗斯规范 CII 52-101-2003 中钢筋最高强度等级为 600MPa，但保留了 300 MPa 钢筋。

2. 钢筋加工与配送

钢筋成型制品加工与配送技术成为钢筋工程发展重点，20 世纪 70 年代，随着钢筋加工机械自动化程度的提高，成型钢筋制品加工与配送技术在西欧等发达国家开始逐步得到应用。目前，钢筋加工企业在欧美发达国家得到了较大发展，钢筋的综合深加工比率均达到 30％～40％，差不多每隔 50～100km 就有一座现代化的商品化钢筋加工厂，已基本实现了集中化和专业化。

国内，21 世纪初钢筋加工仍以现场人工或半自动加工为主，成型钢筋制品的应用范围主要局限于预制构件生产和市政工程所使用的焊接钢筋网片。2008 年前后，部分地区出现了钢筋制品加工企业，但大多数企业生产方式仍以半自动加工为主（图 5-1）。2011 年国家对《混凝土结构工程施工质量验收规范》GB 50204—2002 进行了局部修订。增加了成型钢筋等钢筋应用新技术的验收规定，规范和促进钢筋成型制品加工与配送的健康发展。

3. 钢筋连接

随着各种钢筋混凝土建筑结构大量建造，促使钢筋连接技术得到很大发展。推广应用先进钢筋连接技术，对于提高工程质量、提高劳动生产率、降低成本具有十分重要意义。钢筋连接技术可分为三大类：钢筋搭接绑扎、钢筋焊接、钢筋机械连接。

3.1　钢筋搭接绑扎

钢筋搭接绑扎是最早的钢筋连接方法，施工简便，性能可靠，但消耗钢材，恢复性能

图 5-1 钢筋加工厂

差。钢筋搭接绑扎不得用于轴心受拉和小偏心受拉杆件的纵向受力钢筋，对于连接钢筋直径也有限制，因此现今该种连接方法已逐渐被钢筋焊接、钢筋机械连接所代替。钢筋搭接绑扎仅在小规格钢筋采用，见图 5-2。

3.2 钢筋焊接

钢筋焊接技术自 20 世纪 50 年代开始逐步推广应用。近十几年来，焊接新材料、新方法、新设备不断涌现，工艺参数和质量验收逐步完善和修正。钢筋焊接包括：钢筋电阻点焊、钢筋闪光对焊、钢筋电弧焊、钢筋电渣压力焊、钢筋气压焊、预埋件钢筋埋弧压力焊 6 种方法。2012 年新修订的行业标准《钢筋焊接及验收规程》JGJ 18—2012 发布实施。修订的连接技术得到很大发展。自 20 世纪 80 年代以来，在国内外，钢筋焊接网不仅在房屋建筑，并且在公路、桥梁、飞机场跑道、护坡等工程中也大量推广应用，见图 5-3。

图 5-2 钢筋搭接绑扎

图 5-3 钢筋焊接

3.3 钢筋机械连接

钢筋机械连接技术自从20世纪80年代后期在我国开始发展，是继绑扎、电焊之后的"第三代钢筋接头"。套筒冷挤压连接接头始于1986年，1987年开始应用于工程建设，1987年10月在国内首先将钢筋套筒挤压技术应用于工程——405m高的中央电视塔率先采用套筒冷挤压连接。

1996年12月发布行业标准《钢筋机械连接通用技术规程》JGJ 107—96和《带肋钢筋套筒挤压连接技术规程》JGJ 108—96。锥螺纹套筒连接接头始于1990年，1996年12月发布《钢筋锥螺纹接头技术规程》JGJ 109—96。镦粗直螺纹连接技术于1997年11月进入工程应用，1999年我国开创性地研制成功等强锥螺纹连接技术，又成功开发了滚轧直螺纹连接技术，2002年我国又成功推出剥肋滚轧直螺纹连接技术，极大地推动了钢筋机械连接技术发展和应用。由于钢筋的机械连接接头质量和可靠性高，在现浇混凝土建筑工程中发挥越来越大的作用，见图5-4。

图 5-4　钢筋机械连接

灌浆套筒连接接头发源于美国，该技术和产品是美籍华裔余占疏博士（Dr. Alfred A. Yee）的发明专利，借鉴余博士的发明，2009年我国成功开发了直螺纹套筒灌浆连接技术，2015年1月发布《钢筋套筒灌浆连接应用技术规程》JGJ 355—2015，以钢筋连接技术为出发点，带动整个装配式混凝土结构行业施工技术向更成熟化发展。

图 5-5　钢筋锚固板锚固

4. 钢筋锚固板锚固

近年来，一种垫板与螺母合一的新型锚固板连接技术逐步发展，将锚固板与钢筋组装后形成的钢筋锚固板具有良好的锚固性能，螺纹连接可靠、方便，锚固板可工厂生产供应，用它代替传统的弯折钢筋锚固和直钢筋锚固可以节约钢材，方便施工，减少结构中钢筋拥挤，提高混凝土的浇筑质量，见图5-5。

近年来，国内一些研究单位和高等学校对钢筋锚固板的基本性能和在框架节点中的应用开展了不少有价值的研究工作，取得了丰富的科研成果。国内《钢筋锚固板应用技术规程》JGJ 256—2011 于 2012 年 4 月颁布实施。钢筋直筋、弯钩锚固的替代锚固板锚固已在国外广泛采用。目前，国内混凝土预制构件也已大量采用钢筋锚固板锚固。

二、钢筋工程施工主要技术内容

1. 钢筋

高强度钢筋是指强度级别为屈服强度 400MPa 及以上的钢筋，目前在建筑工程的规范标准中为 400MPa 级、500MPa 级的热轧带肋钢筋。

高强度钢筋在强度指标上有很大的优势，400MPa 级高强度钢筋（标准屈服强度 400N/mm²）其强度设计值为 HRB335 钢筋（标准屈服强度 335N/mm²）的 1.2 倍，500MPa 级高强度钢筋（标准屈服强度 500N/mm²）其强度设计值为 HRB335 的钢筋的 1.45 倍。当混凝土结构构件中采用 400MPa 级、500MPa 级高强度钢筋替代目前广泛应用的 HRB335 钢筋时，可以显著减少结构构件受力钢筋的配筋量，有很好的节材效果，即在确保与提高结构安全性能的同时，可有效减少单位建筑面积的钢筋用量。当采用 500MPa 级高强度钢筋时，伴随钢筋强度的提高，其延性也相应降低，对构件与结构的延性将造成一定影响。

2. 钢筋加工与配送

成型钢筋制品加工与配送指在专业加工厂，采用合理的工艺流程、专业化成套加工设备和工厂生产计算机信息化管理系统，按照工程施工流水作业实际需求，将原料钢筋加工成施工所需的钢筋单件制品或者组合件制品，通过物流方式配送到工地现场，实现在施工现场由专业分包进行绑扎施工的一种新型专业化生产模式。

主要技术内容包括：（1）钢筋加工前的下料优化，任务分解与管理；（2）线材专业化加工——钢筋强化加工、带肋钢筋的开卷调直、箍筋加工成型等；（3）棒材专业化加工——定尺切割、弯曲成型、钢筋直螺纹加工成型等；（4）钢筋组件专业化加工——钢筋焊接网、钢筋笼、梁、柱、钢筋桁架等。（5）钢筋制品的优化配送。

成型钢筋制品加工与配送技术的主要技术优势与特点如下：

（1）能有效降低工程成本，实行成型钢筋制品加工与配送可在较大生产规模下进行综合优化套裁，使钢筋的利用率保持最高，大量消化通尺钢材，减少材料浪费率和能源消耗。而且减少现场绑扎作业量，降低现场人工成本。（2）能提高钢筋加工质量，成型钢筋制品是在专业化的生产线上进行加工生产，加工精度高，受人为操作因素影响小，钢筋部品规格和尺寸准确，工程质量显著提高。（3）能节能、环保，采用成型钢筋制品，可减少材料浪费、场地占用及电能消耗，有效降低现场产生的各种环境污染。（4）能提高建筑专业化、信息化程度，采用成型钢筋制品，是施工项目组织管理模式的一种创新，有利于建筑企业逐步实行专业化施工、规模化经营，推动建筑企业提升项目管理水平，提高管理信息化程度。

3. 钢筋连接

3.1 钢筋焊接

钢筋的碳当量与钢筋的焊接性有直接关系，由此可推断，HPB300 钢筋焊接性良好；HRB400、HRB500 钢筋的焊接性较差，因此应采取合适的工艺参数和有效工艺措施；HRB600 的碳当量很高，属于较难焊钢筋。

3.1.1 电阻点焊特点和适用范围

混凝土结构中的钢筋焊接骨架和焊接网，宜采用电阻点焊制作。在钢筋骨架和钢筋网中，以电阻点焊代替绑扎，可以提高劳动生产率，提高骨架和网的刚度及钢筋（丝）的设计计算强度，因此宜积极推广应用。电阻点焊适用于 $\phi8\sim\phi16$ HPB 300 热轧光圆钢筋、$\phi6\sim\phi16$ HRB400 热轧带肋钢筋、$\phi4\sim\phi12$ CRB550 冷轧带肋钢筋、$\phi3\sim\phi5$ 冷拔低碳钢丝的焊接。

3.1.2 钢筋闪光对焊特点和适用范围

钢筋闪光对焊具有生产效率高、操作方便、节约钢材、接头受力性能好、焊接质量高等优点，故钢筋的对接焊接宜优先采用闪光对焊。

钢筋闪光对焊适用于 HPB300、HRB400、HRB500、Q235 热轧钢筋，以及 RRB400 余热处理钢筋。

3.1.3 手工电弧焊特点和接头形式

手工电弧焊的特点是轻便、灵活，可用于平、立、横、仰全位置焊接，适应性强、应用范围广。它适用于构件厂内，也适用于施工现场；可用于钢筋与钢筋，以及钢筋与钢板、型钢的焊接。

钢筋电弧焊的接头形式较多，主要有帮条焊、搭接焊、熔槽帮条焊、坡口焊、窄间隙电弧焊 5 种。帮条焊、搭接焊有双面焊、单面焊之分；坡口焊有平焊、立焊两种。此外，还有钢筋与钢板的搭接焊、钢筋与钢板垂直的预埋件 T 型接头电弧焊。

3.1.4 电渣压力焊特点和适用范围

在钢筋电渣压力焊过程中，进行着一系列的冶金过程和热过程。钢筋电渣压力焊属熔化压力焊范畴，操作方便、效率高。

钢筋电渣压力焊可用于现浇混凝土结构中竖向或斜向（倾斜度在 4：1 范围内）钢筋的连接，钢筋牌号为 HPB300、HRB400，直径为 14～32mm。钢筋电渣压力焊主要用于柱、墙、烟囱、水坝等现浇混凝土结构（建筑物、构筑物）中竖向受力钢筋的连接；但不得在竖向焊接之后，再横置于梁、板等构件中作水平钢筋使用。

3.1.5 钢筋气压焊特点和适用范围

钢筋气压焊设备轻便，可进行钢筋在水平位置、垂直位置、倾斜位置等全位置焊接。

钢筋气压焊可用于同直径钢筋或不同直径钢筋间的焊接。当两钢筋直径不同时，其径差不得大于 7mm。钢筋气压焊适用于 $\phi14\sim\phi40$ 热轧 HPB300、HRB400、HRB500 钢筋。在钢筋固态气压焊过程中，要防止在焊缝中出现"灰斑"。

3.1.6 预埋件钢筋埋弧压力焊特点和适用范围

预埋件钢筋埋弧压力焊具有生产效率高、质量好等优点，适用于各种预埋件 T 型接头钢筋与钢板的焊接，预制厂大批量生产时，经济效益尤为显著。

预埋件钢筋埋弧压力焊适用于热轧 $\phi6\sim\phi25$HPB300、HRB400 钢筋的焊接，亦可用于 $\phi28$、$\phi32$ 钢筋的焊接。钢板为普通碳素钢 Q235A，厚度 $6\sim20$mm，与钢筋直径相匹配。若钢筋直径粗而钢板薄，容易将钢板过烧甚至烧穿。

3.2　钢筋机械连接

钢筋机械连接技术最大特点是依靠连接套筒将两根钢筋连接在一起，连接强度高，接头质量稳定，可实现钢筋施工前的预制或半预制，现场钢筋连接时占用工期少，节约能源，降低工人劳动强度，克服了传统的钢筋焊接技术中接头质量受环境因素、钢筋材质和人员素质的影响的不足。国内外常用的钢筋机械连接类型见表 5-1、图 5-6。

国内外常用的钢筋机械连接类型　　　　　表 5-1

	类型	接头种类	概要	应用状况
钢筋机械连接接头	钢筋头部不加工	螺栓挤压接头	用垂直于套筒和钢筋的螺栓拧紧挤压钢筋的接头	国外有应用
		熔融金属充填套筒接头	由高热剂反应产生熔融金属充填在钢筋与连接件套筒间形成的接头	美国有应用 国内偶有应用
		钢筋全灌浆接头	用特制的水泥浆充填在钢筋与连接件套筒间硬化后形成的接头	主要用于装配式住宅工程
		精轧螺纹钢筋接头	精轧螺纹钢筋上用带有内螺纹的连接器进行连接或拧上带螺纹的螺母进行拧紧的接头	国外泛应用于交通、工业和民用等建筑中
		套筒挤压接头	通过挤压使连接件钢套筒塑性变形与带肋钢筋紧密咬合形成的接头	广泛应用于大型水利工程、工业和民用建筑、交通、高耸结构、核电站等工程
	钢筋头部加工	锥螺纹接头	通过钢筋端头特制的锥形螺纹和连接件锥螺纹咬合形成的接头	广泛应用于工业和民用等建筑
		镦粗直螺纹接头	通过钢筋端头镦粗后制作的直螺纹和连接件螺纹咬合形成的接头	广泛应用于交通工业和民用、核电站等建筑
		滚轧直螺纹接头	通过钢筋端头直接滚轧或剥肋后滚轧制作的直螺纹和连接件螺纹咬合形成的接头	广泛应用于交通工业和民用、核电站等建筑。应用量最多
		承压钢筋端面平接头	两钢筋头端面与钢筋轴线垂直，直接传递压力的接头	欧美用于地下工程，我国不用
	复合接头	钢筋螺纹半灌浆接头	钢筋灌浆接头连接件的一端是灌浆接头，另一端是螺纹接头	主要用于装配式住宅工程
		套筒挤压螺纹接头	一端是套筒挤压接头，另一端是螺纹接头	多用于旧结构续建工程
		摩擦焊螺纹接头	将车制的螺柱用摩擦焊接在钢筋头上，用连接件连接的接头。在工厂加工的螺纹精度高，接头的刚度也高，摩擦焊是可靠性最高的焊接方法，接头质量高	国外广泛应用于交通、工业和民用等建筑

钢筋机械连接有明显优势，与绑扎、焊接相比有如下优点：

冷挤压接头　　　　　　　　　　直螺纹接头

镦粗直螺纹接头　　　　　　　　锥螺纹接头

图 5-6　各类接头

（1）连接强度和韧性高，连接质量稳定、可靠。接头抗拉强度不小于被连接钢筋实际抗拉强度或钢筋抗拉强度标准值的 1.10 倍。（2）钢筋对中性好，连接区段无钢筋重叠。（3）适用范围广，对钢筋无可焊性要求，适用于直径 12～50mm HRB335、HRB400、HRB500 钢筋在任意方位的同、异径连接。（4）施工方便、连接速度快。现场连接装配作业，占用时间短。（5）连接作业简单。无需专门技艺，经过短时培训即可。（6）接头检验方便、直观，无需探伤。（7）环保施工。现场无噪声污染，安全、可靠。（8）节约能源设备。设备功率仅为焊接设备的 1/50～1/6，不需专用配电设施，不需架设专用电线。（9）全天候施工。不受风、雨、雪等气候条件的影响，水下也能作业。

4. 钢筋锚固板锚固

钢筋锚固板是指设置于钢筋端部用于锚固钢筋的承压板。锚固板可按表 5-2 进行分类。

锚固板分类　　　　　　　　　　　　　　　　　　　　　表 5-2

分类方法	类别
按材料分	球墨铸铁锚固板、钢板锚固板、锻钢锚固板、铸钢锚固板
按形状分	圆形、方形、长方形
按厚度分	等厚、不等厚
按连接方式分	螺纹连接锚固板、焊接连接锚固板
按受力性能分	部分锚固板、全锚固板

锚固板应符合下列规定：

（1）全锚固板承压面积不应小于锚固钢筋公称面积的 9 倍；（2）部分锚固板承压面积不应小于锚固钢筋公称面积的 4.5 倍；（3）锚固板厚度不应小于锚固钢筋公称直径；（4）当采用不等厚或长方形锚固板时，除应满足上述面积和厚度要求外，尚应通过省部级的产品鉴定；（5）采用部分锚固板锚固的钢筋公称直径不宜大于 40mm；当公称直径大于 40mm 的钢筋采用部分锚固板锚固时，应通过试验验证确定其设计参数。见图 5-7。

图 5-7 锚固端形式

常规工程中钢筋在构件末端进行弯曲锚固以满足设计要求，但也会造成钢材浪费、锚固区钢筋拥挤、钢筋端头绑扎困难、施工难度大，而钢筋锚固板就很好地解决了这一问题。

三、钢筋工程施工技术最新进展（1～3 年）

1. 钢筋

通过对高强度钢筋的研发与推广工作，至 2015 年底，经测算全国建筑行业应用 400MPa 级以上高强度钢筋已占到建筑用钢筋量的 80%，达到近两亿吨。高强度钢筋推广应用工作已取得了初步的成效。最近几年，500MPa 级钢筋也在郑州华林都市家园、京津城际铁路、京沪高铁等大量工程中得到应用。

2. 钢筋加工与配送

在行业内外部需求的推动下，近两年成型钢筋加工与配送技术在我国目前已开始起步。体现在以下几个方面：

（1）国内已研制开发出钢筋专业化加工的成套自动化设备，并出现了专业加工的生产企业，见图 5-8。

图 5-8 全自动调直切断机数控钢筋弯箍机

（2）钢筋专业化加工产品由零件向部件转化，成型钢筋笼、钢筋桁架等成型制品在部分项目得到了应用，见图 5-9。

图 5-9　数控钢筋笼自动滚焊机钢筋桁架焊接成型机

（3）与成型钢筋制品加工与配送相关的配套规范正在编制或修编过程中。

随着国外设备的引进和国内钢筋加工机械的升级换代，国内部分大型钢筋制品生产企业已具备了成型钢筋加工技术，在一些大型工程也得到很好的应用，国内近年新建的预制构件厂钢筋自动化加工设备已广泛推广使用，未来几年将会进一步发展。

3. 钢筋连接

3.1　钢筋焊接连接

近几年工程中，钢筋焊接连接主要以钢筋闪光对焊、钢筋气压焊、钢筋电弧焊等为主。对于 HRB500 级钢筋的闪光对焊较适用，钢筋气压焊、钢筋电弧焊较钢筋闪光对焊稍差，常规钢筋电渣压力焊不适用于直径 $\phi25$ 以上的大直径钢筋。

3.2　钢筋机械连接

3.2.1　钢筋套筒灌浆接头

混凝土结构体系作为应用规模最大的建筑结构类型，是建筑产业的重要组成部分，而

装配式混凝土结构将成为建筑工业化发展的主要方向。预制混凝土构件的连接，特别是构件间钢筋的连接，是装配式混凝土结构的关键技术。即采用钢筋灌浆接头，将两预制构件的主筋连接起来，见图 5-10。随着国内建筑工业化的发展和高强度钢筋应用的普及，我国目前预制混凝土装配式结构的发展方向是由现有的非承重构件预制向全结构预制发展，国内在此项技术上虽然起步较晚，

图 5-10　构件间的钢筋连接

但发展迅猛，我国新型灌浆接头同时向大规格、高强度钢筋接头方向发展。

目前，国内钢筋机械连接中钢筋灌浆接头发展已赶超国外，其中机械加工的新型分体式直螺纹半灌浆接头，不但在装配式住宅剪力墙构件大量应用，而且在框架预制构件中也得到应用，见图 5-11。

钢筋套筒灌浆接头原理是用灌浆料充填在钢筋与灌浆套筒间隙经硬化后形成的接头。接头组成为：带肋钢筋、连接套筒和无收缩水泥砂浆（灌浆料）。接头通过硬化后的水泥灌浆料与钢筋外表横肋、连接套筒内表面的凸肋、凹槽的紧密啮合，将一端钢筋所承受荷

图 5-11 分体式直螺纹半灌浆接头

载传递到另一端的钢筋，并可使接头连接强度达到和超过母材的拉伸极限强度。

钢筋套筒灌浆接头连接工艺：构件预制时，钢筋插入套筒，将间隙密封好，把钢筋、套筒固定，浇筑成混凝土构件；现场连接时，将另一构件的连接钢筋插入本构件套筒，再将灌浆料从预留灌浆孔注入套筒，充满套筒与钢筋的间隙，硬化后两构件钢筋连接在一起。

传统的灌浆连接接头是以灌浆连接方式连接两端钢筋的接头，灌浆套筒两端均采用灌浆方式连接钢筋的接头，我们称其为全灌浆接头，一般连接套筒是采用球墨铸铁材料铸造生产，随着近代钢筋机械连接技术的发展，出现了一端螺纹连接、一端灌浆连接的接头。我们把灌浆套筒一端采用灌浆方式连接钢筋，另一端采用其他机械方式连接钢筋的接头，称为半灌浆接头，一般连接套筒是采用球墨铸铁材料铸造生产或钢棒料或管料机械加工制成，见图 5-12、图 5-13。

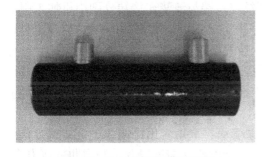

图 5-12 机械加工半灌浆套筒　　　　　图 5-13 铸造半灌浆套筒

全灌浆接头由连接套筒、钢筋、灌浆料、灌浆管、管堵、密封环、密封端盖及密封柱塞组成。

优点：

（1）钢筋无需加工，节省工序；

（2）连接水平钢筋方便、快捷；

（3）套筒加工工序少。

缺点：

（1）接头长度长，刚度大，钢筋延性受影响大，不利于结构抗震；

（2）钢材和灌浆材料消耗大，浪费材料；

（3）灌浆质量不易保证。

半灌浆接头由连接套筒、钢筋、灌浆料、灌浆管、管堵、密封端盖组成。

优点：

(1) 接头长度短，刚度小，钢筋延性受影响不大，利于结构抗震。

(2) 钢材和灌浆材料消耗小，节省材料。

(3) 灌浆质量易保证。

缺点：

(1) 钢筋需加工，工序烦琐。

(2) 连接水平钢筋需特殊处理。

(3) 套筒加工工序多。

灌浆套筒可按表 5-3 进行分类。

灌浆套筒分类 表 5-3

序号	分类方法	类别
1	材料	球墨铸铁套筒、铸钢套筒、钢套筒
2	加工工艺	铸造套筒、机加工套筒
3	灌浆形式	全灌浆套筒、半灌浆套筒
4	结构形式	整体型、分体型
5	连接方式	直螺纹灌浆套筒、锥螺纹灌浆套筒、镦粗直螺纹灌浆套筒
6	灌浆时间	先灌浆套筒、后灌浆套筒

分体型半灌浆套筒（图 5-14），即钢筋直螺纹连接端与灌浆连接端分别用机加工制造再通过直螺纹将两部分连接起来，这样灌浆套筒部分可用无缝钢管加工，大大降低了材料成本，又能分别从管料两端加工套筒内剪力槽。镗刀加工长细比降低二分之一，由于降低了机加工难度使得加工精度得以提高，因此灌浆套筒直径能做得更小。灌浆套内采用数控机床加工套筒内梯形剪力槽，进一步提高了加工精度，保证质量同时，采用数控机床加工可使套筒直径进一步减小。

滚轧全灌浆套筒（图 5-15）是一种新型灌浆套筒，采用专用机床加工，加工方式为常温机械滚压，其使用的钢材、模具、滚压力、内壁滚压肋高度以及单侧内肋（剪力槽）数量等关键指标均通过实验研究确定，经过型式检验。其性能指标应满足现行行业标准《钢筋连接用灌浆套筒》JG/T 398 要求。

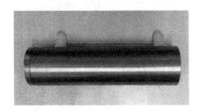
图 5-14　分体式半灌浆套筒

图 5-15　滚轧全灌浆套筒

近几年我国研发的新型钢筋套筒灌浆接头技术快速发展，在北京马驹桥公租房、北京郭公庄公租房、假日风景、长阳半岛、沈阳春河里住宅小区等工程中应用，最高 30 层，达几百万只接头。

3.2.2　普通混凝土结构中采用精轧螺纹钢筋

我国的精轧螺纹钢筋都是强度在 700MPa 的热处理钢筋，只用于预应力混凝土结构。目前欧美、日本等国在普通混凝土结构中有采用精轧螺纹钢筋的，用螺纹套筒进行连接，这些精轧螺纹钢筋都是强度在 300～500MPa 之间。

精轧螺纹钢筋和连接用螺纹套筒一般都由钢厂大量生产供应。因此，施工现场钢筋除了下料、连接之外，没有螺纹加工这一工序，这有利于节省施工场地、加快施工、确保质量。

3.2.3　多种多样的复合接头

由于工程的复杂性，钢筋复合接头在工程中得到应用，虽然数量不多，但能够解决工程难题。如：钢筋灌浆接头和双螺套螺纹接头广泛应用于预制构件安装工程中。套筒挤压螺纹接头常用于旧结构接续工程。见图 5-16。

图 5-16　钢筋接头

欧美、日本建筑工程中，钢筋接头大多在工厂中加工，有部分工厂采用可靠性最高的焊接方法——摩擦焊螺纹接头。将车制的螺柱用摩擦焊焊接在钢筋头上。螺柱和连接件也在工厂加工，螺纹精度高，钢筋接头的强度高，接头质量高。

3.2.4　可焊套筒接头

可焊套筒接头是将套筒直螺纹连接技术扩展应用到钢结构与混凝土结构之间的连接接头。其工艺原理是：接头主件内螺纹套筒，先将套筒与钢结构在工厂或施工现场实施焊接，然后把待连接钢筋与套筒按照螺纹连接要求连接成整体。钢筋与钢结构连接稳定、可靠，连接强度高，施工效率高。

在预先与钢结构焊接在一起的钢结构连接套内直接旋入滚轧好的钢筋丝头实现钢筋连接。特点为结构简单，不需其他零部件。见图 5-17，图 5-18。

3.2.5　可调钢筋—钢结构连接器

可调钢筋—钢结构连接器由钢结构连接套、连接螺杆、锁紧螺母、钢筋连接套和钢筋丝头组成。其原理是在预先与钢结构焊接在一起的钢结构连接套内首先旋入连接螺杆，再在连接螺杆上分别旋入两锁紧螺母及钢筋连接套，将钢筋丝头与钢筋连接套对齐后反转钢筋连接套与钢筋丝头完成连接，最后将两锁紧螺母分别与钢结构连接套、钢筋连接套锁紧完成钢筋连接。通过调整连接螺杆的长度确定钢筋丝头的连接位置。一般用于钢筋丝头连

图 5-17 钢筋-钢结构连接   图 5-18 普通钢筋-钢结构连接

接点位置空间狭小且不能转动或不能轴向位移的场合。可焊套筒与可调钢筋-钢结构连接器组合应用可有效解决钢结构柱之间的梁、板钢筋连接内力问题。见图 5-19。

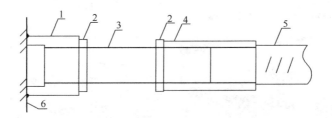

图 5-19 可调钢筋-钢结构连接器

1—钢结构连接套；2—锁紧螺母；3—连接螺杆；4—钢筋连接套；
5—钢筋；6—钢结构

3.2.6 直螺纹分体套筒接头

直螺纹连接是套筒与被连接件利用螺纹副间的咬合，通过力矩扳手拧紧螺纹来达到连接要求。分体式直螺纹套筒连接的工作原理是：有两个半圆套筒、两个锁套组成一个连接件，将两半圆形套筒与钢筋端头螺纹配合好后，通过锁套锥螺纹拧紧两个半圆套筒，以消除钢筋与两半圆套筒的螺纹配合间隙，最终使连接件达到连接要求。

分体套筒直螺纹连接施工主要设备是剥肋滚压直螺纹机。该技术特点是被连接钢筋既无法旋转也无法轴向移动，可实现钢筋等强度机械连接，可以解决成组钢筋的对接和钢结构柱间钢筋连接问题，分体式直螺纹套筒连接不仅能方便地实现单个连接无旋转运动对接，而且能够实现多个连接件同时连接的要求，如钢筋笼对接、后浇带钢筋连接、钢结构与混凝土结构间梁板钢筋连接等。见图 5-20。

4. 钢筋锚固板锚固

近几年钢筋锚固板应用范围广泛，建筑工程均有大量钢筋需要钢筋锚固技术。钢筋锚固板锚固技术为这些工程提供了一种可靠、快速、经济的钢筋锚固手段，具有重大经济和社会价值。见图 5-21。

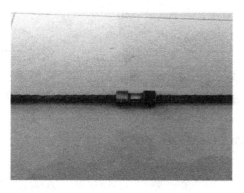

图 5-20　直螺纹分体套筒接头

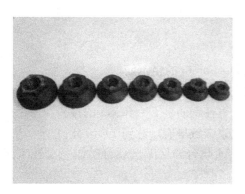

图 5-21　钢筋锚固板

四、钢筋工程施工技术前沿研究

1. 钢筋

目前广泛应用 HRB400 级螺纹钢筋，未来优先使用 HRB500 级螺纹钢筋，积极推广 HRB600 级螺纹钢筋。未来 5 年，高强度钢筋的产量占螺纹钢筋总产量的 80%，在建筑工程中高强钢筋使用量达到建筑用钢筋总量的比率从目前的 35% 提高到 65% 以上。未来 5～10 年，对大型高层建筑和大跨度公共建筑，优先采用 HRB500 级螺纹钢筋，逐年提高 HRB500 级钢筋的生产和应用比例；加大 HRB600 级钢筋的应用技术研发，逐步采用 HRB600 级钢筋；对于地震多发地区，重点应用高强屈比、均匀伸长率高的高强度抗震钢筋。

2. 钢筋加工与配送

未来 5～10 年内，随着施工专业化程度逐步提高，节能环保要求不断强化，成型钢筋制品加工与配送技术应用得到大力发展。

未来成型钢筋应用量占钢筋总用量的比率将达到 50% 左右；出台成型钢筋加工及配送相关配套规范、标准；逐步建立结构设计标准化体系，提高钢筋部品的标准化。

3. 钢筋连接

未来钢筋连接技术将逐步淘汰大直径钢筋搭接绑扎，减少现场钢筋焊接，全面推广钢筋机械连接，钢筋机械连接方式占钢筋连接方式的80％以上。由最初在钢筋机械连接工程中只重视接头强度指标忽视残余变形指标到两个指标并重的新阶段，消除接头型式检验与见证取样检验脱节的现象。

钢筋灌浆接头已成为一种重要的预制构件连接形式广泛应用。

4. 钢筋锚固板锚固

钢筋锚固板也将随钢筋机械连接的推广，钢筋机械连接锚固板全面推广使用。

五、钢筋工程施工技术指标记录

1. 目前应用于建筑工程中最大直径钢筋是 $D=50$mm 的粗钢筋。

2. 目前应用于建筑工程中最大强度的钢筋是 HRB500 钢筋。

3. 目前应用于预制装配式建筑灌浆接头最大直径钢筋是 $D=40$mm 的接头。

4. 目前应用灌浆接头的预制装配式建筑（北京金域华府）达到140m 高。

5. 目前应用灌浆接头的预制装配式建筑北京通州台湖保障房项目整体一次开工面积达到 40 万 m²。

六、钢筋工程施工技术典型工程案例

1. 可调钢筋—钢结构连接器的应用

1.1　工程概况

北京大兴国际机场（图 5-22）位于永定河北岸，航站楼指廊区由东北、东南、中南、西南、西北五条互呈 60°夹角的放射状指廊构成，总建筑面积 30 万 m²，各指廊长度约 420m，最窄处 44m，在端部放宽为 120m，登机桥固定端数量 50 条，近机位共 79 个。建筑高度 25m，地下一层，地上三层；工程结构类型：基础为桩筏基础，主体结构为钢骨混凝土框架结构，屋面由钢桁架网架组成的不规则自由曲面构成的复合金属保温屋面，首层外檐为铝板外墙，二层及以上为玻璃幕墙。

混凝土梁与型钢柱连接时主筋的处理：

混凝土梁与型钢混凝土柱的节点区位置施工时，原设计中梁钢筋与钢牛腿采用焊接连接，由于梁钢筋数量多、排布密，焊接连接形式很不利于现场实际施工。优化后在节点处采用新型可调式钢筋—钢结构连接器，由焊接连接改为可调式钢筋-钢结构连接器连接，降低了施工难度、提高了施工质量并保证了施工进度，见图 5-23。

1.2　施工工艺流程

1.2.1　钢结构连接套的焊接

钢结构连接套应按设计连接的位置要求在钢结构上预先焊好，焊接时按坡口大小选择

图 5-22　北京大兴国际机场

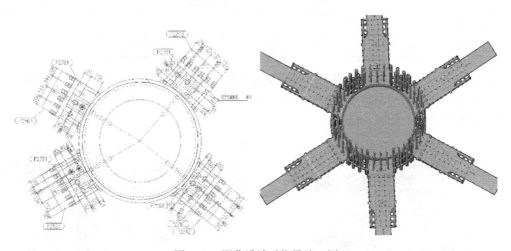

图 5-23　深化设计后指导施工图

好焊条直径、焊接速度和电弧长度焊满、焊正确保焊接牢固。钢结构连接套为低合金结构钢，钢结构母材多为优质碳素结构钢或低合金结构钢，建议采用 E5015（J507）型电焊条或其他适合低合金结构钢焊接的焊条按焊角要求焊接。

1.2.2　钢筋丝头的加工

（1）钢筋下料：钢筋端头必须平直，不得有马蹄形或弯曲现象，必须用无齿锯下料。

（2）钢筋丝头加工：在专用滚轧直螺纹设备上加工，加工的钢筋一定要用机器上的台钳夹紧，加工中如有钢筋松动应立即停机并将钢筋再次夹紧，钢筋转动时不得用手抓握钢筋，严禁用手去阻止滚丝头转动。加工完成后当机头未完全退回到加工初始位置停止转动时，严禁松开卡钢筋的台钳。丝头大小应满足通止规要求，丝头长度（扣数）应满足要求。

1.2.3　钢筋连接器连接

钢筋连接器安装时，钢筋规格应与钢筋连接器规格一致，且钢筋丝头和钢筋连接器螺纹应干净、完好无损。

（1）安装钢结构连接套时只需将钢筋丝头全部拧入钢结构连接套即可。

（2）安装可调钢筋-钢结构连接器时，先将两锁紧螺母旋入连接螺杆在适当位置锁紧，旋转锁紧螺母或使用专用螺杆扳手将连接螺杆旋入钢结构连接套并拧紧，再旋入钢筋连接套且与钢筋丝头对齐后反转钢筋连接套与钢筋丝头完成连接，最后将两锁紧螺母分别与钢结构连接套、钢筋连接套锁紧。

（3）连接螺杆上靠近两端处分别涂有标记段和标记线，涂有标记段的端头为与钢结构连接套连接端，连接时一般应将标记段全部旋入钢结构连接套，特殊情况下为微调钢筋连接位置也可将标记段部分旋出但不可全部旋出，然后用锁紧螺母锁紧。涂有标记线的端头为与钢筋连接套连接端，连接时钢筋连接套应旋入到标记线位置。

（4）钢筋连接器安装时应用管钳扳手或工作扳手拧紧。

（5）钢筋连接器拧紧后应用力矩扳手按总量的 10%抽检，拧紧力矩值均应不小于下表中的规定。当抽检的拧紧力矩值小于表中的规定时，应对已连接好的钢筋连接器逐个检查并使其满足表 5-4 的要求。

<table>
<tr><td colspan="6" style="text-align:center">钢筋连接器最小拧紧力矩值   表 5-4</td></tr>
<tr><td>钢筋规格（mm）</td><td>≤16</td><td>18～20</td><td>22～25</td><td>28～32</td><td>36～40</td></tr>
<tr><td>拧紧力矩值（N·m）</td><td>100</td><td>200</td><td>260</td><td>320</td><td>360</td></tr>
</table>

本方法不用开孔破坏钢结构主体，能够满足在梁柱节点钢筋加密区、钢牛腿间隙、梁柱节点加肋板间固定间距的连接，全部结构通过螺纹连接，连接精度高、速度快、质量更有保障，见图 5-24、图 5-25。

图 5-24　钢筋-钢结构连接　　　　　图 5-25　可调式钢筋-钢结构连接器

1.3　应用总结

本工程钢结构深化设计主要解决了梁柱节点处钢筋-钢结构连接、钢筋排布、钢骨柱钢筋精准定位问题。将焊接连接改为钢筋-钢结构连接器连接，降低了施工难度，提高了工程质量。采用了以 AutoCAD 及 Tekla Structures 软件相结合的方式，使得型钢混凝土组合结构的深化设计节点详图更加直观，也更加能够符合国人的视图及审图观念，使之看上去更具立体感，同时方位感明确，这样也便于针对各类具体问题制定切实可行的施工方法及安排合理的施工顺序；为工程能顺利进行提供了技术上的保证，同时也为以后同类工程留下可借鉴的经验。

混合结构中钢筋与钢管柱、幕墙柱连接形式按传统焊接考虑，经深化图纸及 BIM 节点设计，研究出一种可调式钢筋-钢结构连接器代替原有的焊接接头，通过使用不同规格连接器接头，优化了钢筋与钢结构的连接形式，可调接头均达到或超过 I 级直螺纹接头抗拉强度的要求。方案优化大大降低了现场的焊接材料消耗量，减少建筑废气、废渣的产生，提高梁柱节点的施工质量，加快施工进度，真正达到了绿色施工和可持续发展。

2. 装配式剪力墙结构冬季低温套筒灌浆施工

2.1 工程概况

本工程位于北京市通州区玉桥街道，东侧为净水东路，南侧为净水园小区，西侧为易达路，北侧为梨园南街。分为 C1、C2 两个地块，总建筑面积 189435.49m²。C1 地块中，C1-1～C1-6 号楼为高层住宅建筑，C1-7～C1-8 号楼 为单层配套建筑。C2 地块中包括一个幼儿园和小学，见图 5-26。

图 5-26　项目鸟瞰图

本项目 C1-1～C1-6 号楼采用装配整体式剪力墙结构体系，现浇剪力墙和预制混凝土墙板通过竖向现浇节点与现浇剪力墙水平连接为整体，预制墙板竖向钢筋采用套筒灌浆连接，预制墙板之间通过水平后浇带连接为整体；水平受力构件采用预制混凝土叠合板、预制阳台板、预制空调板、预制混凝土楼梯。

本工程住宅所选用的装配式建筑体系为：装配整体式剪力墙结构体系，C1-1～C1-3 号楼预制率不低于 20%，C1-4～C1-6 号楼预制率不低于 40%，装配率不低于 50%。预制外墙保温材料为 100 厚挤塑聚苯板，预制外墙板接缝采用材料防水与构造防水相结合的做法，墙板竖缝采用平口构造，水平缝和竖缝内塞发泡聚乙烯棒，外侧用建筑耐候胶封闭。

2.2 预制构件的连接方式

本工程预制构件是由现浇剪力墙和预制混凝土墙板通过三层（四层）现浇节点组合而成，混凝土采用 C50/C40 混凝土。本工程采用的预制墙板包括外墙和内墙，所有预制墙板均为结构竖向承重和抗侧力系统的构件。作为结构竖向承重和抗侧力系统的组成部分，预制墙板通过竖向现浇节点与现浇剪力墙体水平连接为整体，通过水平现浇带将上下墙板连接为整体。预制构件之间及预制构件与现浇的接缝处，受力钢筋采用了灌浆套筒连接方式，且接缝处新旧混凝土之间采用粗糙面构造措施。

2.3 套筒灌浆有关的概况

本工程装配式楼座 C-1-1 号和 C-1-4 号共 2 栋楼，灌浆套筒使用是 14mm、16mm、18mm、20mm、22mm 钢筋连接用全灌浆套筒，按照工程进度安排，C-1-1 号楼冬季低温灌浆施工约 3570 个灌浆接头，C-1-4 号楼冬季低温灌浆施工约 5814 个灌浆接头。低温套筒灌浆料技术指标满足《钢筋连接用套筒灌浆料》JG/J 408—2019 要求灌浆部位高于 −5℃ 的灌浆施工条件，通过调整材料配比及辅助施工手段，灌浆料（低温型）适用于 −5～10℃ 的环境中套筒灌浆施工，水平缝和竖缝内塞发泡聚乙烯棒，外侧用建筑耐候胶封闭。

套筒灌浆采用专业分包的形式，灌浆施工前灌浆接头技术提供单位应提供有效的低温灌浆接头型式检验报告，并通过低温灌浆接头工艺检验，在灌浆料施工前，工艺检验应完成。对钢筋连接用套筒灌浆料（低温型）材料进行进场复试取样送检工作，同时制作平行灌浆接头试件，合格后方可开始灌浆作业。

2.4 冬期施工安排

2.4.1 北京地区冬期气温特点：凡室外日平均气温连续 5d 低于 5℃ 时即进入冬期施工。在冬期施工期限以外，虽然未进入冬施期，但气温突然下降也要及时采用防冻措施。本工程冬期施工期间灌浆施工采用低温灌浆料。根据北京地区历年温度记录，每年 11 月 15 日到次年 3 月 15 日为冬施期，历时 4 个月。为便于管理和根据不同温度调整技术对策，把冬期施工分为 3 个阶段：

（1）初冬阶段施工：平均温度为 0℃ 左右，最低温度一般在 −5℃ 左右，时间大约从 11 月中旬至 12 月中旬、次年 2 月中旬到 3 月中旬约为 70d。

（2）严冬阶段施工：平均气温 −5℃ 左右，最低气温一般在 −10℃ 左右，时间大约从 12 月下旬到次年二月上旬约 50d。

（3）寒流阶段施工：平均气温 −10℃ 左右，最低温度可达 −16℃，极端最低气温曾出现过 −18.3℃（根据 1960～1980 年资料），每年 4～5 次，共计约 20d。

2.4.2 冬施时间的确定：室外日平均气温连续 5d 稳定在 5℃ 以下，则此 5d 的第一天为冬施初日，次年气温，最后一个 5d 的日平均气温稳定在 5℃ 以上，则此 5d 的最后一天为冬施的终日。

2.4.3 低温灌浆时间的确定：冬施初日前后工程地点大气环境最低温度在 0℃ 以下进入低温灌浆施工，低温灌浆料进入施工现场，常温灌浆料退出，不得混用。冬施终日前后工程地点大气环境最低温度在 0℃ 以上转入常温灌浆施工，常温灌浆料进入施工现场，低温灌浆料退出，不得混用。

2.5　低温型灌浆料

本工程冬期灌浆施工使用专用低温型灌浆料，适用温度为套筒部位温度为大于−5℃，见表5-5。套筒灌浆完成当灌浆部位测得温度低于0℃时，灌浆套筒部位应采取加热保温措施；保证24h内灌浆部位测得温度不低于0℃。如果灌浆完成24h内大气温度小于−10℃时禁止灌浆施工作业。

低温型套筒灌浆料的技术性能　　　　表 5-5

序号	检测项目		单位	性能指标
1	−5℃流动度	初始	mm	≥300
		30min		≥260
2	8℃流动度	初始	mm	≥300
		30min		≥260
3	抗压强度	−1d	MPa	≥35
		−3d		≥60
		−7d+21d		≥85
4	竖向膨胀率	3h	%	0.02~2
		24h与3h差值		0.02~0.40
5	28d自干燥收缩		%	≤0.045
6	氯离子含量		%	≤0.03
7	泌水率		%	0

注：−1d代表在负温养护1d，−3d代表在负温养护3d，−7d+21d代表在负温养护7d转标养21d。

2.6　后做灌法结构施工流程

施工准备—墙体吊装—墙体现浇节点钢筋、模板施工—墙体二次调整—顶板支撑体系施工—外墙部位的窗洞口、阳台口封闭—顶板构件吊装—钢筋、水电管线布设（含核心筒墙体）—墙板底部坐浆料封缝—顶板墙体混凝土浇筑—顶板保温—根据低温灌浆测温点布置图预埋测温导线—灌浆区保温—测温（随机选取多点测温）—灌浆料施工—测温（联通腔）—拆除窗洞口、阳台口等封闭及保温措施。

灌浆施工流程：施工准备—根据低温灌浆测温点布置图放置测温导线（联通腔内）—墙板底部坐浆料封缝—灌浆区保温—灌浆料拌制—测温（随机选取多点测温）—套筒灌浆—自检及工作面清理—测温（联通腔）—拆除保温。

2.7　质量保证措施及相关试验

2.7.1　原材进场复试

灌浆料进场时进行进场复试，在15d内生产的同配方、同批号的灌浆料每50t作为一个检验批，不足50t也应作为一个检验批，随机抽取不低于30kg。试验项目为流动度（30min）、泌水率、抗压强度（−1d、−3d、−7d+21d）、竖向膨胀率（3h、24h与3h差值）。

2.7.2　接头工艺检验

灌浆施工前，应对不同钢筋生产企业的进场钢筋进行接头工艺检验，每种规格钢筋应制作3个对中套筒灌浆连接接头并在−5℃条件下养护7d，标准养护条件下养护21d后进行工艺检验，灌浆接头工艺检验试验方法应依据《钢筋套筒灌浆连接应用技术规程》JGJ 355—2015 进行抗拉强度和残余变形试验。

2.7.3 对中连接试件

灌浆施工时，应抽取灌浆套筒并采用与之匹配的灌浆料制作对中连接接头试件，并进行抗拉强度检验，同一规格、同一类型、同一批号的灌浆套筒不超过 1000 个为一批，每批随机抽取 3 个灌浆套筒制作对中连接接头试件并在 −5℃ 条件下养护 7d，标准养护条件下养护 21d 后进行检验，灌浆接头检验试验方法应依据《钢筋套筒连接应用技术规程》JGJ 355—2015 进行抗拉强度试验。

2.7.4 现场灌浆料抗压试块试验

每工作班组取样不得少于 1 次，每楼层取样不得少于 3 次，灌浆施工现场制作 40mm× 40mm×160mm 的试块 4 组，同条件养护 2 组（1～3d，28d），−5℃ 养护 1 组（−7d＋ 21d），1 组同条件备用试块。

试验室购置专用制冷设备，满足低温灌浆料标样试块养护条件。

2.7.5 灌浆施工控制要点

（1）灌浆腔拍摄照片留存，照片须包含灌浆腔编号和有效封堵图片；

（2）灌浆施工过程中，留存灌浆施工全过程视频；

（3）灌浆施工须有旁站监理在场时方可进行；

（4）填写《灌浆作业施工质量检查记录表》并且总包方及监理方签字；

（5）加强施工全过程的质量预控，密切配合好建设单位、监理和总包三方人员的检查和验收，及时做好相关操作记录；

（6）所有施工人员均须持有上岗许可证。

2.8 结语

冬季套筒灌浆施工的顺利进行为我国北方装配式混凝土结构的施工争取了施工作业时间，为工程早日完工并交付使用奠定了基础。

参考文献

[1] 中华人民共和国行业标准. 钢筋焊接及验收规程 JGJ 18—2012[S]. 北京：中国建筑工业出版社，2012.

[2] 中华人民共和国行业标准. 钢筋机械连接技术规程 JGJ 107—2016[S]. 北京：中国建筑工业出版社，2016.

[3] 中华人民共和国行业标准. 钢筋锚固板应用技术规程 JGJ 256—2011[S]. 北京：中国建筑工业出版社，2012.

[4] 吴成材. 钢筋连接技术手册(第二版)[M]. 北京：中国建筑工业出版社.

[5] 高强钢应用技术指南[M]. 北京：中国建筑工业出版社.

第六篇 模板与脚手架工程施工技术

北京住总集团有限责任公司　　　　　杨健康　胡延红　卫　民　路红卫

南通四建集团有限公司　　　　　　　张卫国　曹立忠　张华君　徐宜军

北京星河模板脚手架工程有限公司　　姜传库　刘建国　高世莲

摘要

本篇主要介绍模板与脚手架工程施工技术历史沿革、最新进展、研发方向以及在建筑施工中的应用。结合北京百子湾装配式工程、江苏园宏大厦工程的工程实例，分别描述了装配式模架、电动桥式脚手架在施工中的应用。模板与脚手架体系顺应时代要求，对材料、技术特点和智能化应用不断地改革创新，铝合金模板、塑料模板、不锈钢模板、电动桥式脚手架、轻型造楼机等，都反映出模架体系朝着绿色、智能、工具化、机械化的方向发展。

Abstract

This article mainly introduces the historical evolution, latest development, research and development direction of formwork and scaffolding engineering construction technology and its application in building construction. Combined with the engineering examples of the Beijing Baiziwan prefabricated costruction project and the Jiangsu Yuanhong Building project, the application of prefabricated formwork and electric bridge scaffolding in construction are described respectively. The formwork and scaffolding system conform to the requirements of the times, and continuously reform and innovate materials, technical characteristics and intelligent applications. Aluminum formwork, plastic formwork, stainless steel formwork, electric bridge scaffolding, light building construction machines, etc., all reflect the formwork and scaffolding system is developing in the direction of green, intelligent, instrumentalization and mechanized.

一、模板与脚手架工程施工技术概述

模板脚手架工程是工程建设中与混凝土工程、钢筋工程密不可分的三大系统工程之一。模板脚手架是建筑施工中重要的施工工具，其装备和应用标志着施工企业的实力和技术管理水平。模板及脚手架直接关系到结构工程、装修工程的施工安全、工程质量、工期、技术经济效益、社会效益和文明施工。

改革开放的 40 年，中国经济经历了飞速的发展，城市化进程也呈现了史无前例的快速增长，巨大的基础建设投资规模为模架工程的发展和技术进步提供了平台。

从 20 世纪 90 年代开始，为促进建筑业健康发展，推进模架新技术的应用，住房城乡建设部《建筑业 10 项新技术》的制定和推广应用为模架技术的技术创新和应用发展提供了政策引导。通过各地在项目上实施科技示范工程，促进了 10 项新技术在工程中的应用。

适应市场需求，模架技术向标准化、工具化、自动化、智能化、专业化的方向不断进步的过程中，为工程的工期缩短、质量提高、施工安全和综合效益提升创造了条件，为国内高大难的建筑施工提供了技术支持和安全保障。

我国建筑模板体系从木模板、组合钢模板、全钢大模板发展到竹、木胶合板模板、钢（铝）框胶合板模板、铝合金模板、塑料模板、台模、液压爬模、顶升模板等。模板的组装方式也由原来的散支散拆发展到整体吊装、整体移动、整体滑动、整体顶升，出现了滑模、爬模、移动模架造桥机、造楼机等。

脚手架体系也从高消耗材料竹、木脚手架转变为可多次周转使用的施工工具。现在应用的脚手架体系包含：门式脚手架、扣件式钢管脚手架、碗扣式钢管脚手架、轮扣式钢管脚手架、键槽式钢管脚手架、盘销式钢管脚手架、悬挑脚手架、附着升降脚手架、电动桥式脚手架等。随着施工技术规范标准的完善和施工技术水平的提高，对各种体系的脚手架适用范围的规定更为合理明确，盘销式钢管脚手架、附着升降脚手架等新产品市场应用数量得到快速增加。

二、模板与脚手架工程施工主要技术介绍

随着我国城市建设的迅猛发展，建筑的多功能要求、造型美观的要求、大空间的要求日益增加，施工工期日益缩短，安全防护要求日益提高，这些对模板脚手架产品和施工技术提出了更高要求，同时给模板脚手架行业带来了巨大的发展机遇，使得模架产品材料不断升级和多样化，模架技术逐步在工具化、机械化、智能化方面迅速发展。

1. 模板工程技术

近几年新型材料模板体系（如塑料模板、不锈钢模板、铝合金模架体系等）的出现减少了模架工程中木材的消耗，使模板工程朝绿色施工方向发展；新技术模板体系（如快拆模板体系、组合模板体系等），改进施工工艺，加速周转，节约材料；而机械化、智能化模架体系（如爬模、飞模、滑模、顶模等）则将模架施工技术推向了一个新的高度，我国超高层建筑施工速度举世瞩目。

2. 脚手架技术

扣件式钢管脚手架、碗扣式钢管脚手架、盘销式钢管脚手架、承插式钢管脚手架、门式脚手架、可调钢（铝）支撑、爬架已广泛应用。随着建筑需求和全球化的技术交流，国内一些企业引进国外先进技术，研制和开发了多种脚手架，一批新型脚手架产品（如盘销式钢管脚手架、电动桥式脚手架等）陆续进入国内市场，在提高脚手架产品质量、保障施工安全、提高施工效率等方面起到了促进作用。针对特殊结构形式和用途的模架体系研究应用（如装配式模架体系、综合管廊模架技术）在不断加强。

三、模板与脚手架技术最新进展（1～3 年）

1. 模板技术进展

1.1　材料方面

（1）铝合金模板

铝合金模板是指按模数制作设计，经专用设备挤压加工制造而成，具有完整的配套使用的通用配件，能组合拼装成不同尺寸的整体模板。具有质量轻、拆装方便、刚度大、精度高、坚固耐用，稳定性好，承载力高，浇筑的混凝土成型质量好，周转次数多、寿命长，施工过程安全，文明施工形象好，对机械依赖程度低，应用范围广等优点。它是一种可持续发展的绿色环保模板工艺技术，也是现有建筑模板材料更新换代的一个发展方向。

铝合金模板的体系化应用可以加快施工速度，提高施工效率，节省劳动力。铝合金模板体系虽然一次性投资大，但其分摊成本较其他模板有明显优势，经济效益、环境效益显著。

（2）复合塑料模板

与其他材料相比，生产和应用复合塑料模板的能耗较低（如聚氯乙烯的生产能耗仅为钢材能耗的 20.0%、铝材的 12.5%）。复合塑料模板在国外发展较快，在欧美等国家发展更迅速，有取代组合钢模板和胶合板模板的趋势，并且正向组合铝框及钢框塑料模板演化。复合塑料模板不仅可以作为浇筑混凝土的竖直和水平支撑模板，还可以对图案进行预先雕刻并用于装饰。复合塑料模板可以很好地解决浇筑混凝土所需的刚度，如果和木框或者钢框组合还可以大幅提高其周转次数。

目前研制的复合塑料模板，有塑料模板、中空塑料模板、组合带肋塑料模板三种形式；塑料模板整体性能较好，吸水率较低，即使长期泡在水中，也不会分层更不会影响模板的尺寸，而且其表面硬度高，韧性好，在极寒地区和高温地区都不会影响其使用。复合塑料模板可采取任意方式组合，能承受各种施工载荷，并且在施工过程中不易爆模。同时，复合塑料模板耐酸、耐水、耐摩擦、容易清洁，使用时间长。复合塑料模板质量轻，在施工过程中无论是挪移还是拆装都非常快捷，节省人力和工期，可极大加快施工速度，有广阔的发展空间。

（3）玻璃纤维钢化模板

玻璃纤维钢化模板采用 pp＋玻璃纤维，可 100％回收再利用，质量轻易操作，采光性能好无需照明方便施工，具有强度高（受力可达 $50kN/m^2$）、精度高、吸水率较低、收缩率低、耐候性好、不冷脆、不热塑、耐腐蚀、易清理，可周转使用 80 次以上，成型效果好表面光洁平整，明显优于木胶合板。

应用方式较多，采用钢、铝制框体，面板为玻璃纤维钢化模板，可充分发挥各种材质组件的优势；也可应用于模板早拆体系或直接代替木模板采用散支散拼方式，施工快捷、节约工期、成型效果好、综合成本低。

（4）不锈钢模板

不锈钢模板的开发应用不仅得到了更好的混凝土成型效果，同时不锈钢材料无须表面处理，符合绿色、环保要求。

新开发的索氏体 S600E 高强结构不锈钢模板、索氏体不锈钢脚踏板、索氏体不锈钢模架用防护网、索氏体不锈钢模板脚手架专用设备等模板和脚手架产品。它具备铝模板轻量化、强度高、组装灵活、通用性强和环保等同样的技术优势，相比铝模板，不锈结构钢材料有着更好的性价比和发展空间。不锈钢模板的优势：同等情况下重量比铝模轻便，具有相当的优势；不锈钢面板不用涂刷铝模用的保护油，现场涂刷隔离剂打灰后面板沾灰较少，施工后的混凝土表面效果好。索氏体不锈结构钢在地铁管片、管廊工程等连接专用螺栓的研发工作也将陆续开展。

（5）钢（铝）框塑料模板

钢框塑料模板体系是一种模数化、定型化的模板，标准化程度较高，80％的模板可以在多个项目应用。框体为钢制框体，面板为塑料模板。工具化体系通用性强；质量小，人工搬运作业，施工效率高；模板刚度好、周转使用次数多，摊销费用少，经济效果显著。板面平整、无需脱模剂，拆模后混凝土表面效果好。支撑体系简洁，节省人力和工期，提高施工速度。相较于钢框塑料模板，铝框模板质量更轻。

（6）预制混凝土免拆模板

混凝土免拆模板成本低廉，现已应用到了众多领域，混凝土免拆模板使用的原材料有纤维水泥板、防腐钢格网，再加入增强材料，从而形成一种高强、抗压、不变形、抗撕裂、抗折断、防火、防潮，使用寿命长的新型建筑模板。

可用于制作圈梁、构造柱、建筑中的地基、方形桥墩、路障、储水池、外墙、建筑和装饰领域得到广泛应用。在施工过程中无需拆除，十分简便，免拆模板比较容易切割，可以根据不同的建筑需要切割成不同的大小。

免拆模板保温效果非常明显。而且安装简单，干作业操作，不但可以省去很多中间很多繁琐的工作，而且大大地减少了建筑装修中粉尘对环境的污染，减轻建筑装修对环境的压力，并且还可以大大地提高建筑的工作效率，节省人工成本。

1.2 施工技术方面

（1）轻型钢框组合快拆钢模板

轻型钢框组合模板的早拆体系参照了铝合金模板中的早拆体系：采用 4mm 厚的钢板轧制钢早拆梁配合早拆支撑头、钢支撑模板支撑系统；增加了组合平面快拆钢模板系列；这种钢模板的特点是钢模板的一侧板边 90°，另一侧板边 135°，90°直角钢模板边与标准钢模板组合；L 形快拆钢模板一侧边 135°主要用于竖向构件模板。轻型钢框组合模板具有节省材料、降低成本、质量小、人工传递减少损坏的优点，见图 6-1。

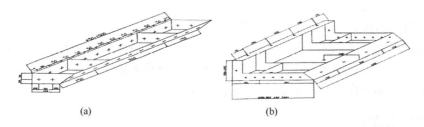

(a)　　　　　　　　　　(b)

图 6-1　快拆钢模板

(a) 组合平面快拆钢模板；(b) L 形快拆钢模板

（2）铝木结合模板

超高层施工中，核心筒形式简单，外框结构造型多样的框架核心筒劲性混凝土结构中常使用铝木结合模板体系，核心筒用铝模、外框用木模。具有拼装灵活、经济适用、周转高效的特点。铝模板和木模板有各自的模板连接方式，两种方式不能通用，研发一种铝木模板的新型连接方式，使用木胶板连接木方，通过木方与铝合金模板连接端口相固定，实现节点连接紧固，见图 6-2。

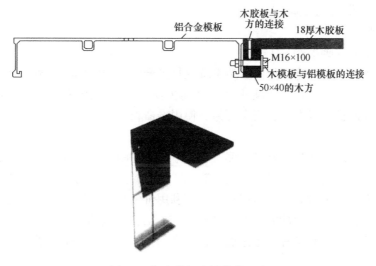

图 6-2　铝木模板连接节点示意

（3）镜面清水混凝土全钢模板

清水混凝土模板技术施工后不需要装饰，一次成型，无需剔凿修补，舍去涂料饰面等，绿色环保，全钢模板采用模板与分隔带组合形式施工。

清水混凝土模板工程作为混凝土构件造型的胎基，其几何尺寸的准确性、强度和刚度及稳定性的可靠度、密封程度的优劣等，将直接影响到混凝土结构的成品质量。

模板满配一层向上翻模流水使用，所有模板满足任意组拼。每层模板上下两端均加 100mm 高的分隔带（［6.3 与 10mm×100mm 扁钢组焊件），分隔带设置把手，方便搬运及组装。翻模时上层模板支撑利用下层模板的上排分隔带与墙体采用对拉杆紧固支撑。分隔带仅作为接头处线条使用，完成后取出，形成 100mm 高、6mm 厚的凹槽，分隔带最后进行装饰处理,通过增加工艺色带消除了防火墙混凝土浇筑的水平接缝和对拉螺栓孔的痕迹,确保墙面的美观。

(4)液压爬升模板

液压爬模是通过承载体附着或支撑在混凝土结构上,以液压油缸为动力,以导轨或支撑杆为爬升轨道,使爬模装置向上爬升一层,反复循环作业的模板形式。液压爬模不需重复安装模板,除第一次安装外不需再使用塔式起重机。

2. 脚手架技术进展

2.1 材料方面

铝合金脚手架力学性能好、质轻、不易锈蚀。便于安装、搬运、储存。铝合金脚手架相当于传统脚手架1/3,而且所有部件均经过特殊防氧化处理,产品寿命达到30年以上。

S600E高强不锈结构钢脚手架力学性能好、质轻、不易锈蚀。与铝合金脚手架相比,略轻于铝,价格略低于铝。其他性能指标与铝合金基本持平。周转次数达300次,使用寿命长。

脚踏板和防护栏采用高分子及聚玻纤维制造,实现了安全、环保、防火、轻便、可回收、方便、经久耐用的技术特点。

2.2 施工技术方面

(1)集成附着式脚手架

运用提升动力系统,将操作脚手架系统反复提升。全钢整体脚手架具有使用性、安全性、智能化、机械化等特点,可实现全自动同步控制和遥控控制,为智能化施工创造条件。全钢平台及防护承载力大、安全可靠、使用寿命长。

(2)电动桥式脚手架

电动桥式升降脚手架是一种导架爬升工作平台、延附着在建筑物上的导轨立柱通过齿轮齿条的传动方式实现平台升降。适用于装配式建筑、主体结构、主体结构与装修同时施工的建筑及既有建筑改造等,具有广泛的推广利用价值。由于组装方便快捷,二层或三层的架体具有各自独立的使用功能,提供的施工作业面比其他升降脚手架要大2~3倍,使用效率高,可明显地提高工程施工进度。该新产品结构稳定、安全可靠。

(3)轻型造楼机

是一种集脚手架、模板及施工平台等于一体的整体施工装备,主要用于高层及超高层建筑结构施工。

(4)装配式建筑模架技术

装配式建筑成为建筑行业未来发展的一大趋势,建筑构件的工业化生产、装配方式能够实现房屋建造全过程的工业化。新一代建筑施工模架必须适应建筑工业化的需要,信息化控制、智能快速拆装能力。爬架、智能升降平台、铝合金模板、独立支撑等模架体系应用于装配式建筑工程中。

(5)城市综合管廊模架技术

综合管廊是21世纪新型城市市政基础设施建设现代化的重要标志之一,它避免了由于埋设或维修管线而导致道路重复开挖的麻烦,由于管线不接触土和地下水,因此避免了土对管线的腐蚀，延长了管线的使用寿命，它还为城市的发展预留了宝贵的地下空间。管廊施工用模架也从满堂红支架逐步向整体移动模架、快拆模架、预制拼装技术发展。

四、模板与脚手架工程施工技术前沿研究

1. 模板脚手架行业的研发方向

（1）脚手架模板新材料的研发应用

我国模板脚手架行业的研发逐步从单一产品向多种材质和类型的模板脚手架体系发展，研发轻质、高强、环保、无污染、可再生利用模板脚手架材料。

（2）脚手架生产制造加工工艺改进

建筑业施工规模大，市场需求大，脚手架模板厂家也顺势提高加工工艺，逐渐趋于信息化控制、精确制造、模块化、模数化制造。

2. 发展智能化、机械化模架技术

超高层建筑施工技术代表着建筑业施工技术的最高水平。由于超高层建筑的工程特质，传统的模架工艺对其不再适用，取而代之的是更为高效、机械化水平更高的智能模架技术。近年来，在我国兴建的地标性超高层建筑中无一例外地采用了机械化、智能化的模架施工技术，创造了一个又一个工程奇迹。

参照制造业和国外发展的相关经验，在未来的施工领域中，智能化施工会成为施工技术的主导。因此在未来机械化、智能化模架体系必然会成为模架行业的主要发展方向。

3. BIM 技术在模板脚手架中的应用

BIM 技术在模板脚手架设计时，可直接导入施工图纸，并自动转化为三维模型，依据结构模型智能设计模板和脚手架搭设，根据相关数据进行工况计算形成施工方案和计算书，指导施工。通过 BIM 模型浏览工具，还可以随时观察现场模板与脚手架搭设情况，可对重点部位进行针对性检查。

4. 模板脚手架的绿色发展

从绿色发展的角度，模板脚手架材料的发展方向必然为再生、可回收、周转再利用的新材料，如何适应我国施工领域的新型模板脚手架产品，成为模板脚手架行业发展的首要课题。

（1）工业废渣对塑料模板的应用影响

塑料模板周转次数多，表面平整度好，有较好的力学性能，可回收再造，因此，塑料模板具有广阔的发展前景。但是塑料模板有成本高、易变形、热胀冷缩现象严重的缺点。因此，改进塑料模板性能、降低成本是研究塑料模板材料的课题。

工业废渣中提取磷石膏、赤泥，添加进塑料模板材料中，提高塑料模板的材料性能和

力学性能，一方面可减少有害元素磷对环境的污染，另一方面提高资源的有效利用，还可以有效地降低生产成本。

（2）轻质高强的金属管材对脚手架的应用影响

目前对建筑施工的安全越来越重视，并且由于传统钢管脚手架太笨重，工人安装效率低，造成建筑成本大幅度上涨。有一些地区已经开始逐步使用铝合金脚手架替代传统的钢管脚手架，铝合金脚手架的自身设计科学，搭建和拆卸快速，轻质，稳固，安全性比传统钢管脚手架有了很大的提升。由竹子被钢管脚手架替代，是一次脚手架行业的变革；钢管脚手架被铝合金脚手架替代是未来发展的历史趋势。

（3）适应装配式结构施工的模架体系

"十三五"期间国家制定的推广应用装配式建筑的政策，将用10年左右的时间，使装配式建筑占新建建筑面积的比例达到30%。为满足装配式结构施工的特点，叠合板下独立支撑、预制外墙板安全防护架等产品技术将得到开发和应用。

五、模板与脚手架工程施工技术指标记录

柬埔寨国家体育场，99m高双曲面人字形清水混凝土吊塔结构采用了液压爬模和造型模板体系。

阿里巴巴华南运营中心南塔楼10m大跨度悬挑支撑三角架，高度方向重复装拆周转，为国内最大的悬挑支撑。

六、模板与脚手架工程施工技术典型工程案例

1. 阿里巴巴华南运营中心大厦工程高空大跨度悬挑模架应用

1.1 工程概况

阿里巴巴华南运营中心位于广州市海珠区琶洲人工智能与数字经济试验区内，总建筑面积为137985m²，地下3层，南塔楼地上37层，北塔楼地上10层，建筑高度207m，结构形式为框架核心筒体系。

南塔楼外观为异形混凝土结构，塔楼四角每隔9层存在一个内切角，共8个内切角，内切角处的上下层楼板距离最大为40.85m，楼板单边悬挑长度最大为9.7m，该悬挑楼板相对于±0.000最大高度为199.55m。

1.2 高空大跨度悬挑模架施工技术

高空大跨度悬挑模架施工主要原理是，在混凝土结构四角的切角处的结构柱上预埋钢质套管及预埋件；待结构柱混凝土达到设计要求后安装高强度螺栓固定三角桁架（三角桁架采用槽钢焊接而成）；箱形钢梁搁置在钢牛腿上，钢牛腿焊接在结构柱的预埋件上。三角桁架、箱形钢梁与混凝土边梁形成一个平面，在该平面上铺设工字钢平台梁，平台梁与三角桁架、箱形钢梁采用U形螺栓固定，平台梁上铺设木跳板，从而形成一个稳固的支承平台，平台四周搭设单排脚手架作为防护，最后在平台上进行上部混凝土楼板模板架体的搭设、钢筋绑扎、混凝土浇筑等工序，见图6-3、图6-4。

图 6-3 支承平台搭设三维图　　　图 6-4 支承平台上搭设模板支撑架三维图

1.2.1 定型化三角桁架及箱形钢梁预埋件安装

（1）定位放线。

（2）箱形钢梁预埋件安装。埋件安装主要采用人工安装加塔吊辅助吊装的方式进行，安装时应严格按照位置线进行安装。

（3）埋件加固及套管封堵

1.2.2 箱形钢梁安装

箱形钢梁预埋件处混凝土浇筑完毕，模板拆除后对埋件进行清理，清理完成后焊接钢牛腿。钢牛腿安装完成后开始进行箱形钢梁吊装，箱形钢梁吊点设置在预先焊好的吊耳处，吊装时吊索挂在钢梁的吊耳上，缓慢起钩，将钢梁垂直吊起，提升高出地面建筑物后，开始转臂，当钢梁吊到就位点后，停止转臂，开始落钩。当钢梁距离钢牛腿 5m 时停止高速落钩，使用低速慢就位的缓慢落钩。两人上前扶稳钢梁，继续缓慢落钩。待钢梁落在钢牛腿上后摘钩，并于钢牛腿进行焊接。

1.2.3 定型化三角桁架安装

（1）定型化三角桁架拼装

每榀三角架采用双槽钢对口焊接而成，三角架之间采用销栓连接，三角架运输至现场后进行拼装。

（2）三角桁架安装（预穿螺杆）

三角架吊运时，先根据设计好的吊点进行挂钩试吊并挂设安全绳、导向绳，当三角架吊到就位点后，停止转臂，开始落钩。当三角架距离接近穿螺栓位置处时停止高速落钩，使用低速慢就位缓慢落钩。待三角架尾部四根螺栓均穿入时，进行标高抄测以保证三角架整体的垂直、标高以及起拱高度，待无问题后拧紧螺母，摘钩，见图 6-5、图 6-6。

1.2.4 平台梁及木跳板铺设

平台梁铺设采用塔式起重机进行吊运，吊运时先根据设计好的吊点进行挂钩试吊并挂设导向绳，待平台梁落下后复核平台梁定位是否与设计一致。

平台梁就位后，采用对拉螺杆、角钢、垫板将平台梁固定在三角架和混凝土楼板上，采用 U 形螺栓、角钢将平台梁固定在箱形钢梁上。平台梁铺设完毕后，采用钢丝绳将三角架与结构柱进行拉结，作为保险措施，见图 6-7、图 6-8。

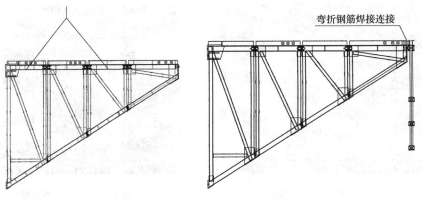

图 6-5　三角架吊运示意　　　　　图 6-6　三角架端部焊接节点

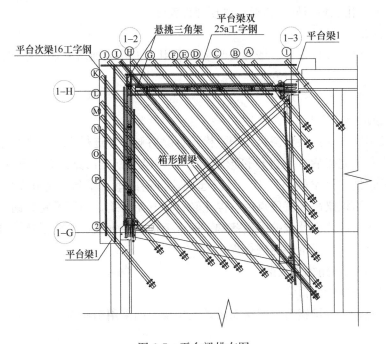

图 6-7　平台梁排布图

木跳板铺设前先在平台梁四周搭设单排防护脚手架，并在平台梁上铺设一层大眼网，防止铺设木跳板时发生坠物，木跳板与平台梁采用钢丝绑扎固定。

1.2.5　模板架体搭设

模板架体支承平台搭设完毕，搭设模板支承架，模板支撑架体立杆纵横向间距及步距按方案要求搭设，确保立杆底部落在平台梁上，并在架体四周从上至下增设连续剪刀撑。

1.2.6　混凝土浇筑

悬挑三角架上部混凝土浇筑时应待三角架锚固处的柱混凝土达到设计强度 100% 且不小于 40MPa。梁板混凝土浇筑采用布料机进行浇筑，梁混凝土分层浇筑，由于切角处高支模区域较小，故混凝土浇筑时应尽量从高支模区域中心向四周扩展进行。

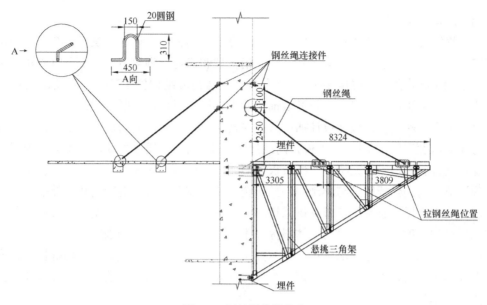

图 6-8 钢丝绳拉结节点

1.3 实施效果

悬挑支撑三角架完美地解决了大跨度悬挑混凝土结构的模板支撑体系平台问题，为今后类似悬挑混凝土结构施工提供技术支持和成功经验。该模架体系具有以下特点：

1) 施工安全易于保证。采用定型化三角桁架＋箱形钢梁＋工字钢平台梁＋木跳板的支承平台，减少了高空搭设钢管脚手架支撑体系，大大降低了高空作业的安全隐患。
2) 施工简捷，缩短工期。定型化三角桁架在地面进行拼装，而后整体进行吊装；三角架与混凝土结构采用螺栓连接，安拆简单；采用定型化的支承平台减少了扣件式钢管脚手架的搭设，缩短了工期，节省了材料及费用。3) 支承平台可周转使用。三角桁架采用单个桁架拼接而成，不同长度的悬挑结构可根据实际情况进行拼接；采用 U 形螺栓连接，减少焊接，保证拆除后可重复使用，见图 6-9。

图 6-9 现场效果

2. 百子湾装配式工程模架施工

2.1 工程概况

本工程总建筑面积 220987.87m²，其中地上建筑面积 129147.71m²，地下建筑面积 91840.16 m²，共包含 6 栋住宅楼、1 个地下车库和附属配套，地下 3 层，地上 27 层。

2.2 模架工程施工技术

本工程结构为装配整体式剪力墙结构，现浇节点模板采用铝合金模板，叠合板采用独立支撑，由铝框木工字梁、木梁托座、独立钢支柱和稳定三脚架组成。外防护架采用集成爬架（全钢装配式附着升降脚手架），结合装配式剪力墙结构施工特点，爬架既为结构施工作业提供安全防护，同时又为外檐装饰作业提供操作平台，见图6-10。

（1）铝合金模板：模板在设计加工时，在现浇节点模板两侧增加防漏浆的板条，板条尺寸为80mm宽、8mm厚，其中板条内侧加工成45°斜角，便于拆模。板条与铝模板面板通过螺栓连接。模板安装完毕后，模板板条外侧30mm压在预制外墙企口上；内侧50mm处于现浇节点内。模板板条与预制构件预留企口相互咬合，防止混凝土浆料外漏。

（2）独立支撑：叠合板模板支撑采用独立支撑体系，通过对顶板支撑位置调整与墙体斜撑位置策划，确保顶板支撑与墙体斜撑互不影响，保证施工顺利进行。

（3）圈边龙骨：使用穿墙螺栓固定木托架：内墙双侧固定，先穿入穿墙螺栓，再安放木托架并初步固定；外墙为单侧固定，穿墙螺栓连同木托架先拧入预制墙体预留的套筒，再初步固定木托架，见图6-11。

图6-10　模板效果　　　　　　　　图6-11　穿墙螺栓

（4）集成爬架：附着式升降脚手架为标准化设计，通用性较强，架体采用钢框架，整体性好，可重复利用，节约材料。与传统现浇剪力墙结构相比，装配式剪力墙结构的现浇混凝土量少，顶板叠合板独立支撑体系简便，外墙构件自带保温体系可直接进行外檐饰面施工，而附着式升降脚手架可同时用于主体结构施工安全防护和外檐立体穿插施工，故装配式剪力墙结构更适宜采用附着式提升脚手架。

（5）提高施工效率：在装配式剪力墙结构施工中，塔式起重机主要用于预制构件的吊装，使用附着式升降脚手架可实现架体自动爬升，不占用塔式起重机吊次，施工组织更为合理。同时，采用附着式升降脚手架可采用提效穿插施工组织，结构施工、初装修施工及精装修施工每五层进行转换施工，可提高施工效率。

2.3 实施效果

采用集成爬架配合穿插施工，爬架即作为结构施工的围护架，又是外檐装修施工的操作架。不仅从安装工艺上符合装配式结构施工特点，满足作业安全防护要求，还实现外檐立体穿插施工，有效缩短施工工期，取得良好的社会效益和经济效益。

3. 园宏大厦工程桅柱式液压升降脚手架应用

3.1　工程概况

园宏大厦工程位于江苏省南通市通州区金霞路西侧，朝霞路北侧。总建筑面积 57000m²，其中地上 41770m²，地下 15177m²，项目由 1 幢 16 层写字楼、4 幢 5 层写字楼、1 幢 2 层物管用房及纯地下一层车库构成。

16 层写字楼建筑面积 25376.42m²，建筑高度约 66.60m；该工程 3～16 层为标准层，标准层高 3.9m，单层标准层面积 1517.32m²，外脚手架周长 209.32m，标准层建筑面积 21242m²，外墙装饰为玻璃幕墙。

3.2　桅柱式液压升降式脚手架工程施工技术

沿 16 层写字楼工程周边布置 21 个桅柱（即 21 个机位）（图 6-12），塔式起重机附着杆中间位置布置一个桅柱，在施工升降机两侧合理位置各布置一个桅柱，以达到在脚手架升降时，与塔式起重机的附着杆件和施工升降机可以相互避让的目的，同时采取相应措施，使各个架体间相互连接形成整体。桅柱一般采用三角钢架作为基础，悬挑在建筑物的外立面结构上，桅柱标准节每隔 6m 进行附着，高度超过 30m，应进行卸载。

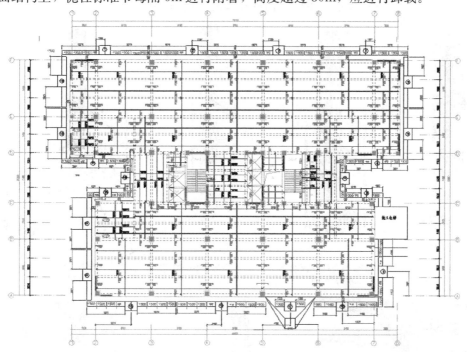

图 6-12　园宏大厦桅柱式液压升降脚手架机位布置示意图

1）桅柱式液压升降脚手架主要技术性能参数：

① 独立运行的各层架体平台参数：

上道架体平台高度≤8m。

下道平台高度≤6m。

平台长度≤13.6m。

平台宽度≤700mm。

平台跨度与高度的乘积≤110m²。

桅柱的垂直度偏差≤0.3%。

平台内侧与建筑结构间距≤500mm。

桅柱悬伸高度≤6m。

桅柱附墙间距≤6m。

坠落制动距离≤80mm。

② 架体许用荷载：

上道架体平台使用工况一层，3kN/m²。

下道架体平台使用工况一层，2kN/m²。

升降工况一层，0.5kN/m²。

单机提升动力≥120kN。

上道架体平台一次性升降高度一层楼高度。

下层架体平台一次升降高度≤10m。

升降速度≤60mm/min。

2) 桅柱式液压升降脚手架主要结构件和装配，见图6-13。

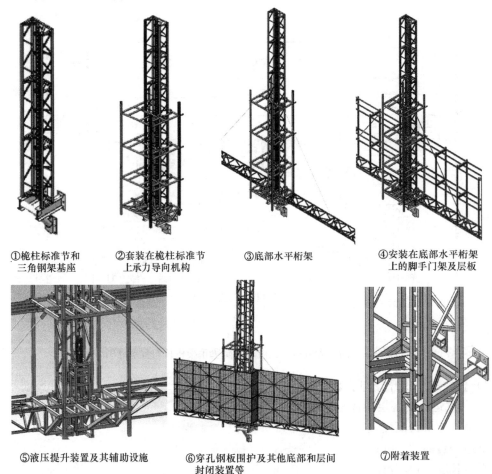

①桅柱标准节和 ②套装在桅柱标准节 ③底部水平桁架 ④安装在底部水平桁架
 三角钢架基座 上承力导向机构   上的脚手门架及层板

⑤液压提升装置及其辅助设施 ⑥穿孔钢板围护及其他底部和层间 ⑦附着装置
        封闭装置等

图 6-13　桅柱式液压升降脚手架主要结构件和装配

3）根据架体荷载计算书以及架体搭建图，对施工过程依据结构的不同，可分别做相应详细方案。个别位置，因施工现场结构的变化，依据支承架的使用安全规范做适当调整，但架体的支承跨度与高度的乘积应遵循规范和设计方案，不得擅自扩大架体支承间距，以免降低架体、龙骨及面板的承载力，并按规定设置附着装置和桅柱自由端高度，以保证脚手架的整体稳定性。

3.3 实施效果

桅柱式液压升降脚手架产品，于 2016 年 12 月 2 日，经国家建筑工程质量监督检验中心实体检验，结论为符合检验标准要求。2018 年 7 月 24 日，通过江苏省土木建筑学会组织的科学技术成果鉴定（苏土建鉴字〔2018〕第 017 号），认为：桅柱式液压升降脚手架适用于装配式建筑、主体结构、主体结构和装修同时施工的建筑及既有建筑改造等，具有广泛的推广利用价值。研究项目成果总体达到国内领先水平，一致同意通过鉴定。

由于组装方便、快捷，二层或三层的架体具有各自独立的使用功能，提供的施工作业面比其他升降脚手架要大 2～3 倍，使用效率高，可大大地提高工程施工进度。该新产品结构稳定、安全可靠，在位于江苏省南通市的圆宏大厦和盐城市凯斯博电梯试验塔等的工程中，桅柱式液压升降脚手架的使用，取得了良好效果，见图 6-14。

图 6-14 工程现场效果

第七篇 混凝土工程施工技术

中铁建设集团有限公司　　　　　钱增志　李小荣　李太胜
中建西部建设股份有限公司　　　王　军　刘小琴　王　斌
高创建工股份有限公司　　　　　王工民　吴宁娜　简征西

摘要

　　在建筑工程中，混凝土施工是保障建筑工程质量的重要环节。现阶段，我国建筑业混凝土技术主要表现出以下几个特点：预拌混凝土行业增速放缓；预拌混凝土行业绿色度持续提高；混凝土产品趋向功能化、特色化发展；预制混凝土（PC）行业有了显著提升和快速发展。近3年，混凝土技术取得了较大进展，特别在混凝土原材料选用（新型胶凝材料及新型矿物掺合料、固体废弃物资源利用、新型外加剂）、超高/超远距离泵送技术、超高性能混凝土及特种混凝土、装配式混凝土技术、混凝土行业绿色度、混凝土行业信息化技术等方面都体现出了新的变化；在未来5～10年，混凝土技术将持续在建筑工业化、互联网技术与混凝土领域的结合、原材料新技术、混凝土制备及施工技术、特种混凝土技术、混凝土3D打印技术、绿色混凝土技术等方向取得快速的发展。混凝土技术不断突破和刷新其强度、高度、体量等指标记录，并在港珠澳大桥、中信大厦（中国尊）、北京大兴国际机场和某混凝土3D打印示范建筑等工程得到良好应用。

Abstract

　　In construction engineering, the concrete construction is the key procedure to assure project quality. At present, the concrete technology in the building industry of China has the following features: slow growth of pre-mixing concrete industry; enhanced environmental friendliness of pre-mixing concrete industry; the functionalization and specialization of the concrete products; the significant development and improvement of the precast concrete (PC) industry which indicates that the time for PC industry to rejuvenate has come. In recent three years, there were great progresses in concrete technology, especially in the selection of concrete raw materials (new cementitious materials and new mineral mixtures, comprehensive utilization of solid waste and new admixture), ultra-high/ultra-distant pumping technology, ultra-high performance concrete, special concrete, prefabricated concrete technology, environmental friendliness and information technology of concrete industry. In the forthcoming 5～10 years, it's expected that greater progresses will be happened in concrete technology continuously, such as building industrialization, the combination of internet technology and concrete, new raw materials technology, specialized concrete technology, 3D printing concrete technology, high-durability concrete using in ocean environment, admixture innovation development technology and eco-friendly concrete technology. With the emergence of more breakthroughs in the concrete technology, records on the concrete strength, height, volume and other index have been continuously refreshed. What's more, these new technologies have been successfully used in Hongkong-Zhuhai-Macau Bridge, Beijing CITIC Building, Beijing Daxing International Airport, and a concrete 3D printing demonstration building etc.

一、混凝土工程施工技术概述

混凝土是以胶凝材料、水、粗细骨料及掺入外加剂和矿物掺合料，按适当比例配合，经过均匀拌制、密实成型及养护硬化而成的人造石材。

1. 混凝土起源

近代波特兰水泥混凝土的发展是以 1756 年 John Smeaton 发明水硬性胶凝材料、1796 年 James Parker 获得天然水硬性水泥的专利、1813 年 Louis Vicat 生产人造水硬性水泥，至 1824 年英国人 Joseph Aspdin 发明波特兰水泥（Portland Cement）这一整个历史阶段为起点。在 1850 年和 1928 年分别出现了钢筋混凝土和预应力钢筋混凝土之后，混凝土开始得到了广泛的应用，目前是世界上用量最大、使用最广泛的建筑材料。

2. 新产品新技术不断涌现

随着建筑业的快速发展，城市建设和基础设施建设方式的不断更新，对混凝土与水泥制品的性能不断提出了更新、更高要求。当前，不同品种、特殊性能的混凝土在工程领域得到了广泛应用，如装饰混凝土、自密实混凝土、轻骨料混凝土、纤维混凝土、超高性能混凝土、高耐久性混凝土、防辐射混凝土、透水混凝土等，装配式建筑部品以及适用于市政综合管廊建设的新型混凝土涵管，包括圆形、方形、多弧异形、单孔、双孔等多种形式的预制钢筋混凝土产品得到大量应用，装配式混凝土新技术亦不断涌现。

2.1 高强高性能混凝土应用

高性能混凝土是用现代混凝土技术制备而成，其特点是低水胶比、掺用高效减水剂和矿物掺合料，以此改变水泥石的亚微观结构、改变了水泥石与骨料间界面结构性质，进而提高了混凝土的致密性。高性能混凝土的制备不仅是水泥石本身，还包括骨料的性能，混凝土配合比设计，混凝土的搅拌、运输、浇筑、养护以及质量控制，这也是高性能混凝土有别于以强度为主要特征的普通混凝土技术的重要内容。我国目前 C80 级及以上的高强高性能混凝土已开始应用，少数超高层建筑也在探索应用 C100 级及以上高强高性能混凝土及自密实混凝土。

2.2 装饰混凝土应用

拓展装饰混凝土在现代生活的应用空间，发挥设计创意在装饰混凝土产品中形成的消费引领功能，更加广泛地融入各类设计资源参与装饰混凝土创意设计，提高产品的文化与美学表现力，强化材料应用、生产工艺的技术研究与创新，提高产品的技术内涵与经济性，形成品种齐全、品质优良、功能完善的系列化装饰混凝土产品，引导建筑室内外装修、城市景观、园林和市政等行业更多地选用装饰混凝土产品，见图 7-1。

2.3 绿色混凝土技术持续发展

目前，对绿色混凝土的概念学界还没有统一的定义，一般来说绿色混凝土具有比传统混凝土更高的强度和耐久性，可以实现非再生资源的可循环使用和有害物质的最低排放，既能减少环境污染，又能与自然生态系统协调共生。混凝土工程绿色化的根本途径主要有：一是在混凝土生产中尽可能少用水泥和天然砂石；二是尽可能提高混凝土的耐久性，

图 7-1 清德实业产业孵化园项目清水混凝土造型

以延长混凝土建（构）筑物的使用寿命；三是尽可能控制并减少混凝土生产和使用过程中各种污染源的产生。

绿色混凝土技术发展是今后混凝土技术进步的重要方向，目前国家及各地方政府均出台了建筑业高质量发展的实施意见，提出混凝土产业要向新型环保绿色高质量方向发展。同时经过多年的发展进步，绿色混凝土技术已经在再生混凝土、绿色高性能混凝土、生态混凝土等方面取得了重要成果。

3. 泵送混凝土能力提高

超高泵送混凝土技术的发展是现代混凝土工程的主要标志之一。一方面，化学外加剂技术不断进步，新一代聚羧酸减水剂由于其优良的增强减水作用、坍落度保持效果在减水剂市场得到迅速推广及运用，在大批建设工程中得到广泛应用。另一方面，混凝土泵送理论、泵送设备和施工水平的不断提高，也进一步推进了混凝土泵送施工技术的发展和完善，使得大批特殊工程（如超高层、超远距离等）的施工得以实现，并不断刷新泵送高度和泵送距离的记录。

二、混凝土工程施工主要技术介绍

1. 混凝土原材料

1.1 胶凝材料

水泥是混凝土的主要胶凝材料，对混凝土的综合性能起主导作用。目前我国水泥行业仍处在供给结构性过剩的状态，受产业调整、环境保护、房地产调控和货币政策等影响，水泥行业发展由之前的快速增长，转为适度平稳增长，发展方式史注重提升产品质量和效益，见图 7-2。

随着高性能混凝土在全国范围内的推广应用，对于矿物掺合料的积极作用逐渐得到正确认识。目前，粉煤灰和矿粉在混凝土中的应用技术已较为成熟，复合矿物掺合料以及石

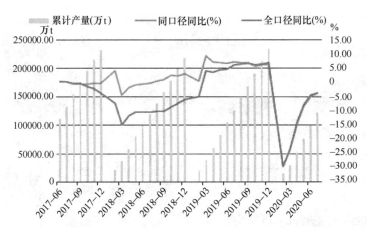

图 7-2　2017 年 6 月～2020 年 6 月全国水泥产量及同比增长情况

数据来源：国家统计局，水泥大数据（https：//data.ccement.com）。

灰石粉、磷渣粉、锂渣粉、钢渣粉、铜渣粉、磨细灰等掺合料在混凝土中应用也越来越广泛，相应的技术标准如《混凝土用复合掺合料》JG/T 486—2015、《钢渣应用技术要求》GB/T 32546—2016、《用于水泥、砂浆和混凝土中的粒化高炉矿渣粉》GB/T 18046—2017、《混凝土用铜渣粉》T/CCPA 15—2020 相继制定。

1.2　外加剂

外加剂是指在混凝土拌合前或拌合过程中掺入用以改善混凝土性能的物质，其掺量一般不大于水泥质量的 5%。我国混凝土外加剂行业合成技术发展迅速，合成工艺实现了自动化、清洁化和绿色化。第三代减水剂—聚羧酸高性能减水剂的发展和应用，为混凝土向高强、高性能、高耐久性和多功能的方向发展提供了必要条件，作为性能优越的减水剂，其减水率高，且具有工作性保持能力强、低收缩、无氯、低碱含量等优点，成为我国重大、重点工程首选的外加剂。

1.3　骨料

随着天然砂石资源约束趋紧和环境保护日益增强，机制砂石逐渐成为我国建设用砂石的主要来源。2019 年 11 月 4 日，工业和信息化部联合国家发展改革委等十部门印发《关于推进机制砂石行业高质量发展的若干意见》（工信部联原〔2019〕239 号），针对质量保障能力弱、产业结构不合理、绿色发展水平低、局部供求不平衡等突出问题给出了解决措施。

此外，随着废弃循环利用技术的成熟，逐步建立建筑垃圾资源处置的一体化实施及集成化方案，实现建筑垃圾循环再利用，打造"无废城市"。一些科研院所也在积极探索海洋骨料、轻质骨料和沙漠砂的制备利用，带动行业向新的方向发展。

2. 配合比设计

随着原材料资源枯竭和供不应求，混凝土原材料的品质下降，但对工程质量和材料性能的要求不断提高。在新的科技手段和环境中，现代建筑的混凝土结构材料使用了复合型的超塑化剂和超细矿物质掺合料，这使得混凝土的配合比设计更为复杂，主要体现在：1）设计理念上，混凝土的高性能化、绿色化、高耐久性、高抗裂性及生产成本的经济性能等成为除满足混凝土强度以外，更加注重的设计指标；2）设计方法上，有基于经验参数的设计方法（包括基于实践经验、紧密堆积理论、浆骨比的设计方法）和基于解析的计算方法（全计算法、智能化优化设计方法）两大类；3）施工性能要求上，在满足强度、耐久性基础上，对混凝土的大流动性、超高泵送、表面装饰性、异形部件等提出更高要求；4）绿色与可持续发展理念的提出，再生骨料、掺合料和外加剂技术的发展，以及高性能耐久性的设计要求，给混凝土配合比设计提出新的课题。

3. 预拌混凝土生产及施工技术

2019 年 10 月 30 日，国家发展改革委第 29 号令《产业结构调整指导目录》（2019 年本）正式发布，预拌混凝土产业首次纳入产业结构调整指导目录，标志着产业属性得以明确，这是预拌混凝土产业向现代制造业发展进程中具有里程碑式的重要事件，为行业技术进步和产业结构调整指明了方向。

3.1　混凝土生产技术

当前预拌混凝土生产设备不断进步，自动化和生产过程绿色化程度不断提高，生产过程已全面实现 ISO 标准质量管理体系；GPS 监控系统定位系统不断完善、ERP 生产系统在混凝土企业中进一步推广。

随着制造业与信息技术的融合，"智能化"为实现"绿色化"的预拌混凝土工厂提供了契机，不仅推动预拌混凝土行业由传统生产向智能生产转变，而且还将高能耗、高人力成本的工厂向绿色环保的"无人"工厂转变。各混凝土企业积极推广预拌混凝土智能和绿色生产技术，从选材、设计、生产、供应和产品等多个方面提出整套解决方案，实现生产过程的智能化和绿色化。

2020 年 4 月 23 日，标准《预拌混凝土绿色智能工厂评价技术要求》经专家审查通过。该标准的实施将加快我国传统预拌混凝土工厂向数字化、智能化发展进程，对全面引领混凝土行业转型升级和高质量发展具有积极意义。

3.2　大体积混凝土施工技术

随着社会经济和城市建设飞速发展，大体积混凝土施工技术被广泛应用。除原材料、技术准备等要求外，大体积混凝土施工设置水平施工缝时，位置及间歇时间应根据设计、温度裂缝控制等因素确定，现场浇筑混凝土入模温度宜控制在 5～30℃。常用的施工方法是整体分层或推移式连续浇筑，对于超长大体积混凝土施工可采用跳仓法。《超长大体积混凝土结构跳仓法技术规程》T/CECS 640—2019 和相关标准的出台，解决了大体积混凝土施工技术难题。

3.3　混凝土裂缝控制技术

混凝土裂缝的产生会影响结构耐久性，严重的裂缝将威胁结构安全，影响建筑物的使用寿命。混凝土裂缝控制与结构设计、材料选择和施工工艺等多个因素相关。结构设计主要涉及结构形式、配筋、构造措施及超长混凝土结构的裂缝控制技术等；材料方面主要涉及混凝土原材料控制和优选、配合比设计优化；施工方面主要涉及施工缝与后浇带、混凝土浇筑、水化热温升控制、综合养护技术等。

对超长结构应进行温度应力计算，大柱网公共建筑可考虑预应力技术，适当加强构造配筋、采用纤维混凝土等超长结构抗裂缝抗收缩技术；对于高强混凝土采用内掺养护剂的技术措施；竖向结构可采取外包节水养护膜的技术措施，保持混凝土表面湿润。

3.4 混凝土泵送施工技术

目前，传统的泵送方式已向泵送能力商品化和泵送产品服务化转变。混凝土设备生产企业为用户提供混凝土泵送解决方案，实现"技术＋管理＋服务"的全新运营模式，特别是在大体积、超长距离泵送和超高层泵送等特殊施工项目中得以成功运用。

3.5 混凝土冬期施工技术

冬期混凝土施工，原材料加热宜采用加热水的方法，配制中掺入早强剂或防冻剂。施工可采用蓄热法、暖棚法、加热法等技术措施，养护方式有（综合）蓄热养护、蒸汽养护、电加热养护等，同时做好养护期间的温度测量。随着预拌混凝土企业自身的管理和专业化程度提高，冬期施工经验的丰富，混凝土质量控制水平得到进一步提高。

4. 混凝土预制构件生产及施工技术

装配式混凝土建筑是指以工厂化生产的钢筋混凝土预制构件为主，通过现场装配的方式设计建造的混凝土结构类房屋建筑，装配式混凝土建筑具有速度快、效率高、质量好、减少物料损耗、利于冬期施工等优点，装配式混凝土技术是混凝土技术发展的重要方向。

4.1 混凝土预制构件生产

预制构件生产技术的进步主要体现在：

1）随着套筒灌浆连接技术、浆锚搭接连接技术等新型受力钢筋连接技术的出现，使得现代装配整体式混凝土结构可以具有与现浇混凝土结构等同的整体性能、抗震性能和耐久性能；

2）随着吊装机具、施工用支撑系统、大型吊车和运输用车等施工设备和技术的进步，使得现代装配式混凝土结构进一步实现工业化建造、提高质量、提高效率、降低成本的目标。

4.2 装配式混凝土结构施工

装配式混凝土结构施工技术是用起重机及其他运载施工机械将工厂化生产的预制混凝土构件进行组合安装的一种施工技术，具有施工速度快、保证质量、节约人力物力、保护环境等特点。施工前做好预制构件的深化设计，结合构件重量和现场施工环境配备满足起重能力的起重设备，构件进场验收合格后按照均衡受力原则进行起吊，安装时精准测量放线、做好定位，校验无误后锁定构件、灌浆锚固及浇筑连接处混凝土。

目前我国预制构件生产加工能力和安装技术水平参差不齐，这就需要培育新时期产业工人队伍，结合工厂智能化、技术集成化、管理一体化系统装配技术，确保建筑工业化整体策划的效率和施工质量。

5. 混凝土实体检测技术

混凝土实体检测技术可分为强度非破损检测方法（回弹法、超声波法等）、半破损检测方法（钻芯法、拔出法等）、综合法（超声－回弹综合法、超声－钻芯综合法、回弹－钻芯综合法）以及缺陷无损检测方法（超声法、冲击回波法、雷达法、红外成像法、射线成像法等）。

目前，超声－回弹综合法是应用最为成功的综合法，可较全面地测定混凝土的质量。

超声—钻芯综合法、回弹—钻芯综合法也开始发展起来。缺陷无损检测技术发展迅速，已普遍应用于工程检测中，如检测混凝土结构内部裂缝、孔洞等缺陷，测定钢筋位置、直径及锈蚀状态，检测饰面剥离、受冻层深度及混凝土耐久性等。

三、混凝土工程施工技术最新进展（1～3年）

近年来，混凝土技术取得较大进展，特别在混凝土原材料选用、配制技术、施工及特种混凝土、绿色混凝土等方面都体现出新变化。

1. 胶凝材料及矿物掺合料技术新进展

胶凝材料及掺合料技术的发展使混凝土越来越功能化、生态化、可持续化，低碳环保型胶凝材料应用成为混凝土产业发展的必然方向。近年来，国内外对可净化空气水泥、可吸收二氧化碳的水泥开展了研究，以降低碳排放，提高水泥的绿色环保性。研究开发了高性能低热水泥，并在工程中得以应用，解决了大体积混凝土温控难题。在环保型胶凝材料制备及应用方面，国内外加强了对粉煤灰、矿渣、硅灰等掺合料复合效应的研究，并对更多的工业副产品（如石灰石粉、钢渣、磷渣粉、锂渣、铜渣、玻璃粉、陶瓷粉等）作为混凝土掺合料的制备技术、应用和性能评价等方面开展了大量研究，取得了重要进展。

中建西部建设新疆有限公司将低品质粉煤灰和矿粉改造成一种具有更大活性的绿色低碳型复合矿物掺合料，制备出经济环保且抗渗耐久性优异的绿色低碳型高性能混凝土；武汉理工大学、湖北昌耀新材料股份有限公司等单位将矿渣、磷石膏作为原料，开发了具有水硬性的过硫磷石膏矿渣水泥，并应用于公路半刚性基层。

2. 固体废弃物资源综合利用技术新进展

近年来，固体废弃物资源综合利用技术进入高速发展阶段，2019年以来国家和各地政府出台了一系列政策，以"无废城市"为重点，全力推进固体废弃物资源化。

目前，我国建筑垃圾资源化利用技术，如"建筑废弃物再生骨料关键技术及其规模化应用"项目、"废旧混凝土再生利用关键技术及工程应用"项目、"建筑固体废物资源化共性关键技术及产业化应用"项目屡获国家科学技术奖，已达到国际先进或领先水平，并在多项工程中应用，取得了显著的经济效益、社会效益和环保效益。

国内首条以建筑垃圾为主导筑路材料的陕西西咸北环线高速公路，被交通运输部列为全国"生态环保示范工程"，经过多年运行，路面依然平整如初，无任何沉降。

3. 新型外加剂的研究新进展

随着我国基础设施建设的推进，各种工程对混凝土外加剂需求旺盛，一直处于高速发展阶段。近年来，混凝土外加剂在向能满足新型混凝土需求（如装饰混凝土、3D打印混凝土、混凝土预制构件）的特殊功能外加剂发展，并取得了重要进展。

以六碳不饱和单体开发的新型聚羧酸减水剂具有微引气效应，在特定条件下能大幅提高混凝土的泵送性能；以高分子结构为主体的各类黏度调节剂，能有效调整浆体黏度，实现超高层泵送；纳米尺度的混凝土预制构件用有机/无机杂化早强剂能大幅提高水泥基制品的超早期强度，节约制品养护能耗。

4. 超高性能混凝土（UHPC）技术新进展

随着现代建筑物的功能及使用环境的变化，对混凝土的强度和耐久性要求越来越高，研究超高性能混凝土（UHPC）成为混凝土技术的核心和重要发展方向。我国对超高性能混凝土进行了系列的科研工作，编制了团体标准《超高性能混凝土基本性能与试验方法》（T/CBMF 37/CCPA 7—2018）。近几年，超高性能混凝土在钢桥面铺装、装配式桥梁预制构件连接、钢-UHPC组合桥梁方面的应用已具一定规模，如蒙华铁路洞庭湖特大桥的桥面铺装、南京五桥桥面板及中塔湿接缝等；在建筑幕墙或外立面、工业建筑耐腐蚀结构、混凝土结构维修加固、水工结构抗冲磨等方面应用也取得重要进展。2020年4月4日，浙江省交通运输厅发文，特别要求在预制拼装桥梁混凝土后浇缝（湿接缝、伸缩缝等）、组合钢桥面铺装、混凝土构件加固中推广应用超高性能混凝土。

5. 高耐久性混凝土技术新进展

近年来，混凝土结构耐久性劣化、服役寿命锐减以及建筑材料匮乏等问题逐渐凸显。确保混凝土结构在设计使用年限内的安全性和耐久性，延长结构的使用寿命，已成为学术界和工程界重点关注的问题。2019年国家发展改革委发布《产业结构调整指导目录（2019年本）》，鼓励发展海洋工程用混凝土、混凝土结构物修补和提高耐久性技术等，推广应用高耐久性混凝土。

目前，提高海洋环境下混凝土耐久性能的主要措施包括制备高耐久性混凝土、增加保护层厚度以及选用耐腐蚀筋等。近年来，海洋环境下高耐久性混凝土技术取得了重大突破，并在设计使用寿命120年的世界级超级工程——港珠澳大桥中得到了成功应用。

6. 混凝土超高、超远距离泵送技术新进展

近几年，国内许多城市兴建了地标性的超高层建筑，这些超高层建筑的兴建，也对混凝土泵送技术提出了更高的要求。2019年，中建西部建设贵州有限公司依托贵阳国际金融中心双子塔1号楼，成功将C120高性能山砂混凝土泵送至401m高度，刷新了国内山砂超高强混凝土泵送高度记录。目前，在我国实体工程中，混凝土垂直泵送高度达到620m以上，见表7-1。

中国高楼排行榜（以混凝土结构高度排名）　　　　　　　　　　　表7-1

序号	大厦名称	所在区域	建筑高度（m）	结构高度（m）	状态
1	天津117大厦	天津	597	596.5	建成
2	上海中心大厦	上海	632	580	建成
3	平安国际金融中心	深圳	600	555.5	建成
4	绿地中心	武汉	500	497	在建
5	周大福中心	广州	539	477	建成
6	环球金融中心	上海	492	474	建成

续表

序号	大厦名称	所在区域	建筑高度（m）	结构高度（m）	状态
7	环球贸易中心	香港	484	468.8	建成
8	周大福滨海中心	天津	530	443	建成
9	中信大厦（中国尊）	北京	528	440	建成
10	台北 101 大厦	台北	509	438	建成

混凝土工程机械行业在近几年取得长足发展，许多混凝土泵送技术及设备也达到世界领先水平，为混凝土超高泵送的实现提供了设备保障。同时，泵送理论的发展也有效地指导了泵送施工的顺利进行。

7. 特种混凝土新技术及工程新进展

随着建筑新材料和新技术的不断涌现，混凝土种类不断细化，逐渐发展出了适应不同环境和需求的特种混凝土，并已在工程中得到应用。

石墨烯混凝土是用均匀、分散的石墨烯溶液代替水制成的混凝土，具有更强的抗压能力和更好的耐久性。世界首条石墨烯混凝土道路在黑龙江鹤岗市华升石墨股份有限公司厂区建成，标志着石墨烯混凝土研发成果完成中试。

碳纤维混凝土复合材料是在混凝土基体中掺加碳纤维形成的新型复合材料，既保留了混凝土的高抗压性能，又提高了混凝土的抗拉强度、阻裂和限缩能力以及抗冲击、耐疲劳性能。世界首个碳纤维混凝土复合材料建筑——Cube 实验楼，在德国德累斯顿工业大学建成。

8. 装配式混凝土结构技术新进展

近年来，我国建筑工业化进入发展机遇期，政策支撑体系逐步建立，技术标准体系逐步完善，初步建立了装配式建筑结构体系、部品体系和技术保障体系；示范试点带动作用明显，成为促进建筑业转型升级的重要手段。装配式混凝土结构不仅被应用于住宅，在轨道交通、地下综合管廊和桥梁等领域也有应用。

2019 年，上海建工二建集团在国内首创基于超高性能混凝土连接的装配式结构体系（PCUS），将超高性能混凝土作为后浇材料应用于预制构件的连接，改善了连接构造复杂、套筒灌浆管理难度高等施工难题，创新、发展了装配式结构体系设计理论和施工关键技术。

9. 混凝土 3D 打印技术新进展

近年来，作为新型革命性产业技术的 3D 打印技术引领着时代潮流。混凝土 3D 打印技术是在 3D 打印技术的基础上，运用满足特殊性能要求的混凝土材料，通过逐层粘合堆积成三维物体。混凝土 3D 打印技术具有诸多优点：

（1）可简化施工过程，减少施工作业人员的数量，提高施工速度，效率可提高十倍以上；

（2）可实现混凝土的充分利用，降低水泥的使用量，并省去建筑模板，降低生产成本；

（3）可实现各种复杂形状建筑的打印，给予设计师更为广阔的设计空间。

2019 年 11 月 17 日，世界首例原位 3D 打印双层示范建筑在中建二局广东建设基地完成主体结构打印，该建筑所采用的原位 3D 打印建造技术较过去的 3D 打印技术有三方面突破：一是原位打印，即现场直接将主体打印成型，无需二次拼装；二是采用轮廓工艺，即打印出的墙体是中空的，方便添加保温隔热填充物；三是首次将这项技术运用到双层建筑上，施工难度更大。

10. 绿色混凝土技术新进展

为缓解资源能源短缺、生态环境恶化的问题，国家陆续制定了一系列政策和标准，鼓励以低碳为导向，发展循环经济、建设低碳生态城市、推广普及低碳绿色建筑。国家及各省市政府，出台了建筑业高质量发展的实施意见，提出混凝土产业要向新型环保绿色高质量方向发展。2019 年印发的《绿色产业指导目录（2019 年版）》，提出与混凝土行业相关的绿色产业有：

（1）节能环保产业中的绿色建筑材料制造；

（2）清洁生产产业中的生产过程废渣处理及资源化综合利用；

（3）基础设施绿色升级产业中的建筑节能与绿色建筑。

11. 混凝土工程信息化技术新进展

随着以物联网和智能制造为主导的工业 4.0 时代悄然来袭，预拌混凝土行业迎来了新一轮的技术变革：借助"互联网＋"、物联网、大数据、人工智能为代表的现代信息技术，将制造工艺、生产流程、管理方式变得更加智能化。

许多预拌混凝土企业已经行走在智能制造的路上，并取得了一系列富有成效的收获。中建西部建设股份有限公司打造了面向智慧工厂的"砼智"系列产品、面向企业集团数字化管控的"砼翼"系列产品、面向产业互联网的"砼联"系列产品；贵州兴达兴建材股份有限公司开发了"砼智造—高性能混凝土大数据云平台"；国际上，基仕伯公司开发和推广应用的预拌混凝土性能全流程智能控制技术，形成对预拌混凝土性能的智能化设计、调控和远程监控。

四、混凝土工程施工技术前沿研究

未来，混凝土技术将会在材料领域、特殊混凝土新技术及信息技术运用等方面取得快速的发展，具体表现为：建筑工业化、互联网技术与混凝土领域的结合、原材料前沿技术、混凝土制备及施工前沿技术、特种混凝土前沿技术、混凝土 3D 打印技术、绿色混凝土技术等。

1. 建筑工业化技术前沿

近年来我国建筑工业化取得重大进展的同时，其实施过程中也暴露出较多问题，由此需加快推进装配式全产业链实施专业化和职业化的高质量发展战略，继续重点推进以下方面技术研究：

1）研究预制构件产品标准化技术，提高产品标准化程度，提高构件生产效率，降低构件生产成本；

2）研究适合多低层建筑的预制构件，拓展预制构件的品种和应用领域；

3）研发具有装饰、围护、保温一体化特点的预制外墙板产品，研发可拆卸、可重复使用的装配式轻质高强混凝土隔墙板；

4）研究装配式再生混凝土结构技术；

5）研究新型装配式轻骨料混凝土预制构件产品的应用，实现预制构件高强轻质化目标；

6）新型装配式结构体系研究，如中铁建设集团研发的混凝土剪力墙结构装配式 IRF 体系，现场无任何墙体的钢筋绑扎和模板安装，较目前预制装配式建筑结构有明显的工期和成本优势；

7）研究各种装配式预制构件和部品的生产制造技术，将产品尺寸精度提高到机械产品水平。

2. 混凝土工程领域互联网技术应用前沿

在互联网不断向传统行业渗透的同时，传统行业亦迫切需要互联网带来新的变革，互联网技术将成为混凝土行业发展的有效支撑：

1）混凝土行业未来将通过物联网、互联网将地理位置上分散的制造资源全面连通，以灵活和可拓展的方式高效整合资源并共享，不断优化生产组织模式；

2）采用信息化管理技术、在线监控设备和自动化控制技术，实现混凝土性能的精准设计和拌合，提高混凝土生产的质量控制水平和生产效率，促进生产的自动化、智能化，建设智慧工厂，实现智能制造；

3）采用互联网技术提高商品混凝土企业服务效率和质量，促进施工企业与商品混凝土企业的紧密联系，提高企业品牌建设及用户忠诚度。更好地应用"互联网＋"思维经营企业，能提供更好的用户体验并获得用户，陈旧的经营思维管理模式将逐步被淘汰；

4）研究计算机、互联网、物联网及人工智能等技术，应用于混凝土制备、运输、浇筑、养护及使用阶段，探索混凝土各项性能的自动监测和检测技术。

3. 原材料技术前沿

现代混凝土技术的快速发展，离不开混凝土原材料的技术研发和运用，未来混凝土原材料科学技术发展主要包括：

3.1　胶凝材料

胶凝材料前沿技术研究包括：

1）持续深入研发各种新型环保绿色水泥，比如碱激发水泥、镁水泥（镁质胶凝材料）、高强低钙硅酸盐水泥、垃圾焚烧灰水泥、聚合物水泥等；

2）研发高性能低热水泥材料，实现水泥的低热、高强和高性能；

3）研发优秀功能水泥和智能水泥，如防电磁爆水泥、防辐射水泥、智能透光水泥、磷光水泥等；

4）功能化复合矿物掺合料研发。

3.2 外加剂

未来外加剂技术发展主要体现：可发挥多重效果的复合型外加剂研制、可利用工业废料的环保型外加剂研制、不含氯的无腐蚀性外加剂的研制、适用于3D打印混凝土性能的新型外加剂研制等，外加剂品种更加齐全、性能不断提高。

3.3 骨料

骨料前沿技术研究包括：1）研发高强高性能轻骨料，解决高强结构混凝土的轻质化和超高泵送工程技术难题；2）研究戈壁砂、风积沙、磷矿渣、膨润土及其他工业废弃物在混凝土中的综合利用技术；3）研发高性能通用型抗碱玻纤，突破抗碱玻纤-低碱水泥的"双保险"经济性限制，实现纤维增强普通硅酸盐水泥的高耐久性。

3.4 纳米技术

纳米技术作为一门新兴的学科，被誉为二十一世纪最有发展前景的技术，同样纳米技术在混凝土技术领域应用前景非常广阔。具有诸多独特效应的纳米材料掺入混凝土中可改善混凝土的机械性能，降低混凝土内部变形及裂缝的开展；可显著增强水泥混凝土材料的物理性能，如耐磨耗性、导电性、导热性、压阻智能性、阻尼自增强型等，使水泥混凝土基材料向高性能和多功能方向发展。另外还有很多纳米材料在混凝土中的性能尚未开发，且多种纳米材料在混凝土中复掺方法及效能研究还很少，纳米材料及纳米混凝土的研究将持续成为混凝土材料领域研究的热点。

4. 混凝土制备及施工技术前沿

混凝土制备及施工前沿技术的研究包括：1）研发适用于各种混凝土构件成型的自密实混凝土技术；2）研究常规原材料、常规工艺的超高性能混凝土制备技术；3）研究C60及以上轻骨料混凝土及泵送施工技术，满足超高、超长混凝土结构的轻质高强要求；4）研究超高性能混凝土（UHPC）运用于装配式建筑技术、运用于结构维修加固和保护技术；5）开发各种石材质感和性能的装饰混凝土板材生产技术、节点设计和施工技术，研发大幅面石材质感预制混凝土装饰板材，满足建筑师个性化的建筑设计要求；6）研究粉体均化工艺与装备，提高不同材性、不同密度粉体材料的微均化水平，提高高性能混凝土质量稳定性；7）研究充分利用无破损检测方法、传感技术、智能养护技术，以及其他的先进技术，对混凝土的性能进行持续性监测，确保混凝土耐久性。

5. 特种混凝土技术前沿

随着建设工程领域的不断扩大，各类建筑物必须满足不同的环境要求，因此以满足工程建设发展需要的、具有不同性能指标的特种混凝土技术研究越来越多，比如：研究大流动性免振捣绿色高性能混凝土，以降低混凝土施工劳动强度；研发适合海绵城市建设需求的高强度高透水性混凝土；研发具有自感知、自适应和损伤自修复功能的智能混凝土；研发适应于海洋环境下高耐久性混凝土；研发适合远海岛礁建设需求的高耐久性珊瑚砂混凝土；研发形状记忆合金混凝土、轻质超高性能混凝土（LUHPC）、净化空气混凝土、温度自监控混凝土、透光混凝土、发光混凝土、电磁屏蔽混凝土、防辐射混凝土、耐热混凝土、耐酸混凝土、调湿混凝土、生态净水混凝土、抗菌混凝土等。

6. 混凝土 3D 打印技术前沿

混凝土 3D 打印技术具有广阔的发展前景，但现阶段还需解决材料、配套设施及规范标准等方面问题。如何实现混凝土 3D 打印关键技术的突破、实现规模化生产、从根本上颠覆建筑业和混凝土行业，混凝土 3D 打印技术还有很长的路要走，需重点从以下几个方面研究突破：1）3D 打印混凝土是一种新型的混凝土无模成型技术，需具备自密实免振捣和喷射混凝土特点，首先需要从原材料及配合比设计进行研究突破；2）高精度 3D 打印混凝土工艺研究，实现精准打印；3）3D 打印混凝土软件开发研究；4）3D 打印混凝土设备研究；5）研究适于 3D 打印建筑的设计理论和设计方法。3D 打印建筑总体来说仍处于探索阶段，其各方面的优势展现出无穷的潜力，需要进行不断探索研究。

7. 绿色混凝土技术前沿

绿色混凝土技术研究是一项长期的工作，未来绿色混凝土技术主要体现在：（1）能充分利用建筑垃圾、工业废弃物等固体废弃物的绿色混凝土的技术研发和推广；（2）高耐久、高性能混凝土的推广，延长结构寿命，降低全寿命成本；（3）预拌混凝土的绿色化生产；（4）混凝土原材料的绿色化生产。

五、混凝土工程施工技术指标记录

1. 混凝土强度指标记录

1.1　试验室配制

重庆大学蒲心诚、王冲等采用常规的原材料及普通的制备工艺，制成了 90d 抗压强度达 175.8MPa，365d 达到 182.9MPa 的 UHPC 混凝土。

南京理工大学崔崇、崔晓昱选用熔炼石英粉作为硅质原料，加入钢纤维、陶瓷微珠等材料，配制出抗弯曲强度达到 101.2MPa，抗压强度达到 406.4MPa 超高性能 RPC 混凝土。

1.2　实体结构应用

北京交通大学与铁道部相关部门合作对 RPC 材料在铁路工程中应用进行了多项专题研究，成功研制出 200MPa 级 RPC 混凝土，用于青藏铁路襄渝二线铁路桥梁（T 梁）人行道板及迁曹线上低高度梁中。

1.3　预拌混凝土强度指标记录

2016 年 11 月，中建西部建设利用预拌混凝土生产工艺采用常规原材料成功生产 C150 超高强泵送混凝土。

2. 大体积混凝土指标记录

2.1　高强大体积混凝土指标记录

2014 年 8 月至 2014 年 9 月，中建西部建设完成武汉永清商务综合区 A1 地块塔楼底板 C60 混凝土的浇筑，一次性连续浇筑方量 2.5 万 m³，底板平均厚度 4.5m，最大厚度

11.7m，就混凝土强度等级和一次性连续浇筑而言，在土木建筑底板施工方面为首次，见图 7-3。

图 7-3　武汉永清商务综合区 A1 地块塔楼底板施工

2.2　普通大体积混凝土指标记录

天津高银"117"大厦工程主楼区域（D 区）大筏板历时 82h 连续浇筑，顺利完成 6.5 万 m³ 超大体积底板混凝土浇筑，一次性浇筑厚度 10.9m，为国内外连续浇筑方量最大的筏板混凝土工程，采用无线跟踪测温结合动态养护方法保证混凝土浇筑质量，创下民用建筑大体积底板混凝土世界之最，见图 7-4。

图 7-4　天津"117"大厦大筏板施工

3. 超高泵送指标记录

3.1　超高强混凝土泵送高度记录

2016 年 11 月 19 日，中建西部建设利用常规预拌混凝土生产线生产了 C150 超高强高性能混凝土，并在长沙国际金融中心项目一次性泵送至 452m 的高度，见图 7-5。

3.2　高强混凝土泵送高度记录

2015 年 9 月 8 日，由中国建筑所属中建三局承建、中建西部建设独家供应混凝土的

图 7-5　超高强高性能混凝土泵送高度新记录

天津 117 大厦主塔楼核心筒结构成功封顶，一举将 C60 高强混凝土泵送至 621m 高度，创下混凝土泵送高度世界之最，见图 7-6。

图 7-6　天津 117 大厦创混凝土泵送高度之最

3.3　轻骨料混凝土泵送高度记录

2015 年 11 月 13 日，中建西部建设成功将 LC40 轻骨料混凝土泵送至武汉中心大厦第 88 层楼顶，垂直泵送高度达到 402.150m，刷新国内外轻骨料混凝土泵送高度新记录，见图 7-7。

图 7-7　轻骨料混凝土泵送高度新记录

3.4 机制砂混凝土泵送高度记录

2019 年 12 月 15 日，中建西部建设成功将 C120 机制砂超高性能混凝土泵送至贵阳国际金融中心双子塔 1 号楼顶，垂直泵送高度达 401m，一举刷新国内外全机制砂超高性能混凝土泵送高度记录，见图 7-8。

图 7-8　机制砂混凝土泵送高度新记录

4. 再生骨料混凝土指标记录

4.1 试验室配制

重庆大学宋瑞旭、万朝均等选用建筑垃圾再生骨料配制混凝土，制成的混凝土 28d 抗压强度达 54.9MPa，全部应用再生骨料配制的混凝土 3 年龄期抗压强度达到 96.1MPa。

中国建筑材料科学研究总院刘立、赵顺增等采用再生骨料部分取代或者全部取代粗骨料配制 C20～C60 强度等级的混凝土，配制出 28d 抗压强度达到 71.6MPa，60d 抗压强度达到 80.2MPa 的再生骨料混凝土。

4.2 工程应用强度指标记录

同济大学土木工程学院肖建庄、王春晖等将再生粗骨料混凝土成功应用于上海五角场镇某商业办公用房项目。该项目为框架剪力墙结构，地上 12 层、地下 2 层，是国内首个采用再生混凝土的高层建筑。该项目 2 层及以上梁板均采用再生骨料取代率为 30％的 C30 再生混凝土，3～12 层剪力墙、框架柱均采用再生骨料取代率为 30％的 C40 再生混凝土、再生骨料取代率为 10％的 C50 再生混凝土。

中建西部建设目前已应用建筑垃圾再生骨料成功制备 C10～C50 混凝土。2015 年，中建西部建设应用再生骨料取代 40％天然骨料制备了 C20 再生混凝土，应用于西安润景怡园项目地辐热工程，其 28d 强度达到 24.1MPa。2016 年至 2017 年，用再生骨料取代 20％天然骨料制备了 C30 再生混凝土应用在绿地国际花都、恒大都市广场项目中，其 28d 强度达到 37.2MPa。

六、混凝土工程施工技术典型工程案例

1. 港珠澳大桥

港珠澳大桥东起香港国际机场附近香港口岸人工岛，向西横跨南海伶仃洋水域接珠海和澳门人工岛，止于珠海洪湾立交，桥隧全长 55km，是当今世界上规模最大、技术最复杂的桥-岛-隧一体化集群工程，设计使用寿命 120 年，于 2009 年 12 月 15 日开工、2017 年 7 月 7 日主体工程全线贯通。

工程采用了众多混凝土施工先进技术，包括：1）港珠澳大桥设计寿命为 120 年，采用海工高性能混凝土技术，通过采用低孔隙率优质骨料、大掺量掺合料、高效聚羧酸减水剂等措施，保证了混凝土各项性能符合设计、施工及使用要求；2）大桥香港联络线海上高架部分，墩身采用现浇底座加分节预制拼装方法、承台采用预制外壳加二次浇筑方法建造，预制和现浇完美结合克服了各自短板而充分发挥其优点，取得良好效果；3）预制承台混凝土采用低温升抗裂 C45 海工大体积混凝土技术，取得良好的效果；4）引入超高性能混凝土（UHPC）结构层，提出新型大纵肋钢-UHPC 正交异性组合桥面板技术，有效改善了传统正交异性钢桥面板的受力性能；5）大桥运用新型混凝土耐久性监测传感器，准确监测氯离子侵蚀进程情况，为大桥使用阶段维护及维修提供科学决策依据；6）沉管隧道的最终接头主体钢混组合三明治结构采用高流动性混凝土技术进行内部空间填充，在经济、社会及环境方面具有较强优势；7）人工岛立柱采用 C50 海工清水混凝土技术，通过复掺矿粉和硅灰等矿物掺合料、聚羧酸外加剂等措施，在满足高抗裂性和耐久性的同时，保证了清水混凝土效果，见图 7-9。

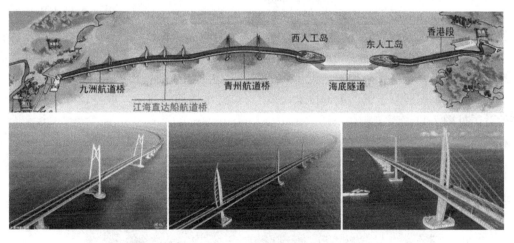

图 7-9　港珠澳大桥

2. 中信大厦（中国尊）

中信大厦（中国尊）工程地上 108 层、地下 7 层，建筑高度 528m，总建筑面积 43.7 万 m^2，该工程运用了 C50P12 大掺量粉煤灰混凝土（HVFAC）、C70 自密实混凝土、超

图 7-10　中信大厦（中国尊）

高泵送混凝土等多项技术：1）塔楼基础底板混凝土为 C50P12，底板厚 6.5m，总方量 5.6 万 m³，为一次性连续浇筑。工程采用粉煤灰掺量为 50％的大掺量粉煤灰混凝土（HVFAC），其抗压力学性能、抗渗性能、收缩性能和绝热温升性能等均满足设计和施工要求，混凝土表面观感质量良好，未发现有害裂缝；2）采用内灌外包 C70 自密实混凝土多腔体矩形柱结构，单个巨柱截面约 90m²，混凝土配制采取"高强度水泥＋超细矿物参合料＋高效减水剂＋优质骨料"的技术路线，实现高强度、自密实、大体积混凝土、高体积稳定性和高耐久性等性能要求；3）采用超高泵送混凝土技术，从混凝土性能研究、泵送施工工艺两大方面研究入手，实现 528m 混凝土泵送高度，见图 7-10。

3. 北京大兴国际机场

北京大兴国际机场主体结构采用钢筋混凝土框架结构，地下 2 层、地上 5 层，建筑高度 50m，总建筑面积约 143 万 m²，包括航站楼、停车楼和综合服务楼等。航站楼平面为五角星形，南北长 996m、东西宽 1144m，是当今世界上最大的单体机场航站楼、最大的无结构缝一体化航站楼。工程自 2014 年 12 月 26 日开工，到 2019 年 9 月 25 日正式投入运营。

机场 5 座指廊和 3 条轨道交通隧道均属超长混凝土结构，施工中综合采用混凝土配合比优化、补偿收缩混凝土、聚丙烯纤维混凝土、后浇带设置、诱导缝设置等技术措施，对超长混凝土结构抗裂起到较好的效果；经筛选多种骨料后选择铁矿砂作为配重混凝土的骨料，并进行多次试配验证后成功设计出成本低、和易性好、密度达 3030kg/m³ 的泵送高流态配重混凝土；机场 4 条跑道、近 1000 万 m² 的混凝土道面、约 400 万 m³ 的混凝土，成功运用重载水泥混凝土铺面关键技术，采用 FC 纤维道面混凝土，取得较好的质量和经济效益，见图 7-11。

图 7-11　北京大兴国际机场

4. 原位 3D 打印双层建筑

世界首例原位 3D 打印双层示范建筑，高 7.2m、建筑面积 230m²，为双层办公楼，该楼主体结构打印耗时 3d。

在该建筑进行 3D 打印前，先在地下预埋钢筋笼，然后由打印头通过一圈一圈连续喷吐宽 5cm、厚 2.5cm，强度可达到 C40～C60 的打印材料，经过层层堆积建造墙面。随着墙体的不断长高，同时加装钢筋，见图 7-12。

图 7-12　原位 3D 打印示范建筑

参考文献

［1］　刘家宇. 天津 117 大厦混凝土泵送高度刷新吉尼斯纪录[N]. 中国新闻网，2015-9-9.

［2］　缪卫君. 浅谈混凝土配合比设计[J/OL]. 中文科技期刊数据库(全文版)工程技术. 2016-08-23.

［3］　刘莎，伊蕾. 混凝土配合比设计方法的研究进展[J]. 山西建筑，2016，42(2)：96-98.

［4］　张小琼，王战军. 混凝土无损检测方法发展及应用[J]. 无损检测，2017，39(4)：1-5.

［5］　徐永模，陈玉. 低碳环保要求下的水泥混凝土创新[J]. 混凝土世界，2019，(3)：32-37.

［6］　徐永模. 敢于创新 善于创新 赢在创新——在 2015 中国混凝土与水泥制品行业大会上的报告[J]. 混凝土世界，2016，(1)：12-20.

［7］　李保亮，尤南乔，曹瑞林，霍彬彬，陈春，张亚梅. 锂渣粉的组成及在水泥浆体中的物理与化学反应特性[J]. 材料导报，2020，34(5)：10046-10051.

［8］　陈旭，李绍纯，孟书灵，刘帅，李凯. 复合矿物掺合料对水泥胶砂性能和强度的影响研究[J]. 混凝土，2018，(10)：102-105，114.

［9］　中国混凝土与水泥制品协会. 2018 年度预拌混凝土行业发展报告[J]. 广东建材，2019，(1)：48 54.

［10］　固废利用两项目获国家科技进步奖[J]. 墙材革新与建筑节能，2019，1：6.

［11］　赖广兴. 高适应型聚羧酸减水剂的合成及性能研究[J]. 新型建筑材料，2018，(9)：95-97，112.

［12］　张宇，刘明，陈景，郑广军. 混凝土黏度调节剂的发展现状及应用前景[J]. 四川建材，2017，43

(1)：19-21.

[13] 刘超，孙启鑫，邹宇罡. 超高性能混凝土-混凝土组合简支梁弯曲性能试验[J]. 同济大学学报(自然科学版)，2020，48，(5)：664-672，701.

[14] 吴念. 铁路钢桥面铺装材料现状和前景分析[J]. 云南水力发电，2019，35(6)：84-86.

[15] 唐勇. 李旭超高性能混凝土的应用[J]. 中华建设，2020，(10)：168-169.

[16] 吴智深，刘加平，邹德辉，汪昕，史健喆. 海洋桥梁工程轻质、高强、耐久性结构材料现状及发展趋势研究[J]. 中国工程科学，2019，21(3)：31-40.

[17] 王明刚. 氧化石墨烯混凝土在水泥混凝土路面中的应用[J]. 公路交通技术，2019，35(4)：43-46.

[18] 杜向琴，刘志龙. 碳纤维对混凝土力学性能的影响研究[J]. 混凝土，2018，(4)：91-94.

[19] 梁宇，王大永，谢丽霞，刘运生，夏振兴. 补偿收缩混凝土在地铁车站装配式结构中的应用研究[J]. 中国港湾建设，2020，40(9)：67-70.

[20] 冯军骁，郑七振，龙莉波，陈刚，谢思昱，彭超凡. 超高性能混凝土连接的预制梁受弯性能试验研究[J]. 工业建筑，2017，47(8)：59-65.

[21] 世界首例原位3D打印双层示范建筑主体结构在广东建成[N] 新浪网，2019-11-18.

[22] 2019年度中国预制混凝土构件行业发展报告，中国混凝土与水泥制品协会预制混凝土构件分会，混凝土世界，2020.02：26-28.

[23] 段鹏飞，刘元珍，姜鲁. 预制装配式再生混凝土结构在低层、多层建筑中可行性研究[J]. 混凝土，2018，10(总第348期)：136-139.

[24] 中国混凝土与水泥制品协会轻骨料及轻骨料混凝土分会. 轻骨料及轻骨料混凝土行业发展新趋势[J]. 混凝土世界，2020(4)：28-32.

[25] 帅海霞，马志华. 我国预拌混凝土行业绿色智能发展[J]. 混凝土世界，2018(9)：27-35.

[26] 孙继成，莫春辉. 论商品混凝土实现"互联网＋"价值与意义[C]. "改变的力量"2016全国商品混凝土可持续发展论，2016.

[27] 刘泽，彭桂云，王栋民，等. 碱激发材料[M]. 北京：中国建材工业出版社，2019.

[28] 韩仲琦. 新型胶凝材料的发展与展望(下)[J]. 中国水泥，2018，08：79-81.

[29] 张大旺，王栋民. 3D打印混凝土材料及混凝土建筑技术进展[J]. 硅酸盐水泥，2015(6)：1583-1588.

[30] 韩古月，聂立武. 纳米材料在混凝土中的应用研究现状[J]. 混凝土，2018(7)：65-68.

[31] 中国混凝土与水泥制品协会UHPC分会. 2019年度中国超高性能混凝土(UHPC)技术与应用发展报告[J]. 混凝土世界，2020(2)：30-43.

[32] 谢晓庚，张同生，韦江雄. 透水混凝土组成结构设计研究进展[J]. 混凝土，2020(2)：165-169.

[33] 田洪臣，李勇，李海豹. 绿色混凝土施工与质量控制[M]. 北京：化学工业出版社，2016.

[34] 张鹏辉，侯健，郭为民. 珊瑚砂混凝土耐久性及应用技术研究进展[J]. 装备环境工程，2018(5)：10-13.

[35] 丁庆军，胡俊，刘勇强，等. 轻质超高性能混凝土的设计与研究[J]. 混凝土，2019(9)：1-5.

[36] 中国混凝土与水泥制品协会3D打印分会. 2019年度建筑3D打印行业技术与应用发展报告[J].

[37] 朱彬荣，潘金龙，周震鑫，等. 3D打印技术应用于大尺度建筑的研究进展[J]. 材料导报，2018(12)：4150-4159.

[38] 王冲. 特超强高性能混凝土的制备及其结构与性能研究[D]. 重庆大学，2005

[39] 崔晓昱. 300MPa～400MPa超高强混凝土结构与性能研究[D]南京理工大学，2016.

[40] 朱卫东. 混凝土超高强化制备及机理研究[D]. 武汉理工大学，2010.

[41] 曾平. 大混合材掺量超高强混凝土配制技术研究[D]. 中国矿业大学，2014.

[42] 宋正林，葛志鹏，杨文. 永清C60底板高强大体积混凝土工程应用[J]. 广东建材，2005(1)：

68-70.

[43] 刘玉亮，唐玉超，罗作球. 天津高银 117 大厦超大体积筏板混凝土浇筑施工组织创新及关键技术[J]. 广东建材，2004，43(18)：16-19.

[44] 一"泵"即达 452m 刷新国内超高性能混凝土泵送高度纪录[N]. 湖南日报，2016-11-20.

[45] 中建西部建设创造混凝土实际泵送高度吉尼斯世界纪录[N]. 凤凰网，2015-09-08.

[46] 中建商品混凝土 LC40 轻集料混凝土超高层泵送刷新世界纪录[N]. 新浪网，2015-11-14.

[47] 创造多项行业记录！贵州 400m 超高泵送混凝土试验成功[N]. 中国混凝土网，2019-12-16.

[48] 宋瑞旭，万朝均，王冲，等. 高强度再生骨料和再生高性能混凝土试验研究[J]. 混凝土，2003，21(2)：29-31.

[49] 刘立，赵顺增，曹淑萍，等. 高性能再生骨料混凝土力学性能的研究[J]. 混凝土与水泥制品，2011(6)：1-4.

[50] Jianzhuang Xiao，Chunhui Wang，Tao Ding，Ali Akbarnezhad. A recycled aggregate concrete high-rise building：Structural performance and embodied carbon footprint [J]. Journal of Cleaner Production 199 (2018) 868-881.

[51] 肖建庄，胡博，王春晖. 高层再生混凝土框剪结构动力弹塑性分析[J]. 同济大学学报（自然科学版），2017，4(5)：633-641.

[52] 卢家森，郑振鹏，肖建庄. 上海某高层再生混凝土结构设计与分析[J]. 建筑结构，2016，46(12)：11-17.

[53] 黎敏，张学政，李青，等. 港珠澳大桥桥墩 120 年寿命高性能混凝土配合比设计[J]. 混凝土，2014(5)：100-105.

[54] 钱开瑞. 预制与现浇混凝土相结合在港珠澳大桥中的应用[J]. 中国市政工程，2019(3)：1-3.

[55] 丁庆军，陶瑞鹏，刘小清，等. 增效剂与减缩增韧剂复掺优化高标号海工大体积混凝土[J]. 混凝土与水泥制品，2015(3)：17-20.

[56] 张清华，张鹏，刘益铭，等. 新型大纵肋正交异性组合桥面板力学性能研究[J]. 桥梁建设，2017(3)：30-35.

[57] 许晨，罗月静，金伟良，等. 一种新型混凝土耐久性监测传感器的应用[J]. 山西建筑，2017(5)：27-28.

[58] 苏怀平，冯伟. 最终接头钢壳-三明治-高流动性混凝土浇筑施工技术[J]. 中国港湾建设，2018(4)：53-56.

[59] 阳俊，沈杰. 港珠澳大桥人工岛岛体立柱＋C50 海工清水混凝土配制技术研究[J]. 广东建材，2018(7)：12-14.

[60] 余成行，洪敬福，田震. 中国尊底板大体积混凝土的配制与施工[J]. 混凝土世界，增刊，2014(10)：71-76.

[61] 李路明，陈喜旺，张莉. 中国尊-超高层建筑混凝土泵送施工工艺探讨[J]. 建筑技术，2016(4)：335-338.

[62] 韩宝祥. 北京新机场超长混凝土结构抗裂技术研究与应用[J]. 施工技术，2018，47(9).

[63] 张弯，李威，王丽丽，等. 低成本泵送高流态配重混凝土在北京大兴国际机场中的应用[J]. 建筑技术，2019，50(8).

[64] 毛汗青. 机场跑道 FC 纤维道面混凝土的试验研究[J]. 砖瓦世界·下半月，2019(6)

第八篇 钢结构工程施工技术

中建科工集团有限公司　徐　坤　陈振明　隋小东　张　弦　汪晓阳

上海宝冶集团有限公司　刘洪亮　陈桥生　姜俊铭

摘要

钢结构因其具有强度较高、重量较轻、延性好、抗震性能强、易工厂化制作、快速安装就位、可拆除回收等诸多优点，被广泛应用于大型场馆结构、超高层结构、住宅结构、高耸结构等建筑领域以及市政、道桥结构等。随着钢材性能的稳步提高，钢结构的制造、安装、检测技术取得了长足的发展。钢结构制造已从最初的手工放样、手工切割演变成采用数控切割、自动化设备加工，并将逐步进入智能化制造时代。与此同时，超高层钢结构安装可以总结出丰富多样的安装技术，使得城市的天际线不断被刷新。本文全面细致地介绍了钢结构工程技术的最新进展及未来趋势，并对一些典型工程实例中的关键施工技术进行了阐述。

Abstract

Steel structure because of its high strength weight lighter ductility good seismic performance is strong factory production rapid installation in place easily removable recycling, and many other advantages, is widely used in large venues structure super-tall residential structure tall structures, and other areas of the building and municipal road and bridge structure with steel performance improved steadily, the manufacture of steel structure installation inspection technology has been a rapid development of steel structure manufacture has risen from the original manual lofting handiwork cut into using numerical control cutting automation equipment, and will gradually into the era of intelligent manufacturing At the same time, a variety of installation technologies can be summarized for the installation of super high-rise steel structure, which makes the skyline of the city constantly refreshed. This paper comprehensively and carefully introduces the latest progress and future trend of steel structure engineering technology, and expounds some key construction technologies in some typical engineering examples.

一、钢结构工程施工技术概述

钢结构是用型钢或钢板经过切割下料、钻孔、组装、焊接、除锈、涂装等工艺流程制成基本构件，各构件或部件之间采用焊缝、螺栓或铆钉连接，并按照设计图纸要求组成的结构体系，如框架结构、门式刚架结构、网架结构、网壳结构、张弦桁架结构、张拉索膜结构、钢板剪力墙等结构，是主要的建筑结构类型之一。

钢结构也可以与混凝土材料组合成钢混组合结构，如用于厂房柱的钢管混凝土框架，用于高层建筑的方管混凝土框架、束管剪力墙等组合结构；钢结构工程技术是以钢结构工程为对象的实际应用技术的总称，包括钢结构设计、材料选用、加工制造、施工安装、误差测量、节点检测等技术。

二、钢结构工程施工主要技术介绍

1. 高性能钢应用技术

高性能钢有狭义和广义之分，狭义的高性能钢为集良好强度、延性、可焊性等力学性能于一体的钢种，而广义的定义则为具有某一种或多种特殊力学性能的钢材。根据高性能钢的应用范围和特性，我国高性能钢主要可分为高性能建筑结构用钢、耐候钢、耐火钢等。

钢材与其他材料相比具有：钢材强度高，结构重量轻；材质均匀，且塑性韧性好；良好的加工性能和焊接性能；延性好，抗震性好；环境友好，施工垃圾少。目前，钢结构应用范围大致包括大跨度结构、多高层和超高层建筑、钢—混凝土组合结构、工业厂房、装配式建筑、立体车库、慢行交通、容器和其他构筑物等。

2. 钢结构制造技术

钢结构制造技术是指以钢材为主要材料和以设计图纸为依据，制造金属构件、金属零件、建筑用钢制品及类似产品的生产活动，主要包括深化设计、加工制造两部分。

2.1 深化设计

钢结构工程的设计分两步完成，首先由设计单位完成钢结构的设计施工图，再由承建单位根据设计图完成钢结构深化详图，并经设计单位确认后用于车间加工制造；钢结构深化设计是以建筑、结构施工图等设计文件及相关规范标准、技术文件为依据，结合钢结构制作加工及安装工艺要求，经过二次设计所形成的用于实施制造的详细图纸和要求。钢结构深化设计文件主要包括深化设计布置图、节点深化图、安装详图及各类清单等，以及计算书、焊接连接通图等内容；钢结构深化设计是工程设计与工程施工之间的桥梁，其质量直接关系到结构的安全、工程的成本、工期等。

2.2 加工制造

待深化设计图完成、设计要求的材料采购到位、技术准备等均完毕后，便可进行钢结构构件的加工制作。从材料到位到构件出厂，一般包含如下工序内容：

（1）钢板矫平；（2）放样、号料；（3）数控切割；（4）边缘、端部加工；（5）制孔；（6）摩擦面处理；（7）组装；（8）焊接；（9）钢构件除锈合格、底漆防腐。

3. 钢结构施工技术

钢结构施工技术是围绕着现场安装的顺利实施和质量控制的综合施工技术，主要包括钢结构安（吊）装技术、钢结构测量技术、钢结构焊接技术及防腐、防火涂装技术等。

3.1　安装技术

钢结构安装方法主要有：高空散装法、分条或分块安装法、整体吊装法、整体提（顶）升法、分块提（顶）升法、累积滑移法、移动支架安装法、折叠展开法等。钢结构施工所用到的起重设备通常包括塔式起重机、汽车式起重机、履带式起重机、桅杆式起重设备、捯链、卷扬机、液压设备等类型，而塔式起重机、汽车式起重机、履带式起重机为最常用的起重设备。

3.2　测量校正技术

钢结构施工常用测量仪器主要有：经纬仪、水准仪、测距仪、全站仪、激光铅直仪。测量时应遵循"先整体后局部"，"由高等级向低等级精度扩展"的原则。平面控制一般布设三级控制网，由高到低逐级控制。

3.3　焊接技术

焊接技术就是高温或高压条件下，使用焊接材料（焊条或焊丝）将两块或两块以上的母材（待焊接的工件）连接成一个整体的工艺技术。焊接技术主要应用在金属母材上，常用的焊接方法有手工电弧焊、氩弧焊、CO_2 保护焊、氧气-乙炔焊、激光焊、电渣焊等。

4. 钢结构检测技术

钢结构检测包括原材料、焊材、紧固件、焊缝、螺栓球节点、涂料等材料和工程施工全部规定的试验检测内容。

力学性能检测主要包括钢材力学检测和紧固件力学检测，其中钢材力学检测包括拉伸、弯曲、冲击、硬度等；紧固件力学检测包括抗滑移系数、轴力等。

金相检测分析是对钢结构所使用的钢材进行金相分析，包括显微组织分析、显微硬度检测等。化学成分分析是对钢结构所用钢材的化学成分进行分析。

无损检测就是利用声、光、磁和电等特性，在不损害或不影响被检对象使用性能的前提下，检测被检对象中是否存在缺陷或不均匀性，给出缺陷的大小、位置、性质和数量等信息，进而判定被检对象所处技术状态（如合格与否、剩余寿命等）的技术手段。主要包括超声检测、射线检测、磁粉检测、渗透检测等。

钢结构应力测试和监控对钢结构安装以及卸载过程中关键部位的应力变化进行测试与监控。

三、钢结构工程施工技术最新进展（1～3 年）

1. 高性能钢应用技术的新进展

高性能钢因其具有强度高、延性好、可焊性强和耐候性强等优势，已逐渐在高层、超高层、大跨度建筑、公路桥梁及塔桅结构中推广使用。

我国结构钢主要分为碳素结构钢和低合金高强度结构钢。在《低合金高强度结构钢》GB/T 1591—2018 中规定了"Q355""Q390""Q420""Q460""Q500""Q550""Q620""Q690"八个强度等级，目前，郑州绿地中央广场南塔楼项目进行了 Q460GJ、Q550GJ、Q690GJ 高性能结构钢的应用示范。我国高压、特高压输电线路和大截面导线输电线路的输电塔中也大量采用了 Q420、Q460 高强钢，并取得了良好的效果。

在桥梁结构用钢上，《桥梁用结构钢》GB/T 714—2015 中罗列了"Q345q""Q370q""Q420q""Q460q""Q500q""Q550q""Q620q""Q690q"八个强度等级。沪苏通长江大桥项目应用了 Q500q 桥梁钢，而"江汉七桥"则在国内首次应用 Q690qE 桥梁钢，为国内现有桥梁建设使用的最高强度级别。

另外，耐候钢也被应用在新建成的雅鲁藏布江钢管拱桥上。

2. 钢结构制造技术的新进展

早期以工业建筑为主的钢结构设计市场，设计的高级阶段是设计图、细化图、施工详图；现在以民用建筑为主的钢结构设计市场，设计的高级阶段更名为设计施工图、细化图、深化设计。

"深化设计与施工详图"，在钢结构行业是一回事，都是对钢结构设计（施工）图的放样细化；深化设计已经包含了安装详图，车间的所用详图只是部分加工图，并不需要安装图；安装图是现场安装所需；详图与深化图是相同的，只是南北的习惯叫法不同。

2.1 施工图设计

钢结构施工图设计分两个阶段，即结构深化设计阶段和施工详图设计阶段。《钢结构工程深化设计标准》T/CECS 606—2019 中对两阶段深化设计方法进行了规定，深化图纸报审在结构深化设计阶段进行，施工详图设计阶段不再报审，大幅减少深化图纸报审量，也提高了设计单位的审图效率和质量。

采用以三维模型数据为核心，使用参数化建模以及读取结构设计模型等手段，完成 BIM 模型搭建和详图设计。通过三维模型，自动生成全套施工图纸及工程量统计，极大地提高了深化设计的效率。

2.2 加工制造

钢结构制造的发展趋势是数控信息化、自动化，控制制造装备和工艺来生产各类钢结构构件。通过智能设备的使用，如全自动激光/等离子/火焰切割机、坡口机器人、自动拼板机、链式分拣工作台、数控钻锯锁床、程控行车、装焊机器人、喷涂机器人、走动导引运输车等，实现钢结构全生产线智能化。

目前，国内在建筑钢结构和桥梁钢结构机器人焊接智能化关键技术方面进展显著：

（1）开发了焊接模型系统软件，可快速建立焊缝模型，并与焊接机器人进行数字互联；

（2）开发多构件自动快速定位技术，通过点对点快速定位方式，将模型与实际构件一一对应，可实现批量非标构件一次性自动焊接；

（3）研发了相机视觉识别和三维模型数字处理技术，通过激光定位与纠偏，可快速计算工件焊缝位置，自动形成精准的焊接路径及运动姿态；

（4）研发了焊接程序自动生成技术，利用与焊接机器人相匹配的数据格式和接口参数，可自动调用、修改、存储焊接工艺参数，实现建筑钢结构贴角焊缝机器人智能焊接；

（5）集成创新了机器人智能焊接技术，实现了智能焊接工作站的国产化。

3. 钢结构施工技术的新进展

3.1　超高层钢结构施工技术

3.1.1　塔式起重机应用技术

随着超高层钢结构建筑高度的不断攀升，重型动臂式塔式起重机在超高层施工领域的应用越来越广泛。常用型号有法福克 M900D、M1280D 型和中昇建机 ZSL1250 和 ZSL2700 型等。附着方式也呈多样化趋势，如核心筒内爬、核心筒外爬和集成于钢平台型、廻转塔基型。

3.1.2　顶部封闭条件下钢结构吊装技术

目前超高层核心筒的施工越来越多采用顶模技术进行施工，这就导致了核心筒顶部与底部空间封闭、核心筒内钢梁等钢构件吊装困难的情况产生。在顶模的下部设置可以自行爬升的行车吊系统，作为核心筒内钢构件吊装装备。行车吊系统可以在核心筒内部水平移动、原位提升构件，其四边与核心筒墙体附着，通过附着件与轨道沿墙体爬升。

3.1.3　超高空群塔与弧形连廊高位连接施工技术

重庆来福士空中连廊提升高度 180m，提升重量 1100t，采用"地面拼装、液压同步提升"技术进行施工。建设全过程采用数字建造技术，建立了数字模型分析计算，通过 BIM 全息技术进行模拟安装，得出提升过程结构变形及应力曲线以指导现场施工；施工过程中，通过设置在塔楼两侧提升平台的 6 组液压穿心千斤顶进行整体提升施工；提升过程中通过"全站仪位移测量""传感仪应变检测"等方法进行误差控制，整体安装偏差控制在 3mm 以内；提升就位后，采用多人同步对称焊接，防止焊接应力收缩变形，提升焊缝成型质量及观感。通过一系列技术手段，保障了施工进度，提升了施工品质，取得了良好的经济社会效应。

3.2　大跨度空间钢结构施工技术

近些年，大跨度结构如网架与拱、悬索、桁架等结构组合形成的变异结构的提升技术取得了新进展。国家速滑馆项目中所有拉索均为国产高钒密闭索，三亚市体育场项目应用的高钒密闭索最大直径达到了 120mm，是国内综合性体育场建设中使用的最大直径索，G10MnMoV6-3＋QT2 铸钢索夹也是国内第一次运用到该建筑当中。同时，三亚市体育场项目采用了碳纤维索，这是碳纤维材料在国内外首次应用于大跨度空间结构，实现了新材料应用的突破。

对于大体量、大跨度钢结构施工，近年来创新应用了一些经济实用的施工技术。其中，上海中芯国际电子厂房项目钢屋盖采用了一种新型的模块车滚装施工技术。具体而言，就是将每榀桁架分成 5 个吊装分段，高空拼接成整榀，两榀作为一个滚装单元，采用模块车通过车板上的托架将桁架单元从厂房两端的高空拼装位置顶起后转移至安装位置，最后通过模块车自身的液压升降系统将桁架单元精确安装至柱顶。这种施工技术作业面周转速度快，安全迅速，整体工效高。

对于文物保护工程中的大跨度空间网格结构屋盖，由于受现场施工环境及文物保护要求等诸多因素的影响，其施工方案选择受到很大程度限制。安阳曹操高陵本体保护与展示工程采用了一种新型网格结构施工技术——大跨度双向正交网格结构带巨型加强桁架累积滑移技术。项目创新应用地面分段小拼、高空定点整拼、双轨道＋巨型加强桁架高空累积滑移总体施工方案，通过在屋盖结构滑移最前端的桁架上方设置临时巨型加强桁架，提高原屋盖钢结构的局部刚度，有效解决了屋盖累积滑移施工过程中，结构前端跨中挠度过大及整体结构受力与变形分布不满足设计意图等难题，并借助有效的施工监测手段，确保了项目的顺利实施。

3.3 桥梁钢结构施工技术

桥梁施工方面，目前研发形成钢箱梁数字化制造生产线、混凝土箱梁整孔预制与架设技术、梁上运梁与架设技术、短线匹配法预制拼装施工技术、钢箱梁整体吊装施工技术以及与缆载吊机、桥面吊机、顶推法和滑模法相结合的主梁架设与施工技术。在施工控制技术方面，在传统的"变形-内力"双控基础上，结合无应力状态控制理念提出了几何控制法，研发了一种用于解决桥梁分段施工的理论控制方法——分阶段成形无应力状态法。此外，一种集计算、分析、数据收集、指令发出、误差判断等功能为一体的施工控制系统也在研发之中。

3.4 钢结构住宅技术

近年来，为推进建筑工业化和传统建造方式的重大变革，我国积极探索发展不同结构形式的装配式建筑。在传统钢结构建筑体系的基础上，为了满足住宅功能和高度要求，出现了一批新型结构体系，并已建成许多装配式钢结构住宅项目。从创新角度来看，大体可分为两类：一种对原有钢结构体系进行优化扩展，采用型钢组合构件或钢—混凝土组合构件，使钢结构构件适应钢结构住宅户型布置的要求，解决或部分解决室内凸梁、凸柱的问题，如异形柱结构体系、钢管束结构体系、组合钢板剪力墙体系；另一种是为了提升装配施工速度，解决现场焊接量大的问题，而形成的全螺栓连接结构。

4. 钢结构检测技术的新进展

金属磁记忆法不仅适用于铁磁构件缺陷（裂纹、气孔、夹杂等）的检测，还能对应力集中、早期失效等进行快速、准确的诊断，被誉为 21 世纪的 NDT 新技术。与其他检测技术不同，金属磁记忆法和矫顽力法作为一种磁性无损评估技术，是基于电－磁学理论，利用材料在电磁场作用下磁性能变化的特点来判断材料的内部组织和性能。此方法既没有辐射伤害，又具有灵敏度高、信号耦合简单方便等优点，特别适用于在线监测。

5. 测量技术的新进展

钢结构测量中，全站仪可应用于超高层钢结构、大跨度钢结构工程测量控制网布设、钢构件安装精度控制、变形监测等各个方面。全站仪测量能自动完成角度、距离、高差的测量和高程、坐标、方位角的计算工作；能将测量数据和结果自动储存、自动显示，并能与外围设备交换信息。

GPS 技术的高度自动化及其所能达到的精度，使其在工程测量、控制测量等方面，得到了广泛的应用。目前发展的载波相位动态实时差分——RTK（Real-time kinematic）技术，测量精度较高，实用性较强。

四、钢结构工程施工技术前沿研究

1. 高性能钢技术

近几年，国内的超高层钢结构建筑和大跨度空间结构快速发展，对钢材的强度等指标提出了更高的要求，如郑州绿地中央广场南塔楼项目进行了 Q460GJ、Q550GJ、Q690GJ 高性能结构钢的示范应用。高强度结构钢在一些工程中的应用，证明我国已经具备一定的技术应用能力，但是与发达国家相比尚有一定差距。同时，高性能钢的结构性能、承载力、延性、变形性能及设计方法等仍待进一步研究，目前关于高性能钢的研究主要集中在以下几个方面：

（1）新型高性能钢的开发，如非焊接高强度结构钢管、超高强度结构钢、桥梁结构专用的高性能钢等；

（2）使用高性能钢的普通结构体系的设计理论和方法；

（3）能够发挥高性能钢力学特性的新型结构体系及其设计理论和方法，同时，针对不同的高性能钢，提出各自不同的设计理念以使得相关结构的综合性能最优化；

（4）适用于高性能钢的连接技术及设计方法，包括焊接技术和螺栓连接技术等。

2. 制造技术

在国家大力倡导智能制造和智慧建造战略背景下，钢结构行业呈现出了智能化制造新趋势。其中"无人"切割下料、卧式组焊矫一体机、机器人高效焊接、机器人装焊一体化、机器人喷涂等钢结构制造新工艺，部品部件物流仓储过程定向分拣、自动搬运、立体存储等新技术，部品部件智能检测、焊缝在线检测等新手段，推进了钢结构制造自动化，大幅提升了我国钢结构制造水平。

智能化工厂的钢板加工中心主要用于钢结构生产过程中各类带孔零件的加工，通过数控系统实现钻孔、切割、铣孔、喷码的一次加工完成。H 型钢卧式组焊矫一体机将翼、腹板原材料进行自动定位、翻转、顶升，实现 H 型钢自动组立、焊接及矫正。同时，全自动切割、卧式组立、机器人焊接、仓储物流、基于离散型智能制造模式的下料、组焊及总装等一体化工作站的智能制造设备也大幅提升钢结构制造质量和效率。

3. 施工技术

国内建筑钢结构施工技术已达到国际水平，但钢结构施工中仍存在大量亟待研究的问题，如大型复杂结构施工时变特性分析与控制研究、构件内力与变形随结构逐步成型累积变化及控制、施工过程中结构的稳定性与安全性保障等。

未来中国建筑将进行三个转变：由高大新尖向普通大众建筑转变；由片面追求造型奇特、工期快、成本低向追求坚固、实用、绿色转变；由粗放式的生产方式向精益化的生产方式转变。钢结构体系建筑易于实现工业化生产、标准化制作，同时与之相配套的墙体材料节能、环保，绿色钢结构建筑和模块化工业建筑已经成为发展的主流，相应配套施工技术也会逐步走向成熟。

除此之外，在海洋工程钢结构、桥梁钢结构、超高压输电、风力发电、核电等诸多领域，钢结构都有很好的发展和推广应用前景，相应的施工技术也需要不断创新。

4. 检测技术

在对钢结构进行鉴定时，钢构件材料物理力学性能的现场无损检测技术、钢构件应力的现场无损测定技术和结构关键部位应力及损伤现场测试技术等是目前亟待发展的前沿技术，更加准确、减少损伤、快捷方便无疑是检验测试技术改善和提高的发展目标。开发新的检验项目，使检验测试技术更加完善则是这项技术发展的方向。

五、钢结构工程施工技术指标记录

1. 钢结构建筑高度

中国是当下世界上拥有高楼数量最多的国家，截至 2020 年，中国有超过 1400 座 150m 以上的高楼，其中超过 50 座是 300m 以上的超高层摩天大楼，而其中有 11 座甚至高达 450m 以上。目前国内已建成建筑中，建筑高度最高为 632m 的上海中心大厦，结构高度最高为 592.5m 的深圳平安国际金融中心大厦。

2. 钢结构建筑规模

目前国内已建成的房建项目中，单体规模最大的项目是深圳国际会展中心（一期），单体建筑面积 158 万 m^2，钢结构总量达 27 万 t。

3. 钢结构建筑跨度

南京奥体中心项目与沈阳奥体中心项目是目前国内平面跨度最大的钢结构工程，二者采用平面拱式结构体系，跨度均为 360m。

国家大剧院是目前国内空间跨度最大的钢结构工程，其屋盖采用板式网壳结构体系，跨度达 212.2m。

华润电力（菏泽）有限公司煤场全封闭及扩容改造项目是目前国内跨度最大的预应力钢结构工程，采用预应力管桁架结构体系，跨度达 196m。

北京新机场南航机库项目，焊接球网架屋盖跨度 404.5m，是世界上跨度最大、单体规模最大的维修机库。

沪苏通长江公铁大桥是世界首座跨度超过千米的公铁两用桥梁，全长 11072m，主航道桥主跨 1092m。

4. 钢结构建筑悬挑长度

无论是悬挑长度、悬挑高度，还是悬挑重量，中央电视台新址主楼无疑为世界第一，悬挑重量 1.8 万余吨，悬挑长度达 75m。考虑塔楼倾斜 24m，结构最大悬挑长度为 99 m。

5. 钢结构钢材强度

近些年，钢结构的迅速发展伴随着钢结构用钢强度和耐候性等性能的不断增强，在房建及公共建筑领域，Q390、Q420、Q460E 已经成功应用在"鸟巢""央视新址"等工程，北京大兴国际机场、深圳平安国际金融中心大厦用到了 Q460GJC，深圳湾体育中心则用到了 Q460GJD，郑州绿地中央广场南塔楼项目进行了 Q550GJ、Q690GJ 高性能结构钢的示范应用，国家速滑馆工程中所有的拉索全部采用高钒密闭索。在桥梁工程领域，重庆朝天门长江大桥采用了 Q420qENH，沪苏通长江大桥采用了 Q500qE 与 Q420qE，陕西眉县"霸王河大桥"则用到了 Q345qDNH 与 Q500qDNH，"江汉七桥"则在国内首次应用 Q690qE 桥梁钢，为国内现有桥梁建设使用的最高强度级别。

6. 钢结构焊接板厚

深圳平安国际金融中心大厦项目中完成 304mm 厚铸钢件焊接，创造了行业新记录，其中 4 个铸钢件对接焊所用焊丝总量高达 5.8t。央视新址主楼钢柱所用钢板最大焊接板厚 135mm，为目前全国房建工程领域之最。

7. 钢结构最大提升量

北京 A380 飞机维修库工程，屋盖面积为 $352.6m \times 114.5m = 40372.5m^2$，是目前单次提升面积最大的钢结构建筑；世界单次提升重量最大的钢结构项目是国家数字图书馆工程，单次提升重量达 10388t。

六、钢结构工程施工技术典型工程案例

1. 中国尊大厦

中国尊大厦是世界八度抗震区唯一的一座超过 500m 的超高层建筑，建筑高度 528m，地下 7 层，地上 108 层，地上总建筑面积 35 万 m^2。地下建筑面积约 8.7 万 m^2，总用钢量达 14.3 万 t，主塔楼为筒中筒结构，内部为型钢混凝土核心筒，外筒由巨型支撑和巨型框架以及次框架组成，内、外筒共同构成多道设防的抗侧力结构体系。

1.1 多腔体巨柱施工技术

项目多腔体巨柱从基础顶面（−31.30m）至 106 层（503.10m），单根异形巨柱多达 13 个腔体，横截面积达到 63.9m^2，制作安装难度很大，在多腔体巨柱分段分节前，对复杂构件及节点进行有限元分析，使分段点尽量避开应力较大且集中的位置；同时考虑塔式起重机的吊重性能、运输尺寸要求以及土建、机电等各专业交叉作业影响。

通过多组变量实验，确定加工参数对成型结果的可复制性和一致性，确保成型圆弧尺寸误差在 2% 以内，保证巨柱 60mm 厚壁板对接冷弯成型圆弧处的对接错边在 1mm 以内。基于"局部—整体"理论体系下的焊接数值模拟及现场实施验证，最终确定了"内外组合，横立结合"的焊接顺序，降低焊后矫正时间，节省 8.3% 安装时间，显著缩短工期，提高工程效益。

项目巨柱的爬升架由附着支撑系统、折叠脚手架单元、提升系统、控制系统、防坠落装置组成，实现可伸缩、自爬升等功能。产品全部工厂化预制，现场组装后使用。架体与巨柱附着点设置多点重力传感器，在提升过程中实时监测各点分配反力，保证提升过程的稳定、安全、同步性，见图 8-1。

图 8-1　多腔体巨柱工厂预拼装及现场安装

1.2　超大面积地脚锚栓群施工技术

项目地脚锚栓超大超长，数量多达 2138 根，使用自适应式锚栓支撑架，结合多道横梁调整锚栓的位置，解决了地脚锚栓定位困难的难题，减小了土建作业和锚栓的安装之间的相互影响，大幅提高了锚栓的定位精度，实现了现场"零扩孔"。采用可拆卸整体式安装与散件吊装安装方法相结合，在地脚锚栓块体之间设置临时固定措施对相对位置进行临时固定，方便快捷地完成上千根锚栓的安装工作，显著提高了地脚锚栓群的安装效率，见图 8-2。

图 8-2　锚栓支撑架现场施工

2. 深圳国际会展中心（一期）

深圳国际会展中心（一期）建设用地约 125 万 m²，总建筑面积达 158 万 m²，室内展览面积为 40 万 m²，项目总用钢量约 27 万 t。地上主体结构为全钢结构，由一条 1800m 长的中央通廊将两侧 16 个 2 万 m² 标准展厅、一个 5 万 m² 超大展厅、两个具有会议功能的 2 万 m² 多功能厅、两个登录大厅和一个接待大厅串联而成。

2.1　重心偏移组合结构低位整体提升施工技术

登录大厅屋盖为曲面网壳不等高结构，屋盖钢结构平面投影尺寸为 185m×126m，屋盖钢结构采用整体提升施工方法，提升屋盖总重 2500 余吨，最大提升高度约 39m。

根据下部结构，结合单层网壳特点，将整个屋盖钢罩棚分为两个提升区域进行分区域液压整体同步提升。在钢柱两侧及跨中设置门架作为提升支架，布置液压提升器，通过液压提升器的伸缸、缩缸，逐步将屋盖提升至设计标高位置。锁紧提升器后，安装树杈柱，结构整体稳定后进行分级卸载。本工艺可以将大量杆件、檩条等在楼面进行拼装，减少了高空作业，对工期及安全、质量有极大的提升，见图8-3。

图 8-3 屋盖曲面网壳整体提升施工

2.2 分叉柱柱内穿铸钢件虹吸管道安装施工技术

由于往来人流量大，项目南、北登录大厅及中央廊道的虹吸管道不能采取外露钢柱的安装方式，避免影响视觉效果。因此，对此部位的钢柱与铸钢件腔体内部开洞，管线由柱内通过再连接顶部天沟，最终达到设计意图。

由于安装在钢柱及铸钢件内部，因此，部分管道须预先制作安装，同时，这部分管道的安装应与钢结构专业紧密协同。虹吸暗装主要流程为地面组装→竖向钢柱及虹吸管安装→铸钢件安装（虹吸管暂时不焊接）→树杈柱及虹吸管安装→铸钢件内与竖向钢柱虹吸管对口焊接→浇浇混凝土→过人孔补焊，见图8-4。

3. 北京大兴国际机场

北京大兴国际机场是世界上最大的机场，旅客航站楼南北方向长996m，东西方向宽1144m，总用钢量约33000t。航站楼由中央大厅和中南、东北、东南、西北、西南5个指

图 8-4 铸钢件与虹吸管组装安装施工

廊组成。指廊钢结构部分主要包括主体钢柱结构、屋顶钢结构、浮岛钢结构、入口处 C
形柱钢结构及外幕墙柱等，见图 8-5、图 8-6。

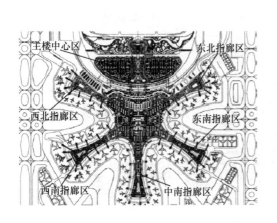

图 8-5　航站楼指廊分区示意图

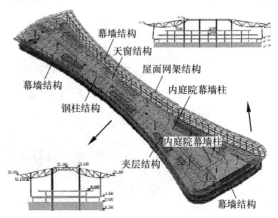

图 8-6　航站楼指廊结构示意

3.1　C 形柱施工技术

东北和西北指廊对称布置了两根 C 形柱，支撑起东北和西北指廊的挑檐结构。C 形柱
为一种新型的复杂空间结构体系，杆件分布复杂，水平投影近似 C 形。C 形柱由上下两部
分组成空间桁架柱，其中下部结构由 5 根扭转箱形截面柱、1 根投影为 C 形的箱形转换梁
和圆钢管撑杆组成；上部结构为双层焊接球节点网架结构，顶部与屋盖结构连为整体。C
形柱为空间扩散倾斜结构，底部宽 5.7m，上部倾斜后最大宽度达 28.4m，向外倾斜角度
约 25°。

根据 C 形柱的自身特征和实际施工条件，遵循"从下至上，对称安装"的原则，将
整个 C 形柱分为 13 个吊装单元，采用 25t 汽车式起重机进行地面组拼，100t 履带式起重
机分榀吊装就位。具体方法为：安装柱底支座后逐一吊装 5 根弧形箱形钢柱，再安装钢柱
顶部的 1 根箱形转换钢梁；将上部球节点桁架组成的空间结构体系分成 7 个四边形桁架，
就近拼装完毕后设置临时支撑分别吊装就位。

通过合理设置缆风绳，实现了复杂构件空间位置的调整，减少了临时支撑架。采用散
件进场、地面组拼、分榀吊装上部结构的方法，加快了施工进度，确保了施工质量，减少
了高空作业。采用空间三维坐标定位测量控制技术，既保证了 C 形柱自身空间几何形态
准确，也保证了其与挑檐屋盖的相对位置准确。

3.2　弯扭幕墙柱施工技术

中南、东南、东北指廊内庭院幕墙结构分为内庭弯扭幕墙柱、内庭院拉板球下斜钢柱
及内庭院钢梁 3 部分。内庭院弯扭幕墙柱为弯扭箱形柱，柱顶通过销轴与钢屋盖连接，柱
底通过销轴与混凝土梁连接。内庭院拉板球下斜钢柱为箱形构件，柱顶通过销轴与钢屋盖
连接，柱底通过预埋件与混凝土梁连接。内庭院钢梁为箱形截面构件，与弯扭幕墙柱及拉
板球下斜钢柱连接。

中南及东南指廊施工时，采用将弯扭幕墙柱在工厂分为 3 段、搭设临时支撑、使用汽
车式起重机上楼板直接吊装的施工方案；东北指廊采用大型履带式起重机在结构外侧直接

整根吊装的施工方案。具体实施方案为：中南指廊内庭院弯扭幕墙柱选用 1 台 25t 汽车式起重机在 2 层楼面上配合现场塔式起重机进行安装；东南指廊内庭院弯扭幕墙柱选用 1 台 25t 汽车式起重机在 1 层楼面上吊装，东北指廊弯扭幕墙柱选用 1 台 150t 履带式起重机在结构外进行安装。通过上述分段及机械站位，满足了弯扭幕墙柱的吊装要求，通过设计支撑标准节，解决了弯扭构件的临时支撑问题。

4. 沪苏通长江公铁大桥

沪苏通长江公铁大桥南起苏州市张家港市，北至南通市通州区，大桥全长 11.072km（其中公铁合建桥梁长 6989m），主航道为主跨 1092m 的双塔钢桁梁斜拉桥结构，该桥是世界上首座跨度超千米的公铁两用斜拉桥。铁路桥面采用钢箱结构，公路桥面采用钢正交异性板结构。主梁采用三主桁 N 形桁架结构，桁高 16m、桁宽 35m、节间长度 14m，采用 Q500qE、Q420qE 和 Q370qE 桥梁钢。斜拉索采用三索面布置，采用直径 7mm 的平行钢丝拉索，其标准抗拉强度为 2000MPa，全桥共 432 根，最长索达 576m，最大索重 83.5t，见图 8-7。

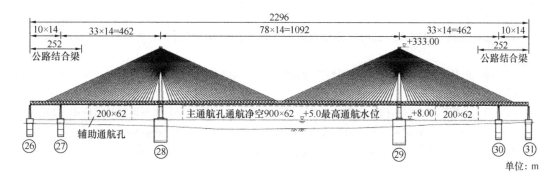

图 8-7　沪苏通长江大桥主航道桥布置

该桥施工时采取了多项关键技术，其中钢桁梁采用大节段整体制造、架设技术施工方案，每架设 1 个标准段，对称挂设、张拉 2 层共 12 根斜拉索。钢桁梁的标准节段由 2 个节间钢梁组成，最大节段重 1750t。墩顶段为单节间或 1.5 节间。钢桁梁制造工艺流程为：制造板单元和杆件→拼成桁片和桥面板→在胎架上按"3+1"方式匹配成大节段。同一节段内所有构件的工厂连接均采用焊接；节段间公路钢桥面板、铁路桥面顶（底）板的工地连接均采用焊接，节段间上弦杆竖板和底板、下弦杆竖板、斜腹杆的工地连接均采用高强度螺栓。墩顶单节间或 1.5 节间钢梁采用 1800t 浮吊架设，双节间标准段采用 1800t 架梁吊机双悬臂对称架设，见图 8-8。

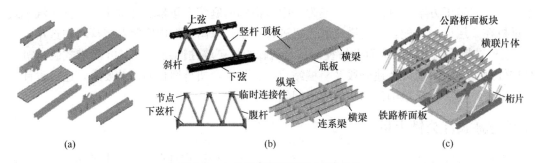

图 8-8 大节段钢桁梁整体制造工艺

(a) 杆件和板单元制作;(b) 桁片和桥面板组拼;(c) 钢桁梁节段组拼

参考文献

[1] 贾良玖,董洋. 高性能钢在结构工程中的研究和应用进展[J]. 工业建筑,2016,46(7):1-9.

[2] 闫志刚,赵欣欣,徐向军. 沪通长江大桥 Q500qE 钢的适用性研究[J]. 中国铁道科学,2017,38(3):40-46.

[3] 万升云,简虎,熊腊森. 磁记忆检测在焊缝检测中的应用研究[J]. 电焊机,2017,37(11):40-43.

[4] 沈正祥,陈虎,曹建,等. 铁磁材料性能无损评估方法研究进展[J]. 化工机械,2019,46(6):615-620.

[5] 陈振明. 空间弯扭型钢结构深化设计技术研究与应用[J]. 钢结构与金属屋面新技术应用,2015.

[6] 陈振明,温小勇,戴立先. 钢结构摩天大楼高效施工新技术[J]. 钢结构,2015(3):70-74.

[7] 蔺喜强,霍亮,张涛,李国友. 超高层建筑中高性能结构材料的应用进展[J]. 建筑科学,2015,31(7):103-108.

[8] 郭利荣. 智能制造技术推动钢铁企业组织管理变革的实践应用[J]. 冶金管理,2019(12):36-38.

[9] 侯佩. 高钒索在预应力钢结构中的施工应用[J]. 科技创新与应用,2018(7):149-150.

[10] 李会志. "互联网+钢结构"的实施路径[J]. 施工企业管理,2016(6).

[11] 岳艳红. 对建筑钢结构焊接技术现场与发展趋势的探讨[J]. 绿色环保建材,2017(6):166.

[12] 马汀,李元齐,罗永峰. 建筑钢结构健康检测与鉴定现状[J]. 建筑结构,2006(S1):427-430.

[13] 陆建新,杨定国,王川,胡攀,霍宗诚,张贺. 深圳平安金融中心超厚 Q460GJC 钢材全位置焊接技术[J]. 施工技术,2015,44(08):17-20.

[14] 胡鸿志,邹建磊,王小瑞. 北京大兴国际机场旅客航站楼及综合换乘中心指廊工程钢结构综合施工技术[J]. 建筑技术,2019,50(9):1028-1034.

[15] 李军堂,潘东发. 沪通长江大桥主航道桥桥施工关键技术[J]. 桥梁建设,2019,49(5):9-13.

[16] 张怡,苏振华,苏李渊,张雷,崔何杰,丁国桢,冯鹏. 国家速滑馆项目高钒密闭索加工技术[J]. 施工技术,2020,49(10):7-10.

[17] 陈桥生,白文化,顾卫东. 大跨度双向正交网格结构带巨型加强桁架累积滑移技术[J]. 施工技术,2020,49(20):1-6.

第九篇 砌筑工程施工技术

陕西建工集团有限公司　　　　刘明生　张昌绪　王巧莉　何　萌　孙永民

江苏省华建建设股份有限公司　程　杰

摘要

　　该篇通过对我国砌体结构工程的历史发展过程及后期发展展望进行阐述的同时，以现代砌体结构的发展为重点，结合现代砌体结构发展中的材料特性、工艺特点、工程实例等内容，对我国现代砌体工程的施工建造技术做了较为全面、系统的描述与总结；同时结合当前我国节能环保和建设绿色建筑的需要，以我国砌体结构工程的发展现状为出发点，以有利于砌体结构施工技术的发展和实现建筑节能要求为目标，对砌体工程先进建造技术的发展应用进行了展望。

Abstrcat

　　This paper described the progress of the historical development of masonry structure engineering in our country and late outlook and focusing on the development of modern masonry structure, combining with material characteristics, process characteristics and engineering applications, a more comprehensive and systematic summary and description of the construction technology of our country′s modern masonry building is made. At the same time, combining with the needs of the current energy conservation and environment protection and construction green building, taking masonry structure engineering in our country development present situation as the starting point, in favor of the development of the construction technology of masonry structure and realize the requirements of building energy efficiency for the target. A perspective of development and application of advanced masonry engineering construction technology is made.

一、砌筑工程施工技术概述

砌体结构是指由块体和砂浆砌筑而成的墙、柱作为建筑物主要受力构件的结构，是砖砌体、砌块砌体和石砌体结构的统称。

1. 古代砌体发展简史

砌体结构有悠久的历史，砌筑经历了干垒及粘结两个阶段，后一阶段的砌筑灰浆有一个发展过程，最先是采用泥浆，以后出现石灰浆及糯米灰浆。公元前 7 世纪的周朝出现了石灰，在汉代，石灰的应用已很普遍，其中，糯米灰浆的出现和使用已有 1500 多年的历史。

2. 近代砌体发展简史

中国近代建筑主要有两方面的建筑：一批为国外公司在我国建造的各种新型建筑，如领事馆、工部局、洋行、银行、住宅、饭店等，大多是当时西方流行的砖木混合结构房屋，外观多呈欧洲古典式，也有一部分是券廊式。另一批是洋务派和民族资本家为创办新型企业所建造的房屋，这些多数仍是手工业作坊那样的砖木结构，小部分引进了现代典型建筑，其代表建筑有庐山 636 栋老别墅，青岛提督府，哈尔滨圣索菲亚大教堂，鼓浪屿 13 座近代建筑等。

3. 现代砌体发展简史

现代砌体的发展阶段主要是在新中国成立以后，在这一时期砌体结构在块材、粘结材料、砌体工程的结构类型及建筑规模等方面发展十分迅捷。

3.1 块材

烧结黏土实心砖在我国相当长的时间内为砌体结构的主导产品。20 世纪 60 年代末，我国提出墙体材料革新之后，烧结黏土多孔砖、空心砖和混凝土小型空心砌块的生产及应用有较大发展。

1965 年我国建成第一家蒸压加气混凝土砌块生产企业后，蒸压加气混凝土砌块逐渐得以应用。

2003 年国家实行了禁实政策以后，普通混凝土、轻骨料混凝土、加气混凝土所制成的混凝土砌块（砖）；以及利用砂、页岩、工业废料（粉煤灰、煤矸石）等制成的蒸压灰砂砖、烧结页岩砖、蒸压粉煤灰砖、煤矸石砖等有了较大发展。

近年来，我国还采用页岩生产烧结保温隔热砌块（砖）、各色（红、白、黄、咖啡白、灰、青、花等）清水砖、多纹理（滚花、拉毛、喷砂、仿岩石）装饰砖等。

3.2 粘结材料

近年来，砌筑砂浆由传统的现场拌制砂浆向工厂化生产的预拌砂浆和专用砂浆发展。现场拌制砂浆有石灰砂浆、水泥砂浆、水泥石灰混合砂浆；预拌浆砂包括湿拌砂浆和干混砂浆；专用砌筑砂浆包括蒸压硅酸盐砖专用砂浆、混凝土小型空心砌块和混凝土砖专用砌筑砂浆、蒸压加气混凝土的专用砌筑砂浆等。预拌砂浆和专用砂浆性能优良，绿色环保。

3.3 结构工程

根据砌体中是否配置钢筋和钢筋的配置量大小，砌体结构可分为无筋砌体、约束配筋砌体和均匀配筋砌体。

3.3.1 无筋砌体结构

20 世纪 70 年代以前，我国砌体建筑系无筋砌体结构。同时建造了大量无筋砌体结构建筑，包括低层和多层住宅、办公楼、学校、医院以及中小型工业厂房等。

3.3.2 配筋砌体结构

20 世纪 70 年代以后，尤其是 1975 年海城—营口地震和 1976 年唐山大地震之后，对设置构造柱和圈梁的约束砌体进行了一系列的试验研究，其成果引入我国抗震设计规范，并得以推广应用。

3.3.3 预应力砌体结构

砌体结构应用预应力技术后成为预应力砌体，施加的预应力钢筋可增加对砌体的约束作用，延缓砌体的开裂，提高其抗裂荷载和极限荷载，增强砌体的抗震性能。

近十几年来，国际上一些研究者提出了采用预应力技术对砌体墙进行抗震加固的方法，并开展了相关研究。我国在这方面的研究工作起步较晚，而且对预应力砌体的研究很少。目前，现行国家标准《砌体结构设计规范》GB 50003 中还没有关于预应力砌体方面的内容。

3.3.4 填充墙砌体

填充墙砌体是目前砌体结构的重要形式，所使用的块材为轻质块材，如烧结空心砖（砌块）、蒸压加气混凝土砌块、轻骨料混凝土小型空心砌块等。

3.3.5 夹心复合墙砌体

夹心复合墙系指在预留连续空腔内填充保温或隔热材料，内、外叶墙之间用防锈金属拉结件连接而成的墙体。我国夹心复合墙是在参照国外做法的基础上发展起来的。为推广其应用，国家编制了相应的图集和技术标准。

二、砌筑工程施工主要技术介绍

近年来涌现出诸多的新型建筑材料和与之相应的新型结构形式，从而在施工技术方面具有相应的重点和特点。

1. 传统砌体施工技术

砌体是由块材与砂浆组成，其主要施工技术仍为手工操作。砌筑方法有：瓦刀披灰法（满刀法，带刀灰法）、"三一"砌筑法、"二三八一"砌筑法、铺浆法、坐浆法等。

2. 墙体薄层砂浆砌筑技术

目前，砌体结构施工中出现了采用蒸压加气混凝土砌块或烧结保温隔热砌块（砖），与其配套使用的专用砂浆进行薄层砂浆砌筑的施工技术。薄层砂浆砌筑是采用一种预拌高性能粘结砂浆砌筑块材，对块材外形尺寸要求高，允许误差不超过 ± 1mm，在砌筑前和砌筑时无需浇水湿润，灰缝厚度和宽度为 2～4mm。

3. 配筋砌体施工技术

配筋砌体是由配置钢筋的砌体作为主要受力构件的砌体。其构造柱、芯柱混凝土浇筑及墙体内钢筋布设为施工重点和难点。在小砌块施工前绘制排块图，确保搭砌合理，孔洞上下贯通，施工中宜采用专用砌筑砂浆和专用灌孔混凝土，铺灰器铺灰，小型振动棒振捣芯柱混凝土，可提高工效，降低劳动强度，保证施工质量。

4. 墙体裂缝控制技术

砌体墙体裂缝是砌体结构的一种质量通病，一般以温度、收缩、变形或地基不均匀沉降等引起的非受力裂缝较为常见。为了有效控制砌体墙体裂缝，除设计要求采取相应的技术措施外，在施工中对材料和工艺都有具体要求：

材料要求：块材及砂浆强度、非烧结砖（砌块）的生产龄期、推广采用预拌砂浆或与其配套的专用砂浆砌筑等。

工艺要求：砌筑前应根据块材规格进行预排，对有浇（喷）水湿润要求的块材按规定进行湿润；确定砌筑方式、日砌筑高度、施工工序；规范操作，控制质量等。

5. 既有建筑加固技术

随着砌体结构理论研究的不断进步和完善，砌体结构的房屋加固改造技术也日趋成熟。其常用加固技术有：钢丝网片-聚合物砂浆加固、钢筋网片-混凝土面层加固、纤维复合材料加固、外包型钢加固、外加预应力撑杆加固、增设扶壁柱加固等。

6. 外墙自保温砌体施工技术

外墙自保温砌体包括砖（砌块）自保温结构体系及夹心复合墙保温结构体系两类。

砖（砌块）自保温结构体系是指以蒸压加气混凝土砌块、自保温混凝土复合砌块、泡沫混凝土砌块、陶粒增强加气混凝土砌块、硅藻土保温砖（砌块）和烧结自保温砖（砌块）等块材砌筑的墙体自保温体系。块材的种类及墙体厚度应符合墙体节能要求。

夹心复合墙保温结构体系是指在承重内叶墙与围护外叶墙之间的预留连续空腔内，粘贴板类或填充絮状散粒保温隔热材料，并采用防锈金属拉结件将内、外叶墙进行连接的结构体系。适用于严寒及寒冷地区地震设防烈度 8 度及以下建筑。

7. 墙施工技术

7.1　与主体连接技术

填充墙与主体结构之间的连接构造将影响主体结构的受力及填充墙的受力状态，连接构造如不合理，将产生不良后果，甚至引起结构破坏。填充墙与框架的连接，可根据现行设计规范要求采用相应的连接方法。

7.2　后置拉结筋施工技术

填充墙的拉结筋采用后置化学植筋，可显著提高施工效率，但是由于化学植筋的施工技术不规范，往往存在后置拉结筋锚固不牢固或位置偏差较大的问题。

为确保植筋质量，工序中应重视的关键环节为：钻孔应保证孔深满足设计要求（参考

表9-1）；清孔应保证彻底清除孔壁粉尘；注胶应由孔内向外进行，并排出孔中空气，确保注胶量在植入钢筋后有少许胶液溢出为度；植筋应在注胶后，立即按单一方向边转边插，直至达到规定深度。当使用 单组分无机植筋胶时，待钻孔、清孔后，将搅拌好的植筋胶捻成与孔大小相同的棒状后放入植筋孔内（是孔深的2/3）插入钢筋后稍转动一下即可。

植筋深度及孔径 　　　　　表 9-1

钢筋直径(mm)	钻孔直径(mm)	钻孔深度(mm)
6.5	8	≥90
8	10	≥120

填充墙与承重墙、柱、梁的锚固钢筋拉拔试验的轴向受拉非破坏承载力检验值应为6.0kN。抽检钢筋在检验值作用下应基材无裂缝、钢筋无滑移宏观裂损现象，持荷2min期间荷载值降低不大于5%。

8. 砌体现场检测技术

随着砌体结构现场检测技术的不断发展和完善，为客观准确评定砌体抗压强度或砌体砂浆强度提供了有效手段，其中按照不同的检测内容，检测方法主要分为：（1）检测砌体抗压强度：原位轴压法、扁顶法、切制抗压试件法；（2）检测砌体抗剪强度：原位单剪法、原位单砖双剪法、钻芯法；（3）检测砌筑砂浆抗压强度：贯入法、推出法、筒压法、砂浆片剪切法、回弹法、点荷法、砂浆片局压法、钻芯法。

不同的检测方法具有其相应的特点、用途及适用性，因此在具体工程检测时，应根据检测目的及测试对象，选择合适的检测方法。

三、砌筑工程施工技术最新进展（1～3 年）

1. 渣土砖（砌块）在砌体工程中的应用

渣土砖（砌块）是使用新建、改建、扩建和拆除各类建筑物、构筑物、管网等产生的弃土、弃料及其他废弃物所生产的砖（砌块）。随着城市化进程的不断提速，基础设施建筑更替速度也不断加快，渣土堆起来是垃圾，利用起来就成为资源，由于绿色及环保的要求，在国家及地方大力推广下，渣土砖（砌块）应运而生，并在全国多个地区得到广泛应用。

2. 预拌砂浆推广应用

目前在我国砌体工程的施工中，砂浆仍以现场拌制为主，但随着科学发展观和节能减排基本方针的贯彻落实，2009 年 7 月商务部、住房城乡建设部发布的《关于进一步做好城市禁止现场搅拌砂浆工作的通知》（商商贸发〔2009〕361 号）及随后一系列政策法规的出台，国外先进理念和先进技术的引进，以及各级政府、生产企业、用户的积极努力，预拌砂浆以具有质量稳定、品种多、施工效率高、现场劳动强度低和利于环境保护等优点在近年来取得快速发展。2014 年我国预拌砂浆产量同比增长率超过30%，总产能达 3 亿 t，其中产能不低于 20 万 t 的普通砂浆生产线达到830 条，产能不低于 2 万 t 的特种砂浆生产线不低于 70 条，但预拌砂浆的发展仍有较大空间，虽然产能成倍增加，但与发达国家仍有较大差距。特种砂浆也同样保持增长趋势。

3. 装饰多孔砖（砌块）在夹心复合墙中的应用

烧结装饰多孔砖是以页岩、煤矸石或粉煤灰等为主要原料，经焙烧后，孔洞率不小于 25％且具有装饰外表的砖；非烧结装饰空心砌块是以骨料和水泥为主要原料，经混料、成型等工序而制成的，空心率不小于 35％且具有装饰外表的砌块。

4. 烧结保温隔热（砖）砌块

烧结保温隔热（砖）砌块是以黏土、页岩或煤矸石、粉煤灰、淤泥等固体废弃物为主要原料制成（图 9-4），或加入成孔材料的实心或多孔薄壁经焙烧而成的砖（砌块），主要用于有保温隔热要求的建筑围护结构。

同非烧结块材相比，烧结砖（砌块）具有耐久性高、透气性好、收缩率低、墙体不易开裂等特点。同传统外墙保温相比，烧结保温砖和保温砌块可作为墙体自保温材料，具有不易老化、耐久性和耐候性较好等特点。同时保温体系与承重体系自成一体，保证了建筑物主体构件与保温构件的同寿命，无需额外投资就可以满足节能标准的要求。

5. 高延性混凝土（砂浆）加固砌体结构技术

2008 年汶川大地震后，西安建筑科技大学邓明科教授团队历经多年的不懈努力，成功研发了高延性混凝土（砂浆）新材料。高延性混凝土（砂浆）是一种具有高韧性、高抗裂性和高耐损伤能力的新型结构材料。高延性砂浆加固砌体结构具有以下优点：显著提高结构的整体性、改善砌体结构的脆性破坏模式；显著提高结构的抗震性能；施工速度快、方便，只需在墙面抹 15mm 厚面层即达加固效果；经济效益好。

2014 年在西安建筑科技大学与西安五和土木工程新材料有限公司进行校企合作，开展高延性混凝土及其相关技术的推广应用。多年来，该技术已成功应用于国内 20 多个省（市、自治区）的数百栋中小学校舍加固、危旧房屋改造和文物保护与修缮。

6. 装配式砌体建筑技术

装配式配筋砌块砌体剪力墙结构不但克服了传统现场砌筑配筋砌块砌体剪力墙结构的上述技术和管理难题，而且获得了诸多的技术和组织管理优势，主要表现在：（1）彻底解决了装配式建筑钢筋连接受限的技术难题，实现了无障碍连接和各种连接方法的通用；（2）破解了芯柱浇筑混凝土孔洞因砂浆和钢筋堵塞不畅带来的浇筑质量难题；（3）实现了砌筑作业由传统的串联作业改为并联作业，节省了工期；（4）破解了预制三维多形状构件的难题，实现安装和堆放的自稳定；（5）破解了装配式建筑的运输难题和吊装难题。

目前，装配式配筋砌块砌体剪力墙结构已从单层向多层房屋发展。2014 年哈尔滨工业大学在试验研究基础上建成了一幢装配式单层民居砌块建筑，2015 年又成功建造了一幢三层装配式配筋砌块民居建筑。装配式墙体构件断面可制作成"Z"形（图 9-1）。另外，装配式砌块砌体围墙也成功进行了工程试点。

2017 年正在建造的多层装配式配筋砌块砌体剪力墙结构——哈尔滨市铁路火车站运

图 9-1 预制装配式配筋砌块建筑施工中

转车间工程（图 9-2）。该项目也进一步完善了专用的预制装配式叠合楼板和预制装配式夹心外叶墙成套技术的应用。

图 9-2 施工中的哈尔滨市铁路火车站运转车间工程

7. 太极金圆砌块建筑技术

太极金圆砌块是一种榫卯型装配式新型再生砌块，用于砌筑房屋建筑的承重墙体和填充墙体，它采用金属尾矿、荒沙、建筑废渣等作为主要原材料，可以实现 70%～85% 的大比例废渣消纳。其砌块块体薄壁内空，孔洞率约为 33%，呈双正方体阴阳状（图 9-3）。太极金圆砌块有多种规格，通用规格（长×宽×高）为 480mm×240mm×120mm、

图 9-3 太极金圆砌块顶部与底部图

240mm×240mm×120mm 等。

由于太极金圆砌块的强度、质量和化学成分都达到或优于国家相关标准，而且有利于节约资源，保护环境，近两年已在贵州、四川等地的工程中得到应用。为了得到更好推广和应用，目前有关单位也正在制订协会标准《榫卯型装配式砌块建筑结构技术规程》、国家标准图集《太极金圆混凝土空心砌块建筑构造》。

8. QX 高性能混凝土复合自保温砌块及生产应用

QX 高性能混凝土复合自保温砌块（以下简称自保温砌块）（图 9-4）及生产线（图 9-5），是住房城乡建设部和山东省住房城乡建设厅《建筑节能与结构一体化应用体系》重点推广项目。该项目系新型墙体材料装备龙头企业——山东七星实业有限公司于 2010 年研发成功并推广应用，取得了良好的社会效应和经济效益。

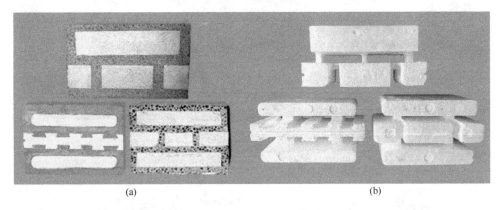

(a)   (b)

图 9-4 自保温砌块（主规格：390mm×240mm～290mm×190mm）

（a）整体保温芯；（b）自保温砌块横截面

(a)   (b)

图 9-5 自保温砌块生产线主要设备

（a）砌块成型机械；（b）整体抽提钢侧模机械

自保温砌块生产线采用全自动闭环式设备，生产工艺为：模箱中定位整体保温芯→浇筑混凝土→静置预养→整体抽侧模→太阳能养护→堆放砌块→清理钢底模。

自保温砌块外观设计采用双排或多排"断桥"结构设计，可有效减小墙体的热量损失，满足建筑节能75％以上的建筑节能要求，实现了建筑节能与结构一体化。

采用自保温砌块的保温体系具有以下特点：

（1）墙体采用专用粘结砂浆薄缝砌筑，砌块沿厚度方向不形成"热桥"，240mm厚墙体热阻≥2.1（m²·K）/W，根据里面填充节能材料不同，可以满足节能75％～80％的标准要求。

（2）自重轻、强度高。密度≤600～800kg/m³，抗压强度可达8～15MPa。

（3）吸水率小、收缩低。砌块的含水率为2.1％，吸水率为7.8％，干燥收缩率为0.2mm/m，可有效避免墙体空鼓、开裂、渗水等砌块墙体质量通病问题。

（4）良好的耐冻融性能。砌块采用高性能混凝土作为砌块壳体材料，经35次冻融循环后质量损失为2.1％，强度损失为10％，极大地优于常见的加气混凝土砌块和轻骨料混凝土保温砌块。

（5）防火性能优良，无火灾隐患。

（6）施工工艺简单，无需做辅助保温处理，易于推广应用。

（7）外墙保温与建筑物使用寿命相同，避免了外墙外保温工程因使用寿命短所产生的维修维护难题和费用。

（8）外墙不需要做其他保温处理，减少了工序，提高了施工效率，降低了工程造价。

2011年以来，该成果已在山东省、河北省、江苏省、辽宁省、内蒙古自治区、陕西省、山西省、安徽省等十几个省市建立工厂，并在当地多项工程中推广应用（图9-6、图9-7）。其优良的产品

图9-6　潍坊海泰绿洲工程

图9-7　淄矿中心医院扩建工程

性能有效保证了工程质量，实现了保温与建筑主体同步施工、同步验收，最大程度降低火宅隐患，简化了施工工序，降低整体工程综合造价成本，得到各地使用单位的广泛认可和赞誉。

9. 墙面修补膏修补裂缝

砌体结构裂缝产生的主要原因有：（1）由外荷载（如静、动荷载）的直接应力，即按常规计算的主要应力引起的裂缝。（2）结构由温度、收缩和膨胀、不均匀沉降等变形引起的裂缝。根据国内外的调查资料及学者们分析认为，工程实践中结构物的裂缝原因，属于由变形（温度、收缩、不均匀沉陷）引起的约占80％，属于由荷载引起的约占20％。其中，在80％的裂缝中包括变形和荷载共同作用，但以变形引起的裂缝为主；在20％的裂缝中也包括变形与荷载共同作用，但以荷载引起的裂缝为主。

砌体结构中的裂缝的危害分为：影响结构安全的裂缝，降低建筑功能的裂缝；缩短建筑物使用年限的裂缝及无明显影响，仅影响一般外观的裂缝。其中，影响结构安全的裂缝必须在新建房屋交工使用前经返修或加固处理后，进行二次验收。

关于墙体表面裂缝的修补，可采用我国近年来研发推广的一种新型建筑材料—墙面修补膏，它是一种经过特殊处理的腻子，能对墙面上的一些缺陷，如裂缝、局部凹陷、掉皮、钉眼和涂鸦进行有效处理，使墙面呈现平整和清洁的状态。产品为纯色（常为白色），无甲醛、无腐蚀性，具有防水作用。使用方法为三步操作：挤一挤，挤压出墙面修补膏至需要修补的区域；刮一刮，将墙面修补膏批刮平整待干固（干固时间为2～3h）；磨一磨，墙面修补膏干固后，使用砂纸轻轻打磨平整。

10. 砌筑墙体无架眼施工工艺

工艺做法：先在脚手架钢管横杆端头焊一"T"形扁铁，砌筑高度至搭设点，搭设点要选在竖向灰缝与水平缝交叉处；支脚手架时，横杆端头"T"形扁铁，平担在墙上即可，在扁铁放置处可不放砂浆，以便拆装方便。

11. 免抹灰施工工艺

采用高品质砂加气混凝土砌块等砌筑墙体时，采用干法薄层砂浆等清水墙施工工艺，保证墙体的表面平整度与垂直度，墙体砌筑完成后可以免去砂浆找平工序，直接进行薄腻子批嵌找平施工技术。

四、砌筑工程施工技术前沿研究

1. 绿色建筑材料

绿色建材是指采用清洁生产技术、少用天然资源和能源、大量使用工业或城市固态废物生产的无毒害、无污染、无放射性、有利于环境保护和人体健康的建筑材料。

1.1　再生粗、细骨料推广应用

经过对建筑垃圾破碎筛分的细骨料试验表明，再生砂具有比天然砂更好的级配，完全能够满足砌筑及抹灰砂浆的需要；废砖渣再生细骨料虽然吸水率偏大，但级配可调，其微粉含有活性成分，还有微骨料效应，配制砂浆强度可达 M15，保水性及和易性好。配制的砌筑砂浆与普通砂浆相比，水泥用量低且可达到相同强度。

近年来，也出现了利用建筑垃圾破碎筛分的粗骨料生产再生砖（砌块），也收到良好的社会效益和经济效益。

1.2 因地制宜发展具有地域特色的墙体块材

我国地域广阔，因地制宜发展具有地域特色的墙体块材有很好的条件。例如，东北、东部及沿海地区宜发展以混凝土，工业废料为主的块材；江河流经地区可利用江（河）、湖淤泥生产块材；页岩资源丰富的地区应大力发展页岩烧结砖（砌块）；黏土资源丰富的西北地区，在不破坏耕地的前提下，可按照《关于进一步堆进墙体材料革新和推广节能建筑的通知》（国发办〔2005〕33 号）的要求推广发展黏土空心制品，限制生产和使用实心黏土砖。

1.3 石膏空心砌块

石膏砌块是以建筑石膏为主要原料，经加水搅拌、浇筑成型和干燥而制成的块状轻质建筑石膏制品（图 9-8）。在生产中还可以加入各种轻骨料、填充料、纤维增强材料、发泡剂等辅助材料。有时也可用高强石膏代替建筑石膏。实质上是一种石膏复合材料。常见的产品规格为 666mm×500mm×100mm，666mm×500mm×120mm，666mm×300mm×200mm 等。

图 9-8 石膏空心砌块

石膏砌块主要用于框架结构和其他结构建筑的非承重墙体，一般作为内隔墙用。若采用合适的固定及支撑结构，墙体还可以承受较重的荷载（如挂吊柜、热水器、厕所用具等）。掺入特殊添加剂的防潮砌块，可用于浴室、厕所等空气湿度较大的场合。

1.4 植物纤维砌块

主要包含稻壳砖、稻壳绝热耐火砖、秸秆轻质保温砌块等。这类植物纤维绿色砌体材料一般为植物纤维与水泥、耐火黏土、树脂、改性异氰酸酯胶为胶粘剂等材料混合，经搅拌、加压成型、脱模养护后制成的砌块材料。国内外利用稻壳等植物纤维生产绿色砌体材料，已经取得了一系列研究成果。该类材料具有防火、防水、隔热保温、重量轻、不易碎裂等优点。可用于房屋的内、外墙等部位。

2. 建筑墙体节能技术

对一个建筑而言，能量对外界的传热交换包括房顶、地面、门窗与外墙。对外墙的节能性能一直是建筑节能的重要组成部分。

2.1 夹心复合墙砌体建筑推广应用

夹心复合墙体是严寒和寒冷地区考虑墙体节能要求出现的一种新型结构体系，其保温节能效果显著，且墙体能够达到结构预期寿命是墙体节能的一种主要发展方向。

夹心复合墙建筑，除用于承重砌体结构建筑外，还可用于混凝土结构的外填充墙，如山东省泰安市泰川石膏股份公司的办公楼（七层框架结构），沈阳市五里河大厦（高层建筑）等。

2.2　自保温砌块砌体建筑推广应用

自保温砌块包括复合自保温砌块和烧结空心自保温砌块。其中，复合自保温砌块是由混凝土外壳和其内部填塞的保温材料组成，或在烧结空心砌块孔洞内填塞保温材料组成；烧结空心自保温砌块则依靠自身单一材料及众多小孔洞实现墙体保温隔热功能。

2.3　保温复合墙体

保温复合墙体包括外保温复合墙体和内保温复合墙体。

外保温复合墙体是在主体结构的外侧贴保温层，再做饰面层，它能发挥材料固有特性。承重结构可采用强度高的材料，墙体的厚度可以减薄，从而增加了建筑的使用面积，通过对外保温复合墙体节能建筑的综合造价经济分析可知，其经济效益明显。

内保温复合墙体由主体结构与保温结构两部分组成。内保温复合墙体的主体结构一般为空心砖、砌块和混凝土墙体等。保温结构是由保温板或块和空气间层组成。保温结构中空气间层的作用，一是防止保温材料吸湿受潮失效，二是提高外墙的热阻。

3. 工业化建筑施工技术

砌体建筑工程工业化的基本内容主要包括：采用先进、适用的技术、工艺和装备，科学合理地组织施工，发展施工专业化，提高机械化水平，减少繁重、复杂的手工劳动和湿作业等。

3.1　高层砌体结构推广应用

在我国，砌体结构虽然有着悠久的历史，但由于高层配筋砌块砌体剪力墙结构的抗震性能试验、理论研究及施工技术等方面有待进一步的研究与完善，我国现行砌体结构设计规范对配筋砌块砌体剪力墙结构的建筑高度限制较为严格，与钢筋混凝土剪力墙结构规定的高度相差甚远，这也成为制约砌体结构发展的主要瓶颈。随着高层砌体结构理论研究的不断完善和技术的不断创新，砌体结构的发展必将迎来良好的前景。

3.2　装饰砖（砌块）外墙砌体建筑推广应用

近年来，国内已出现具有装饰效果的清水砖（砌块）。当砌筑夹心复合墙时，外叶墙采用装饰砖（砌块）（图9-9）。这种块材的使用有以下优势：消除火灾隐患；保温与建筑

图9-9　不同颜色装饰砖搭配砌筑出的墙面

物同寿命；提高施工效率，减少现场湿作业；绿色环保；外墙古朴典雅，且不需要再进行装修，节省维修费用。

3.3 薄层砂浆砌筑技术推广应用

薄层砂浆砌筑技术，因其具有粘结性能好，减少墙体热桥效益，节省砂浆用量，现场湿作业少，施工速度快，节能环保等优点，是今后墙体块材砌筑技术的发展方向。

3.4 干混砂浆现场储存搅拌一体化技术推广应用

干混砂浆运至施工现场后，按照不同种类或专业队伍分别储存在不同储存罐内，利用电子计量专用搅拌机进行现场加水量控制稠度，按需搅拌，节省用量，减少浪费，减少粉尘污染。

3.5 预应力砌体的进一步研究与进行工程试点

预应力砌体是指在混凝土柱（带）中或者在空心砌块的芯柱中配置预应力钢筋，通过施加预应力增强对砌体的约束作用，延缓砌体开裂，提高砌体的抗裂荷载和极限荷载，增强砌体的抗震性能。

3.6 推广应用空心砌块砂浆铺灰器

混凝土空心砌块铺灰器（图 9-10）与标准混凝土空心砌块的几何尺寸相匹配（390mm×190mm）。砌筑时将铺灰器定位卡靠在砌块的外壁上，外边框与空心砌块外边缘相对应，内边框与空心孔洞相对应，操作者一手持手柄，另一只手用灰刀将砂浆摊在铺灰器上并刮平，随即将铺灰器抬起，即可进行摆砌。使用铺灰器可将砂浆均匀饱满地摊铺在空心砌块的壁、肋上，有效地控制砂浆分布形态，保证砌筑质量的同时可节省砂浆30％～50％。

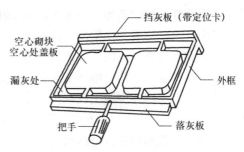

图 9-10 混凝土空心砌块铺灰器

3.7 推广应用砂浆摊铺机

目前，我国在砌体施工中均采用手工摊铺砂浆的操作方法，其缺点是工效差、铺灰不匀和工人劳动强度大。如使用铺浆机，将使砂浆摊铺速度快（工作效率提高20％～60％）、厚度均匀、操作方便，且降低工人的劳动强度。砌筑铺浆机在国外已有使用（图 9-11）。铺浆机由储浆斗、转向轮、平滑轮、搅拌轴叶、浆口闸板、铺浆槽板组成，通过调节出浆口闸板和调节铺浆尺度板，即可达到制出浆数量和铺浆厚度。

图 9-11 砌筑铺浆机

3.8 推进预制混凝土内墙板施工技术应用

目前，在我国砌体建筑中，无论是承重的或是非承重的内墙，基本上都是采用块材砌筑的砌体，这不利于建筑工业化施工。近年来我国大力提倡发展节能省地环保型住宅，在这个背景下预制装配式建筑再次受到了人们的关注。未来，由于预制混凝土内墙板可以装配施工，减少砌筑砂浆使用和内墙抹灰，将是一种绿色环保、工业建造的砌体替代材料。

4. 强化框架结构填充墙传力和变形的规定

《砌体结构设计规范》GB 50003—2011 第 6.2.3 条虽然规定："填充墙、隔墙应分别采取措施，与周边主体结构构件可靠连接，连接构造和嵌缝材料应能满足传力、变形、耐久和防护要求。"但工程中很少按规范执行，从而影响了砌体结构的安全性、耐久性。

目前工程中的填充墙与主体结构柱、墙的连接大为刚性连接构造，没有执行《砌体结构设计规范》GB 50003—2011 第 6.3.4 条"填充墙端部应设置构造柱"与"填充墙端部构造柱距框架柱之间应留出不小于 20mm 的间隙"的规定。也没按《建筑抗震设计规范》GB 50011—2010 第 3.7.4 条"框架结构的填充墙，应考虑其设置对结构抗震的不利影响，避免不合理设置而导致主体结构的破坏"及墙与主体结构为柔性连接的规定。一般的做法是在采用刚性连接的基础上采用预埋钢筋法或化学植筋法，其最大的弊端是柱间填充墙参与了工作，可局部改变框架结构的刚度分布，由于填充墙在框架中起斜压杆的作用，会改变柱子的变形状态，将使柱子遭到破坏。如刚性连接的柱间窗间墙会使柱子形成短柱，导致柱受剪损坏或填充墙的破坏引起的构件倒塌等。

基于以上原因，中国工程建设标准化协会砌体结构委员会秘书长，现行国家标准《砌体结构设计规范》GB 50003 主编单位中国建筑东北设计研究院有限公司高连玉等专家发表论文建议规范给出更合理的构造规定，以保证填充墙既可以实现墙端按规范设置构造柱并与主体的柔性连接，又能使墙体竖向变形不被约束，降低墙体开裂风险，同对还要确保墙内通长拉结钢筋通长布设，做到地震时墙体不发生平面外倒塌。具体建议如下：

（1）在填充墙两端设置构造柱；

（2）预先在紧贴混凝土柱（墙）面沿竖向铺设 100mm 宽 20mm 厚的弹性材料（岩棉毡等）；

（3）将填充墙内的拉结钢筋伸入构造柱内，钢筋锚固长度应满足相关标准规定；

（4）浇筑构造柱混凝土并保证振捣密实；

（5）利用专用锚固设备，在填充墙的两侧沿竖向约 500mm 的间距将限位角钢铁件锚在框架柱或剪力墙上，使其成为限制填充墙平面外位移、防止墙体倒塌的措施。最后用薄层腻子将铁件进行密封至与填墙一个水平面；

（6）墙顶面与框架梁之间留出不小于 15mm 的缝隙，用硅酮胶或其他弹性密封材料封缝。水平方向设置限位角钢（图 9-12）。

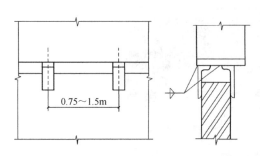

图 9-12　填充墙顶部限位角钢设置示意

5. 多层砖砌体建筑预应力抗震加固新技术

砌体结构应用预应力技术后成为预应力砌体，施加的预应力钢筋可增加对砌体的约束作用，延缓砌体的开裂，提高其抗裂荷载和极限荷载，增强砌体的抗震性能。

近年来，北京市建筑工程研究院有限责任公司刘航等研究者提出了一种适合多层砖砌体房屋的抗震加固新技术，即采用竖向无粘结预应力筋对砌体墙体进行加固，从而改善了墙体的抗震性能，房屋的抗震能力显著提高。研究工作完成了 17 片墙体构件的拟静力试验研究和一栋 2 层足尺房屋模型的拟动力试验研究。足尺房屋模型的拟动力试验表明，加固前不满足 8 度抗震设防的房屋，在采用无粘结预应力筋加固后，在 9 度罕遇地震的作用下基本保持弹性，其抗震能力得到大幅度提高。

该技术成果在北京市怀柔区某多层办公建筑的实际应用情况表明，其具有施工工艺简单、工期短、成本低等优势。

五、砌筑工程施工技术指标记录

1. 块体材料

1.1　烧结多孔砖（砌块）的孔洞率和最高强度等级

我国发布了新国家标准《烧结多孔砖和多孔砌块》GB 13544—2011 替代《烧结多孔砖》GB 13544—2000，该标准增加了淤泥及其他固体废料作为制砖（砌块）原料的规定；改变砖的圆形孔和其他孔形，规定采用矩形孔或矩形条孔；将承重砖的最小孔洞率提高为 28%、将承重砌块的孔洞率规定为不小于 33%。近年来，国内已有多家生产企业引进国外最先进的真空硬塑挤压技术生产抗压强度达 60MPa 以上的烧结砖。

1.2　烧结空心砌块的最大孔洞率、体积密度、抗压强度和导热系数

我国在消化吸收国外技术的基础上，生产出主规格尺寸 3650mm×248mm×248mm、孔洞率 52.7%、体积密度 860kg/m³、抗压强度 ≥10MPa、导热系数 0.12W/(m·K) 的烧结保温空心砌块。

2. 砌筑砂浆的最高强度等级

目前，砌筑砂浆设计和应用的最高强度等级为 M30（预拌砂浆）。

3. 专用砌筑砂浆

蒸压硅酸盐砖专用砂浆砌筑的砌体试件沿灰缝抗剪强度平均值高出相同等级的普通砂浆砌筑的蒸压硅酸盐砖砌体试件 30%；混凝土小型空心砌块及蒸压加气混凝土砌块专用砌筑砂浆的工作性能应能保证竖缝面挂灰率大于 95%；蒸压加气混凝土专用砂浆砌筑的砌体试件沿灰缝抗剪强度平均值高出相同等级的普通砂浆砌筑的砌体试件 20%。

4. 最高砌体建筑

位于哈尔滨市的国家工程研究中心基地工程项目，属于办公建筑，地上 28 层、地下

1 层，总高度 98.80m（檐口高度），是目前世界上和我国已建造的最高配筋砌块结构砌体建筑。

六、砌筑工程施工技术典型工程案例

1. 承重蒸压、加气混凝土砌块建筑工程——南通市启秀花园 3 号楼

南通市启秀花园 3 号楼系 A7.5 B07 蒸压加气混凝土砌块节能试点示范工程，其实际的结构层数为 8 层，即底层自行车车库，6 个标准层和一层阁楼，建筑物总高度 21.8m，平面尺寸为 42m×12.3m，建筑面积 3696 m²。该项目内外墙均采用 A7.5 B07 蒸压加气混凝土砌块，基本砌块尺寸为 600mm×240mm×300mm，所有±0.000 以上部分的现浇混凝土梁、板、柱均采用陶粒混凝土。

该项目由南通市中置业有限公司开发建设，南通市建筑设计研究院有限公司设计，南通市宏华建筑安装工程公司施工，南通城信工程建设监理有限公司监理。该工程于 2001 年 7 月 3 日开工，2001 年 10 月 10 日主体结构验收，2002 年 2 月 4 日竣工。2002 年 7 月 23 日～2002 年 8 月 1 日完成夏季节能测试，2003 年 1 月 1 日～2003 年 1 月 9 日完成冬季节能测试。

通过工程试点得出以下结论：

（1）A7.5 B07 蒸压加气混凝土砌块的研制与开发，为加气混凝土砌块用于承重结构奠定了基础，只要结构布置合理、构造措施得当，A7.5 B07 蒸压加气混凝土砌块能满足多层砌体住宅承载力要求。

（2）蒸压加气混凝土砌块与传统烧结普通砖相比，能较大幅度地减轻结构自重，提高建筑物抗震性能。

2. 装配式砌体建筑建造技术——哈尔滨东站转运车间工程

哈尔滨东站转运车间，建筑面积 660m²，地上二层，采用装配式配筋砌块砌体结构技术建设，承重墙全部吊装，大大缩短了工期，满足了哈尔滨东站改造限期投入使用的要求，见图 9-13。

图 9-13 装配式砌体承重墙吊装

　　2016年竣工完成的哈尔滨东站转运车间工程中，与钢筋混凝土剪力墙结构体系相比，共节省成本4.8％，节省大量混凝土、模板和人工，提高施工速度20％，取得显著的直接和间接经济效益，同时减小了施工对周边环境的影响。

参考文献

[1]　戴应新. 陕西神木县石峁龙山文化遗址调查[J]. 考古，1977(3).

[2]　周丽红，王竹茹. 夹心保温复合墙体研究与探讨.

[3]　苑振芳，苑磊. 与框架柱脱开的砌体填充墙设计应用探讨[J]. 建筑结构，2010(5).

[4]　张金龙. 预拌砂浆在工程中的推广和应用[J]. 中国产业，2011(4).

[5]　中华人民共和国行业标准. 装饰多孔砖夹心复合墙技术规程 JGJ/T 274—2012[S]. 北京：中国建筑工业出版社，2012.

[6]　中华人民共和国国家标准. 烧结保温砖和保温砌块 GB 26538—2011[S]. 北京：中国标准出版社，2012.

[7]　王贯明，陈家珑，崔宁，等，建筑垃圾资源化关键技术与应用研究[J]. 建设科技，2012(1)：59.

[8]　湛轩业. 西欧烧结外墙保温隔热砌块的发展与应用(上)[J]. 墙材革新与建筑节能，2009(3)：32-36.

[9]　高俊果. 装配式配筋砌块砌体结构施工工艺与安装方法研究[D]. 哈尔滨：哈尔滨工业大学，2014.

[10]　王凤来，朱飞，刘伟. 哈尔滨28层配筋砌块砌体结构高层建筑的工程实践[J]. 混凝土砌块(砖)生产与应用，2014(1)：7-10.

第十篇 预应力工程施工技术

中国建筑科学研究院有限公司   冯大斌   徐福泉   董建伟

北京银泰建构预应力技术股份有限公司   许曙东   徐小龙   高   顺   杨永森

江西省交通工程集团建设有限公司   彭爱红   吴   飞   谭志成

摘要

    本章介绍了预应力施工技术的历史、现状及最新发展情况，对预应力混凝土结构先张法、后张无粘结、后张有粘结、后张缓粘结和预应力钢结构拉索法、支座位移法、弹性变形法等的主要技术施工特点进行了讲解，并介绍了预应力桥梁和特种预应力结构（SOG预应力整体地坪）的施工特点，最后对国内目前一些比较有代表性高层预应力无梁楼盖、大跨度双向单层正交索网体系、预应力拱肋桥梁、SOG预应力整体地坪等项目做了介绍。

Abstract

    This chapter introduces the history, current situation and latest development of pre-stressed construction technology, and explains the main technical construction characteristics of pre-stressed concrete structure (pretensioned system, unbonded post-tensioning system, bonded post-tensioning system, retard-bonded tensioning system) and pre-stressed steel structure. The construction characteristics of pre-stressed bridge and special pre-stressed structure (post-tensioned slabs-on-gorund) are introduced. Finally, some of the more representative project, such as high-rise pre-stressed slab-cloumn building, large-span two-way single-layer orthodontic cable system, pre-stressed arch rib bridges, post-tensioned slabs-on-gorund are introduced.

一、预应力工程施工技术概述

1. 预应力混凝土结构

1.1 国内外发展简史

1.1.1 国外发展简史

1928 年以前，预应力混凝土技术基本上处于探索阶段。预应力混凝土的发展应归功于法国工程师弗莱西奈（Freyssinet）。1928 年弗莱西奈第一次将预应力技术应用到实际工程中。弗莱西奈指出，预应力混凝土必须采用高强钢筋和高强混凝土。这一结论是预应力混凝土在理论上的关键性突破。预应力混凝土结构在世界范围内得到蓬勃发展和广泛应用始于第二次世界大战后的 1945 年，预应力混凝土结构大量代替钢结构以修复被战争破坏的结构，其应用范围几乎包括了土木工程的所有领域。1950 年成立的国际预应力混凝土协会（FIP）更是促进了世界各国预应力混凝土技术的发展，这是预应力混凝土技术进入推广和发展阶段的重要标志。

1.1.2 国内发展简史

预应力混凝土技术在我国应用和发展的时间相对较短，1956 年以前基本处于学习试制阶段，1957 年开始逐步推广应用。直到 1994 年，预应力混凝土技术被国家建设部选取为建筑业重点推广应用的 10 项新技术之一。从此，预应力混凝土技术在我国进入了快速发展阶段，时至今日，预应力混凝土技术已经广泛应用于土木工程中。

1.2 发展现状

预应力混凝土技术在我国发展至今已经相当成熟，形成了包含设计、施工、材料等多个方面的技术规程，如《混凝土结构设计规范》GB 50010—2010（2015 版）、《无粘结预应力混凝土结构技术规程》JGJ 92—2016、《缓粘结预应力混凝土结构技术规程》JGJ 387—2017、《预应力混凝土结构抗震设计标准》JGJ/T 140—2019 等。

在房屋建筑中，上部结构以现浇预应力混凝土为主，形成大跨、重载、超长结构，基础底板、地下室外墙、抗浮桩等部分使用预应力技术；预制预应力混凝土管桩在软土地区大量使用，预制预应力混凝土叠合板也重新得到推广应用。

2. 预应力钢结构

2.1 概念

在钢结构体系中引入预应力以抵消原荷载应力，增强结构的刚度及稳定性，改善结构其他属性及利用预应力技术创建的新型钢结构体系，都可称之为预应力钢结构（prestressed steel structure，简称 PSS）。预应力钢结构的经济性与结构体系、布索方案及施工工艺、结构构造及节点等多种因素有关，正常情况下，采用单次张拉的预应力钢结构比非预应力钢结构可节约钢材 10%～20%；多次张拉时可达 20%～40%。

2.2 发展趋势

预应力钢结构（PSS）学科诞生于第二次世界大战后。直到 20 世纪末，在大量新材料、新技术、新理论的推动下，PSS 领域中产生了一批新型的张拉结构体系，他们受力合理、形式多样、造型新颖、节约材料、应用广泛，成为建筑领域中的最新成就。进入 21 世纪后，PSS 发展的特征是：出现了预应力技术与空间结构新体系结合而衍生出来的 PSSS（prestressed space steel structure），它具有优秀的力学特性和良好的技术经济指标。从悬索体系延伸出来的吊索体系大大扩展了"零刚度"杆件的应用范围，而人工合成膜及玻璃等新材料与预应力钢索新体系相结合又衍生出以预应力钢索承重结构为主的张力膜结构和拉索幕墙结构，极大地丰富了建筑造型和减轻了结构自重，与初期的 PSS 体系相比有了本质上的提高与突破。2002 年世界杯足球赛由日、韩两国各自兴建了 10 座足球场地，而看台挑篷结构采用 PSSS 体系就达 13 座。可以预见，PSSS 结构体系的发展前景广泛。

二、预应力工程施工主要技术介绍

1. 预应力混凝土结构

预应力混凝土结构根据张拉和浇筑混凝土的先后顺序可分为先张法和后张法。后张法根据工艺的特点，分为有粘结预应力技术、无粘结预应力技术、缓粘结预应力技术。

先张法预应力混凝土技术主要工作内容为：（1）制作张拉台座；（2）安装预应力筋；（3）张拉预应力筋；（4）浇筑混凝土及混凝土养护；（5）预应力筋放张。

后张法有粘结预应力混凝土技术主要工作内容：（1）预应力工程进行深化设计（包括深化设计说明、设计要求、预应力筋布置图、张拉节点做法）；（2）预应力筋孔道预留；（3）穿入预应力筋；（4）浇筑混凝土及孔道张拉端清理；（5）预应力筋张拉（多级张拉）；（6）孔道灌浆、端部封闭。

后张无粘结预应力混凝土技术主要工作内容：（1）预应力工程进行深化设计（包括深化设计说明、设计要求、预应力筋布置图、张拉节点做法）；（2）无粘结预应力筋制作下料；（3）预应力筋铺设；（4）浇筑混凝土；（5）预应力筋张拉及封堵。

后张缓粘结预应力混凝土技术主要工作内容：（1）预应力工程进行深化设计（包括深化设计说明、设计要求、预应力筋布置图、张拉节点做法）；（2）缓粘结预应力筋制作下料；（3）预应力筋铺设；（4）浇筑混凝土；（5）预应力筋张拉及封堵。与无粘结主要区别于材料制作方面，采用缓凝胶，最终预应力筋和混凝土粘结在一起。

2. 预应力钢结构

2.1　预应力钢结构的分类

（1）张弦结构体系

张弦结构体系是指预应力拉索通过撑杆形成中间支点以支撑上弦钢梁的结构体系，又可分为单向张弦、双向张弦、空间张弦结构体系，见图 10-1。

（2）弦支穹顶结构体系

弦支穹顶结构一般由上层刚性穹顶、下层悬索体系以及竖向撑杆组成。上层穹顶结构一般为单层焊接球网壳，可以采用肋环型、葵花型、凯威特型等多种布置形式。上弦钢结构也可是由辐射状布置的钢梁与环向连系梁组成的单层壳体，见图 10-2。

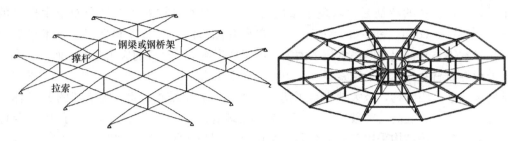

图 10-1　张弦结构体系

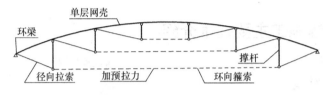

图 10-2　弦支穹顶结构体系

（3）索穹顶结构体系

索穹顶结构是由脊索、斜索、压杆、和环索构成的整体张拉结构体系，这种结构体系具有受力合理、自重轻、跨度大和结构形式美观、新颖的特点，见图 10-3。

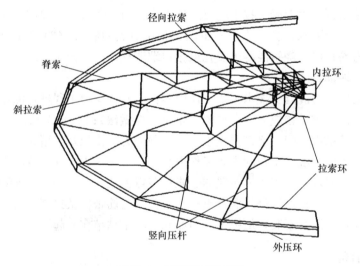

图 10-3　索穹顶结构体系

（4）悬索结构体系

悬索结构是以一系列受拉的索作为主要承重构件，索按一定规律组成各种不同形式的体系，并悬挂在相应的支承结构上的结构体系。悬索结构形式多样，常见的悬索结构分为：单层悬索体系、双层悬索体系、马鞍形索网体系。

（5）斜拉结构体系

斜拉结构体系一般由高出屋面的桅杆或塔柱、悬挂屋面以及由桅杆或塔柱顶部斜伸下来的拉索系统组成，见图 10-4。

图 10-4　斜拉结构体系

（6）其他类型

包括索膜结构、点支式幕墙结构、预应力桁架结构等。

2.2　施加预应力的主要方法

施加预应力的方法主要有拉索法、支座位移法、弹性变形法，其中应用最广泛的是拉索法。

（1）拉索法

拉索法即在钢结构的适当位置布置拉索，通过张拉拉索使钢结构内部产生预应力。拉索法的柔性拉索大多锚固于钢结构体系内的节点上，这种方法施工简便，施加的预应力明确。

（2）支座位移法

支座位移法是在超静定钢结构体系中通过人为手段强迫支座产生一定的位移，使钢结构体系产生预应力的方法。支座位移法的预应力钢结构在钢结构设计制作时预先考虑到强迫位移尺寸，在现场安装后强迫结构产生设计的位移，并与支座锚固就位，强迫位移使结构产生预应力，或强迫使支座产生高差，使之建立预应力效应。

（3）弹性变形法

弹性变形法是强制钢结构的构件在弹性变形状态下，将若干构件或板件连成整体，当卸除强制外力后就在钢结构内部产生了预应力。

3. 桥梁预应力结构

桥梁预应力结构普遍应用于我国交通工程建设领域，如铁路桥、高速路桥、跨海大桥等。

3.1　预应力混凝土桥梁

预制混凝土桥主要工艺：在预制梁场内制作预应力混凝土箱梁，总体施工工艺同有粘结预应力混凝土，张拉灌浆完成后达到设计强度值吊装。

3.2　拉索桥

大跨度斜拉桥主要工艺：同预应力钢结构斜拉索。

4. 特种工程（SOG 预应力整体地坪、风电塔基）

预应力整体地坪施工技术是近年来引入我国，通过分阶段对预应力筋的张拉，抵消混凝土本身的不良特性，使整块混凝土板早期不开裂，后期刚度大，整体不切缝的整体地坪。

总体施工工艺包括：地坪水稳层施工-沙滑层铺放-PE 膜铺放-预应力筋铺放-混凝土浇

筑-早期预应力筋张拉-预应力筋最终张拉-孔道灌浆、封闭张拉端。

三、预应力工程施工技术最新进展（1～3 年）

最近几年，预应力技术在国内蓬勃发展，重点有以下几个方向：

1. 高强材料的研究与生产，国内在常用 1860 级钢绞线的基础上，2018 年已经研究试产出了 2400N/mm²，准备应用于铁路工程中，相关标准也正在编制中。

2. 环氧涂层钢绞线，对于沿海或高腐蚀地区，采用环氧涂层钢绞线可以较大幅度提升结构的耐久性，2019 年在江西新余新增了产能。

3. 预应力高钒索材料，比普通碳钢材料，具有更高的弹性模量和耐腐蚀性能，国内已经更大批量生产，品质基本达到可以部分替代国际品牌的要求，而且在全球最大跨度的索网结构工程——国家速滑馆项目得到了很好的应用。

4. 预应力混凝土结构的应用范围得到了很大程度提高。在冷链库房、地面层地坪中，得到了更为广泛的应用，为业主节约了工程造价，提升了建筑的耐久性。

5. 预应力工程的体量越来越大，北京大兴国际机场项目，有粘结和无粘结预应力用量达到了 1 万余吨。

四、预应力工程施工技术典型工程案例

1. 深圳盐田港冷链服务仓

盐田冷链服务仓项目位于深圳市盐田区盐田港保税区，北邻平盐铁路，占地面积 21783.83m²，建筑面积 95531.5m²，1 栋 A 座高层冷库，1 栋 B 座高架库，2 栋商业食堂办公，3 栋门卫。其中 A 座高层冷库：地下 2 层、地上 9 层，建筑高度 66.70m，采用板柱剪力墙结构体系，接近板柱剪力墙结构最高 70m 的规范限值，柱网尺寸 12m×12m，板厚分别为 360～400mm，设计活荷载 2.5t。本项目 A 座冷库兼具了高度和跨度两项国内之最，建筑高度 66.7m，已接近板柱剪力墙结构最高 70m 的规范限值，建成之后将成为国内第一高度的冷库；冷库无梁楼盖的双向跨度达 12m，是国内目前实际最大跨度的无梁楼盖冷库，已超越国内首座大柱距冷库四川成都银犁冷库二期跨度（10.8m × 11.95m），见图 10-5～图 10-7。

高层冷库包含冷藏间主体结构、两侧穿堂进出库结构、外框架围护结构，各结构之间

图 10-5　盐田港冷链服务仓项目效果图

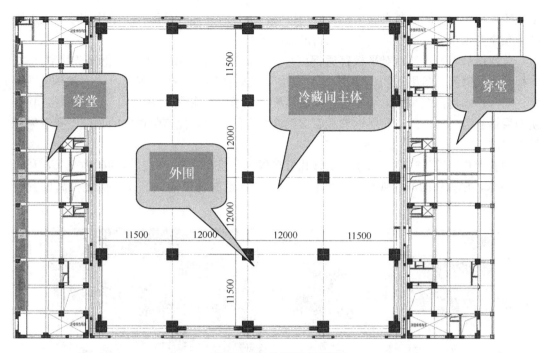

图 10-6　结构平面布置图

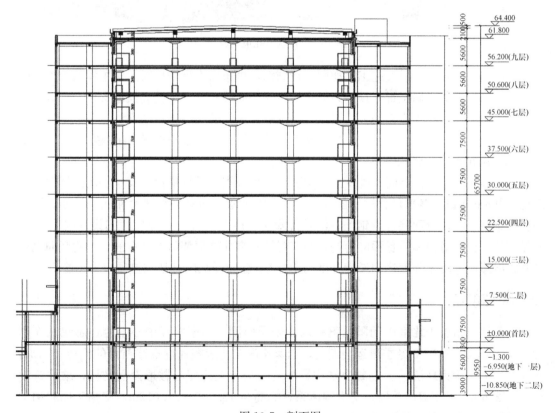

图 10-7　剖面图

主体脱离，相互之间对各自施工都有较大影响，通过对普通钢筋绑扎、结构调整、施工模拟、预应力张拉工艺调整，实现了项目的顺利进行。

普通钢筋绑扎，通过对平板普通钢筋绑扎方法顺序的调整，①平板钢筋先绑扎 Y 方向板筋底铁钢筋、暗梁钢筋；②绑扎 X 方向平板底铁钢筋、暗梁钢筋，使底铁钢筋为 2 层钢筋网；同理，在预应力筋安装完成后铺放 X 方向上层钢筋，在绑扎 Y 方向面层钢筋，使面层钢筋为 2 层，保证面层钢筋和底层钢筋的空间距离，使实际铺放的预应力孔道矢高符合要求。

预应力孔道铺放顺序，由于波纹管孔道在板内曲线布置，存在较多的碰撞交叉，利用 BIM 技术，模拟双向波纹管相对空间位置，通过一定的孔道铺放顺序，保证矢高位置的相对正确，见图 10-8。

图 10-8　预应力孔道铺放

预应力张拉顺序，通过施工工期网络计划图，排布出平板张拉时间对主体结构施工的影响，在外框架剪力墙位置处预应力筋张拉阻碍竖向结构钢筋绑扎和模板支设，在满足规范要求的情况下，对预应力筋分批张拉，实现后续工作的顺利进行。

外框架围护梁降标高，通过对外框架结构的分析，对外框架梁的整体标高降低 250mm，满足预应力张拉条件。

总体施工安排：冷藏间、外围护框架、穿堂模板支撑系统搭设，其中外围护框架标高降低 250mm 搭设；各部位普通钢筋绑扎，其中冷藏间钢筋只绑扎暗梁和底铁钢筋，铺放预应力钢筋，再铺放面层普通钢筋；浇筑混凝土，冷藏间混凝土强度达到设计强度 75% 开始张拉外框架剪力墙位置预应力筋，灌浆封堵；绑扎外框架剪力墙钢筋，穿堂竖向钢筋绑扎；冷藏间混凝土强度达到设计强度的 100%，张拉冷藏间其他位置预应力钢筋。

2. 国家速滑馆

国家速滑馆位于北京市朝阳区奥林匹克公园西侧，国家网球中心南侧，总建筑面积 12.6 万 m^2，北京 2022 冬季奥运会期间，国家速滑馆将承担速度滑冰项目的比赛和训练。速滑馆主体结构为现浇钢筋混凝土结构，屋盖结构为大跨度马鞍形索网结构，结构跨度 153m×226m，采用双向单层正交索网体系，标高为 13.202～31.012m，支撑于周圈钢结构环桁架上，并在环桁架外侧设置幕墙拉索。

钢结构环桁架采用立体桁架的结构形式，网格间距 4m，桁架内弦杆最大规格为

P1600mm×50mm，最小规格为 P1000mm×30mm，节点采用相贯焊接的形式连接；环桁架与型钢混凝土柱之间采用成品固定球铰支座连接。外围幕墙支撑结构采用钢拉索加竖向波浪形钢龙骨，钢龙骨主要采用 H280×100×10×14 和 H200×100×10×14 的 H 型钢，见图 10-9、图 10-10。

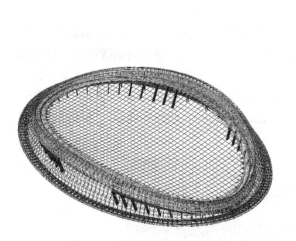

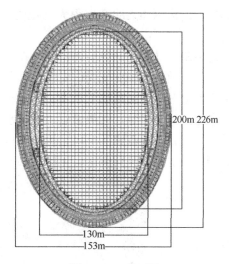

图 10-9　整体结构三维轴测图　　　　　　　图 10-10　平面图

　　本工程屋盖正交索网南北向最大跨度 200m，东西向最大跨度 130m；其中东西向拉索为承重索，南北向拉索为稳定索，均采用高钒封闭索，极限抗拉强度 1570MPa，弹性模量 $1.6×105N/mm^2$。其中，承重索和稳定索都采用双索结构，承重索直径 64mm，数量 49×2＝98 根，稳定索直径 74mm，数量 30×2＝60 根，见图 10-11、图 10-12。

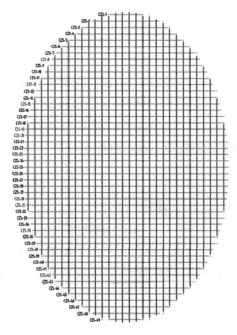

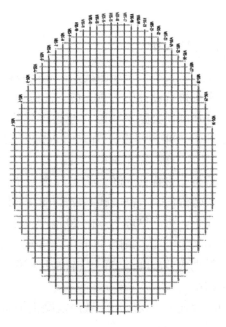

图 10-11　承重索布置图　　　　　　　图 10-12　稳定索布置图

幕墙索上端固定于顶部的钢结构环桁架上，下部固定于主体结构首层顶板外圈悬挑梁端，采用直径 48mm、56mm 的高钒封闭索，拉索数量为 120 根。

本工程屋盖索网规模大，施工过程复杂，拉索规格尺寸大，张拉索力大，拉索数量多，屋盖索网拉索数量为 158 根，幕墙拉索为 120 根，共有 278 根拉索。拉索在安装张拉过程中对周边钢环梁的产生很大的拉力，在整个屋盖索网成形过程中必须确保环桁架的稳定。

总体施工计划：①拼装环桁架，在钢结构环桁架上搭设操作平台；②将幕墙索、承重索、抗风索放置在相应位置，安装并预紧幕墙索；③将承重索在场地内铺放到位，然后组装下半部分索夹，夹持住承重索；④索夹安装完成，组装承重索提升工装和抗风索张拉工装；⑤通过提升工装，逐步牵引、提升承重索；⑥承重索提升安装就位，根据实际情况，调整幕墙索；⑦承重索、抗风索张拉就位；⑧根据实际情况，调整幕墙索；⑨根据整体结构监测结果对索力进行微调，见图 10-13。

图 10-13 安装完成后实物图

3. 王安石特大桥

王安石特大桥位于江西抚州市湖南乡摆上郑家附近，该项目由江西省交通工程集团有限公司牵头进行设计施工总承包，江西省交通工程集团建设有限公司负责具体承建，是抚州市东外环高速公路东互通 A 匝道连接线上为跨抚河而建的一座大型桥梁，也是抚州通往东乡的第二通道，设计为双向六车道景观桥，全长 1417m，全桥中心桩号为 LK6＋292，主孔中心桩号为 LK6＋052。

全桥桥孔布置共 9 联，桥梁起终点桩号为 LK5＋583.5～LK7＋000.5，桥孔布置为 3×(3×40)＋(60＋168＋60)＋(3×40)＋4×(4×40)m，全长 1417m(含耳墙)。本桥平面位于直线上，桥面横坡为双向 2%，纵断面位于 $R＝12378.495m$ 的竖曲线上。

第 4 联为主孔，采用 60＋168＋60m 飞燕式钢管混凝土系杆拱桥。主拱跨径为 168m，两侧边拱跨径为 60m，通过锚固于两侧边拱末端的系杆使结构形成自锚体系拱桥，见图 10-14。

预应力技术主要应用于现浇混凝土拱肋、钢横梁与钢管拱肋、引桥 40mT 梁、主拱吊杆和系杆。

图 10-14 王安石特大桥效果图

现浇混凝土拱肋钢束 N1～N6、N1a～N3a、D1～D3 在过渡墩伸缩缝端单端张拉，T1 在钢端横梁侧单端张拉；钢束 N7～N8 在靠钢拱脚侧单端张拉。张拉顺序：混凝土边拱 N4→N5→N6→N3→N3a→N2→N2a→N1→N1a→T1，混凝土主拱 N7-N8。待三角区钢横梁及钢主纵梁、钢次纵梁安装后，张拉混凝土边拱 D3→D2→D1，见图 10-15。

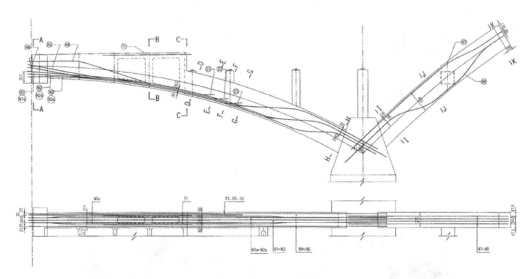

图 10-15 王安石特大桥边三角区混凝土拱圆钢束平面总体示意图

钢横梁与钢管拱肋 JL32 精轧螺纹钢，在混凝土拱肋与钢梁连接处，设置一道矩形截面的钢箱梁，与混凝土拱肋通过 JL32 精轧螺纹钢连接。拱肋上精轧螺纹钢主要位于Ⅱ型钢横梁端部和钢管拱肋连接处。二者均采用 JLϕ32 精轧螺纹钢与拱肋预埋钢板和锚固板相连，精轧螺纹钢开孔 ϕ48，采用内径 45mm 的波纹管。Ⅱ型钢横梁预埋精轧螺纹钢单根长5252mm，钢管拱肋预埋精轧螺纹钢单根长 4400mm。拱肋外侧承压钢板上制作压浆嘴，在中间开孔将管道拉出，安装压浆管道及锚固钢板，固定预应力钢筋，内侧与Ⅱ型钢横梁预埋件相连。预埋件上均布 ϕ22×200ML15AL 剪力钉，与混凝土拱肋连接；钢管拱肋与混凝土拱肋的连接部位预留 1m 长的后浇段，通过预应力螺纹钢筋与钢管拱 0 号段连接。张拉均为单端张拉。见图 10-16～图 10-18。

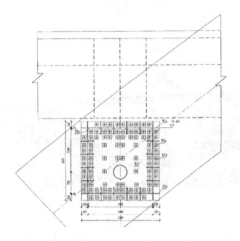

图 10-16　节点详图

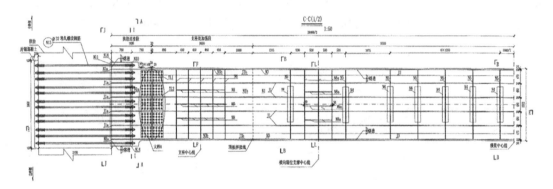

图 10-17　横梁详图

图 10-18　节点实物图

引桥为先简支后连续 40mT 梁，采用预制安装工艺。预应力管道的位置严格按坐标定位并用定位钢筋固定，定位钢筋与 T 梁腹板箍筋点焊连接，浇筑前应检查波纹管是否密封，防止浇筑混凝土时阻塞管道。主梁预应力钢束张拉应采取措施以防梁体发生侧弯，张拉顺序为：50％N2、N3→100％N1→100％ N2、N3→100％N4。在连续段设置负弯矩预应力束。张拉顺序为：100％ N3→100％ N2→100％N1，张拉程序：$0→10％\sigma_{ck}→20％\sigma_{ck}$ $→\sigma_{con}$（持荷 5min 锚固）$→\sigma_{con}$（锚固）。

主拱吊杆、系杆主桥采用 60＋168＋60m 飞燕式钢管混凝土系杆拱桥。主拱跨径为 168m，两侧边拱跨径为 60m，通过锚固于两侧边拱末端的系杆使结构形成自锚体系拱桥。由吊杆承受的桥面荷载通过拱肋向下传递，水平推力通过通长的 ABC 三组系杆的张拉不断平衡，调整至成桥索力后主桥施工完成，见图 10-19、图 10-20。

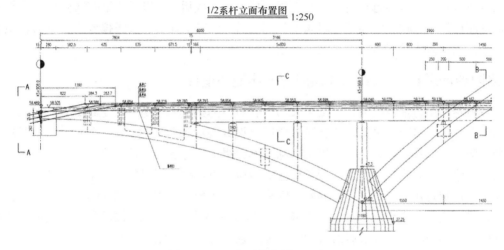

图 10-19　王安石特大桥立面布置

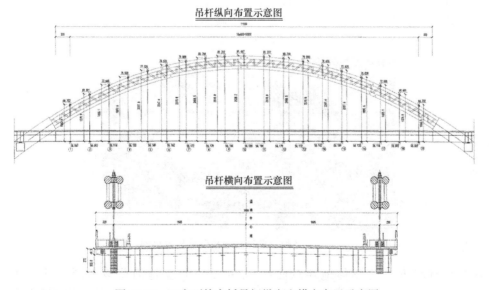

图 10-20　王安石特大桥吊杆纵向和横向布置示意图

安装钢管拱横向风撑之后由跨中向两侧对称落架并拆除钢管拱支架，A 组系杆第一次张拉；灌注内侧上下弦杆管内混凝土，到 80% 强度后，A 组系杆第二次张拉。；灌注外侧上下弦杆管内混凝土，到 80% 强度后，A 组系杆进行第三次张拉，之后灌注缀板内混凝土，拆除主跨混凝土拱肋支架。依次对称安装 1 至 4 号吊杆并进行初张拉后，B 组系杆进行第一次张拉；在同样进行 5 至 8 号吊杆施工后进行 B 组系杆的第二次张拉，同样完成 9 至 10 号吊杆施工后进行系杆第三次张拉。钢梁支架由跨中向两侧对称落架拆除后，进行 C 组系杆的第一次张拉；安装桥梁轴线两侧各 11.4m 范围的桥面板后，第二次张拉 C 组系杆；桥面板安装完成后，调整吊杆张拉力使桥面至设计标高，再浇筑桥面板横向湿接缝，混凝土到达强度后进行 C 组系杆的第三次张拉，再现浇桥面板的纵向湿接缝。

拆除边跨混凝土拱肋支架、浇筑桥面栏杆底座并安装人行道板后，A 组系杆第四次张拉至成桥索力；桥面行车道及人行道铺装层施工完成后，B 组系杆第四次张拉至成桥索力；桥面栏杆、灯柱、伸缩缝等附属工程完成后，C 组系杆第四次张拉至成桥索力；最后调整吊杆索力至成桥索力，主桥施工完成。

4. 洛阳卷烟厂易地技改 SOG 预应力整体地坪项目

洛阳卷烟厂易地技改项目（图 10-21）由河南中烟投资建设，总投资 10.85 亿元，占地 405 亩，位于洛阳市伊滨区兰台路。该项目设计规模为年产卷烟 30 万大箱，主要建设联合工房、生产管理及后勤服务用房、综合库、锅炉房等建筑，预应力工程主要应用于联合工房和原料高架库地坪部位。烟草行业的转型升级，提出了对生产环境、产品品质更高的要求，特别是建造阶段，突出创新。SOG—预应力整体地坪是本项目的一个突出亮点，本项目采用我国自主研发的 SOG—预应力整体地坪技术，最大不设缝面积 4617m²。SOG—预应力整体地坪可实现过载后自动恢复能力强，可不设切割缝，减少后期维修费用，提高生产效率；通过在地坪中建立预压应力，可有效控制因混凝土收缩、温度应力引起的地坪开裂；当土壤中水分含量变化时，地坪体积会发生膨胀或收缩，预应力地坪比普通结构地坪刚度更大，可以使结构在地基变化时不发生破坏。

图 10-21　洛阳卷烟厂易地技改项目效果图

本工程 SOG 预应力整体地坪总面积 16000m²，根据地面荷载不同，板厚分别为 200mm、250mm，采用后张有粘结预应力技术，扁形锚固体系，整体地坪除了构造钢筋外，整体布置预应力筋，整体布置图见图 10-22。

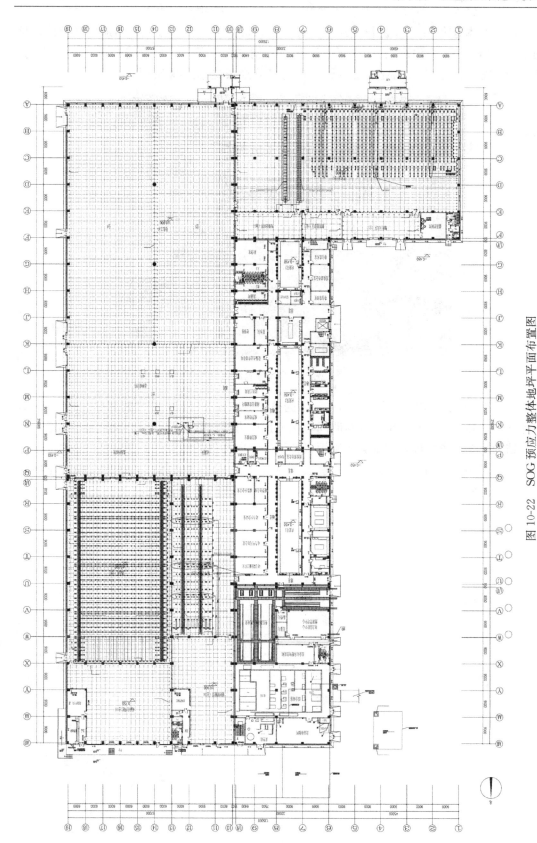

图 10-22 SOG 预应力整体地坪平面布置图

地坪整体分为 11 个仓进行浇筑，仓与仓之间采用传力杆连接或专用地坪缝连接，见图 10-23。整体施工顺序为：水稳层铺放施工-沙滑层铺放施工-PE 膜铺放施工-预应力筋、普通钢筋安装施工-浇筑混凝土及整平-预应力筋分批张拉-孔道灌浆-张拉端封闭。

图 10-23　地坪分仓浇筑

SOG-预应力整体地坪关键控制点，根据整体地坪分布特点，合理控制单仓浇筑面积，合理分仓，要考虑混凝土单仓浇筑时间，保证预应力第一次张拉时间；预应力整体地坪与竖向结构采取隔离措施，保证整体地坪张拉不受竖向构件的约束；分仓后仓与仓之间的连接措施保障到位，确保无缝连接；水稳层、沙滑层、PE 膜铺设水平，确保张拉时整体混凝土板可自由滑动。

第十一篇 建筑结构装配式施工技术

中建科技集团有限公司　　　　　　　郭海山　刘若南　郑　义　苏衍江

南京大地建设集团有限责任公司　　　庞　涛　叶思伟　王耀东　罗　震

摘要

本篇详细描述了建筑结构装配式施工技术在我国的发展概况，近年来主要的结构体系形式及施工关键技术。内容涵盖装配式结构构件标准化设计、工厂化生产、堆放及运输、装配化施工、一体化装修、信息化管理、智能化应用等技术。结合国内建筑结构装配式施工技术典型案例，介绍了当前国内装配式框架结构、装配式剪力墙结构建筑技术指标的应用情况。

Abstract

This paper describes in detail the development of prefabricated construction technology of building structure in China, the main structural system forms and key construction technologies in recent years. The content covers the standardized design of prefabricated structural components, factory production, stacking and transportation, assembly construction, integrated decoration, information management, intelligent application and other technologies. Combined with the typical cases of prefabricated construction technology of building structure in China, this paper introduces the application of the technical indexes of prefabricated frame structure and prefabricated shear wall structure in China.

一、建筑结构装配式施工技术概述

装配式建筑在西方发达国家已有半个世纪以上的发展历史，形成了各有特色和比较成熟的产业和技术；其在国内虽然起步较早，但早期的预制混凝土结构仅限于装配式多层框架、装配式大板等结构体系，近期发展较快，仍没有形成完整、配套的工业生产系统。

1. 国外装配式混凝土建筑施工技术的发展与现状

预制装配式混凝土施工技术最早起源于英国，Lascell 进行了是否可以在结构承重的骨架上安装预制混凝土墙板的构想，装配式建筑技术开始发展。1875 年英国的首项装配式技术专利，1920 年美国的预制砖工法、混凝土"阿利制法"（Earley Process）等，都是早期的预制构件施工技术，这些预制装配式施工技术主要应用于建筑中的非结构构件，比如用人造石代替天然石材或者砖瓦陶瓷材料等。由于装配式建筑技术采用的是工业化的生产模式，受到现代工业社会的青睐。此后，受到第二次世界大战的影响，人力减少，且由于战时破坏急需快速大量修建房屋，这一工业化的生产结构更加受到欢迎，应用在了住宅、办公楼、公共建筑中。20 世纪 50 年代，欧洲一些国家采用了装配式方式建造了大量住宅，形成了一批完整的、标准的、系列化的住宅体系，并在标准设计的基础上生成了大量工法。日本于 1955 年设立了"日本住宅公团"，以它为主导，开始向社会大规模提供住宅。2000 年以后，全日本装配式住宅真正得到大面积的推广和应用，施工技术也逐步得到优化和发展，并延续至今。目前德国推广装配式产品技术、推行环保节能的绿色装配技术已有较成熟的经历，建立了非常完善的绿色装配及其产品技术体系，其公共建筑、商业建筑、集合住宅项目大多因地制宜，采取现浇与预制构件混合建造体系，通过策划、设计、施工各个环节精细化优化寻求项目的个性化、经济性、功能性和生态环保性能的综合平衡。德国装配式住宅与建筑目前主要采用双皮墙体系、T 梁、双 T板体系、预应力空心楼板体系、框架结构体系。在混凝土墙体中，双皮墙占比 70％左右，是一种抗震性能非常好的结构体系，在工业建筑和公共建筑用混凝土楼板中，主要采用叠合板和叠合空心板体系。

2. 国内装配式混凝土建筑施工技术的发展与现状

我国装配式建筑模式的应用起于 20 世纪 50 年代，借鉴苏联的经验，在全国建筑生产企业推行标准化、工厂化和机械化，发展预制构件和预制装配建筑。从 20 世纪 60 年代初到 80 年代中期，预制混凝土构件生产经历了研究、快速发展、使用、发展停滞等阶段。20 世纪 80 年代初期，建筑业曾经开发了一系列新工艺，如大板体系、南斯拉夫体系、预制装配式框架体系等，但在实践之后未得到大规模的推广。20 世纪 90 年代后期，建筑工业化迈向了一个新的阶段，国家相继出台了诸多重要的法规政策，并通过各种必要的机制和措施，推动建筑领域生产方式的转变。近年来，在国家政策的引导下，一大批装配式施工工法、质量验收体系陆续在工程中实践，装配式建筑的施工技术越来越成熟。

1998 年，南京从法国引进了"预制预应力混凝土装配整体式框架结构体系（世构

scope 体系）"，通过消化、吸收和再创新，形成了新型结构体系设计、生产及施工成套技术。2005 年，北京开始试点"装配整体式剪力墙结构体系"，特点包括：外墙采用复合夹芯保温剪力墙；防渗漏体系；叠合楼板工艺；预制楼梯等。2005 年，黑龙江研发了"预制装配整体式混凝土剪力墙结构体系"，其主要特点是：竖向连接方式采用预留孔插入式浆锚连接方式，水平连接方式采用钢筋插销方式和叠合楼板、梁节点现浇方式。上海在 2007 年首次采用日本和我国香港的 PC 技术体系，其中外墙面砖采用了反打工艺。南通于 2008 年从澳大利亚引进"全预制装配整体式剪力墙结构（NPC）体系"，它采取"浆锚"节点及钢筋混凝土后浇叠合的方法，将预制钢筋混凝土墙和预制叠合梁板、预制楼梯、预制阳台等构件连接组合成整体结构体系。此外，合肥引进德国的"叠合板装配整体式混凝土结构体系"、镇江的"模块建筑体系"等陆续在工程中示范和应用。2010 年，南京研发了竖向钢筋集中约束浆锚连接装配整体式剪力墙体系，该体系采用竖向钢筋集中约束浆锚连接节点，同时应用预制预应力和非预应力叠合梁板等，形成整体结构体系。

装配式混凝土建筑的建造方式符合国内建筑业的发展趋势，随着建筑工业化和产业化进程的推进，装配施工工艺越来越成熟，但是装配式混凝土建筑还应进一步提高生产技术、施工工艺、吊装技术、施工集成管理等，形成装配式混凝土建筑的成套技术措施和工艺，为装配式混凝土建筑的发展提供技术支撑。在施工实践中，装配式混凝土建筑的设计技术、构件拆分与模数协调、节点构造与连接处理吊装与安装、灌浆工艺及质量评定、预制构件标准化及集成化技术、模具及构件生产、BIM 技术的应用等还存在标准、规程的不完善或技术实践空白，在这方面尚需进一步加大产学研的合作，促进装配式建筑的发展。

二、建筑结构装配式施工主要技术介绍

建筑工业化是以构件预制化生产、装配式施工为生产方式，整合设计、生产、施工等整个产业链，实现建筑产品节能、环保、全生命周期价值最大化的可持续发展。其主要流程包括：结构深化设计→构件生产制作→构件堆放与运输→构件吊装。

1. 构件深化设计

工业化构件深化设计，是在现有现浇构件的基础上，由各专业方将各自需求传递到深化设计人手中。预制构件深化设计是将各专业需求转换为实际可操作图纸的过程，涉及多专业交叉、多专业协同等问题。

深化设计由具有综合各专业能力、有各专业施工经验的总承包方或装配式专业生产厂家来承担，通过总承包方的收集、协调，把各专业的信息需求集中反映给构件厂，构件厂根据自身构件制作的工艺需求，将各方需求明确反映在深化图纸中，并与总承包方进行协调，尽可能实现一埋多用，将各专业需求统筹安排，并把各专业的需求在构件加工中实现，将深化设计图纸交由工程项目设计单位进行审核、签字确认，再交付工厂进行构件生产。见图 11-1。

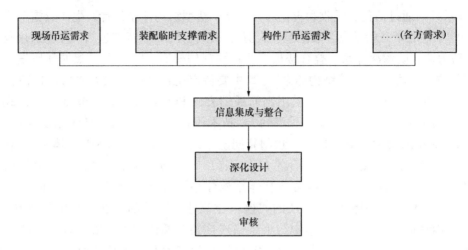

图 11-1　构件深化设计流程

2. 构件生产制作

2.1　预制构件生产工艺技术

2.1.1　板式构件平法生产流水线

平法流水线由钢制模台、模台清洁涂油机、数控绘图仪、模具机器人、模台平移摆渡车、布料机、振动台、表面处理机、热预养窑、热养护窑、码垛机、液压翻转台、起重机具、转运平车等组成，适宜批量生产标准化、模数化的叠合楼板、叠合墙板、夹心保温墙板、实心墙板生产，流水线自动化程度高、能耗低。见图 11-2。

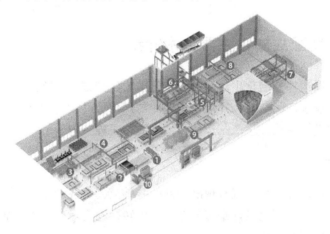

图 11-2　混凝土叠合板和实墙自动化生产线示意图

2.1.2　实心墙板成组立模生产

模具由多个可移动的侧模板叠合组成多个模槽，每个模槽内根据长度可浇筑一块或几块同样厚度的实心墙板，生产效率高。成组立模可用来生产 80～150mm 厚、结构简单的墙板，墙板上可开口、开门窗洞、加装饰物等，墙板主要适用于大板结构建筑和建筑的内隔墙。见图 11-3。

图 11-3 实心墙板成组立模生产示意图

2.1.3 预应力空心板挤压生产工艺

空心板是由带有厚度模数 150～400mm 的挤压机生产，挤压技术是在混凝土坍落度为零的条件下，在 100m 长的模台上注造空心预制板。通过机内的给料螺旋和振动套筒给混凝土加压，挤压机向前移动成型，再用切割机按需要的长度切割，最大长度可达 20m以上。见图 11-4、图 11-5。

图 11-4 空心板挤压生产车间　　　　图 11-5 空心板预应力钢绞线张拉

2.1.4 长线法预应力台座式生产工艺

长线法预应力台座长度通常在 80～120m，一端为预应力筋固定端台座，另一端为预应力筋张拉端台座，台座承受张拉力在 2000～6000kN。生产时，将钢筋笼放进模具后进行预应力筋张拉，采用混凝土布料机进行混凝土浇筑，可一次生产多个构件。见图 11-6、图 11-7。

图 11-6 预应力叠合板长线法生产线　　　　图 11-7 预应力叠合梁长线法生产线

2.1.5 楼梯、梁、柱等三维构件成组卧式、立式生产工艺

模具由多个单块的模板组成三维模槽，分卧式、立式两种构件成型生产工艺，每个模槽内可生产三维构件，单次生产方量大、生产效率高。主要适用于一体化卫生间、预制电梯井、预制管道井、飘窗、窗台、沉箱等其他三维构件。见图 11-8～图 11-11。

图 11-8　一体化卫生间立式生产工艺

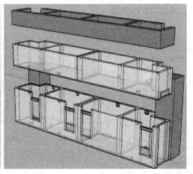

图 11-9　预制管道井立式生产工艺

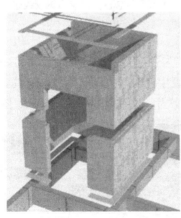

图 11-10　预制电梯井立式生产工艺

（1）可彻底改变大型构件传统的现场结构浇筑模式带来的环境污染和资源浪费等问题。

（2）通过三维构件组模生产工艺，提高生产速度、确保产品质量。

图 11-11　飘窗生产工艺

（3）预制构件壁厚理论上可比现浇构件偏薄，节约空间，增加空间使用率。

（4）解决传统现浇生产工艺的渗漏问题，减少预制单元板组装方式存在的拼缝处理问题和提升构件整体性。

（5）现场吊装施工，通过现场干作业和部分湿作业连接方式，安装便捷，提升建造速度。

（6）构件可采用外装饰一体化预制方式，可减少二次装修带来的环境污染、资源浪费和外墙装饰安全等问题，达到结构、保温、装饰一体化效果。

（7）丰富装配式部品部件库，对装配式建筑的发展和推广具有重要的理论意义和工程使用价值。

3. 堆放与运输

3.1　构件堆放

堆放构件的场地应平整坚实，并应有排水措施，堆放构件时应使构件与地面之间留有一定空隙；构件应根据其刚度及受力情况，选择平放或立放，并应保持其稳定；重叠堆放的构件，吊环应向上，标志应向外；堆垛高度应根据构件与垫木的承载能力及堆垛的稳定性确定；堆码构件时要码靠稳妥，垫块摆放位置要上下对齐，受力点要在一条线上；采用靠放架立放的构件，应对称靠放和吊运，其倾斜角度应保持大于 80°，构件上部宜用木块隔开。见图 11-12、图 11-13。

图 11-12　预制墙体堆放示意图　　　　图 11-13　预制叠合板堆放示意图

3.2 构件运输

构件装车时先在车厢底板上做好支撑与减震措施，叠合板、阳台、楼梯等水平构件和梁、柱采用平放运输，预制墙板、三维构件等通过运输架采用竖直运输，运输架应设置在枕木上，预制构件与架身、架身与运输车辆都要进行可靠的固定。构件运输时的混凝土强度，当设计无具体规定时，不应低于混凝土设计强度等级值的75%；构件支承的位置和方法，应根据其受力情况确定，但不得超过构件承载力或引起构件损伤；构件装运时应绑扎牢固，防止移动或倾倒；对构件边部或与链索接触处的混凝土，应采用衬垫加以保护；在运输细长构件时，行车应平稳，并可根据需要对构件采取临时固定措施；构件出厂前，应将杂物清理干净，详见图11-14。

图11-14　预制混凝土构件运输

3.3 智能立体构件堆场

智能立体构件堆场分为八大类：升降横移类、简易升降类、垂直循环类、水平循环类、多层循环类、平面移动类、巷道堆垛类、垂直升降类。其中升降横移类和平面移动类是最典型、采用最多、市场占有率最高、最适合大型化发展的两种智能立体构件堆场。见图11-15。

图11-15　智能立体构件堆场

1. 升降横移式

有效利用空间，提高空间利用率达数倍。存取构件快捷便利，独特跨梁设计，构件出入无障碍。采用PLC控制，自动化程度高。环保节能，低噪声。人机界面好，多种操作方式可选配，操作简便。

2. 平面移动式

每层的载物台和升降机分别动作，提高了构件的出入库速度，可自由利用堆放空间。部分区域发生故障时，不影响其他区域的正常运行，因此使用更加方便。采取多重保险措施，安全性能卓越；通过计算机和触屏界面进行综合管理，可全面监视设备的运行状况，并且操作简单。

4. 施工安装关键技术

4.1　预制构件吊装

工艺流程：选择吊装工具→挂钩、检查构件水平→吊运→安装、就位→调整固定→取钩→连接件安装。

吊装工具应根据构件形式及重量采用标准化通用吊梁，以提高吊装效率，节约时间。根据预制构件种类不同，预制构件吊运形式各不相同，其中预制墙板、预制楼梯、预制阳台板、预制 PCF 板等采用模数化专用吊梁进行吊运；预制叠合板、预制叠合式阳台板采用叠合构件专用自平衡吊架进行吊运。见图 11-16。

图 11-16　叠合板吊装示意图

预制楼梯的吊装应在相邻剪力墙、梯梁浇筑完成及歇台板、定位螺栓安装完成后进行，歇台板、梯梁需采用早拆体系且应在混凝土强度达到 100％时方可拆除。

4.2　预制构件临时固定及调整

预制墙板安装时，为保证墙体垂直度及稳定性要求，预制墙体侧面应设置临时固定支撑，目前临时固定支撑形式有三种，即斜撑＋七字码、大斜撑＋小斜撑、三角支撑，其中斜撑＋七字码、大斜撑＋小斜撑较为常见。见图 11-17。

图 11-17　预制墙板斜支撑

4.3　钢筋连接

4.3.1　套筒灌浆连接

（1）基本原理

套筒灌浆连接是通过灌浆料的传力作用将钢筋与套筒连接形成整体，套筒灌浆连接分为全灌浆套筒连接和半灌浆套筒连接，套筒设计符合现行行业标准《钢筋连接用灌浆套筒》JG/T 398 要求，接头性能达到现行行业标准《钢筋机械连接技术规程》JGJ 107 规定最高级Ⅰ级。钢筋套筒灌浆料应符合现行行业标准《钢筋连接用套筒灌浆料》JG/T 408 规定。

半灌浆套筒接头一端采用灌浆方式连接，另一端采用非灌浆连接方式连接钢筋的灌浆套筒，通常另一端采用直螺纹连接，一般用于预制剪力墙、框架柱等纵向钢筋链接，半灌浆套筒连接可连接 HRB335 和 HRB400 带肋钢筋。全灌浆连接是两端均采用灌浆方式连接钢筋的灌浆套筒，一般用于预制框架梁水平钢筋的连接。全灌浆连接接头性能达到现行行业标准《钢筋机械连接技术规程》JGJ 107 规定的最高级－Ⅰ级。目前可连接 HRB335 和 HRB400 带肋钢筋。见图 11-18～图 11-21。

图 11-18　全灌浆套筒用于梁纵筋水平连接

图 11-19　半灌浆套筒用于纵筋竖向连接

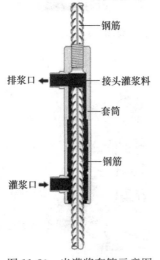

图 11-20　半灌浆套筒示意图

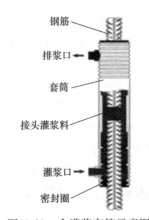

图11-21　全灌浆套筒示意图

（2）技术要点

预制竖向承重构件采用全灌浆或半灌浆套筒连接方式的，所采取的灌浆工艺基本为分仓灌浆法和坐浆灌浆法。

1）分仓法：竖向预制构件安装前宜采用分仓法灌浆，分仓应采用坐浆料或封浆海绵条进行分仓，分仓长度不应大于规定的限值，分仓时应确保密闭空腔，不应漏浆。

2）坐浆法：竖向预制构件安装前可采用坐浆法灌浆，坐浆法是采用坐浆料将构件与楼板之间的缝隙填充密实，然后对预制竖向构件进行逐一灌浆，坐浆料强度应大于预制墙体混凝土强度。

套筒灌浆时，灌浆料使用温度不宜低于 5℃，灌浆压力为 1.2MPa，灌浆料从下排孔开始灌浆，待灌浆料从上排孔流出时，封堵上排流浆孔，直至封堵最后一个灌浆孔后，持压 30s，确保灌浆质量。

4.3.2　浆锚连接

（1）基本原理

浆锚连接是一种安全可靠、施工方便、成本相对较低的可保证钢筋之间力的传递的有效连接方式。在预制柱内插入预埋专用螺旋棒，在混凝土初凝之后旋转取出，形成预留孔道，下部钢筋插入预留孔道，在孔道外侧钢筋连接范围外侧设置附加螺旋箍筋，下部预留钢筋插入预留孔道，然后在孔道内注入微膨胀高强灌浆料形成的连接方式。关键技术在于孔洞的成型方式、灌浆的质量以及对搭接钢筋的约束等各个方面。

纵向钢筋采用浆锚搭接连接时，对预留孔成孔工艺、孔道形状和长度、构造要求、灌浆料和被连接的钢筋，应进行力学性能以及适用性的试验验证。直径大于 20mm 的钢筋不宜采用浆锚搭接连接，直接承受动力荷载构件的纵向钢筋不应采用浆锚搭接连接。见图 11-22。

（2）技术要点

1）因设计上对抗震等级和高度上有一定的限制，此连接方式在预制剪力墙体系中使用较多，预制框架体系中的预制立柱的连接一般不宜采用。约束浆锚搭接连接主要缺点是预埋螺

图 11-22　浆锚连接节点

旋棒必须在混凝土初凝后取出来，须对取出时间、操作规程掌握的非常好，时间早了易塌孔，时间晚了预埋棒取不出来。因此，成孔质量很难保证，如果孔壁出现局部混凝土损伤（微裂缝），对连接质量有影响。比较理想做法是预埋棒刷缓凝剂，成型后冲洗预留孔，但应注意孔壁冲洗后是否满足约束浆锚连接的相关要求。

2）注浆时可在一个预留孔上插入连通管，可以防止由于孔壁吸水导致灌浆料的体积收缩，连通管内灌浆料回灌，保持注浆部位充满。此方法套筒灌浆连接时同样适用。

4.3.3　挤压套筒连接

（1）基本原理

通过外加压力使连接件钢套筒塑性变形并与带肋钢筋表面紧密咬合，将两根带肋钢筋连接在一起。见图 11-23。

图 11-23 挤压接头

挤压套筒连接属于干式连接，去掉技术间歇时间从而压缩安装工期，质量验收直观，接头成本低。连接时无明火作业，施工方便，工人简单培训即可上岗。凡是带肋钢筋即可连接，无需对钢筋进行特别加工，对钢筋材质无要求；接头性能达到机械接头的最高级，可以用于连接任何部位接头连接，包括钢筋不能旋转的结构部位。

（2）技术要点

钢筋应按标记要求插入钢套筒内，确保接头长度，以防压空。被连接钢筋的轴心与钢套筒轴心应保持同一轴线，防止偏心和弯折。

在压接接头处挂好平衡器与压钳，接好进、回油油管，启动超高压泵，调节好压接力所需的油压力，然后将下压模卡板打开，取出下模，把挤压机机架的开口插入被挤压的带肋钢筋的连接套中，插回下模，锁死卡板，压钳在平衡器的平衡力作用下，对准钢套筒所需压接的标记处，控制挤压机换向阀进行挤压。压接结束后将紧锁的卡板打开，取出下模，退出挤压机，则完成挤压施工。

挤压时，压钳的压接应对准套筒压痕标志，并垂直于被压钢筋的横肋。挤压应从套筒中央逐道向端部压接。

为了减少高空作业并加快施工进度，可先在地面压接半个压接接头，在施工作业区把钢套筒另一端插入预留钢筋，按工艺要求挤压另一端。

4.4 构件连接

4.4.1 润泰连接

（1）基本原理

润泰连接节点由预制钢筋混凝土柱、叠合梁、非预应力叠合板、现浇剪力墙等组成，柱与柱之间的连接钢筋采用灌浆套筒连接，通过现浇钢筋混凝土节点将预制构件连接成整体，见图 11-24。

（2）技术要点

润泰节点实际上为预制梁下部纵筋锚入节点的连接方式，这种节点由于两侧梁底纵向钢筋需要交叉错开，锚入节点核心

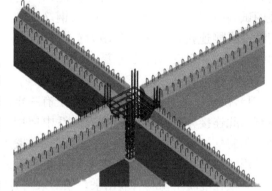

图 11-24 润泰连接

区比较困难，对预制加工精密度要求较高，不允许有制造施工误差，而且为了方便梁纵筋伸入节点，柱截面会偏大。因此润泰连接节点存在制造精度要求较高、施工难度大的问题。

4.4.2 鹿岛连接

（1）基本原理

鹿岛连接节点是由叠合梁、非预应力叠合板等水平构件，预制柱、预制外墙板，现浇剪力墙、现浇电梯井等竖向构件组成的连接节点。柱与柱之间采用套筒连接，预制柱底留

设套筒；梁柱构件采用强连接的方式连接，即梁柱节点预制并预留套筒，在梁柱跨中或节点梁柱面处设置钢筋套筒连接后混凝土现浇连接。见图 11-25。

（2）技术要点

鹿岛节点属于强节点，其节点核心区与梁在工厂整体预制，可以根据需要在不同的方向预留伸出钢筋，待现场拼装时插入其他构件的预留孔，进行灌浆连接。

这种节点构件由于体积较大会造成节点运输与安装困难。

4.4.3　牛担板连接

（1）基本原理

牛担板的连接方式是采用整片钢板为主要连接件，通过栓钉与混凝土的连接构造来传递剪力，常用于预制次梁与预制主

图 11-25　鹿岛连接

梁的连接。牛担板宜选用 Q235B 钢；次梁端部应伸出牛担板且伸出长部不小于 30mm；牛担板在次梁内置长度不小于 100mm，在次梁内的埋置部分两侧应对称布置抗剪栓钉，栓钉直径及数量应根据计算确定；牛担板厚度不应小于栓钉直径的 0.6 倍；次梁端部 1.5 倍梁高范围内，箍筋间距不应大于 100mm。预制主梁与牛担板连接处应企口，企口下方应设置预埋件。安装完成后，企口内应采用灌浆料填实。见图 11-26。

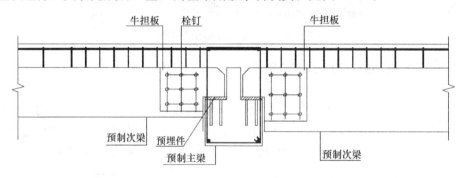

图 11-26　牛担板连接

（2）技术要点

首先让合格的厂家按图纸加工牛担板以及牛担板支撑件，在梁模具组装完后吊入梁钢筋笼，在次梁两端装入牛担板，在主梁的相应位置装入牛担板支撑件，浇筑混凝土、养护、脱模、运输到堆场，梁运输到施工现场并安装到相应位置，最后主次梁的节点接缝内灌入灌浆料。

4.4.4　环筋扣合锚接结构体系

（1）基本原理

装配式环筋扣合锚接混凝土剪力墙结构体系，包括若干个预制剪力墙、预制叠合楼板，剪力墙的混凝土外四周突出有封闭的钢筋环，使用时通过使用封闭箍筋或连接剪力墙突出于混凝土外的封闭钢筋环交错，然后内穿钢筋进行固定后浇筑混凝土连接。预制叠合

楼板与剪力墙之间通过现浇混凝土锚接。预制剪力墙内同时可以预制暗梁。这样大大减少了凸梁凸柱，外墙围护结构简单，通过预制与现浇相结合，大大加快了施工进度，降低了施工成本。

（2）技术要点

将剪力墙结构的竖向构件拆分为"一字形"预制构件，其中主要包括预制环扣内墙板、预制环扣外墙板、预制环扣叠合楼板和预制环扣楼梯、预制叠合梁等基本构件。楼层墙体采用"L形""T形""十字形"现浇节点连接，上下层墙体采用"一字形"现浇节点连接。水平构件采用叠合梁板形式，墙体水平连接通过构件端头留置的竖向环形钢筋在暗梁区域进行扣合，墙体竖向连接通过构件端头留置的水平环形钢筋在暗柱区域进行扣合，在暗梁（暗柱）中穿入水平（竖向）钢筋后，构件通过现浇节点连接形成整体。见图11-27。

图11-27　装配式环筋扣合锚接

4.4.5　竖向钢筋集中约束浆锚连接装配整体式剪力墙体系

（1）基本原理

竖向钢筋集中约束浆锚连接装配整体式剪力墙体系，墙体竖向主筋通过特有的集中约束搭接连接节点实现。施工简便，孔道灌浆密实度易于保证，经过工程实践证明，该种连接形式的孔道灌浆密实度可以采用无损检测或微创检测验证，大大加快了施工进度，降低了施工成本。

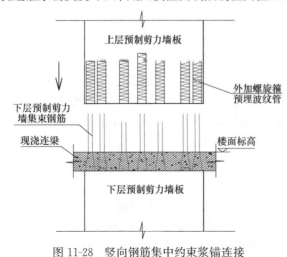

图11-28　竖向钢筋集中约束浆锚连接

（2）技术要点

在预制剪力墙上端预留竖向主筋，剪力墙下端采用金属波纹管预留孔道，孔道外侧设置螺旋箍筋或焊接环箍，在下一层墙体施工完成后，搭设现浇梁模板、安装叠合梁板、浇筑叠合层混凝土形成楼盖。待楼面混凝土达到施工强度后，安放上一层预制剪力墙，保证上层剪力墙孔道套住下层剪力墙上端伸出的主筋，再采用高强无收缩水泥基灌浆料进行波纹管灌浆施工完成节点连接，形成整体结构。见图11-28。

三、建筑结构装配式施工技术最新进展（1~3 年）

自 2015 年以来，我国建筑工业化受到前所未有的关注，各地政府部门、设计、科研单位以及施工企业正在为此积极准备和尝试，其产品无论从技术体系、制造工艺、商业模式上都与传统做法有所不同，因此被称为"新型建筑工业化"。新型建筑工业化背景下的预制混凝土行业的发展，必须贯彻研究、设计、制作及施工安装一体化的管理理念，需要依靠科技创新和产品标准化工作的推进；必须成立以专家队伍和骨干企业为主导的行业协会，长期致力于行业发展的竞争力研究，规范行业有序健康发展。

1. 装配整体式剪力墙结构体系

装配整体式剪力墙结构是由预制混凝土墙板构件和现浇混凝土剪力墙构成结构的竖向承重和水平抗侧力体系，通过整体连接形成的一种钢筋混凝土剪力墙结构形式，是基于结构整体性能基本等同现浇的概念建立的。

建筑的水平方向由预制内外墙板＋现浇剪力墙或现浇连接段形成整体，竖直方向剪力墙下端采用坐浆层＋浆锚或套筒连接方式与底层形成整体，上端与水平后浇带（圈梁）及楼面板叠浇层连接形成整体，其结构性能与现浇剪力墙基本相同。见图 11-29。

图 11-29　装配整体式剪力墙结构

2. 叠合板式混凝土剪力墙结构体系

叠合板式混凝土剪力墙结构体系是引进、吸收国外的新技术、新工艺，在我国建筑市场上已经开始有所应用，并在推广过程中。该体系施工便于工程的计划与组织，能够有效地保证工程的进度优化、质量控制和节约成本，符合国家节能环保的产业政策。

叠合板式混凝土剪力墙结构预制墙板安装施工，是采用工业化生产方式，将工厂生产的叠合式预制墙板构配件运到项目现场，使用起重机械将叠合式预制墙板构配件吊装到设计部位，然后浇筑叠合层及加强部位混凝土，将叠合式预制墙板构配件及节点连为有机整体。对比传统结构体系施工，该施工工艺具有施工周期短，质量易控制，构件观感好、减少现场湿作业，节约材料、低碳环保等施工特点。见图 11-30。

叠合板式混凝土剪力墙结构体系技术是装配式混凝土结构体系技术的一种，其讲究设计一体化，生产自动化以及施工装配化。在叠合

图 11-30　叠合板式混凝土剪力墙

板式混凝土剪力墙结构体系技术推广应用的过程中，其技术的固有特点体现为以下几点：

（1）由其加工工艺决定的非固定模数的特点决定了叠合板应用的广泛性

（2）结构体系预制率高

（3）装配整体式中的整体概念得到充分实现

（4）防水理念及防水效果好

（5）施工速度快，精度高，便于主体结构的质量控制

（6）质量通病少，全寿命周期维护成本大大减少

（7）正和其他部品部件的空间大

3. 装配整体式框架结构体系

装配整体式框架结构，是全部或部分的框架梁、柱采用预制构件和预制叠合楼板、现

图 11-31　装配整体式多层框架结构

场拼装后浇筑叠合层或节点混凝土形成的混凝土结构体系，预制承重构件之间的节点、拼缝连接均按照等同现浇结构要求进行设计和施工。装配整体式框架结构一般由预制柱、预制梁、预制楼板、预制楼梯、外挂墙板等构件组成。见图 11-31。

4. 装配式复合外墙板

建筑外墙是建筑的主要组成部分，其构造以及所使用的材料影响着建筑能耗指标和室内居住舒适度。在住宅建筑的围护结构能耗中：外墙可以占到 34％，楼梯间隔墙约 11％。发展高质量外墙复合保温墙板是实现住宅产业化和推广节能建筑的重要捷径。

目前国内可作为装配式外墙板使用的主要墙板种类有：承重混凝土岩棉复合外墙板、薄壁混凝土岩棉复合外墙板、混凝土聚苯乙烯复合外墙板、混凝土珍珠岩复合外墙板、钢丝网水泥保温材料夹芯板、SP 预应力空心板、加气混凝土外墙板与真空挤压成型纤维水泥板（简称 ECP）。

4.1　混凝土膨胀珍珠岩复合外墙板

混凝土膨胀珍珠岩复合外墙板由钢筋混凝土结构承重层、膨胀珍珠岩保温层和饰面层复合而成。其厚度为 300mm，其中承重层厚度 150mm，保温层厚度 100mm，饰面层厚度 50mm。见图 11-32。

该种复合外墙板除了具有适应承重要求的力学性能外，还能满足民用建筑节能设计标准对其的要求。混凝土膨胀珍珠岩复合外墙板的隔热、保温性能大大优于以往的轻混凝土外墙板，稍逊于

图 11-32　珍珠岩保温板

混凝土岩棉复合外墙板，其冬季保温效果相当于厚度为490mm的砖墙。但面密度大，需要专用吊机安装，不利于当前建筑工业化的推广应用。

4.2 钢丝网水泥保温材料夹芯板

钢丝网架水泥夹芯板是在工厂内将低碳冷拔钢丝焊成三维空间网架，中间填充轻质保温芯材（主要用阻燃的聚苯乙烯泡沫板）而制成的半成品，在施工现场再在夹芯板的两侧喷抹水泥砂浆或直接在工厂内全部预制完成。见图11-33。

图11-33 钢丝网水泥保温材料夹芯板

该种夹芯板重量轻、强度高、防震、保温和隔热、隔声性能好、防火性能好、抗湿、抗冻融性好、运输方便、损耗极少、施工方便经济、提供建筑使用面积。能根据设计上的要求组装成各种形式的墙体，甚至可在板内预先设置管道、电气设备、门窗框等，然后在生产厂内或施工现场，再于板的钢丝上铺抹水泥砂浆，施工简便、快速，加快施工进度。但制作工艺复杂，质量参差不齐，不符合工业化推广应用。

4.3 挤出成型水泥纤维墙板（ECP）

挤出成型水泥纤维墙板是以硅质材料（如天然石粉、粉煤灰、尾矿等）、水泥、纤维等为主要原料，通过真空高压挤塑成型的中空型板材，然后通过高温高压蒸汽养护而成的新型建筑水泥墙板。见图11-34。

图11-34 挤出成型水泥纤维墙板（ECP）

通过挤出成型工艺制造出的新型水泥板材，相比一般板材强度更高、表面吸水率低、隔声效果更好。其优异的性能和丰富的表面，不仅可用作建筑外墙装饰，而且有助于提高外墙的耐久性及呈现出丰富多样的外墙效果。可直接用作建筑墙体，减少多道墙体的施工工序，使墙体的结构围护、装饰、保温、隔声实现一体化。

挤出成型水泥纤维墙板完全满足钢结构住宅对围护墙板高强、轻质、具有良好的保温隔热、隔声、防水、防火、抗裂和耐候等综合性能的要求。

5. 叠合板

5.1 PK 预应力叠合板

PK 预应力叠合板是一种新型的板面带肋的叠合楼面板,标准宽度为 1000mm 为主,配有 400mm 和 500mm 尺寸调节用板,截面形式有双(单)肋两种。使用跨度 2.1～6.6m。

在预制的带肋预应力底板的肋上预留孔中布置垂直于预制底板的钢筋,再加现浇混凝土而形成的一种叠合整体式楼板,预制底板在施工阶段起到模板作用,在使用阶段形成双向配筋的整体楼板,在结构性能方面可等同现浇混凝土楼面,而抗裂性能则优于现浇混凝土楼面。

PK 板(一代)采用矩形混凝土肋,肋孔为矩形,刚度较大,承载能力较大。见图 11-35。

PK 板(二代)采用 T 形混凝土肋,肋孔为椭圆形,刚度非常大,承载能力非常大。见图 11-36。

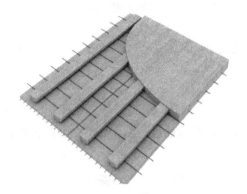 

图 11-35　PK 板(一代)　　　　　　图 11-36　PK 板(二代)

PK 板(三代,即 PKIII 型板)采用混凝土钢管桁架肋,刚度适中,承载能力适中,自重轻,宽度大,生产效率高,方便穿插管线。见图 11-37。

图 11-37　PK 板(三代)

5.2　钢筋桁架叠合板

钢筋桁架叠合板是预制和现浇混凝土相结合的一种较好结构形式。预制板（厚50～80mm）与上部现浇混凝土层结合成为一个整体，共同工作。钢筋桁架的主要作用有增加刚度，由于楼板厚度较大，钢筋桁架可以明显提高楼板刚度；增加叠合面受剪，但这个并不明显，对于常规居住、办公荷载的叠合楼板，不配抗剪钢筋的叠合面仍可满足受剪计算要求；另外钢筋桁架还可作为施工"马镫""吊钩"。叠合板作现浇混凝土层的底模，不必为现浇层支撑模板。叠合板底面光滑平整，板缝经处理后，顶棚可以不再抹灰。这种叠合楼板具有现浇楼板的整体性、刚度大、抗裂性好、不增加钢筋消耗、节约模板等优点。见图11-38。

图 11-38　钢筋桁架叠合板

6. SP 预应力空心板

SP 预应力空心板生产技术是采用美国 SPANCRETE 公司技术与设备生产的一种新型预应力混凝土构件。见图 11-39。

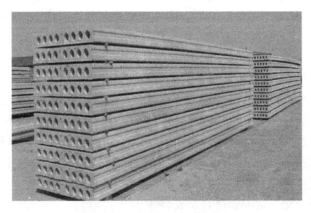

图 11-39　SP 预应力空心板

该板采取高强低松弛钢绞线为预应力主筋，用特殊挤压成型机，在长线台座上将特殊配合比的干硬性混凝土进行冲压和挤压一次成型，可生产各种规格的预应力混凝土板材。该产品具有表面平整光滑、尺寸灵活、跨度大、高荷载、耐火极限高、抗震性能好等优点及生产效率高、节省模板、无需蒸汽养护、可叠合生产等特点，但价格较高。

7. 装配式装修

装配式装修是配套绿色建造的一种改善人们生活空间和生活方式的建筑方式。装配式装修打破了传统装修思维，打通了集成化部品为核心、一体化设计为前提、精益化智造为根本、装配化施工为关键的装修全产业链。装配式装修不但解决了当前装修问题的质量通病，更为适应生活需求和功能进步的快速发展提供了模式基础。采用装配式装修具有节约原材、节约工期、质量稳定、维修便利和灵活拆改等优势。见图11-40。

图 11-40 装配式装修

从技术上看，装配式装修是将室内大部分装修工作在工厂内通过流水线作业进行生产，根据现场的基础数据，通过模块化设计、标准化制作，提高施工效率，保证施工质量，使建筑装修模块之间具有很好的匹配性。同时，批量化生产能够提高劳动效率，节省劳动成本。

8. 装配整体式钢筋焊接网叠合混凝土结构体系（SPCS 全装配式建筑体系）

采用竖向叠合与水平叠合于一体的整体叠合结构形式，简称"SPCS 叠合结构体系"。利用混凝土叠合原理，把竖向叠合构件、水平叠合构件、墙体边缘约束构件等通过现浇混凝土结合为整体，充分发挥了预制混凝土构件和现浇混凝土的优点。同时该结构体系钢筋及构件适合标准化设计，智能化生产，快速化安装，真正实现了工厂制作、现场快速安装的装配式建筑的要求。

该结构体系具有如下创新性优势：

1）墙板采用机械焊接钢筋网片构造，端部不需出筋，配套三一自主研发的生产装备，可实现大规模工业化、自动化生产需要，节省人工，降低综合生产成本。

2）预制部分既参与受力又兼做模板，可实现免外模板安装，边缘构件范围内采用成型钢筋笼，辅助定型铝模及安装装备，极大地减少了现场钢筋、模板工作量、各工种交叉作业及现场人工用量，施工高效便捷。

3）构件质量轻，便于运输、吊装及安装。

4）体系采用可靠易检的钢筋搭接连接方式，取代了现阶段装配式建筑中常用受制于现场操作水平的灌浆套筒连接和浆锚连接，质量安全可控。

5）竖向构件内核及连接节点为整体现浇，结构整体性好，解决了装配式建筑易开裂、防水性能差等质量通病。

6）该体系包含叠合剪力墙、叠合框架柱、叠合框架梁、预应力叠合梁等预制构件，可构建剪力墙、框架、框架-剪力墙结构体系，实现了住宅、办公、商业等常规建筑形式的全覆盖。

四、建筑结构装配式施工技术前沿研究

1. 现状

现阶段装配式建筑主要集中在住宅方面，以预制装配式剪力墙体系为主，设计仍按传统模式设计，在结构施工图上做预制混凝土构件分解，未完全达到设计、施工全过程的装配式建筑。

现阶段传统装配式剪力墙体系，建造成本高，室内空间受限，不能灵活变动。应朝大空间方向发展，发展装配式框架、框架剪力墙及叠合剪力墙体系，适应产业化技术。

2. 发展趋势

（1）装配式建筑将从项目全寿命周期来统筹考虑。设计按照建筑、结构、设备和内装一体化设计为原则，以完整的建筑体系和部品体系为基础，进行协调设计、密切配合，并充分研究建筑构配件应用技术的经济性和工业化住宅的可建造性。

（2）住宅 SI 体系发展趋势

传统住宅在使用上最大的问题在于，随着使用时间的增加，建筑内填充体部分逐渐老化、功能上不具备长久使用性。住宅品质得不到保障。

使用 SI 住宅体系，实现结构主体与填充体完全分离、共用部分和私有部分区分明确，并有利于使用中的更新和维护，实现百年住宅的目标。

（3）多层大柱网建筑装配化

随着大柱网、大开间多层建筑的迅猛发展，长跨预应力空心板、T 形板、大型预应力墙板等必将逐步兴起，预制梁板现浇柱，或预制梁、板、柱与现浇节点相结合的各种装配整体式建筑结构体系预期会迅速发展。

（4）单层大空间建筑装配化

对于一些大型的体育场馆以及单层的大型工业厂房，需要实现大空间满足使用功能，通过预应力技术和装配式技术的结合可以在满足使用功能的前提下实现快速安装施工，不仅能大幅提高施工效率，减少现场施工垃圾的产生，而且可以实现更大的空间，因此单层大空间建筑的装配化在建筑工业化的进程中有良好的前景。

3. 前沿技术

3.1 绿色建造技术

（1）绿色设计：模块化户型设计理念、3D 模型节能分析和优化技术。

（2）绿色制造：高质量构件工厂流水化制造，劳动生产率提高 200%。

（3）绿色材料：预制夹心保温墙板无毒、防火与建筑物同寿命；再生混凝土节约资源、降低能耗，减少建筑垃圾堆放耕地，节约天然石材 62.7 万 m^3，降低碳排放量 1956.24t，节约生产成本。

（4）绿色施工：将传统建筑工地转变成住宅产业工厂的"总装车间"，通过绿色高效的施工管理，可以降低劳动强度、提高施工效率，做到三楼结构体吊装、一楼进行管道、设备安装和内部装修，可有效减少建设周期。

3.2 BIM信息化技术

贯穿PC建筑全生命周期的BIM技术应用。在EPC建造模式下，借助BIM信息化管理，可以促进同步设计，同步管理，共享资源，共享数据。通过BIM和ERP管理平台，实现工程建设的不同主体能在不同的空间，全面协调工作，检查错漏碰缺，极大提高效率。借助这个平台，也可以把市场上不同的部品件模块标准化，便于采购，便于设备的选型。此外，我们还在EPC的模式下，致力推进生产加工和装配设备也都能够直接提取相关信息，不需要二次录入，提高一体化建造效率。见图11-41。

图11-41　BIM信息化技术

3.3 3D打印技术

目前，国内外均已实现采用3D打印技术"打印出"一栋完整的建筑。打印建筑的"油墨"原料除了水泥、钢筋，还包括建筑垃圾、工业垃圾等。数幢使用3D打印技术建造的建筑亮相苏州工业园区，迪拜未来博物馆的办公楼总部是3D技术打造的办公楼。3D打印建筑最大的好处是节能环保、节省材料，可节约建筑材料30%到60%，工期缩短50%～70%，建筑成本可至少节省50%以上，可以将建筑垃圾减少30%～60%。见图11-42。

图11-42　3D打印技术

3.4 装配式结构构件自动化生产加工技术

以标准化的模数模块设计为前提，协同生产线中不同工位作业，协同钢筋与混凝土的生产、加工、运输，以及建筑、结构、水暖电不同专业，充分发挥工厂的自动化、规模化生产优势，提高生产加工精度、生产效率和效能。创新模具设计，适应我国设计体系，探索模具机械自动化组装。见图 11-43。

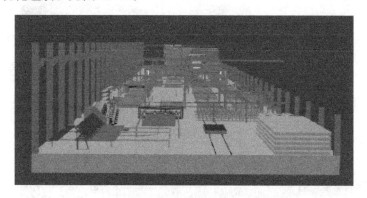

图 11-43　装配式结构构件自动化生产加工技术

3.5　施工机器人

（1）砌砖机器人

瑞士苏黎世国家能力中心的科学家们研究开发出一种智能建筑机器人，名为 In-situ。它利用一个很大的手臂通过预定的模式进行搬砖和砌墙，并可以利用二维激光测距仪，两个板载计算机和传感器获取自己的位置，在工地当中自由的移动。不需要被人为地帮助指示去哪里，厉害之处就在于，它可以适应很多不同的施工现场和不可预见的情况。见图 11-44。

（2）地坪施工机器人

日本大成建设公司 2016 年 4 月 18 日宣布，他们开发出了混凝土地坪施工机器人"T-iROBO Slab Finisher"。它的特点是，使用可以充电的可拆卸电池驱动，泥工可以无线方式远程操作。包括电池在内的机身重量约为 90kg。包括模板和连廊在内，在建筑内的各种场所均可施工。施工效率方面，2 台机器人的效率可达到 6 名泥工手工作业的 3～4 倍。见图 11-45。

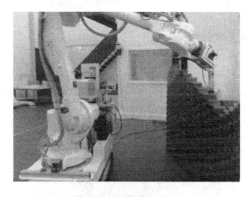

图 11-44　砌砖机器人

图 11-45　地坪施工机器人

（3）拆除机器人

拆迁机器人通过高压水枪喷射混凝土的表面，使其内部产生许多细微的裂缝，随后瓦解。这样，混凝土中的砂石和水泥与钢筋就可以分离，拆迁机器人可以回收打包砂石、水泥，以及钢筋，以供之后重复使用。见图 11-46。

图 11-46 拆除机器人

（4）墙板安装机器人

传统的室内装修，从板材的运输、切割到安装完全由人工作业，既费时费力又无法保证全部操作过程的规范化，而且人工成本较高。"室内板材建筑机器人"可完全代替人工完成以上作业。见图 11-47。

图 11-47 墙板安装机器人

（5）抹灰机器人

建筑抹灰机器人采用全自动处理技术，利用托载小车可实现机器 360°自由旋转，可托载 600kg 重量，完成一次作业需大约 6min。可抹出 3m² 的墙面。墙面抹灰垂直度和平整度达到高级抹灰标准，确保墙面墨水施工的质量，同等条件下 1 台抹灰机器人相当于 6 个成熟抹灰工的施工效率。见图 11-48。

图 11-48 抹灰机器人

五、建筑结构装配式施工技术指标记录

装配式框架剪力墙结构：龙馨家园小区老年公寓项目最高建筑为88m，装配率80％（抗震设防烈度6度）。

装配式剪力墙结构：海门中南世纪城96号楼共32层，总高度101m，预制率超90％（抗震设防烈度6度）。

六、建筑结构装配式施工技术典型工程案例

1. 深圳裕璟幸福家园项目工程

1.1　工程概况

深圳裕璟幸福家园项目位于深圳市坪山新区坪山街道田头社区上围路南侧，是深圳市首个EPC模式的装配式剪力墙结构体系的试点项目（图11-49）。本工程共3栋塔楼（1～3号），建筑高度分别为92.8m（1号楼、2号楼）、95.9m（3号楼），地下室2层，是华南地区装配式剪力墙结构建筑高度最高的项目。本工程预制率达50％左右（1、2号楼49.3％，3号楼47.2％），装配率达70％左右（1、2号楼71.5％，68.2％），是深圳市装配式剪力墙结构预制率、装配率最高项目，也是采用深圳市标准化设计图集进行标准化设计的第一个项目。总占地面积为11164.76m²，总建筑面积为6.4万m²（地上5万m²，地下1.4万m²），建筑使用年限为50年，耐火等级为1级，建筑类别为1类，人防等级为6级。

图11-49　深圳裕璟幸福家园项目

1.2　技术介绍

1.2.1　全产业链标准化设计

本项目在设计、生产、施工全产业链中均采用标准化、模块模数化设计，减少了户型种类、构件类型、构件模具种类，优化了构件连接节点，通过全产业链标准化设计，减少了构件生产模具、方便了构件运输、降低了预制构件施工难度、提高了预制构件安装质量、加快了构件生产及现场速度。

1.2.2　BIM在全产业链中的应用

本项目在EPC工程总承包的发展模式下，建立以BIM为基础的建筑＋互联网的信息平台，通过BIM实现建筑在设计、生产、施工全产业链的信息交互和共享，提高全产业链的效率和项目管理水平。

1.2.3　装配式工装系统的设计

本项目在预制构件运输、临时堆放、吊装、安装、验收等环节设计了相对应的工装系统，如预制构件运输架、临时堆放架、吊架、吊梁、钢筋定位框、套筒平行试验架、七字

码、钢筋定位框等系列工装，本项目通过各类工装系统的适用，不仅提高了预制构件安装速度，同时，提高了预制构件安装质量和安全系数。

1.2.4　信息化系统

本项目在建设过程中为了更好地对人员、大型设备、施工安全、环境等进行管制，项目部建立了人员实名制系统、人员定位系统、监控系统、大型机械设备监控系统、环境监测系统（PM2.5和扬尘噪声）等，本项目通过对系列信息化系统的使用，极大地降低了项目管理难度、同时，减少了项目管理成本。

2. 中建·深港新城项目

2.1　工程概况

中建·深港新城一期工程，总用地面积35125.02m²，总建筑面积80665.6m²，容积率为2.3，绿化率为30%。由2栋17层、4栋15层的住宅及三栋设备用房组成。其中住宅体系为装配式混凝土结构，采用工业化的建造方式进行施工，结构预制率约53%，装配率约78%。

本工程结构层高为2.9m，建筑高度为48.6m。

本工程抗震设防烈度为6度，设计基本地震加速度为0.05g，设计地震分组为第一组，特征周期0.35s，场地土为Ⅱ类。

工程的主体结构设计为：装配式混凝土剪力墙结构，预制构件之间通过现浇混凝土及套筒灌浆连接形成统一整体。

主体结构采用的预制构件有：预制外墙、预制隔墙、预制内墙、预制叠合梁、预制叠合板、预制叠合阳台、全预制楼梯、PCF板、空调板共计9大类，内隔墙采用蒸压砂加气砌块，局部采用轻质条板隔墙。

室外工程采用的预制构件主要有：预制轻载道路板、预制重载道路板、装配式围墙。

2.2　技术介绍

2.2.1　施工图标准化设计

施工图设计需考虑工业化建筑进行标准化设计。工业化建筑的一个基本单位尺寸是模数，统一建筑模数可以简化构件与构件、构件与部品、部品与部品之间的连接关系，并可为设计组合创建更多方式。为设计阶段简单、方便地应用模数，可以采用整模数来设计空间及构件尺寸，生产阶段则采用负尺寸来控制构件大小。通过标准化的模数、标准化的构配件通过合理的节点连接进行模块组装最后形成多样化及个性化的建筑整体。见图11-50。

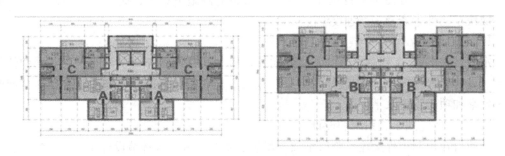

图 11-50　标准化设计

2.2.2　构件拆分设计标准化

构件厂根据设计图纸进行预制构件的拆分设计，构件的拆分在保证结构安全的前提下，尽可能减少构件的种类，减少工厂模具的数量。见表11-1、图11-51。

构件拆分表　　　　　　　　　　　　　　　　　　　　表 11-1

构件类型	构件总量	模具数量
外墙板	4018	13
内墙板	564	2
PCF 板	1504	3
叠合梁	2914	10
叠合板	7568	15
叠合阳台	800	1
楼梯	188	2
空调板	500	2
合计	18056	48

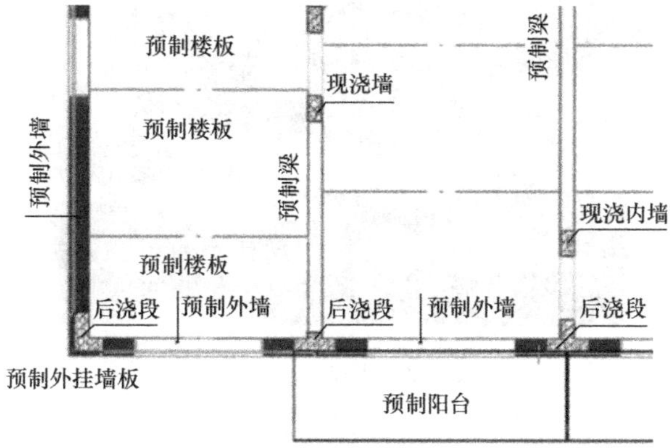

图 11-51　构件拆分

2.2.3　独特的预制构件支撑体系

为了保证构件在安装时稳定性，对于不同构件采用了不同的支撑体系。如预制墙体时支撑体系选用单根斜支撑与7字码相结合的形式进行支撑，支撑体系的上口通过构件上预埋的螺栓进行固定，下口采用膨胀螺栓固定在楼板上；叠合板支撑采用可调独立支撑；预制楼梯单支顶支撑预制梯梁，楼梯板固定在预制梯梁上等，针对不同构件的结构特点，采用不用的支撑体系，通过这种方式有效地保证了安装的可靠性。

3. 丁家庄二期（含柳塘）地块保障性住房项目 A27 地块工程

3.1　工程概况

丁家庄二期（含柳塘）地块保障性住房项目 A27 地块工程，位于南京市栖霞区寅春路以东，华银路以北。项目总建筑面积为 52358m²，包含 1 号楼和 2 号楼，地上 30 层，车库地下 2 层。项目主体结构采用了装配式预制构件，内装修采用了装配式装修，预制装配率达 60.67%，建筑节能率达 65%。见图 11-52。

主体结构采用的预制构件有：预制剪力墙、预制外挂板、预制叠合板、预制楼梯、预制阳台板和预制阳台栏板等6种，累计使用构件6252件。

装配式装修部品有：装配式架空地面部品、装配式墙面部品、装配式吊顶部品、同层排水系统部品、整体防水底盘部品、集成门部品、集成窗套部品等，累计使用内装部品22896件。

图 11-52　丁家庄 A27 项目

3.2　技术介绍

3.2.1　主体结构竖向钢筋集中约束浆锚连接装配整体式剪力墙施工

项目主体结构采用了新型连接方式的装配整体式混凝土剪力墙结构体系——"竖向钢筋集中约束浆锚连接装配整体式剪力墙"，在预制剪力墙上端预留竖向主筋，剪力墙下端预留由金属波纹管形成的孔道，孔道外侧设置螺旋箍筋或焊接环箍，在下一层墙体施工完成后，搭设现浇梁模板、安装叠合板浇筑叠合层混凝土形成楼盖。待楼面混凝土达到施工强度后，安放上一层预制剪力墙，保证上层剪力墙孔道套住下层剪力墙上端伸出的主筋，再采用高强无收缩水泥基灌浆料进行波纹管灌浆施工完成节点连接，形成整体结构。

工厂化生产的装配整体式剪力墙预制构件，运输至项目现场采用装配式施工方式。住宅塔楼中现浇结构部分采用铝模装配式施工方式，实现较高的装配率。

3.2.2　室内装配式装修

项目室内采用精装一体化设计，为电气、给水排水、暖通、燃气各点位提供精准定位，不用现场剔槽、开洞，避免错漏碰缺，保证安装装修质量。为实现成品住房交付奠定基础。一体化室内精装设计施工，大规模集中采购，装修材料更安全、环保，标准化的装修保障了装修质量，避免二次装修对材料的浪费，最大程度地节约材料。装修部品工厂化加工，选材优质绿色，装修构件运至现场直接安装，杜绝了传统装修方式在噪声和空气上带来的污染。见图 11-53。

图 11-53　土建装修一体化

3.2.3　BIM 在施工中运用与管理

项目住宅部分采用 BIM 技术进行工程设计与施工，实现信息化技术的应用，提高预制装配式建筑精细化设计程度，包括节点设计、连接方法、设备管线空间模拟安装等，通过 BIM 技术实现构件预装配、计算机模拟施工，从而指导现场精细化施工，实现项目后期管理运营的智能化。见图 11-54～图 11-57。

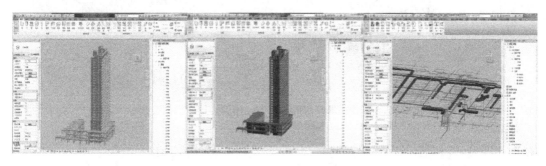

图 11-54　建筑信息模型

图 11-55　桁架钢筋混凝土叠合板预埋 RFID 芯片、二维码标识

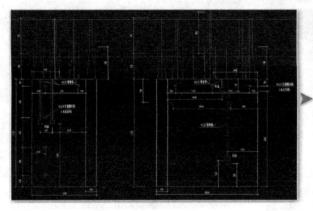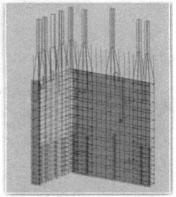

图 11-56　利用 BIM 技术对预制构件深化设计

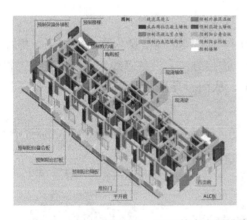

图 11-57　BIM 技术应用搭建模型、预制构件模拟吊装演示

第十二篇 装饰装修工程施工技术

中国建筑装饰集团有限公司　杨双田　吴天宇　陈　东　曹亚军　王　晖

河南科建建设工程有限公司　孙全明

摘要

建筑装饰工程施工技术经历了30余年的快速发展后，逐渐成为独立新兴学科和行业。随着新型材料、建筑工业化及电子信息技术的发展，装饰装修工程开始从传统操作方法，朝着绿色化、智能化、科技化的方向发展，目前，建筑装配一体化、BIM、三维扫描等技术已成为中国建筑装饰装修施工技术的发展方向，并开始在装饰工程设计与施工中不断深化应用。

Abstract

Construction technology of building decoration engineering has experienced rapid development for more than 30 years and has gradually become an independent emerging discipline and industry. With the development of new materials, building industrialization and electronic information technology, decoration works begin to develop from traditional operation methods to green, intelligent and scientific. At present, building assembly integration, BIM, three-dimensional scanning and other technologies have become the development direction of China's construction technology for building decoration and decoration, and begin to deepen their application in the design and construction of decoration engineering.

一、装饰装修工程施工技术概述

装饰装修工程施工指在建筑物主体结构所构成空间内外，为满足使用功能需要而进行的装饰设计与修饰，是为了满足人们视觉要求和对建筑主体结构的保护作用，美化建筑物和建筑空间所做的艺术处理和加工。

装饰装修工程施工主要包括门窗工程、楼地面工程、吊顶工程、轻质隔墙工程、饰面板工程、饰面砖工程、（幕墙工程）、涂饰工程、裱糊与软包工程、细部装饰工程等，包括抹灰，门窗安装，地面基层、面层铺设，吊顶、轻质隔墙、饰面板的制作与安装，饰面砖粘贴，涂料涂饰，裱糊与软包及门窗套、窗帘盒、橱柜与栏杆的制作与安装等施工工艺技术。

我国装饰装修行业的发展经历了以下三个阶段：

1. 第一阶段（1989 年以前）

20 世纪 80 年代及以前，装饰工程从属于建筑工程，室内装饰工程处于分散的手工作坊式施工阶段，装饰设计的方式方法依赖于设计人员的手工制作和创造，施工的方式方法以传统的现场手工作业和操作为主，主要装饰材料基本是未经加工的材料直接运到现场进行加工制作，项目按照现场已有条件"量身裁衣"，利用小型加工机具进行加工安装，其生产效率较低、生产规模较小。

2. 第二阶段（1989～2003 年）

从 20 世纪 90 年代开始，在改革开放的推动下，随着 CAD、PS、3Dmax 计算机辅助技术、大量新产品新材料、先进施工机具的发展和引进，推动了建筑装饰设计技术和施工技术的进步，促进了建筑装饰行业的发展，国内逐步涌现出一批专业化的装饰公司，推动装饰工程作为一个专业的建筑分部工程独立运作。

3. 第三阶段：（2003 年～现在）

随着建筑业的迅速发展，人们对生活和工作环境要求越来越高，建筑设计的造型越来越复杂多样，空间艺术感越来越强，建筑市场规模的扩大，促使劳动力需求增大，传统生产力水平已不能满足市场的需求，这也给装饰施工带来了巨大挑战。为适应建筑业发展的需求，各种新技术、新型机具、新型环保材料、复合材料应运而生，绿色建筑、BIM 技术、装配化施工、信息化管理等先进建筑装饰设计和施工管理技术逐步引进和发展，逐步取代传统的手工作业和现场切割加工，有效解决劳动力短缺的现状，推动建筑装饰行业朝着绿色化、智能化、工业化、信息化方向发展。

二、装饰装修工程施工主要技术介绍

1. 新型材料与施工技术

近年，随着科技的发展，各种新型材料和新的施工工艺层出不穷，新型卡式龙骨、模块化墙面砖预粘贴施工技术、新型夹条软硬包等材料和技术，具有工厂化生产现场装配化施工的特点，逐步替代了传统装饰施工，一定程度上为装饰工程施工提供更加多变的材料和工艺选择，丰富了装饰效果，提高了施工质量和施工进度。

1.1　新型卡式龙骨施工技术

新型卡式龙骨（图 12-1）是一种多功能龙骨，包括 V 形直卡式龙骨和造型卡式龙骨。其做法是利用其侧边的凹槽，在与覆面龙骨连接时，可以采用卡接；采用钢排钉或自攻钉将石膏板钉在副龙骨上，不易钉偏，有效提升施工质量。异型吊顶的基层施工时，通过任意弯曲折叠卡式龙骨成拱形，波浪形，折线形，再加以固定，可以方便地做成统一模数的异型基层构件，然后在上面做石膏罩面板。新型卡式龙骨方便做各种造型，可满足不同设计造型的吊顶，不仅综合成本低，施工简便，精密度高，而且稳定性高，装饰效果好，能解决因吊顶造型复杂而施工难、施工效率低的问题，已基本取代传统木龙骨。另外，新型卡式龙骨可实现工厂内加工，现场装配的装配式施工方法，省去了现场的材料加工工作，从而达到节约人工成本，标准化生产的目的。其工艺流程如下：

弹线→安装吊挂杆件（或基层固定装置）→安装卡式承载龙骨（或安装成型半成品龙骨构件）→安装副龙骨→拉线→检查主、副龙骨→隐蔽验收→安装罩面板

图 12-1　新型卡式龙骨

1.2　模块化墙面砖预粘贴施工技术

模块化墙面砖预粘贴，适用于室内精装修墙面墙砖铺贴施工，包括墙面砖、粘结剂、基层板、螺钉、固定扣条，墙面砖或饰面板通过粘结剂粘结于基层板上，基层板通过固定扣条与基层墙体连接，在常规墙面砖铺贴的基础上，通过改变、优化其结构形式，使其能满足快速铺贴并控制质量需求，是一种新型墙面砖铺贴体系。

模块化墙面砖预粘贴（图 12-2，图 12-3）在施工中能更好地控制墙面的平整度、垂直度、砖缝一致；通过工厂模块化加工，能大大减轻现场施工强度，提高人工工效，其工艺流程如下：

测量放线→防水、给水排水、电气隐蔽验收（如果有）→墙面弹线、调平→安装扣条母条→隐蔽验收→固定扣件公件与基层板→隐蔽验收→安装模块化墙面砖→阳角处理→砖缝处理

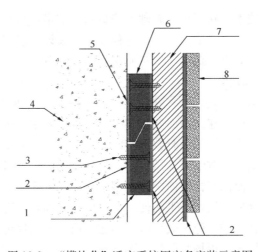

图 12-2　"模块化"适应系统固定条安装示意图

1—扣件母件；2—AB胶；3—螺钉；4—基层墙；5—垫片；6—扣件公件；7—基层板；8—饰面砖

图 12-3　模块化墙面预粘贴完成图

1.3　新型夹条软硬包施工技术

新型夹条软硬包施工技术将原来的活动板改为固定卡条，减少制作工序，用卡条来保证软硬包的垂直及平整度。此种做法软包布卡入固定卡条内，可以拆卸清洗和更换饰面及填充物，避免了传统做法缝隙大、有钉眼，分隔缝、棱角不直等缺陷，对现场的操作空间也要求较小。其做法巧妙地利用了锯齿状夹口材料与型条的可塑性，采用现场施工方式，工艺简单易掌握，操作快捷高效，不仅简化了材料准备及施工工序，而且容易拆换，制作好后的成品线条流畅笔直，层次感强，交叉处十字规整无错位（图 12-4）。其工艺流程如下：

安装基层板→弹线→安装边条卡条→填充软硬包吸音层→软包布裁切→安装软包布→

图 12-4　夹条处理

清理边条收口

1.4　铠装无龙骨干挂施工技术

铠装无龙骨干挂技术是建立在铠装技术基础上的一种装饰安装技术，其是以墙体为支撑结构，通过膨胀螺栓或化学锚栓将专用铝合金挂件固定在墙体上实现饰面板的干挂。铠装技术（图 12-5）就是通过机械加工在装饰面板棱边上植入一个金属支架，让装饰面板与支架形成牢固一体，使面板具备安全可靠干挂条件的技术，其功能与通槽干挂技术类似。该项技术最大的特点在于保证装饰美观效果的同时，大幅降低建造成本，节约建筑空间，具有极高的性价比。

图 12-5　铠装无龙骨干挂技术

2. 新型机、器具与设备

近年，随着制造业的发展，装饰施工行业各种新型小型电动施工机具、测量器具、新型设备层出不穷，特别是腻子喷涂机、吊顶射钉器、链带螺丝钉枪、三维扫描仪、3D 打印机等新设备的引进，给装饰施工带来了革新。其功能和性能越来越接近现场实际使用要求，具有省力、便携、高效的特点，可有效减少施工现场用工、提高施工效率，逐步替代了传统施工工具，为装饰工程施工提供更加便捷、高效的措施，大幅提高了施工质量和施工进度。

2.1 腻子喷涂机

腻子喷涂机（图 12-6）是搅拌、泵送、喷涂优质腻子粉的小型机械。该设备主要喷涂装修用腻子，如粒径 100 目涂料用混气喷枪即可达到雾化效果。每天喷涂面积可达 1500m² 左右。

图 12-6 腻子喷涂机

2.2 吊顶射钉器

吊顶射钉器（图 12-7），人称"吊顶神器"，是近两年出现的可用于装饰和机电专业吊挂件安装的小型机具。该设备有独特的产品结构和性能，外形美观大方，握持舒适，重量轻，携带方便。采用该机具在吊顶低吊件安装施工中，一改过去施工效率低、占面大、噪声大、需登高作业等弊端，简单实用易操作。由单人在 8m 以内的施工空间，无需登高、无需打孔、无持续噪声、无粉尘污染，平均只需要 15s 即可以完成组装一支支杆的紧

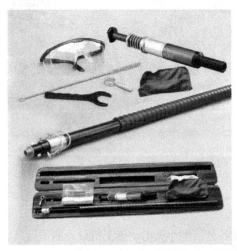
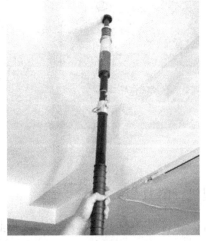

图 12-7 吊顶射钉器

固件与丝杆，且单颗配件的最大承重可达到 550kg 以上。同时显著提高了安全性，在常温中不自燃、不自爆、锤击、摩擦不引爆，遇明火只燃烧不爆炸。使用吊顶射钉器，工效提高约 10 倍，质量也有了更加明显的保障。

2.3　智能全站仪

智能全站仪又名自动全站仪、BIM 放样机器人（图 12-8），是一种能代替人进行自动搜索、跟踪、辨识和精确找准目标并获取角度、距离、三维坐标以及影像等信息的智能型电子全站仪，是现代多项高端技术集成应用于测量仪器产品的杰出代表。全站仪在过去较少用于装饰行业，由于 BIM 技术的推广，采用智能全站仪通过 CCD 影像传感器和其他传感器对现实测量世界中的目标点进行识别，能够迅速做出分析、判断和推理，实现自我控制，并自动完成对准、读取等操作，以完全代替人的手工操作，同时可以与制定测量计划、控制测量过程、进行测量数据处理与分析的软件系统相结合，足以代替人完成测量任务。

图 12-8　智能全站仪

2.4　三维扫描仪

三维扫描仪能够重建被扫描的实物数据，用来侦测并分析现实世界中物体或环境的形状（几何构造）与外观信息（如颜色、表面反照率等性质），其最大特点就是精度高、速度快、接近原形。采用三维扫描仪搜集到的数据常被用来进行三维重建计算，在虚拟世界中创建实际物体的数字模型。在装饰行业传统的测量工作方法是运用传统测量仪器核对现场尺寸，装饰施工测量现场主要工作有长度、角度、建筑物细部点的平面位置的测设，建筑物细部点的高程位置的测设及侧斜线的测设等，采用传统测量方式较为繁复，记录数据量大，且测量工作耗时长，容易产生误差。装饰行业近几年开始在工程中使用三维扫描仪，用于施工现场尺寸复核，同时可以利用测得的点云模型逆向建模还原现场情况，可为项目提供精准的测量数据和设计依据，大大提高测量效率，节省原始数据获取的时间、人力及物力。如图 12-9 所示为三维扫描仪基本构成。

2.5　VR 虚拟现实设备

虚拟现实技术即 Virtual Reality（以下简称 VR），实际上是一种可创建和体验虚拟世

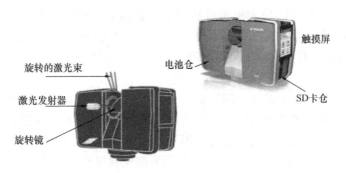

图 12-9　三维扫描仪

界（Virtual World）的计算机系统。从理论上来讲，VR 技术是一种可以创建和体验虚拟世界的计算机仿真系统，它利用计算机生成一种模拟环境，使用户沉浸到该环境中。用户可以在虚拟现实世界体验到最真实的感受，其模拟环境的真实性与现实世界难辨真假，让人有种身临其境的感觉。常见 VR 设备有 HTC Vive 与 VR 沉浸式体验。见图 12-10。

图 12-10　VR 设备

基于 BIM 模型开发 VR 漫游程序，可以沉浸式体验装饰效果，充分理解设计意图，辅助确认设计方案，提高项目质量管理水平。还可以开发软装选配等多种交互功能，配合调整设计方案。上海市中建幸福公寓 VR 样板间漫游与家具移动布置交互见图 12-11。

图 12-11　VR 样板间

3. 绿色装饰技术

绿色的建筑装饰装修是在装饰装修项目全寿命期内，最大限度地节约资源、保护环境、减少室内环境污染和排放，为人们提供安全、健康、舒适和高效的使用空间的过程和活动。装饰绿色技术主要包括绿色设计、绿色材料和绿色施工技术三方面。

3.1　绿色设计

绿色设计也称生态设计、环境设计、环境意识设计。在产品整个生命周期内，着重考虑产品环境属性并将其作为设计目标，在满足环境目标要求的同时，保证产品应有的功能、使用寿命、质量等要求。绿色设计的原则被公认为"3R"的原则，即减少环境污染、减小能源消耗，回收再生循环或者重新利用。

室内设计中，为解决人造环境与自然环境和谐共生的问题，绿色设计的理念应运而生，绿色设计给人们提供一个环保、节能、安全、健康、方便、舒适的室内生活空间的设计，如室内布局、空间尺寸、装饰材料、照明条件、色彩配置等都可以满足居住者生理、心理、卫生等方面的要求，并且能充分利用能源、极大减少污染等，强调自然色彩和天然材料的应用，充分利用自然光、太阳能和自然通风，节约能源，保护自然环境，力求创造一个安全、高效的室内生态环境。

（1）材料方面。坚决杜绝使用劣质材料，尽量采用大面积的合成材料，以及有害气体低、对人无害的材料。如，Low-E中空玻璃，热吸收玻璃，调光玻璃，聚苯乙烯保温材料等新材料，同样在室内设计中应用这些新材料可以实现节能的目的。进行墙面材料的选择时候应该尽量避免用大规模的木质装饰，采用一些环保的墙纸，不仅可以减少装修的经费，也可以为以后的重新装修带来方便。

（2）自然光线、多场景照明运用。室内绿色设计中尽可能多地采用建筑空间的自然光源，这样可以有效减少资源的浪费。在设计过程中，照明是首先要考虑的因素。自然光作为新型设计元素，有很大的发展潜力。在室内装饰中，根据场景和需求设计室内照明。使用一些照明效果更好的材料，如：玻璃钢采光瓦，使用更弱的光源，以减少高强度光源，使用辅助光源，推广节能灯具的使用。

（3）颜色组合。重点在于室内设计的色彩搭配，创造回归自然的感觉。第一，要结合颜色管理，使用户能够感知自然，享受原始环境；第二，颜色清晰，不要使人们混淆了生活的感觉，使人们能够更深刻地享受气氛纯洁的本性。

（4）减少室内空气污染。室内的有害气体和辐射物质主要有以下几种：甲醛、氨、苯、氡和镭。甲醛具有较强的粘合性，同时可加强板材的硬度和防虫、防腐能力，主要存在于材料的内部，如：细木工板、胶合板、中密度纤维板等；氨主要来自混凝土外加剂，如：膨化剂，防冻剂、减水剂等；氡和镭主要出自瓷砖、大理石和花岗岩等，苯主要存在于建筑材料的有机溶剂中，如：各种油漆和涂料。

（5）空间功能的合理分配。合理的空间功能的分配是室内绿色设计的一个重要组成部分，不仅要满足人体工程学和完善的空间功能组织，还要充分考虑到室内设计的可发展性，在不同的时期人们可能对室内设计的要求有所变化，这就要求室内绿色设计在设计之初充分考虑到空间结构的调整，这样才能尽可能地减少二次装修造成的浪费和污染。开敞的空间是绿色设计的一种表现，开敞型空间可以方便室内空气的流通，给人们提供一个良好的生活环境，还可以更充分地利用自然光源，减少资源的浪费。

3.2　绿色建材

绿色建材是指采用清洁生产技术、少用天然资源和能源、大量使用工业或城市固态废物生产的无毒害、无污染、无放射性、有利于环境保护和人体健康的建筑材料。

装饰绿色材料发展日新月异，目前已开发的"绿色建材"有纤维强化石膏板、陶瓷、玻璃、管材、复合地板、地毯等。复合保温板材料、硅藻泥等新型装饰建材的出现和发展，为装饰工程提供了更加丰富多彩的表现手段和更加安全实用的产品选择。

（1）绿色墙饰

草墙纸、麻墙纸、纱稠墙布等产品，材质自然，还具有保湿、驱虫、保健等多种功能。防霉墙纸经过化学处理，排除了墙纸在空气潮湿时出现的发霉、发泡、滋生霉菌等现象，而且表面柔和，透气性好，色彩自然，具有油画般的效果，透出古朴典雅的艺术气息。

（2）环保地板

环保地板从原材料及加工用材料为出发点，游离甲醛在标准范围之内，这就不会造成空间空气的污染，不会对人体造成伤害，还有环保地板采用的是亚光漆涂饰，不会产生强烈的反射光，避免了光污染问题。

（3）免漆饰面工艺与环保油漆

免漆饰面工艺从根本上改变了现场油漆作业所带来的化学污染的状况，现场全部取消了油漆工的作业，从生产方式的变革直接反映施工水平的提高和发展。环保油漆的使用，不但使施工人员的健康得到了保障，也为业主的健康提供了保证，同时材料的耐火性也得到了大幅度的提升。

（4）绿色涂料

绿色涂料研究和发展的方向是不断降低 VOC 含量，直至为零。而且要不断扩大其使用范围，充分发挥使用性能等，因此，水基涂料、粉末涂料、无溶剂涂料和辐射固化涂料等将成为今后发展的主要方向。

生物乳胶漆，如光触媒空气净化涂料，除施工简便外还有各种颜色，能给家居带来缤纷色彩。涂刷后会散发阵阵清香，还可以冲刷或用清洁剂进行处理，能抑制墙体内的霉菌。

（5）绿色地毯

新兴的环保地毯，具有防腐、防蛀、防静电、阻燃等多种功能。款式上出现了拼块工艺地毯，可以根据块面图案随意拼铺。

（6）绿色照明

绿色照明是以节约电能、保护环境为目的的照明系统。通过科学的照明设计，利用高效、安全、优质的照明电器产品创造出一个舒适、经济、有益的照明环境。

绿色照明是一个系统工程，光源是实施绿色照明的首要物质条件，但照明节能，不只是简单的推广应用高效光源。作为一个系统工程，应全面地采取措施，从宏观规划、政策，到具体实施，从生产到应用、维护等各方面的每个环节都应努力。光源虽是首要因素，但却不是唯一的，灯具、镇流器等也是节约能源的重要途径。因此，绿色照明技术应该贯穿于光源、灯具等照明器材的生产、使用和废弃后处理整个照明工程的全过程中。

照明的另一发展趋势，即现在大家讨论比较多的智能照明，智能照明涉及传感器技术、控制技术、互联网通信技术等。其特点如下：

1）利用先进的电磁调压及电子感应技术，对供电进行实时监控，根据需要随意设置个性化照明方案。

2）可自由设定不同灯光组合模式，通过控制终端随意遥控屋内任一回路。

3）电灯开启时光线由暗逐渐到亮，关闭时由亮渐暗直至熄灭，场景切换时也是淡入淡出，不但健康护眼，对灯具损害也更小，延长了灯具使用寿命。

4）系统包含多种传感器，其中亮度传感器能够让系统根据室外光线变化，自动调节室内灯光亮度，使得室内光线处于动态恒定状态，不会出现窗边光线比房间中央更强的现象。另外，移动传感器能够探知人体活动，当人进入感应区后自动亮灯，离开感应区后自动熄灯，更加节能省电。

5）房间本身不设置过多开关，将总线路控制集合到一部遥控器中，通过遥控器便能控制住宅内所有的灯。另外，还可用时钟控制器，使灯光按照每天日出日落，有时间规律地自动变化。

3.3　绿色施工

绿色施工是指工程建设中，在保证质量、安全等基本要求的前提下，通过科学管理和技术进步，最大限度地节约资源与减少对环境负面影响的施工活动，实现四节一环保。

随着大量环保材料的使用，各种小型机器具的推广、工厂化加工现场组装施工技术的普及，以及 BIM 技术在施工管理方面的应用，促使装饰工程在施工方面取得了较大的发展，尤其在降低材料损耗、减少现场湿作业，达到现场节水节电、降尘降噪方面取得了较好的效果。

（1）干拌砂浆、水泥粘结剂等新型环保材料的推广，有效减少了现场湿作业，达到了装配化施工的效果，减少了施工现场临时用水、用电量，减少了施工现场二次加工带来的扬尘以及建筑垃圾，实现了"四节一环保"的目标。

（2）装配式装饰施工技术的推广与应用，降低现场湿作业，通过工厂化加工、现场组装的方式，减少了施工现场材料的二次加工，避免了现场焊接、切割等作业，降低了施工扬尘和噪声，同时也减少了现场加工机具的使用，达到节约用电的效果；另外，装配化施工技术的材料均为成品或半成品，材料进场后可直接搬运到作业区，减少了现场的二次转运和临时加工场地使用，实现了节约用地和减少建筑垃圾的目的。

（3）BIM 技术在装饰施工与管理中的应用，带动了三维扫描技术、智能放线技术、二维码等技术的应用，通过精准测量和精细排版，实现异型空间准确定位，减少了施工现场的材料损耗，降低建筑垃圾，提高了材料的使用率，达到降本增效和环境保护的效果。

（4）门窗节能系统。门窗是居住与室外自然环境沟通、交融的主要通道，其节能潜力巨大，采用节能材料（断桥铝门窗、系统门窗）或者节能措施的门窗可以有效降低建筑室内能耗。

4. 装配一体化技术

装配一体化是一种将工厂化生产的部品部件通过可靠的装配方式，由产业工人按照标准程序采用干法施工的装修过程。装配式装饰装修特点有：标准化设计、工业化生产、装配化施工、信息化协同。能够提高装饰工程质量、缩短装饰施工工期、改善现场施工环境、提高装饰施工技术水平、提升行业及企业社会形象。

4.1 装配式装饰设计

预制装配建筑装饰要求部品件配套、通用、小型，因此需采用模数化协调原则和方法，去制定各种部品件的规格尺寸，以满足各类设计需求，使其能准确无误的安装到指定的部位，且不同企业生产的部品件可互换。使之形成产品的标准化及装饰的多样化。装饰行业通过参与建筑与装修的一体化设计，针对预制装配式建筑装修设计与施工特点，在安全、环保、节能等要求满足的前提下，结合生态设计理念，充分体现对人的关怀，改善住宅的功能与质量，创造良好的居住条件，且能适应老龄化、无障碍要求，实现了建筑菜单式全装修。

4.2 装配式装饰施工

当前，通过预制装配建筑装修部品的构造节点、安装工艺及施工技术研究，形成了部分可现场装配的装修施工技术，并建立了一部分预制装配建筑装修的现场检测验收标准，把控装修项目的质量验收；同时，产生一些成熟的预制装配建筑装修体系维护与更新技术，对装配式装饰施工成品进行有效的维护，保证满足使用要求和安全性。装配式装饰施工的主要构件均在工厂内加工完成，构件质量稳定，能保证装饰施工质量的稳定性。预制装配对精确测量、深化设计、工厂化定尺加工、运输、现场安装等都提出较高的要求，现场安装工作量小，不会产生施工垃圾，改善现场施工环境，安装时间较少，能缩短工程工期，大大提高了装饰施工技术水平。

4.3 装配式整体卫生间

当前，装配式产品越来越多，装配式整体卫生间已经成为装饰业装配式施工的典型产品。"整体卫生间"是将构成卫浴空间的各组件、零件、附件及安装工艺，综合考研人体工程学、复合材料学、空间设计学、美学、结构力学等学科原理及技术，采用大型数控压机、内导热精密模具和 SMC（Sheet Molding Compound，片状模塑料）原材料在大工厂整体制造，为酒店套房和办公室量身定做的卫生间整体设备。见图 12-12。

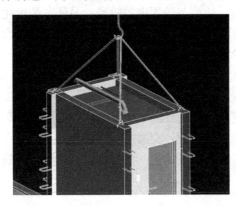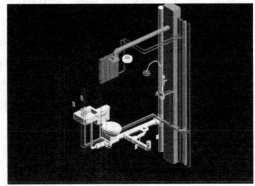

图 12-12 整体卫生间安装

4.4 一体化卫生间水箱钢架装配式施工技术

一体化卫生间水箱钢架装配式系统按照现场结构复核尺寸结合设计图纸进行冈加龙骨下料，选择型号为 LD-P21-41 的镀锌槽钢作为基层导轨的底座，钢骨架由镀锌钢槽、连接件、轻型管束、扣件等组合而成，钢骨架组装完成后运输至现场采用 LD-ZP6 的平面连接件与导轨底座连接（图 12-13）。该工艺流程如下：

施工准备→测量放线→材料下单→导轨加工→钢框架加工→管道安装→进场验收→现场安装

图 12-13　一体化卫生间水箱钢架

4.5　装配式技术与 BIM 技术

当前，BIM 技术和装配式技术的结合，能优化装配式建筑的过程，提前将设计过程中出现的问题集中反映并解决；同时能辅助验算设计方案的合理性及经济性，在提高设计效率的同时保证设计质量；通过可视化交底还能提高一线产业工人对构件的理解，从而降低加工出错率，提高 PC（装配式）构件的加工效率；施工过程的模拟能保证施工过程全程的可视化；对于复杂节点的模拟能保证施工的准确性和高效性，降低生产周期，提高工程质量；开发自有 PC 构件管理平台将集成项目各参与方关注的 PC 构件数据，做到 PC 构件全程信息追踪，全程管理，辅助提供相关报表数据进行分析。

5. 信息化技术

5.1　Rhino＋Grasshopper 参数化设计建模出图

Rhino 软件，全称 Rhinoceros，是由美国 Robert McNeel & Assoc 公司于 1998 年推出的基于 NURBS 建模的专业三维建模软件。NURBS 是 Non-Uniform Rational B-Splines 的缩写，是非均匀有理 B 样条的意思。简单地说，NURBS 就是专门做曲面物体的一种造型方法，我们可以用它做出各种复杂的曲面造型和表现特殊的效果，如人的皮肤，面貌或流线型的跑车等。

Grasshopper（简称 GH）是一款在 Rhino 环境下运行的可视化编程语言，是数字化设计方向的主流软件之一。简单地说，Grasshopper 是采用程序算法生成模型的插件。

5.2　Rhino＋Grasshopper 应用于工程深化设计与出图下单

Rhino 与 Grasshopper 结合使用，快速布置构件，如果修改方案，有时仅仅需要修改某个参数即可获得新的方案模型，相对于传统的手动建模，具有颠覆性的效率提升。见图 12-14。

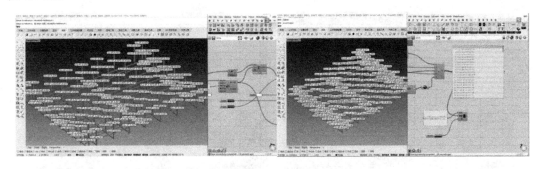

图 12-14　模型界面

三、装饰装修工程施工技术最新进展（1～3 年）

BIM 技术的最大特点就是可视化，比起二维图纸更加直观清晰。三维的模型有助于提升对项目整体与施工工艺的理解，辅助提升施工质量。但是由于一般 BIM 系统对计算机配置要求较高，并且三维系统学习门槛也比较高，导致 BIM 技术只能由少数 BIM 工程师掌握，一直未能广泛普及。

中建东方装饰有限公司自主开发面向施工管理人员的工艺节点三维可视化交互程序。可用于公司旗下各分公司、部门进行投标展示，配合技术交底，员工培训等，见图 12-15。

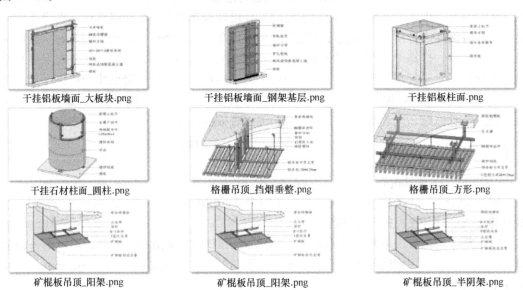

干挂铝板墙面_大板块.png　　干挂铝板墙面_钢架基层.png　　干挂铝板柱面.png

干挂石材柱面_圆柱.png　　格栅吊顶_挡烟垂整.png　　格栅吊顶_方形.png

矿棍板吊顶_阳架.png　　矿棍板吊顶_阳架.png　　矿棍板吊顶_半阴架.png

图 12-15　内装节点库

程序基于知名游戏引擎虚幻引擎 4 开发。程序的主要功能是实现对三维节点模型的交互。使用该程序，可按照装饰装修（子）分部分项名称查询节点，也可按照关键词搜索节点。进入节点，即可查看节点的构造做法图，也可查看 BIM 模型并进行交互，比如悬停查看构件的名称信息或者对模型构件进行移动、隔离、隐藏等操作。见图 12-16。

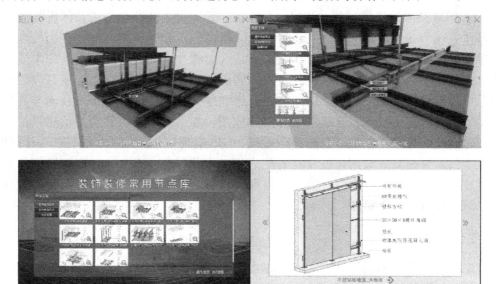

图 12-16　节点库软件三维交互页面

四、装饰装修工程施工技术前沿研究

未来 5～10 年，可以预见建筑装饰行业新出现的装饰材料、机具设备、设计技术、施工技术、一体化工艺等将促进建筑装饰行业实现由手工作业、劳动密集型行业向智力密集型行业的转变，紧紧围绕着可持续、工业化、信息化、智能化的方向发展。

1. 绿色健康发展

装饰装修工程很容易造成高能耗和高污染，其设计、材料、施工中涉及的各种绿色和可持续发展技术需要深入研究和普及推广。因此，行业需要加大投入，加强研究和应用，构建绿色健康的人居环境，坚持绿色理念、绿色设计、绿色选材、绿色施工，推动全产业链的绿色发展。

首先，发展无毒、无污染、节能环保的绿色建材，普及绿色建筑知识，而且也能借此来激发住宅需求者和拥有者的节能行为；其次，开发绿色建筑装饰云设计平台，将生产厂家的产品与设计、施工紧密联系起来，在新型绿色建材、新工艺、管理新模式等方面大量应用已有数据，整个过程由互联网进行严格监管；最后，通过智能手机方便地实现建筑的节能、节水或家电的遥控，对住宅进行监测和操控，通过综合利用可再生能源、促进水循环利用，建造更加生态友好的建筑。

在未来 5～10 年内，装饰项目上应用的完全无毒无害的绿色材料的应用将超过 80％，绿色装饰环保机具、绿色环保工业化技术、装饰数字智能化技术，基于互联网平台技术、BIM 技术等将会在装饰的设计、施工中体现越来越多。

2. 信息化发展

未来 BIM 技术发展将呈现"BIM＋"特点，发挥更大的综合作用，体现其巨大价值。具体表现为五个方面：一是从聚焦设计阶段向施工和运维阶段深化应用转变；二是从单业务应用向多业务集成应用转变；三是从单纯技术应用向与项目管理集成应用转化；四是从单机应用向基于网络的多方协同应用转变；五是从标志性项目应用向一般项目应用延伸。未来，单纯的 BIM 应用将越来越少，更多的是将 BIM 技术与其他专业技术、通用信息化技术、管理系统等集成应用。如：BIM 与项目管理信息系统、云计算、物联网、数字化加工、智能型全站仪、GIS 地理信息系统、3D 扫描、3D 打印、虚拟现实技术等的集成应用，以及在装配式施工中的应用。未来，装饰工程信息化发展将进一步提升项目精益化管理能力，提高资源整合与配置能力，提升项目决策分析水平，增强项目投融资能力。

3. 工业化发展

装配式建筑装修将设计、施工、检测验收、维护等贯穿于整个装饰环节，不仅可以提高装修的工业化程度，更能减少现场工作量，提高施工效率，保证工程质量，彻底改变传统建筑业的施工过程，创造高质量的施工和居住环境。装饰装修工程的工业化、集成化是装饰行业大趋势。随着装配式装饰施工技术日益成熟，各施工企业将充分发挥建筑装饰工业化生产优势，研制出适合各种新型装配式部品构件、装修部品生产的机械设备和安装方法，在未来 5～10 年内，主要装饰分项工程大部分将实现工业化加工现场安装的目标。为加快新型建筑工业化发展，推动新型建筑工业化带动建筑业全面转型升级，促进多专业协同，通过数字化设计手段推进建筑、结构、设备管线、装修等多专业一体化集成设计，提高建筑整体性，"装修装配式技术集成""新型装配式材料应用""施工机械自动化及智能化""施工及构件加工管理信息化管理"将成为工业化发展方向。

4. 智能化发展

对装饰业智能化，一是实现生产过程智能化，即智能制造；二是形成的产品智能化，如智能家居。当前，机器人已经取代了一些重复度很高的工作，以及一些危险性高的工作。新一代人工智能相关学科发展、理论建模、技术创新、软硬件升级等整体推进，正在引发链式突破，推动经济社会各领域从数字化、网络化向智能化加速跃升。建筑业受人工智能发展的影响，也在快速智能化。对于装饰行业，将以互联网＋、大数据、智能化等技术为依托，提升项目精细化管理水平，有效降低施工成本，提高施工现场决策能力和管理效率，以"人员实名制管理""现场视频监控""大型机械设备安全监控""重大危险源监控""实体质量检测""BIM 技术应用"等施工现场监测和协同管理的全面应用为目标，实现项目进度、质量、安全、材料、资料等方面网络协同管理。

人工智能将作为新一轮产业变革的核心驱动力，创造新的强大引擎，重构装饰业生产、分配、交换、消费等各环节，形成从宏观到微观的智能化新需求，催生装饰业新技术、新产品、新业态、新模式，引发经济结构重大变革，深刻改变生产生活方式和思维模式，实现生产力的整体跃升。

五、装饰装修工程施工技术典型工程案例

（1）BIMx 是 GRAPHISOFT 公司的一个创新的交互式 3D 表现工具，只要是 AR-CHICAD 里搭建的 BIM 模型，导入 BIMx 后，一个小小的手机或者 iPad 就可以快捷、直观地查看项目的 BIM 三维模型，通过点击、滑动等操作轻松进行角度或场景切换。见图 12-17。

图 12-17　BIMx 手机端查看模型与剖切模型

除了可用于浏览漫游，BIMx 还可以在漫游过程中显示构件属性、测量尺寸和距离，显示图纸文档等，并支持即时交互功能、可以使远在施工现场的设计师能实时反馈变更修改信息，与设计师进行交流，降低沟通门槛、提高工程沟通效率。见图 12-18。

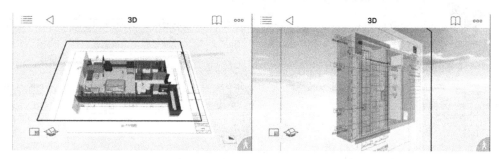

图 12-18　BIMx 图纸模型一体化展示

（2）基于 Inventor 软件实现内装工业化建模下单。

Inventor 是美国 Autodesk 公司推出的一款三维可视化实体模拟软件 Autodesk Inventor Professional（AIP）。Inventor 是一款强大的工业设计软件，适合用于建立零件模型，组装部件，出零件加工图，部件组装示意图，以及整体的效果图和动画。它通过驱动草图来实现平面的拉伸旋转从而得到一个三维模型，它可以直接读写 DWG 文件，而无需转换文件格式，设计师只需把图纸直接复制到 Inventor 草图里，方便快捷。见图 12-19。

北京某项目利用 Inventor 建立钢架模型，通过自上而下的方式，直接复制钢架立面布置图到 Inventor 草图中生成零件，通过结构生成器附着型材，通过修改零件图中线条的长度和位置从而控制钢架整体的形状，而装配在结构件上的紧固件和预埋板是标准件，通过自下而上的方式组装成一个部件，与关联的型材约束，这样可以大量地节省模型建立的时间，变更修改模型也方便。

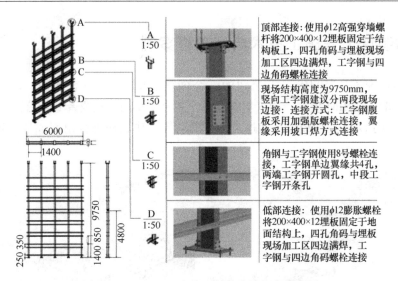

顶部连接：使用ϕ12高强穿墙螺杆将200×400×12埋板固定于结构板上，四孔角码与埋板加工区四边满焊，工字钢与四边角码螺栓连接

现场结构高度为9750mm，竖向工字钢建议分两段现场边接：连接方式：工字钢腹版板采用加强版螺栓连接，翼缘采用坡口焊方式连接

角钢与工字钢使用8号螺栓连接，工字钢单边翼缘共4孔，两端工字钢开圆孔，中段工字钢开条孔

低部连接：使用ϕ12膨胀螺栓将200×400×12埋板固定于地面结构上，四孔角码与埋板现场加工区四边满焊，工字钢与四边角码螺栓连接

图 12-19　Inventor 生成石材装配式钢架排版图

零件的加工图以及组装示意图方便快捷，只需点击上方的视图栏，即可自动生成选取的构件的平面图、立面图或剖视图，以及下料单。见图 12-20。

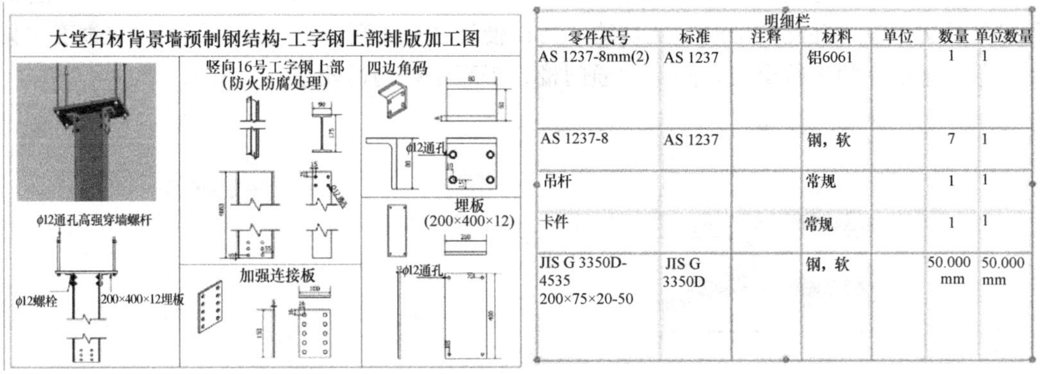

明细栏						
零件代号	标准	注释	材料	单位	数量	单位数量
AS 1237-8mm(2)	AS 1237		铝6061		1	1
AS 1237-8	AS 1237		钢，软		7	1
吊杆			常规		1	1
卡件			常规		1	1
JIS G 3350D-4535 200×75×20-50	JIS G 3350D		钢，软		50.000 mm	50.000 mm

图 12-20　Inventor 生成加工图和下料单

相比较其他几款建模软件，Revit 不能出直接出型材加工图；Catia 和 ProE 都需要通过二次开发才能实现提量和出图的功能；而犀牛在幕墙出图下料方面的功能很强大，但是学习的门槛较高，对于习惯了 CAD 二维设计的设计师而言是个不小的挑战；Bently 也同样如此。而 Inventor 作为 Autodesk 系列中的一款工业数字化软件，其操作方式与 AutoCAD 类似，设计师掌握快，零部件还可以直接转换为 Revit 族或导出其他多种通用格式，如 IFC 等。在后期建立协作平台、开发模型数据库、数字样机等系统开发方面适用性更强。

参考文献

蒋庆全. 国外 VR 技术发展综述[J]. 飞航导弹，2002(01)：27-34＋61.

第十三篇　幕墙工程施工技术

中国建筑第五工程局有限公司　邓尤东　贺雄英　谭　卡　谭　乐
浙江宝业幕墙装饰有限公司　葛兴杰　朱志雄　陈国柱　何成成

摘要

建筑幕墙是柔性外挂于建筑结构外具有装饰作用的多功能外墙；在满足外墙功能的基础上，特别添加了色彩、造型、曲线、构架、不同材质等的美观与时代单元因素；随着建筑幕墙的广泛应用与快速发展，总结建筑幕墙结构的设计技术、材料应用技术、加工制作技术以及施工工艺进步技术等，结合幕墙的节能要求，防火构造要求、安全耐久性要求、既有幕墙安全检测和维护技术等方面进行了阐述。绿色材料的应用、节能幕墙应用与发展、幕墙材料可循环利用等，都是建筑幕墙应用的发展趋势；增加了 BIM 与可视化（VR）软件的模拟应用，结合几个典型工程案例，对 BIM 应用进行简单介绍。

Abstract

The building curtain wall is a multifunctional exterior wall that is flexibly hung outside the building structure and has a decorative effect; On the basis of satisfying the function of the exterior wall, the aesthetic and contemporary unit factors such as color, shape, curve, structure, and different materials are specially added; With the wide application and rapid development of building curtain walls, the design technology, material application technology, processing and production technology and construction technology progress technology of building curtain wall structure are summarized, combined with the energy-saving requirements of the curtain wall, fireproof structure requirements, safety and durability requirements, existing The curtain wall safety inspection and maintenance technology were elaborated. The application of green materials, the application and development of energy-saving curtain walls, and the recyclability of curtain wall materials are all development trends in the application of building curtain walls. The simulation application of BIM and visualization (VR) software has been added, combined with several typical engineering cases, a brief introduction to the application of BIM is given.

一、幕墙工程施工技术概述

玻璃幕墙（glass curtainwall），是指由支承结构体系与玻璃组成的、可相对主体结构有一定位移能力、不分担主体结构所受作用的建筑外围护结构及装饰结构。玻璃幕墙不仅造型简洁、豪华、现代感强，能反映周围的景色，具有很好的装饰效果，而且将墙与窗合二为一，大大地减轻了建筑物的自重，具有自重轻、装饰性强、便于安装施工等优点；其缺点也比较明显，主要是对周围建筑物的反光污染，会使临街外墙及住宅区附近周围环境温度升高 2～3℃，结构胶的造价比较高，幕墙的成本会有所增加等。1988 年建成的深圳发展中心是国内第一个隐框玻璃幕墙，建筑高度达 146m。30 多年以来，随着我国国民经济高速发展和城市化进程加快，我国玻璃幕墙行业实现了从无到有、从外资一统天下到国内企业主导、从模仿引进到自主创新的跨越式发展。到 21 世纪初，我国已经发展成为世界幕墙行业第一生产大国和使用大国，我国幕墙行业的发展经历了以下三个阶段：

1. 第一阶段：诞生和成长阶段（1981～1991 年）

最初，幕墙在美国得到大量的应用。1931 年，美国采用了石材幕墙建成了高 381m 的摩天大楼——纽约帝国大厦。1981 年，广州广交会展馆正面的玻璃外墙是我国幕墙时代开始的标志。1984 年，美国贝克特设计公司采用全玻璃幕墙建成的北京长城饭店是我国具有代表性的幕墙工程。1988～1991 年，采用玻璃和铝板幕墙的高层建筑在各地出现，1988 年建成的深圳发展中心是国内第一个隐框玻璃幕墙，建筑高度达 146m。

2. 第二阶段：稳步发展阶段（1991～2001 年）

20 世纪 90 年代，随着我国全面改革开放，城市进入高速发展阶段，办公楼、酒店、大型公共建筑大量兴建，给幕墙行业带来了广阔地发展机遇，幕墙工程进入高速发展的新十年。1995 年，深圳地王大厦的玻璃幕墙突破了 300m 高度；1997 年，深圳新时代广场的石材幕墙高度 175m，达到了空前的高度；上海的东方明珠电视塔则将双曲铝板和玻璃幕墙应用于超高特种构筑物；1998 年，上海金茂大厦将玻璃幕墙高度提升到 420m。

3. 第三阶段：快速发展阶段（2001 年至今）

在此期间，我国建筑幕墙年产量已超过 8000 万 m^2，而且逐年增加。目前，占世界幕墙年产量 80% 以上，成为世界幕墙大国。455m 的武汉绿地中心，592.5m 的深圳平安国际金融中心，499.15m 的苏州中南中心；中国航海博物馆的单层曲面索网幕墙；北京奥运会国家体育场的 ETFE 和 PVC 薄膜屋面；苏州中心的大薄壳整体式自由曲面采光顶；长沙梅溪湖国际文化艺术中心的曲面 GRC 幕墙等，都体现着中国的幕墙技术居于世界一流水平。

二、幕墙工程施工主要技术介绍

1. 建筑幕墙设计技术

1.1　建筑幕墙数字化、参数化、信息化技术

建筑幕墙数字化、参数化、信息化技术是建筑幕墙设计发展大趋势，在建筑市场上部分异形建筑已经率先运用了数字化、参数化、信息化技术。数字化技术是一个信息共享的平台，包括业主、建筑设计院、幕墙设计单位、加工单位、幕墙施工单位、后期维护单位、验收单位等。建筑模型只是建筑的三维体现，真正能够实现数字化、信息化应用需要为建筑模型赋予的参数化信息，模型的参数化设计才是 BIM 技术应用的目标。数字化加工是基于 BIM 模型导出加工数据，将数据输出到加工设备上，进行材料的加工。相对传统的加工方式，省略了中间出加工图的环节，实现了从模型到加工成品之间的直接联系，降低了成本，提高了效率，减少了由于人工操作可能产生的误差。

1.2　建筑幕墙可视化技术

建筑幕墙本身是建筑同外界联系与区隔的媒介，所以建筑幕墙设计的可视化主要是建筑外围立面的可视化问题，故其可视化设计的建模与渲染主要表现空间面的可视化建模与渲染，即平面或者空间曲面（或者平面与空间曲面以各种形式的组合）；建筑幕墙可视化就是在各类自然环境：光照、风雨、不同视角条件下的渲染与逼真预现问题。建筑幕墙的渲染必须要考虑自然光线多光谱（从紫外光到红外光的全光谱）、多光源（除了自然界外光源，还要考虑建筑自身内透光以及其他邻近建筑的反射光问题），以及变光强照度等问题。

2. 建筑幕墙构件材料技术

幕墙材料已形成了具有中国特色的产品结构体系，技术创新、科技进步推动了我国建筑幕墙工程市场的发展；随着人造板材、高性能复合材料、钛、铜、不锈钢复合板、GRC 板、防火保温材料、水性纳米烤瓷涂料和陶土板材在建筑幕墙上的使用，加速了建筑幕墙产品类型的增加，促使建筑幕墙向着轻质、高强、环保和集成化的方向发展。

3. 幕墙构件加工与施工工艺技术

随着幕墙行业产品化、工业化的发展，建筑幕墙企业的生产加工工艺与设备不断创新，实现了从单件手工加工的传统工艺到数控机床、加工中心生产线的现代化高效率加工工艺的转变，极大地推动了幕墙行业的发展。

目前，幕墙系统按照构造形式和施工方法主要分为：框架式幕墙、单元式幕墙、全玻璃幕墙、点支式玻璃幕墙、拉索玻璃幕墙等，其中框架式幕墙、单元式幕墙和全玻璃幕墙是应用最广泛的普通幕墙系统。

3.1　框架式幕墙

框架式幕墙是指将车间内加工完成的幕墙构件运到工地后，按照施工工艺在现场依次逐个将竖料、横料、玻璃等构件安装到建筑结构上，最终完成的幕墙系统；由于其适应性

强，造价相对较低而被广泛应用；幕墙构件材料采购至工厂到现场安装，其加工周期较短；由于装配组件一般较小，储存空间不需要很大；对现场主体结构偏差、加工偏差和施工误差要求较低，系统安装方式灵活。

3.2　单元式幕墙

单元式幕墙是指将各种幕墙构件和饰面材料在车间内加工组装成单个独立板块，运至工地整体吊装，与建筑主体结构上预设的挂接件精确连接，并根据主体结构的偏差进行微调以完成幕墙整体安装的幕墙系统；其对设计人员的技术水平、加工设备的配制和精度、注胶条件以及板块组装质量的要求较高；单元式幕墙系统构造相对复杂，其主要的技术问题需在设计阶段进行解决。

3.3　全玻璃幕墙

全玻璃幕墙是指面板和肋板均匀玻璃的幕墙。玻璃本身即是饰面构件，又是承受自身质量荷载及风荷载的承重构件，其高度接近建筑物的层高，有些甚至更高，玻璃多采用钢化玻璃或夹层钢化玻璃，厚度多采用 10~19mm。由于面板和肋板材料均为玻璃，用透明硅酮结构密封胶粘结和密封，其特点是建筑物从不同角度呈现出不同的色调，随阳光、月色、灯光的变化给人以动态的美。

4. 幕墙测量技术

幕墙施工中的测量主要分为施工前测量和施工过程测量，施工前测量主要是为了测量结构偏差和幕墙构件预埋件的偏差，为幕墙结构设计校核和材料下单提供依据；施工过程测量主要是为了控制施工过程的精度，保证施工质量，常用的测量工具有水平仪、经纬仪、铅垂仪等。对于一些造型特殊或复杂的异形幕墙，则需要使用全站仪或激光扫描仪等电子设备。目前，三维激光扫描技术是国内比较先进的测量技术，并且在一些异形幕墙中得到了广泛的应用。

5. 幕墙试验检测技术

试验检测技术是幕墙技术的重要组成部分，也是推动幕墙行业发展的重要因素。目前我国已经建立了较为完整的建筑幕墙物理性能技术参数标准，形成了中国建科院国家试验室和地方检测站（中心）两级检测体系，并建立了风洞模拟试验、地震振动台试验、传热隔热试验、隔声性能试验、结构密封胶试验等专业试验室以及平板玻璃、中空玻璃、金属复合板材、防火材料检测试验室，为我国建筑幕墙科研试验、产品开发、质量论证提供了科学依据。

三、幕墙工程施工技术最新进展（1~3 年）

1. 建筑幕墙结构设计技术

1.1　建筑幕墙数字化、参数化、信息化技术

随着信息技术的发展，建筑信息模型在建筑工程中的应用越来越广泛。数字化技术，它的基础是数字化信息模型，以幕墙表皮模型为载体，赋予数字参数技术，模型的创建以

主体结构模型为基础，并考虑主体结构的误差，使理论模型和现场实际工况进行比对，并对其模型进行修正，取得最终施工 BIM 模型（图 13-1）。建筑模型只是建筑的三维体现，要真正实现数字化、信息化应用则需要为建筑模型赋予参数化信息，模型的参数化设计才是 BIM 技术应用的目标。

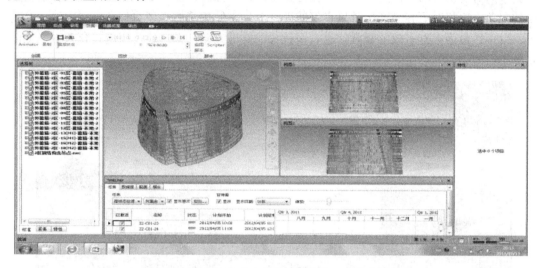

图 13-1　BIM 技术在上海中心幕墙工程的应用

　　模型参数化是将三维模型中的组成部分赋予不同的属性，比如：玻璃板块包含的参数信息有尺寸信息（四边边长、对角线边长、翘曲值）、材料信息（玻璃或者格栅）、附框信息等，参数化信息可以根据不同的项目及模型的不同深度而不同（图 13-2）。与传统建模工具相比，参数化可以向计算机下达更加高级复杂的逻辑建模指令，通过编写建模逻辑算法，机械性的重复操作可被计算机的循环运算取代。所以，相比较传统的工作模式，参数化技术无论在建模速度还是在水平上，都有较大幅度的提升，参数化的高效性、精确性、全面性等优势已经在诸多造型复杂的项目中得到广泛的应用。

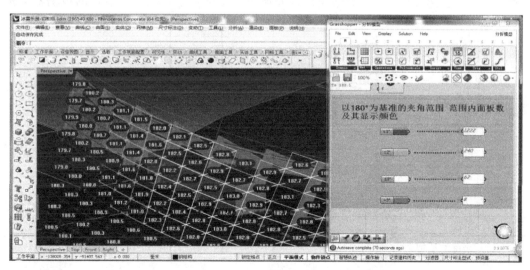

图 13-2　BIM 技术在长沙冰雪世界幕墙工程的应用

1.2 建筑幕墙可视化技术

建筑幕墙可视化技术对于可视化视角的选择，应注重加强对建筑信息的表达能力，且力图避免采用让人容易产生视觉错觉的角度（图 13-3）。例如，除方正的建筑外，应尽量避免采用对建筑幕墙立面正视图或者接近正视的视角方向，而应采用相对斜视或者轴测角度的视角，这相对更容易产生效果良好的视觉效果，使建筑的表现更加富有层次感、参差感，以传达最为丰富有效的视觉信息，而镜头的推进方向与推进速度则应符合人对视觉信息的接受能力。

图 13-3　某工程可视化技术效果图

2. 幕墙板材的材料技术

2.1 智能调光玻璃

智能调光玻璃，它是普通玻璃与液晶调光膜组合在一起形成的一种新型的特种光电玻璃产品。其采用的智能液晶调光膜由两层柔性透明导电薄膜与一层聚合物分散液晶材料（PDLC）构成（图 13-4）。通过外加电场，便可实现调光膜在无色透明与乳白色不透明两种状态之间的快速变换。透明状态下的调光玻璃透光率高达 80%，与普通的玻璃幕墙相

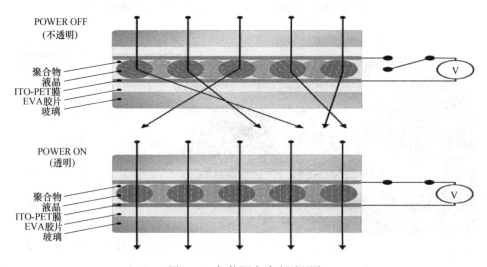

图 13-4　智能调光玻璃原理图

差无几；乳白色不透明状态下，其雾度高达 90%；其造价在 1000～2000 元/m² 不等，其调光膜目的在于隔热、阻隔 99% 以上的紫外线及 98% 以上的红外线，减少热辐射及传递。而阻隔紫外线，可保护室内的物体不因紫外辐照而出现褪色、老化等情况，保护人员不受紫外线直射而引起疾病等。智能调光玻璃可用于室内装饰装修，也可应用于建筑外墙。调光膜可直接贴在玻璃上使用，该操作方式简单，应用广泛，凡是有玻璃的地方均可采用；也可将调光膜复合在两层玻璃中间，经高温高压胶合形成夹层调光玻璃作为建筑玻璃使用，相比较原有建筑外墙广告采用的 LED 显示屏，智能调光玻璃具有优越的性能，是未来建筑室内外装饰的必选产品。

2.2　钛、铜、不锈钢复合板

近年来，我国也开始大量采用钛锌板、铜板和不锈钢板作为建筑外围护结构的材料，以突出建筑的特性及满足耐候的要求。钛、铜、不锈钢虽不属于贵金属，但相比铝合金材料在建筑上的应用，就显现了昂贵的一面。所以在建筑外墙面上采用钛、铜、不锈钢板时，很少采用实心单板，通常采用小于 1mm 的薄板复合体。

由于面板较薄，使得建筑表面平整度无法得到有效的控制和保证，同时受限于较小的承载能力，面板尺寸一般较小，影响了建筑立面的装饰效果。由此而产生的钛锌复合板、铜复合板和不锈钢复合板等（图 13-5），可为建筑的外墙提供更多的新型材料和选择途径。钛、铜、不锈钢复合板可制成 PU 芯材复合板、耐火性芯材复合板和铝蜂窝芯复合板，其生产和产品的性能及加工安装工艺都非常成熟。

图 13-5　上海虹桥国家会展中心铝复合板幕墙

2.3　GRC 产品

GRC 板材是玻璃纤维增强水泥，它是一种以耐碱玻璃纤维为增强材料、水泥砂浆为基体材料的纤维水泥复合材料，GRC 通过造型、纹理、质感与色彩可以完美表达设计师的想象力，其优异的材料性能在非线性幕墙中表达得尤为淋漓尽致（图 13-6、图 13-7）。

GRC 板材具有强度高、韧性好、吸水率低、绿色环保、不易褪色、造价低和重量轻，与主体建筑具有同等使用寿命。对于大型双曲面幕墙板材可采用大地模制作工艺，最大限度地保证相衔接曲面板块拼接的准确度；对于复杂造型的双曲面部分，可采用数码雕刻工艺保证造价的精确度。近年来广泛应用于别墅外立面的仿石材线条造型，以及大曲面造型的建筑。

图13-6　某别墅外墙的GRC线条造型应用　　图13-7　长沙梅溪湖国际艺术中心幕墙GRC板块

2.4　瓷质饰面再生骨料板

再生骨料板是一种无机、无毒、无味、节能环保、内部致密性高、力学性能和理化性能好的新型建筑用产品。它具有节能环保、再生循环利用率高等优越性。其生产工艺与传统人造板材相比有着其独特的优势，无需经过高温烧制，也无需经过高压压制，在常温常压下以建筑物固体废弃物为主要原料通过化学反应即可成型，节省了大量的能源。同时生产过程中也不会排放粉尘、二氧化碳等污染物，基本上实现零排放生产。

瓷质饰面再生骨料板在技术特征上具有以下特点：（1）由于采用无机材料，其耐候性、耐酸碱性表现优异；（2）放射性达到国家建材A类标准；（3）莫氏硬度4~7级，抗压抗折性能优异；（4）采用专利制花技术，使得每一块板材质感不一，自然大气。

目前，瓷质饰面再生骨料板的研发和生产工艺已经成熟，产品已在建筑中推广和应用（图13-8）。产品主要用于工业与民用建筑工程内外墙面干挂饰面和景观地面铺装，并将作为外墙板在装配式建筑中起到一定的作用。

图13-8　某工程瓷质饰面再生骨料板

2.5　超高性能混凝土板（UHPC）

超高性能混凝土板（UHPC）是一种新型高强度、高韧性、低孔隙率的水泥基材料。它通过在材料中混入有机纤维或金属纤维和使用细骨料等方法、提高组分的细度与活性，使材料内部的孔隙与微裂缝减到最少，以获得超高强度与高耐久性。

超高性能混凝土板具有极高的强度、超高的耐久性、耐化学腐蚀性、抗冲击、耐疲劳等优良特性（表 13-1）和不必二次装饰的整洁美观的外表效果。同时还具有一定的自愈能力，通过试验验证，当板材出现微裂缝时，可利用空气中的湿度进行水化反应从而对微裂缝进行自我弥合。

超高性能混凝土板主要力学性能　　　　　　　　表 13-1

测试项目	指标值
密度	2200～2400
抗压强度（MPa）	≥120
抗折强度（MPa）	≥15
抗拉强度（MPa）	≥7
弹性模量（GPa）	45
耐久性（300 次冻融循环试验）	没变化
耐磨性（相对体积损耗指数）	≤1.7
疲劳循环 120 万次（施加 10%～20% 的弹性极限荷载）	无裂纹扩展

超高性能混凝土板具有良好的力学性能、耐久性能和装饰效果，目前开始在我国的建筑幕墙工程项目上应用。以深圳某 UHPC 幕墙工程为例（图 13-9），幕墙由 2833mm×1640mm 的 UHPC 格栅标准单元和 333mm×750mm×20mm 最大 UHP 板等单元构成。

图 13-9　深圳某 UHPC 幕墙工程

2.6　轻质高强陶瓷板

轻质高强陶瓷板具有轻质、高强、保温、高仿真等优异功能的新型建筑装饰材料。产品通过在原料配方里面添加碳化硅（SC）材料和陶瓷废弃物，使新型陶瓷板在烧制过程中不像普通陶瓷一样产生收缩，反而是膨胀的，从而使新型陶瓷板在同等板厚（传统陶瓷板）的条件下，具有更小的质强比，在尺寸和厚度上比传统陶瓷板更加容易做到大板面和大厚度（图 13-10）。板面尺寸可大于 1200mm×600mm，板材标准厚度可达 18～22mm

（个别订制产品厚度可到 25mm）。

新型陶瓷板的表现密度在 $1.65\sim1.95g/cm^3$ 之间，虽然材料表观密度降低了，但仍然保持了较高的抗弯强度值，其最小值 $R\geqslant28.0N/mm^2$，远高于花岗岩的强度值。通过降低板材表观密度、增加板材厚度、保持较高的抗弯强度，使得新型陶瓷板降低了玻化程度和脆性，在韧性和抗震等安全性能方面有极大的提高，为扩大产品的适用范围提供了可靠的性能和质量保证。

由于产品配方中引入的大量陶瓷废弃物（废弃物占比 15%～50%），从而使新型陶瓷板具有绿色环保的特点。通过采用 3D 打印技术，可使板面仿真各种不同的石材、陶板等。

图 13-10　韩国三星集团物业大楼项目

2.7　无机防火保温一体化板

无机防火保温一体化板是一种由无机矿物经特殊工艺加工而成的新型防火保温板，它集防火、保温、吸声、隔声、节能、环保等综合性能于一体，广泛应用于建筑防火门、各种建筑防火封堵构造和建筑室内节能保温装修等。新型防火保温板主要性能见表 13-2。

主要技术指标　　　　　　　　　　　　　　表 13-2

耐火温度	≥1200℃
耐火时间	≥2.5h
导热系数	≤0.064W/(m·k)
燃烧性能	A1
甲醛释放量	未检出
内照射指数（Ira）	0.351
外照射指数（Ira）	0.384
烟毒气等级	AQ1 级

续表

环保等级	E0 级
空气隔声量	≥39dB
抗压强度(MPa)	2.5
抗拉强度(MPa)	0.72
抗弯强度(MPa)	4.2
螺丝拔出力(N/mm)	23.5
抗冲击性能(次)	10，无裂纹
抗弯破坏荷载，板自重倍数	27.1

当采用该板材构建建筑幕墙层间防火封堵构造时，其构造形式简单可靠、安装工艺简便易行、施工质量易于控制，且具有极高的防火性能。

通过实体火灾试验对该形式的建筑幕墙层间防火系统的防火性能进行了测试，在火源功率为 1.5MW 和 3MW 的单元式玻璃幕墙实体火灾试验中，建筑幕墙层间防火系统能够有效地阻止火焰从燃烧室沿幕墙与外墙之间的空腔以及破损幕墙的外侧向观测楼层蔓延，能够对幕墙框架的关键部位起到保护作用，并且能够有效阻止火灾从燃烧室沿幕墙与外墙之间的空腔和破损幕墙的外侧向上层建筑蔓延，避免火场高温破坏上层建筑物结构和引燃上层建筑物内的可燃物。

3. 幕墙加工及施工工艺技术

近几年，随着技术的革新，异形幕墙日益增加，传统的二维图纸已经没有办法清晰表述设计意图，然而随着 BIM 技术应运而生，在许多大型场馆、造型复杂的项目中应用效果突出。从设计到施工，都给幕墙行业领域带来了第二次革命（图 13-11）。

随着建筑结构日益复杂，建筑幕墙造型也呈现多样化特点，幕墙结构也更加复杂，仅仅依靠施工经验来组织施工，会有很多隐患问题。有时候即便幕墙的造型很规整，若是根

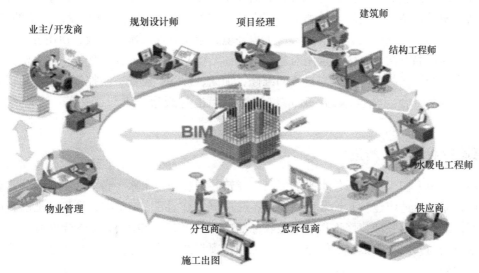

图 13-11　BIM 在幕墙施工过程中的应用

据常规工序施工经常也有一些无法预知的问题出现。若是采取 BIM 技术提前进行施工模拟，优化和及时调整施工方案，便可避免出现这样的问题，既缩短了工期，又降低了施工成本，一举两得。

4. 幕墙构造防火技术

随着超高层建筑的日益增多，玻璃幕墙本身一般不具备防火功能，但它作为建筑的外围护结构，是建筑整体中的一部分，在一些重要的部位应具备一定的耐火性，而且要与建筑的整体防火要求相适应。玻璃幕墙与其周边防火分隔构件间的缝隙、楼板或隔墙外沿间的缝隙、与实体墙面洞口边缘间的缝隙等，应进行防火封堵设计。防火封堵是目前建筑设计中应用比较广泛的防火、隔烟方法，楼层间的防火封堵构造应根据幕墙形式以及幕墙与主体结构、窗槛墙、防火裙墙的关系确定设置位置和构造形式。楼层间防火封堵构造应沿窗槛墙或防火裙墙的上沿和下沿各设一层。

防火封堵构造应具备承受自重、适应幕墙与主体结构之间位移的能力，以及密封性、耐久性。防火封堵构造的耐火极限和燃烧性能应不低于所在部位建筑外墙的相应要求。在火灾状态下，防火封堵构造在规定的耐火极限内应保持完整性、隔热性和稳定性，不发生开裂或脱落且保持防烟的封堵功能。防火封堵构造的缝隙以及防火封堵构造与幕墙、建筑主体结构等之间的缝隙应采用防火封堵材料进行有效的密封。

5. 幕墙安全性检测技术

建筑幕墙是一种需要定期维护的建筑外围护结构，根据现行国家标准《建筑结构可靠性设计统一标准》GB 50068 的有关规定，设计年限一般为 25 年。据初步统计，既有建筑幕墙约 20% 已超过 10 年使用期（早期结构胶厂家的质保期只有 10 年），甚至一部分已超过设计使用年限 25 年。在荷载的长期作用下材料性能会出现不同程度的退化、功能衰减，而且使用过程中大多缺乏必要的维护保养，存在一定的安全隐患。所以说，对既有幕墙的安全性检测非常有必要，但既有建筑幕墙的安全性能检测鉴定是一个复杂的系统工程，涉及材料、机械、结构、建筑、检测等多门学科，应委托具有相应检测和设计资质的单位，根据受检幕墙的不同阶段、结构形式、工程环境、应用条件、施工质量、使用要求、检测目的等选择检测方法。应优先选用对建筑物主体结构、幕墙结构无损伤的检测方法。对检测结果有安全隐患的幕墙应提出具体的维修、加固、拆除、更换、防控等措施和建议；对检测鉴定认为符合安全要求的，还应继续对幕墙进行观察、维修、保养，以确保安全使用。

6. 幕墙行业标准最新进展

随着我国人们生活和居住水平的提高，建筑装饰装修技术水平得到迅猛发展，需要进一步修订规范以适应建筑装饰装修新要求。住房城乡建设部 2018 年 2 月 8 日批准新修订的国家标准《建筑装饰装修工程质量验收标准》GB 50210—2018 自 2018 年 9 月 1 日起实施，这对当前我国大力推行的绿色装修、工厂化预制饰面装配施工、住宅工程全装修等都是重大利好。

随着玻璃纤维增强水泥（GRC）在幕墙上的推广应用，住房城乡建设部 2018 年 2 月

14 日发布了行业标准《玻璃纤维增强水泥（GRC）建筑应用技术标准》JGJ/T 423—2018
自 2018 年 10 月 1 日起实施。

四、幕墙工程施工技术前沿研究

1. BIM 技术与可视化技术（VR）的结合

在技术不断革新的推动下，传统的建筑行业开始翻天覆地的变化。作为促进建筑行业发展创新的重要技术手段，BIM＋VR 技术的结合正在为建筑业的进步与转型带来无可估量的影响。BIM（建筑信息模型）是以建筑工程项目的各项相关信息数据作为模型的基础，进行建筑模型的建立，通过数字信息仿真模拟建筑物所具有的真实信息。它具有可视化，协调性，模拟性，优化性和可出图五大特点。VR（虚拟现实）是利用电脑模拟产生一个三维空间的虚拟世界，提供使用者关于视觉、听觉、触觉等感官的模拟，让使用者如同身临其境一般，可以及时和没有限制地观察三维空间内的事物。

建筑设计行业目前最大的痛点在于"所见非所得"和"工程控制难"，难点在于统筹规划、资源整合、具象化联系和平台构建。BIM＋VR 结束结合有望提供行业痛点的解决路径。VR 技术在 BIM 的三维模型基础上，加强了可视性和具象性。通过构建虚拟展示，为使用者提供交互性设计和可视化印象。BIM 设计平台＋VR 组合：未来将成为设计企业核心竞争力之一。

可视化技术必将向更加深入化、精细化的方向发展。虚拟现实技术（VR）、增强现实技术（AR）等新技术使可视化技术在幕墙设计可视化方面得到全面的应用和发展。建筑可视化技术的未来发展必然会与建筑信息技术（BIM）进行深度的拥抱与融合。配合幕墙企业标准化建设的完成，以及可视化技术多逻辑交互式操作技术的实现，未来的可视化技术不再仅仅只是一个建筑效果的展示和施工流程的预演，而是一个涵盖建筑结构细节、经济技术指标、施工时间周期，甚至施工岗位、工位配置的全方位的建筑信息技术成果出口。

2. 大环境下绿色节能幕墙发展方向

全球气候逐渐变暖、温室效应不断加强、生态平衡不断破坏，造成资源消耗大、能源日趋短缺，节能已经成为当今社会的主题。幕墙作为现代建筑的外围护结构，其设计不仅要满足建筑美学和功能的要求，更要着重考虑幕墙的节能环保，包括选择具有节能环保、保温隔热性能的原材料，合理设计幕墙构造，选用智能化、现代化的幕墙形式。

光伏幕墙是太阳光电池与建筑围护结构或建筑材料相结合形成光伏组件，光伏电池组件安装在建筑外墙面作为建筑围护结构的一部分，通过逆变器转换提供建筑物用电或并入电网。利用太阳能发电是一种清洁、环保能源，它简单可行，安全可靠，具有可持续永久性，无需消耗燃料及机械转动部件，也无需架设输电线路的优点，因此受到世界各国的欢迎。太阳能电力系统以其供电稳定可靠、安装方便，已得到越来越广泛的应用，逐步成为常规电力的一种补充和替代。

呼吸式幕墙又称双层幕墙、双层通风幕墙、热通道幕墙等，它由内、外两道幕墙组成，内外幕墙之间形成一个相对封闭的空间，空气可以从下部进风口进入，又从上部排风口离开，这一空间经常处于空气流动状态，热量在这一空间流动。呼吸式幕墙由内外两层玻璃幕墙组成，与传统幕墙相比，它的最大特点是由内外两层幕墙之间形成一个通风换气层，由于此换气层中空气的流通或循环的作用，使内层幕墙的温度接近室内温度，减小温差，因而它比传统的幕墙采暖时节约能源42%～52%；制冷时节约能源38%～60%。另外由于双层幕墙的使用，整个幕墙的隔音效果得到了很大的提高。

3. 装配式建筑前提下的装配式幕墙

2016年9月27日，国务院办公厅发布《关于大力发展装配式建筑的指导意见》，表示重点区域装配式建筑占比在2020年前要达到30%，2025年前要达到50%的目标。装配式建筑的发展对幕墙技术提出相应需求。装配式幕墙是企业要做大做强的必经之路，标准化设计、工厂化生产、装配化施工、信息化管理是实现幕墙工业化的要素，而现有幕墙形式，除单元式幕墙以外，其他如框架式幕墙、点式幕墙、拉索幕墙等与装配式建筑生产和施工方式不相适应，需进行相应配套的系统研发。随着建筑工业化的稳步推进，幕墙将向着单元化幕墙的方向发展，单元化幕墙不单单指单元体幕墙，还有其他如构件式幕墙等，在设计中也是按标准的单元设计思路，工厂化生产后，运至现场吊装，相信随着建筑工业化的推进，将加快单元化幕墙的进程。

4. 既有建筑幕墙的安全检测及维护

20世纪80年代末，建筑幕墙进入中国市场，以北京长城饭店和上海联谊大厦的建立为标志，建筑幕墙行业开始起步，距今已有30多年，随着时间的推移，全国各地早期建设的工程中频繁出现石材幕墙面板脱落、玻璃自爆、开启扇掉落和五金件松动失效等伤人事件，引起社会各界的广泛关注。为此，住房城乡建设部和各省厅已陆续发文，强调既有幕墙安全排查的重要性及改造的必要性，面对日趋老龄化的既有幕墙，如不加以有效改造和控制，其危害不言而喻。因此对现有建筑幕墙的安全检测及维修也是今后幕墙行业的发展重点。

既有幕墙检测及维修不仅仅只是为了提高建筑安全度，更是提升建筑文化品位，赋予建筑新面貌的过程，是城市更新的重要手段，随着现代建筑科技的不断发展，幕墙将会变得更美观、更安全，更实用，将会是承载城市发展与繁荣的徽标。

五、幕墙工程施工技术指标记录

1. 全球单块最高，17m大玻璃成功安装

泰康大厦建筑塔楼采用玻璃幕墙与层间不锈钢内凹渐变错位设计的单元式幕墙，其首层大堂采用17m高骑缝式全玻璃幕墙，是迄今为止全球最高坐地式双夹胶中空全玻璃幕墙系统。

2. 玻璃最低传热系数

6(2号)＋12Ar＋6(4号)＋12Ar＋6(6号)三银LOW-E中空(充氩气)玻璃的传热系数最低可达 0.68W/(m² · K)。

3. 保温装饰一体化板最低传热系数

保温装饰一体化板中金属装饰保温板的传热系数最低，30mm厚的金属装饰保温板的传热系数最低可达 0.021 W/(m² · K)。

六、幕墙工程施工技术典型工程案例

1. 深圳华润国际商业中心

深圳华润国际商业中心项目位于深圳市南山区后海中心区，工程造型独特，整个建筑成圆锥形，像一根"春笋"矗立在后海中心，塔楼平面投影从1层到23层半径逐渐增大，从23层以上半径逐渐减小的同心圆，立面从1层至23层是渐渐外倾，从23层至塔尖渐渐内缩，最后内缩成塔尖。建筑外形宛如一件雕塑（图13-12），56根外部细柱从底部的斜肋构架延伸，以流畅的弧线在顶部汇聚形成水晶型顶盖。幕墙面积为13.2万 m²，单元式幕墙，支持体系、面板固定体系为半隐框幕墙。

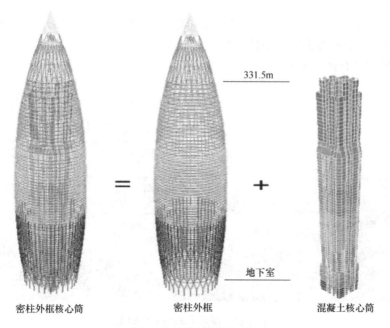

密柱外框核心筒　　　　　密柱外框　　　　　混凝土核心筒

图 13-12　结构体系示意图

为了充分展现建筑师的意图，奥雅纳设计了钢结构密柱框架和混凝土核心筒的结构系统，未设结构加强层，实现塔楼简约轻盈的建筑美学。

与传统的组合材料巨型立柱和稀柱框架相比，这一结构系统在垂直力传导方面更加高效,适用于建筑的修长造型,有效提高了项目的成本效益、并且缩短了施工周期。经过精心的抗震设计和严格的专家评审,这也是国内首次将这一结构体系应用于超高层建筑。

团队自项目设计之初就采用 3D/BIM 的参数化模型分析技术,提升设计效率和多专业整合的品质,实现了钢结构制造安装的可视化,识别施工过程中的潜在冲突问题,并预先一一解决,见图 13-13。

图 13-13   通过建筑信息建模(BIM)提升设计效率

2. 深业上城 UHPC 幕墙

深业上城位于深圳市福田中心区东北角,定位为亚洲顶级城市综合体,包括高端商务公寓、LOFT、产业研发大厦、全球顶级奢华酒店文华东方、精品酒店及大型综合购物中心为一体的城市综合体(图 13-14)。

图 13-14   深业上城局部鸟瞰图

UHPC 镂空格栅幕墙系统主要位于深业上城外立面北面 4 层及以上部位,南面 6 层及以上部位。主要采用 2833mm×1640mm 标准尺寸的 UHPC 镂空格栅单元,通过螺栓固定在 T 型钢上,整个立面共一万多平方米,采用单元式整体构造,共约 2300 品。其中 8 根格栅的单品重量为 300kg,10 根格栅的单品重量为 340kg。

UHPC 是一种超高性能的纤维增强混凝土，这类混凝土不同于普通的混凝土，抗压强度大于120MPa，具有非常高的耐久性和在弯曲荷载下的延性破坏模式，这些性能使立面效果非常丰富，体现了现代科技的美感（图 13-15）。其设计理念为充分体现低碳、绿色、环保、以人文本的理念，以"山谷漫游"概念将莲花山、笔架山两大山体公园联系在一起，实现公园缝合与城市缝合，其建筑绿地覆盖率为45%，在丰富和完善城市绿化系统的同时，力求建筑、人与自然三者的和谐统一。

图 13-15　深业上城 A 区外走廊"拧麻花"样式格栅

2.1　UHPC 工艺原理

UHPC 幕墙体系通过螺栓连接，龙骨 T 形体系吊挂在上部楼层混凝土结构上，T 型钢设置单独的伸缩缝，最大限度地减少主体结构的振动对 UHPC 幕墙的影响，从而实现幕墙抗震的目的。

UHPC 幕墙体系的水平龙骨与竖向主龙骨利用连接件通过螺栓连接，T 型钢主龙骨吊挂在上部楼层混凝土结构上。见图 13-16。

图 13-16　深业上城 A 区南立面格栅幕墙

2.2 UHPC 施工工艺流程

整个项目施工流程依次为：钢连接件与竖向龙骨连接、T 型钢竖向龙骨吊装安装、T 型钢横向龙骨安装、横梁上安装铝角码、测量调整铝角码位置、UHPC 格栅面板吊装安装、调整就位后固定、修复安装孔、清洁验收，见图 13-17。

图 13-17　幕墙安装中的深业上城

2.3 UHPC 幕墙的社会效益

近年来建筑外装饰技术不断发展，现代大型公共建筑结构形式越来越复杂，建筑师对建筑幕墙设计的通透性要求越来越高，业主对外墙的美学效果及独特性也有了更高的要求，各种工艺复杂，造型奇特的幕墙及幕墙材料层出不穷，UHPC 幕墙技术的发展无疑给我们带来了新的挑战与机遇。目前 UHPC 幕墙的应用在国内尚属新兴起步阶段，但它的独特效果及美观性广受青睐，让人对工程整体留下深刻印象，在建筑幕墙的领域推广应用倍受关注。同时国内企业对于 UHPC 的研发也不断深入，未来可期。

3. 南京青奥会议中心 GRC 幕墙

南京青奥会议中心总建筑面积约为 49 万 ㎡，其中地上总建筑面积 36.7 万 ㎡，地下总建筑面积 11.4 万 ㎡，绿化面积 3 万 ㎡，由会议中心与两座塔楼三大部分构成，见图 13-18。

图 13-18　南京青奥会议中心效果图

南京青奥会议中心屋面全部采用 GRC 板安装，最大限度地满足了设计师对建筑外观的要求。该项目也是目前中国体量最大的 GRC 板安装工程。会议中心造型复杂，呈流动曲面状，地上主体为全钢结构，而且 2 万多个构件中均为独立尺寸，根本找不到两个相同的构件，加工和安装的难度极大。

会议中心整个外幕墙采用了 1.2 万多块 GRC（玻璃纤维增强混凝土）板材，GRC 单块面积大，自重大，每一块板都需要深化设计、放样加工，安装过程中必须严格控制拼接，保证拼缝均匀和一致，施工难度极大，是国内面积最大的单体 GRC 幕墙项目，对于 GRC 幕墙系统的应用具有开创性的意义。

青奥中心的空调能根据人员变化调节风量，节能率已经达到 65％。青奥中心的外墙采用了直立锁边铝合金金属复合保温，保温效果好，夏天制冷、冬天采暖只要启动一次设备，就可以管很久时间。而空调冷热能源则由区域能源中心统一提供，而能源中心则利用电厂废热蒸汽提供空调冷冻水。

参考文献

[1] 牟永来，李书健，施志豪 . 幕墙数字化、信息化应用趋势探讨[J]. 中国幕墙网，2020.

[2] 梁曙光，符旭晨，闵捷 . 可视化技术在幕墙设计中的应用分析[J]. 中国幕墙网，2020.

[3] 萧愉 . 既有玻璃幕墙改造现状及未来发展趋势[J]. 中国幕墙网，2019.

[4] 杜继予 . 我国建筑幕墙面板和构件的新材料、新应用[J]. 中国幕墙网，2020.

[5] 陈璐潋 . 人工智能将成为数字经济时代的下一张王牌[J]. 门窗幕墙网，2020.

[6] 刘薇薇 . 论幕墙设计与施工中绿色节能技术的应用[J]. 现代物业（中旬刊），2020.

[7] 郑培丰 . 建筑幕墙施工与设计中存在的问题及对策[J]. 住宅与房地产，2020.

[8] 佟克龙 . 建筑 BIM 参数化技术在异形曲面幕墙设计与施工中的应用[J]. 广东土木与建筑，2020.

[9] 陈纪欣，严丽，史曦东 . BIM 在建筑幕墙设计中的应用[J]. 工程技术研究，2020.

[10] 钱晓亮 . 玻璃幕墙设计原则与设计中存在的问题及对策[J]. 河南建材，2020.

[11] 柳振平 . 建筑幕墙施工与设计中存在的问题研究[J]. 大众标准化，2020.

[12] 陆凯 . 全玻璃幕墙在幕墙设计施工中的运用[J]. 上海建材，2019.

[13] 张计磊，徐广军，李品，梅瑞金 . 基于 BIM 技术的装配式幕墙设计与应用[J]. 建筑技艺，2018.

[14] 严志伟 . BIM 在商业建筑幕墙设计中的应用方法探究[J]. 四川建材，2020.

[15] 朴志刚 . BIM 技术在异形建筑幕墙中的应用[J]. 城市建设理论研究（电子版），2020.

[16] 韩冰，于克蛟 . BIM 技术在幕墙工程项目中的适用性分析[J]. 山西建筑，2020.

[17] 秦国成，任志平，张兴志，侯春明，周银，韩达光 . BIM 结合三维激光扫描技术在异形幕墙设计上的应用[J]. 测绘科学技术学报，2019.

[18] 刘影 . BIM 技术在采光顶幕墙设计中的应用[J]. 工程建设，2020.

[19] 匡月 . BIM 技术在复杂幕墙工程设计中的应用[J]. 无线互联科技，2020.

[20] 王勇 . 建筑施工中幕墙工程节能技术的应用探讨[J]. 中国建筑金属结构，2020.

第十四篇　屋面与防水工程施工技术

山西建设投资集团有限公司　张太清　李卫俊　李玉屏　弓晓丽

新疆万汇建设工程有限公司　唐兴彦

摘要

本篇介绍了屋面与防水工程涉及的技术内容，包括防水材料、屋面保温材料、屋面工程施工技术、地下防水工程施工技术、外墙防水工程、室内防水工程。未来1～3年屋面工程用防水卷材、涂料和密封材料及与其配套辅助材料正在逐步完善，形成屋面防水系统。用于厂房、仓库和体育场馆等低坡大跨度及轻钢屋面、混凝土屋面工程防水卷材无穿孔机械固定技术将是防水卷材固定的发展方向。地下工程在强调混凝土结构自防水的同时，应对底板、侧墙、顶板及变形缝、后浇带和施工缝细部等工程部位，结合防水材料施工工艺，进行专项防水设计。未来5～10年屋面工程继续提倡发展系统技术，发展种植屋面系统、太阳能光伏一体化屋面系统、膜结构和开合屋顶系统；我国建筑防水发展跨入产品品种和应用领域多元化的时期，是一门跨学科、跨领域、多专业的交叉学科，是具有综合技术特点的系统工程。

Abstract

This article describes the roof and waterproofing works involved in the technical content, including waterproof material, roof insulation materials, roofing construction technology, underground waterproofing construction technology, external wall waterproofing works, indoor waterproofing works. The next 1 to 3 years roofing works with waterproofing membrane, paint and sealing materials and supporting materials are gradually improved, the formation of roof waterproofing system. For the plant, warehouse and sports venues and other low-slope large span and light steel roof, concrete roofing works waterproofing membrane without perforation mechanical fixation technology will be waterproof membrane fixed development direction. Underground engineering in the emphasis on concrete structure from the same time, should be against the floor, side walls, roof and deformation joints, after pouring and construction joints and other parts of the project, combined with waterproof material construction technology, special waterproof design. The next 5 to 10 years roof engineering continues to promote the development of system technology, the development of planting roof systems, solar photovoltaic integrated roofing system, membrane structure and opening and closing roof system; China's building waterproof development into the product variety and application areas of diversification period, is an interdisciplinary, cross-domain, multi-disciplinary interdisciplinary, is a comprehensive technical characteristics of the system engineering.

一、屋面与防水工程施工技术概述

1. 屋面工程

屋顶是建筑物外围护结构的主要组成部分，用以抵抗雨雪、风吹、日晒等自然界环境变化对建筑物的影响，同时亦起着保温、隔热和稳定墙体等作用。人类主动进行建筑以来，可以说建筑始于居所，居所始于屋盖，屋盖始于防水。自西周起，人们已开始使用瓦，屋面开始采用多层叠合的瓦，以大坡度排水，这种屋面构造和材料相结合的防水做法，延续了近三千年。随着柔性防水材料的发明，对构造防水的瓦屋面进行了彻底的革命，使屋顶不再因为构造防水而成为坡屋顶，促进了平屋顶的诞生，进而可以产生多功能的屋面。现代建筑如剧院、体育场馆、机场等工业与民用建筑，跨度大，功能多，形状复杂、技术要求高，传统屋顶及传统屋顶技术很难适应，由此高品质的现代屋顶和现代屋顶新技术应运而生。

2. 防水工程

建筑防水对保证建筑物正常使用功能和结构使用寿命具有重要作用，关乎百姓民生、安康和社会和谐。提高建筑防水工程质量，大幅降低工程渗漏水率，对提高建筑能效和建筑品质，节能减排，降低建筑全寿命周期成本，保障民众正常生活和工作，提升民众对生活的获得感、满意度和幸福感，具有重要意义。

防水工程是一门综合性、实用性很强的技术，不仅受到外界气候和环境的影响，还与建筑物地基不均匀沉降和结构变形密切相关，涉及建筑物的屋面、地下室、外墙、厕浴间等。防水工程应遵循"材料是基础，设计是前提，施工是关键，维护是保证"综合治理的原则，是防水工程多年来保证质量的经验总结。

二、屋面与防水工程施工主要技术介绍

1. 防水材料

防水材料的发展推动了防水工程应用技术的进步，使用什么性能和特点的防水材料是根据防水主体功能决定的，防水主体功能的要求，指导防水材料的生产和改进，推动防水材料的发展。根据材质属性将防水材料分为柔性防水材料、刚性防水材料和瓦片防水材料三大系列，再按类别、品种、物性类型和品名来划分不同的防水材料，具体分类见表14-1。

防水材料分类   表14-1

材性	类别	品种	物性类型		品名
柔性防水材料	防水卷材	合成高分子卷材	橡胶类	硫化型	三元乙丙橡胶卷材
					丁基橡胶卷材

材性	类别	品种	物性类型		品名
柔性防水材料	防水卷材	合成高分子卷材	橡胶类	非硫化型	氯化聚乙烯卷材
					三元乙丙-丁基橡胶卷材
				增强型	氯化聚乙烯 LYX-603 卷材
			橡塑类		氯化聚乙烯橡塑共混卷材
					三元乙丙-聚乙烯共混可焊接卷材
			树脂类		聚氯乙烯卷材
					低密度聚乙烯卷材
					高密度聚乙烯卷材
					聚乙烯丙纶卷材
					EVA 卷材
		聚合物改性沥青卷材	弹性体改性		丁苯橡胶改性沥青卷材
					SBS 改性沥青卷材
					再生胶粉改性沥青卷材
			塑性体改性		APP(APAO)改性沥青卷材
			自粘型卷材		自粘聚合物改性沥青卷材
	防水涂料	合成高分子涂料	反应型		聚氨酯涂料(PU)
					聚甲基丙烯酸甲酯(PMMA)
			水乳型(挥发型)		硅橡胶涂料、丙烯酸涂料
			有机无机复合型		聚合物水泥基涂料
		聚合物改性沥青涂料	热熔型		非固化橡胶沥青涂料
					热熔橡胶沥青防水涂料
			水乳型		水乳型氯丁胶改性沥青涂料
					SBS 改性沥青涂料
	密封材料	合成高分子密封材料	不定型	橡胶类	硅酮密封胶
					改性硅酮密封胶
					聚硫密封胶
					氯磺化聚乙烯密封胶
					丁基密封胶
					聚氨酯密封胶
				树脂型	水性丙烯酸密封胶

材性	类别	品种	物性类型		品名
柔性防水材料	密封材料	合成高分子密封材料	定型	橡胶类	橡胶止水带
					遇水膨胀橡胶止水带
				树脂类	塑料止水带
				金属类	金属止水带
		高聚物改性沥青密封材料			丁基橡胶改性沥青密封胶
					SBS改性沥青密封胶
					再生橡胶改性沥青密封胶
刚性防水材料		防水混凝土			普通防水混凝土
					补偿收缩防水混凝土
					减水剂防水混凝土
					密实、纤维混凝土
		防水砂浆			金属皂液防水砂浆
					硫酸盐类防水砂浆(三乙醇胺)
					聚合物防水砂浆(掺丙烯酸、氯丁胶、丁苯胶)
					纤维水泥砂浆(掺纤维)
		水泥基渗透结晶型			抗渗微晶
片防水材料		黏土瓦片			黏土筒瓦
					黏土平瓦、波形瓦
					琉璃瓦
		有机瓦片			沥青瓦
					树脂瓦
					橡胶瓦
		波形瓦片			水泥石棉波形瓦
					玻璃钢波形瓦
		金属瓦片			金属波形瓦
					压型金属复合板
		水泥瓦片			水泥瓦片

据中国建筑防水协会《2019中国建筑防水行业年度发展报告》的相关数据表明：

2019年建筑防水材料产品结构见图14-1。防水卷材占比最大，为63.76％，防水涂料居第二，为28.09％。防水卷材中，SBS/APP改性沥青防水卷材占比最大，自粘防水卷材第二。

SBS改性沥青防水卷材仍是最主要建筑防水材料，在政府投资项目、基本项目投资、公共建筑和大型房地产战略合作等主流市场中占主导地位。2019年其产量和销售收入基本保持中速增长。

各类自粘卷材仍然是增速较快的防水材料，特别是高分子自粘胶膜预铺卷材受市场青

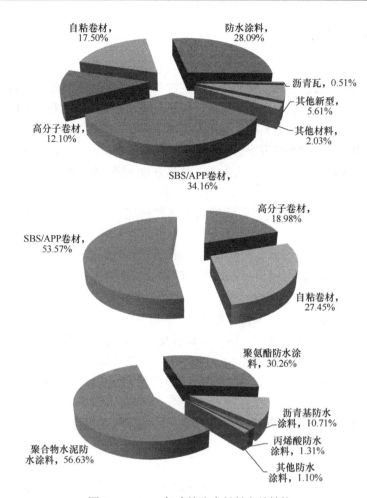

图 14-1 2019 年建筑防水材料产品结构

眛，需求有较大增长；沥青自粘卷材与非固化沥青涂料复合新技术也得到主流市场肯定。2019 年各类自粘防水卷材产量比去年同期增长 9.3％。

2. 屋面保温材料

屋面保温层应根据屋面所需传热系数或热阻选择质轻、高效的保温材料，目前常用的保温材料可分为板状、纤维、整体三种类型，见表 14-2。

常用保温材料 表 14-2

保温层	保温材料
板状材料保温层	聚苯乙烯泡沫塑料，聚异氰脲酸酯，硬质聚氨酯泡沫塑料，膨胀珍珠岩制品，泡沫玻璃制品，泡沫混凝土砌块
纤维材料保温层	玻璃棉制品，岩棉制品
整体材料保温层	喷涂硬泡聚氨酯，轻骨料混凝土

3 屋面工程施工技术

3.1 屋面保温

板状保温材料有干铺法、粘结法和机械固定法三种铺设方法。纤维保温材料分为板状和毡状两种。纤维板状保温材料多用于金属压型板的上面，常采用螺钉和垫片将保温板与压型板固定。喷涂硬泡聚氨酯泡沫塑料必须使用专用喷涂设备，喷涂前需进行调试，使喷涂试块满足材料性能要求。近年来泡沫混凝土（含砌块）的应用量不断上升，泡沫混凝土很好地解决了保温与防火的矛盾，并且通过改进配方，导热系数下降，保温性能得到了提高。

3.2 屋面隔热

屋面隔热层根据地域、气候、屋面形式、建筑环境、使用功能等条件，一般采取种植、架空和蓄水等隔热措施。

种植屋面作为绿色建筑节能、改善空气质量的有效措施而备受各界推崇。它不仅能够有效缓解城市热岛效应，而且可以增加城市空间景观、提升城市品位。近几年来，国内各大城市在种植屋面的政策引导和技术推广方面均有重要举措。种植隔热层的构造层次一般包括植被层、种植土层、过滤层和蓄排水层。

我国广东、广西、湖南、湖北、四川等省属夏热冬暖地区，为解决炎热季节室内温度过高的问题，常采取架空隔热措施。由于城市建筑密度不断加大，不少城市高层建筑林立，造成风力减弱、空气对流较差，或者女儿墙封闭了架空通风道，严重影响架空隔热层的隔热效果。

蓄水隔热层主要在我国南方采用。我国多采用敞开式的蓄水屋面，蓄水深度一般为150～200mm。

3.3 屋面防水

屋面防水一般采用卷材防水层、涂膜防水层和复合防水层。复合防水层可以使卷材防水层和涂膜防水层的优势互补。

3.3.1 防水卷材铺贴方法见表14-3。

防水卷材铺贴方法 表14-3

铺贴方法	施工工艺	适用范围
冷粘法	在常温下采用高分子防水卷材胶粘剂将卷材与基层、卷材与卷材间粘牢	PVC、TPO、EPDM等防水卷材
热粘法	采用导热炉加热熔融的改性沥青胶结料把卷材粘贴在基层上	弹性体、塑性体改性沥青防水卷材
热熔法	将热熔型卷材底层用火焰加热熔化后，实现卷材与基层或卷材与卷材之间粘结	
自粘法	将卷材自粘胶底面的隔离纸撕干净，实现完全粘贴	自粘聚合物改性沥青防水卷材、带自粘层的防水卷材
焊接法	采用热风加热卷材的粘合面或采用溶剂进行卷材与卷材接缝粘结	热塑性高分子防水卷材
机械固定法	将合成高分子防水卷材，使用专用螺钉、垫片、压条以及其他配件，固定在基层(结构层)上	PVC、TPO、EPDM等防水卷材，5mm厚高聚物改性沥青防水卷材

3.3.2　防水涂膜施工方法见表 14-4。

防水涂膜施工方法　　　　　　　　　　　　　　　　　　　　　　表 **14-4**

施工方法	施工工艺	适用范围
滚涂法	用圆滚刷蘸防水涂料进行涂刷	水乳型及溶剂型防水涂料
涂刮法	将防水涂料倒在基层上，用刮板来回涂刮，使其厚薄均匀	反应固化型防水涂料、热熔型防水涂料、聚合物水泥防水涂料
喷涂法	利用喷涂机械或设备将防水涂料喷涂于基面	反应固化型防水涂料、水乳型及溶剂型防水涂料
刷涂法	用棕刷、长柄刷蘸防水涂料进行涂刷	关键部位涂膜防水层

3.3.3　复合防水层是指由彼此相容的卷材和涂料结合而成的防水层。复合防水层的技术要求见表 14-5。

复合防水层技术要求　　　　　　　　　　　　　　　　　　　　　表 **14-5**

项目	技术要求
相容性	相邻两种材料或施工工艺之间互不产生有害的物理和化学作用的性能
整体性	防水涂膜宜设置在防水卷材的下面，反应固化型防水涂料可用作冷粘沥青卷材的胶粘剂
施工性	水乳型或合成高分子防水涂料上面，不得采用热熔型防水卷材； 水乳型或水泥基防水涂料应待涂膜干燥后铺贴防水卷材
耐久性	复合防水层的总厚度包括卷材、胶粘剂和涂膜厚度。如果防水涂料仅作为卷材胶粘剂时，涂膜厚度应适当增加

3.4　瓦屋面

瓦屋面在我国应用最多的瓦材是烧结瓦、混凝土瓦和沥青瓦，根据瓦的不同类型和基层种类采取相应的构造做法。大风及地震设防地区或屋面坡度大于 100% 时，瓦片要采取固定加强措施。烧结瓦、混凝土瓦一般采用干法挂瓦和搭接铺设，湿法施工将越来越少；沥青瓦的固定方式是以钉为主，粘结为辅。

由于块瓦和沥青瓦是不封闭连续铺设的，依靠搭接构造和重力排水来满足防水功能的。按《屋面工程技术规范》GB 50345—2012 有关规定，在瓦材的下面应设置防水层或防水垫层，防水层或防水垫层的搭接缝应满粘。持钉层是块瓦和沥青瓦的基层，为保证瓦屋面铺装和使用安全，在满足屋面荷载的前提下，持钉层需满足一定的厚度要求。

瓦屋面防水属于以排水方式为主的屋面防水系统，在雨天、强风、积雪、冰雹等天气作用下，雨雪有可能进入瓦缝隙，造成室内渗漏现象，因此，在屋面工程防水设防要求中，瓦虽然是一道防水，但不能单独使用，必须与防水层或防水垫层共同组成防水系统。

3.5　金属板屋面

金属板屋面的耐久年限与金属板的材质有密切的关系，目前较常用的面板材料为彩色涂层钢板、镀层钢板、不锈钢板、铝合金板、钛合金板和铜合金板，其铺装工艺主要有咬口锁边连接和紧固件连接。金属板屋面的排板设计将直接影响到金属板的合理使用、安装质量及结构安全等，所以在金属板安装施工之前，深化排板设计至关重要。

近年来，由于金属板屋面抗风揭能力的不足，对建筑的安全性能影响很大，被大风掀掉的情况时有发生，造成的损失也非常严重。因此，无论国内和国外对建筑的风荷载安全都很重视。《屋面工程技术规范》GB 50345—2012 规定，金属板屋面应按设计要求提供抗风揭试验验证报告。我国也与国际屋面系统检测最权威的机构美国 FM 认证公司合作，引进了 FM 成熟的屋面抗风揭测试技术，中国建材检验认证集团苏州有限公司建成了我国首个屋面系统抗风揭实验室。

金属板屋面的防水等级不强调面层金属板的板型和连接方式，而是以构造层次及防水做法体现防水能力。全焊接不锈钢板屋面是特殊构造，把所有屋面板的缝隙进行焊接，保证了屋面的防水性能。

3.6　玻璃采光顶

玻璃采光顶是由直接承受屋面荷载和作用的玻璃透光面板与支承体系所组成的围护结构，玻璃采光顶的支承结构主要有钢结构、钢索杆结构、铝合金结构等，采光顶的支承形式包括桁架、网架、拱壳、圆穹等。玻璃采光顶是现代建筑不可缺少的采光与装饰并重的一种屋顶。近年来，玻璃采光顶在我国的使用面积越来越大，形状也越来越复杂，在建筑中的应用也越来越广泛，因此对采光顶的装饰性和艺术性要求愈来愈高。玻璃采光顶内侧结露问题越来越受到人们的重视，玻璃采光顶坡度一般不宜小于 5%，另一方面在玻璃采光顶的型材上设置集水槽，使结露水汇集排放到室外或室内水落管内。玻璃采光顶的玻璃安全也不容忽视，均需采用夹层玻璃或夹层中空等安全玻璃。

4. 地下防水工程施工技术

地下工程是指建造在地下或水底以下的工程建筑物和构筑物，包括各种工业、交通、民用和人防等地下工程。

根据《建设工程分类标准》GB/T 50841—2013 的规定，建筑工程包括民用建筑工程、工业建筑工程及构筑物工程。建筑地下工程涵盖了工业与民用建筑、构筑物地下工程，包括居住建筑、公共建筑、各类工业建筑及工业、民用构筑物等地下室结构和基础。地下防护工程是指为战时防护要求而修建的国防工程和各类人防工程，如人员掩蔽工程、作战指挥部、军用地下工厂等工程；平战结合人防工程如地下商业街、地下车库、地下影剧院等也可用于战时的人民防空工事。

《建设工程分类标准》GB/T 50841—2013 还将与建筑工程相对应的土木工程分为道路工程、轨道交通工程、隧道工程、桥涵工程、架线与管沟工程、水工工程、矿山工程等，这些工程中可能涉及地下防水工程。按人们的认识习惯，这部分地下工程也是指承担城市给水、排水、燃气、供电、供热、信息与通信、污水处理、垃圾处理等市政公用用途的地下空间设施、轨道交通地下工程、地下综合管廊、工业管线及附属设施等，以及各种用途的隧道工程。防水工程是在掌握自然因素及其作用规律的基础上，所采取的在建（构）筑物生命周期内，用以保持其结构完整性及使用功能的各种措施。地下工程可能长期受地下水作用，如防水措施不到位，致使地下水渗漏到工程内部，将会带来工程内部环境恶化，影响正常设计使用功能的发挥，加速内部装修损坏和设备锈蚀，并可能因钢筋锈蚀导致混凝土剥离、结构承载力下降、缩短使用寿命等一系列问题。

划分地下工程防水等级的依据是工程使用功能的重要性，以及渗漏水对人员及设备在地下空间中活动、生活、运行的影响大小。工程重要性高，人员及设备的活动、生活及运行对渗漏水越敏感，工程的防水等级应该越高。

《地下工程防水技术规范》GB 50108—2008 中，地下工程的防水等级被划分为四级，但实际应用中四级设防的项目很难见到，且四级设防的适用范围为"对渗漏水无严格要求的工程"，即无明确防水要求的工程。故在规范修订时删除了四级防水等级标准，并将建筑地下工程与隧道及其他地下工程分开规定。其中，建筑地下工程的防水等级保留了一、二级，隧道及其他地下工程防水等级保留了一至三级。

优选用材是保证地下室防水工程质量的基本条件。新型建筑材料的不断涌现，设计人员应该熟悉材料的种类及其性能，并根据地下室使用功能、工程造价、工程技术条件等因素，合理选择使用材料，提供符合适用、安全、经济、美观的构造方案。选材有以下标准：（1）根据不同的工程部位选材；（2）根据主体功能要求选材；（3）根据工程环境选材；（4）根据工程标准选材。

4.1　防水混凝土

防水混凝土应通过调整配合比、掺加外加剂、拌合料配制而成，其抗渗等级不得小于 P6；防水混凝土的施工配合比应通过试验确定，试配混凝土的抗渗等级应比设计要求提高 0.2MPa，防水混凝土应满足抗渗等级要求，并应根据地下工程所处的环境和工作条件，同时满足抗压、抗冻和抗侵蚀性等耐久性要求。防水混凝土结构的施工缝、变形缝、后浇带、穿墙套管、埋设件等构造必须符合设计要求。防水混凝土的搅拌、运输、浇筑、振捣、养护等工序，应符合现行国家标准《混凝土结构工程施工规范》GB 50666 的有关规定。

4.2　其他防水措施

不同防水等级对应的主体结构外设防水层措施选择上，一级设防应选两道其他防水措施，二级设防应选一道。所谓"一道防水"，是指具有单独承担防水功能的一个构造层次。两道设防时，按照"刚柔相济"的原则，给出四种方案。如一级防水设防中，当设计选用两道防水设防时，可选用"卷材—卷材、卷材—涂料、卷材—防水砂浆、涂料—防水砂浆"；当设计选用一道防水设防时，可采用高分子自粘胶膜预铺防水卷材等。

4.3　补偿收缩混凝土

补偿收缩混凝土是由膨胀剂或膨胀水泥配制的自应力为 0.2～1.0MPa 的混凝土。补偿收缩混凝土宜用于混凝土结构自防水、工程接缝填充、采取连续施工的超长混凝土结构及大体积混凝土等工程。以钙矾石作为膨胀剂的补偿收缩混凝土，不得用于长期处于环境湿度高于 80℃的钢筋混凝土工程。

补偿收缩混凝土的设计强度应符合现行行业标准《补偿收缩混凝土应用技术规程》JGJ/T 178 的有关规定，用于后浇带和膨胀加强带的补偿收缩混凝土的设计强度等级应高于两侧混凝土，一般提高一个等级。膨胀加强带是通过在结构预设的后浇带部位浇筑补偿收缩混凝土，减少或取消后浇带和伸缩缝、延长构件连续浇筑长度的一种技术措施。膨胀加强带可分为连续式、间歇式和后浇式三种。

普通防水混凝土和补偿收缩混凝土的技术特点见表 14-6。

普通防水混凝土和补偿收缩混凝土的技术特点   表 14-6

技术特点	普通防水混凝土	补偿收缩混凝土
混凝土性能	强度等级、抗渗等级	强度等级、抗渗等级、限制膨胀率
结构分缝	30～40m 设一道后浇带	以膨胀加强带取代后浇带
结构迎水面	设柔性防水层	
施工要求	混凝土振捣密实，重视养护	混凝土振捣密实，加强养护
施工工期	较长	大大缩短
建设成本	较高	降低
标准依据	《地下工程防水技术规范》GB 50108—2008	《补偿收缩混凝土应用技术规程》JGJ/T 178—2009

5. 外墙防水工程

按外墙围护结构的形式，饰面板块围护结构、钢结构、玻璃幕墙的外墙防水主要以构造防水和密封防水为主，采用以导为主的排堵结合的防水方法。而砌体和混凝土结构的外墙，一般采用以防为主的方法。

目前，外墙防水工程主要采用两类方式进行设防，一类是墙面整体防水，主要应用于南方地区、沿海地区以及降雨量大、风压强的地区；另一类是对节点构造部位采取防水措施，主要应用于降雨量较小、风压较弱的地区和多层建筑以及未采用外保温墙体的建筑。各地采用外墙外保温的建筑均采取了墙面整体防水设防。

防水技术内容：面砖、涂料外墙在结构土体与保温之间设置聚合物水泥防水砂浆防水层；幕墙结构除了使用防水砂浆外，可采用在保温层外侧涂刷有机防水涂料和设置防水透气膜的方案。窗框节点采用刚性防水材料与柔性防水密封相结合的防水方法。

6. 室内防水工程

厕浴间防水的最大特点是施工面积较小，管道及各种设备较多，多年实践证明渗漏多发于地漏、穿墙管、墙体阴角等节点部位。鉴于防水涂料具有连续成膜、操作灵活、适用性强的优势，厕浴间防水需根据不同的设防部位，按防水涂料、防水卷材、刚性防水材料的顺序，选用适宜的防水材料。在防水涂料的施工中，控制涂膜厚度和均匀性是保证厕浴间防水质量的关键。鉴于厕浴间的空间往往不大，不利于溶剂挥发，若空气中溶剂浓度过大，在有明火的条件下，极有可能发生火灾；另一方面，也会给施工人员造成身体健康方面的伤害。厕浴间防水工程不得使用溶剂型防水涂料。

三、屋面与防水工程施工技术最新进展（1～3 年）

1. 屋面工程

屋面工程用防水卷材、涂料和密封材料及与其配套辅助材料正在逐步完善，形成屋面防水系统。各种防水材料都有相应的施工工具，防水卷材粘结采用热粘法、冷粘法、自粘法、热焊接法，热粘法为传统粘结方法。聚氯乙烯（PVC）、热塑性聚烯烃（TPO）防水卷材机械固定施工技术，以及三元乙丙（EPDM）、热塑性聚烯烃（TPO）、聚氯乙烯（PVC）防水卷材无穿孔机械固定技术，将是未来防水卷材固定的发展方向。

1.1　聚氯乙烯（PVC）、热塑性聚烯烃（TPO）防水卷材机械固定施工技术

机械固定即采用专用固定件，如金属垫片、螺钉、金属压条等，将聚氯乙烯（PVC）或热塑性聚烯烃（TPO）防水卷材以及其他屋面层次的材料机械固定在屋面基层或结构层上。机械固定包括点式固定方式和线性固定方式。固定件的布置与承载能力应根据试验结果和相关规定严格设计。

聚氯乙烯（PVC）或热塑性聚烯烃（TPO）防水卷材的搭接是由热风焊接形成连续整体的防水层。焊接缝是因分子链互相渗透、缠绕形成新的内聚焊接链，强度高于卷材且与卷材同寿命。

点式固定即使用专用垫片或套筒对卷材进行固定，卷材搭接时覆盖住固定件；线性固定即使用专用压条和螺钉对卷材进行固定，使用防水卷材覆盖条对压条进行覆盖。

1.2　三元乙丙（EPDM）、热塑性聚烯烃（TPO）、聚氯乙烯（PVC）防水卷材无穿孔机械固定技术

三元乙丙（EPDM）防水卷材无穿孔机械固定技术采用将增强型机械固定条带（RMA）用压条、垫片机械固定在轻钢结构屋面或混凝土结构屋面基面上，然后将宽幅三元乙丙橡胶防水卷材（EPDM）粘贴到增强型机械固定条带（RMA）上，相邻的卷材用自粘接缝搭接带粘结而形成连续的防水层。

聚氯乙烯（PVC）防水卷材、热塑性聚烯烃（TPO）无穿孔机械固定技术采用将无穿孔垫片机械固定在轻钢结构屋面或混凝土结构屋面基面上，无穿孔垫片上附着与 TPO/PVC 同材质的特殊涂层，利用电感焊接技术将 TPO/PVC 焊接于无穿孔垫片上，防水卷材的搭接是由热风焊接形成连续整体的防水层。

与常规机械固定系统相比，固定卷材的螺钉没有穿透卷材，因此称之为无穿孔机械固定。

2. 防水工程

根据地下工程的防水设计理念，在强调混凝土结构自防水的同时，对底板、侧墙、顶板及变形缝、后浇带和施工缝细部等工程部位，结合防水材料施工工艺，进行有针对性的防水设计已得到普遍认同。地下室侧墙与顶板采用粘结性能较好的防水涂料或卷材，底板防水采用预铺反粘技术，使混凝土与防水卷材直接接触，以达到防止蹿水的目的。另外在施工缝中预埋注浆管，是一种主动防水措施，形成主体结构不完全依赖于防水材料的防水体系，从而达到其耐久性与结构同寿命的要求。

2.1　地下工程预铺反粘防水技术

地下工程预铺反粘防水技术所采用的材料是高分子自粘胶膜防水卷材，该卷材系在一定厚度的高密度聚乙烯卷材基材上涂覆一层非沥青类高分子自粘胶层和耐候层复合制成的多层复合卷材；其特点是具有较高的断裂拉伸强度和撕裂强度，胶膜的耐水性好，一、二级的防水工程单层使用时也可达到防水要求。采用预铺反粘法施工时，在卷材表面的胶粘层上直接浇筑混凝土，混凝土固化后，与胶粘层形成完整连续的粘接。这种粘接是由混凝

土浇筑时水泥浆体与防水卷材整体合成胶相互勾锁而形成。高密度聚乙烯主要提供高强度，自粘胶层提供良好的粘接性能，可以承受结构产生的裂纹影响。耐候层既可以使卷材在施工时适当外露，又可提供不粘的表面供工人行走，使得后道工序可以顺利进行。

2.2 预备注浆系统施工技术

预备注浆系统是地下建筑工程混凝土结构接缝防水施工技术。注浆管可采用硬质塑料或硬质橡胶骨架注浆管、不锈钢弹簧骨架注浆管。混凝土结构施工时，将具有单透性、不易变形的注浆管预埋在接缝中，当接缝渗漏时，向注浆管系统设定在建（构）筑物外表面的导浆管端口中注入灌浆液，即可密封接缝区域的任何缝隙和孔洞，并终止渗漏。当采用普通水泥、超细水泥或者丙烯酸盐化学浆液，且注浆管为可重复注浆管时，系统可用于多次重复注浆。利用这种先进的预备注浆系统可以达到"零渗漏"效果。

预备注浆系统是由注浆管系统、灌浆液和注浆泵组成。注浆管系统由注浆管、连接管及导浆管、固定夹、塞子、接线盒等组成。注浆管分为一次性注浆管和可重复注浆管两种。

2.3 装配式建筑密封防水应用技术

装配式建筑的密封防水主要指外墙、内墙的各种接缝防水，主要密封防水方式有材料防水、构造防水两种。

材料防水主要指各种密封胶及辅助材料的应用。装配式建筑密封胶主要用于混凝土外墙板之间板缝的密封，也用于混凝土外墙板与混凝土结构、钢结构的缝隙，混凝土内墙板间缝隙，主要为混凝土与混凝土、混凝土与钢之间的粘结。装配式建筑密封胶的主要技术性能如下：

（1）力学性能。装配式建筑密封胶必须具备一定的弹性且能随着接缝的变形而自由伸缩以保持密封，经反复循环变形后还能保持并恢复原有性能和形状，其主要的力学性能包括位移能力、弹性恢复率及拉伸模量。

（2）耐久耐候性。装配式建筑密封胶用于装配式建筑外墙板，长期暴露于室外，因此对其耐久耐候性能就得格外关注，相关技术指标主要包括定伸粘结性、浸水后定伸粘结性和冷拉热压后定伸粘结性。

（3）耐污性。传统硅酮胶中的硅油会渗透到墙体表面，在外界的水和表面张力的作用下，使得硅油在墙体载体上扩散，空气中的污染物质由于静电作用而吸附在硅油上，就会产生接缝周围的污染。对有美观要求的建筑外立面，密封胶的耐污性应满足目标要求。

（4）相容性等其他要求。预制外墙板是混凝土材质，在其外表面还可能铺设保温材料、涂刷涂料及粘贴面砖等，须提前考虑装配式建筑密封胶与这几种材料的相容性。

除材料防水外，构造防水常作为装配式建筑外墙的第二道防线，在设计应用时主要做法是在接缝的迎水面，根据外墙板构造功能的不同，采用密封胶形成二次密封，两道密封之间形成空腔。垂直缝部位每隔2～3层设计排水口，水由排水管排出。预制构件端部的企口构造也是水平缝构造防水的一部分，可以与两道材料防水、空腔排水口组成的防水系统配合使用。

外墙产生漏水需要三个要素：水、空隙与压差，缺少任何一个要素，水都不能渗入。空腔与排水管使室内外的压力平衡，即使外侧防水遭到破坏，水也可以排走而不进入室内。内外温差形成的冷凝水也可以通过空腔从排水口排出。漏水被限制在两个排水口之间，易于排查与修理。

2.4　外墙工程防水技术

外墙防水应按外墙系统工程综合考虑，合并保温、防水和门窗安装等内容，形成相关技术整体统一技术标准。

2.4.1　建立整体外墙防水

所有建筑外墙均宜设置防水层。根据不同墙体结构与外墙形式，采取不同的整体外墙防水方案，详见表14-7。

整体外墙防水层设置 表14-7

墙体结构形式	防水层设置部位	防水材料或做法	
混合结构 砌体结构 框架砌体填充墙结构	砌体墙找平层面	年降雨量 ≥800mm	聚合物水泥防水砂浆 厚度≥5mm，加玻纤 网格布
		年降雨量 <800mm	聚合物水泥防水砂浆 厚度≥3mm
混凝土结构 混凝土装配结构	可不设置整体外墙防水层	混凝土外墙模板螺栓孔防水密封，接缝采用密封胶防水	

2.4.2　门窗框周边防水密封

设计中规定室内窗台应高于室外窗台；门窗框与结构墙的间隙，应采用密封胶或发泡聚氨酯填实，并在迎水面采用专用丁基橡胶密封带密封胶进行密封防水。

2.4.3　不锈材质金属压顶

女儿墙顶、幕墙顶端，应采用不锈钢板、铝板或其他不锈金属材质盖板压顶，金属盖板厚度不小于1.0mm。

四、屋面与防水工程施工技术前沿研究

1. 屋面工程

屋面工程发展的方向仍然是提倡发展系统技术。发展系统技术是许多发达国家的一项成功经验。今后一段时期种植屋面系统、太阳能光伏一体化屋面系统、膜结构和开合屋顶将会有较大的发展。

1.1　种植屋面系统

种植屋面关系到建筑结构安全、屋面防水和植物生长及景观效果等方面，因此种植屋面是一个多学科工程技术的交汇和融合。积极开发种植屋面有着特别重要的意义。城市空间作为一种不可再生的资源，必须一点一滴地善加利用。种植屋面为人民提供了方便的绿地环境，除了改善屋面绝热、降低噪声、吸固降尘、收集雨水、储存水分外，还减缓了城市热岛现象。种植屋面的发展形式也更趋向于回归自然。种植屋面的雨水、灌溉水收集和再利用措施的研究，降低养护成本措施的研究，以及紧密结合节能建筑标准及城市生态环境建设发展方向的研究，是种植屋面的未来研究趋向。在今后一段时期种植屋面仍会有较大的发展。

1.2 太阳能光伏屋面系统

光伏应用技术作为一种新型的能源技术，使建筑物自身利用绿色、环保的太阳能资源生产电力，在建筑屋顶上已经成为一种可行的选择。面对日益增长的电力能源需求，今后一段时期，光伏建筑一体化产品将作为一种新型的建筑产品受到建筑师和广大开发商的青睐，光伏屋顶将在越来越多的建筑中体现。

1.3 现代屋顶新技术

现代屋顶主要指玻璃采光顶、点支承采光顶、薄板金属（钛锌板、钛板、铜板、不锈钢板、铝板、彩色钢板等）屋顶、膜结构屋顶、索结构屋顶、开合屋顶、光电屋顶等。这些新屋顶在设计、选材、结构、施工等方面，采用了与传统屋顶的传统技术有较大区别的新技术。

膜结构采光顶突破了传统采光顶形式，对自然光有反射、吸收和透射能力，具有质地柔韧、厚度小、重量轻、透光性好的特点，具有良好的抗老化和自洁性能；自然形成各种色彩丰富的造型，给人以特有的现代美的享受。

开合屋顶又称移动天幕，是一种在短时间内（一般为 20～25min）部分或全部屋顶可以移动或开合的结构形式，它使建筑物在屋顶开启、关闭和部分开闭等状态下都可以使用。根据气候的变化而开闭的屋顶，更好地满足人们对阳光、空气的需要，改变春、夏、秋、冬四季都要通过大型空调方式来维持对空气、湿度和温度的要求，也节约了能源。开合屋顶建筑将成为体育建筑的一个重要发展趋势。

冷屋面技术的广泛应用将大大降低城市夏季的热负荷。美国自 20 世纪 90 年代末开始推选"冷屋面"计划。所谓冷屋面，即外表面材料对太阳光具有高反射率（尤其是近红外波段）以及长波波段高反射率的屋面系统，其表面温度比传统屋面大幅降低。试验表明，热反射隔热技术应用于屋面，在夏季具有显著的节能效果，冷屋面技术的广泛应用将大大降低城市夏季的热负荷，尤其是峰值负荷，这对气候变暖以及城市热岛效应不断加剧的中心城区的建筑节能，将有十分重要的意义。

2. 防水工程

我国建筑防水发展跨入产品品种和应用领域多元化的时期。建筑防水是关系国计民生的重要产业，关乎建筑安全和寿命，关乎百姓民生和安康，行业发展理念为转型、创新、融合、绿色。防水工程是一门跨学科、跨领域、多专业的交叉学科，是具有综合技术特点的系统工程。我国防水工程的发展将呈现以下特点：

2.1 确立建筑防水工程为系统工程的理念

建筑防水是一项综合性技术很强的系统工程。它体现在防水设计、施工、材料、维护等主要环节。用一句话概括：材料是基础，设计是前提，施工是关键，维护是保证。

建筑防水工程有两层含义：一是不能孤立地就防水论防水。要与结构本体、节能构造及适用、安全、美观、施工维修等有关要求整合起来考虑防水设计；二是防水构造本身，除应考虑层间匹配、相容，还应研究层间的相互支持。在我国的建筑工程管理中，屋面工程包括防水系统、保温系统以及各种设施；地下工程包括地下主体结构、防水层等；外墙工程包括保温层、防水层、外饰面层等。在建筑资质管理、招标投标、设计、施工、验收等各个环节，分别由不同的专业承包商负责投标和施工，各专业之间缺乏必要衔接，工程构造层次的功能难以得到充分体现。

另外，防水工程是一个系统工程，如屋面工程的构造层次主要包括保护层、隔离层、防水层、找平层、保温层、找坡层等，目前我国尚未按系统工程综合考虑，大多是由不同专业的分包单位进行施工，造成职责不清，责任不明，相互衔接不到位。针对这一现状，实行防水工程质量责任由防水系统集成承包商全面负责制度，防水系统集成承包商应具有相应资质和具备设计、施工、维护、维修等综合能力。坚持以系统工程为理念，提高建筑防水的工程质量，应鼓励现有资质施工企业、大型产品生产企业等转型发展为防水系统集成承包商。

2.2　发展建筑防水工程成套技术

许多发达国家已有不少经验，在节约材料、节省人工、提高劳动生产率和加快工程进度等方面发挥作用。在我国许多材料生产商未能真正实现配套构配件和配套施工机具，欧美一些发达国家已实行 20 年以上的单层防水卷材机械固定屋面系统，实践证明，建立和采用系统技术并不复杂或不可学，系统中的配套构配件并不是昂贵产品。防水材料生产商应提供与材料相配套的施工工艺、工具、节点构配件成品。配套产品与防水主材料构成整体防水系统，能更好地发挥系统的防水效果。

2.3　建立防水工程施工图深化设计制度

现在虽然大多数设计院出的设计图提到了防水做法，但多只是泛泛而谈，在实际施工过程中操作性不强，有的设计师对防水专业知识甚至知之甚少。现在防水材料有数百种，性能各异，用途不同，而且良莠不齐，如果因选材不当而造成先天缺陷，难免有些毫无必要。现代建筑的复杂化和形式多样性，使得防水设计较之以前难度也有所增加，不能千篇一律地照搬一种防水模式，根据国外先进经验，降低建筑渗漏率的一个重要环节就是进行二次深化设计，由设计师结合工程的特点，提出使用功能和防水等级要求。由防水系统集成承包商进行二次深化设计。

2.4　制定各类防水材料施工工法

防水材料施工工艺与防水施工质量有着密切的关系，往往同一种防水材料由于不同厂商生产，其性能也有许多差异，可能造成防水施工质量问题。掌握防水材料标准施工工艺是防水工的基本要求，各种防水材料都应根据其工艺要求进行施工。防水材料生产商应对其生产的防水材料制定标准施工工法，供防水施工人员操作使用。在出售防水材料的同时，必须提供防水材料使用说明书及工艺指南或施工工法，大幅提高施工工艺的针对性和可操作性。

2.5　重视气候对防水施工质量的影响

气温、风速、空气湿度等气候条件对防水施工质量会造成不同程度的影响。防水材料施工的气候条件，必须符合防水材料的使用作业要求，不利的气候条件，会使防水层出现意想不到的质量问题。

2.6　建立防水产业工人培训机制

材料生产商与承包商之间应建立培训和受训机制，以确保防水材料的正确使用。对操作工人进行防水操作技能培训，同时经常进行质量意识教育，是以"人"为本的质量保证基础。主观上缺乏质量意识是无法创造出优质的防水工程产品的，只有同时具备操作技能和质量意识，才能在任何情况下，把握好质量关，保证防水施工质量。

2.7 推进防水行业建筑装备机械化

建筑防水是劳动力密集型行业，我国正面临着越来越大的人工成本的压力，为降低施工强度、提高施工效率、保证工程质量，应大力发展建筑装备机械化、智能化、自动化。

五、屋面与防水工程施工技术指标记录

1. 全国金属屋面最大面积

金属屋面系统最大的是昆明长水国际机场航站楼，其单体建筑金属屋面面积约 19 万 m^2。

2. 全国柔性屋面最大面积

目前国内最大的单层屋面系统为北京奔驰 MRAⅡ项目 TPO 屋面系统，屋面面积约 40 万 m^2。

3. 地下防水工程最大面积

上海迪士尼乐园位于上海浦东新区川沙新镇地区，是中国内地第一座迪士尼童话主题游乐公园，总规模约为 3.9 km^2，地下基础底板防水面积约 17 万 m^2。

六、屋面与防水工程施工技术典型工程案例

1. 北京奔驰 MRAⅡ项目 TPO 屋面工程

北京奔驰 MRAⅡ项目位于首都东南的北京经济技术开发区。该项目包括总装车间、焊装车间、涂装车间及冲压车间，屋面面积约 40 万 m^2。采用 TPO 屋面防水系统。

系统构造中防水层为 1.52mm 厚 TPO 卷材，采用机械固定法将 TPO 卷材与钢板基层连接；保温层为 100mm 厚岩棉，亦采用机械固定法将岩棉板与钢板基层连接。

该项目为单层防水卷材屋面系统，防水卷材在屋面系统的最外层，暴露于大气环境中，直接受到风、雨、雪、冰、冰雹、紫外线等的作用以及昼夜交替和冬夏季节变化所引起的温度变化而产生的温度应力。这就要求 TPO 卷材必须有很好的尺寸稳定性、耐久性及耐候性。TPO 防水卷材为聚酯纤维内增强 TPO 防水卷材，其力学性能较好，抗拉强度、延伸率等指标都远远超过现行国家标准《热塑性聚烯烃（TPO）防水卷材》GB 27789 的要求。人工气候加速老化试验超过 6800h，该 TPO 卷材各项性能指标完全满足相关标准要求。TPO 卷材幅宽最大可达 3.05m，可有效减少卷材接缝，安装简便、快捷。采用热风焊接技术，热风使卷材熔化，凝固后上下两层卷材成为一体。该卷材具有耐久性长、使用寿命长，光反射率高。

压型钢板厚度 0.8mm，可为保温层和防水层的固定件提供足够的拉拔力来平衡风荷载对其的影响。0.3mm 厚的 PE 膜隔汽层铺设于压型钢板上，相邻 PE 膜之间用丁基胶带

连接在一起，从而保证了屋面隔汽层的连续性。隔汽层之上是厚度为 100mm 的岩棉保温板，分两层错峰铺设，再采用带套筒的塑料垫片和金属螺钉固定到压型钢板基层上；每块 0.6m×1.2m 的岩棉保温板则用 2 套紧固件固定。TPO 卷材的安装需根据基于风荷载要求的卷材布置图进行，采用带套筒的塑料垫片和金属螺钉，沿 TPO 卷材纵向搭接位置将下层 TPO 卷材固定于屋面压型钢板基层，再采用热风焊机将上层 TPO 卷材与下层 TPO 卷材焊接，从而形成完整连续的防水层。但屋面防水系统最容易出现渗漏的地方通常不是大面部位，而是细部节点。在本项目中对细部节点进行了精心设计和处理，防水效果良好。

2. 上海迪士尼乐园地下防水工程

上海迪士尼乐园位于上海浦东新区川沙新镇地区，总规模约为 3.9km²，年降水量充沛（约 1200mm），曾同时出现大暴雨（台风过程最大降水量超过 400mm）和大风（9～11 级）的情况。上海迪士尼乐园是中国内地第一座迪士尼童话主题游乐公园，包含米奇大街、奇想花园、探险岛、宝藏湾、明日世界和梦幻世界六个主题园区，六个主题园区的地下基础底板防水面积约为 17 万 m²，全部使用了预铺高分子自粘胶膜防水卷材及其配套材料，该卷材对基层要求低、不需保护层，强度高，延伸率大，减少了构造层次，在保证防水质量的同时大大节省了工期和费用，具有良好的性价比。预铺高分子自粘胶膜防水卷材施工工艺为：基层处理（清理、除去明水）→基面弹线、定位→大面空铺 PV100 预铺防水卷材→卷材搭接→细部节点处理→检查验收→绑扎钢筋→浇筑底板结构混凝土。

主题园区坐落于软土地基，地下底板均设有桩基础，反梁、承台和平台等，宝藏湾和明日世界这 2 个主题园区还有大量穿透结构底板和侧墙的管群，防水构造非常复杂。加之软土地基承载力低、压缩性高和土壤含水量大等特点，该工程对地下建筑的防水要求极为严格，多家设计单位和施工单位参加了此项工作。根据现场实际情况，业主方选用了预铺高分子自粘胶膜卷材作为地下工程的底板和外防内贴侧墙防水层，形成了与建筑结构满粘结的防水屏障。高分子自粘胶膜防水卷材"使卷材防水层与结构混凝土形成真正意义上的满粘，消除二者之间的蹿水通道"，为从根本上解决地下防水工程的蹿水问题打下良好基础。

3. 北京红桥市场种植屋面工程

北京红桥市场屋顶花园位于 4 层屋顶，总面积 2150m²，其中绿地面积 1300m²。该建筑 1992 年建成，建造之初并未考虑作屋顶绿化，原防水为普通 SBS 改性沥青卷材防水，屋顶表面由广场砖铺装覆盖。后为实现该屋顶有可能举行较大活动的户外场地，小型集会和构造一个能与西侧天坛公园景观相呼应的屋顶花园的需要，进行了屋顶绿化改造（图 14-2）。为保证建筑结构安全、防水安全和植物成活，种植构造层设计以绿化中荷载要求最大的活体植物为依据进行计算。其施工工艺流程为：清扫屋顶表面→验收基层（蓄水试验和防水找平层质量检查）→铺设普通防水层→铺设耐根穿刺防水层→铺设排（蓄）水层→铺设过滤层→铺设喷灌系统→绿地种植池池壁施工→安装雨水观察口→铺设人工轻量种植基质层→植物固定支撑处理→种植植物→铺设绿地表面覆盖层。

北京红桥市场屋顶通过绿化改造，整个工程实现了生态效益、景观效益和功能使用较

图 14-2　北京红桥市场屋顶绿化前后景观对比

完美的结合，是国内屋顶绿化最新技术成果的集成。建筑的屋顶绿化改造，完全可以通过生态效益、商业效益、景观效益的良好结合，提升建筑自身价值和景观质量，改善建筑屋顶的生态环境。该项目在屋顶绿化综合技术应用方面做了新的大胆尝试，成为城市既有建筑屋面进行花园式屋顶绿化改造的成功范例。

参考文献

[1]　中华人民共和国国家标准. 屋面工程技术规范 GB 50345—2012[S]. 北京：中国建筑工业出版社，2012.

[2]　中华人民共和国国家标准. 屋面工程质量验收规范 GB 50207—2012[S]. 北京：中国建筑工业出版社，2012.

[3]　中华人民共和国国家标准. 地下工程防水技术规范 GB 50108—2008[S]. 北京：中国计划出版社，2009.

[4]　中华人民共和国国家标准. 地下防水工程质量验收规范 GB 50208—2011[S]. 北京：中国建筑工业出版社，2011.

[5]　吴明. 防水工程材料[M]. 北京：中国建筑工业出版社，2010.

[6]　张道真. 防水工程设计[M]. 北京：中国建筑工业出版社，2010.

[7]　杨杨. 防水工程施工[M]. 北京：中国建筑工业出版社，2010.

[8]　中国建筑防水协会. 2016 年度中国建筑防水行业发展报告[R].

[9]　陈玉山. Ulltraply TPO 屋面防水系统在北京奔驰 MRA Ⅱ 项目中的应用[J]. 中国建筑防水屋面工程，2014(5).

[10]　韩丽莉，李连龙，单进. 屋顶绿化研究与示范——以北京红桥市场屋顶绿化为例解析屋顶绿化设计与施工技术要点[A]/中国风景园林学会论文集"和谐共荣——传统的继承与可持续发展"[C]. 北京：中国建筑工业出版社.

第十五篇 防腐工程施工技术

青建集团股份公司　　　　陈德刚　董　成　孙晓莉　牟炳强　姜博瀚

科兴建工集团有限公司　　蒋矩平　直海娟　许瑞倩　决　伟

摘要

本篇介绍了混凝土结构、钢结构和木结构的防腐蚀材料的分类和特点、主要技术与工艺研究以及防腐蚀的技术标准,重点介绍了石墨烯在防腐领域中两个研究方向的进展、复合包覆防腐施工技术的发展情况,展望了石墨烯、地质聚合物、有机-无机复合防腐材料以及环保防腐涂料等在防腐蚀的应用前景,简单介绍了港珠澳大桥工程等的防腐蚀应用案例。未来我国将推动复合防腐技术向着环保、可持续发展、长效化、多元化的方向发展。

Abstract

This paper introduces the classification and characteristics of anticorrosive materials for concrete structure, steel structure and wood structure, main technical and technological research as well as technical standards for anticorrosion, emphasizing on the progress of graphene in two research directions in the field of anticorrosion, the development of composite coating anticorrosion construction technology, and prospects graphene, geological polymer, organic-inorganic composite anticorrosion. The application prospects of materials and environmental protection anticorrosive coatings in anticorrosive engineering are briefly introduced. In the future, China will promote the development of compound anticorrosion technology towards environmental protection, sustainable development, long-term effectiveness and diversification.

一、防腐工程施工技术概述

随着科学技术的发展，腐蚀成为新兴海洋工程、现代交通运输、能源工业、大型工业企业、岛礁工程等领域装备和设施安全性和服役寿命的重要影响因素之一，材料腐蚀破坏对人类造成的危害慢慢引起了人们的重视。经过19、20两个世纪的发展，腐蚀与防护科学已经成为一门独立的边缘学科。其中防腐涂料行业总的发展趋势是，在现有涂料成果的基础上，遵从无污染、无公害、节省能源、经济高效的"4E"原则。

我国建筑防腐蚀工程的发展大致经历了起步阶段（20世纪50年代到60年代）、发展阶段（20世纪70年代到90年代末）、提高发展阶段（21世纪以后）3个时期，从沥青类材料逐步发展到了新型环保的防腐蚀产品。目前，我国防腐蚀工程正沿着高性能、高效率、低能耗和低污染的方向前进，且有一部分水性防腐涂料生产企业采用了低污染的原材料进行生产，防腐涂料企业正淘汰禁止使用的各种涂料原料，取而代之以更加环保的原料产品，以达到产品节能减排、环境友好的目的。

建筑防腐蚀工程主要包括混凝土结构防腐蚀工程、钢结构防腐蚀工程、木结构防腐蚀工程。目前提高建筑耐久性的现有措施可分为两大类，第一类为基本措施，如采用高性能混凝土、耐候钢、合金钢、防腐木从材料本身改善其性能抵御外界腐蚀；第二类为附加措施，如表面面层防护、阴极防护技术、钢筋阻锈剂以及增加保护层厚度等。本篇所说的防腐蚀工程主要是指针对混凝土结构防腐蚀工程、钢结构防腐蚀工程、木结构防腐工程的第二类附加措施。

二、防腐工程施工技术主要技术介绍

1. 防腐蚀材料的分类及特点

建筑防腐蚀工程按使用的材料，可以按材料类别和施工方式划分为树脂类防腐蚀工程、涂料类防腐蚀工程、水玻璃类防腐蚀工程、聚合物水泥类防腐蚀工程、沥青类防腐蚀工程、喷涂型聚脲防腐蚀工程、块材防腐蚀工程、塑料类防腐蚀工程等。建筑防腐蚀工程由于使用部位、作用环境的不同，各有其严格的应用范围。有时为了达到更好的防腐蚀效果，或由于介质情况复杂，往往不能仅仅采用单一材料进行有效防护，就需要实行联合保护或者采用复合做法。部分防腐蚀工程应用范围见表15-1。

部分防腐蚀工程应用范围一览表　　　　　　　　　　表 15-1

种类	代表材料	特点		适用场合	不宜使用场合	慎用场合
树脂类防腐蚀工程	环氧树脂、乙烯基酯树脂、不饱和聚酯树脂、呋喃树脂和酚醛树脂	1. 强度高，密实度高，几乎不吸水； 2. 耐磨性好，抗冲击性好； 3. 绝缘性能好、化学稳定性好； 4. 价格相对较高	温度	液态介质≤140℃，气态介质≤180℃	介质或环境≥180℃	液态介质>120℃，气态介质>140℃

种类	代表材料	特点		适用场合	不宜使用场合	慎用场合
树脂类防腐蚀工程	环氧树脂、乙烯基酯树脂、不饱和聚酯树脂、呋喃树脂和酚醛树脂	1. 强度高，密实度高，几乎不吸水； 2. 耐磨性好，抗冲击性好； 3. 绝缘性能好、化学稳定性好； 4. 价格相对较高	介质	中低浓度酸溶液(含氧化性酸)，各类碱盐和腐蚀性水溶液，烟道气、气态介质	高浓度氧化性酸，热碱液，高温醋酸、丙酮等有机溶剂	氢氟酸、常温强碱液、氨水、各类有机溶剂
			部位	楼面、地面、设备基础、沟槽、池和各类结构的表面防护、烟道衬里等	屋面等室外长期暴晒部位	室外工程、潮湿环境
涂料类防腐蚀工程	环氧类、丙烯酸酯类、高氯化乙烯、有机硅类、富锌类等	1. 与建筑物基层具有良好的粘结性，外用涂料还有良好的耐候性； 2. 具有装饰性能； 3. 施工方便； 4. 种类繁多、性能多样	温度	液态介质≤120℃	液态介质>120℃	液态介质≥80℃
			介质	中、弱腐蚀性液态介质，气态介质，各类大气腐蚀	中高浓度液态介质经常作用	用于特殊环境或复杂介质作用
			部位	各类建筑结构配件表面防护，中等以下腐蚀的污水处理池衬里等	有机械冲击和磨损的部位，重要的池槽衬里	高温高湿环境
水玻璃类防腐蚀工程	钠(钾)水玻璃胶泥、钠(钾)水玻璃砂浆、钠(钾)水玻璃混凝土	1. 具有优良的耐酸性能和耐热性能； 2. 具有良好的物理力学性能； 3. 改性后的水玻璃类材料的密实度和抗酸渗透性好； 4. 钠水玻璃材料来源广、价格较低	温度	液态介质≤300℃	液态介质>1000℃	液态介质≥300℃
			介质	中高浓度的酸、氧化性酸	氢氟酸、碱及呈碱性反应的介质、干湿交替的易结晶盐	盐类、经常有pH>1稀酸
			部位	室内地面、池槽衬里、设备基础、烟囱衬里、块材砌筑	室外工程、经常有水作用	地下工程
聚合物水泥类防腐蚀工程	聚丙烯酸酯乳液水泥砂浆、氯丁胶乳水泥砂浆、环氧树脂乳液水泥砂浆	1. 抗冻融、抗冲刷、抗渗透性好； 2. 固化快、强度高； 3. 施工方便，适合潮湿面作业； 4. 后期检修维护成本低； 5. 受原材料价格及制备工艺的影响，价格偏高	温度	液态介质≤60℃，气态介质≤80℃	液态介质>60℃，气态介质>80℃	—
			介质	中等浓度以下的碱液、部分有机溶剂、中性盐；腐蚀性水(pH>1)	各类酸溶液、中等浓度以上的碱	稀酸、盐类
			部位	室内外地面、设备基础、结构表面防护、块材砌筑水工混凝土建筑物防护及修补工程	池槽衬里	污水池衬里

种类	代表材料	特点		适用场合	不宜使用场合	慎用场合
沥青类防腐蚀工程	SBS改性沥青、沥青砂浆、沥青混凝土	1. 本身构造密实，防水性能优良； 2. 弹性和延伸率较高； 3. 耐热耐寒性差； 4. 材料来源广、价格低廉、施工方便	温度	常温	经常＞50℃介质或环境，≤0℃环境	常温以上介质经常作用
			介质	中低浓度非氧化性酸、各类盐、中等浓度碱、部分有机酸	浓酸、强氧化性酸、浓碱、有机溶剂	含氟介质、氧化性酸、非极性溶剂
			部位	地下工程的防水防腐蚀、隔离层、结构涂装（特别是潮湿环境）	室外暴露部位	有温度、有重物挤压部位
塑料类防腐蚀工程	硬（软）聚氯乙烯、聚丙烯、聚苯乙烯等制作的板材、管材等	1. 质量轻、密度小，耐磨性能好； 2. 成型加工方便，维修成本低； 3. 机械强度、硬度较低； 4. 产量大，用途广，价格较便宜	温度	常温	液态介质＞100℃，经常作用	常温以上介质经常作用的受力构件
			介质	酸、碱、盐、部分溶剂、氢氟酸	醚、芳烃、苯、卤代烃（二氯乙烷、氯仿、四氯化碳）	溶剂、含卤素化合物
			部位	水管、地漏、设备基础面层、门窗	软聚氯乙烯、聚丙烯不适用于室外暴露部位	有温度变化、变形可能的部位、地面面层
喷涂型聚脲防腐蚀工程	芳香族聚脲、脂肪族聚脲、聚天冬氨酸酯聚脲	1. 超长的耐老化性及耐腐蚀性； 2. 便捷的施工性能； 3. 出色的封闭性能及力学性能； 4. 优良的环保性能	温度	常温	经常≥50℃介质或环境，≤0℃环境	—
			介质	盐溶液、乙酸（10％）、氢氟酸、KOH（20％）、氨水（20％）、苯、二甲苯、铬酸钾、柴油、液压油	硝酸（20％）、乳酸、丙酮、甲醇、二甲基酰胺	NaOH(50％)
			部位	碳钢、混凝土、水泥砂浆、玻璃钢等基面的防腐，化工设备及管道、钢制框架的内外表面防腐	强氧化性液态和固态腐蚀	—

2. 全面腐蚀控制

要使防腐蚀工程达到预期的效果，不仅要选择与合适的防腐蚀材料相匹配的施工工艺，还要控制好每一个环节，即对防腐蚀工程材料选择、方案设计、试验研究、工程施工、养护验收、日常使用和维护各个环节都必须把好关，这一控制好每一环节的过程称之为全面腐蚀控制。防腐蚀工程有其自身的特点和要求，如果在某一环节上发生问题，都可能导致全过程功亏一篑。

防腐蚀工程施工时，表面处理是保证防腐工程效果的关键因素，同时施工工艺、施工环境、温度、湿度、风力等状况对防腐工程的质量也具有较大影响，不同防腐材料的施工适宜条件不尽相同，也需要予以重视。

3. 防腐蚀工程的基层处理

防腐蚀工程的基层主要包括混凝土基层、钢结构基层、木质结构基层，处理后的基层必须符合设计规定才能进行后续施工。

混凝土基层表面常用的处理工艺包括手动或动力工具打磨、抛丸、喷砂或高压射流；常用机械包括手持研磨机、铣刨机等；混凝土基层处理完成后应平整、干净、无附着物。

钢结构表面处理常采用的处理工艺包括：喷射或抛丸、手动或动力工具、高压水射流等处理工艺；常用机械包括：铣刨机、喷砂机、打磨机、抛丸机等；完成后的基层应符合现行国家标准《涂覆涂料前钢材表面处理 表面清洁度的目视评定 第1部分：未涂覆过的钢材表面和全面清除原有涂层后的钢材表面的锈蚀等级和处理等级》GB/T 8923.1的有关规定。

木质结构基层处理常采用的处理工艺包括，控制含水率，对节疤、虫眼填补并顺纹保证与收缩膨胀应力一致，清理油污、灰尘和树脂等问题。

部分防腐蚀工程施工条件见表15-2。

部分防腐蚀工程施工条件一览表

表 15-2

种类	代表材料	施工条件要求	
		温度要求	湿度要求
树脂类防腐蚀工程	环氧树脂、乙烯基酯树脂、不饱和聚酯树脂、呋喃树脂和酚醛树脂	施工环境温度宜为15～30℃，施工环境温度低于10℃时，应采取加热保温措施。原材料使用时的温度，不应低于允许的施工环境温度	相对湿度不宜大于80%
涂料类防腐蚀工程	环氧类、丙烯酸酯类、高氯化乙烯、有机硅类、富锌类等	被涂覆钢结构表面的温度应大于露点温度3℃，在大风、雨、雾、雪天或强烈阳光照射下，不宜进行室外施工	施工环境相对湿度宜小于85%
水玻璃类防腐蚀工程	钠（钾）水玻璃胶泥、钠（钾）水玻璃砂浆、钠（钾）水玻璃混凝土	水玻璃类防腐蚀工程施工的环境温度宜为15～30℃，当施工的环境温度、钠水玻璃的施工温度材料低于环境温度10℃，钾水玻璃材料的施工温度低于环境温度15℃时，应采取加热保温措施；钠水玻璃的使用温度不应低于15℃，钾水玻璃的使用温度不应低于20℃	相对湿度不宜大于80%
聚合物水泥类防腐蚀工程	丙烯酸酯共聚乳液砂浆、氯丁胶乳水泥砂浆	聚合物水泥砂浆施工环境温度宜为10～35℃，当施工环境温度低于5℃时，应采取加热保温措施。不宜在大风、雨天或阳光直射的高温环境中施工	施工前基层保持潮湿状态但不得有积水

续表

种类	代表材料	施工条件要求	
		温度要求	湿度要求
沥青类防腐蚀工程	SBS 改性沥青、沥青混凝土	施工的环境温度不宜低于 5℃	施工时的工作面应保持清洁干燥
塑料类防腐蚀工程	硬(软)聚氯乙烯、聚丙烯、聚苯乙烯等制作的板材、管材等	施工环境温度宜为 15~30℃	相对湿度不宜大于70%
喷涂型聚脲防腐蚀工程	芳香族聚脲、脂肪族聚脲、聚天冬氨酸酯聚脲	施工环境温度宜大于 3℃，不宜在风速大于 5m/s、雨、雾、雪天环境下施工	相对湿度宜小于85%

4. 防腐蚀技术及工艺研究

4.1 混凝土结构防腐技术

混凝土是一种非匀质、多孔隙，且具有微裂缝结构、表面较为粗糙的高渗透性材料。环境中的 Cl^-、CO_2、O_2、H_2O、SO_4 等通过孔隙渗透到混凝土内部将引起诸如混凝土碳化反应、钢筋锈蚀、冻融破坏等危害混凝土耐久性的行为。仅依靠混凝土原材料及施工的质量并不能保证结构的完整性以及长期的耐久性，尤其是无法避免在严酷条件下发生的腐蚀破坏。因此，对严酷环境中混凝土采取附加防护措施极为必要。目前可选用的附加措施主要有涂层钢筋、阴极保护、钢筋阻锈剂和混凝土涂层，以及上述两种以上的复合措施等，其中混凝土涂层最为简单有效。

4.2 钢结构防腐技术

钢材腐蚀存在电化学腐蚀以及化学腐蚀两个特点，电化学腐蚀是指钢材在保存与应用中与周围环境介质相互间具有的氧化还原反应，从而形成了腐蚀。化学腐蚀是指钢材表层与周围介质直接形成的化学反应而促成的腐蚀，此类腐蚀会随着时间与温度的提升而加深。钢结构腐蚀是一个尤为繁琐的化学物理过程，不仅表现于材料腐蚀方面，更加关键地则为减弱建筑结构的稳定性，因此会影响建筑的安全以及运用。防腐蚀涂料作为钢结构表面防护最常用的材料，具有成本低，工艺简单，对钢结构无形状要求等优点。

4.3 木结构（木材）防腐技术

木质材料是一种常见的有机材料，是我国古代建筑中使用最多的材料。近年来随着国家提倡建造绿色节能建筑和使用绿色建材，钢木混合建筑、装配式木结构建筑成为新的热点。木结构建筑会随着时间的延续出现变形、虫蛀、裂缝、腐蚀等缺陷及人为的破坏现象，对构件的耐候、防腐、防霉、防白蚁等性能要求极高。为提高建筑的耐久耐候性，木结构建筑的特殊位置（如结构构件与混凝土基础的连接）和景观类建筑中的木材均需进行防腐处理。常见的防腐药剂有铜铬砷（CCA）、季铵铜（ACQ）、五氯酚（钠）、膨化物等。其中 CCA 中具有砷元素，人体长时间接触五氯酚（钠）可能造成周围神经炎，这 2 类药剂在有些国家和地区被限制使用。

4.4　防腐蚀材料技术及工艺研究

4.4.1　防腐涂料概述

防腐涂料种类繁多，是防腐材料中发展速度最快、品种最多的品种。市场研究公司IRL估计 2018 年全球主要国家防腐涂料市场的产量为 740 万 t。最大消费量来自亚太地区，约占全球总量的 84％（620 万 t）。环氧树脂体系是 2018 年最常用的体系。IRL 公司预测，到 2023 年防腐涂料将新增长 200 万 t 以上。

高性能产品主要有以下几类：

（1）环氧树脂涂料：具有高附着力、高强度、固化方便以及防腐性能高的特点。主要用于混凝土表面的封闭底漆和中漆。但涂膜的户外耐候性差、易失光和粉化、质脆易开裂，耐热性和耐冲击性能都不理想。

（2）丙烯酸酯涂料：主要有热塑型和热固型两大类，具有耐化学品性、耐碱性、耐候性和保光保色性、装饰性能优良的优点。主要用作铝镁等轻金属以及混凝土结构面漆。但耐水性较差、低温易变脆、耐污染性差，耐酸性不如环氧树脂及聚氨酯涂料。

（3）聚氨酯涂料：分为双组分以及单组分两种涂料，具有耐腐蚀性、防水性能优异的优点。但涂膜易变黄、粉化褪色；固化反应慢，附着力相对较小。是目前常用的一类面漆涂料，也常用于水泥砂浆、混凝土的基层。

（4）树脂玻璃鳞片涂料：具有良好的渗透性和耐化学品性、具有优异的附着力和抗冲击性，适用于工业储罐、设备基础以及海洋构筑物上。但在低温条件下涂层固化慢不能满足施工要求、户外抗紫外线性能较差、价格较高。

（5）有机硅树脂涂料：具有良好的耐高低温性、很强的渗透性和憎水性，保色性能优异，适用于海浪飞溅区的混凝土表面。但不适用于水下结构、价格昂贵。

（6）氟树脂涂料：是以氟烯烃聚合物或氟烯烃与其他单体为主要成膜物质的涂料，又称氟碳涂料，具有优异的耐候性、耐化学品性、良好的耐污染性能、装饰性能好，较好的附着性使其可以广泛的应用于金属、混凝土、合成塑料、玻璃等表面，但价格昂贵。

（7）石墨烯防腐涂料：随着石墨烯研究的不断深入和制备技术的不断发展，石墨烯增强有机涂料的腐蚀防护性能成为防腐领域中一个非常重要的研究方向。石墨烯有机涂料不仅保留了石墨烯优异的热、电学以及阻隔性能，同时还兼具了有机树脂良好的黏附性和力学性能。

4.4.2　防腐涂料配套体系设计

涂料配套体系是以多道涂层组成一个完整的防护体系来发挥防腐蚀功能的，它包括底漆、中间层漆和面漆。涂料配套体系的设计应按照腐蚀环境、涂料的防腐蚀性能和耐久性要求来进行。

（1）底漆

底漆的作用是防锈和提供涂层对底材的附着力。目前国内最普遍应用的重防腐底漆是富锌底漆。富锌漆由于富含锌粉，对钢材基底有阴极保护作用，因此是优良的防锈底漆。

（2）中间漆

中间漆的作用是增加涂层的厚度以提高整个涂层系统的屏蔽性能，因此，在选择中间漆时，要求它对于底漆和面漆应具有较好的附着力。

（3）面漆

面漆的作用是赋予漆膜装饰性、耐候性和耐腐蚀性能。

（4）常用的配套方案案例

1）钢结构：无机富锌底漆 2 遍＋环氧云铁中间漆 2～3 遍＋聚氨酯面漆 2 遍。

2）混凝土：与面层同品种的底涂料＋面层涂料（如环氧、聚氨酯、丙烯酸等）。

4.4.3 防腐涂装工艺

涂装厚度及涂层遍数是涂料防腐的重要指标，它们根据使用年限以及腐蚀性等级来确定。涂装工艺要与涂装材料相适应，常用的涂装工艺有：人工刷涂、滚涂、浸涂、喷涂等。

喷涂施工应按照自上而下，先喷垂直面后喷水平面的顺序进行。

刷涂施工随涂料品种而定，一般可先斜后直、纵横涂刷，从垂直面开始自上而下再到水平面。

涂装间隔时间应参照说明书和施工环境温度确定，涂装间隔时间不应过小，当间隔时间过大时需进行处理。养护期间，应避免淋水、接触腐蚀介质，避免造成涂膜损伤的行为。

涂层检修。涂层在使用中应定期进行检查，及时修补受损部位。当涂层达到设计防腐年限时应进行评估，对于涂层表面无裂纹、无气泡、无严重起粉化，并且附着力仍然满足时，可以继续使用。对认为已经丧失防护能力的涂层，应当清除，经表面清洁处理后涂装新防腐涂层。

5. 防腐蚀标准技术发展

住房城乡建设部 2018 年 11 月 8 日发布了《建筑防腐蚀工程施工质量验收标准》GB/T 50224—2018，标准自 2019 年 4 月 1 日起实施，主要修订了涂料类防腐蚀工程的检查项目和检测方法以及增加了材料耐腐蚀性能实验方法和评定标准等内容。

现行防腐蚀工程相关的国家、行业标准整理如表 15-3 所示。

现行防腐蚀工程相关标准

表 15-3

序号	等级	颁布年份	规范名称	编号
1	国家标准	2020	古建筑木结构维护与加固技术标准	GB/T 50165—2020
2		2018	建筑防腐蚀工程施工质量验收标准	GB/T 50224—2018
3		2018	工业建筑防腐蚀设计标准	GB/T 50046—2018
4		2017	木结构设计标准	GB 50005—2017
5		2017	建设工程白蚁危害评定标准	GB/T 51253—2017
6		2015	钢结构氧化聚合型包覆防腐蚀技术	GB/T 32120—2015
7		2014	建筑防腐蚀工程施工规范	GB 50212—2014
8		2014	色漆和清漆 防护涂料体系对钢结构的防腐蚀保护	GB/T 30790.1～30790.8—2014
9		2012	防腐木材工程应用技术规范	GB 50828—2012
10		2012	白蚁防治工程基本术语标准	GB/T 50768—2012
11		2011	预防混凝土碱骨料反应技术规范	GB/T 50733—2011
12		2011	工业设备及管道防腐蚀工程施工质量验收规范	GB 50727—2011

序号	等级	颁布年份	规范名称	编号
13	国家标准	2011	工业设备及管道防腐蚀工程施工规范	GB 50726—2011
14		2010	乙烯基酯树脂防腐蚀工程技术规范	GB/T 50590—2010
15		2008	防腐木材	GB/T 22102—2008
16	行业规范	2016	白蚁防治工职业技能标准	JGJ/T 373—2016
17		2015	城镇桥梁钢结构防腐蚀涂装工程技术规程	CJJ/T 235—2015
18		2015	防腐木结构用金属连接件	JG/T 489—2015
19		2011	混凝土结构耐久性修复与防护技术规程	JGJ/T 259—2012
20		2011	建筑钢结构防腐蚀技术规程	JGJ/T 251—2011
21		2011	房屋白蚁预防技术规程	JGJ/T 245—2011
22		2011	混凝土结构修复用聚合物水泥砂浆	JG/T 336—2011
23		2009	混凝土耐久性检验评定标准	JGJ/T 193—2009
24		2009	钢筋阻锈剂应用技术规程	JGJ/T 192—2009
25		2007	建筑用钢结构防腐涂料	JG/T 224—2007
26	协会标准	2020	混凝土耐久性修复与防护用隔离型涂层技术规程	T/CECS 746—2020
27		2013	钢结构防腐蚀涂装技术规程	CECS 343：2013
28	其他标准	2017	钢结构用水性防腐涂料	HG/T 5176—2017
29		2017	无溶剂防腐涂料	HG/T 5177—2017
30		2017	带锈涂装用水性底漆	HG/T 5173—2017
31		2015	水性无机磷酸盐耐溶剂防腐涂料	HG/T 4846—2015
32		2014	水性环氧树脂防腐涂料	HG/T 4759—2014
33		2011	建筑用加压处理防腐木材	SB/T 10628—2011
34		2005	木材防腐剂	LY/T 1635—2005

三、防腐工程施工技术最新进展(1～3 年)

1. 石墨烯在防腐领域中的应用

自石墨烯发现以来，其优异的导电性、力学性能、热导性、光学性能等吸引了研究学者的广泛关注。此外，石墨烯稳定的 sp2 杂化结构使其自身具有良好的化学惰性、抗氧化能力和抗渗透性，被认为是一种理想的防腐材料，在金属材料的防腐领域具有非常大的应用前景。

目前基于石墨烯的防腐应用研究主要集中在纯石墨烯防护薄膜以及石墨烯复合防腐涂层。

制备纯石墨烯薄膜的方法一般通过化学气相沉积(CVD)方法、机械转移法、喷雾法等方法。将纯石墨烯物理吸附在铜、镍等金属基材表面。石墨烯薄膜的表面通常具有皱纹和裂缝，这些缺陷会导致石墨烯薄膜失效，甚至加速腐蚀；石墨烯的局部氧化会降低其机械强度，并影响其使用寿命。目前石墨烯薄膜受到制备工艺的制约，所制备的最大的石墨烯单晶仅有 $5 \times 50 cm^2$，且薄膜表面存在纳米缺陷，无法实现高质量、大面积石墨烯的规模化生产，在防腐蚀领域的大规模应用尚待研究。

石墨烯在防腐领域的另一个主要用途是将石墨烯作为填料制备石墨烯有机复合防腐涂层。石墨烯在有机防腐涂层中的应用主要概括为 3 个方面：第一，将石墨烯分散到有机涂层中，凭借石墨烯的不可渗透性，延缓腐蚀介质在涂层中的扩散和渗透；第二，石墨烯能增强涂层与金属的结合强度，提高涂层的耐久性；第三，利用石墨烯的良好导电性，改善阴极保护型涂层的防腐能力。

需要特别说明的是最近几年石墨烯对环氧富锌涂料中锌粉的取代能力研究成为新的热点。通过掺入石墨烯可以大大降低富锌涂料中锌粉的用量，在提高性能的同时，降低成本，减少锌粉对环境的污染。

2. 复合包封防腐施工技术的发展

随着我国海洋战略的实施，防腐技术在从单一的措施向着多种方法有机结合的复合防腐技术发展，其中的包覆防腐蚀技术作为一种长效防腐技术日趋成熟，经工程验证使用寿命可以达到甚至超过 30 年。

氧化聚合型包覆技术(OTC)适用于大气区的异型钢结构构件，由氧化聚合型防蚀膏、氧化聚合型防蚀带及外防护剂三层配套体系组成，表面处理要求低，可带锈施工，广泛适用于各种复杂形状的结构、设备。

复层矿脂包覆防腐蚀技术(PTC)适用于埋地、潮湿及海洋浪溅区等严酷的腐蚀环境。该技术由四层紧密相连的保护层组成，即矿脂防蚀膏、矿脂防蚀带、密封缓冲层和防蚀保护罩，可带锈带水施工，具有不降解、耐老化、耐冲击等诸多优点，且后期维护费用很低。

四、防腐工程施工技术前沿研究

1. 石墨烯防腐的发展

尽管石墨烯及其有机涂层的防腐性能已有大量的研究，但主要集中于石墨烯的改性以及掺加含量对有机涂层防腐性能的影响。石墨烯在防腐蚀领域的研究仍处于初始阶段，石墨烯薄膜防腐的制备生产和防腐的机理研究仍是未来的一大热点研究方向。

2. 水性、高固体等环保防腐涂料的发展

近年来，我国政府加快了环境保护和可持续产业结构调整的步伐，如完善涂料、胶粘剂等产品挥发性有机物限值标准，加快实施工业源 VOC 污染防治等。由此促进了环保类涂料，如水性涂料、无溶剂型涂料、高固体分涂料、粉末涂料以及辐射固化涂料等技术的快速发展。目前一些水性涂料 VOC 含量其实并不低，因此生产并使用真正低 VOC 的防腐涂料是未来发展的必然趋势之一。

3. 地质聚合物的发展

地质聚合物（Geopolymer，简称地聚物），是近年来研究热点中新出现的一种新型非水泥基绿色无机胶泥材料，地聚物具有初凝时间短，早期强度高，与旧混凝土界面相容性好，耐火性及耐腐蚀性好等特点。研究表明，地聚物的孔隙率远小于普通水泥基材料，具有良好的抗渗透性能及耐腐蚀性能。因此地聚物涂料、地聚物砂浆等在防腐领域的应用，尚有大量可完善的空间，在海洋等重腐蚀领域具有良好的发展前景。

4. 有机—无机复合防腐材料

有机—无机物改性涂料是一种兼具有机聚合物和无机材料优良特性的涂料，克服了传统有机聚合物树脂性能上的局限性，使其具有高强度、高韧性、高附着力、耐高温性、耐老化性等特性。例如采用无机纳米材料（ZnO、SiO_2、黏土等）改性聚氨酯防腐涂料。因此，如何研制综合性能优异的有机-无机复合涂料成为涂料研究的热点之一。

有机改性混凝土（砂浆）仍处于初步发展阶段，是未来重要发展的方向之一。

5. 防腐材料向可持续发展、长效化、多元化发展

防腐材料的可持续发展将变得越来越重要。为了降低碳排放，减少对环境的污染，防腐涂料将向着采用可再生原材料的方向研究，同时通过延长防腐涂料的耐久性提高可持续发展性。德国修订版基础标准 DIN EN ISO 12944—2018 的发布，引入了"非常高"这样一个新的耐久期限（耐久期限超过 25 年）。

推动特种复合防腐技术向多元化发展，未来一种防腐材料将结合多种功能（如防火和防腐功能）或具有自修复特性。将来防腐材料必将更加的多元化，功能更复合，向隔热降温、导热导静电、防霉防水、耐高温、耐候、耐冻融、阻燃等方向继续探索和发展，同时还要有再生利用能力，减少对环境的影响。这不仅对材料要求更加严格，施工工艺和基层处理的工艺也要随之进行不断改进。

五、防腐工程施工技术典型工程案例

1. 港珠澳大桥工程防腐蚀技术应用

港珠澳大桥全长 55km，是目前中国建设史上里程最长、施工难度最大的跨海桥梁，港珠澳大桥主体工程中桥梁上部结构达 22.9km，由将近 1500 根钢管复合桩支撑起来，钢管桩本身总重就达到 9.6 万 t。防腐涂装工程约 580 万 m^2，防腐涂料用量约 3900t。

港珠澳大桥地处低氧、高盐的海洋环境，受到紫外线、海水、海风、盐雾、潮汐、干湿循环等自然腐蚀影响，设计寿命打破了国内通常的"百年惯例"，制定了 120 年设计使用年限。港珠澳大桥的防腐涂装工程通过全寿命成本分析、耐久性安全储备分析、防腐风险评估的综合分析法解决了工程量大、工程难度大、制造质量标准高和系统复杂等问题。港珠澳大桥根据不同环境和部位针对性的采取了多种不同的防腐措施，其中腐蚀最严重的桥桩确定采用"SEBF/SLF 高性能防腐涂层"，SEBF 和 SLF 均为环氧树脂粉末为核心的涂料

体系，这是一种高性能防腐涂层＋阴极保护的联合防护方法来确保钢管桩的服役可靠性的涂料体系。在钢管桩 120 年的设计寿命中，前 70 年将采用高性能涂层防护为主、牺牲阳极式阴极保护为辅的联合防护进行腐蚀抑制。后 50 年则以牺牲阳极保护＋钢管预留腐蚀余量为主、高性能涂层防护为辅的联合防护方式保证耐久性。

同时在港珠澳大桥施工中采用的双相不锈钢钢筋是国内首次大批量应用。

2. 华能丹东电厂煤码头海水钢桩 PTC 包覆

丹东华能电厂煤码头自 1998 年运营以来已多年来未进行过防腐维护，钢桩已出现大面积腐蚀，原先采用的热缩防腐材料已经失效，钢桩亟需进行翻新改造。

丹东港地处黄海北部(40°N/124°E)，冬期海港周边海水冻结，浮冰在涨潮时逐渐增多。随着涨潮流大量的滩冰被带入航道，此种滩冰厚度一般在 40～50cm 之间，块大而硬，对码头钢桩造成伤害。经考察后，确定丹东华能电厂煤码头海水钢桩腐蚀改造工程采用 PTC 复层矿脂包覆技术，防腐范围从码头(浅水区)一端开始。钢桩包覆高度为从顶端向下包覆 7 米，包含水上施工 4.5m，水下潜水施工 2.5m。钢桩修复前后照片见图 15-1。

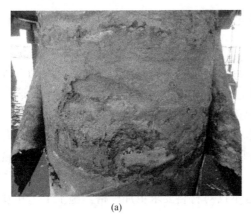 

(a)　　　　　　　　　　　　　　　　　(b)

图 15-1　丹东电厂煤码头海水钢桩包覆实例
(a)钢桩修复前；(b)钢桩修复后

包覆工程完成后三年，对丹东码头的钢桩防冰效果进行了回访调研，PTC 技术包覆的钢桩抗冰、抗冲击能力强，丹东港三年冰期没有任何损坏，见图 15-2。

图 15-2　丹东电厂煤码头海水钢桩防冰效果

参考文献

[1] 侯保荣，等．海洋钢结构浪花飞溅区腐蚀控制技术[M]．北京：科学出版社，2011．

[2] 邓桂芳．防腐涂料发展趋势分析[J]．化学工业，2015，33(2-3)：28-37．

[3] 李战强．海上风机钢管桩基础耐腐蚀性研究[D]．重庆：重庆交通大学，2014．

[4] 钱洲亥，王静，侯保荣，宁东涛．PTC复层矿脂包覆防腐技术在海上风电的应用[J]．电镀与涂饰，2016．

[5] 孙丛涛，康莉萍，赵霞，李伟华．混凝土涂层的抗渗性能[J]．硅酸盐通报，2016．

[6] 樊小根，吴思，李惠霞，夏宇正，石淑先．石墨烯及其衍生物的分散改性及其在防腐涂料中作用机制的研究进展[J]．复合材料学报，2020．

[7] 鲍艳，陈颖．无机纳米材料改性聚氨酯防腐涂料的研究进展[J]．涂料工业，2017．

[8] 刘佳明，洪研，吴雨晟，王煦．石墨烯对水性环氧富锌涂料中锌粉的取代能力研究[J]．涂料工业，2020．

[9] 彭菊芳．标准制定助推钢结构用防腐涂料的水性化发展[J]．水性十年纪念册，2018．

[10] 刘佳明，洪研，吴雨晟，王煦．石墨烯对水性环氧富锌涂料中锌粉的取代能力研究[J]．涂料工业，2020．

[11] 杨奇．表面防腐涂层体系对季冻区桥梁混凝土结构耐久性影响的研究[J]．北方交通，2020．

[12] 邹明洋，陶忠．大理某木结构古建筑修复加固研究[J]．中国水运，2020．

[13] 宋启艳．钢木连接节点在氯离子环境下的腐蚀性能研究[D]．哈尔滨工业大学，2019．

[14] 廖静，郝勇，王立军，贾吉龙，李家安．钢木组合结构研究现状[J]．河南科技，2020．

[15] 汤雁冰，陈龙，王胜年，范志宏．港珠澳大桥桥梁混凝土结构附加防腐蚀措施设计研究[J]．腐蚀科学与防护技术，2016．

[16] 彭小亮，危春阳，王怀青，刘小平．工业防腐涂装水性化成功的关键技术要求和施工挑战分析[J]．水性十年纪念册，2018．

[17] 张辉，闫宝伟，杨帅，等．功能性粉末涂料的研究现状与发展[J]．涂料工业，2020．

[18] 曹静，汪娟丽，李玉虎，等．古建筑木构件原位加固防腐研究[J]．西北林学院学报，2015．

[19] 樊玮洁，何晓宇，徐小梅，等．环氧钢筋的耐腐蚀性能研究[J]．低温建筑技术，2020．

[20] 左莎莎，徐惠，彭振军，等．环氧树脂—有机硅复合改性水性聚氨酯耐温防腐涂料的研究[J]．塑料工业，2020．

[21] 齐玉宏，张国梁，等．混凝土防腐涂料的研究进展[J]．涂料工业，2018．

[22] 于国玲，王学克．几种新型水性树脂及涂料的研究进展[J]．涂层与防护，2018．

[23] 陈彦，陈琳，戴仕炳．历史建筑木柱防腐措施研究[J]．文物保护与考古科学，2018．

[24] 石刚．绿色防腐蚀涂料的研究现状及应用探讨[J]．当代化工研究，2019．

[25] 张景朋，王朝晖，等．木结构覆板用胶合板的防腐处理工艺及性能评价[J]．木材工业，2020．

[26] 林琳，高欣等．木结构建筑用材防霉方法的现状[J]．工艺与技术，2016．

[27] 姜海军．桥梁混凝土腐蚀机理与防腐涂装工艺[J]．全面腐蚀控制，2020．

[28] Damir Gagro．全球反腐涂料市场[J]．中国涂料，2020．

[29] 王亮、杜国庆、高华、刘世波、张海龙．渗透类防水防腐涂覆体系在桥梁修复中的应用[J]．中国建筑防水，2020．

[30] 李青．石墨烯及其氧化物改性水性环氧富锌涂料的制备及性能研究(D)．广州：华南理工大学，2019．

[31] 郑宇飞，朱琳，王景红，王文清，程曼芳，柳泽宇，雷良才，李海英．石墨烯在防腐涂层中的应用研究进展[J]．电镀与涂饰，2020．

[32] 孙慧君．石墨烯在涂料领域的应用研究概况[J]．无机盐工业，2019．

[33] 韩宇莹，刘梓良，王文学，王玉珏，田永兴，高传慧，王传兴．石墨烯在有机防腐涂层领域的应用研究进展[J]．表面技术，2020.

[34] 梁楚欣，刘峥，张淑芬．水性防腐蚀涂料的改性及其防腐蚀性能研究进展[J]．材料保护，2019.

[35] 刘雷，杨建军，曹忠富，陈春俊，吴庆云，张建安，吴明元，刘久逸．水性环氧树脂防腐涂料的改性研究进展[J]．涂层与防护，2020.

[36] 李飞飞．太钢自主研发的双相不锈钢钢筋应用于港珠澳大桥[J]．支部建设，2018.

[37] 袁鹏园，冯立明，刘宇，尹晓彤．我国海洋环境中钢结构件防腐研究进展[J]．山东建筑大学学报，2019.

[38] 王洁凝，冯立明，刘宇，尹晓彤．我国木结构建筑现行主要规范和图集介绍[J]．住宅产业，2017.

[39] 郭莹洁，曲可鑫，张兰英，庄彤，刘刚，娄霓．我国装配式木结构建筑产业发展概述[J]．城市住宅，2020.

[40] 李景鹏，吴再兴，任丹静，陈玉和．无机纳米材料在木竹材防霉防腐中的研究进展[J]．竹子学报，2019.

[41] 方圣雁．氧化石墨烯-丙烯酸树脂涂层的制备及其对混凝土防护效果的研究(D)．广州：华南理工大学，2019.

[42] 吴春春等．有机-无机复合金属防腐涂料的制备与性能研究[J]．上海涂料，2018.

[43] 张海燕．中国木结构建筑现行标准概述[J]．建设科技，2020.

第十六篇　给水排水工程施工技术

河北建设集团股份有限公司　高秋利　汤明雷　李　青　霍　浩　靳荣辉

江苏扬建集团有限公司　　　邹厚存

摘要

近几年随着经济的发展，建筑给水排水与人们的生活越来越密切，它保障了人们生活、工作等社会活动的正常运行。本篇主要介绍了目前我国建筑给水排水施工技术的现状，同时论述了其未来的发展趋势。

Abstract

In recent years，with the development of economy，building water supply and drainage and people′s life more and more closely，it ensures the normal operation of people′s life，work and other social activities. This paper mainly introduces the present situation of building water supply and drainage technology in China，and discusses its future development trend.

一、给水排水工程施工技术概述

1. 建筑给水专业安装技术概况

1.1 建筑给水中水

建筑给水、中水工程是供应小区范围内和建筑内部的生活用水、生产用水和消防用水的一系列工程设施的组合。

从施工角度来说，主要分为供水设备安装、水处理设备、补水设备安装、末端用水器具安装、管道支吊架安装、管道安装及试验、调试等。

1.2 热水供应

热水供应技术是建筑给水排水技术的薄弱环节，但在近年来热水供应技术也有了极具明显的发展。紊流加热的热水供应系统推翻了传统，改写了水加热的历史，提高了效率，电伴热技术应用丰富了保温技术，改变了设置回水管和循环泵的传统模式。

（1）加热，热水加热有直接加热和间接加热两种，采用天然气、燃油热水锅炉基于一次换热从总体上其效率要高于两次换热。利用太阳能直接加热设备优点也很多，间接加热设备优点也很多。间接加热设备包括容积式水加热器和板式加热器。

（2）节能，热水供应是建筑给水排水节能的重点，目前在热水供应方面已采用的节能措施主要有：提高给水温度，合理确定冷水加热温度，降低使用温度，减少热水耗量，减少热量损失，利用新热源，采用节能产品等。

（3）热水管材主要有：薄壁不锈钢管：耐蚀、抗冲击、导热率低、使用寿命长、免维护，但价格昂贵，采用耐水中氯离子的不锈钢型号。内衬塑镀锌钢管：塑料管同时兼具金属管，强度高、刚度好、耐腐蚀，以螺纹连接方式。由于管道直径较小，对环境和介质的温度变化较大，容易产生离层，降低管道的质量。铜管：可以说是水管中的上品，性能稳定、不腐蚀、不渗漏，因铜还能抑菌而受到高层人士的青睐。PPR 水管：现在是主流的新型管道材料，适应各种家庭使用环境改良，如抗菌 PPR 管道、抗冻 PPR 管道等，由于卫生无毒质量轻、耐腐蚀高温、施工方便、寿命达到 50 年以上等众多优点受到支持。但PPR 管道也存在一定的缺陷，即当热熔连接时，加热时间过长会缩小水流，导致水管堵塞。

1.3 建筑消防

室内消防给水系统是以水为灭火剂、用于扑灭火灾的，目前最经济有效的消防系统。室内消防给水根据消防队的登高能力和常用消防车的供水能力，可分为：高层建筑消防给水系统和低层建筑消防给水系统。

室内消防给水系统主要有：室内消火栓给水系统、自动喷水灭火系统。

2 建筑排水专业安装技术概况

2.1 建筑排水专业安装技术概况

排水工程是建筑安装工程的重要组成部分，也是影响建筑质量的重要因素。目前，建筑行业发展迅猛，新材料、新技术不断涌现。虹吸排水系统是建筑物排水系统的重要组成部分，它的任务是及时排除降落在建筑物屋面的雨水、雪水，避免形成屋顶积水对屋顶造成威胁，或造成雨水溢流、屋顶漏水等水患事故，以保证人们正常生活和生产活动。虹吸排水系统的特点是横管不设坡度的情况下，形成满管流，以极快的速度排清屋面的积水。虹吸排水系统主要部件有虹吸排水管道和雨水斗。同层排水是指同楼层的排水支管均不穿越楼板，在同楼层内连接到主排水管。如果发生需要清理疏通的情况，在本层套内即能够解决问题的一种排水方式。同层排水是卫生间排水系统中的一个新颖技术，排水管道在本层内敷设，采用了一个共用的水封管配件代替诸多的 P 弯、S 弯，整体结构合理，所以不易发生堵塞，而且容易清理、疏通，用户可以根据自己的爱好和意愿，个性化的布置卫生间洁具的位置。

2.2　排水组成

（1）卫生洁具：卫生器具直接反映人们的生活水平和生活质量，而伴随着生活水平提高，其发展更注重舒适、可靠、安静、节能。

（2）特制排水系统：特制排水系统可减少主管数量，改善排水系统通气条件，增加排水横管的连接数量。

（3）排水管材：排水管材一般包括塑料管、铸铁排水管等。

（4）屋面雨水排放收集系统具有雨水排放和收集的双重功能，按屋面雨水排水管路中的水流状态，把系统分成重力流、半有压流和虹吸流三种系统。重力流系统中雨水在管路中呈不充满状态；半有压流系统中雨水在管路中呈气水混合状态；虹吸流系统中雨水呈单相全充满状态，各种不同的系统应使用专用的雨水斗。

二、给水排水工程施工主要技术介绍

1. 管道安装

管道要用粘接口、熔接、焊接、法兰、焊纹、卡箍等连接方式，其接口深度、熔合缝高度、转角偏差、焊接的长度、外螺纹、结合间隙等均应符合规范要求。管道排列时气体管在上液体管在下、热介质管在上冷介质管在下、保温管在上不保温管在下、金属管在上非金属管在下，同时分支管让主干管、小口径管让大口径管、有压管让无压管、常温管让高（低）温管。

在环境温度较高、空气湿度较大房间或管道内水温低于室内温度时，管道设备表面可能产生凝结水，而引起管道和设备的腐蚀，影响使用和卫生，必须采取防结露措施，一般采用岩棉保温，防潮布（玻璃丝布）、橡塑保温。

2. 管道支、吊、托架安装

固定支架与管道接触应紧密。牢固可靠，滑动支架应灵活，滑托与滑槽两侧应留有间隙，纵向移动量应符合设计要求。固定在建筑结构上的管道支吊架不得影响其安全，应牢固可靠。无热伸长管道的吊架应垂直安装，有热伸长管道的吊架应向热膨胀的反方向偏移。塑料管和复合管安装时，金属制作的管道支架应在管道与支架间加衬非金属垫或管套。

近年来，管线综合支吊架在工业和民用建筑机电安装工程中的成功应用，其显著特点是实现了安装空间的合理分配与资源共享，满足功能要求，预留检修通道，观感质量好，达到了空间节省和材料节约的目的，减少专业间的协调工作量，并提高了施工的工作效率。管线综合支吊架有以下几个优点：（1）组合式构件、装配式施工，整齐、美观、大方；（2）各专业协调好，确保室内吊顶空间标高；（3）受力可靠、稳定；（4）安装速度快，施工工期短；（5）使用寿命长，后期维护方便；（6）材料预算准；（7）良好的通用性。

3. 设备安装

设备就位前基础混凝土强度、坐标、标高、尺寸和螺栓孔的位置必须符合设计规定。因弹簧减震器不利于立式水泵运行时保持稳定，故立式水泵不应采用弹簧减震器。

给水设备机组安装应根据水泵机组型号、大小、热量等，合理规划其在水泵房中的位置以及排列方式，使得布局更为合理，有利于今后的使用以及维修。

此外，目前装配式建筑施工技术已经得到了普遍重视，越来越多的施工企业投身于装配化的研究。现场装配式施工减少了安全隐患和环境污染，由于采用现场装配式作业，传统施工现场环境中的切割、打磨、焊接、油漆等工序大大减少，从而减少现场火灾安全隐患、噪声污染等，大大改善作业环境。

4. 试验

承压管道系统和设备应做水压试验，非承压管道系统和设备应做灌水试验。

4.1 给水管道

室内给水管道的水压试验必须符合设计要求。当设计未注明时，各种材质的给水管道系统试验压力均为工作压力的1.5倍，但不得小于0.6MPa。

4.2 排水管道

隐蔽或埋地的排水管道在隐蔽前必须做灌水试验，其灌水高度应不低于底层卫生器具的上边缘或底层地面高度。

4.3 热水管道

热水供应系统安装完毕，管道保温之前应进行水压试验。试验压力应符合设计要求。当设计未注明时，热水供应系统水压试验压力应为系统顶点的工作压力加0.1MPa，同时在系统顶点的试验压力不小于0.3MPa。

三、给水排水工程施工技术最新进展（1～3年）

1. 薄壁金属管道新型连接

给水管道中薄壁不锈钢管和薄壁钢管的应用越来越广泛，连接方式越来越多，除焊接和粘接以外，机械密封方式连接的种类最多。

通常包括卡套式、插接式、压接式等机械密封方式连接，薄壁不锈钢管包括卡压式、卡凸式螺母型、环压式等机械密封式连接。

2. 内衬不锈钢管的应用

内衬不锈钢复合管兼顾了其内外两层管道的优点，同时也克服了各自的缺点，是理想的给水管材，其主要优点体现在以下几个方面。

（1）具有良好的机械性能，由于内外两层均为金属材料，所以其抗压、抗冲击性强，抗拉强度大，伸长率高，弹性模量值高，热膨胀系数小。尤其适宜为建筑给水的立管和地埋敷设。

（2）结合强度高。内衬不锈钢复合钢管是将内层的不锈钢管套入热镀锌钢管、无缝钢管内，在机械力的作用下，使镀锌钢管做缩径处理，内层不锈钢管做扩径处理，使两层材质紧密结合，其结合强度超过国家行业标准规定 0.2MPa 以上。由于内外层材质相近，所以不会产生分裂现象。

（3）防锈耐腐性能好，且耐热耐寒、冷热两用。内衬不锈钢复合管，外层钢管可做成镀锌层，也可做成聚乙烯防腐层，安全可靠，内层不锈钢材质，由于具有防锈和耐氧化、耐酸碱等良好的化学性能，其防锈和防腐比其他材质优越。耐温不锈钢材质工作温度可达 $700\sim1035℃$。耐寒可达 $-273℃$，液氮冷冻箱就采用不锈钢材。所以不锈钢复合管耐热耐寒性能优越，而且不分冷水管热水管，一管二用，冷热皆宜。

（4）安装便捷，内衬不锈钢管可焊接。可螺纹连接、法兰和沟槽连接，工艺简单，操作方便，工人不需专门培训。

（5）工作压力高。内衬不锈钢复合钢管能保证工作压力大于 2.5MPa 以上，可以满足各类建筑给水工程需要。

3. 中水处理技术发展

建筑中水系统由中水水源、中水处理设施和中水供水系统三部分组成，采用污废水分流制，以杂排水和优质杂排水为中水水源，选择合适水处理设施获得被用户接受的中水，经过处理后的供水经过设备送到各个用户。

建筑中水系统是以建筑物的冷却水、沐浴排水、盥洗排水、洗衣排水等为水源，经过物理、化学方法的工艺处理，用于厕所冲洗便器、绿化、洗车、道路浇洒、空调冷却及水景等的供水系统。

采用建筑中水系统，使污水处理后回用，既可减少水污染，又可增加可利用的水资源，具有显著的社会效益、环境和经济效益，因此在建筑逐步向绿色生态建筑发展的同时，建筑中水系统将成为建筑给水排水的一个发展方向。

我们需要推广国民使用节水型卫生器具与配水管件。节水设备价格比较昂贵，但对资源的节约能产生巨大的作用。

4. 无负压供水

无负压供水系统是以市政管网为水源，允分利用了市政管网原有的压力，形成密闭的连续接力增压供水方式，节能效果好，没有水质的二次污染，是变频恒压供水设备的发展与延伸。

无负压供水主要由无负压稳流罐、压力罐（隔膜式或气囊式膨胀罐）、无负压控制柜、水泵、电机、过滤器、倒流防止器、传感器、电接点压力表、管路组件、底座等组成。

无负压供水系统完全不用设置生活水池和水箱，设计和使用都极其简便，直接套一体化设备，大大简化设计。

无负压供水设备是一种理想的节能供水设备，它是一种能直接与自来水管网连接，对自来水管网不会产生任何副作用的二次给水设备，并且还有以下优点：

（1）充分利用市管网压力，大大节省能源；（2）避免对水的二次污染；（3）节省占地面积；（4）节约投资；（5）方便维护；（6）节省运行费用；（7）保持恒压压力；（8）停电不断水。

5. 叠压供水系统

叠压供水是利用室外给水管网余压直接抽水再增压的二次供水方式，见图 16-1。叠压供水系统主要由市政供水管网、防回流污染装置、真空抑制器及稳流罐（稳流补偿器）、水泵机组、自动控制柜、高位水箱、用户供水管网等组成。正常供水时，供水系统是通过稳流罐、真空抑制器、水泵、自动控制柜直接向用户供水管网加压供水，水泵通过变频调速向用户供水管直接供水，且用户供水管直接向高位水箱自动补水。在高峰期用水时，市政供水管网的进水量未能达到用户要求，并且超过稳流罐、真空抑制器无负压调节范围，自动控制柜对水泵机组发出运转停止信号，若设置了高位水箱，则自动开启高位水箱出水管的电动阀直接向用户供水管供水，以使用户需求得到满足，并且市政供水管网也向稳流罐和真空抑制器补充水量，达到压力传感器检测到设定的压力，自动启动水泵运行，若市政供水管网的进水量仍不能达到用户的用水需求时，水泵运转一定的时间又自动停止，如此循环，直至用户用水高峰期能满足，这时电动阀处于开启状态，供水系统高位水箱、水泵机组联合供水给用户。当水泵运转后压力传感器检测到市政供水管网进水量能达到用水用户要求时，自动关闭高位水箱的电动阀，这时，系统通过叠压供水方式向用户直接供水，且给高位水箱补水。

直接式管网叠压供水与传统二次供水相比具备以下优点：

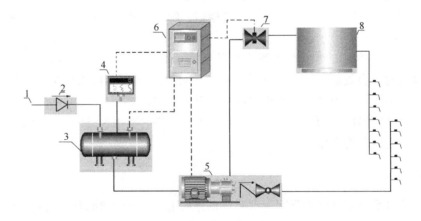

图 16-1　叠压供水系统原理图

1—市政供水管网；2—防回流污染装置；3—真空抑制器及稳流罐；
4—压力传感器；5—水泵机组；6—自动控制柜；7—电动阀；8—高位水箱

（1）节约能源。直接式管网叠压供水设备与自来水管网直接串接，在自来水管网剩余压力的基础上叠加不够部分的压力，能充分利用自来水管网余压，不造成能源的浪费。

（2）设备运行成本低。由于加压泵的选型小，且采用多泵制，在用水低谷期，一台泵已足够满足用户用水水压与流量的要求，用水高峰时才会启动其他泵，因此，降低了运行成本。

（3）节省投资。由于无需修建大型蓄水池和屋顶水箱，节省了土建投资，又由于利用了自来水给水管网的余压，因此，加压泵的选型较传统的给水方式小，减少了设备投资。

（4）占地面积小。因为省去了蓄水池和屋顶水箱，因而缩小了占地面积。

（5）管理方便、简单。直接式管网叠压供水设备为数字控制全自动运行，停电停水时自动停机，来电来水时自动开机，便于管理。

（6）卫生、无二次污染。直接式管网叠压供水设备的运行全密封，可防止灰尘等异物进入给水系统；负压消除器的 ZP 膜滤装置可将空气中的细菌挡住，稳压平衡器。

四、给水排水工程施工技术前沿研究

1. 基于"互联网＋BIM"的机电项目管理技术

基于"互联网＋BIM"的机电项目管理技术以 BIM 集成平台为核心，通过三维模型数据接口，集成项目机电、土建模型，将机电施工过程中的进度、质量、工艺、安全、材料等信息集成到同一平台，利用 BIM 模型的形象直观、可计算分析的特性，结合以互联网为载体的云计算分析能力，为施工工程中的进度管理、现场协调、材料管理、质量管理等关键过程提供可靠分析数据，使管理人员能够进行有效决策和精细化管理，减少施工变更、缩短工期、控制项目成本、提升施工质量的项目管理技术。

2. 管道工厂化预制及机电设备模块化装配式 BIM 技术的应用

现代化建筑机电安装正朝着工厂化和装配化方向发展，将整个安装工作分为预制和装配两个部分。

基于 BIM 的机电设备及管线模块化；根据机电设备的选型、数量、系统分类和管线的综合布置情况，综合考虑预制加工、吊装运输等各环节限制条件，将机电设备及其管线、配件、阀部件等"化零为整"形成机电设备及管线整体装配模块。

机电设备及管线模块化预制加工；BIM 设计软件中的设计信息和预制信息，形成数据表格，工厂操作工人根据数据表格中的预制加工信息，在工厂进行机械化流水制造，实现高效率的机械生产。

物联网化运输配送信息管理；针对装配模块等预制构件在运输、装配等环节的物料信息追溯，利用基于 BIM 的建筑信息全生命周期管理系统，进行手持端和电脑端的双向追溯管理，及装配模块构件信息的批量扫描管埋和远程扫描管理，提高建筑信息的可追溯行和管理效率。

机电设备及管线预制模块装配式综合施工；采用栈桥式轨道移动、预制管排整体提升、组合式支吊架、天车系统辅助吊装等施工技术组成的综合装配技术，进行"地面拼装/栈桥移动、整体提升、支吊架后装",完成机房机电设备及管线装配模块的快速安装。

管道工厂化预制及机电设备模块化装配式 BIM 技术的应用,缩短了深化设计时间,使用标准化、模块化进行 BIM 建模,缩短前期设计时间,加快工程进度,提高施工质量。标准化模块单元在工厂采用固定流水线生产模式,将模块制作从完全定制变成部分批量生产,有效地提高施工质量。提升施工效率,采用标准构件进行工厂化加工,现场装配式安装,即可以实现快速装配,又可以在类似项目通用。

3. 管线综合平衡技术

管线综合平衡技术是应用于机电安装工程的施工管理技术,涉及机电工程中给水排水、电气、消防、通风空调、建筑智能化等专业的管线安装。为确保工程工期和质量,避免因各专业设计不协调和设计变更产生的"返工"等经济损失,避免在选用各种支吊架时因选用规格过大造成浪费、选用规格过小造成事故隐患等现象,通过对设计图纸的综合考虑及深化设计,在未施工前根据图纸利用 BIM 技术进行图纸"预装配",通过截面图及三维模拟直观地暴露设计图纸问题,解决施工中各专业间的位置冲突和标高"打架"问题,做到管线布置、共用支架设置合理、整齐美观,满足美观、净空、绿色施工等要求。

4. 综合支吊架技术

综合支吊架技术是对建筑安装工程中的给水排水、暖通空调、消防、喷淋、强电、弱电等专业的管道、风管、电缆槽盒支架进行统筹规划设计,综合成整体支吊架,在保证各专业施工工艺和工序的前提下满足多专业对支吊架的不同需求,实现安装空间的合理分配与资源共享。

综合支吊架技术运用 BIM 技术实现绿色设计理念,采用工厂标准化预制,现场模块化安装的方式,具有耐腐蚀能力强、使用寿命高、安装灵活、更换便捷、可重复利用等特点,显著提高了施工效率和管线安全系数。

5. 节能、节水技术发展

5.1 利用太阳能给住宅热水加热

太阳能热水器已发展到现在的全玻璃真空管和玻璃——金属真空管型,大大提高了太阳能的利用效率。但是,由于环境温度以及太阳辐照的不可控,使得单纯依靠太阳能供热的系统出水温度和热水量存在不稳定,影响人们用热水的质量。因此,太阳能热水系统的能源已经逐步从只利用太阳能,发展为与辅助热源组合供热水,为建筑提供稳定的热水供应。

5.2 合理利用市政给水管网压力

充分合理利用市政给水管网的供水压力,采用分区供水方式及无负压供水设备,可节约加压能源,减少二次加压能耗。

5.3 采用节水型卫生器具

卫生器具和配水器具的节水性能直接影响建筑节水工作的成效,目前的主要办法有:

(1) 使用小容积水箱,减少马桶冲洗水量;

(2) 厨房的洗涤盆、淋浴水嘴和盥洗室的面盆龙头采用充气水嘴、瓷芯节水龙头;

（3）公建卫生间中使用红外感应控制式和延时自闭式水龙头；

（4）家庭厨房、卫生间采用节水装置，此装置由洗涤盆、智能排水洗衣机、环保储水箱、马桶水箱、排水管组成，能做到分质排水，实现洗涤用水的分质排放和重复利用，取代自来水冲厕现状，使城市居民生活用水节约 3%。

节水型卫生器具的用水量应符合《节水型卫生洁具》GB/T 31436 规定，其中便器分为节水型和高效节水型；节水型淋浴用花洒共分为三级，Ⅰ级为节水性能最好，Ⅱ级次之，Ⅲ级为基本要求。

5.4　完善热水循环系统

大多数集中热水供应系统在开启热水装置后，需放掉部分冷水后才能正常使用。因此在热水系统设计中循环管道应尽量保证同程布置，冷热水分区应一致，当不能满足时，应采取保证系统冷、热水压力平衡的措施。

可采取以下节水节能措施：在允许范围内降低热水的使用温度；使用高隔热管道；合理配置热水循环系统，选用支管循环方式或立管循环方式；采用节水节能型产品；开发利用新能源，采用太阳能、空气源热泵以及太阳能和空气源热泵组合的热水供应系统等。

此外，生活饮用水紫外线消毒器是一种以紫外汞灯为光源，利用灯管内汞蒸气放电时辐射的 253.7mm 紫外线为主要光谱线，对生活饮用水进行消毒的设备（简称消毒器）。紫外消毒是一种高效、非化学手段抑制变质的方法，维护成本低、无二次污染，作为一种纯物理的消毒方式，紫外线消毒器不仅能够有效去除水中绝大部分的微生物，并且不会产生任何消毒副产物，从而确保用水点的饮用安全。

5.5　防止水池、水箱二次污染

当采用二次加压供水时面临着水质污染的问题。防止水池二次污染，可采取以下措施：水池采用不锈钢、玻璃钢、加内衬的钢筋混凝土水池等材质，防止细菌微生物滋生；使用通气管、溢流管时，采取如防虫网之类的有效措施防止生物进入水池内；生活水池和消防水池分开设置；对停留时间超过 24h 的水采取补氯或其他消毒方法，防止水质恶化。

5.6　推广使用新型管材及节水材料

推广使用新型管材，防止水资源在传送过程中收到二次污染，降低水资源的污染率，提高水资源的使用效益。常用的新型管材有：PVC-U 管、PVC-C 管、PE-X 管、HDPE 管、PP-R 管、ABS 管、PB 管等。

推广使用新型节水材料，选用优质的管材与阀门，优先选用更能够节水的阀门或智能控制阀门，智能控制阀门是带有微处理器能够实现智能化控制功能的控制阀。

5.7　真空节水技术

将真空技术运用于排水工程保证卫生洁具及下水道的冲洗效果，其主要是用空气代替大部分水，依靠真空负压产生的高速气水混合物，快速将洁具内的污水、污物冲洗干净，达到节约用水、排走污浊空气的效果。

一套完整的真空排水系统包括：带真空阀和特制吸水装置的洁具、密封管道、真空收集容器、真空泵、控制设备及管道等。

真空高速排水系统到底如何工作，可以将水瞬间排走呢？真空管道内的排水水流速度可达到 3～6m/s，而普通排水系统的排水速度最多达到 1m/s。假设一套实用面积 100m²、楼层高度为 3m 的住房完全被水淹没，用一排水能力为 2m³/s 的真空高速排水系统仅需要

2.5min 就能将这 300m³ 积水排走。而采用目前的城市排水系统，在毫无故障的理想状况下，同口径大小的排水管道一般也要 6.5min 才能将这些水排走。

目前普遍采用的重力排水系统大多只能顺利通过浓度较低、杂质很少的液体，一旦泔水、淤泥、塑料袋、碎石、砖块等杂物混为一体，极易堵塞管道。目前城市遭遇大雨，排水系统经常瘫痪，很大原因就在于此。

5.8 采用燃气热水锅炉

燃气热水锅炉是热水锅炉的一种，燃气热水锅炉以燃气为燃料，通过燃烧器对水加热，实现供暖和提供生活、洗浴用热水，锅炉智能化程度高、加热快、低噪声、无灰尘，是一种非常符合中国国情的经济型热销锅炉品种。

燃气热水锅炉具有环保、节能、安全、全自动运行的显著特点，使用起来非常方便，另外，由于运行经济、政府政策鼓励，燃气热水锅炉越来越受到大家的青睐。

6. 中水回用与雨水收集系统

废水回用，通常与中水回用混为一谈，但是有所不同，废水回用指工业废水经过 UF＋RO 工艺回用到生产线，循环使用的，回收率相对低于 75％，非用于绿化浇灌、车辆冲洗、道路冲洗、家庭坐便器冲洗等。

雨水收集，完整的说应该叫作"雨水收集与利用系统"，是指收集、利用建筑物屋顶及道路、广场等硬化地表汇集的降雨径流，经收集—输水—净水—储存等渠道积蓄雨水收为绿化、景观水体、洗涤及地下水源提供雨水补给，以达到综合利用雨水资源和节约用水的目的。具有减缓城区雨水洪涝和地下水位下降、控制雨水径流污染、改善城市生态环境等广泛的意义。雨水收集利用建筑、道路、湖泊等，收集雨水，用于绿地灌溉、景观用水，或建立可渗式路面、采用透水材料铺装，直接增加雨水的渗入量。见图 16-2。

图 16-2　中水回用与雨水收集系统

7. 装配式整体卫生间

装配式整体卫生间由防水底盘、墙体板、顶板构成整体框架，配置各种功能洁具，形成独立卫浴单元，具有标准化生产、快速安装、防渗漏等多种优点，可在最小的空间内达到整体效果，满足使用功能需求。

整体卫生间是将防水底盘、墙板、天花构成的整体框架，配上各种功能洁具形成的独立卫生单元，具有洗浴、洗漱、如厕三项基本功能或其他功能之间的任意组合。整体卫生间是独立结构，不与建筑的墙、地、顶面固定连接，适用于砖混结构、钢筋混凝土结构、钢结构、砖木结构等建筑。整体卫生间采用瓷砖、铝蜂窝、玻璃纤维、PUR 等在模具里一次压制复合成型，所有部件全部在工厂内生产，现场进行装配，有利于实现住宅产业化、建筑工业化。节省劳动力，干法作业，安装速度快，质量有保证，绝不渗漏，耐用、环保、节能、低碳、安全，外形、尺寸、颜色等可根据客户需求定制。

采用装配式整体卫生间，具有安装速度快、省时省力、渗漏率低等优点。

五、给水排水工程施工技术指标记录

（1）节水型坐便器应不大于 5L，高效节水型坐便器单档或双档的大档用水量不大于 4L；节水型单档蹲便器或节水型双档蹲便器的大档蹲便器用水量不大于 6L，节水型蹲便器的小档的用水量不大于标准大档的用水量的 70%，高效节水型蹲便器单档或双档的大档的冲水量不大于 5L；节水型小便器平均用水量不大于 3L，高效节水型小便器平均用水量不大于 1.9L。

（2）自动喷淋系统水压强度试验压力：当系统设计工作压力等于或小于 1.0MPa 时，水压强度试验应为设计工作压力的 1.5 倍，并不应低于 1.4MPa；当系统工作压力大于 1.0MPa 时，水压强度试验压力应为该工作压力加 0.4MPa。

（3）给水管道和阀门安装的允许偏差应符合表 16-1 规定。

管道和阀门安装的允许偏差和检验方法　　　　　　　　　　表 16-1

项次	项目			允许偏差（mm）	检验方法
1	水平管道纵横方向弯曲	钢管	每米 全长 25m 以上	1 ≤25	用水平尺、直尺、拉线和尺量检查
		塑料管复合管	每米 全长 25m 以上	1.5 ≤25	
		铸铁管	每米 全长 25 以上	2 ≤25	
2	立管垂直度	钢管	每米 5m 以上	3 ≤8	吊线和尺量检查
		塑料管复合管	每米 5m 以上	2 ≤8	
		铸铁管	每米 5m 以上	3 ≤10	
3	成排管段和成排阀门	在同一平面上间距		3	尺量检查

六、给水排水工程施工技术典型工程案例

1. 某集团办公楼

1.1 工程概述

某集团办公楼为高层公共建筑，总建筑面积 46682.77m²，占地面积 3922.84m²。地下一至三层为车库；地上一至二十四层为办公、食堂、会议，建筑面积为 46462.78m²；顶层为楼梯间、电梯机房，建筑面积为 219.99m²。

1.2 施工中难点及重点

（1）综合办公楼各专业深化设计重难点多，专业间协调要求高。施工阶段，利用 BIM 的三维技术进行碰撞检查，优化项目设计，减少在施工阶段可能出现的错误损失并避免返工，加快施工进度，为业主降低建造成本。将建筑设计的二维图纸进行 BIM 建模，然后建筑模型的各个管线进行三维空间的错漏碰撞，智能地计算出冲突构件的位置及编号，得出文件数据，避免各个管线的冲突，见图 16-3。

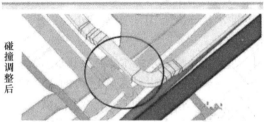

碰撞调整前　　　　碰撞调整后

图 16-3　应用 BIM 碰撞检测前后对比

（2）办公楼走道的管道安装采用了装配式综合支吊架（图 16-4），与传统的支吊架相比，实现合理配置安装空间和资源共享，满足功能要求，预留维护渠道，感知质量好，达到节省空间和节省材料的目的，降低专业人员之间的协调工作量，提高了施工效率。此外组合式构件、装配式施工，整齐、美观、大方无需焊接和钻孔。可方便地进行拆改调整，重复使用，浪费极小；安装速度快，施工工期短；综合支架施工无需电焊和明火，不会对环境和办公造成污染。

图 16-4　管道公共综合支吊架

（3）采用同层排水技术，同楼层的排水支管均不穿越楼板，在同楼层内连接到主排水管。相对于传统的隔层排水处理方式，同层排水方案最根本的理念改变是通过本层内的管道合理布局，彻底摆脱了相邻楼层间的束缚，避免了由于排水横管侵占下层空间而造成的一系列麻烦和隐患。

2. 某五星级酒店项目

2.1 概况

总建筑面积119950.00m²，建筑高度86.60m。建筑耐火等级为一级。地上部分包括：A座为酒店（地上一至十六层）及办公（十七、十八层），B座为SOHO办公楼及公寓式办公（地上一至二十五层）。地下部分为地下一至地下三层，主要机电设备用房、洗衣房及地下车库。本设计为酒店及其上方十七、十八层的办公部分，其中一至四层为酒店裙房，五至十六层为酒店客房，裙房与客房之间为设备夹层。各层层高：一层为5.4m；二、三为5.0m；四层为4.5m；设备层为2.1m；五～十六层为3.6m。

2.2 设计内容

2.2.1 给水排水设计

（1）给水系统

本工程采用水箱+变频水泵联合供水的方式供给酒店各区用水。生活水泵房位于地下一层，生活水箱总贮水量为210m，水箱分两格。自来水经动态净化水处理设备及软化水处理装置处理后储存在生活水箱内，出水经变频供水设备提升供给酒店用水。

（2）热水系统

生活热水机房位于地下一层，设有生活热水换热器、循环水泵、膨胀罐等设备。采用半容积式换热器，并按客房低区、客房高区、裙房、洗衣房分别设置。每分区换热器不少于2台，每台负担100%热水负荷，每台储水有效容积按最大小时热水用水量计算。各区域热水采用立管、横干管循环，以最大保证生活热水出水时间。

（3）排水系统

酒店客房采用污废分流，裙房采用污废合流的排水方式。污水经室外化粪池处理后排入市政污水管网。酒店厨房排水需经两级隔油处理，一级隔油在厨房内设置器具隔油器；二级隔油为设于地库隔油间内的成品隔油器，污水经处理后由污水提升泵提升排入小市政污水管网。厨房区域做结构降板，以便设置厨房排水沟。在客房各管井内设置专用排水通气管道，每隔两层污废水立管与专用通气立管相接一次。最底层客房层排水单独接入排水横管后再汇入排水总立管。客房坐便器设置器具通气。

（4）雨水系统

酒店屋面雨水采用重力内排水系统，裙楼屋面雨水采用虹吸雨水系统，雨水经虹吸雨水斗和管道汇集后排入室外雨水管网。

2.2.2 消防设计

系统设置：室内外消火栓系统、自动喷水灭火系统、气体灭火系统、灭火器等。

（1）消火栓系统

酒店室内消火栓用水量40L/s，每根竖管最小流量为15L/s，每支水枪最小流量为5L/s，火灾延续时间3h。

（2）自动喷水灭火系统

地下一层车库按中危险Ⅱ级，设计喷水强度为8L/（s·m²），作用面积为160m²；净空高度在8～12m的中庭，设计喷水强度6L/（min·m²），作用面积260m²。其余部分按中危险Ⅰ级，设计喷水强度为6L/（s·m²），作用面积160m²。系统最不利喷头水压

0.1MPa，设计流量 45L/s，火灾延续时间为 1h。

2.3 施工中的亮点

（1）采用互联网＋BIM 技术对工程项目全过程信息、数据有效集成化，参与各方可进行协同办公和数据共享，使数据信息公开化、透明化。通过对各环节的仿真，优化管理流程，控制项目的施工成本，达到机电项目精细化管理的目标。构建多方参与的协同工作信息化管理平台，并建立数据标准，为运维管理者提供标准化的数据存储和共享方式，将宏观管理和精细化管理的功能结合，提升管理的效率和集成度。积累项目管控信息，通过项目管控数据的大数据分析，辅助公司进行各项重大决策，降低决策风险。

（2）基于 BIM 技术的虚拟施工技术应用，实际施工之前把建筑项目的施工过程在计算器上进行三维仿真演示，模拟施工能以形象化表达出真实的施工状态和施工方法，现场技术人员对工序整体把握；通过对施工全过程或关键过程进行模拟，以验证施工方案的可行性，从而加强可控性管理，提高工程质量、保证施工安全。整体上 BIM 技术的虚拟施工技术可大大提高建筑施工效率，确保建筑质量水平，消除安全隐患，而且有助于降低施工成本与时间耗费，在最大范围内实现资源合理运用。

（3）该酒店采用虹吸雨水系统，具有以下优点：雨水斗流量大，气水分流，排水速度快效果好；悬吊管呈水平状态，无需做任何坡度，施工方便；立管管径小，数量少，便于装修；埋地管少，地面开挖工作量小，有效缩短工期；只要满足计算要求，单系统所带雨水斗个数不限。

第十七篇　电气工程施工技术

湖南建工集团有限公司　　　　　　　陈　浩　傅致勇　于冬维　何　平　余海敏

成都建工工业设备安装有限公司　　　胡　笳　马　超　陈永生　林吉勇　曾宪友

摘要

　　本篇从建筑电气专业工艺流程等方面介绍了电气专业技术的工艺措施特点，同时通过光伏发电、风力发电等新能源，电气火灾监控、机电集成单元、光导照明等系统，以及变频器、LED新型光源、智能照明系统的节能措施等一系列新技术的发展应用，阐述了电气专业技术的前沿研究方向，提出了最大电缆敷设、耐火母线最长耐火时间和温度、可弯曲金属导管主要性能、钢缆-电缆最大提升速度等一系列技术指标。

Abstract

　　This paper introduced the technical characteristics of electrical technology from the aspects of technology process in building electrical system. At the same time, it described the frontier direction of electrical technology research, proposedthe maximum cable laying, longest fire-resistant time and temperature of refractory busbar, the main performance of flexible metal ducts, steel cables-the maximum lifting speed and a series of technical indicators through a series of new technology development and application, such as geothermal energy, photovoltaic power generation, wind power generation, electrical fire control, electromechanical integration unit, optical illumination systems and medium and low voltage electrical equipment inverter, LED new light source, energy-saving measures of intelligent lighting system.

一、电气工程施工技术概述

本篇对导管敷设、梯架、托盘和槽盒安装、导管内穿线和槽盒内敷线、电缆敷设、电缆头制作、导线连接和线路绝缘测试、母线安装、灯具安装、开关、插座、风扇安装、成套配电柜安装、UPS及EPS安装、柴油发电机组安装、变压器、箱式变电所安装、防雷接地、系统调试等主要施工技术进行了简要描述。对近几年来的最新电气工程施工技术进行了介绍，包括基于BIM的管线综合技术、导线连接器应用技术、可弯曲金属导管安装技术、装配式成品支（吊）架技术、机电管线及设备工厂化预制技术、超高层高压垂吊式电缆敷设技术、钢缆-电缆随行技术、矿物绝缘电缆施工技术、铝合金电缆施工技术、铜包铝电缆施工技术、铜包钢接地极施工技术、耐火封闭母线施工技术、浇注母线槽施工技术等。介绍了光伏发电、风力发电等新能源发展、变频器发展、电气火灾监控系统发展、LED新型光源的应用、智能照明系统的节能应用、光导照明系统的应用、机电集成单元的应用、特高压直流输电系统等技术前沿研究。收集了超高层电缆垂直敷设最大长度、单根最大质量，最大电缆截面敷设技术指标，耐火封闭母线最长耐火时间、最高耐火温度技术指标，密集母线最大额定电流、最高额定工作电压，可弯曲金属导管主要性能，钢缆-电缆最大提升速度等技术指标记录。介绍了上海中心大厦、天津117大厦、广州电视塔、深圳平安国际金融中心大厦等项目电气工程案例。

二、电气工程施工主要技术介绍

1. 导管敷设

钢导管不得采用对口熔焊连接；镀锌钢导管或壁厚小于或等于2mm的钢导管，不得采用套管熔焊连接（《建筑电气工程施工质量验收规范》GB 50303—2015强条）。

塑料导管在砌体上剔槽埋设时，应采用强度等级不小于M10的水泥砂浆抹面保护，保护层厚度不应小于15mm。

导管采用金属吊架固定时，圆钢直径不得小于8mm，并应设置防晃支架，在距离盒（箱）、分支处或端部0.3～0.5m处应设置固定支架。

明配的电气导管应排列整齐、固定点间距均匀、安装牢固；在距终端、弯头中点或柜、台、箱、盘等边缘150～500mm范围内应设有固定管卡，中间直线段固定管卡间的最大距离应符合规范要求。

金属导管与金属梯架、托盘连接时，镀锌材质的连接端宜用专用接地卡固定保护联结导体，导体应为铜芯软导线，截面积不应小于4mm²。刚性导管经柔性导管与电气设备、器具连接时，柔性导管的长度在动力工程中不宜大于0.8m，在照明工程中不宜大于1.2m。可弯曲金属导管或柔性导管与刚性导管或电气设备、器具间的连接应采用专用接头。

室外导管敷设时，导管的管口不应敞口垂直向上，导管管口应在盒、箱内或导管端部设置防水弯。

2. 梯架、托盘和槽盒安装

梯架、托盘和槽盒全长不大于 30m 时，不应少于 2 处与保护导体可靠连接；全长大于 30m 时，每隔 20～30m 应增加一个连接点。起始端和终点端均应可靠接地。非镀锌梯架、托盘和槽盒本体之间连接板的两端应跨接保护联结导体，保护联结导体的截面积应符合设计要求。镀锌梯架、托盘和槽盒本体之间不跨接保护联结导体时，连接板每端不应少于 2 个有防松螺母或防松垫圈的连接固定螺栓（《建筑电气工程施工质量验收规范》GB 50303—2015 强条）。

直线段钢制或塑料梯架、托盘和槽盒长度超过 30m，铝合金或玻璃钢制梯架、托盘和槽盒长度超过 15m 时，应设置伸缩节；梯架、托盘和槽盒跨越建筑物变形缝处时，应设置补偿装置。

水平安装的支架间距宜为 1.5～3.0m，垂直安装的支架间距不应大于 2m。采用金属吊架固定时，圆钢直径不得小于 8mm，并应有防晃支架，在分支处或端部 0.3～0.5m 处应有固定支架。

配线槽盒与水管同侧上下敷设时，宜安装在水管的上方；与热水管、蒸气管平行上下敷设时，应敷设在热水管、蒸气管的下方。

敷设在电气竖井内穿楼板处和穿越不同防火区的梯架、托盘和槽盒，应有防火隔堵措施。

3. 导管内穿线和槽盒内敷线

绝缘导线穿管前，应清除管内杂物和积水，绝缘导线穿入导管的管口在穿线前应装设护线口。

同一交流回路的绝缘导线不应敷设于不同的金属槽盒内或穿于不同金属导管内（《建筑电气工程施工质量验收规范》GB 50303—2015 强条）。

绝缘导线接头应设置在专用接线盒（箱）或器具内，不得设置在导管和槽盒内，盒（箱）的设置位置应便于检修。

同一槽盒内不宜同时敷设绝缘导线和电缆。槽盒内导线排列应整齐、有序。绝缘导线在槽盒内应留有一定余量，并应按回路分段绑扎，绑扎点间距不应大于 1.5m。

4. 电缆敷设

电缆的敷设排列应顺直、整齐，并宜少交叉。电缆出入电缆沟，电气竖井，建筑物，配电（控制）柜、台、箱处以及管子管口处等部位应采取防火或密封措施。电缆的首端、末端和分支处应设标志牌。

金属电缆支架必须与保护导体可靠连接（《建筑电气工程施工质量验收规范》GB 50303—2015 强条）。

交流单芯电缆或分相后的每相电缆不得单根独穿于钢导管内，固定用的夹具和支架不应形成闭合磁路（《建筑电气工程施工质量验收规范》GB 50303—2015 强条）。

5. 电缆头制作、导线连接和线路绝缘测试

电缆头应可靠固定，不应使电器元器件或设备端子承受额外应力。

电力电缆的铜屏蔽层和铠装护套及矿物绝缘电缆的金属护套和金属配件应采用铜绞线或镀锡铜编织线与保护导体做连接，其连接导体的截面积应符合规范要求。当铜屏蔽层和铠装护套及矿物绝缘电缆的金属护套和金属配件作保护导体时，其连接导体的截面积应符合设计要求。

导线与设备或器具连接时，截面积在 $10mm^2$ 及以下的单股铜芯线和单股铝/铝合金芯线可直接与设备或器具的端子连接；截面积在 $2.5mm^2$ 及以下的多芯铜芯线应接续端子或拧紧搪锡后再与设备或器具的端子连接；截面积大于 $2.5mm^2$ 的多芯铜芯线，除设备自带插接式端子外，应接续端子后与设备或器具的端子连接；多芯铜芯线与插接式端子连接前，端部应拧紧搪锡；多芯铝芯线应接续端子后与设备、器具的端子连接，多芯铝芯线接续端子前应去除氧化层并涂抗氧化剂，连接完成后应清洁干净。

低压或特低电压配电线路线间和线对地间的绝缘电阻测试电压及绝缘电阻值应符合规范规定，矿物绝缘电缆线间和线对地间的绝缘电阻应符合国家现行有关产品标准的规定。

6. 母线安装

母线槽组对前，每段母线的绝缘电阻应经测试合格，且绝缘电阻值不应小于 $20M\Omega$。段与段连接时，两相邻段母线及外壳宜对准，相序应正确，连接后不应使母线及外壳受额外应力。

母线槽直线段安装应平直，垂直穿越楼板处其孔洞四周应设置高度为 $50mm$ 及以上的防水台，并应采取防火封堵措施。

母线槽通电运行前应检验或试验合格。

母线槽的金属外壳等外露可导电部分应与保护导体可靠连接（《建筑电气工程施工质量验收规范》GB 50303—2015 强条）。

7. 灯具安装

Ⅰ类灯具外露可导电部分必须采用铜芯软导线与保护导体可靠连接，连接处应设置接地标识，铜芯软导线的截面积应与进入灯具的电源线截面积相同（《建筑电气工程施工质量验收规范》GB 50303—2015 强条）。

灯具固定应牢固可靠，在砌体和混凝土结构上严禁使用木楔、尼龙塞或塑料塞固定（《建筑电气工程施工质量验收规范》GB 50303—2015 强条）；吸顶或墙面上安装的灯具，其固定用的螺栓或螺钉不应少于 2 个，灯具应紧贴饰面。

质量大于 $10kg$ 的灯具，固定装置及悬吊装置应按灯具重量的 5 倍恒定均布载荷做强度试验，且持续时间不得少于 $15min$（《建筑电气工程施工质量验收规范》GB 50303—2015 强条）。

洁净场所灯具嵌入安装时，灯具与顶棚之间的间隙应用密封胶条和衬垫密封，密封胶条和衬垫应平整，不得扭曲、折叠。

高低压配电设备、裸母线及电梯曳引机的正上方不应安装灯具。

在人行道等人员来往密集场所安装的落地式灯具，当无围栏防护时，灯具距地面高度应大于 2.5m；金属构架及金属保护管应分别与保护导体采用焊接或螺栓连接，连接处应设置接地标识（《建筑电气工程施工质量验收规范》GB 50303—2015 强条）。

8. 开关、插座、风扇安装

开关边缘距门框边缘的距离宜为 0.15～0.20m；相线应经开关控制；紫外线杀菌灯的开关应有明显标识，并应与普通照明开关的位置分开。

暗装的插座盒或开关盒应与饰面平齐，盒内干净整洁，无锈蚀，绝缘导线不得裸露在装饰层内；面板应紧贴饰面、四周无缝隙、安装牢固，表面光滑、无碎裂、划伤，装饰帽（板）齐全。

保护接地导体（PE）在插座之间不得串联连接。相线与中性导体（N）不应利用插座本体的接线端子转接供电（《建筑电气工程施工质量验收规范》GB 50303—2015 强条）。

吊扇挂钩安装应牢固，吊扇挂钩的直径不应小于吊扇挂销直径，且不应小于 8mm；挂钩销钉应有防振橡胶垫；挂销的防松零件应齐全、可靠。吊扇扇叶距地高度不应小于 2.5m。壁扇底座应采用膨胀螺栓固定，固定应牢固可靠；膨胀螺栓的数量不应少于 3 个，且直径不应小于 8mm。换气扇安装应紧贴饰面、固定可靠。

9. 成套配电柜安装

柜、台、箱、盘应安装牢固，且不应设置在水管的正下方。柜、台、箱相互间或与基础型钢间应用镀锌螺栓连接，且防松零件应齐全。

柜、台、箱、盘上的标识器件应标明被控设备编号及名称或操作位置，接线端子应有编号，且清晰、工整、不易脱色。箱（盘）内配线应整齐、无铰接现象；导线连接应紧密、不伤线芯、不断股，同一电器器件端子上的导线连接不应多于 2 根；垫圈下螺丝两侧压的导线截面积应相同，防松垫圈等零件应齐全。

柜、台、箱的金属框架及基础型钢应与保护导体可靠连接；对于装有电器的可开启门，门和金属框架的接地端子间应选用截面积不小于 4mm² 的黄绿色绝缘铜芯软导线连接，并应有标识。

10. UPS 及 EPS 安装

安放 UPS 的机架或金属底座的组装应横平竖直、紧固件齐全，水平度、垂直度允许偏差不应大于 1.5‰。

引入或引出 UPS 及 EPS 的主回路绝缘导线、电缆和控制绝缘导线、电缆应分别穿钢导管保护，当在电缆支架上或在梯架、托盘和线槽内平行敷设时，其分隔间距应符合设计要求；绝缘导线、电缆的屏蔽护套接地应连接可靠、紧固件齐全，与接地干线应就近连接。

UPS 及 EPS 的内部接线应正确、可靠不松动，紧固件应齐全。UPS 及 EPS 连线及出线的线间、线对地间绝缘电阻值不应小于 0.5MΩ，UPS 的输入端、输出端对地间绝缘电阻值不应小于 2MΩ。

UPS 及 EPS 的外露可导电部分应与保护导体可靠连接，并应有标识。

11. 柴油发电机组安装

发电机组随机的配电柜、控制柜接线应正确，紧固件紧固状态良好，无遗漏脱落。

发电机馈电线路连接后，两端的相序应与原供电系统的相序一致。发电机组至配电柜馈电线路的相间、相对地间的绝缘电阻值，低压馈电线路不应小于 0.5MΩ，高压馈电线路不应小于 1MΩ/kV。

受电侧配电柜的开关设备、自动或手动切换装置和保护装置等的试验应合格，并应按设计的自备电源使用分配预案进行负荷试验，机组应连续运行无故障。

发电机并列运行时，应保证其电压、频率和相位一致。

发电机的中性点接地连接方式及接地电阻值应符合设计要求，接地螺栓防松零件齐全，且有标识。发电机本体和机械部分的外露可导电部分应分别与保护导体可靠连接，并应有标识。燃油系统的设备及管道的防静电接地应符合设计要求。

12. 变压器、箱式变电所安装

变压器安装应位置正确，附件齐全，油浸变压器油位正常，无渗油现象。

变压器中性点的接地连接方式及接地电阻值应符合设计要求。变压器箱体、干式变压器的支架、基础型钢及外壳应分别单独与保护导体可靠连接，紧固件及防松零件齐全。

箱式变电所及其落地式配电箱的基础应高于室外地坪，周围排水通畅。用地脚螺栓固定的螺母应齐全，拧紧牢固；自由安放的应垫平放正。对于金属箱式变电所及落地式配电箱，箱体应与保护导体可靠连接，且有标识。配电间隔和静止补偿装置栅栏门应采用裸编织铜线与保护导体可靠连接，其截面积不应小于 4mm²。

箱式变电所的高压和低压配电柜内部接线应完整、低压输出回路标记应清晰，回路名称应准确。有通风口的，其风口防护网应完好。

变压器、箱式变电所的交接试验应符合规范要求。

13. 防雷接地

接闪带安装应平正顺直、无急弯，其固定支架应间距均匀、固定牢固，过建筑物变形缝处的跨接应有补偿措施；当设计无要求时，固定支架高度不宜小于 150mm。

接闪器与防雷引下线必须采用焊接或卡接器连接，防雷引下线与接地装置必须采用焊接或螺栓连接（《建筑电气工程施工质量验收规范》GB 50303—2015 强条）。

当设计无要求时，接地装置顶面埋设深度不应小于 0.6m，且应在冻土层以下。人工接地体与建筑物的外墙或基础之间的水平距离不宜小于 1m。

明敷的室内接地干线沿建筑物墙壁水平敷设时，与建筑物墙壁间的间隙宜为 10～20mm，支持件间距应均匀，固定可靠，接地干线全长度或区间段及每个连接部位附近的表面，应涂以 15～100mm 宽度相等的黄色和绿色相间的条纹标识。

需做等电位联结的卫生间内金属部件或零件的外界可导电部分，应设置专用接线螺栓与等电位联结导体连接，并应设置标识；连接处螺母应紧固、防松零件应齐全。

接闪带、防雷引下线、接地装置的焊接应采用搭接焊，扁钢与扁钢搭接不应小于扁钢宽度的 2 倍，且应至少三面施焊；圆钢与圆钢搭接不应小于圆钢直径的 6 倍，且应双面施焊；圆钢与扁钢搭接不应小于圆钢直径的 6 倍，且应双面施焊；扁钢与钢管、扁钢与角钢焊接，应紧贴角钢外侧两面，或紧贴 3/4 钢管表面，上下两侧施焊。

14. 系统调试

照明系统通电，灯具回路控制应与照明配电箱及回路的标识一致；开关与灯具控制顺序相对应，风扇的转向及调速开关应正常。公用建筑照明系统通电连续试运行时间为 24h，住宅照明系统通电连续试运行时间应为 8h。所有照明灯具均应同时开启，且每 2h 按回路记录运行状态 1 次，连续试运行时间内无故障。

电动机试运行前应试通电，并应检查转向和机械转动情况，空载试运行时间宜为 2h。系统调试时，电气动力设备的运行电压、电流应正常，各种仪表指示应正常。电动执行机构的动作方向及指示应与工艺装置的设计要求保持一致。

三、电气工程施工技术最新进展（1～3 年）

1. 基于 BIM 的管线综合技术

基于 BIM 的管线综合技术，可将建筑、结构、机电等专业模型整合，使管线布置更合理、更美观。根据各专业及净空要求将综合模型导入软件进行碰撞检查，根据碰撞报告结果对管线进行调整、避让，对设备和管线进行综合布置，在工程施工前发现问题，通过深化设计进行优化和解决问题。

同时，通过 BIM 技术的可视化、参数化、智能化特性，进行多专业碰撞检查、净高控制检查和精确预留预埋，或利用基于 BIM 技术的 4D 施工管理，对施工过程进行模拟，对各专业进行事先协调，减少因不同专业沟通不畅而产生的技术错误，大大减少返工，节约施工成本。

2. 导线连接器应用技术

导线连接器应用技术是通过螺纹、弹簧片以及螺旋钢丝等机械方式，对导线施加稳定可靠的接触力，能确保导线连接所必须的电气连续、机械强度、保护措施、检测维护等四项基本要求。按结构分为螺纹型连接器、无螺纹型连接器和扭接式连接器。

3. 可弯曲金属导管安装技术

可弯曲金属导管，曾用名"可挠金属电线保护套管（俗称普利卡管）""可挠金属电气导管（俗称可挠管）"，属于可弯曲类管材，是建筑电气应用中的节能、节材、环保、创新产品。

可弯曲金属导管生产原材料为双面热镀锌钢带和热固性粉末涂料，内壁绝缘防腐涂层采用静电喷涂技术紧密附着热镀锌钢带，生产工艺采用双扣螺旋的结构，管内壁光滑平整无毛刺，具备用手即可弯曲并定型的特点，完全摒弃传统建筑电气保护管材类的繁琐施工流程，提高工作效率，可节省工时 40%～70%。同时，传统建筑电气保护管材类截面均为平面，可弯曲金属导管截面为异形截面，其单米耗钢量为传统建筑电气保护管材类的

1/3，具备重要的节能推广价值。

4. 装配式成品支（吊）架技术

装配式成品支（吊）架由管道连接的管夹构件与建筑结构连接的生根构件构成，将这两种结构件连接起来的承载构件、减震构件、绝热构件以及辅助安装件，构成了装配式支（吊）架系统。

该技术满足不同规格的风管、桥架、工艺管道的应用，特别是在错层复杂的管路定位和狭小管井、吊顶施工，更可发挥灵活组合技术的优越性。近年来，在机场、大型工业厂房等领域已开始应用复合式支（吊）架技术，可以相对有效地化解管线集中安装与空间紧张的矛盾。复合式管线支（吊）架系统具有吊杆不重复、与结构连接点少、空间节约，后期管线维护、扩容方便等特点。

5. 机电管线及设备工厂化预制技术

工厂模块化预制技术是将建筑给水排水、采暖、电气、智能化、通风与空调工程等领域的建筑机电产品按照模块化、集成化的思想，从设计、生产到安装和调试深度结合集成，通过模块化及集成技术对机电产品进行规模化的预加工，工厂化流水线制作生产，实现建筑机电安装标准化、产品模块化及集成化。不仅能提高生产效率和质量水平，降低建筑机电工程建造成本，还能减少现场施工工程量、缩短工期、减少污染、实现建筑机电安装全过程绿色施工。

6. 超高层高压垂吊式电缆敷设技术

在超高层供电系统中，有时采用一种特殊结构的高压垂吊式电缆，这种电缆不管有多长多重，都能靠自身支撑自重，解决了普通电缆在长距离的垂直敷设中容易被自身重量拉伤的问题。由上水平敷设段、垂直敷设段、下水平敷设段组成，吊装圆盘为整个吊装电缆的核心部件，由吊环、吊具本体、连接螺栓和钢板卡具组成，其作用是在电缆敷设时承担吊具的功能并在电缆敷设到位后承载垂直段电缆的全部重量，电缆承重钢丝绳与吊具连接采用锌铜合金浇铸工艺。

7. 钢缆-电缆随行技术

钢缆-电缆随行技术利用卷扬机进行提升作业、滑轮组进行电缆转向，卷扬机设置在电缆井道上方，电缆和卷扬钢缆由专用电缆夹具固定，电缆和钢缆同步提升，垂直段电缆升顶后开始拆卸第一个夹具，电缆提升到位后，由上而下逐个拆卸夹具，并及时将垂直段电缆固定在电缆梯架上。

提升速度控制在不宜超过 15m/min，电缆夹具设置间距按电缆重量和单个夹具的承重力进行计算后设置，卷扬机端设置智能重量显示限制器，实时监测吊运的承载力。

8. 矿物绝缘电缆施工技术

矿物绝缘电缆是用普通退火铜作为导体、密实氧化镁作为绝缘材料、普通退火铜或铜合金材料作为护套的电缆，按结构可以分为刚性和柔性两种。刚性矿物电缆，顾名思义极难弯曲，其工艺要求高，无法较长生产，施工复杂严谨，抗撞击能力强，防火性能高；柔性矿物电缆可连续生产，不同的金属护套结构又拥有不同的弯曲性能，柔韧性较强，防火性能高。

矿物绝缘电缆具有耐高温、防火、防爆、不燃烧且载流量大、外径小、机械强度高、使用寿命长，一般不需要独立接地导线等特点，应用当中主要根据建筑防火等级和重要程度选择相匹配产品，广泛应用于高层建筑、石油化工、机场、隧道、购物中心、停车场等场合。

9. 铝合金电缆施工技术

铝合金电缆是在电缆导体铝基体中增加铜、铁、镁等元素，使传导率指标提升，机械性能大幅提高，同时保持重量轻的优势。不含卤元素的铝合金电缆，即使在燃烧的情况下，产生的烟雾比较少并且具有阻燃特性，有利于灭火和人员逃生。国内铝合金电缆在市政民用领域、钢铁石化、商业娱乐、高速公路领域都有使用，在电力系统需求侧取代低压电力铜缆，为住宅、办公楼、工业厂房以及公共设施提供了最佳的电力供应方案。

10. 铜包铝电缆施工技术

铜包铝电缆的导体，是将铜层均匀而同心地包覆在铝芯线上，并使两者界面上的铜和铝原子实现冶金结合而产生的铜包铝材料。因导体表面为铜层，具有与纯铜导体相同而比铝和铝合金导体更优异的导体连接性能。在直流电阻相等的情况下，铜包铝电缆的安全载流量比铜芯电缆大，温升值比铜芯电缆低，两种电缆的电压损失相当。同时，铜包铝电缆采购成本低，具有突出的经济优势。

铜包铝电缆适用于交流电压 0.6/1kV 及以下固定敷设供配电线路，在国外已较广泛和安全地使用超过 30 年，在国内民用建筑中推广应用，对于我国"用铝节铜"，节省资源有很好的促进作用。

11. 铜包钢接地极施工技术

铜包钢接地极选用柔软度较好，含碳量在 0.10%～0.30% 的优质低碳钢，采用特殊的工艺将具有高效导电性能的电解铜均匀覆盖到圆钢表面，厚度在 0.25～0.5mm，该工艺可以有效地减缓接地棒在地下氧化的速度，螺纹是采用特殊工艺将轧辊螺纹槽加工成螺纹，保持了钢和铜之间连接没有缝隙、十分紧密，确保高强度，具备优良的电气接地性能。

铜包钢接地极适用于不同土壤湿度、温度、pH 值及电阻率变化条件下的接地建造，其使用专用连接管或采用热熔焊接，接头牢固、稳定性好、配件齐全、安装便捷，可有效提高施工速度，特殊的连接传动方式可深入地下 35m，以满足特殊场合低阻值要求。

12. 耐火封闭母线施工技术

耐火封闭母线在环境温度 700～1000℃ 的条件下，可维持 1.5h 的输电运行，其载流量最大可达到 5000A。耐火封闭母线安装时附件较少，同时能防止小动物的破坏，安装后便于以后的运行维护。

每安装一段母线就要遥测一次绝缘电阻值，绝缘电阻应大于或等于 20MΩ。当整条耐火封闭母线安装完毕后，要进行通条遥测绝缘电阻，当安装封闭母线长度超过 80m 时，每 50～60m 宜设置伸缩节，母线伸缩节是有轴向变化量的母线干线单元，安装在适当的位置，用来吸收由于热胀冷缩等产生的轴向变化量。

13. 浇注母线槽施工技术

浇注母线槽是采用高性能的绝缘树脂和多种无机矿物质，将母排直接浇注密封而成。其合理的"三明治"相线紧密叠压结构设计，使母线槽外形更加紧凑、体积更小，增强了母线系统的动热稳定性；高性能的绝缘树脂为自熄性绝缘材料，耐火性为 A 级，防火等级为 F120，可在 950～1000℃的火焰中工作 90min 以上，同时绝缘树脂具有优良的气密性和水密性，防护等级达 IP68；浇注母线槽能承受 6J 的机械冲击，具有良好的防爆性能，同时环氧树脂浇注料具有优良的防腐性能，能有效抵抗各种化学品的侵蚀。

浇注母线槽能适用于各种恶劣与高洁净环境，被广泛应用于电厂、变电站、石油化工、钢铁冶金、机械电子和大型建筑等各种场所。

四、电气工程施工技术前沿研究

1. 新能源发展

1.1 光伏发电

光伏发电是根据光生伏特效应原理，利用太阳能电池将太阳光能直接转化为电能。光伏发电系统主要由太阳能电池板（组件）、控制器和逆变器三大部分组成，光伏发电设备极为精简，可靠稳定寿命长、安装维护简便。

1.2 风力发电

风力发电机的运行方式包括独立运行方式，风力发电与其他发电形式结合，或是在一处风力较强的地点，安装数十个风力发电机，其发电并入常规电网使用。目前的发展趋势表明，我国的风力发电机制造由小功率向大功率发展。不再实行独门独户的风力发电形式，而是采取联网供电，由村庄集体供电等形式。从长远角度看，风力发电技术的应用范围将进一步扩大，不仅单纯用于家庭，更扩大到众多公共设施及政府部门。

2. 变频器发展

变频器是应用变频技术与微电子技术，通过改变电机工作电源频率方式来控制交流电动机的电力控制设备。变频器主要由整流（交流变直流）、滤波、逆变（直流变交流）、制动单元、驱动单元、检测单元微处理单元等组成，靠内部 IGB T 半导体器件的开断来调整输出电源的电压和频率，根据电机的实际需要来提供其所需要的电源电压，进而达到节能、调速的目的，同时，也具有过流、过压、过载保护等功能。

据统计，风机、泵类负载采用变频调速后，节电率为 20％～60％，同时，变频器的软启动功能将使启动电流从零开始变化，最大值也不超过额定电流，减轻了对电网的冲击和对供电容量的要求，延长了设备和阀门的使用寿命，同时也节省设备的维护费用。目前，应用较成功的有恒压供水、各类风机、中央空调和液压泵的变频调速。

随着工业自动化程度的不断提高，IT 技术的迅速普及，未来在网络智能化、专门化和一体化、节能环保无公害及适应新能源等方面，变频器相关技术将得到迅速发展，广泛的应用。

3. 电气火灾监控系统发展

电气火灾监控系统是指当被保护线路中的被探测参数超过报警设定值时，能发出报警信号、控制信号并能指示报警部位的系统，基本组成包括电气火灾监控设备、剩余电流式电气火灾监控探测器以及测温式电气火灾监控探测器三个最基本产品种类。电气火灾监控系统属于消防产品，已经强制 3C 认证，属于先期预报警系统。

电气火灾监控系统基本原理：当电气设备中的电流、温度等参数发生异常或突变时，终端探测头（如剩余电流互感器、温度传感器等）利用电磁场感应原理、温度效应的变化对该信息进行采集，并输送到监控探测器里，经放大、A/D 转换、CPU 对变化的幅值进行分析、判断，并与报警设定值进行比较，一旦超出设定值则发出报警信号，同时也输送到监控设备中，再经监控设备进一步识别、判定，当确认可能会发生火灾时，监控主机发出火灾报警信号，点亮报警指示灯，发出报警音响，同时在液晶显示屏上显示火灾报警等信息。值班人员则根据以上显示的信息，迅速到事故现场进行检查处理，并将报警信息发送到集中控制台。

4. LED 新型光源的应用

我国照明用电量约占总用电量的 12%，照明系统的节能改造对缓解能源供应，保障能源供给具有重要的意义。

光源的发展经历了热辐射光源、气体放电光源、节能气体放电光源和 LED 半导体光源四个阶段。LED 半导体光源是利用固体半导体芯片作为发光材料，在半导体中通过载流子发生复合放出过剩的能量而引起光子发射，直接发出红、黄、蓝、绿、青、橙、紫、白色的光。

LED 光源具有节能、环保、寿命长等优点。其超低功耗（单管 0.03～0.06W）电光功率转换接近 100%，相同照明效果比传统光源节能 80% 以上，且光谱中没有紫外线和红外线，既没有热量，也没有辐射，眩光小，废弃物可回收，属于典型的绿色照明光源。LED 光源为固体冷光源，环氧树脂封装，使用寿命可达 6 万～10 万小时，比传统光源寿命长 10 倍以上。LED 光源是低压微电子产品，成功融合了计算机技术、网络通信技术、图像处理技术、嵌入式控制技术等，具有在线编程、无限升级、灵活多变的特点，可形成不同光色的组合变化多端，实现丰富多彩的动态变化效果及各种图像。

5. 智能照明系统的节能应用

建筑照明应充分利用自然光，大开间的场所，照明灯具应顺着窗户平行敷设且分区控制，并根据情况，适当增加控制开关。建筑物公共场所的照明宜采取集中遥控的管理方式，并配备自动调光装置。照明系统可采用定时、调光、光电控制和声光控制开关，以进一步节能，还须在应急状态下可强行点亮。

6. 光导照明系统的应用

光导照明即利用室外自然光为室内提供照明，又称自然光照明。光导照明系统通过采光装置聚集室外的自然光线并导入系统内部，再经过特殊制作的导光装置强化与高效传输后，由系统底部的漫射装置把自然光线均匀导入到室内任何需要光线的地方。系统主要由采光罩、光导管和漫射器三部分组成。

7. 机电集成单元的应用

机电集成单元是一个机电专业齐全并集中布置的机电设备单元，容纳了通风空调送回风风道、消防水管线、消火栓、灭火器等设施，同时还包括强弱电竖井、配电盘、智能建筑模块箱等电气设施。

8. 特高压直流输电系统

特高压电网是指 1000kV 及以上交流电网或 ±800kV 及以上直流电网，它的最大特点是可以长距离、大容量、低损耗输送电力。

特高压直流输电系统能大大提升我国电网的输送能力，在我国的应用前景广阔。

五、电气工程施工技术指标记录

1. 超高层电缆垂直敷设最大长度，单根最大质量：超高层电缆垂直敷设最大长度441.4m，单根最大质量 2.94t（见广州电视塔案例。垂直度长度＝50＋391.4＝441.4m）。

2. 最大电缆截面敷设技术指标：低压电缆单芯 400mm^2。

3. 耐火封闭母线最长耐火时间、最高耐火温度技术指标：耐火时间≥180min，耐火温度≥1100℃，在环境温度 700～1000℃的条件下，可维持 1.5h 的输电运行，其载流量最大可达到 5000A。

4. 密集母线最大额定电流、最高额定工作电压：最大额定电流 6300A，最高额定工作电压：690V AC。

5. 可弯曲金属导管主要性能：

1）电气性能：导管两点间过渡电阻小于 0.05Ω 标准值。

2）抗压性能：1250N 压力下扁平率小于 25％。

3）拉伸性能：1000N 拉伸荷重下，重叠处不开口（或保护层无破损）。

4）耐腐蚀性：浸没在 1.186kg/L 的硫酸铜溶液，不出现铜析出物，经检测可达分类代码 4 内外均高标准要求。

6. 钢缆-电缆最大提升速度：最大提升速度 6m/min。

六、电气工程施工技术典型工程案例

1. 上海中心大厦

上海中心大厦总高 632m，由地上 118 层主楼、5 层裙楼和 5 层地下室组成，总建筑面积 57.6 万 m^2，作为全球可持续发展设计理念的引领者，"上海中心"严格参照绿色建筑设计标准，集合采用各种绿色建筑技术，绿化率达到 33%，向人们展示上海这座国际化城市对于维护生态环境的责任和承诺。

大厦采用多项最新的可持续发展技术，达到绿色环保的要求。主楼顶层布置 72 台 10kW 的风力发电设备，为建筑提供绿色电能降低大楼能耗；大厦螺旋顶端可以用来收集雨水，处理后作为大厦中水使用，中水年利用量达 23.5m^3，雨水年利用量约 2 万 m^3，有效利用建筑雨污水资源，实现非传统水源利用率不低于 40%；对冷却塔进行围护以降低噪声；绿化率达到 31.1%；室内环境达标率 100%；综合节能率大于 60%；可再循环材料利用率超过 10%。

上海中心大厦地上部分兼顾考虑幕墙的节能性和可见光透射性，以在满足节能的前提下，尽可能多地利用自然采光，地下部分则通过下沉式广场和地下花园等措施强化自然采光效果，地上部分约 89.9% 的主要功能空间满足采光标准要求，地下一层采光系数大于 1% 的面积约占 38.1%，地下二层约占 19.7%。

它以"体现人文关怀、强化节资高效、保障智能便捷"为原则，通过综合节能和新能源利用、节水和雨污水回收利用、节约用材和绿色建筑材料利用、控制室内空气污染并提高室内环境质量等，实现建筑在全生命周期中高效"绿色"运行。

上海中心大厦 632m 高的超高层整体构思景观灯及主题灯光秀，除了为建筑本身增光添彩，初步确定围绕上海创新精神的主题，进行整体灯光设计。塔冠部位将有 2000 多 m^2 的大屏幕及 LED 点阵灯光，而大楼 9 大区域外墙上安装灯光扣件，或临时或永久性设置灯光造景。上海中心大厦设计有 4 类灯光秀，对应平时、周末、节假日以及特殊演出，还将与外滩浦东浦西建筑群景观灯呼应，定期展示地标性灯光秀。

2. 天津 117 大厦

天津 117 大厦规划占地面积约 196 万 m^2，建筑面积约 233 万 m^2，结构高度达到 596.5m。

大厦为二类防雷建筑，防雷等级为 A 级，防侧击雷及电波侵入采用浪涌保护器 (SPD) 保护，防雷接地系统满足防直接雷、侧击雷及电波的侵入，同时设等电位联结；配电房、发电机房、消防控制室、弱电信息中心等采用 100% 的应急照明，办公区域、餐厅、大厅等的照明采用 20% 的应急照明，其他场所按正常照明的 10%~15% 设置，应急照明灯具自带独立地址、自带独立蓄电池，并采用 LED 光源，应急时间大于 90min。

水平管线安装采用装配式支（吊）架，与传统支（吊）架相比，装配式支（吊）架采用工厂化预制，不需现场加工，简化施工工序，降低了安装工作量及管理成本，减少了材料边角料的浪费，降低了施工成本，避免了施工现场的环境污染以及焊接火灾隐患等安全问题。

3. 广州电视塔

广州电视塔高610m，由一座高454m的主塔体和一个高156m的天线桅杆构成，是目前世界第一高塔。

本工程地下一层高压配电房至高区变配电房的供电线路，由地下一层（-5m）水平段经电气竖井至381.2m/386.4m层，采用高压钢丝铠装交联聚乙烯绝缘聚氯乙烯护套电力电缆共5根，其中至386.4m高区变配电房的供电线路有2根YJV42-12KV-3×70和2根YJV42-12KV-3×240高压电缆，至381.2m高区变配电房的供电线路有一根YJV42-12KV-3×70高压电缆。至386.4m高区变配电房的电缆YJV42-12KV-3×240，为本工程最长最重的电缆，其顶层水平段50m，地下层水平段97 m，垂直段391.4 m，全长538.4m，总重4.04t，垂直段重2.94t。

4. 深圳平安国际金融中心大厦

深圳平安国际金融中心大厦总建筑面积459187m²，建筑核心筒结构高度555.5m，建成后总高度为592.5m，是深圳的第一高楼，建成后作为中国平安的总部大楼，是深圳金融业发展和城市建设新的里程碑。

该大楼的公共走道、通道、大堂及车库照明根据场景采用分回路照明智能控制，大楼的公共区域实施智能照明系统控制方式，地下停车场、商业公共区域、塔楼裙楼的公共通道、办公大堂、电梯厅、核心筒公共走道、中庭走廊等区域采用分回路开关控制，并依据白天模式、上班模式、下班模式、夜间模式调整回路开启数量及控制照明的照度，实现区域控制、定时控制、室内检测控制三种控制方式的运用。另外对于电梯厅、公共走道夜间照明、节假日采用红外移动探测器自动控制，实现人来灯亮、人走灯灭的节能效果。

作为华南第一高楼，以及全球可持续发展设计理念的引领者，深圳平安国际金融中心大厦严格参照绿色建筑设计标准，项目设计上采用了错峰的冰蓄冷空调系统、冷却塔水冲厕、雨水回收、节水型洁具等节能环保措施，以及窗帘太阳自适应控制系统、大面积节能LED泛光照明系统等多项绿色技术，使建筑总体节能绩效显著。比起同等规模的传统建筑，能够节省46％的能耗，比起ASHRAE标准能再节约18％～25％的能源。目前，深圳平安国际金融中心大厦已获得美国绿色建筑委员会、绿色建筑认证协会"LED核壳结构金级水平"认证，荣获中国建筑业协会授予的"第三批全国建筑业绿色施工示范工程"称号。

参考文献

[1] 建筑业10项新技术(2017版)[M]. 北京：中国建筑工业出版社，2017.

[2] 胡联红，赵瑞军. 电气施工技术[M]. 北京：电子工业出版社，2012.

[3] 梁丽清. 浅谈建筑电气安装施工技术[M]. 科学之友，2011(6).

[4] 刘华. 浅谈建筑电气安装施工技术[M]. 现代物业(上旬刊)，2011(12).

［5］　胡志松．浅谈建筑电气施工安装技术［J］．湖南农机，2012(5)．

［6］　朱永强，朱甫泉．建筑电气节能减排措施和光伏新能源的应用［J］．现代装饰，2012(5)．

［7］　中华人民共和国国家标准．建筑电气工程施工质量验收规范 GB 50303—2015［S］．北京：中国计划出版社，2015．

［8］　中华人民共和国国家标准．电气装置安装工程　高压电器施工及验收规范 GB 50147—2010［S］．北京：中国计划出版社，2010．

［9］　中华人民共和国国家标准．电气装置安装工程　电力变压器、油浸电抗器、互感器施工及验收规范 GB 50148—2010［S］．北京：中国计划出版社，2010．

［10］　中华人民共和国国家标准．电气装置安装工程　母线装置施工及验收规范 GB 50149—2010［S］．北京：中国计划出版社，2011．

［11］　中华人民共和国国家标准．电气装置安装工程　电气设备交接试验标准 GB 50150—2016［S］．北京：中国计划出版社，2016．

［12］　中华人民共和国国家标准．电气装置安装工程　电缆线路施工及验收标准 GB 50168—2018［S］．北京：中国计划出版社，2018．

［13］　中华人民共和国国家标准．电气装置安装工程　接地装置施工及验收规范 GB 50169—2016［S］．北京：中国计划出版社，2016．

［14］　中华人民共和国国家标准．电气装置安装工程　盘、柜及二次回路接线施工及验收规范 GB 50171—2012［S］．北京：中国计划出版社，2012．

第十八篇　暖通工程施工技术

中国建筑第四工程局有限公司　　　　　　黄晨光　吴家雄　谢明君　杨延超

中铁电气化局集团北京建筑工程有限公司　刘新乐　姬建华　赵东明　孟佳文

摘要

　　暖通空调系统作为建筑的一个重要组成部分，承担着营造适宜的生产、生活建筑环境的重任。本篇以典型工程案例为依托，从传统暖通空调施工技术出发，介绍 BIM＋技术、空调系统调试技术、减震降噪技术、试压清洗技术等暖通空调施工技术的最新进展。围绕空调系统研发，可再生能源利用，新材料、新技术、新工艺的研究等多方面对暖通工程施工技术未来的发展作出展望。

Abstract

　　As an essential part of the building, the HVAC system plays a massive role in creating a good environment for production and living. Based on typical engineering cases, starting from traditional HVAC construction technology, this article introduces the latest progress in HVAC construction technology such as BIM＋technology, air-conditioning commissioning technology, vibration reduction and noise reduction technology, pipe pressure test and cleaning technology and other HVAC construction technology. Focusing on the R&D of air-conditioning systems, the utilization of renewable energy, the research of new materials, new technologies, and new processes, the future development of HVAC engineering construction technology is highly expected.

一、暖通工程施工技术概述

自 1784 年英国的工厂和公共建筑中应用蒸汽采暖，到 1911 年美国开利博士发表了湿空气的热力参数计算公式，暖通空调行业在欧美开始起步，20 世纪 50 年代，在苏联采暖通风与空调技术和设备的援助下我国现代的采暖通风空调技术开始起步，并制定了以秦岭、淮河为界的北方民用建筑集中供暖，南方不集中供暖原则，一直沿用至今。随着行业的发展与进步，暖通专业也形成了以采暖、通风和空气调节为主的三大部分。

暖通工程作为基本建设领域中一个不可缺少的组成部分，对节约能源、保护环境、保障工作条件、提高生活质量，有着十分重要的作用。而对于暖通工程施工技术来说，其风管安装、水管安装、设备安装及系统调试几大部分的节能和环保也在近几十年得到长足进步，施工技术的发展也从手工制作安装逐渐演变成目前的机械化施工，并逐渐朝智能化、信息化方向发展。风管施工技术由原来手工放样、裁剪、成型、咬口、装配、安装演变为全功能风管生产线预制加工；水管施工技术由在工地现场下料安装演变为构件工厂预制装配；设备安装技术由传统的手拉肩扛到目前各种电动、液压起重设备安装；系统调试由20 世纪 60 年代我国一片空白到目前全过程调试技术的应用，暖通行业的每项施工技术都取得了长足的进步；近年随着 BIM 技术以及 BIM 技术衍生出来的各项新技术也在暖通施工领域发挥越来越重要的作用。

随着人们生活质量的日益提高，对建筑室内环境也提出了更高要求，进而加剧了能源的消耗。而暖通空调系统作为建筑物使用过程中消耗能源的大户，在设计、施工、运行过程中采取节能措施，对我国实现建筑节能目标和推动绿色建筑发展都具有重要意义。因此暖通行业要形成正确的设计理念，运用合理的施工手段，平衡建筑室内环境节能与健康、环保、安全的关系，推动行业科学健康发展。

在暖通工程施工技术领域，近年来各项新设备、新技术、新工艺以及新型管理模式的发展，都对行业起到了一定的发展促进作用，本发展报告将从可以降低能耗的新技术应用与现场可优化的施工工艺等方面着手，重点介绍现阶段的施工技术、新技术的发展现状，以及对前沿技术的展望和典型工程案例的分享。

二、暖通工程施工主要技术介绍

1. 系统组成简介

1.1 采暖系统的组成

采暖系统按照供热的方式划分为：热水采暖系统（包括重力循环热水系统、机械循环热水系统）、蒸汽采暖系统（包括低压蒸汽供暖系统、高压蒸汽供暖系统）、低温地板辐射采暖系统、发热电缆地板采暖系统、热电联供采暖系统。采暖系统由热源（供热站或换热站）、管道系统和末端散热设备组成。

1.2 通风系统的组成

通风系统按通风方式、功能划分为：自然通风、机械通风、事故通风、隔热降温、除尘、有毒气体净化等系统。其中机械通风系统通常由风机（机组）、空气处理设备、风管、风管配件、风管部件、末端设备等组成，自然通风系统通常由门、窗、无动力通风器等组成。

1.3　空气调节系统的组成

空气调节系统的组成由空调水系统和空调风系统组成。其中空调水系统通常由制冷（热）设备、水处理设备、补水设备、水泵、冷却塔、换热器、输送管、末端及阀门等组成，风系统通常由空调箱、风管、风阀、风口等组成。

2. 常用材料设备

2.1　管道系统常用材料

采暖管道普遍使用的管材有金属管、复合管、PE-X、PPR、PE-RT、PB 等；空调水系统管道常用管材主要有无缝钢管、镀锌钢管等。

2.2　风系统常用材料

金属材料、非金属材料、复合材料和其他材料。金属类通风管道材料包括冷轧钢板、镀锌钢板、铝板、不锈钢板；非金属类通风管道材料包括硬聚氯乙烯板、玻璃钢；复合材料风管包括：酚醛板、玻纤板；其他材料如砖、混凝土、矿渣石膏板等。

2.3　供热站、换热站设备

供热站、换热站内的供热系统主要由换热器、锅炉、定压补水设备、水泵、水处理设备、分集水器、水箱组成。

2.4　末端散热设备

一般有散热器、暖风机、风机盘管、辐射板等，使用较为普遍的主要是散热器和风机盘管。

2.5　空调水系统设备

主要有制冷（热）主机、热泵机组、冷却水循环泵、冷冻水循环泵、冷却塔、水处理设备、蓄热蓄冷装置、分集水器、补水设备等。

2.6　空调风系统设备

组合式空调机组、新风处理机组、空气净化器、散流器等。

2.7　通风系统设备

民用建筑防排烟及通风系统中多数采用轴流风机、混流风机、离心机、柜式离心机、射流风机、诱导风机等。

3. 常用施工机具

钣金机械：剪板机、折方机、咬口机、钢板卷圆机、压筋机、电剪刀。

钻孔机具：手电钻、台钻、冲击钻。

压槽机具：滚槽机。

焊接机具：电焊机、气焊焊具、热熔焊机。

切割机具：砂轮切割机、磨光机。

套丝机具：切管套丝机、钢筋套丝机。

起重机具：倒链、滑轮装置、卷扬机、吊车。

测试仪器：干湿球温度计、压力表、温度计、风速仪、皮托管（测压）、微压计、试压泵、万用表、钳流表、漏风量测试仪。

手工工具：扳手、手锤、手虎钳、管钳、剪刀、拉钉钳、圆板牙。

4. 施工工艺

4.1 水系统施工工艺

（1）热水采暖系统安装

供热站、换热站设备安装：

管道系统安装：

常规散热器安装一般保持与墙面 30mm 的距离，距离地面 200mm 左右，安装部位一般选择外墙窗户下方，以达到有效阻断冷源的目的。

采暖管道常用连接方式为螺纹连接、焊接、法兰、沟槽；塑料管材常用连接方式为电熔连接、热熔连接和专用管接头配件连接。

（2）空调水系统安装

风机盘管安装要注意设备的水平度以保证冷凝水能够顺利排出，冷媒进出口以及冷凝水接口连接时必须设置柔性连接，冷媒进出口处必须设置便于检修的阀门。

管线应排布紧凑合理，支吊架稳固可靠，连接至有震动的设备配管采用减震措施，施工过程中严格控制焊口的坡口角度、焊接间隙，采用全机械双面自动焊接，有效保证了焊接质量，管道安装前须将其内壁清理干净，冷凝水管须以设计规定的坡度排放，以保证出水畅通，接口严密，严防漏水，热水管根据管道的热变形量计算选择对应的滑动支架，不承受非轴向形变热水管道需设置膨胀节。管道安装完，首先检查坐标、变径、三通的位置等是否正确，合格后将管道固定牢固；阀门安装前做水压试验，主干管起切断作用的阀门须逐个试验，试验合格阀门及时排尽内部积水并吹干。

4.2 风系统施工工艺

共板法兰风管制作工艺流程：

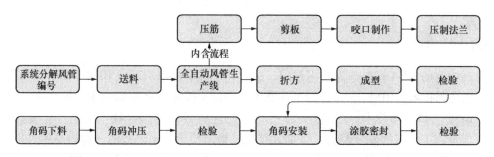

角钢法兰风管制作工艺流程：

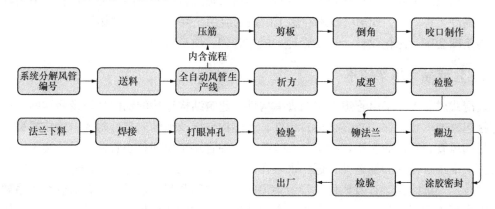

通风管件制作工艺流程：

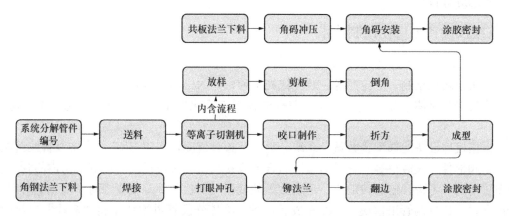

支吊架的选材及间距应符合规范要求，水平主、干风管长度超过 20m 时，应设置固定支架，每个系统不少于一个。明装风管水平度偏差每米＜3mm，总偏差＜20mm。通风机传动装置的外露部位以及直通大气的进、出风口，必须装设防护罩、防护网或采取其他安全防护措施。

通风与空调系统安装完毕投入使用前，必须进行系统的试运行与调试，包括设备单机试运转与调试、系统非设计满负荷条件下的联合试运转及调试。

三、暖通工程施工技术最新进展（1～3 年）

1. BIM＋技术

以高精度的 BIM 模型作为应用基础，结合其他科学技术，形成 BIM＋物料追溯系统、BIM＋二维码技术、BIM＋VR 虚拟现实技术、BIM＋短焦互动投影技术、BIM＋3D 扫描技术、BIM＋3D 打印技术、BIM＋AI、BIM＋智能机器人等综合技术，是目前暖通工程施工及建筑施工领域的发展趋势。借助计算机及最新传感技术创造的一种崭新的人机交互手段，把图纸上的规划变成有空间感的模型，提供给用户更为真实的空间尺寸、场景位置、地理信息等体验，通过该技术，可直观的对人员进行交底，降低专业门槛，节约社会资源，提高工程质量。BIM＋技术在施工阶段的应用主要包括施工现场管理、施工方案模拟、施工图会审、深化设计、进度管理、成本管理、质量管理等。

2. 工业化成品支吊架技术

装配式成品支吊架由管道连接的管夹构件、建筑结构连接的锚固件以及将这两种结构件连接起来的承载构件、减震（振）构件、绝热构件以及辅助安装件构成。该技术满足不同规格的风管、管道的应用，特别是在错综复杂的管路定位和狭小管井、吊顶施工中，更可发挥灵活组合技术的优越性。近年来，在机场、大型工业厂房等领域已开始应用复合式支吊架技术，可以相对有效地化解管线集中安装与空间紧张的矛盾。复合式管线支吊架系统具有吊杆不重复、与结构连接点少、空间节约、后期管线维护简单、扩容方便、整体质量及观感好等特点。

3. 管线及设备工厂化预制技术

3.1 "一体化"机房施工技术

对于模块化预制、定位配送、装配式施工为一体的机电安装施工体系而言，暖通工程的制冷机房与该体系完美契合，是目前机电预制工厂化的重要组成部分，也是主要应用部位。

根据机房设备的选型、数量、系统分类以及布置情况，运用 BIM 技术将设备及管路、配件、阀部件、减震块等"化零为整"组合形成预制循环泵组模块，根据机房内的管线综合布置情况，考虑预制管段的成品运输、吊装就位、安装条件等因素，对多段预制管组进行组合，形成预制管组模块。分段完成后，通过给各分段管道添加专属"名片"二维码，实现管道加工、复核、运输、现场验收、吊装、拼装各个环节信息"一条龙"。搭建高精度的 BIM 模型，并出具管道分段加工图和下料图，满足工厂高精度的预制加工要求，同时满足管道现场安装要求；管道加工完成后，现场根据管段编号和装配图纸进行机械化安装。

3.2 预制立管装配化施工

通过综合考虑管井尺寸形状、建筑结构形式荷载、管井内立管的进出顺序、管组的运输、场地内水平垂直运输等具体条件，突破传统的工程立管逐节逐根逐层的安装方法，将一个管井内拟组合安装的管道作为一个单元，以一个或几个楼层为一个单元模块，模块内所有管道及管道支架预先在工厂制作并装配，运输到施工现场进行整体安装，该技术可提高立管的施工速度，降低施工难度，提高施工质量，缩短垂直运输设备的占用时间。

4. 内保温金属风管施工技术

内保温金属风管是在传统镀锌薄钢板法兰风管制作过程中，在风管内壁粘贴保温棉，风管口径为粘贴保温棉后的内径，并且可通过数控流水线实现全自动生产。该技术的运用，省去了风管现场保温施工工序，有效提高现场风管安装效率，且风管采用全自动生产流水线加工，产品质量可控。

5. 金属风管预制安装施工技术

5.1　金属矩形风管薄钢板法兰连接技术

金属矩形风管薄钢板法兰连接技术，根据加工形式不同分为两种：一种是法兰与风管壁为一体的形式，称之为"共板法兰"；另一种是薄钢板法兰用专用组合式法兰机制作成法兰的形式，根据风管长度下料后，插入制作好的风管管壁端部，再用铆（压）接连为一体，称之为"组合式法兰"。通过共板法兰风管自动化生产线，将卷材开卷、板材下料、冲孔（倒角）、辊压咬口、辊压法兰、折方等工序，制成半成品薄钢板法兰直风管管段。风管三通、弯头等异形配件通过数控等离子切割设备自动下料。

5.2　金属圆形螺旋风管制安技术

金属圆形螺旋风管采用流水线生产，取代手工制作风管的全部程序和进程，使用宽度为 138mm 的金属卷材为原料，以螺旋的方式实现卷圆、咬口、合缝压实一次顺序完成，加工速度为 4~20m/min。金属圆形螺旋风管一般是以 3~6m 为标准长度。弯头、三通等各类管件采用等离子切割机下料，直接输入管件相关参数即可精确快速切割管件展开板料；用缓缝焊机闭合板料和拼接各类金属板材，接口平整，不破坏板材表面；用圆形弯头成形机自动进行弯头咬口合缝，速度快，合缝密实平滑。

6. 消声减振施工技术

空调系统安装施工过程中，在进行深化设计时要充分考虑系统消声、减振功能需要，通过隔声、吸声、消声、隔振、阻尼等处理方法，在系统中设置消声减振设备（设施），改变或阻断噪声与振动的传播路径。如设备采用浮筑基础、减振浮台及减震器等的隔声隔振构造，管道与结构、管道与设备、管道与支吊架及支吊架与结构（包括钢结构）之间采用消声减振的隔离隔断措施，如套管、避振器、隔离衬垫、柔性软接、避振喉等。

7. 试压、清洗技术

7.1　闭式循环冲洗

将系统及集分水器内灌满水，将供回水管路连通，隔离设备，使用系统水泵（加必要的保护）将水在管内强制循环流动，达到必要的冲洗流速，污水排到水池，经过过滤，再抽入管道，对系统管道多次循环冲刷后，更换清水反复清水循环，最终从而达到冲洗质量要求。

主要分为对系统冲洗管段进行划分、过滤器制作、设备与管道隔断、供回水管路连通、系统灌水、管道冲洗、排出污水、管路恢复等步骤完成。

7.2 内镀膜技术

空调水系统循环冲洗完成后，正式运行前，会对系统进行镀膜处理，即向水中投加高浓度的防腐剂、阻垢剂，然后进行系统循环运行，使金属表面形成能抑制金属阳极溶解过程中的电化学分子导体膜，以阻止介质对管道的侵蚀，从而起到缓蚀阻垢作用，促使清洗后的金属管道内表面钝化。镀膜是施工过程中的重要环节，将影响到日常运行的制冷制热效果。同时需要密切注意系统运行后的水质化验及加药工作，保证循环水中药剂浓度符合设计要求。

7.3 多功能清洗机器人

随着 2020 年新型冠状病毒肺炎疫情的发生，空调内部的除菌及清洗也将成为行业发展的一个热点，对于运维阶段空调风系统的内部清洗，主要依靠多功能清洗机器人，机器人进入管道可以实时看到风管内的情况，能够达到人视线无法触及的地方，做到实时监控和录像，同时可完成大截面风管全方位消毒作业。

8. 调试技术

8.1 全过程调试技术

全过程调试技术覆盖暖通系统的设计阶段、施工阶段和运行维护阶段。由业主代表、调试顾问、设计人员、机电总包项目经理、专业承包商和设备供应商组成调试团队，制定相应时间表、更新业主项目要求、更新调试计划、组织施工前调试过程会议、确定测试方案（包括设备测试、风系统/水系统平衡调试、系统运行测试）、明确测试范围、明确测试方法、试运行介质、目标参数值允许偏差、调试工作绩效评定标准、建立测试记录、定期召开调试过程会议、定期实施现场检查、监督施工方的现场调试测试工作、核查运维人员培训情况、编制调试过程进度报告、更新系统管理手册，完成项目最终调试过程报告。

8.2 分级水力平衡调试技术

按液体介质流量分配客观规律，对任一管网系统无论其复杂程度进行分级，按照末端、支管、支干管、主干管、总管流量的顺序逐级调试，提高工效，缩短调试工期，而且获得较好调试效果。

9. 节能综合技术

暖通工程节能在行业领域中备受关注，采用科学有效的节能措施，既能保证环境舒适和空气质量，同时可大幅度降低能源消耗，实现能源利用、节能减排的可持续发展目标。

9.1 优化设计

（1）较少弯头数量，采用顺气流的弯头及三通，可有效降低阻力损失。

（2）直角管段替换为斜管段，减少总管长，降低沿程阻力。

（3）选用阻力更低的过滤器/止回阀。

（4）选用低噪声低振动的设备，利用变频技术根据使用情况控制设备的运行状态，以达到节能的目的。在执行分时电、峰谷电价差较大的地区，经技术经济比较之后，宜合理采用蓄冷技术，利用水蓄冷或相变材料蓄冷，可有效对电网"削峰填谷"和节省运行费用。

（5）根据房间或区域负荷特性，合理划分空调区域；对于需要长时间同时供冷和供热的建筑，宜采用水环热泵空调系统供冷、供热。

（6）优化气流组织形式，避免冷热量浪费和冷热不均现象以及送排风短路问题。

（7）采用冷凝热回收、排风热回收等能量回收技术，同时充分考虑南方地区预冷和北方地区预热需求。

9.2　智能监控系统的运用

（1）对空调系统和设备的主要运行参数进行监测，包括但不限于：水流量、水温、水压、空气温湿度、功率、电流、电压以及室内温湿度、CO_2 浓度等，实时监控空调系统的运行现状；

（2）配置必要的调节装置，优化空调水系统和风系统水力平衡；

（3）实现空调主机群控、冷却塔群控的需求，科学合理调配空调主机和冷却塔的运行台数；

（4）实现空调水系统、风系统的质调节与量调节的优化控制以及其他节能控制的需求；

（5）依据室内温湿度需求和系统负荷的变化，及时有效地优化系统运行，提高运行能效，降低系统能耗。

9.3　清洁能源的推广

（1）自然冷源利用：采用冷却塔直接供冷、过渡季节全新风运行（全空气系统）、合理自然通风或机械通风等措施；

（2）可再生能源利用：采用太阳能光伏系统、太阳能热利用系统（太阳能采暖和空调系统）、地源热泵系统、空气源热泵系统等系统形式；

（4）废热或工业余热利用：采用吸收式冷水机组；

（5）对于天然气充足的地区，利用效率和经济技术比较合理时，宜采用分布式燃气冷热电三联供系统。

9.4　施工环节的节能技术

（1）加强保温的严密性及完整性，空调系统输送介质系统内外温差较大，如保温效果差，则会导致失温严重，进而增加能量消耗、提高运行费用。如果保温效果不好或在维修后保温层修复不好，不但过多地消耗了冷量，也会导致使空调房间相对湿度超标。

（2）减少系统的阻力损失和杜绝管网堵塞，施工过程注意做好管网的综合布局，减少管网的局部阻力及沿程阻力。在管网安装时注意防止杂物进入管网以防堵塞，在系统冲洗时做到符合施工验收规范要求。

10. 新型暖通形式施工工艺

10.1　辐射供冷

辐射供冷是一种主要依靠供冷部件与围护结构内表面之间的辐射换热向房间供冷技术。相比传统空调系统，能效比大幅度提高。同时可以与辐射供暖系统相结合，可以减少设备数量。施工方法主要包括辐射板优化、投影分组、单元组合、辐射板离心式开启、订制与装配、管路降温、除湿阶段以及辐射制冷等技术。

10.2 低温送风系统

低温送风系统是目前较先进、绿色、健康的空调形式之一。低温冷冻水具有相对大的冷量，在输送中可以减小管道的尺寸，减少泵的电耗。主要施工方法包括优化风管安装工艺、优化管道保温层厚度、低温风阀及低温风口安装。

10.3 燃气红外线辐射采暖

燃气红外线辐射采暖是一种较为新型的采暖方式，使用洁净能源，燃烧完全，符合环保要求，静态采暖，避免了空气对流的扬灰现象，提高了采暖空间的卫生条件，控制方便，管理简单，可以实现分区控制。主要施工方法包括燃气管道系统安装、控制系统安装、防爆与消防安装以及试运行及验收等过程。

10.4 直膨式空调系统

直膨式空调系统为全空气系统，整个空调系统仅由室外机和室内机两部分组成，无需水泵、冷却塔、风机盘管等配套设备，亦无需冷凝排水管道，安装使用极为方便。系统室内无运动机械和水管，用户无需为噪声和漏水烦恼，维修方便。

四、暖通工程施工技术前沿研究

1. 空调系统的研发方向

未来空调技术开发将主要围绕空调系统的运行高效化、适用性和个性化、运维智能化、环境友好性等方面开展研发。

1.1 运行高效化

（1）永磁同步变频冷水机组

永磁同步变频离心式"小压比"制冷压缩机专为中高温工况设计，采用全工况气动设计、高速永磁直驱、双级压缩、大功率高速永磁电机等先进技术，可满足数据中心类型建筑的全年运行、显热负荷大、快速启动、可靠性高等要求。

（2）磁悬浮变频冷水机组

磁悬浮冷水机组通过数字控制的磁悬浮轴承系统实现电机转轴和叶轮在旋转过程中悬浮运行，完全消除金属与金属之间的摩擦，实现了技术上定频到变频、有油润滑到无油润滑的升级，整体机组机械摩擦只有传统冷水机组的 0.2%，极大地提高了运行效率，延长使用寿命。

（3）自由冷暖多联机空调

自由冷暖多联机空调系统通过 BS 装置的切换，可以满足同一空调系统中，室内机同时制冷制热的使用需求，通过该功能实现了空调系统的废热回收利用，有效提高了系统能效。

（4）干湿混合型冷却塔

此种冷却塔在常规闭式冷却塔的基础上，在出风口加装干式翅片冷却盘管。当夏季高温时采用常规冷却方式，干式冷却盘管不工作，喷淋水泵正常工作，下部湿式盘管正常通过水分蒸发散热。低温或冬季时湿喷淋泵停止工作，下部湿式盘管停止工作，只有上部干盘管通过对流散热，此工作状态下无水消耗，因此可以节约水的消耗。本设备尤其适用于需要全年供冷的空调系统，全年运行可降低耗水量 70%，同时在冬季无需防结冰维护。

（5）永磁电动机

永磁电动机技术优势如下：效率高、功率因数高、体积小、重量轻、具有较宽的经济运行范围，并且电机速度恒定，无转差并且速度响应快。

水泵、冷却塔、空气处理机组配置永磁电机将大大提高能效，同时随着电力电子技术的发展，永磁电机算法的优化，稀土永磁材料性价比的提升，永磁电机及其驱动系统将在越来越多的领域占据不可替代的地位。

1.2　适用性和个性化

（1）微通道型换热器

铝制微通道型换热器在空调系统中的使用，相比传统的铜管铝翅片换热器由于换热效率更高，承压能力更强，可使生产出来的设备重量更轻、尺寸更小巧。

（2）单元式空气调节机

一种向封闭空间、房间或区域直接提供经过处理空气的设备。它主要包括制冷系统以及空气循环和净化装置，还可以包括加热、加湿和通风装置。可以针对其具有结构紧凑、占地面积小、安装与使用方便的特点，继续进行研究、改进，以提升设备的先进性。

（3）家庭式新风系统

基于人体热舒适的空调智能控制技术，通过性能良好的风机和气流控制系统，使新风的更换完全得到控制，这种技术对室内温度的影响甚微。在不开窗的前提下全天24h持续不断地将室内污浊空气及时排除，同时引入室外新鲜空气，并有效控制风量大小。

（4）双冷源空气处理机组

空气处理机组内部设置冷冻水盘管和直接蒸发盘管，冷冻水由常规空调冷源提供，直接蒸发盘管连接独立的空调室外机，同时室外机的冷凝热用于再热空气，可实现对空气深度除湿，有效调节空气处理机组送风温湿度，应对南方地区"回南天"和雨季以及长三角地区的梅雨季节等特殊天气特别有效，特别适用于这些地区对温湿度要求较高的场所，如：医院手术室、ICU以及高档办公楼和酒店等。

（5）直膨式空气处理机组

直膨式空气处理机组本身自带压缩机，无需外接冷源，可节省冷冻机房占地面积。同时系统中采用制冷剂循环，管径对比冷冻水系统要小，可节省建筑层高，省去复杂的冷冻水空调系统现场传感器的安装，提高工程交付品质及速度。

（6）干式风机盘管

干式风机盘管系统设计工况下的冷冻水供水温度一般高于使用环境的空气露点温度，空气冷却过程无冷凝水产生，是典型的干式冷却过程。由于无冷凝水产生，减少很多病毒和细菌滋生，可大大改善室内空气的品质。同时由于冷冻水温度提升，可有效提升制冷机组的COP，降低能耗。

（7）VAV系统

VAV系统是全空气空调系统的一种形式，亦称为变风量空调系统，其工作原理是当空调房间负荷发生变化时，系统末端装置自动调节送入房间的风量，确保房间温度保持在设计要求范围内。同时，空调机组将根据各末端装置风量的变化，通过自动控制调节送风机的风量，达到节能的目的。对于负荷变化较大的使用场所尤其适用。

1.3 运维智能化

智能空调采用智能化技术，具备感知、决策、执行、学习以及反馈能力，并将这些能力综合利用以实现特定功能。以 E＋云服务平台为依托的中央空调，通过构建大数据平台，将中央空调实现自动联入云智能服务中心，通过对用户需求和使用习惯进行数据分析，实时预警系统进行24h智能监测，提前预知问题并自动解决，同时根据用户需求和使用习惯自动实现系统升级。

运维智能化是通过智控系统替代人工现场管理的一种手段，利用云平台、自动化技术、大数据技术、人工智能技术、手机 APP 等网络技术实现精确化管理的智慧管控，实现空调集中化、智能化、无人化运维管理。

空调设备技术将以互联网为基础，通过物联网、人工智能 AI、大数据等科技支撑，实现环境感知、主动服务、生态服务，带来真正的智能化生活，最终研发一套可复制的全自动空调智能监控系统，并配套相应的施工技术和措施。

1.4 环境友好性

（1）节能减排

空调系统中冷却水补水量大，且冷却塔目前采用定期排污方式，排污时间间隔短排污耗水量大，因此对冷却水系统进行如下优化可大幅降低系统水耗：

1）冷却塔水盘增设电导率监测装置，通过定期监测电导率数值控制冷却塔进行排污，使冷却水浓缩倍数控制在 5 倍左右，从而可大大降低冷却水系统排污耗水量。

2）增设水处理装置，回收排放的废水（雨水、冷凝水、生活用水等），经水处理装置处理后对冷却塔进行补水，降低对于清洁水源的使用，保护环境。

（2）环保制冷剂

氟利昂是空调的制冷剂，之前行业内所用的氟利昂对臭氧层有破坏性，在未来的空调系统中应积极选用低 ODP 值和 GWP 值的制冷剂如：丙烷制冷剂、R744、HFO-1234yf 等，淘汰对环境影响大的制冷剂。

2. 蓄冷/蓄热系统的运用

随着国家峰谷电力政策的持续推进，为有效地实现电网运行的削峰填谷，更利于实现能源梯级利用及能效提升，在一系列已建成和在建的综合能源服务项目中，蓄冷/蓄热技术扮演着不可或缺的重要角色，并逐渐发展成为一项成熟的空调制冷、制热技术。

2018 年建成的苏州同里综合能源服务中心项目采用了蓄热系统。该项目涵盖 15 项世界首台、首套、首创能源创新示范项目。

2020 年 4 月 29 日，厦门翔安新机场综合能源服务战略合作协议签约，预计国内最大的水蓄冷综合能源站将落地厦门。

3. 可再生能源的利用

3.1 空气源热泵

空气源热泵技术是利用空气中的热量作为低温热源，在夏季提取较高温室外空气的冷量对建筑供冷，在冬季则从较低温室外空气吸取热量供热。目前主要应用产品有空气源热泵地暖、空气源热泵空调等。如北京等城市开展"煤改电"供暖改造，通过补贴，采用空气源热泵供暖代替传统燃煤小锅炉。

3.2　水（地）源热泵

水（地）源热泵技术是以地球水体及土壤所储藏的太阳能资源作为冷热源，经过能量转换实现空调调节功能。水（地）源热泵具有技术上的优势和节能、环保、可持续发展的优点。

3.3　太阳能系统

太阳能属于"取之不尽，用之不竭"的天然能源，利用太阳能制冷有两条途径，一是太阳能光-电转换技术，利用光伏技术产生电力，以电制冷；二是太阳能光-热转换技术，以热制冷。光-热转换实现制冷主要从以下几个方向进行，即太阳能吸收式制冷、太阳能吸附式制冷、太阳能除湿制冷、太阳能蒸汽压缩式制冷和太阳能蒸汽喷射式制冷。

另外，可利用太阳能光-热转换技术实现采暖和供热水。

4. 新材料的研究

（1）2019 在江苏南京举行了制冷管道新材料推广会，会上展示了"洛氟环""PA 防腐节能冷媒管"等新材料，运用于空调系统中后，可以有效提高效率，降低能耗。

（2）新型防火风管：

随着国家规范的修改，对建筑防烟排烟系统的要求越来越高。在 2018 年 8 月实施的新规范中要求排烟风管要达到一定时限的耐火极限要求，需要新型材料防火风管来满足规范要求。例如镁质高晶板等具有防火、防潮、无甲醛释放、强度高、不燃烧、隔声、使用寿命长特点的材料，是新一代的节能、环保型绿色产品。

（3）机制金属内保温风管：

机制金属内保温风管是一种通过利用内衬保温的形式的节能降耗、降低噪声的风管。机制金属内保温风管的外壳主要采用的材料是金属薄钢板，通过对材料进行机械式的压制进而形成模，再由复合涂层进行包裹的玻璃纤维保温内衬与钢板风管之间的保温钉进行相应的固定，经过一系列的自动化加工一次成型。此种保温材料拥有一定的抗脱落、防止霉变的功能。

（4）新型快速拆卸伸缩补偿器：

在大管径和超大管径的采暖系统、空调系统上热胀冷缩的伸缩量很大，传统的波纹补偿器无法满足施工需求，因此有必要研制一种大伸缩量、耐高温、用于管道快速维修的新型产品。中铁电气化局研制的快拆防胀限位器是一种用于采暖系统、空调水系统、给水排水及消防系统，比普通波纹补偿器更具使用优势，可广泛应用于各系统的大管径系统。

（5）空调化学过滤系统：

使用化学过滤及铜银离子杀菌抗病毒材料制成的空调过滤系统，可以有效地在新风，回风和室内循环系统中杀灭各种病毒、细菌、霉菌、孢子等微生物，目前相关生产厂家已经具有多项权威报告。由于人们对健康的重视，此类产品会逐渐被民用空调市场所接受。

五、暖通工程施工技术指标记录

1. 节能指标

在节能方面 VAV 空调有明显的优势，当送风量为设计工况的 90％时，风机所需功率仅为设计工况的 72.9%，节省 27.1% 的耗电量。和 CAV 空调系统相比，VAV 空调系统全年空气系统输送能耗一般可节约 25%～30%。

在蓄冷及低温送风技术方面，如选用 8%～10℃ 的低温送风系统，在空气输送能耗方面可节能 40%～50%。

吊顶辐射空调系统一般采用 18～20℃ 的冷水作为冷媒即可满足使用要求，相对于传统使用 5～7℃ 的冷水作为冷媒的传统空调系统具有较大的节能潜力。

间接蒸发冷却空调因其气候适宜性，在西北干燥地区相对于传统空调系统可节能 40%～70%。

2. 施工管理指标

一体化制冷机房施工技术的出现，使机房施工效率较传统得到了极大的提升。传统制冷机房施工耗时一般为 2～3 个月，使用以装配式施工技术为核心、BIM 技术为依托的一体化机房施工技术后，工期一般能控制在 7 天内。

全过程调试作为一种质量保证工具，包括调试和优化双重内涵。根据国外工程统计数据，使用全过程调试技术后，建筑节能 20%～50%、降低建筑维护费用 15%～35%、减少工程 2%～10% 的返工率。另外，国内某工程项目提炼了其在进行全过程调试中的 273 例经典问题，分析发现深化设计、施工质量管控、设备与材料、检测对全过程调试的影响权重分别为：38.5%、37%、7.3%、17.3%，设计和建造阶段占比达 82.7%。

3. 施工技术指标

现行国家标准《社会生活环境噪声排放标准》GB 22337 与《声环境质量标准》GB 3096 规定，对于特别需要安静的区域内白天和晚上分别允许噪声值为 50dB 和 40dB，这使得暖通空调设备往往需要设置减震措施。对于水泵，一般根据对振动传递比 T 值的要求选择隔振措施，$T \geqslant 0.2$ 选择采用橡胶隔振器、$0.01 < T < 0.2$ 则根据水泵类型选用弹簧隔振器或橡胶隔振器、$T \leqslant 0.01$ 采用双层隔振安装；对于制冷机组，近年来涌现了不少使用浮筑地板隔振消声的案例，工期一般在 30 天左右。

通风系统应根据建筑物用途每隔 1～2 年对其洁净程度进行清洗检查。卫生部相关标准（WS394、WS/T396）要求：集中空调系统风管内表面积尘量 $\leqslant 20 g/m^2$、细菌总数 $\leqslant 100 CFU/m^2$、真菌总数 $\leqslant 100 CFU/m^2$；风管清洗后，风管内表面积尘 $\leqslant 1 g/m^2$。多功能清洗机器人作为一种先进、有效的管道清洗方式，适用于圆管管径 >300mm，方管管径 >300mm×300mm，作业距离能控制在 30m 的管道系统。

空调水管道的闭式循环清洗分别进行 8～10h 的粗洗循环、清水循环，然后进入净洗循环直至化验全部合格，最后带机循环 2～3h 即可完成全部清洗工作，起到了用工少、效率高、施工质量明显改善的作用。

六、暖通工程施工技术典型工程案例

1. 地铁风水联调

京港地铁 16 号线农大南路站暖通系统是以水冷螺杆式机组为冷源的一次泵定流量系

统，空调末端按照服务区域分为大小系统，分管公共区域和设备办公空间。

本项节能改造项目增设节能控制系统，直接控制冷源系统包括制冷机组、冷却塔、冷冻水泵、冷却水泵。通过 BAS 系统间接控制大系统，包括组合式空调机组、回排风机。

1.1　改造范围

系统安装，安装所需分项计量电表、各类传感器和室内环境监测设备和智能控制系统等设备设施。

改造冷源系统受控设备信号切换改造。

在北侧环控机房内新增网关，接入北侧新增的智能电表的通信总线，网络通信借助现有的 BAS 系统的光纤网络传输至南侧的环控机房，与南侧环控配电室中新装的智能控制柜实现 TCP 数据传输。

系统调试，实现与 BAS 的通信及节能模式下的各项控制，完成对大系统受控设备的信息采集及策略控制；实现冷源系统设备的信息采集和策略控制；调试系统预期实现的各项目功能。

系统调试完毕稳定运行后，组织项目测试，验证系统节能效果。

1.2　改造目标

预期节能率≥30％。

1.3　项目实施

（1）改造流程

新增控制柜安装；新增传感器安装；桥架及线缆敷设；线缆连接施工检验；系统调试。

（2）测试阶段

1）能耗数据监测：分别对冷机、水泵、冷却塔、大系统的风机、空调机组、回排风机的电耗数据进行实时监测。

2）室外温湿度监测：对室外的温湿度进行实时监测，在背风背光的区域放置一个温湿度自记仪，每 10min 记录一次数据。

3）站内温湿度监测：对站内的温湿度进行实时监测，在重点区域放置温湿度自计议，每 10min 记录一次数据。

4）站内 CO_2 浓度监测：对站内的 CO_2 浓度进行实时监测，在重点区域放置 CO_2 浓度自计议，每 10min 记录一次数据。

（3）改造完成

对项目进行验收，并移交相应的随机资料、过程资料及验收资料。

2. 中国尊空调系统施工技术

2.1　工程概况

项目位于北京市朝阳区 CBD 核心区，总建筑层数 115 层，其中地上 108 层，地下 7 层，为北京地标性建筑物。

2.2　设计概况

中国尊大厦空调系统冷源采用制冷主机上游＋蓄冰槽下游串联内融冰形式的冰蓄冷系统，空调热源由市政热网提供。空调末端系统主要有循环通风空调系统、不带末端的区域变风量系统、普通全空气系统、风机盘管＋新风系统、排风余热回水系统、多联机空调系统、地板辐射采暖系统等常规空调系统；地上标准层、办公层、会议室、餐厅的幕墙周边区为风机盘管空调系统，内区为带末端装置的变风量空调系统。

在施工过程中，运用了BIM＋技术，预制装配式技术，全过程调试技术，智慧空调等技术组织施工。

2.3 空调智慧节能控制系统

空调末端智慧控制系统适用于常规全空气系统、风机盘管＋新风系统、变风量系统以及柔性空调系统等，通过对空气处理机组、风机盘管、VAV-BOX以及温湿度独立控制末端设备的精确控制，实现风量、水量与空调负荷的有效匹配，实现新风风量与室内二氧化碳浓度的有效匹配，在确保高质量的室内环境品质的前提下，显著降低空调智慧末端设备能耗。

空调智慧节能控制系统由硬件和软件组成，硬件包括系统控制器、VAV控制器、执行器（电动水阀、电动风阀和变频器等）、传感器（温度、湿度、压力等）及上位机监控工作站；软件包含编程软件、组态运行软件以及SMART控制软件。空调智慧节能控制系统具有强大的扩展功能，增加远程I/O模块可直接控制制冷机房设备、给水排水设备等，可提供与楼宇智能化系统通信接口。"中国尊"大厦中空调智慧节能控制系统可在网络控制引擎（BNC）处与物联网系统进行对接，实现对物联网系统一些个性化需求功能的定制。

主要应用技术有变风量控制技术、风机盘管系统控制技术、基于管网流量平衡的大温差变流量控制技术。

3. 侨福芳草地环保罩自然通风

侨福芳草地是国内首次采用透明玻璃（ETFE膜）罩覆盖四栋塔楼，在建筑周围构建靠阳光和自然通风来调节的区域来节能项目。

办公楼主要采用地板送风空调系统，并配合冷吊顶系统，空调机组透过架空地板下的静压箱把空调风送至每个位于地板的地板送风末端，再由地板送风末端送出冷/采暖风，回风则经顶棚再经内走道抽回空调机组，办公层内走道除使用办公室回风作送冷/送暖外，各层电梯大堂设有地板旋涡式送风口。

商场租户区采用风机盘管加新风系统。

酒店客房采用吊顶式四管制风机盘管加新风系统。风机盘管安装在吊顶内，水管采用水平式布置。由室内控制器及三速选择开关控制。

空调系统和自然通风系统连锁，当室外气象传感器探测到室外空气达到适合自然通风的条件，自控系统关闭部分空调系统，同时控制自动开窗器打开对应区域的通风窗。依靠环保罩产生的热压，可以获得比较稳定的通风量。

第十九篇　建筑智能化工程施工技术

中国建筑第七工程局有限公司　　王永好　卢春亭　原福渝　张中善　曲　艳
中建电子信息技术有限公司　　　刘　淼　王　伟　毕　林

摘要

　　首先介绍建筑智能化工程概念与特点，以及构成建筑智能化工程的主要基础技术，研究智能家居、智慧社区、智慧管廊、智慧工地、装配式建筑智能化、智慧城市等建筑智能化工程的热门应用，同时对物联网、云计算、大数据、移动互联等技术在建筑工程中的应用进行展望。建筑作为人们生活的基础元素，人对建筑物的管理、服务方面功能性和智能化要求不断提高，智能产品、智慧服务正逐步向工作生活场景全维度渗透，建筑"综合智能"将更加彰显其重要性和时代性。

Abstract

　　This part firstly introduces the concept and characteristics of Intelligent Building Engineering，as well as the basic technologies constituting it. By researching popular application such as smart home，smart community，smart pipe gallery，smart site，prefabricated building intelligent，smart city，etc.，some prospects of applications such as internet of things，cloud computing，big data，mobile internet used in constructional engineering are outlined. As the basic element of people's life，people's requirements for building management and services in terms of functionality and intelligence are constantly improving. Intelligent products and services are gradually penetrating into every aspect of work and life scenes. The "comprehensive intelligence" of architecture will show its importance and timeliness more than ever.

一、建筑智能化工程施工技术概述

1. 建筑智能化工程概念

《智能建筑设计标准》GB 50314—2015 对智能建筑的定义如下："以建筑物为平台，基于对各类智能化信息的综合应用，集架构、系统、应用、管理及优化组合为一体，具有感知、传输、记忆、推理、判断和决策的综合智慧能力，形成以人、建筑、环境互为协调的整合体，为人们提供安全、高效、便利及可持续发展功能环境的建筑。"

建筑智能化，即为基于各类硬件、软件及信息技术的综合应用，通过设计、施工、运行调试，使建筑物具有类似人类的感知、传输、记忆、推理、判断和决策等智慧能力的实施过程。

2. 建筑智能化工程特点

（1）系统高度集成

从技术角度看，智能建筑与传统建筑最大的区别就是智能建筑各智能化系统的高度集成。

智能建筑系统集成，就是将智能建筑中分离的设备、子系统、功能、信息，通过计算机网络集成为一个相互关联的统一协调的系统，实现信息、资源、任务的重组和共享。智能建筑安全、舒适、便利、节能、节省人工费用的特点必须依赖集成化的建筑智能化系统才能得以实现。

（2）节能

以现代化商厦为例，其空调与照明系统的能耗很大，约占建筑总能耗的70%。在满足使用者对环境要求的前提下，智能建筑应通过其"智能"，尽可能利用自然光和大气冷量（或热量）来调节室内环境，以最大限度地减少能源消耗。按事先在日历上确定的程序，区分"工作"与"非工作"时间，对室内环境实施不同标准的自动控制，下班后自动降低室内照度与温湿度控制标准，已成为智能建筑的基本功能。利用空调与控制等行业的最新技术，最大限度地节省能源是智能建筑的主要特点之一。

（3）节省运维费用

根据美国大楼协会统计，一座大厦的生命周期为60年，启用后60年内的维护及营运费用约为建造成本的3倍。再依据日本的统计，大厦的管理费、水电费、煤气费、机械设备及升降梯的维护费，占整个大厦营运费用支出的60%左右，且其费用还将以每年4%的速度增加。所以依赖智能化系统的智能化管理功能，可发挥其作用来降低机电设备的维护成本，同时由于系统的高度集成，系统的操作和管理也高度集中，人员安排更合理，使得人工成本降到最低。

（4）创造安全、舒适和便捷的环境

智能建筑首先确保人、财、物的高度安全以及具有对灾害和突发事件的快速反应能力。智能建筑提供室内适宜的温度、湿度和新风以及多媒体音像系统、装饰照明、公共环境背景音乐等，可大大提高人们的工作、学习和生活质量。智能建筑通过建筑内外四通八达的电话、电视、计算机局域网、因特网等现代通信手段和各种基于网络的业务办公自动化系统，为人们提供一个高效便捷的工作、学习和生活环境。

二、建筑智能化工程施工技术主要技术介绍

智能建筑是集现代科学技术之大成的产物，其技术基础主要由计算机技术、通信技术、传感技术、网络技术、控制技术、多媒体技术和系统集成技术等所组成。这些技术的持续发展，为现代智能建筑发展奠定了坚实的基础。

1. 计算机技术

现代计算机技术的核心是并行的分布式计算机网络技术。计算机技术主要包括：数据库技术、分布式处理技术、操作系统技术、多媒体技术、软件工程技术等。

2. 通信技术

通信技术是建筑智能化技术的基础，建筑智能化系统是通过无线、有线通信技术来实现系统中各类数据、语音、视频的快速传递。

3. 传感技术

传感技术同计算机技术与通信技术一起被称为信息技术的三大支柱。随着技术的飞速发展，传感器也将越来越小型化、微型化、无线化。将来的建筑中，传感器将无处不在，它如尘埃般分布在建筑中的各个角落，就如同人类的感官一样，无时无刻不在监测着建筑中的各种信息。通过从传感器终端得到的数据进行综合模拟分析，可以得到更加有用的数据为人类服务。在可预知的未来，生物传感器、纳米传感器等更多新型传感器也会逐渐得以应用。这些丰富多样的传感器以及从中获取的大数据必将赋予建筑卓越的感知能力。

4. 网络技术

网络通常称计算机网络，其发展初期的主要目的是实现计算机之间的数据交换。随着计算机和网络技术的发展，特别是嵌入式技术的普及，现代网络技术已经可以为所有的数字化设备提供各种类别的数据交换。网络技术也向高速化、无线化方向发展，它是促进建筑智能化技术发展的核心技术。

5. 控制技术

控制技术主要指集散型的监控系统。硬件采用标准化、模块化、系列化的设计；主流软件采用实时多任务、多用户分布式操作系统（或嵌入式系统）；并具有配置灵活、通用性强、控制功能完善、数据处理方便、显示操作集中、人机界面友好、安装调试方便、维护简单、实时性强、可靠性高等特点。

6. 开放数据库（ODBC）技术

开放数据库技术可实现系统集成 IBMS 综合信息集成数据仓库与智能化各应用系统数

据库互联，为智能化各应用系统提供综合信息与数据的共享、交互、备份、恢复，充分保证信息与数据的安全和可靠。

7. 多媒体技术

多媒体技术是指通过计算机对文字、数据、图形、图像、动画、声音等多种媒体信息进行综合处理和管理，借助图形图像、视频识别、人文智能、移动计算等技术产生虚拟对象，并通过空间定位、三维注册、多种传感、无线传输等技术将该虚拟对象准确地"放置"于真实环境中。

8. 定位与导航技术

随着智慧建筑的发展，对于车辆和人员信息的关注，位置信息变得越来越重要。而要获取位置信息，定位技术起着至关重要的作用。现阶段国内目前有 GPS 定位、北斗卫星定位、基站定位、WiFi 定位和蓝牙定位。

9. 建筑设备管理技术

建筑设备管理技术是对建筑设备监控系统和公共安全系统等实施综合管理的系统。系统将建筑物或建筑群内的变配电、照明、电梯、空调、供热、给水排水、消防、安保、车库管理等众多分散设备的运行、安全状况、能源使用状况及节能管理实行集中监视管理和分散控制，在保证系统运行经济性的同时实现管理的智能化。

10. 系统集成技术

智能建筑的核心是系统集成，以一体化集成的方式实现对信息、资源和管理服务的共享。系统集成技术是在一系列标准、规范、协议的基础上，通过软件平台实现对各个子系统数据共享和控制协调。数字化技术，各类规范、协议、标准的建设是系统集成技术的基础。

11. 检测与调试技术

系统检测应待系统已安装完成，进行了初步调试后，根据工程合同文件、施工图设计、设计变更说明、洽商记录、设备的技术文件进行，依据规范规定的检测项目、检测数量和检测方法，制定系统检测方案并实施检测。产品功能、性能等项目的检测应按国家标准进行。

智能化集成系统的设备、软件和接口等的检测和验收范围根据设计要求确定。智能化集成系统检测应在服务器和客户端分别进行，检测点应包括每个被集成系统。接口应符合接口技术文件和接口测试文件的要求，各接口均应检测。

检测过程应遵循先子系统，后集成系统的顺序检测。系统集成检测应在各个子系统检测合格，系统集成完成调试并经过试运行后进行。系统集成检测应检查系统的接口、通信协议和传输的信息等是否达到系统集成要求。系统集成不得影响火灾自动报警及消防联动系统的独立运行，应对其系统相关性进行连带测试。

三、建筑智能化工程施工技术最新进展（1～3年）

智能建筑的内涵随着功能、服务和管理需求，依托新一代信息技术的基础支撑和创新应用而不断变化。移动互联、物联网、云计算、大数据等技术的发展融合，使建筑能够快速有效的获取相关信息，提高建筑获取、执行、决策和优化流程优化的能力。人工智能、模拟仿真等新一代信息技术不断的推广，促使"数字孪生"领域快速发展，现代建筑正从单点技术和单一产品的创新向多技术融合互动的系统化、集成化方向发展，已经形成"数字孪生建筑"下，新业态、新感知的智能家居、智慧社区、智慧城市等一系列形态。

1. 智能家居

智能家居是以物联网、传感器等技术为基础，可以实现家庭中各种与信息相关的通信设备、家用电器和家庭安保装置通过物联网技术连接到一个家庭智能化系统上，进行集中的或异地监视、控制和家庭事务管理，并保持这些家庭设施与住宅环境的和谐与协调。智能家居通过家庭内网与智慧社区对接，能够提供一个高度安全性、生活舒适性和通信快捷性的信息化与自动化居住空间，从而满足信息社会中人们追求快节奏的工作方式，以及与外部世界保持完全开放的生活环境的要求。

2. 智慧社区

2019年7月，中国移动与特斯联（北京）科技有限公司联合打造的全国首个5G＋AIOT（智能物联网）智慧社区在海淀区志强北园小区落地。小区基础设施建设完成后，只用了一个月时间就完成了志强北园小区的5G网络建设和信号调试工作。小区"5G＋AIOT智慧社区机房"里的监控大屏上显示着各种智能物联网应用：消防感知、人脸感知、通行感知、井盖感知、满溢感知、一键报警等。以5G网络为基础，结合人工智能、大数据、物联网、云计算、传感网等技术，实现了社区的智慧管理，提升了社区公共服务水平。居民生活更安全，社区管理更便捷。4G网络条件下，100兆的带宽同步只能接入四路摄像头，画面经常出现卡滞。而5G网络传输速度是4G的100倍以上，接入二三十路摄像头的情况下，画面流畅清晰。依托5G网络，遍布小区各个角落的智能终端为社区管理和居民日常生活提供便利：社区服务站配置两名机器人员工，政务机器人可以提供300多项政务咨询服务，警务机器人可以咨询113项需要去派出所办理的事项；智慧社区建设还为社区老人佩戴智能手环等穿戴监测设备，对老人的健康状况进行实时跟踪，社区养老驿站的工作人员根据监测数据，为老人提供相关服务；垃圾桶满溢、井盖发生位移会自动报警；突发灾情会自动规划施救路线，便于精准救援；居民在小区偏僻地点遇到险情，会自动预警等等。未来，这些关系民生的设施和应用还将不断扩展，不断完善新功能。

智慧社区不是一个单一的项目，而是一个系统的服务。5G＋智慧社区通过顶层设计，向下打通智慧家庭，向上对接智慧城市。

3. 智慧管廊

综合管廊是保障城市运行的重要基础设施和"生命线",通过建设工程管理平台、物联网设备、智慧管廊运营中心、智慧管廊数据中心等软硬件基础设施和应用系统,实现综合管廊规划、建设、运行、维护及管理、服务的智慧化,管网全生命期的安全、高效、智能、绿色得到保障,从而提升城市基础设施功能和城市运行能力。用智慧覆盖整个管廊运行管理的全过程,实现高效、节能、安全的"控、管、营"一体化智慧型管廊。

"控":建设统一的管廊监控中心,实现视频监控、动力环境监测、安全防范、火灾报警、门禁、通信等附属子系统建设及集中可视化监测;各附属子系统根据预设规则进行联动;基于监测数据进行智能分析、风险评估、预测预警;实现自动化巡检,满足移动巡检应用需求。

"管":集中管理管廊的所有设备档案和维护履历;提供客户服务支撑;为值班、巡检、检修、故障、维保等管廊日常运行维护提供规范化的作业流程和先进、有效的作业支撑手段。

"营":为管廊经营活动涉及的人、财、物等关键要素建立完善的信息化支撑;关注数据资产的综合应用,在提供综合查询、统计分析等基础数据服务的前提下,结合大数据分析技术,加速数据资产向增值服务产品和知识经验的转变。

4. 智慧工地

智慧工地聚焦工程施工现场,紧紧围绕人、机、料、法、环等关键要素,综合运用信息模型(BIM)、物联网、云计算、大数据、移动计算和智能设备等软硬件信息技术,将更多人工智慧、传感技术、可视化虚拟现实等高科技技术植入到建筑、机械、人员穿戴设施、场地进出关口等各类物体中,与施工生产过程相融合,对工程质量、安全等生产过程以及商务、技术等管理过程加以改造,提高工地现场的生产效率、管理效率和决策能力等,实现工地的数字化、精细化、智慧化生产和管理。目前劳务实名制、智能安全帽、视频安防监控、烟感防灾报警、塔吊防碰撞、危大分项工程实时监测、环境自动监测、测量机器人、物资动态监管、激光三维扫描等先进的施工技术已在许多工地管理中应用。

5. 装配式建筑智能化

装配式建筑和BIM、互联网、物联网、大数据等技术相结合,使装配式建筑走向智能化、工业化模式发展。譬如运用BIM软件进行装配式结构的深化设计,实现批量生成生产图纸、工程量自动统计、可视化深化设计,提高设计人员工作效率。将建筑的BIM模型和数据输入电脑,每层对应的墙、板、梁、柱、楼梯、阳台等"零件"就会在流水线上生产出来,生产的每个构件都是一个信息单元,基于互联网、物联网和GIS的装配式构件精细化调度和实时追踪技术,构件里可以"埋"芯片,也可以张贴可视化的编码,为建筑智能化提供数据。通过编码建立构件的唯一身份,实现预制构件从生产、物流到安装全过程的协调部署、跟踪管理,大幅度提高预制构件的智能化配送和追踪水平。最后各种信息数据汇聚到企业的"大数据平台"。有了这些"大数据",通过对比分析不同地区的原材料、人力成本等,帮助工厂诊断出哪里还有降成本的空间。

6. 智慧城市

2014 年，国家发展改革委联合七部委发布《关于促进智慧城市健康发展的指导意见》，为中国智慧城市建设确定了基本原则，促进了中国智慧城市的发展，带动了智能建筑的迅速普及。

2019 年 10 月 24 日，中共中央政治局就区块链技术发展现状和趋势进行第十八次集体学习时再次强调，要推动区块链底层技术服务和新型智慧城市建设相结合，探索在信息基础设施、智慧交通、能源电力等领域的推广应用，提升城市管理的智能化、精准化水平。

建设智慧城市是贯彻党中央、国务院关于创新驱动发展、推动新型城镇化，全面建成小康社会的重要举措。早期城市智慧化建设所留下来的"信息孤岛""安全隐患""重技术轻服务"等问题也逐渐暴露，通过人工智能、大数据、云计算、物联网、移动互联网、区块链等新一代信息技术的迅猛发展能够加以解决。目前，大量智能建筑组成的智慧城市如雨后春笋般涌现，智能建筑也随着智慧城市的发展不断积累经验，完善技术应用和实际体验，全面融入了智慧城市整体设计实施之中，做到从顶层设计开始的一体化设计实施及全面应用。

四、建筑智能化工程施工技术前沿研究

智能建筑作为工程跨界行业，抓住行业跨界的本质进行创新突破，表现在以下十四个关键的技术应用、产业和模式方面。

1. 信息化和智能化融合

智能建筑行业只有具有切实解决用户痛点应用场景的能力，才会真正具有生命力，通过信息化和智能化融合，打造这种创新能力。

2. 建筑物联网平台

物联网是借助射频识别、红外感应器、全球定位系统、激光扫描器等信息传感设备，按约定的协议，把任何物品与互联网连接起来，进行信息交换和通信，实现智能化识别、定位、跟踪、监控和管理的一种网络。智能建筑中的各种设备、系统和人员等管理对象，需要借助物联网的技术，来实现设备和系统信息的互联互通和远程共享。基于物联网技术的智能建筑综合管理系统，能够全面感知、可靠传送和智能处理建筑内部信息，实现物与物、人与物的连接，实现以"人"为核心的智能化，向机器智能和自动决策方向发展。未来发展重点在于突破建筑物联网体系和架构、多用途传感器、商用传输平台、行业需求深度挖掘等方面。

3. 建筑物大数据处理应用和服务模式

融合建筑物设计阶段效果图、BIM 设计图、构件精模、照片、视频等多种图形元素，通过图形化操作模式，聚焦数据采集、处理、存储、分析和应用等关键环节，为业主提供项目形象进度管理服务，为监管单位提供远程监察服务，为施工单位提供扁平化信息管理服务，为使用单位提供资产管理服务。

4. 云计算服务和开放平台

云计算服务是构建智慧城市、智能建筑资源池和综合平台的基础，主要包括云计算和云存储等形式。云计算服务为采用物联网技术带来的海量数据的计算与存储问题奠定了基础，是推动智能建筑应用更加智能化的核心动力。特别是在 SaaS 和服务模式的创新方面，以阿里为代表的开放生态系统和创新服务，以协同、众包和分享等新兴模式对智能建筑行业颠覆式的变革，值得行业研究应对。

5. 人工智能应用

人工智能技术运用于建筑中，类似于建筑有自己的"大脑"，能控制和自动调节建筑内的各类设施设备，让建筑具有判断能力，驱动执行器进行有序的工作。当建筑所有的静态数据和动态数据都集中到一个平台上，通过基于大数据分析技术的智慧建筑大脑将所有系统变成一个整体，实现各系统间有机的协同联动。未来将从服务机器人、智能化运营和"人工智能＋"三个领域对行业进行产业变革和应用创新。

6. 移动互联技术

移动互联技术的应用，解决了建筑内系统与人员之间互联互通的问题，真正把人员以及其工作融入到了自动化系统当中，实现了人机协同。移动互联网的出现为智能建筑带来了基于"平台＋应用"的新方式，这种类似智能手机的构建方式，从需求出发，使用户可以根据自己的使用需求和意愿，进行功能的增加或删除。

7. "互联网＋"技术

建筑智能化正处于急需新飞跃的当口，实质是要将新技术整合到传统的建筑智能化中，形成新的"互联网＋智能建筑＝感知建筑"。这里的"感"意味着感觉，是物联网技术的体现，"知"是传递与识别，是互联网技术的体现。感知建筑以物联网、云计算、大数据为技术承载和运转引擎，将为建筑智能化产业带来新的生机，将彻底解决建筑对外接口互通、对内共享联动的问题。

8. 虚拟现实（VR）技术

虚拟现实技术正在被用于智能建筑的设计、仿真、展示以及维护等多个应用场景中，成为智能建筑重要的支撑技术之一。利用虚拟现实技术能够按照实际情况模拟真实的施工现场，设置高空坠落、吊装物体打击、触电事故、排水施工工艺体验、管廊主体施工工艺体验等项目，施工人员可以在虚拟的场景里漫游，对施工工艺进行模拟，迅速掌握施工相关要领，体验相关安全事故，从而达到提高建筑施工质量和减少伤亡事故的目的。

9. BIM 技术

BIM（Building Information Modeling）是以建筑工程项目的各项相关信息数据作为

模型的基础，进行建筑模型的建立，通过数字信息仿真模拟建筑物所具有的真实信息。可实现协同设计、虚拟施工、碰撞检查、智能化管理等从设计到施工到运维全过程的可视化，可以使资源得到最优化的利用。BIM模型是一个丰富的建筑信息库，它通过数字信息技术把整个建筑进行了数字化、虚拟化、智能化、存储了建筑的完整信息数据。BIM作为可视程度非常高的一体化平台，与传统监控、运维系统结合后可以极大提升原有系统的应用效率，通过与GIS、物联网系统的整合，利用自身的三维模型的优势，可以为建筑提供更好的管理手段和应用创新，创造更好的用户体验和更高的工作效率。

10. 智能控制技术

智能控制技术通过非线性控制理论和方法，采用开环与闭环控制相结合、定性与定量控制相结合的多模态控制方式，解决复杂系统的控制问题；通过多媒体技术，提供图文并茂、简单直观的工作界面；通过人工智能和专家系统，对人的行为、思维和行为策略进行感知和模拟，获取楼宇对象的精确控制；智能控制系统具有变结构的特点，具有自寻优、自适应、自组织、自学习和自协调能力。

11. 智能视频分析技术

智能视频分析技术是一种基于信息的处理技术，就是在图像及图像描述之间建立关系，从而使计算机能够通过数字图像处理和分析来理解视频画面中的内容，达到自动分析和抽取视频源中关键信息的目的。智能视频分析技术是最前沿的应用之一，该技术可监控、搜索特定目标与行为，发现监视画面中的异常情况，并以最快和最佳的方式发出警报和提供有用信息。该技术在安防领域的应用主要有：行为视频分析、图形识别、视频图像优化、模糊图形的模式识别还原技术、智能化系统能通过对使用者的行为的感知，从而使智能建筑运行在更加优化的模式。

12. 可视化技术

可视化技术是指基于网络化的视像传输、交互和提供多媒体视像服务的技术。目前，在智能建筑内的数字视频点播和会议电视，均是采用可视化技术向建筑物内的网络桌面系统提供视像的传输、交互和服务的功能。

13. 生物技术

随着生物技术的发展，很多智能化系统将会引进生物智能技术，绿色建筑的建设也将推动更多新领域新技术的发展。生物技术在智能建筑中的应用包括：（1）生物技术与建材的融合，使建筑物更节能；（2）环境检测技术，希望将来生物智能芯片的感知能力更接近于人，生物技术将对有害物的处理发挥功效；（3）生物智能将把建筑智能化提高到一个新的水准。

14. 新能源技术

以太阳能、生物能、风能为主的众多新能源技术的成本低廉化、成熟化、将来的普及化，以及政府政策对新能源推广的扶持，使得整个能源行业的产业布局发生着肉眼可见的改变。近年来，发电能力从集中型的大型、超大型发电厂分散到各个角落；模块化的太阳能面板、风机走进城市，成为生活的一部分。智慧楼宇的绿色环保不再局限于其本身，而被赋予"可再生""可持续发展"的新概念，成为能够在一定程度上实现能源自给自足，甚至能够产生多余能源的新建筑，成为分布式的能源生产网络中的一个个新节点。

五、建筑智能化工程施工技术典型工程案例

1. 江森自控亚太总部大楼

1.1 项目概述

江森自控亚太总部大楼位于中国上海临空经济园区，建筑智能化工程包括安防、消防、自控、智能通风空调等系统，应用最先进的智慧建筑产品和技术，实现运营年节能45.47％、节水42.27％、节材20.82％，成为上海乃至中国绿色智慧建筑典范。

1.2 项目技术特点

（1）高效能中央冷站

中央冷站拥有1890t的制冷能力，配备2台约克YK双模式水冷离心式冷水机组、1台约克YMC2离心式水冷磁悬浮冷水机组和1台约克YWWA热泵。所有冷水机组高效运行，并采用臭氧消耗潜能值为零的HFC-134a制冷剂。约克YMC2采用磁悬浮轴承技术，不会产生任何摩擦，不需要任何润滑油，不但解决了机组因机械摩擦而带来的部件损耗难题，降低了维保成本，也使空调的能效与运行稳定性大大提升。与普遍使用的离心机解决方案相比，显著减少能耗，且运行噪声低，满载状态下噪音低至70dB左右，比常规机组低20dB左右，为员工提供了一个安静的办公环境。

（2）消防系统

HFC-227ea气体灭火系统提供可靠、有效的火灾防护，采用无色无味的灭火剂，当灭火剂喷出时可迅速汽化，吸收热量，从而快速扑灭大火，不产生任何需清理的残留物，同时可确保零臭氧消耗。这种灭火解决方案不导电，因而不会造成电子设备短路或引起精密电路出现热冲击，从而减少对关键设备造成的损坏。整栋大楼内还安装了水喷淋、雨淋阀和集成系统，以实现最大限度的火灾防护。

（3）安防管理

视频监控、门禁控制和防盗报警系统相结合，为整栋大楼提供可靠、全面的安全保护，助力设施管理人员和安保团队做出快速且明智的决策，确保人员和资产安全，实现高效运营。

（4）Metasys® 楼宇自控系统

Metasys® 负责建筑物内设备与建筑环境的全面监控与管理，对整个建筑的所有公用机电设备，包括建筑的中央空调系统、给水排水系统、供配电系统、照明系统、电梯系统等等，进行集中监测和遥控来提高建筑的管理水平，降低设备故障率，减少维护及营运成本。Metasys® 与时俱进实现移动化，使得大楼管理者在移动端可以随时随地轻松获知大楼运行状况。最为重要的是：大楼所有的设备都可以在Metasys® 的管控下自动运行与调节。

（5）照明系统

大楼的日光感应系统会持续追踪太阳位置以调整内部窗帘，保证大楼80%的常规人员活动区域维持高照度。而结合人员感应系统，当一位员工走进会议室，感应装置会将相关参数上传至控制系统，在充分利用太阳光的同时根据需要自动调节室内照明亮度，由此可节约10%的照明用电。白光LED的能耗仅为白炽灯的1/10、节能灯的1/4，大楼完成了LED灯全覆盖，并以四灯为一组实现全智能光控，满足精准控制的同时，照明能耗亦有显著节约。

（6）声音掩蔽技术

声音掩蔽技术是通过在原有环境基础上，增加背景音，来降低语音清晰度。高低不同的音量会获得相应的掩蔽处理，会议上的热烈讨论借由背景音的中和变得不容易影响周围的人，小范围的交谈也可不必窃窃私语，大家各司其职安心工作，改善了员工的工作效率和隐私保护。

2. 青岛海天中心项目智能化系统

2.1　项目概述

青岛海天中心汇集酒店、会议中心、艺术中心、博物馆、写字楼、精品办公、商业中心、高端公寓于一身；高度369m，是山东半岛乃至黄海海岸线城市群的地标性建筑。

2.2　项目技术特点

（1）智能化系统规模大、业态多

业态之间具有物理层面的交叉性，管理层面的交融性。应用技术复杂且同时运行的系统多，维护和保养任务重，总集成技术管理难度高。

楼宇自控系统分为大物业、五星酒店、超五星酒店三个独立系统，分别设置管理工作站，工作站设置在各业态的安防管理中心，系统采BACnet IP通信协议。其中塔2采用VAV变风量控制系统，对塔2办公层的环境条件起到精细调节、节能环保的作用。

固网通信系统采用光纤入户形式，在办公层、公寓户内设置光纤CP箱，主干光纤与水平光纤的连接，由运营商通过分光器进行分光、连接。

本项目中五星级酒店、超五星级酒店分别设立一套独立的IBMS系统，中央集成管理平台将与大物业IBMS系统合二为一进行建设，五星级酒店和超五星级酒店的所有智能化信息系统数据接入中央集成管理平台。

在商业区每个店铺门口增加客流分析点位，以便能准确分析各个店铺的客流情况，利于后期商业分析。通过细分到每个店铺的客流统计结果，可以按年、季度、月分析商铺运营情况，客流消费转化情况，有助于制定针对性营销策略。

（2）基于BIM的运维平台

BIM平台集成以结构化布线及计算机网络为基础平台，与智能化集成管理平台对接，数据互联互通。开发建筑综合管理和信息服务系统，实现系统的资源共用，管理人员可以通过简单而统一的操作平台，利用极其直观的图形界面操作所有建筑设备子系统，对信息资源进行收集、分析、传递和处理，从而实现最优化控制和决策，达到安全、高效、经济、节能、协调运行状态，创造出一个投资合理而又幽雅舒适、便利快捷的工作环境。

（3）多媒体音视频会议系统应用广泛

五星级酒店内配置了一个面积为 2200m²，可容纳人数 830 人的大宴会厅。大宴会厅内配置了扩音系统、4 万 lm 高清投影系统。同时配置了电动灯光升降吊架，满足 4 种演出场景的灯光模式。为承接国际会议，海天酒店宴会厅配置了支持 5 国语言的同声传译系统。

（4）先进的微模块机房应用

大物业安保机房微模块机房采用模块化、标准化和高整合设计，使得整个系统稳定度高。相比传统机房，微模块机房更节能环保，能够帮助客户节能降耗，实现数据机房多层级、精细化能耗管理，通过多种报表精确定位能源额外损耗点。基于大数据分析，输出节能优化方案，构建绿色数据机房。

3. 雄安市民中心

3.1 项目概述

雄安市民服务中心是河北省雄安新区的行政机构，总建筑面积 9.96 万 m²，规划总用地 24.24 公顷，项目总投资约 8 亿元。建筑智能化工程施工创新采用 BIM＋IBMS＋FM 融合系统，以物联网构建在线智慧园区，打造大数据中心，透明化施工环境和施工行为，成为智慧工地建设新标杆。

3.2 项目技术特点

（1）施工环境、施工行为双透明

雄安市民服务中心在初期进行规划和设计时，采用智慧雄安规划设计 CIM（城市全信息模型）平台，根据地理信息模型、数字信息模型、基础设施信息模型，选定建造地址。

在施工建造过程中，采用三维可视化的 BIM（建筑信息模型）了解园区的空间位置、相关属性、数据信息、运营状态等信息，进行建筑设计和施工过程管理，实现园区管理的数字孪生。此外，还创新运用 IBMS（基于实时数据库的智能建筑管控平台），对建筑进行全生命周期的数字化管理。

而雄安市民服务中心采用的是透明建设方案，在建造现场全方位布点，使得施工现场得到 360°监控，并用实景模型或图片，真实反映现场的实际施工进度。这种可视化的施工进度便于建筑团队的沟通与交流，从而使施工环境透明化。此外，基于实景模型打造大数据决策中心，做到施工工人、机器、材料等数据实时在线，施工行为透明化。

（2）信息可见、轨迹可循、状态可查

雄安市民服务中心以"雄安云"为基础框架，物联网为神经网络，构建全球领先的在线智慧园区。园区内部署了 2 万多个物联网数据采集设备，这些设备能采集各类环境数据，以及人脸图像、声音等人体数据，从而使得雄安市民服务中心的环境数字化。在推动园区智能化应用服务实时可控的同时，建立健全大数据管理体系，使得园区内所有的人、物、路、设施等，在数字世界都有虚拟映像，让信息可见、轨迹可循、状态可查，实现物理园区与虚拟园区的同生共长，形成雄安新区"数字孪生城市"的微缩雏形。

（3）8 大系统、自动检测、自动报警

雄安市民服务中心创新融合 BIM＋IBMS＋FM，实现了设备设施的可视化运维管理。BIM 帮助雄安市民服务中心建立了三维模型，FM（设备设施管理系统）通过冷热源监控、空调监控、给水排水监控、电力监控、环境监控、智能照片、电梯运行系统监控、地下管廊监控 8 大系统，建立雄安市民服务中心所有机电设备的数字档案，掌握设备的实时状况，分析运行工况。

（4）浅层地温能、再生水源、冷热双蓄

基于物联网感知技术，雄安市民服务中心可以做到对园区冷、热、电等综合能源的全景监测，为精细化的能源管理建立了数据基础。基于全景数据，雄安市民服务中心采取暖冷热一体化供应系统，灵活采用"浅层地温能＋再生水源＋冷热双蓄"模式，以浅层地温能作为冬季供暖、夏季供冷的替代能源，并组合利用雨污水低温热能系统及夜间蓄暖蓄冷的双蓄能系统，大大提高了雄安市民服务中心能源利用效率。

（5）智慧化生活

雄安市民服务中心建立了"1＋2＋N"个人数据账户智能服务体系，即单一雄安身份ID，面部识别、声纹识别两项生物识别技术，N 项智慧应用，人脸自助通行，实现园区无卡化。这些智能服务，不仅为入驻者体验各种应用场景创造便利，更让智能化生活初见端倪。

智慧出行。园区内投入无人小巴运营，基于物联网、视频分析、设施控制、移动支付技术和诚信体系实现无感停车；打造智慧公交，为用户提供公交线路换乘查询，到站时间和到站距离查询，以地图模式显示整条实时交通路线的通行状况和车辆位置，缓解用户候车焦虑，节省候车时间，共同形成绿色、高效的智慧出行体系。设置无障碍人士服务点。

公共服务。利用机器学习数学人脸的检测、分析和比对，毫秒级快速完成身份判断及证件和人像比对，实现无停留快速通行，也就是俗称的"刷脸通行"。通过人工智能人脸识别与导航技术，实现访客自助接待与导航，提升市民满意度。此外还有 AI 机器人送货的智慧邮局，为残障人士设计的无障碍通道、智能导航等服务。

未来酒店。基于人脸识别、信用认知，实现自助入住。酒店每个客房设置人脸识别门禁，无需房卡可直接通过人脸识别进入房间。

环境服务。通过实施检测会议室、办公区域和园区室外的环境温度、湿度、二氧化碳浓度、甲醛浓度、PM2.5 浓度数据，对空气进行自助治理。

（6）智能安防、灾害预防、信息安全一体化

雄安市民服务中心通过智能化系统，创新实现了安全防范、灾害预防以及信息安全的一体化保障。在安全防范方面，创新引入了建筑应力监测、位移监测等建筑安全监测系统，大大增强了园区的灾害预防及防灾减灾能力。

在雄安市民服务中心内，数字孪生技术的全面使用，对信息安全提出了更高的要求。为此，对关键性数据采用加密算法来加密传输和存储，并用数字签名技术防止信息拦截和篡改，从而避免由此带来的信息窃取、不一致等安全问题。业务系统以及数据服务均采用统一化、精细化的权限认证和授权方案来有效提高信息安全。

在智能化安防上，1200 路高清摄像机实现了全园区的无死角监控。视频、门禁、防盗报警、消防等全部实现自动联动报警，最大限度地消除了园区的安防隐患。

参考文献

［1］ 中华人民共和国国家标准．智能建筑设计标准 GB 50314—2015［S］．北京：中国建筑工业出版社，2015．

［2］ 中国勘察设计协会工程智能设计分会 & ICA 联盟．2018 智能建筑白皮书［R］．2018．

［3］ 王向宏．智能化系统工程施工手册［M］．南京：东南大学出版社，2014．

［4］ 中国安装协会．超高层建筑机电工程施工技术与管理［M］．中国建筑工业出版社，2016．

［5］ 焦安亮，付伟，张中善，冯大阔，郑培君．我国建筑智能化工程施工技术及新应用［J］．建筑技术，2018，49（06）：623-627．

［6］ 王东伟．新时代智能建筑行业发展机遇之探讨［J］．智能建筑，2018，2：27-28．

［7］ 陈剑．浅谈我国智能建筑的发展现状及对策［J］．信息记录材料，2018，19（2）：9-10．

［8］ 何玉岩．人工智能技术在智能建筑中的应用［J］．通讯世界，2017（6）．

［9］ 中国建筑业协会智能建筑分会．中国智能建筑行业发展报告（2013～2018）［R］．北京：中国建筑工业出版社，2013．

第二十篇 季节性施工技术

吉林建工集团有限公司　　　　　王　伟　张　旭　武　术　浦建华　张　利

黑龙江省建设投资集团有限公司　刘军龙　刘海哲　叶光伟　李长山　马黎黎

安徽建工集团控股有限公司　　　戴良军　秦　琳　王小女　李长春　王卫宏

摘要

　　随着我国经济的迅速发展，建筑工程越来越多，由于人们对于建筑工程的效率要求较高，季节性施工在建筑工程中不可避免。季节性施工技术，就是考虑不同季节的气候对施工生产带来的不利因素，在工程建设中采取相应的技术措施来避开或者减弱其不利影响，确保工程质量、进度、安全等各项均达到设计及规范要求。本章节主要介绍了不同季节采用施工技术的内容、特点，着重介绍了冬期施工的发展历程、技术要求、发展展望、技术指标、应用案例。高温、雨期、台风天气施工的危害将日渐引起大家的重视，高温、雨期、台风天气施工技术与应用日渐成熟，高温、雨期、台风天气施工用机具将陆续被开发并投入使用。

Abstract

With the rapid development of China's economy, there are more and more construction projects. Because of the high efficiency of building engineering, seasonal construction is inevitable in building engineering. The construction technology of season, is to consider the adverse factors of the climate in different seasons on the production of construction, in the construction of the corresponding technical measures to avoid or weaken the adverse effects, the guarantee project quality, schedule, safety and meet the design requirements or specifications. This chapter mainly introduces the content and characteristics of construction technology in different seasons, and focuses on the development process, technical requirements, development prospects, technical indicators and application cases of winter construction. High temperature harm, rainy and typhoon construction will increasingly cause the attention of people, high temperature, rain and typhoon of construction technology and application gradually mature, high temperature, rain and typhoon of construction machines will gradually be developed and put into practical.

一、季节性施工技术概述

季节性施工技术是指工程建设中按照季节的特点进行相应的建设，考虑到自然环境所具有的不利于施工的因素，工程建设中按照季节的特点采取相应的技术措施来避开或者减弱其不利影响，从而使工程质量、进度、安全等各项指标均达到设计或规范要求。季节性施工主要指冬期施工、雨期施工、高温期施工、台风季施工等，其中以冬期施工技术难度最高、最为复杂。冬期施工技术大致经历了探索、成熟和发展三个阶段。

1. 技术探索阶段

冬期施工从新中国成立初期到改革开放初期经历了漫长的 30 年。在新中国成立初期，冬期只进行职工培训。到 1953 年开始逐步推行冬期施工。当时的冬期施工技术主要是向苏联学习，在混凝土工程方面，主要是采用蒸汽套法和电极法，这两种方法的共同特点是施工操作繁琐，工程质量不易保证，钢材消耗量大，而且仅适用于以木模板浇筑的混凝土构件。在这种环境和条件下，我国建筑业在冬期寒冷条件下也完成了巨大的工程量，为国民经济的发展做出了贡献。这一阶段我国初步掌握了冬期施工方法，取得了一定的冬期施工经验，并奠定了我国冬期施工技术的基础。

2. 技术成熟阶段

20 世纪 80 年代初到 90 年代末近 20 年时间，我国冬期施工技术取得了显著进步。

（1）奠定了我国冬期施工技术的基本理论。20 年来，对新拌混凝土的受冻机理和防冻剂的作用原理、混凝土的早期抗冻强度和氯盐的使用限制、混凝土成熟度和测试手段，以及混凝土冷却过程的热工计算等进行了大量实验和深入研究，初步形成了我国冬期施工技术的基本理论。

（2）形成了实用有效的混凝土冬期施工工艺。这一阶段形成了正温养护工艺、负温养护工艺和综合养护三种不同的冬期施工工艺。

（3）冬期施工质量不断提高，冬期施工技术日趋成熟。这一时期明确了我国冬期施工是以保证工程质量和节约能源为中心，大力开发和推广适合我国国情的新技术。混凝土综合蓄热法和掺外加剂法冬期施工技术得到了普遍推广，并积累了丰富的实践经验。从蓄热法发展到综合蓄热法是混凝土冬期施工技术的进步，冬期施工技术应有也从大体积混凝土发展到框架与薄壁结构，解决了高层建筑冬期施工技术问题，并把施工速度提高到常温下施工水平。与此同时，混凝土掺外加剂法已成为我国主要的冬期施工方法之一，并获得普遍应用。混凝土防冻剂从 20 世纪 50 年代单一氯盐成分发展到研制和应用了几个系列产品，从液体外加剂发展到粉剂外加剂，年产量逐年提高，泵送混凝土冬期施工获得了广泛应用。

3. 技术发展阶段

跨入 21 世纪后到现在的十几年，冬期施工技术有以下特点：

（1）外加剂技术发展迅速，并得到广泛应用。跨入新世纪，随着建筑业的发展，要求混凝土应具有"高工作性、高早强和高耐久性"，为了满足这三项基本要求，低碱高性能防冻剂（第三代产品 PCE 类）进入市场。复合防冻剂具有低碱、低掺量、高性能的液体产品；能提高混凝土的工作性，有效控制坍落度损失；促进低温水化，尽快达到临界强度；改变结冰形貌，降低冻胀应力；将防冻与抗冻相结合，提高混凝土的耐久性。低碱高性能防冻剂（低碳醇与无机防冻组分复合）得到较为广泛的应用。

（2）混凝土养护方法发展迅速。混凝土养护包括蓄热法、综合蓄热法、负温养护法等养护期间不用外部加热方法；还有如蒸汽加热养护法、暖棚法、电加热法等养护期间需借助外部加热的方法，其中电加热法应用较为广泛，形式也多样化，如电极加热法、电热毯法、工频涡流法、线圈感应加热法、电热器加热法、电热红外线加热法等。

（3）随着国家倡导大力发展装配式结构体系，装配式建筑的冬期施工也成为重点研究对象。目前装配式结构钢筋连接的主要方法为套筒灌浆技术，如何提高灌浆料冬期施工作业环境，达到低温条件下灌浆施工的可行性，是我们正在研究和未来重点探索的方向。

二、季节性施工主要技术介绍

1. 冬期施工

1.1　冬期施工气温界限

"冬期"与传统意义上的"冬季"并不等同，其表征的是对作业环境温度有要求的分项工程施工产生影响的气温区段。国内外规范对冬期施工温度界限大致按以下两点确定：一是对平均气温的规定，一般以平均气温 5℃ 为界；二是对最低气温的规定，一般以 0℃ 为界。

1.2　冬期施工主要材料

1.2.1　水泥

硅酸盐和普通硅酸盐水泥中的混合材掺入量较少，水泥熟料净含量较高，相对于粉煤灰硅酸盐水泥、矿渣硅酸盐水泥、火山灰质硅酸盐水泥、复合硅酸盐水泥，其早期强度增长速率高，有利于混凝土在负温环境下较早达到受冻临界强度，防止早期受冻，导致性能下降。

1.2.2　外加剂

负温混凝土、砂浆中掺入早强剂、防冻剂、减水剂、引气剂等外加剂，并结合或单独辅以相应的蓄热、保温等施工措施，可部分或全部实现常温条件下混凝土、砌体等施工所达到的水化环境和硬化性能。

1.3　主要分项工程冬期施工

1.3.1　砌筑工程

砌筑工程的冬期施工方法有外加剂法、暖棚法、蓄热法、电加热法等，以外加剂法为主，对急需使用的工程，一般采用暖棚法。

（1）外加剂法

采用外加剂法配制砂浆时，可采用氯盐、亚硝酸盐、碳酸钾及氨水型等外加剂辅以砂浆增塑剂，注意投放顺序以避免氯盐类外加剂对增塑剂的消泡作用。氯盐应以氯化钠为主，当气温低于－15℃时，可与氯化钙复合使用。氯盐砂浆中复掺引气型外加剂时，应在氯盐砂浆搅拌的后期掺入，用以保证引气效果。采用氯盐砂浆时，应对砌体中配置的钢筋及钢预埋件进行防腐处理。

（2）暖棚法

暖棚法费用高、功效低，宜少采用。一般对地下工程、基础工程以及量小又急需使用的砌筑工程，可考虑采用暖棚法施工。

暖棚的加热可优先采用热风装置或电加热等方式，若采用天然气、焦炭炉等，应有防火和防中毒等措施。

确定暖棚的热耗时，应考虑围护结构的热量损失，地基土吸收的热量（与基土临近）和暖棚内加热或预热材料的热量损耗。

防止砌体与砂浆温差过大，从而产生结合冰隔膜，影响砌体强度。

1.3.2　钢结构工程

（1）钢结构冬期施工应考虑因温度变化对材料、测量设备等温度变形的影响。

（2）选用负温度下钢结构焊接用的焊条、焊丝，在满足设计强度要求的前提下，应选用屈服强度较低、冲击韧性较好的低氢型焊条，重要结构可采用高韧性超低氢型焊条。焊条、焊剂使用前应按产品说明书进行烘焙和保温。

（3）在负温下露天焊接钢结构时，应考虑雨、雪和风的影响。当焊接场地环境温度低于－10℃时，应在焊接区域采取相应保温措施；当焊接场地环境温度低于－30℃时，宜搭设临时防护棚。严禁雨水、雪花飘落在尚未冷却的焊缝上。

1.3.3　地基工程

（1）土方：土的防冻应尽量利用自然条件，以就地取材为原则。其防冻方法一般有地面翻松耙平防冻、覆雪防冻、隔热材料防冻等。

（2）地基处理：同一建筑物基坑的开挖应同时进行，基底不留冻土层；基础施工应防止地基土被融化的雪水或冰水浸泡；寒冷地区工程地基处理中，可采用强夯法施工。

（3）桩基础：冻土地基可采用非挤土桩（干作业钻孔桩、挖孔灌注桩等）或部分挤土桩（沉管灌注桩、预应力混凝土空心管桩等）施工，灌注桩冬期施工应采取防止或减少桩身与冻土之间的切向冻胀力防护措施，桩身静荷试验应对试桩周边冻土挖除及对锚桩横梁支座保温。

（4）基坑支护：冬期施工宜选用排桩和土钉墙的方法。

1.3.4　装配式建筑

关键是保证套筒灌浆料强度增长的环境温度，可采取预热套筒、灌浆料内掺加外加剂、提高灌浆料的入套筒温度、加强保温措施等。

1.3.5　混凝土

冬期混凝土可分为冷混凝土、负温混凝土、低温早强混凝土。

（1）混凝土配合比：应根据施工期间环境气温、原材料、养护方法、混凝土性能要求等经试验确定，并宜选择较小的水胶比和坍落度及保证最小水泥用量，以保证低温早期强度增长率。

（2）混凝土搅拌及运输：应对搅拌机械进行保温或加温，搅拌时间延长30～60s，混凝土运输、输送机具及泵管应采取保温措施，混凝土拌合物出机温度不宜低于10℃，入模温度不应低于5℃。

（3）混凝土养护：混凝土的养护方法主要分为加热法和非加热法。加热法有暖棚法、电加热法、蒸汽加热法等；非加热法有蓄热法、综合蓄热法、广义综合蓄热法（也称负温养护法、防冻剂法）等。混凝土越早进行保湿和保温养护，越有利于混凝土强度的增长和质量保障。

1.4 越冬维护施工

1.4.1 施工期间维护

施工期间维护按照施工方案确定的方法进行维护，主要有保温覆盖、暖棚法等。

1.4.2 停工期间维护

（1）停工的工程项目，要尽可能施工到便于越冬维护的部位，然后再停止施工。

（2）入冬前将所有支撑在地面上的模板支撑全部拆除，结构上的支撑应尽量拆除，若因特殊原因不能拆除时，要检查支撑是否牢固，支撑处不能有积水，且保证支撑处不因冻胀而破坏。

（3）地沟、地下室、池、槽等地下结构要做好保温、防冻的措施。

（4）地梁若没按设计要求做防冻处理的应挖空，防止冻胀。

（5）工程上预留的钢筋，应采用塑料布包裹或套PVC管保护等防腐措施。现场钢筋应进行覆盖，防止锈蚀。

（6）暖封闭的工程门窗洞口要做好保温、封闭工作，尽量少留出入口。

（7）越冬维护的保温材料及覆盖厚度要经过计算确定。

（8）安排专职人员进行气温观测并做记录，及时接收天气预报，防止极端天气的发生，做好应急处理预案。

2. 高温施工

2.1 高温施工的温度条件

高温施工的定义规定当日平均气温达到30℃及以上时即进入高温施工。按照当地近五年的气象资料中"日平均气温达到30℃"的时间，制定高温施工专项方案；并在方案执行中，根据实时的气候监测数据，及时调整实施措施。当达到当地高温标准，应按照劳动保护法要求，停止室外作业。

2.2 高温施工技术措施

高温条件下分项工程施工前，应对气候条件对施工的影响进行评估，并根据评估结论所需采取改善措施，可以选择采取的改善措施与方法有：

2.2.1 混凝土工程

（1）根据气候气温情况，及时配合做好混凝土配合比和坍落度的调整工作，满足施工要求和质量标准。

（2）采取覆盖、搭棚等遮阳措施，降低混凝土原材料、混凝土生产设备和作业面温度。

（3）尽量缩短混凝土搅拌、运输、浇筑、密实和修整时间。混凝土浇筑宜选在一天温度较低的时间内进行。

（4）混凝土养护工作要在混凝土初凝后，及时养护，用塑料薄膜覆盖，并浇水养护，避免混凝土表面水分蒸发过快，使混凝土表面发生开裂。

2.2.2 砌体工程

（1）预拌的湿拌砂浆应采用专用搅拌车运输，运至施工现场后，应进行稠度检验，除直接使用外，应储存在不吸水的专用容器内，并采取遮阳措施。

（2）高温季节砌体施工，砖要特别强调砌块的浇水，除利用清晨或夜间提前将集中堆放的砌块充分浇水湿透外，还应在砌筑之前适当地浇水，使砖块、片石保持湿润，防止砂浆失水过快影响砂体强度。

（3）砌筑砂浆的稠度要适当加大，使砂浆有较大的流动性，灰缝容易饱满，亦可在砂浆中掺入塑化剂，以提高砂浆的保水性、和易性。

（4）现场拌制砂浆，当施工期间最高气温超过30℃时，应在2h内使用完毕。砂浆应随拌随用，对关键部位砌体，要进行必要的遮盖、养护。

2.2.3 钢结构工程

（1）测量设备在阳光下使用时，应用遮阳伞遮挡。

（2）涂层作业施工时气温应在38℃以下。当高于38℃时，应停止施工。防止涂层在钢材表面涂刷油漆会产生气泡，降低漆膜的附着力。

2.2.4 防水工程

（1）夏季施工，基层如出现露水潮湿现象，应待其干燥后方可铺贴卷材，并避免在高温烈日下施工。

（2）溶剂型涂料保管温度不超过40℃，水乳型涂料贮存应注意密封，贮存温度应在0℃以上、60℃以下。

（3）无机防水涂料、防水混凝土、水泥砂浆等施工环境温度不宜高于35℃。

2.2.5 装饰、装修工程

（1）水溶性涂料应避免在烈日或高温环境下施工。

（2）烈日或高温天气应做好抹灰等装修面的洒水养护工作，防止出现裂缝和空鼓。

3. 雨期施工

"雨期"是指必须采取措施保证工程施工质量和施工安全的下雨时间段，包括雨季和雨天两种情况。施工过程中，根据工期进度的要求合理安排工序，针对雨期施工各阶段的分部分项工程，做好相关的应急措施准备。

3.1 土方工程

在基槽内应设排水沟、集水坑，及时疏导积水排出，防止因排水措施不当而引起土方坍塌造成安全事故。基础边坡上砌筑200mm高120砖墙挡水槛，外抹水泥砂浆。基坑上部进行适当放坡处理，以防止地面上的雨水等流入基坑。

3.2 模板工程

模板拼装后尽快浇筑混凝土，防止模板遇雨变形，若模板拼装后不能及时浇筑混凝土，又被雨水淋过，则浇筑混凝土前应重新检查，加固模板和支撑。模板支撑处地基应坚实或加好垫板，雨后及时检查支撑是否牢固；将雨水及时排到排水沟内，防止场地内积水。每次雨后支模应清理完混凝土根部表面的杂物和淤泥，清理干净后才能施工。

3.3　钢筋工程

钢筋加工场地及堆放场地均要硬化处理，成品钢筋要加 200mm 高垫木架空，雨天应对钢筋原材及半成品进行覆盖，防止生锈。

雨天钢筋焊接不能进行，焊条、焊剂应焊保持干燥，如受潮要将焊条或焊剂进行烘焙处理。刚焊好的钢筋接头部位应防雨水浇淋，以免接头骤冷发生脆裂影响建筑物质量。

在绑扎时如遇雷雨天气，应立即离开现场，将已经绑扎的钢筋进行覆盖。锈蚀严重的钢筋使用前要进行除锈，并试验确定是否降级处理。

3.4　混凝土工程

雨期施工时，应加强对混凝土粗骨细料含水量的测定，及时调整用水量。混凝土施工现场要预备大量防雨材料，以便浇筑时突然遇雨进行覆盖。大面积混凝土浇筑前，要了解2～3 天的天气预报；混凝土浇筑不得在中雨以上进行，遇雨停工时应采取防雨措施，对已浇筑部位应加以覆盖。现浇混凝土应根据结构情况和可能，多考虑几道施工缝留设位置。

3.5　砌筑工程

砌块在雨期不宜浇水。砌墙时要求干湿砖块合理搭配。砌块湿度较大时不可上墙。砌筑高度不可超过 1m；雨期遇大雨必须停工。砌砖收工时应采取覆盖措施，避免大雨冲刷灰浆。

3.6　吊装工程

雨天吊装应保证吊装设备操作人员的视线及通信指挥不受影响，应采取增加吊装绳索与构件表面粗糙度等措施；扩大地面的禁行范围，必要时增派人手进行警戒。

4. 台风季施工

台风是一种突发性强、破坏力大的自然灾害，对场区工程建设的人身设备安全构成很大危险，做好防台风技术非常必要。

4.1　塔吊、施工电梯等防台风措施

（1）当风力达到六级以上（含六级）时，应停止所有起重吊装作业。

（2）台风来临前做好塔式起重机、施工电梯的加固。塔式起重机、施工电梯应与其附属建筑物进行刚性连接。

（3）当台风达到 12 级以上时，应考虑降低塔式起重机、施工电梯高度。

4.2　施工过程中建筑物防台风措施

（1）彻底检查脚手架各杆件连接情况，并及时清理脚手架上堆放的模板、木枋等材料，保证在台风来临时，脚手架上不堆放材料。

（2）已就位的梁柱模板应及时立杆或斜撑进行加固，严禁随意挂在柱子上或随意架空在脚手架上；施工平台上的模板采取可靠加固措施或转运至室内安全的地点。

（3）台风来临前 1～2 天不宜抢浇筑梁柱混凝土，以免混凝土强度的发展时间不足以抵挡台风的袭击，形成柱根部裂缝。

（4）进行柱、梁钢结构吊装除考虑常规临时支撑措施外，还应制定防台风、防阵风措施。

4.3　办公、生活区及现场临时设施防台风措施

（1）生活区及办公区所有活动板房屋面采用钢管在纵横方向设置压条，压条钢丝绳与地锚连接，防止台风刮开屋面。

（2）台风来临前应做好办公楼前国旗、司旗的降落及保管工作。

（3）台风来临时，办公室电脑等用电设备应关闭并将电源插头拔开以防触电。

（4）项目部宣传栏、警示牌、标识牌、配电箱以及避雷设施等埋设、绑扎要牢固，避免出现安全设施不安全现象。大型宣传牌可采取临时设置支撑加固。

（5）台风袭来停止施工时，应关闭施工现场临时用电电源开关，特殊用电情况的除外。

三、季节性施工技术最新进展（1~3年）

冬期施工技术。

1.1　土方工程

主要为土方开挖工程施工，基本不受温度及气候的影响，冻土开挖需要辅助机械进行破碎处理，对于基底需要及时进行保温覆盖或预留冻胀土的措施。

1.2　桩基础

预制桩施工在冬季进行引孔后可以全天候施工，施工完成后应及时对桩孔进行保温覆盖，防止桩孔进入冷空气，导致地基土冻胀。

灌注桩冬期施工需要采取适当措施，主要取决于混凝土的各项性能指标。

1.3　基坑支护

冬期基坑支护采用的主要方法为排桩和土钉墙，钢筋混凝土灌注桩作为排桩时，桩身可掺入防冻剂，采用负温养护法进行施工。

1.4　砌筑工程

砌筑工程的冬期施工方法主要有有外加剂法、暖棚法、蓄热法、电加热法等。其中以外加剂法为主，对地下工程或急需使用的工程，可采用暖棚法。

外加剂法在我国使用较多，也积累了丰富经验。但这种方法也有其局限性，外加剂法若使用不当，会产生盐析现象，影响装饰效果，对钢筋及埋件有锈蚀作用等。

1.5　混凝土工程

混凝土工程采取的施工方法较多，主要有蓄热法、综合蓄热法、外加剂法、暖棚法、负温养护法、蒸汽养护法、内部通气法等，各项技术对所在地区及施工条件的限制，采取的方法也不尽相同，基本都处于成熟的状态。其中综合蓄热法、暖棚法是冬期施工较为常见的施工方法，易于保证质量。

1.6　钢结构

钢结构工程在冬期施工项目较多，一般在工厂预制，现场进行焊接拼装，在$-30℃$情况下都有施工，但是需要采取严格的防护措施，例如搭设防风、防寒棚等措施。

四、季节性施工技术前沿研究

1. 冬期施工

（1）开发复合多功能型的冬用外加剂。外加剂的种类繁多，一次使用多种外加剂，给施工带来很多麻烦，而研发复合多功能型外加剂，在性能上可以取长补短，趋于完善，并且要价格便宜，使用面广，性能良好。

（2）抗冻剂品种系列化、多样化。不断研制开发新品种，使品种系列化、多样化，以满足各种特殊工程的需要，并方便工程使用和质量控制；发展高强化、抗老化所需用的抗冻剂。近年来，各国使用的混凝土的平均强度和最高强度都在不断提高，发展高强化、抗老化所需用的高效能冬用外加剂，为冬期施工高强、超高强混凝土提供技术支撑，−30℃情况下都有施工。

（3）冬季套筒灌浆技术是目前制约建筑工业化发展一个重要技术环节，冬季零度以下无法进行构件安装，发展可在负温环境下使用的灌浆料，对建筑工业化将具有重大的意义。

（4）沥青冷料的出现将改变5℃以下不能进行沥青面层施工的历史，通过对临时道路的试点应用，将逐步在一些特定的领域开展应用。

2. 雨期施工

随着科学技术的发展，雨期天气施工的危害逐步引起大家的重视，除了材料性质的改善及覆盖措施，雨期施工用机具将有望陆续被开发应用，以确保施工的质量及安全。同时大力发展工业化装配式结构体系，也减少了季节性施工的工作量。

五、季节性施工技术指标记录

1. 冬期施工混凝土热工计算

热工计算是事先控制冬期施工混凝土质量的重要手段，可以在已知的混凝土原材料前提下，根据不同气温条件，确定混凝土拌合温度、出机温度、运输过程中的温度降低、入模温度以及初始养护温度，也可根据不同养护方法所要求的温度条件来调整原材料预热温度、运输与浇筑过程中的保温条件以及保温材料种类与热工参数等。

2. 负温混凝土配合比设计

负温混凝土配合比设计主要依据施工环境气温条件、养护方法的不同，结合原材料、混凝土性能要求等经充分试验后确定。针对不同的环境气温，增加测试−7d、−28d、−56d、−7+28d、−7+56d等龄期强度，建立负温混凝土强度增长规律曲线，并用标准养护28d强度作为基准，比对−7+56d强度，并以此作为调整负温混凝土配合比设计强度标准差的依据。

3. 负温混凝土原材料的预热

混凝土原材料的预热温度一般可以通过热工计算采用反推法确定。原材料中预热拌合水最为便利，拌合水加热最高温度不超过 80℃，骨料加热最高温度不超过 60℃；水泥强度大于或等于 42.5 级时，拌合水加热最高温度不超过 60℃，骨料加热最高温度不超过 40℃。

4. 混凝土施工的温度控制

混凝土出机温度不宜低于 10℃，对于预拌混凝土和远距离输送的混凝土，出机温度应提高到 15℃以上。冬期施工控制混凝土入模温度不得小于 5℃。对于大体积混凝土，混凝土入模温度不宜过高，可以适当降低出机温度和入模温度。

5. 装配式建筑套筒灌浆料技术特性

在低温情况下，水泥水化反应速度放缓，灌浆料强度增长较慢，在保证 30min 流动度指标时，低温型套筒灌浆料在施工及养护过程中 24h 内灌浆部位所处的环境温度不应低于−5℃，且不宜超过−10℃。

六、季节性施工技术典型工程案例

1. 工程概况

里普利售楼处工程位于群力第二大道与阳明滩大道交汇处，总建筑面积 13660m²，框架剪力墙结构，按照使用功能分为热带雨林、演播大厅等区域。

2. 冬期施工任务情况

热带雨林、演播大厅的主体、装饰、屋面防水工程；水、电、消防施工等。

3. 总体部署

热带雨林区域主体工程采用混凝土掺加外加剂及覆盖保温被蓄热的方法进行施工。演播大厅先进行 4、5 层及屋面钢结构施工，再采取暖棚蓄热，浇筑叠合板混凝土。室内装饰工程先进行竖向临时封围保温措施，然后安装锅炉及管线，保证室内温度达到施工要求后，进行室内墙体砌筑、抹灰等分项工程施工。屋面进行临时防水保温。

4. 冬期施工准备

4.1 施工管理准备

在施工现场办公室前设立百叶箱、天气预报黑板，头一天写明第二天气象台的天气预报情况；每天 6：00、10：00、14：00、20：00 把当时大气温度实测值和平均值填入黑板，同时及时填报冬施混凝土入模温度统计。

4.2 施工技术准备

（1）管理人员及班组人员培训

组织管理人员学习冬施规范标准、进行冬施方案交底，提高冬施安全、质量、技术等意识，避免在冬施中造成损失。

（2）加强对工人的冬施技术交底，培训测温人员，保证测温记录的真实性、完整性、准确性。

4.3 保温材料准备

防火防寒棉毯、塑料布、塑料篷布、温度计、密目网、彩条布、橡塑保温管等冬期施工的保温材料。

5. 冬期施工主要措施

5.1 热带雨林、局部演播大厅混凝土结构工程

根据冬季施工进度计划，预计热带雨林、局部演播大厅混凝土结构等部位（不包括叠合板），混凝土施工时的温度在−15～0℃之间。混凝土主体结构采用添加外加剂，板面覆膜（一层保温被、一层塑料布）保温的综合蓄热法施工。

（1）原材料质量标准及技术要求

混凝土采用预拌混凝土，搅拌时采用加热的施工方式，保障混凝土的出机温度，根据施工当日气温情况，调整混凝土中外加剂的掺量。

（2）混凝土运输保温

混凝土运输罐车采用保温罩保温，保温罩外两层为人造皮革，内有三层工业棉毡加工而成，保温效果较好。同时合理安排行车路线，使运输车最短时间内到达工地，保证混凝土在运输过程中尽可能降低温度损耗。

（3）混凝土泵送措施

1）在泵管上用工业棉毯包裹 3 层，进行保温，以防止管内混凝土受冻，并保证混凝土入模温度。

2）混凝土浇筑前应采用与施工混凝土同配比砂浆进行润滑、预热。

（4）混凝土浇筑

1）浇筑混凝土前和浇筑过程中，应注意清除钢筋、模板和浇筑设施上附着的雪和冰块，严禁将雪和冰块带入模板内。

2）浇筑过程中应特别注意温度检查，保证入模温度不低于 5℃。

3）泵送混凝土浇筑面不宜太宽、太大。已浇筑层的混凝土在未被上一层混凝土覆盖前，温度不应低于 2℃。

4）浇筑完一个部位后立即在混凝土表面先用一层塑料薄膜覆盖，保湿，然后上面用棉毯覆盖进行保温。

5）混凝土浇筑应连续进行，间歇时间不得超过 1h，如遇特殊情况，混凝土在 1h 仍不能继续浇筑时，需采取应急措施，加强保温，保证混凝土表面不受冻。

（5）混凝土养护

1）掺用防冻剂的混凝土，必须加强保温养护，当温度降低到防冻剂的规定温度以下时，其强度不得低于 4.0MPa。

2）剪力墙、柱竖向构件采用塑料布＋棉毡＋电热毯的方式进行保温养护。

3）梁板养护：采用表面覆盖塑料布＋棉毡＋电热毯的方式，对于边角等薄弱部位，应加盖棉毯。（非叠合板部位）

（6）混凝土的质量检查

1）检查坍落度（140～180mm）；

2）检查外加剂的掺量；

3）检查骨料温度、拌合水的温度；

4）测量混凝土自搅拌机中卸出时和浇筑时的温度，每一工作班至少应测量检查四次；

5）混凝土养护温度的测量，当采用蓄热法养护时，在养护期间至少每6h一次，对掺用防冻剂的混凝土，在强度未达到4.0MPa以前每夜内至少应定时定点测量四次。对以上测量结果应认真做好记录。

（7）混凝土试块的留置、试压

1）混凝土试块应按规定留置，取样的数量必须大于1.5倍所做试块的用量。

2）同条件试块放置在混凝土浇筑部位与主体结构一同养护，同条件试块结果代表实体检测结果。

3）遇入模温度的控制：地泵浇注时每1h测一次。泵管端部浇筑混凝土地点进行测温。测定数据填入冬期混凝土入模温度统计表。

（8）拆模条件

1）对于柱混凝土冷却到5℃，且超过临界强度并满足常温混凝土拆模要求时方可拆模。混凝土温度通过温度计来测定；本工程通过3天同条件试验与4MPa比较来确定混凝土是否超过临界强度（4MPa）。冬施时由于拆模时间的限制，为更好的组织流水和加快进度，应适当增加模板投入量。

2）当因进度需要拆模，而混凝土尚未达临界强度（但混凝土必须降温至5℃、强度≥1.2MPa），此时拆模要迅速，并立即挂两层阻燃草帘被保温至达到临界强度，必须保证混凝土表面与大气温差不超过15℃（规范要求混凝土表面与大气温差不得超过20℃，此要求15℃是保证质量的要求）。

5.2 演播大厅屋面叠合板施工

5.2.1 施工方法

钢结构施工完毕后，在钢结构下部搭设满堂脚手架操作平台，平台以叠合板外边缘为边界。架体高度距板下1m。在架体上满铺钢脚手板，在平台上做保温隔热措施，由下至上依次为：钢脚手板、防火防寒毡、防火毯。平面铺严，周边上翻，与板底连接严密，形成空腔。在叠合板下表面满挂硅橡胶加热毯进行蓄热。浇筑混凝土施工通过此法蓄热，保证混凝土达到防冻要求。混凝土浇筑时，随浇筑随铺聚乙烯丙纶卷材SBC120（400g/m²），搭接200mm，层数为1层。随后卷材上立即满铺盖一层B2级聚乙烯苯板，厚度100mm，密度30kg/m³，施工人员在苯板上覆盖一层防寒毡、一层五彩布。待混凝土强度可以上人时，在其上表面铺盖大于或等于400mm厚珍珠岩，再覆盖一层塑料布、一层五彩布搭接宽度均200mm，用木方或跳板压实横纵间距500mm。

5.2.2 测温

屋面临时保温与四周竖向临时保温连接严实。屋面顶预留四处测温检查点，等混凝土达到要求后撤除屋面钢结构叠合板硅橡胶加热毯及底部临时封围保温设施。次年复工，大气温度达到条件按照建设单位要求，该屋面的临时保温防水全部废除，重新按照正式施工图纸构造层施工。

5.3　钢结构叠合板上部暖棚施工

以叠合板的周边为边界搭设暖棚蓄热，在叠合板钢梁上搭设钢管支架，立杆横向间距为钢梁中线，沿钢梁方向立杆间距为 2.7m，在立杆下设钢筋支架（飞机腿，在拆除支架前用电焊割除外运），立杆高度 2.5m。周边立杆每三跨设一道钢管斜撑，与钢梁预设埋件连接牢固，保证架体稳定。设置两道纵横向水平杆，最上一道杆与立杆端头平齐。架体外侧设置竖向连续剪刀撑，架体顶部设置连续水平剪刀撑。在架体上依次铺设密目网，双层保温阻燃被，大棚布。同种材料之间用 22 号绑线连接严密。最外侧用 $\phi6$ 钢丝绳进行横纵向固定，间距 2.5m。立边与平面封堵方法一致。暖棚内设置热风幕配合电盘热（数量根据棚内温度确定），保证混凝土浇筑时的施工温度在 5℃ 以上。

5.4　屋面临时防水保温施工

屋面混凝土浇筑时，随浇混凝土随铺聚乙烯丙纶卷材 SBC120（400g/m²），搭接200mm，层数为 1 层。随后卷材上立即满铺盖一层 B2 级挤塑板，厚度 100mm，密度30kg/m³，挤塑板上覆盖一层防寒毡，等第二天混凝土可以上人时，在上面铺盖大于等于400mm 厚珍珠岩，上满覆盖一层五彩布，搭接宽度均 200mm，用木方或跳板压实横纵间距 500mm。屋面临时保温与演播大厅屋面临时保温连接严实。次年复工，大气温度达到条件按照建设单位要求，该屋面的临时保温防水全部废除，重新按照正式施工图纸构造层施工。

5.5　竖向封闭做法

从一层至五层分别搭设钢管支架（双排）立杆间距 2m 水平杆间距 2m，设置斜杆 2m一道。钢管支架从上至下挂设双层保温被及大棚布，并与支架进行固定，两端与结构柱连接严密，或与其他墙体构成有效连接。材料之间同层采用 22 号绑线进行连接。保温被内外层之间错层搭接。保温被与架体之间进行绑扎固定。大棚布外侧采用 8 号退火线进行固定，从上至下沿宽度方向每 3m 设置一道。边缘有缝隙部位，才用聚氨酯发泡胶封严。待室内送温保证到零上 5℃ 时，进行室内墙体砌筑施工。

根据现场实际情况，三层及三层以上部分热带雨林区域模板支撑不具备条件拆除，不能拆模，待封闭等措施施工完毕具备条件，混凝土强度达到要求后方可拆模。

5.6　施工缝封堵

室内地面处铺设 400mm 厚珍珠岩封堵，上部用五彩布满覆盖，木方压紧。竖向施工缝，采用 100mm 厚岩棉封堵，伸入缝内长度不小于 200mm。岩棉与结构不严处采用发泡胶进行封堵，进行内外两侧同时封堵，每侧均为双层。屋面处采用珍珠岩 400mm 进行封堵。

5.7　测温

（1）测温孔的布置及做法

在 21 轴交 V 轴、21 轴交 Q 轴，23 轴交 V 轴、23 轴交 Q 轴，28 轴交 Q 轴、28 轴交V 轴部位一至五层分别设置测温点。测温点在柱/板顶部设测温孔，相邻转角只设一个，孔深为柱体厚的 1/2。顶板测温孔孔深为板厚的 1/2。

（2）测温孔做法

测温孔采用预埋内径 12mm 金属套管制作。注意留孔时要有专人看管，以防施工踩踏毁坏测温孔

（3）现场测温安排（表 20-1）

现场测温安排

表 20-1

测温项目	测温条件	测温次数	测温时间
混凝土养护温度	4MPa 前	昼夜 12 次	每 2h 一次（根据浇筑混凝土时间）
	4MPa 后	昼夜 4 次	每 6h 一次（根据浇筑混凝土时间）
大气温度		同养护测温	同养护测温

注：表中 4MPa 用同条件 3 天试验来判定；如 3 天强度大于 4MPa，则每 6h 一次测温共测 3 天；如 3 天强度小于 4MPa，则每 2h 一次测温天数由备用试块实验来判定。

（4）现场测温结束时间

混凝土达到临界强度，且拆模后混凝土表面温度与环境温差小于 15℃、混凝土的降温速度不超过 5℃/h、测温孔的温度和大气温度接近。

（5）测温操作要求

画上固定表格，测温的同时把记录填写在此表上。

电子温度计放入测温孔后直至电子测温计上显示的温度稳定为止才能读数、记录。在测温过程中。如室外气温突然下降至低于预计值，应立即补加保温层或采取其他措施，防止混凝土过早受冻。

第二十一篇　建筑施工机械技术

中国建筑科学研究院有限公司建筑机械化研究分院　吴学松　郭传新　张磊庆

中国建筑第二工程局有限公司　　　　　　　　　　张志明　金广明　李　鑫

摘要

我国建筑施工技术的迅速发展，建筑机械起到了至关重要的作用，机械化施工水平成为衡量施工企业技术进步的方向和标志。本篇就建筑工程施工的不同阶段所使用的主要建筑施工机械（基础施工机械、塔式起重机、施工升降机、混凝土机械及砂浆机械、盾构机械、高空作业平台等）近年来的技术进步与发展进行了论述，阐述了施工机械信息化管理技术的最新发展，介绍了施工机械安全管理的新技术。

近年基础施工机械快速发展、产量大幅提高，而且开发了许多新的产品，适应了我国幅员辽阔、地质复杂多变的特点；混凝土机械、起重机械等创新产品不断涌现，主力机型实现换代升级，满足了各种施工工况的要求；隧道及地下空间的大发展，促进了盾构法施工技术的进步和中国盾构技术的发展；节能环保、信息化、智能化等先进技术在建筑施工机械上的普遍应用，促进了产品的升级换代，满足了建筑工程的需求。

施工安全管理是施工项目管理的最重要内容，机械安全管理则是重中之重。随着我国各类工程建设的迅速发展，施工机械应用也越来越普遍，安全事故屡见不鲜，做好施工机械的安全防范和管理，是建设工程施工中一个不容忽视的问题。

Abstract

With the rapid development of construction technology in China, construction machinery has played a vital role. The level of mechanized construction has become the direction and symbol of measuring the technical progress of construction enterprises. This article discusses the technological progress and development of major construction machinery (foundation construction machinery, tower cranes, construction elevators, concrete machinery and mortar machinery, shield machinery, aerial work platforms, etc.) used in different stages of construction, expound the latest development of construction machinery information management technology, and introduced the new safety management of construction machinery.

In recent years, the basic construction machinery has developed rapidly, the output has increased significantly, and many new products have been developed to adapt to the characteristics of China's vast territory, complex and changeable geology. Innovative prod ucts such as concrete machinery and hoisting machinery continue to emerge, and the main models have been upgraded so as to meet the requirements of various construction conditions. The great development of tunnels and underground space construction technology promotes the progress of shield construction technology and the development of shield technology in China. Energy conservation and environmental protection, information, intelligent and other advanced technologies in the general application of construction machinery, promote the upgrading of products, to meet the needs of construction engineering.

Construction safety management is the most important content of construction project management, and machinery safety management is the top priority. With the rapid development of various engineering constructions in my country, the application of construction machinery is becoming more and more common, and safety accidents are not uncommon. Doing a good job in the safety prevention and management of construction machinery is an issue that cannot be ignored in the construction of construction projects.

一、建筑施工机械技术概述

我国建筑业的迅速发展，建筑施工机械发挥了至关重要的作用，施工机械化水平高低成为衡量施工企业技术进步的主要指标，施工企业装备水平是构成施工企业核心竞争力的重要标志。近年来，建筑施工机械在工程中大量应用，显著提高了建筑施工效率和安全质量，尤其在大型、重点工程施工中发挥着越来越重要的作用。随着建筑施工机械的技术水平进步和机械化施工技术的日新月异，我国已经成为建筑施工机械的制造大国和使用大国，部分国产建筑施工机械已经达到国际先进水平。

根据建筑工程施工的不同阶段，通常使用的建筑施工机械主要包括基础施工机械、土方施工机械、混凝土机械及砂浆机械、塔式起重机、施工升降机、工程起重机、钢筋加工机械、高空作业机械等。

1. 基础施工机械

基础施工机械作为工程建设的主要设备，近几年受交通运输业、能源、建筑业发展的带动，基础施工机械行业迎来了一个快速发展时期。为满足我国基础工程建设的需要，不仅原有的基础施工机械得到了快速发展、产量大幅提高，而且开发了许多新的产品，如大型旋挖钻机、液压抓斗、双轮铣槽机、大型振动桩锤、大型液压打桩锤、超大直径反循环工程钻机、超大直径全套管全回转钻孔机等，产品的性能也得到大幅度提高。现在，国产基础施工机械除少数产品外已基本能够满足我国基础施工的需要。最近几年我国桩工机械已出口到许多国家和地区。

2. 塔式起重机

塔式起重机是建筑工地上最常用的一种必不可少的起重设备，用来吊运各种施工原材料。塔机主要由塔身、起重臂、起升机构、变幅机构、回转机构、行走机构和控制系统等组成。塔机分类方式有多种，自行架设塔机按基础特征分为轨道运行式塔机和固定式塔机；按上部结构特征分为水平臂小车变幅塔机、动臂变幅塔机。型号中至少应包含塔机的额定起重力矩，单位为吨·米（t·m）。最大臂长小于基本臂时，额定力矩为最大幅度与相应额定起重量的乘积。

3. 施工升降机

施工升降机又称建筑施工电梯，主要是用于垂直运送人员或建材货物的施工机械，通常与塔机配合使用，广泛应用于高层建筑、桥梁、烟囱的内外装修、外围护结构安装的施工。由于其独特的笼体结构让施工人员乘坐起来既舒适又安全。一般载重量在 $1\sim3t$，运行速度为 $1\sim63m/min$。随着超高层建筑的发展，近年来新研制了运行速度为 $1\sim100m/min$ 的高速施工升降机。

施工升降机的种类很多，按运行方式分无对重和有对重两种；按照导轨架上吊笼的数量分为单笼、双笼和多笼；按照平层控制分为自动平层和人工平层。

施工升降机主要由轿厢、驱动机构、标准节、附墙、底盘、围栏、电气系统等几部分组成。

4. 混凝土机械及砂浆机械

混凝土机械主要包括混凝土搅拌站（楼）、混凝土搅拌运输车和混凝土输送泵（泵车）。我国已有最大 $10m^3$ 的混凝土搅拌机，有将 C100 混凝土泵送到 620m 的高压大容量混凝土泵，有世界上臂架最长 101m 的泵车。砂浆（商品砂浆）基本可分为预拌干混砂浆和预拌湿拌砂浆。砂浆机械分为预拌砂浆生产线、干混砂浆运输车、背罐车、气力输送设备、连续搅拌机、砂浆泵等。

5. 盾构掘进机械

隧道及地下空间的大发展，促进了盾构法施工技术的进步和中国盾构技术的发展。从第一代手掘式盾构发展到以大推力、大扭矩和高智能化为特色的第四代盾构过程中，我国盾构发展通过引进、消化吸收、集成创新经历了黎明期、技术创新期、跨越发展期三个发展阶段，目前已形成产业化规模。盾构法施工以其安全、环保、快速等特点成为目前首选隧道施工方式。

盾构已广泛用于地铁、铁路、公路、市政、水电等隧道工程，具有自动化程度高、占用人力少、施工速度快、一次性成洞、气候影响小、地面沉降可控、对地面建筑影响较小等优点，因此在隧洞（道）洞线较长、埋深较大，尤其是在对地面沉降有要求的情况下，用盾构施工已成为优先选项。

盾构机是技术含量较高的大型机械。中国盾构机每年出厂台数、拥有量、盾构隧道施工里程，都已经排名世界第一。从 2015 年底到 2019 年底，国内拥有盾构机台数从 1000台（套）左右，迅速增长到目前的 3000 台（套）以上，这些盾构机分布在全国各地城市建设工地。国产超大直径盾构机，应用于穿越长江、黄河与海域等隧道超级工程。与其他施工方式不同的是，盾构法施工成败关键在于是否能针对复杂的围岩边界条件，合理地运用量体裁衣的盾构进行地质适应性的施工。

6. 高空作业平台

高空作业平台是一种将作业人员、工具、材料等通过作业平台举升到空中指定位置进行各种安装、维修、机械化施工等作业的专用高空作业设备。按行走方式包括自行式、车载式和固定式三种形式。此处主要论述建筑施工常用的自行式高空作业平台（以下简称高空平台）的技术发展。

高空平台按动力划分有电动和燃油动力两种。按照伸展机构形式一般分为臂架式、剪叉式、桅柱式三种主要类型，另外还有套筒油缸式和桁架式等。臂架式升降工作平台具有伸缩和变幅功能，作业高度高，作业范围广，多用于高架桥梁、大型场馆、商业综合体的后期建造维护中；剪叉式平台具有垂直升降功能，在起升高度不大的情况下，其载重量可达几百吨，在工业厂房等工程的后期建造与维护中使用最多；桅柱式升降工作平台同样具有垂直升降功能，整机重量轻，外形紧凑，适应于作业环境狭小的空间。

随着工程建设中高空作业的安全要求不断提高，作业频次不断增多，高空平台市场需求不断扩大，其产品新技术不断发展涌现，在产品的适应性、稳定性、安全性基础上，近几年呈现出纯电化、智能化、大型化的趋势。

7. 钢筋加工机械

钢筋加工机械是将盘条钢筋和直条钢筋加工成为钢筋工程安装施工所需要的形状尺寸或安装组件的专业化加工设备,主要有钢筋强化机械、单件钢筋成型机械、组合钢筋成型机械、钢筋连接机械等。此处主要论述钢筋工程施工广泛应用的单件钢筋成型机械、组合钢筋成型机械和钢筋连接机械的技术发展。钢筋单件和组合成型机械主要包括数控钢筋调直切断机生产线、数控钢筋切断生产线、数控钢筋弯曲生产线、数控钢筋网片成型生产线等。钢筋连接机械主要包括钢筋直螺纹成型机、钢筋直螺纹加工生产线等。

预应力机械是产生预应力并进行施工的关键机械设备。预应力技术是采用高强预应力钢材及相应工艺技术,通过张拉系统对混凝土整体结构施加预应力。预应力机械主要有油泵、液压千斤顶、液压镦头器、挤压机、轧花机、灌浆设备、搅拌机、真空泵、波纹管成型设备、预应力筋切断设备、预应力筋穿束设备、检测设备、无粘结筋涂包设备等。根据对预应力筋的锚固方式不同,锚具、夹具和连接器分为夹片式、支承式、握裹式、组合式四种基本类型。

在经历了国外进口消化吸收、跟踪学习、自主创新三个阶段的发展后,我国的成型钢筋加工机械、钢筋连接机械技术、预应力机械技术已形成高中低多样化的技术体系格局。随着钢筋工程施工质量的不断提高,以及智慧工程和智能化钢筋集中加工配送中心建设需求,钢筋及预应力机械新技术不断涌现,产品的适应性、可靠性等性能在提升的同时,呈现出性能智能化、功能集成化、管理信息化的发展趋势。

二、建筑施工机械主要技术介绍

1. 基础施工机械

旋挖钻机:旋挖钻机是一种以成孔为基本功能的机械设备,可配置回转斗、短螺旋钻头或其他作业装置,可采用干法和静态泥浆护壁两种工艺钻进。与其他成孔钻机相比,旋挖钻机具有以下诸多优点:机、电、液集成度高,操作便利;输出扭矩大且轴向加压力大,地层适应范围广;机动灵活、施工效率高;成孔质量好。

全套管钻机:全套管钻机是一种机械性能好、成孔深、桩径大的新型桩工机械,可在任何地层中施工,特别适合于城区内施工;对于以各类土层组成的是在卵砾石、回填、岩溶等复杂地基而言,可提供较高的单桩容许承载力地层施工。全套管钻机还可以清障,拔除旧桩,临近既有建筑物施工。

液压静力压桩机:液压静力压桩机是我国发明、生产和使用的一种具有中国特色的新型桩工机械。相对于柴油打桩锤,静力压桩机施工具有无震动、无噪声、高效节能、成桩质量好等特点,已在城市建筑中得到越来越广泛的应用。

液压抓斗:液压抓斗是目前地下连续墙施工的主要设备,具有施工效率高、成墙质量好、地层适应性好等优点。液压抓斗采用液压油缸来控制抓斗体的开闭。液压抓斗能提供较大的闭斗力,有利于复杂地层的连续墙施工。

双轮铣槽机：双轮铣槽机目前是世界上最先进的硬岩成槽设备，主要用于建筑基础及地下连续墙施工，适用于地质情况复杂、岩层较硬和特殊岩性的地层。双轮铣槽机适应范围广、施工效率高、成槽过程全自动控制、成槽精度高、成墙质量好、施工过程对周边环境影响小。

2. 塔式起重机

最近几年，随着建筑工业化、装配式建筑的发展及设备更新换代，基建补短板等行业需求，塔式起重机需求旺盛，主要生产企业注重提升产品可靠性设计，加大制造升级，近年在新材料应用、模块化设计、智能控制、人性化设计、大型化等方面展开了研究，起重机智能化及无人化技术研究成为热点。主要制造企业加快中大吨位产品升级和新品研发，重点推出了以智能化、高可靠性、高性价比为主打的主力机型服务工程建设。中大型塔机技术升级和智能化技术在塔机上的应用，支持了装配式建筑施工的快速发展。

（1）平头塔机更加普遍，大型动臂塔机增多

近年来平头塔机应用更加普遍，大型动臂塔机成为超高建筑的主流吊装设备。平头塔机由于取消了塔头，安装高度可比同级的其他塔机降低 10m 以上，在群塔作业时优势明显；而且平头塔机在安装和拆除时，可最大限度地减小起重设备的吨位，安装和拆除的安全性更高，所以平头塔机应用越来越多。对于超高建筑的群塔作业，大型动臂塔机几乎是必备起重机械；动臂塔机变幅的举高性，使塔机安装高度相对较低，同时可最大限度减少对施工场地区域外空间的侵占。

（2）中大型塔机技术取得较大突破

国内不断加大在超大型塔机领域的研发，陆续推出了一批标志性产品，逐步完成了超大型塔机进口品牌替代，如抚顺永茂建筑机械有限公司研制的平头塔机 STT3330 及全球最大平头塔机 STT3930 相继成功应用。

随着装配式建筑的快速增长，装配式建筑用中大型塔机取得快速发展，满足了预制装配式施工对塔机起重能力大、安全性能高、操控性能好、就位快速准确并可微动操作的要求，保证了装配式建筑构件吊装需求。中国塔机制造技术和产业链已经形成并日趋成熟，高端品牌塔机品质已基本达到国际先进水平。与此同时，中国塔机行业自主创新能力突飞猛进，中国塔机已经成为世界塔机不可缺少的一部分。

（3）结构安全可靠性有所提高

采用更高的安全标准，计算机辅助设计技术的普遍使用，提升了整机结构强度、刚度和安全性；一些主要的塔机制造企业超过国标要求的塔机 1.1 倍动载超载试验和 1.25 倍静态超载试验，按欧洲 FEM 标准进行 1.25 倍动载试验和 1.4 倍静态超载试验；应用高强钢、变截面塔机起重臂设计与制造技术，使其起重臂轻量化达到国际先进水平，提升塔机的起重性能。

（4）提高安拆便捷性和可靠性

起重臂臂节采用快装接头设计，快捷省力；平台、平衡臂快装结构也使得安拆快捷方便；塔身标准节借鉴和采用中国传统建筑的卯榫结构，杜绝焊缝开裂，确保结构件的安全。

（5）一体化变频器控制系统技术

将变频器、制动单元、控制系统等多种功能集于一体，集成电气保护、制动控制、速度控制、限位控制等，方便用户操作。近年来，塔机防碰撞系统、防摇技术（减少吊装过程吊钩或吊装物的摆动幅度，提高起重机工作效率）、精确定位技术（起升蚁速微动，方便吊装物精准定位）、安全制动防溜钩、防挂保护技术（出现吊钩严重超载危及安全时，系统将自动检测并有效进行保护）、吊钩可视化系统等的应用，大大提高了塔机安全性和工作效率。

3. 施工升降机

从2011年开始市场上使用的单导轨架施工升降机大部分为无对重式的，驱动系统置于笼顶上方，减小笼内噪声，使吊笼内净空增大，同时也使传动更加平稳、机构振动更小，无对重设计简化了安装过程；有对重的施工升降机运行起来更加平稳和节能，但是由于其有天滑轮结构，安装加节时会更加麻烦，所以有对重式升降机已经逐渐退出市场。为了便于施工电梯的控制，施工电梯可以安装变频器，既节能又能无级调速，运行起来更加平稳，乘坐也更加舒适；安装平层装置的施工升降机能使控制更加方便，更精准地停靠在需要停靠的楼层；安装楼层呼叫装置能使信息流通更加方便，也使管理更加方便。

在安全方面施工电梯得到了很好的保证，首先为电气安全保证，施工电梯安装有抽拉门行程开关、对开门行程开关、顶门行程开关、上限位行程开关、下限位行程开关等五个行程开关，只要有任何一个行程开关处于保护状态，电动机就会处于刹车状态。为了更加保证施工电梯的安全性，电气部分还加了极限开关，当施工电梯的厢体冲顶或者坠落时，上下极限碰块就会触发极限开关，电气系统就会切断电源，施工电梯停止运行来保证安全。当上述部分全部失灵的时候，施工电梯还有最后一道安全屏障，就是防坠安全器，电梯下降的速度大于防坠器设定的速度时，防坠器就会刹车来控制吊笼的下坠速度从而保证电梯的安全。防坠器在运行过程中还会发出控制信号来控制电气系统。

4. 混凝土机械及砂浆机械

（1）混凝土搅拌站（楼）

混凝土搅拌站（楼）：主要由物料储存称量输送系统、搅拌主机、粉料储存输送计量系统、水外加剂计量系统和控制系统5大系统及其他附属设施组成。

1）计量方面：骨料的计量精度一般控制在±2%之内，水、水泥、外加剂的计量精度一般控制在±1%之内。

2）搅拌主机：根据搅拌原理分为自落式和强制式，根据结构形式有单卧轴、双卧轴和行星立轴式以及无轴双螺旋带搅拌机。搅拌机采用螺旋式刀片＋常规叶片的厂家增多，这种设计方式搅拌时间缩短，效率提高。

3）控制系统：目前已比较先进和稳定，可自动生产、手动切换。

4）上料形式：骨料一般采用皮带机和斗式提升机上料。粉料通常采用斗式提升机、螺旋输送机或风槽输送。

（2）混凝土搅拌运输车

混凝土搅拌运输车主要由取力装置、液压系统、减速机、操纵机构、搅拌装置、清洗系统等组成。取力装置将发动机动力取出，液压系统将发动机动力转化为液压能，再经马达输出为机械能（转速和扭矩）。

（3）混凝土泵车

混凝土泵车已实现设计制造的国产化，新技术、新工艺不断在泵车上得到了应用。

1）泵送管件：泵送管件柔性连接技术操作简单，提高了管路系统的稳定性，保护了管路阀件，减少了管道应力对结构件的破坏。

2）液压系统：主要有开式和闭式两种，已向集成化方向发展。全液压控制、计算机控制等技术已在泵车上广泛运用。

3）电控系统：已向专用控制器和电脑智能控制发展。

（4）混凝土输送泵（拖泵）

拖式混凝土输送泵主要由主动力系统、泵送系统、液压系统和电控系统等组成。

1）主动力系统：拖式混凝土泵的原动力有柴油机和电动机两种。

2）泵送系统：将混凝土拌和物沿输送管道连续输送至浇筑现场。

3）液压和电控系统：液压系统有开式和闭式系统；电控系统一般采用 PLC 控制。

（5）预拌砂浆生产线

预拌砂浆生产线有站式、阶梯式、塔楼式等布置形式，主要由烘干系统、筛分上料系统、仓储系统、计量系统、搅拌系统、控制系统、除尘系统及辅助设备等组成。

1）计量方面：主材计量精度达到±1‰，2～60kg 的添加剂计量精度达到±1‰，0.3～2kg 的添加剂计量精度达到±20g。

2）搅拌主机：根据搅拌叶片的形式有无重力式、犁刀式和刀片式搅拌机。刀片式搅拌机有效填充率高，可达到 0.75，搅拌效率高，混合均匀度高。

3）控制系统：自动化程度高，可自动生产、手动切换。

4）上料形式：砂采用斗式提升机上料。粉料通常采用斗式提升机、粉料运输车或流化泵气力输送。

5. 盾构掘进机械

盾构主要包括刀盘刀具系统、刀盘驱动系统、液压推进系统、管片拼装系统、姿态控制系统、数据采集监视系统、注浆系统、渣土改良系统、远程信息化管理系统等。

（1）刀盘刀具系统

主要技术：刀具设计与选型技术；滚刀刀圈制备技术；刀盘设计选型理论与方法；刀盘刀具数字化设计与管理技术；刀具磨损检测技术。

发展趋势：①滚刀性能综合优化，刀具尺寸两极分化；刀具材料趋向向硬质合金、粗晶颗粒硬质合金、新型耐磨堆焊材料等方向发展；②刀具状态检测技术、实时获取刀具磨损量的新型磨损检测技术；③刀圈修复技术、激光熔覆技术、3D 打印技术等；④数字化平台，基于现有计算机数据库技术、大数据分析和分布式管理技术，建设盾构大数据管理系统。

（2）刀盘驱动系统

1）主要技术：面向复杂载荷环境的多点击同步控制技术；新一代刀盘液压驱动节能技术，为刀盘混合驱动提供最佳节能方案。

2）发展趋势：①刀盘驱动系统柔顺性设计技术，已顺应更为复杂多变的掘进环境；②高可靠性主轴承密封技术，从结构上提高密封强度和可靠性；③高效节能的新型驱动技术，随着永磁电机驱动、电源再生节能装置在盾构的应用，未来还有可能应用具有制动能量回馈技术的大功率变频器，使盾构施工中的动能或势能转化为电能，并回馈到电网中去。

（3）液压推进系统

1）主要技术：包括分组联合控制、压力流量复合控制（即位移速度复合控制技术）、节能控制（包括闭式容积调节系统、压力匹配系统、二次调节系统、负载敏感系统等）先进电液控制技术。

2）发展趋势：①智能化：智能导向及控制技术，实现地表沉降控制、推进速度和方向控制、刀盘切削功率控制和节能控制等方面的智能化；②节能化：合理使用高效的液压元件，应用新技术新材料，对液压系统综合调节，达到节能的目的；③电液协调化控制：建立顺应突变载荷的设计理论，通过掌握盾构推进系统速度与压力的变化规律，建立电气系统与液压系统额度动态协调控制。

（4）管片拼装系统

1）主要技术：①高性能新型部件设计技术，如用于移动架支撑的十字交叉滚轮轴承，能同时实现两个方向的转动；PRPRP 结构冗余驱动微调机构等；②新型管片拼装机研发技术，实现包括预制管片的输送、抓取、就位、紧固螺栓对接和拧紧等工序自动化，保障管片拼装的效率和质量。

2）发展趋势：①新型管片及异型断面管片拼装机的研制，已适应异型断面隧道和隧道线形发展的需要；②高度自动化、高精度无人管片拼装机系统研制，实现快速精准定位，适应更复杂的施工环境。

（5）姿态控制系统

1）主要技术：基于模糊理论的掘进姿态控制技术；智能控制算法研究；基于实体建模的掘进姿态控制技术研究。

2）发展趋势：利用虚拟轨迹对地下掘进机掘进方向进行自动控制，使得模糊控制的输出可以通过若干控制周期跟踪虚拟轨迹上的目标值；提高自动轨迹跟踪控制效果，缩短调整时间，提高不同施工地质条件下的适用性；提升非完整系统的掘进方向控制模型、可控性分析、运动轨迹规划及轨迹跟踪控制技术等。

（6）数据采集监视系统

1）主要技术：采集监视的数据通信技术；高级语言软件编程技术。

2）发展趋势：①移动智能终端远程监视：突破地域限制，使数据采集监视适用范围阔刀至任何网络覆盖区域，支持智能手机、平板电脑等作为操作终端；②远程组态与远程调试技术；③数据采集监视与大数据智能挖掘及 ERP 等管理系统融合；④新器件和数据采集模块。

（7）注浆系统

1）主要技术：新型注浆材料制备技术、研究高性能和化学能环保的注浆材料、开发成套化注浆工艺及配套注浆机具等。

2）发展趋势：①注浆理论进一步完善：如岩体结构理论、注浆浆液非牛顿流体特征、注浆加固体强度理论、注浆引起的管片衬砌结构变形模式及机制研究等；②注浆工艺和注浆材料多元化发展；③新的检测及监测技术。

（8）渣土改良系统

1）主要技术：目前多采用气泡改良技术来解决开挖土体的性质不良所导致的施工难题。

2）发展趋势：①针对不同地层研发针对性的添加剂；②开发新型渣土改良剂；③开发新型渣土改良系统，如掌子面支持系统（AFS）等。

（9）远程信息化管理系统

远程信息化管理系统是使用云计算、大数据技术构建远程信息化管理系统支撑平台；使用面向盾构对象的时空数据库作为盾构应用的寄出平台；使用成熟的可组态可配置的组态技术开发互联网环境下的盾构应用；融合5G技术、物联网、云计算、大数据、移动终端、虚拟现实、BIM、GIS技术，多方面满足盾构业务需求的变化和发展，达到能够智能感知和获取盾构各阶段、各层次的数据，制订盾构各类计划并实时追踪计划执行情况；能够仿真模拟盾构各类状态，并对施工、装备等各类风险进行远程决策。

6. 工程起重机

我国工程起重机是指流动式起重机，主要包括汽车起重机、全地面起重机、履带式起重机、随车起重机、越野轮胎起重机和轮胎起重机等。近年来工程起重机技术取得较快发展，随着我国吊装市场需求的不断增大，工程起重机产品向着系列化、大型化、智能化、核心零部件自主化、安全可靠、人性化的方向发展，产品质量和技术性能进一步提高，科技创新突出。汽车起重机向智能化、大型化发展，全地面起重机和履带起重机向高附加值、特大型、专业型发展，随车起重机向中大吨位渗透。产品的操纵系统由机械式转为液压先导控制和电子化控制，液压系统普遍采用恒功率变量系统，使整机效率提升，CAN总线技术也大面积应用，安全装置已经纳入起重机必检项目，产品整体更新换代在这一时期非常明显。

三、建筑施工机械技术最新进展（1～3年）

1. 基础施工机械

由于我国幅员辽阔、地质复杂多变，决定了各地基础施工所用的设备和工法不尽相同，各有千秋。任何一种工法和机械都不是万能的，都有适用性。针对不同施工需要，各桩工机械生产企业近两年开发了许多新的基础施工设备。徐工基础工程机械有限公司开发了世界上最大的旋挖钻机，动力头扭矩达80tm。徐工基础、上海金泰开发了针对岩石地层地连墙施工用的双轮铣槽机，成槽厚度达1.5m，成槽深度达120m。上海振中开发了世界上最大的EP1600大型免共振振动桩锤，电机功率达1200kW。浙江永安开发了国内最大的120t大型液压冲击锤。这些设备已广泛应用于我国的多个重点工程，取得了显著的经济效益和社会效益。

2. 塔式起重机

近两年我国塔机技术发展较快，在制造技术、产品性能、起重力矩方面都有较大提升。已经研发出从 125～3350tm 系列型谱动臂塔式起重机。针对大型桥梁建设项目设计出全新的超大型平头塔机 STT3930。产品性能强劲，最大臂长 90m，最大起重量达 200t，满载提升速度国际领先，融合多项自主核心技术，堪称大型施工项目之利器。

在产品制造方面，大力发展智能工厂和数字化信息化技术，智能工厂集智能产线、智能物流、智能检测、智能管控、智能决策于一体，具有流线化、柔性化、自动化、智能化、绿色化等特点，塔身吊臂等结构采用机械人焊接自动化生产线，工序转位采用无人搬运小车 RGV 和 AGV，大型结构件加工采用数控加工中心等先进设备，并集成 MES 控制系统，使产品生产效率、信息化管理水平大幅提升。

3. 施工升降机

目前市场上应用最多的施工升降机是 SC200/200，其为齿轮齿条啮合、外置式三驱动调速 1～63m/min 施工升降机，选用国内的"SSS"三驱动为动力体，其结构紧凑、动力强劲。驱动系统电机减速机采用双安全保险固定架，防坠器为 4.0 型，坠落时能自动刹车，驱动单元置于笼顶上方，安全可靠，维修保养方便。驱动系统振动小，同心度高，又另外加装防移位滚轮。SC200/200 系列为双吊笼体，传动齿条式，笼体容积大，笼体顶部为轧花厚钢板，最高提升高度可达 450m。

施工升降机在经历了多年的成熟发展后，在建筑施工中的运用越来越广泛，其主要的功能也越来越完善。施工升降机凭借其传动平稳、升降快捷、结构简单、使用方便等优点，得到了日益广泛的应用。近两年，施工升降机在绿色节能、智能化方面进步明显。变频施工升降机越来越得到认可，加之齿轮减速机取代涡轮蜗杆减速机，在运行效率和平稳性有很大突破，齿轮减速机传输效率达 96％，传动系统综合节能 25％；而成熟的变频施工升降机，对启动电压要求较低，启动和运行电流低，对元器件冲击小、寿命高，工地适应性强，同时具有能量回馈系统，可用效节约电力成本，减少使用成本。

"十三五"期间国内市场上新开发了单轨双笼高速施工升降机、单轨多笼中速施工升降机，单轨双笼升降机最大升降速度可达 100m/min，单轨多笼施工升降机已实现 6 个吊笼循环往复连续运行。

4. 混凝土机械及砂浆机械

（1）混凝土搅拌站（楼）

1）混凝土搅拌站（楼）已成为市政工程、各类建筑工程等施工项目中必备的设备。随着时代的发展和对工程质量的严格要求，环保化、智能化、自动化、信息化的混凝土搅拌站越来越受到青睐。

2）商混搅拌站：节能环保智能化搅拌站得到大力推广。大方量骨料仓立体料库成为大型混凝土公司配置趋势，并已由混凝土结构料库向钢板仓料库方向发展。

3）工程搅拌站：新型的集装箱式快装搅拌站以其模块化结构、集成化设计等特点，发展迅速。

4）搅拌站环保工程整体处理方案（含污水处理系统、龙门式洗车机、场站室外抑尘系统等）、混凝土站专用空压机等单元技术应用受到重视。

（2）混凝土搅拌运输车

1）新能源汽车底盘受到瞩目，或成为发展目标。信息化、智能化电子技术得到发展应用。

2）2019 年在山东烟台市召开了混凝土搅拌运输车技术研讨会，以及在湖南长沙召开的混凝土搅拌运输车国家标准审查会议，为混凝土搅拌运输车发展指明了方向。

3）运输过程中混凝土质量的监督与控制是当前行业的难题。国内已有厂家研发设计了回转密封全封闭搅拌车。

（3）混凝土泵车及混凝土输送泵（拖泵）

1）混凝土泵车臂架不断向轻量化、智能化、系列化方向发展。智能臂架、防倾翻保护、实时在线诊断等技术得到运用。

2）在建设资源节约型、环保型已经成为社会的共识的形势下，泵车向节能型、智能化、绿色环保方向发展。中联 56m 的 4.0 智能化泵车嵌入了 31 个传感器，可对泵送、臂架等五大系统实现 61 项自检，并且可以在施工过程中进行故障诊断。

（4）预拌砂浆生产线

1）近两年绿色环保、全自动化的砂浆生产线得到大力研发与推广。

2）新型的干混砂浆生产线以柔性化、自动化、清洁化的设计理念和高性能设备，以满足客户和市场对绿色生产、低成本生产、多品种功能性砂浆的要求。

3）新型的干混砂浆生产线采用物联网全数字化砂浆控制系统，能够实现设备智能维护、系统故障智能诊断及远程维护，满足客户对设备维护提前性和及时性的要求。

5. 盾构掘进机械

我国各地复杂不一的地质情况促进了盾构施工的技术发展。许多企业在这方面进行了有益的探索和试验，并获得了一批新技术、新工艺成果。如双模式盾构机、整体式滚刀、滚刀工作状态无线检测和传输、冷冻式刀盘、主驱动高承压系统、伸缩摆动式主驱动、大直径盾构机常压换刀、钢套筒盾构始发和接收、衡盾泥开挖面稳定技术、复合地层盾构施工隐蔽岩体环保爆破等新技术和新的施工工艺，使得国内盾构施工异彩纷呈。

国内最大直径盾构机的记录也不断被刷新，15.03m、15.8m、16.07m 直径盾构机先后投入使用。

关键技术方面：以"盾构装备自主设计制造关键技术及产业化"项目为依托，围绕盾构施工的失稳、失效、失准等三大国际难题，攻克了稳定性、顺应性、协调性三大关键技术。针对失稳，研制出了压力动态平衡控制系统，提高了界面稳定性，有效防止了地面塌陷；针对失效，首创了载荷顺应性设计方法，降低了载荷对装备的冲击；针对失准，开发了盾构姿态预测纠偏技术，提高了隧道轴线精度。

6. 高空作业平台

随着近几年高空平台的市场发展，该类产品的各种新技术不断应用，概括起来有以下几方面。

（1）纯电化：近年，随着环保压力的不断加大，纯电高空平台在电池技术和充电设施不断发展的背景下，发展迅猛，其产品结构及性能与柴油动力高空平台并无二致，但在排放和噪声方面顺应了环保需求，国内高空平台领军企业鼎力机械已将其全系列产品进行了纯电化升级。

（2）智能化：随着控制技术的不断发展，高空平台在智能化控制方面取得了进展。专用于高空平台的控制系统和软件开发平台已经开发应用，拥有电池管理系统、租赁管理系统、车辆设置系统。远程监控与管理平台，具备全球互联功能，可远程对全球设备进行维护和信息互通。此外，单机产品的智能化水平不断提高，遥控操作、障碍物感知及临停、发动机自动启停等技术被应用在产品上。

（3）结构多样化：随着高空作业对设备功能要求的提高，传统意义上的伸展结构分类逐步模糊，例如，为适应在有限地面条件下跨越大高度障碍物高空作业，在臂架式伸展结构下方叠加了垂直伸展结构（如多组桅柱式）；为适应狭小空间复杂工作面的作业要求，在桅柱式伸展结构上叠加了回转变幅装置，使高空作业的安全性、可达性得到了大幅度提升。

（4）大型化：随着我国建筑施工安全需求的提高，对大高度高空平台需求增加。高空作业平台因其适应了这种需求，近几年制造商明显加大研发推广力度，在底盘、伸展结构等关键部件取得了长足的进步，如臂架式高空作业平台采用全路面起重机底盘，臂架采用伸缩主臂加折叠副臂的多级多节混合臂方式使最大高度规格已经达到 58m（国内现已有43m）；桅柱式高空作业平台的工作平台面积已达 36m² 以上。

7. 钢筋加工机械

随着智慧工程和智能化钢筋集中加工配送中心的建设，有效促进了成型钢筋机械和钢筋连接机械新技术的创新发展和应用，概括起来有以下几方面。

（1）机械性能智能化：提高劳动生产率、降低劳动强度、保证工程质量、降低施工成本，是建筑施工企业永恒追求目标，发展高效节能智能化钢筋机械是实现目标的必由之路。我国传统的现场单机加工模式，不仅占用人工多、劳动强度大、生产效率低，而且安全隐患多、管理难度大、占用临时用房和用地多。钢筋加工机械在实现钢筋上料、下料、喂料、加工自动化的基础上，依托信息化技术，进一步实现了远程下单、远程信息收集，尤其是钢筋焊接、绑扎、收集、摆放等机器人的应用，提升智能化性能的同时，为贯彻新发展理念和高质量发展提供了有力技术支撑。

（2）多工序功能集成化：钢筋专业化加工配送技术由于具有降低工程和管理成本、保证工程质量、实现绿色施工、节省劳动用工、提高劳动生产率等优点，被住房城乡建设部列为 2017 年建筑业十项新技术推广应用内容之一。近两年来，随着钢筋集中加工配送技术的发展，成型钢筋部品化加工配送市场发展迅速，高效智能化钢筋加工机械需求越来越大，钢筋加工机械由单一工序的单机作业已逐步向多工序集成自动化加工方向转变。在"十三五"期间涌现了柔性焊网自动化加工生产线、钢筋切断直螺纹加工弯曲自动化生产线、自动平断面倒角钢筋螺纹自动化加工生产线、数控封闭箍筋自动焊接生产线、钢筋网片自动弯网生产线、钢筋桁架楼承板自动化生产线、预制构件梁柱墙板钢筋骨架自动成型生产线、混凝土现浇工程梁柱剪力墙钢筋骨架自动成型生产线等多项新技术新产品，使钢筋工程的加工效率和质量有了较大提升。

（3）加工管理信息化：高强度钢筋集中加工信息化管理与软件技术的发展，实现了钢筋加工、人力资源管理、财务管理的一体化，为钢筋集中加工管控和成本核算建立了统一可扩展的信息化管理平台。尤其是智能化钢筋加工信息化管理系统等信息化管理软件的应用实现了钢筋图形数据和生产管理过程数据的信息共享、钢筋图形任务归并和加工工艺工序的最佳匹配、钢筋加工设备对钢筋图形数据和配方远程连接访问；可对加工钢筋原材入库、出库、盘库进行统计汇总，同时通过中央控制可监控各种设备的运行状态。

（4）钢筋机械连接精益化：钢筋机械连接技术是钢筋混凝土结构工程的重要组成部分，近两年来随着预制装配式建筑的大力发展，涌现了一批新型钢筋机械连接技术，如抗大飞机撞击机械连接接头技术、分体套筒连接技术、可焊套筒连接技术、摩擦焊接直螺纹套筒连接技术、滚压灌浆套筒连接技术、挤压灌浆套筒连接技术、轴向挤压直螺纹套筒连接技术、镦粗滚轧直螺纹套筒连接技术、锥套锁紧套筒连接技术、双螺套直螺纹套筒连接技术、可调组合式直螺纹套筒连接技术等，这些新型连接技术的发展使不同结构形式的钢筋连接质量控制更加精益化，连接质量稳定可靠。

（5）预应力张拉灌浆技术智能化：随着自动控制技术的不断发展，预应力张拉和灌浆在智能化控制方面取得了很大进展，实现了工作压力和张拉位移双参数智能化自动控制、数据采集传输远程监控，由单机位控制发展为多机位同步控制，预应力灌浆搅拌计量、输送、压力灌浆控制一体化。

四、建筑施工机械技术前沿研究

1. 基础施工机械

近两年来各制造企业紧紧围绕客户需求及节能环保，对基础施工机械的更新换代及特殊需求新产品进行研究，取得了一些成果。

（1）大型旋挖钻机，采用了专用液压伸缩式履带底盘，具有超强的稳定性和运输的便捷性，底盘带摆动支腿，可辅助拆卸；采用大三角变幅机构，保证大孔深桩硬岩的钻进稳定性，提高成孔质量，且具有变幅角度实时检测及安全保护系统，保证了整机的安全稳定性与可靠性；采用单排绳主卷扬技术，大大延长了钢丝绳的使用寿命，提高了施工安全性，为客户节约使用成本。

（2）双轮铣槽机，适用于各种地层成槽施工，特别是硬地层以及嵌岩成槽施工。成槽垂直度精准，铣槽过程中实时监控垂直度的测量系统；智能纠偏系统对铣槽偏差进行实时调整。可采用套铣接头工艺施工，对相邻一期槽的混凝土采用"套铣"技术，可用于各种深度的地下连续墙施工。

2. 塔式起重机

塔式起重机安全管理的不断强化、适应信息技术发展和新的建筑施工方式变化过程中的不断换代，建筑产业化、信息化、智慧化等新型建筑建造方式的新需求是塔式起重机技术升级的主要方向。

基础研究方面，通过塔式起重机结构动力学分析和各种不同工况下塔式起重机整体结构的应力分析，提高塔式起重机结构的安全可靠性。

控制系统方面，变频无极调速，故障自诊监控，集交互、感知、分析、决策、控制等功能于一体的智能驾驶技术应用，塔式起重机可视化视频智能追踪系统在不依赖他人的情况下清楚的查看到吊运货物具体情况，实现了塔机吊装无死角，有效增加吊装的安全性。未来的塔式起重机将沿着智能化、人性化的特点发展。

塔式起重机无人驾驶技术。随着信息化、物联网和人工智能技术的发展，人工智能在建筑施工中发挥着重要作用，塔式起重机无人驾驶技术研究。

数字技术在塔式起重机控制系统中的运用会不断普及。数字技术运用于塔式起重机控制系统，能使塔式起重机的智能化水平有一个质的提高，塔式起重机的安全性也会极大提高。主要是对力矩限位、起重量限位、起升限位、回转限位、变幅限位等实现数字监控。其原理是采用传感器、接近开关采集信息，通过放大器及模拟、数字转换（A/D 转换），单片计算机对数据进行处理，并通过开关量输入、输出转换（I/O 转换），对执行机构进行控制。数字技术运用于塔式起重机控制系统有以下优势：一是塔式起重机的各限位控制精度极大提高；二是操作人员对塔式起重机作业可做到实时监控；三是具有"容错"和"互锁"功能，如塔式起重机在顶升时可避免误操作；四是具有群塔作业的防碰撞功能。

3. 施工升降机

随着关键的传动技术和安全控制技术的进一步发展，施工升降机将向更加舒适平稳、更加高效环保、更加安全可靠方向发展。施工升降机设计将采用模块化、数字化、智能化技术。

智能化无人驾驶施工升降机在自动平层、无线通信、楼层外呼、自动候梯、权限管理、远程监控和故障自诊断等方面将进行优化升级，融合多项行业领先自主核心技术，使吊笼运行平稳舒适、高速安全、智能高效。多重安全技术为乘客提供更加安全的保障。无人驾驶智能化升降机堪比室内电梯，自动平层精度高达 10mm 以内，可实现精准就位。2018 年以来，智能控制无人驾驶的施工升降机已经在成都绿地 468 项目（468m）、北京国家档案馆、北京上地元中心项目（小米总部）、湖北省宜昌中医院、安徽徽尚广场、碧桂园博智林智慧工地等多个工程项目应用，并取得较好效果。

单轨多笼施工升降机是我国首创，在同一轨道架上同一方向可同时运行多部吊笼。其关键技术是可靠安全的空中吊笼旋转换轨技术和安全高效保障技术。单轨多笼循环施工升降机在 475m 高的武汉绿地中心、350m 高的深圳城脉中心应用，该工程由中建三局集团有限公司负责施工。

4. 混凝土机械及砂浆机械

（1）混凝土搅拌站（楼）

1）5G 时代来临，混凝土搅拌站（楼）技术将向数字化、智能化、绿色环保、高效节能方向快速发展，设计上更趋向模块化、集成化。新技术、新工艺、新材料等将会得到更多应用。

2）智能化技术：大数据、移动互联网、云计算等先进信息化技术已应用到混凝土搅拌站生产、运营之中。

3）绿色环保节能：推进绿色发展，建立健全绿色低碳循环发展的经济、体系。预拌混凝土行业构建绿色生产方式和生产体系，向绿色环保方向发展。

4）高精度化：主要指骨料、水泥、水和外加剂的计量更加精准。

5）模块化：方便运输、拆装、转场，特别适合频繁转场，就位后快速安装并迅速投入使用的工程中。

6）专业化和个性化：搅拌站（楼）的生产制造更加专业化，并且可根据用户需求打造个性化场站方案。

（2）混凝土搅拌运输车

1）新能源汽车底盘的开发应用，系列化产品将要面临重新划分。

2）车队智能管理：车队智能派单、电子围栏、区域查车、驾驶行为分析、油耗监管、防止偷料、系统报表等。

（3）混凝土泵车及混凝土输送泵（拖泵）

1）臂架新技术应用。未来臂架将向轻量化、智能化、系列化发展。超长臂架设计制造、智能臂架控制、远程故障自诊断、防倾翻保护等技术将广泛应用于臂架设计之中。

2）控制系统向电气自动化、多功能化发展。防堵管控制、智能臂架、实时在线诊断等自动化、智能化控制技术得到广泛运用。

3）泵送高度和距离将增大，泵送系统压力更高、输送量更大，大排量将成为今后国产臂架式混凝土泵车中心泵送系统的发展趋势。

4）混凝土泵车的未来将持续研制智能、节能、绿色环保的新品。

（4）预拌砂浆生产线

1）砂浆设备借助信息化、智能化平台，不断对设备进行更新，优化运行系统，提升设备生产制造能力。

2）提高计量精度。采用 POWERDOS 高精度计量系统，最高精度可达到±2g，可实现颗粒添加剂、颜料以及流动性较差的粉体材料的自动计量。

5. 盾构掘进机械

通过不断努力，我国已全面掌握盾构机的核心制造技术。我国已启动掘进机器人的研发，中国盾构机正朝着智能化方向迈进。所谓智能化就是将传感技术和检测技术加入其中，包括人工操作向智能化操作转变，实现机械化和信息化的集成，以达到盾构的智能化。盾构的发展也正在朝着极限化、多样化、自动化等趋势发展。

（1）极限化：①大型化，即盾构大断面化方面。随着火车行车速度越来越高，为了减小占地空间，单洞双线大断面隧道成为发展方向；对于公路隧道，由于高速公路越来越多，公路等级要求也越来越高，车流量越来越大，导致公路车道的增多，修建公路隧道时其断面也就趋于极大化。②隧道地下深度化。现在很多大城市地下结构较为复杂市政隧道众多，如给水隧道、排污隧道、管路隧道、线路隧道等，这些构筑物都处于浅覆土地层，若交通隧道覆土太浅则会对这些构筑物产生影响，因而隧道线路选择也就具有埋深越来越大的趋势。③随着穿江越海隧道不断增多，水下隧道施工对盾构的密封性和抗压性要求极高，由于水底隧道不利于竖井的修建，盾构的维修换刀有很大难度，并且很多江河与海峡的跨度极大，水下施工的一般原则就是需要快速通过，因而盾构具有一次性掘进距离长、掘进速度高、寿命长等趋势。

（2）多样化：为适应不同工程的需要，盾构的种类也越来越多，已经出现了很多种类型的盾构掘进机，如椭圆形断面盾构、多圆盾构（MF、DOT、H8V）、球体盾构、矩形盾构、马蹄形盾构、子母盾构、超大型断面盾构等。在高楼林立、房屋密集的城市进行作业时，厂家则推出了小直径的设备以供使用。而为了加快我国城市化进程，厂家又研发出了异形截面的盾构，以适应不同断面形状隧道的需要。故盾构多样化已成为行业发展趋势之一。

（3）自动化：随着科学技术的发展与进步，很多先进技术被应用于盾构，如5G技术、物联网、云计算、大数据、移动终端、虚拟现实、BIM、GIS技术等，为提高盾构施工质量、减少隧道内作业人员、提高施工的安全性等发挥着重要作用。

盾构作为地下土质及以土质为主地层的全断面开挖先进施工装备，不仅在城市地铁建设中发挥着主力军作用，而且在城市未来的综合管廊、储蓄水设施（海绵城市）等的建设中也一定会发挥更加重要的作用。

未来的盾构掘进机在不同的地质条件下会最大限度的避开地质风险，中国盾构机发展的终极目标是"掘进机器人"。目前，已经在做这方面的规划，国内的厂家已在开展掘进机器人的研发和试验。

大直径盾构泥水劈裂、超高承压能力、复杂地层盾构掘进、刀盘刀具配置等技术难题仍等着我们进一步攻克，水利输水工程、城市综合管廊、海底隧道等新市场仍等着进一步探索，希望我们的领军企业能保持市场上的风向标，坚守初心，自觉的维系市场的均衡竞争，均衡进步。拭目以待中国制造盾构百尺竿头更进一步！

6. 高空作业平台

（1）智能化控制技术：控制技术是高空作业平台安全性保障的基础，作业环境的安全和可靠性识别、负载和地面支撑条件变化时的自适应性、危险因素的识别、危险报警和救援等一系列功能都离不开智能化控制系统的支撑。控制技术的不断发展，有助于提高施工的智能化水平和安全管控能力。

（2）智能化：对智能化技术的研究应用有助于提升单机设备的性能及机群的智能化管理，单机包括设备状况、定位、维保、管理等一系列大数据应用，能为设备使用管理提供质的飞跃。

（3）无人驾驶：目前高空平台上已有远程遥控技术在应用，未来随着无人驾驶技术的开发应用，有助于高空平台在特殊工况下完成施工。

（4）节能环保：电池续航能力的不断提升将有助于高空平台的电动化推广，以发动机为动力的高空平台将在排放、轻量化设计、噪声控制等多方面减少对环境的影响。

7. 钢筋加工机械

（1）先进的控制技术：控制技术是支撑设备可靠性稳定性的基础。钢筋加工过程的上下料、定尺切断、高精度弯曲、焊接、套裁收集等一系列功能都离不开控制系统的支撑。控制技术的不断发展，有助于提高钢筋加工机械的智能化水平和钢筋作业的安全管控能力。

（2）智能化技术：对智能化技术的研究应用有助于提升单机设备的性能及功能集成化生产线的智能化性能，单机包括设备远程操作、远程定位、远程故障诊断、管理等一系列大数据应用，能为设备使用管理提供质的飞跃。

（3）节能环保技术：在建筑工业化、数字化、智能化升级过程中，钢筋加工机械注重能源资源节约和生态环境保护，同时通过不断提升气动和机电技术的应用水平以及液压控制的可靠性和轻量化不断实现绿色发展。

五、建筑施工机械技术指标记录

一些代表性的建筑施工机械产品关键技术指标见表 21-1。

建筑施工机械产品关键技术指标 表 21-1

机械名称	关键技术指标范围
旋挖钻机	旋挖钻机按不同型号，动力头最大扭矩可达到 40～800kN·m，最大钻孔深度 20～150m。目前最大的旋挖钻机其最大输出转矩为 800kN·m，最大钻孔直径 4.5m，最大钻孔深度 150m
液压连续墙抓斗	目前最大的液压连续墙抓斗成槽宽度可达 1.5m，槽深可达 110m
塔式起重机	建筑施工常用塔机起重力矩有 63～2400tm，最大起重量 5～120t，其中装配式建筑常用的塔机有 160～400tm。目前最大的平头塔机是永茂 STT3930，公称起重力矩 4200tm，最大起重量 200t；最大的动臂塔机 LH3350－120，最大起重力矩 3350tm，最大起重量 120t
施工升降机	按型号和用途不同，施工升降机额定载重量有 200～2000（常用）～10000kg，提升速度一般为 36～120m/min
混凝土搅拌站	按型号不同，混凝土搅拌站（楼）生产率一般为 25～360m³/h。徐工 HZS360 混凝土搅拌楼和南方路机 HLSS360 型水工混凝土搅拌楼是目前生产能力及搅拌机单机容量最大的混凝土搅拌楼，配 JS6000 搅拌主机，理论生产能力达 360m³/h
混凝土搅拌运输车	混凝土搅拌运输车最大总质量、搅拌筒搅动容量和搅拌筒几何容量都做了严格的规定，四轴混凝土搅拌运输车最大总质量应不大于 31t，搅拌筒搅拌容量应不大于 8m³
混凝土泵及泵车	按型号不同，混凝土泵车泵送量有 80～200m³/h，臂架高度 30～80m。 混凝土拖泵最高泵送记录：在上海中心大厦施工中将 C100 混凝土泵上 620m 的高度，在天津 117 大厦结构封顶时 C60 高性能混凝土泵送高度达 621m
盾构掘进机械	盾构机直径由工程应用对象而定，国内地铁隧道盾构机直径一般为 6.3m 左右，电力或者水务隧道盾构机直径 4m 左右，还有 11m 甚至 14m 的大直径隧道盾构机。2020 年 9 月 27 日，由中国铁建重工集团研制生产的开挖直径 16.07m 的超大直径盾构机"京华号"成功下线，这是迄今为止我国自主设计制造最大直径的泥水平衡盾构机
高空作业平台	臂架式高空作业平台常用工作高度 12～42m，最高 67.5m，最大载荷一般在 500kg 左右；剪叉式高空作业平台常用 6～14m，最高 22m，最大载荷一般在 750kg 左右；桅柱式高空作业平台常用 8m 以下，一般超过 14m 就用剪叉式或臂架式，其最大载荷单桅柱一般 200kg，双桅柱可达 350kg

续表

机械名称	关键技术指标范围
钢筋加工机械	我国钢筋加工机械的线材最大加工直径 16mm，棒材最大加工直径 50mm；焊笼加工机械的最大加工笼径 3m，绕筋间距 50～500mm（无极可调），最大钢筋笼长度可达 27m（定制），主筋直径 $\phi16$～$\phi50$，绕筋直径 $\phi5$～$\phi16$。 钢筋全自动化加工生产线加工钢筋直径范围 $\phi12$～$\phi50$，具备集中上料、自动传送、自动分配布料、自动定位、自动夹持和进给功能，加工钢筋级别 HRB400、HRB500，钢筋上料、螺纹成型及下料全自动化加工，模块化组合设计，单头、双头螺纹自由组合，上料机构可接锯切、剪切设备，下料机构可接弯曲、绑扎等设备
工程起重机	工程起重机型号众多，起重量范围很大。汽车起重机起重量可从 8～1000t，底盘的车轴数可从 2～10 根，其中 25t 和 50t 最为常用；履带起重机 50～4000t，可以适应各类吊装需求。目前起重能力最大的徐工 4000t 级履带起重机 XGC88000 和三一 4000t 级履带起重机 SCC40000A 都已经实现在吊装行业中（主要用于能源及石化工程吊装）的实际使用，开创中国企业在超级工程起重机领域的新突破

六、建筑施工机械技术典型工程案例

1. 基础施工机械

（1）杭绍台铁路台州椒江特大桥施工

施工地点：浙江省台州市。

钻孔参数：桩径 2.5m；最大桩深 143m，创旋挖钻机施工深度世界记录。

使用设备：徐工基础 XRS1050/XR400D/XR550D 旋挖钻机。见图 21-1。

图 21-1　旋挖钻机杭绍台铁路台州椒江特大桥施工

（2）广州地铁万博站地连墙施工

施工地点：广州地铁 18 号线南村万博站。

地质情况：中、微风化花岗岩，岩石强度 80～120MPa。

施工情况：1200mm 厚、约 60m 深。

使用设备：徐工基础 XTC80/85 双轮铣槽机。见图 21-2。

（3）成兰铁路太平站大桥施工

施工地点：四川阿坝。

地质情况：高承压水地层，下覆埋深超过 90m 压力达 1MPa 的高承压水灌注桩施工，岩石强度 80～120MPa。

施工情况：桩径 1.5m、成孔深度 143.8m，创全套管钻机施工深度世界记录。

使用设备：盾安重工 DTR2605H 全套管全回转钻机。见图 21-3。

图 21-2　双轮铣槽机广州地铁万博站地连墙施工　　图 21-3　全套管钻机成兰铁路
太平站大桥施工

2. 塔式起重机

永茂 STT3930-200t 超大型平头塔式起重机 2019 年 4 月在南京浦仪公路西段跨江大桥项目施工现场安装立塔，在经过安装指导、附着指导、顶升指导和过程维修服务后，STT3930 塔机顺利完成交付并投入使用。2019 年 8 月 20 日，STT3930-200t 超大型平头塔式起重机在南京浦仪长江公路大桥 A2 标段主桥项目施工中，30 天内完成五个钢塔节段吊装，经施工现场查验、内业资料审核、专家组评定，检验结果符合合同要求，顺利通过中交第二公路工程局有限公司现场验收。见图 21-4。

图 21-4　南京浦仪公路西段跨江大桥项目

TCR6055-32 大型动臂塔机在国家重大工程项目上海虹桥交通枢纽工程、广州海沁沙项目、浙江华能玉环电厂脱硝工程、徐州电厂、南京德基广场、广州天河体育场、广州珠江新城、大连国际会议中心、广州保利大厦等工程中发挥了重要的作用。

3. 混凝土机械及砂浆机械

（1）廊坊中建机械有限公司 2019 年为安阳建工集团量身打造的 2HZS240 环保节能型、智能化、个性化混凝土搅拌站。该两套站并排呈"T"形布置，全封闭、立体式，并根据用户现场地势高差，投料皮带机长度缩短了 10m，有效节约了场地。主站搅拌层及以下采用混凝土结构（混凝土结构基座向皮带机方向加宽设计了 2 层办公楼），后台上料采用一体化除尘系统，集操作、生产、调度等一体化集中控制系统。其信息化智能化水平和节能环保性能达到了国内 3.0 以上的水平，并且具有了 4.0 水平的雏形，领先国内行业水平。

（2）廊坊中建机械有限公司在为中建西部建设量身打造的 3HZS240 环保节能型、智能化、个性化混凝土搅拌站。该三套站并排呈"T"形布置，全封闭、立体式。本项目的智能化达到了国内 3.0 以上，并且具有了 4.0 水平的雏形，领先国内行业水平。中控室安装了先进的智能调度系统，实现智能排产，资源合理优化。调度员、质检员、操作员在这里集中办公，所有的生产经营任务指令由这里发出，实现远程操作。通过显示大屏我们可以实时监控生产信息，科学指导场站运营。

4. 高空作业平台

北京大兴机场航站楼建设工程需要 6～14m 剪叉式高空平台约 400 台；20～35m 臂式高空平台约 50 台，作业类型主要集中在通风、消防、水电、管道、幕墙、屋面、设备等安装作业。高空平台的使用不仅节省了成本，也大大提高施工的进度和效率，同时使工人的高空作业安全得到了更好的保障。

合肥京东方厂房项目建设主要是生产车间、简单装修的办公楼、仓库。该项目工期紧，需要大量高空平台同时入场施工。整个项目需要 6～12m 剪叉式高空作业平台约 600 台、臂式高空作业平台约 10 台。高空平台的主要作业类型包含通风、消防、水电、管道、幕墙、设备的安装作业。该项目车间对于施工现场要求较高，高空平台采用全新设备，且轮胎装配了防尘套，保证了车间的整洁卫生，这是传统安装方式无法比拟的。

北京新首钢大桥设计为全钢结构斜拉、刚构组合体系桥梁，总用钢量 4.5 万 t。这种结构体系在国内外首次应用。项目实施过程中采用了高空平台进行施工作业，完成了大桥的装配工程、后期打磨工程以及线束的安装。高空作业平台操作的便捷性大大提升了工程施工进度，保障工程顺利完工。

5. 钢筋加工机械

（1）PC 生产线钢筋自动化加工成套设备应用

中建三局绿色建筑产业园一期工程 PC 工厂建设项目规划用地约 21 万 m^2，厂房为 5 跨连体门式轻钢结构，长 264m、宽 129m，占地面积 3.4 万 m^2，投资约 17000 万元（不含土地投资）。分为外墙板、内墙板、叠合楼板自动化生产线车间，楼梯、阳台、梁柱等预制构件固定模车间，混凝土搅拌站车间，钢筋加工车间等，设计年产能 25 万 m^3，预制率达 60％情况下，可满足建筑面积约 100 万 m^2 需求。根据钢筋生产工艺要求，钢筋加工设备包括数控弯箍机、钢筋调直切断机、钢筋剪切生产线、立式钢筋弯曲机、开口网片焊接设备、三角桁架筋焊接设备。使用专业化钢筋自动化的加工设备、应用钢筋工程施工专用管理软件开展钢筋集中加工,不仅提高设备生产效率,人均劳动生产率平均提高 3~5 倍,而且节省人工成本和管理成本;利用计算机生产管理系统软件管理控制加工流程,可使钢筋加工耗材率由传统模式的 8% 左右提高到 2% 左右,经济效益显著。

(2) 北京中国尊项目钢筋自动化加工成套设备应用

北京中国尊由于现场施工无场地、工期紧任务重、钢筋直径大、冬季施工等难题,采用了钢筋集中加工配送技术。投入设备主要有钢筋螺纹自动化加工生产线、钢筋板筋自动化加工生产线、数控钢筋弯箍机、调直切断机、两级头立式弯曲生产线、五机头立式弯曲生产线等多种新型设备,在两个月时间内加工完成 2 万 t 钢筋,其中 HRB500 级别直径 40mm 钢筋 1.35 万 t,为地下工程的按期完工发挥重要作用,日最大配送钢筋量达 1200 余吨。

七、施工机械信息化管理

自从 21 世纪以来网络技术的普及,网络技术带动了信息化,信息化又带动了管理技术的突飞猛进,特别是随着现代 5G 技术发展和智慧工地建设,利用 5G、物联网、大数据、移动 APP 等技术,极大地推动了施工机械设备的信息化管理。特别在设备日常管理、运行在线管理、运维管理等多个领域都取得了巨大突破,实现了施工机械的全生命周期管理及最优化运行。

1. 施工机械信息化管理平台

施工机械设备的信息化管理已推行多年,但因为大多施工机械设备运行位置不固定、作业范围大、工况复杂、设备与信息化平台间的数据信息不能实时可靠的传输通信等原因,造成实际运行的效果并不理想。随着 5G 无线技术、智慧工地建设的推行,利用物联网、云服务、移动 APP 等技术实现了施工机械信息化管理的较大飞跃,呈现出了先进、可靠、功能强大、性能稳定的施工机械综合化信息化管理平台。

目前施工企业完善的管理平台体系构架如图 21-5,从图中可以看出,大量的无线通

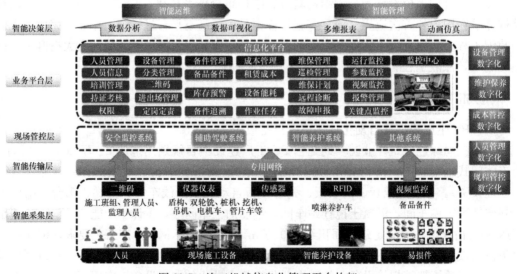

图 21-5　施工机械信息化管理平台构架

信应用如移动终端、设备终端、监控系统等，正是得益于 5G 技术的发展，保证数据传输通信的高效、稳定可靠。另一方面也得益于智慧工地建设的推进，各施工机械设备具备智能化数据采集、控制、通信功能，促进信息化平台得到应用。其中智能决策层是未来的发展方向，目前处于探索阶段。

2. 信息化管理平台的功能

高效的信息化管理平台，保障了设备日常管理的有序进行。

信息化管理平台，可记录各类设备的详细参数和使用记录，操作人员可根据平台信息了解设备规格参数、使用说明书等信息和使用情况。

设备运行时，平台可对数据进行自动处理，能够准确反映出设备的经济数据，可帮助管理人员严格预防、正确解决管理过程中可能出现的各类问题，这对提高企业整体管理水平、工作效率和增强企业在市场的竞争力都具有十分重要的现实意义。

施工作业中多种机械相互协作时，信息化管理平台可帮助企业实现在管理和协调方面的调配有序、统筹合作、协同进行，避免设备的闲置、资源的浪费，保证了设备的高效运行。系统能实时展示设备在线状态、地理位置信息、项目概况信息等，能直观地区分设备类型，全局地把握设备的统计信息。

设备停止使用期间，信息化管理平台可在一定程度上监督机械设备的保养和维修状况。使用人员可随时在平台上查询维修状况，监管人员可随时对保养和维修数据进行监控，有效防止设备的加速老化和故障率的增加。

信息化平台能实时存储设备的各种数据信息，包括设备单次工作时长、累计工作时长等基本信息，各种工况数据、IO 状态、报警状态等信息。见图 21-6。

图 21-6 信息化管理平台设备状况显示

3. 应用提升设备运行管控能力

5G 在信息化管理中的应用将极大地助力施工机械设备的组织和协同的能力。依靠低时延、高可靠 5G 网络的支撑，实现对所有机械进行全面掌握、统筹管理。5G 能让操作更精准、让设备自主作业，最大程度降低人与设备之间的通信延迟；5G 低时延特性，可保障设备数据实时传输到中央控制室，实现远程或无人操作，并能通过大数据处理分析预见设备异常情况并及时维护，有效避免意外事故发生。5G 技术已经在一些施工机械已获得了如下应用：

（1）无人驾驶。通过前期的 3D 建模等工作和前期参数预设、实时视频监视，让施工机械实现一定程度的自动驾驶，包括自动启动停止，自动进行施工作业等操作。

（2）人脸识别，定岗定责。通过人脸识别系统，对设备的开启进行控制，自动记录操作人员所有操作记录，实现人员及操作记录追踪，可有效避免其他人员对设备进行误操作或恶意操作，保证设备的安全性。施工人员可通过专用手持终端设备，实现远程和设备驾驶人员进行语音和视频沟通，指挥驾驶人员执行相应的操作动作，有效避免指挥人员在大型设备附近进行作业指挥而发生危险，对指挥人员提供了安全保障。

（3）防疲劳驾驶。防疲劳驾驶系统用在运输车辆，能让司机知道他们正在疲劳驾驶并提高他们的警惕水平，一旦系统检测到司机正在疲劳驾驶，系统进行干涉，如减速或停机等操作，避免出现施工事故，有效保证人员和设备安全。

（4）远程智能操作管理。利用信息化管理平台可实现远程智能操作与本地设备管理系统对接，利用远程操作调度中心，实现按设备管理系统作业指令自动进行施工作业。见图21-7。

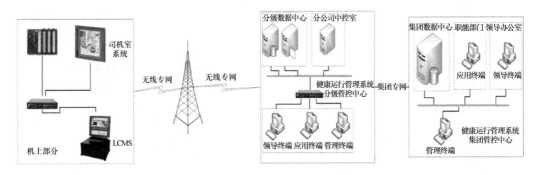

图 21-7　施工机械远程智能操作管理

（5）设备互联互通。如在塔机群上的应用，系统随时跟踪相应塔机的运行数据，防止塔机相互碰撞事故。

八、施工机械安全管理

施工安全管理是施工项目管理的最重要内容，机械安全管理则是重中之重。随着我国各类工程建设的迅速发展，施工机械应用也越来越普遍。机械化施工取代了传统落后的施工方式，但同时施工过程中出现许多新的不安全因素，安全事故屡见不鲜。仅以《住房城乡建设部关于 2019 年房屋市政工程生产安全事故情况的通报》数据来看，2019 年全国房屋市政工程生产安全事故中，起重机械伤害事故 42 起，占总数的 5.43％；施工机具伤害事故 23 起，占总数的 2.98％。全国房屋市政工程生产较大及以上事故中，起重机械伤害事故 7 起，占总数的 30.43％。

施工机械安全管理中存在的主要问题：操作人员素质低、安全管理人员不专业，日常养护流于形式，设备检查形同虚设，以各种检查代替管理。做好施工机械的安全防范和管理，是建设工程施工中一个不容忽视的问题。

1. 建立安全管理体系和管理制度

建立一套安全管理体系，形成一个完整的管理网络，明确责任、职责，充分体现"安全生产、人人有责"。安全管理制度的建立必须使安全管理体系和管理活动正常运转，约束安全管理者和被管理者，使安全管理规范化、合理化、科学化。

明确安全生产责任制，根据各岗位职能及特点在各自工作范围内制定详细的安全责任制，建立施工机械及特种操作人员管理制度，做到安全生产人人有责，以实现每个员工都必须在自己岗位上认真履行各自的安全职责。

制定设备的检查标准，依据施工机械的安全技术操作规程、保修规程确定施工机械的检查标准和要求，确定检查时间、检查项目、检查内容，并认真执行。

制定安全教育培训、安全活动制度，应包括计划、对象、内容、方式、记录、效果等。

2. 实现设备的本质安全

本质安全的设备具有高度的可靠性和安全性，可以杜绝或减少伤亡事故，减少设备故障，从而提高设备利用率，实现安全生产。本质安全化要求对人—机—环境系统做出完善的安全设计，使系统中物的安全性能和质量达到本质安全程度。

3. 人员素质和技术能力培养

安全生产中人的因素是第一位的，由于违反操作规程而发生的机械事故和人身伤亡事故占 80％以上，做好操作人员的安全预防就能最大限度降低事故的发生。对操作人员制订上岗培训计划，操作人员培训后应经劳动部门或有关部门考核颁发证书后，方可上岗操作。

4. 安全监控的智能化

随大数据、移动互联网、云计算等信息化技术的应用，施工机械可构建新的、高效、智能化安全监控系统。

（1）安全状态监控：要实现实时安全监控，通过在设备上安装传感器，实时采集、回传现场施工设备的状态和运行数据、视频数据等到云平台，通过 4G/5G 无线网络接入远程监控中心，移动设备端，实现数据的共享和安全管控。

（2）日常检查故障诊断：通过传感器上传数据，设备运行数据，实现日常检查（检查模板、检查任务）、故障分析（分析对比、故障申报），维修保养提示，远程安全隐患检测、设备故障诊断，智能分析、对比（实时数据、工况报警展示、二维动画仿真、实时/历史曲线显示），实现设备故障诊断，适时安全报警。

（3）运用深度预测和预判：运用了物料数据化管理、进行智能设备故障判断，实施设备可能安全风险的推断，完成"深度应用预测和预判"，以防止质量事故，降低质量管控风险。

施工机械设备的安全管理是一个综合性课题，除了把好管、用、养、修关之外，还必须做到领导重视，各级机械管理人员、机械操作人员、维修人员及相关配合人员之间责任明确，做到有章可循、有据可查，真正做到"安全第一，预防为主"，杜绝事故的发生。

第二十二篇　特殊工程施工技术

中国建筑一局（集团）有限公司	薛　刚　金晓飞　张　军　杨旭东
中国铁建十六局集团有限公司	马　栋　王武现　蔡建桢
北京中建建筑科学研究院有限公司	任　静　段　恺
上海天演建筑物移位工程有限公司	蓝戊己　王建永

摘要

本篇主要针对加固改造技术、建筑物整体移动、膜结构和建筑遮阳四个方面分别进行了介绍。首先，由于我国存量建筑规模巨大，需要加固改造的建筑总量激增，既有建筑的改造和再生利用将是未来建筑市场的一大主要领域，也是建筑业需要面对的企业升级转型的巨大机遇与挑战之一。文中阐述了加固不同建筑形式、不同建筑部位的工程，目前主要应用的加固技术和材料近1~3年的发展，同时也对该技术的前沿研究进行了分析展望。

其次，建筑物整体移动技术包括结构鉴定分析、结构加固、结构托换、移位轨道技术、切割分离、移位装置系统、整体移位同步控制、移动过程的监测控制和就位连接等关键技术，具有工期较短、成本较低等优点。随着限位、顶推等技术和装置的发展，建筑物整体移动技术在既有建筑物保护与改造领域的应用将更为广泛。

再次，膜结构广泛应用于大跨度、体态复杂的空间结构上，同时，软膜内装已逐步成为新的装饰亮点。本篇着重介绍了建筑膜材料的特性、分类和膜结构设计，以及膜结构材料的现状及发展方向。

建筑遮阳产品的合理设计和正确使用不仅能够提高外围护结构的热工性能，降低建筑能耗，还可以改善室内光、热环境，改善室内居住办公健康环境。本篇从建筑遮阳产品的分类、施工技术要点，涌现的复合化、智能化、绿色化、宜居健康建筑遮阳技术，光电一体化和智能遮阳新产品等方面进行梳理，并结合典型示范工程案例，详细论述了建筑遮阳产品在工程中的应用及其对建筑行业节能减排的重大意义。

Abstract

The paper mainly statesreinforcement and reconstruction technology, Overall movement of buildings, membrane structure and Building shading system.

Firstly, due to the huge scale of the existing buildings in my country, the total number of buildings that need to be reinforced and renovated is increasing rapidly. The renovation and recycling of existing buildings will be a major area of the future construction mar ket, and it is also a huge upgrade and transformation of enterprises that the construction industry needs to face. One of the opportunities and challenges. The article describes the reinforcement of different building forms and different building parts. The current main application of reinforcement technology and materials have been developed in the past 1~3 years. At the same time, the frontier research of this technology is analyzed and prospected.

Secondly, the building monolithic shift's technology includes structural identification analysis, structure reinforcement, structure underpinning, Shift track technology, cutting, shift system, synchronous monolithic shift control, shift progress monitor, connection and some other key technology. The advantages of the technology are shorter working period and lower cost. The building monolithic technology will be used in the protection and reconstructing field for existing building extensively with the development of technology and device in limiting displacement and pushing.

And again, membrane structureis used extensively on spatial structure with long span and complex appearance, besides, The interior of the soft film has gradually become a new decorative spot. In this paper, The characteristics and classification of the membrane material and the design of the membrane structure are emphatically introduced. Further more, it also stats the status of membrane structure material and development direction.

Reasonable design and correct use of building shading devices can not only improve the thermal performance of building envelope, lower building energy consumption, but improve indoor light and thermal environment, and indoor health environment of buildings for living and office. This work analyzes the technologies involved in building shading products from the point of view of product classification, key construction technology, composite, intelligent, green, livable and healthy building shading technologies, photoelectric integration and smart shading products. Then combined with typical demonstration projects, the application in buildings and significance for energy conservation and emission reduction of building shading products in the construction industry is discussed in detail.

一、特殊工程施工技术概述

1. 加固改造工程的发展

经过改革开放四十多年的积累，我国经济由高速发展过渡到"新常态"，全国目前既有建筑面积已近 600 亿 m²，这些存量建筑受当时建造技术和经济条件限制，其中近半数存在安全性、功能性、节能性等诸多问题。既有建筑的改造和再生利用将是未来建筑市场的一大主要领域，也是建筑业需要面对的企业升级转型的巨大机遇与挑战之一。

我国从 20 世纪 50 年代起发展加固改造工程技术，80 年代进入快速发展期。1990 年发布行业协会标准《混凝土结构加固技术规范》，2006 年发布国家标准《混凝土结构加固设计规范》，并于 2013 年对《混凝土结构加固设计规范》进行了修订，2016 年发布了《钢绞线网片聚合物砂浆加固技术规程》行业标准，进一步促进了加固改造技术的发展。近年国家对建筑行业提出了绿色发展的要求，结构加固技术的研究与应用除了重视切实可靠的承载能力提升外，也越来越关注综合防灾效益，顺应绿色环保的理念。建筑结构胶由于存在老化、防火、释放有害气体等多方面短板，对其依赖性强的碳纤维加固和粘钢加固技术应用逐渐减少，钢绞线网片聚合物砂浆加固技术和外包钢加固技术获得推广。

2. 建（构）筑物整体移位技术的发展

移位技术在我国经过近 30 年的发展，得到了长足的发展，随着该技术越来越被市场关注和接受，其应用领域越来越广泛，在城市更新、老旧小区改造、地下空间开发、内河航道升级、铁路电气化改造、高速公路改扩建等工程领域起着不可替代的作用，主要技术需求主要有如下方面：

2.1　既有建筑物的移位技术需求

（1）协调城市开发与建筑保留的冲突需求，城市市政道路拓宽、地块开发与有保留价值的既有建筑相矛盾时，通过移位技术达到开发与保留双赢的目标，如上海音乐厅整体移位顶升工程。

（2）历史建筑文化传承的需求，通过移位技术优化建筑视觉效果及恢复周边环境的相互关系，如南京博物院老大殿整体顶升 3.0m、上海面粉厂整体顶升 2.4m。

（3）建筑功能提升的需求，通过移位技术改善建筑的排水、防汛功能，如温州天主堂整体顶升 1.2m，上海华东医院南楼整体顶升 1.2m。

（4）建筑安全性能提升的要求，如通过移位实现纠偏、通过减隔震技术实现提升抗震性能，上海玉佛禅寺大雄宝殿通过移位改造后，消除公共安全隐患，通过加装减隔震措施提高建筑本身安全性。

（5）地下空间拓建的需要，通过移位托换技术实现既有建筑（群）地下或周边地下空间开发的目的，如上海市级文物保护单位上海董家渡天主教堂在四面开挖深基坑的工况下采用预防性可调平主动托换技术进行保护。

2.2　新建建筑的移位技术需求

在建筑物建造前考虑移位的需求，如售楼部设计时就将移位设计提前考虑，待售楼处功能失去后，移至新址改做办公用途。

2.3 既有桥梁的移位技术需求

（1）内河航道升级改造，跨航道桥梁整体顶高满足净空要求；

（2）铁路提速电气化改造，跨铁路桥梁整体顶高满足净空要求；

（3）既有市政高架桥与新建高架桥连接再利用，整体调坡顶升满足线形衔接要求；

（4）地下通道及盾构下穿既有桥梁墩柱及桩基础范围，对原有墩柱进行主动顶升托换；

（5）既有顶升桥梁支座更换纠偏等病害处理。

2.4 新建桥梁的移位技术需求

（1）新建大跨刚构桥顶推合龙以满足施加预应力的要求，如上海轨交 16 号线渤马河桥顶推合龙；

（2）新建桥梁时保障桥下交通、通航、铁路运行、轻轨运行需求，采用高位现浇或拼装再整体降落就位、错位现浇或拼装再整体顶推就位、桥梁转体就位等。

3. 膜结构的发展

膜结构是 20 世纪中期发展起来的一种新型建筑结构形式。我国于 2007 年修编的《膜结构检测技术规程》、2010 年发布的《膜结构用涂层织物》、2015 年修编了《膜结构技术规程》，进一步促进了膜结构在国内的发展。

随着近两年人们对生存环境的高度关注，绿色建筑理念的不断增强，膜结构以其自重轻、对结构要求低、节能环保、透光率高、形态表现形式多样、施工快速等优势，尤其在大跨度、体态复杂的空间结构上被广泛应用，并提出了更高的节能环保要求，从而进一步推进了膜结构体系尤其是膜材方面的发展，出现了各种在膜材上附着柔性太阳能电池板、气凝胶（Nanogel）或由 Tio_2 涂层＋纳米气凝胶符合绝热材料＋PTFE 内膜组合体等新型节能膜材的应用。

4. 建筑遮阳概述

建筑遮阳是现代建筑外围护结构不可缺少的节能措施，可有效遮挡或调节进入室内的太阳辐射，对降低夏季空调负荷、缓解室内自然采光中眩光问题、改善室内舒适度以及提升建筑外观艺术美有着重要作用。据《欧盟 25 国遮阳系统节能及 CO_2 减排》研究报告表明：采用建筑遮阳，可节约空调用能约 25%，采暖用能约 10%。近些年，在国家大力推动绿色建筑、健康建筑、超低能耗建筑的同时，建筑遮阳得到了更为广泛的应用。

我国建筑遮阳发展至今，大体可分为四个阶段，以窗板连廊和窗帘为主的初始阶段；改革开放初期以室内百叶窗帘为主的萌芽阶段；以工程建筑遮阳、建立遮阳标准体系、遮阳在建筑中大量应用的成熟阶段；近些年，随着我国经济的不断发展，电动遮阳、智能控制遮阳和光伏遮阳的出现，推动着我国遮阳行业的发展和壮大。

与此同时，建筑遮阳标准体系的不断完善，规范和推动了我国建筑遮阳的技术发展。自 2006 年至今已发布实施遮阳类标准约 32 部，其中产品标准 11 部、通用标准 7 部、方法标准 13 部以及工程技术规范 1 部，其中 2018 年发布的《建筑用光伏遮阳板》GB/T 37268—2018 为国家标准。《建筑用遮阳金属百叶窗》JG/T 251—2017 等 5 部产品标准和

《建筑遮阳通用要求》JG/T 274—2018 进行了修订。遮阳标准的不断更新完善为推动我国遮阳技术的应用具有重要作用。

二、特殊工程施工主要技术介绍

1. 加固改造主要技术内容

1.1　增大截面加固法

房屋建筑物结构加固的改造技术当中，增大截面加固技术应用的较为广泛，属于传统加固改造手段，也即基于原有所需加固的结构，在上面架设一层钢筋网砂浆层或者钢筋混凝土层，确保其能够和原有结构有共同作用产生，确保结构自身承载力能够增强。此种施工操作工艺极具简洁性，有着广泛的适用范围，加固改造效果优良，可用于加固改造处理房建项目当中基础、板、墙、梁等各个构件与构筑物。

1.2　外包钢加固法

外包钢法是指用型钢加固结构所需的四个角连在一起的加固方法，将该型钢与固定板连接起来。外包钢法采用了两种湿热包裹法：湿法和干法。型钢和原部件通过感光性粘接剂、水泥或环氧树脂粘接，在包型钢与原部件之间形成整体的粘接力，完整性好，但工作量大。在干式包钢的加固方法中，型钢与原构件之间没有粘接。有时它用水泥砂浆填充，外部型钢和原始结构承受应力，不是整体应力。干式外包法虽然施工简单，但支撑力提高不明显。外包钢法在不改变原结构横断面的情况下，可以大大提高结构的承载能力，可用于混凝土柱、梁、屋顶等结构的加固。特别是对于受压构件的加固，截面尺寸的变化是不允许的，结构承载力的变化也是不允许的。上述方法施工速度快，加固效果显著，施工成本高。

1.3　钢纤维混凝土加固法

钢纤维混凝土加固是一种操作简单、方便的施工技术。在这一技术中，主要的材料就是钢纤维混凝土，这一材料兼具混凝土和钢纤维的优势，是一种新型的复合材料。在使用钢纤维混凝土时，可通过浇筑、喷射等方式，根据施工需求选择即可。目前所常用的钢纤维主要是切断型钢纤维和熔抽型钢纤维，还有剪切型钢纤维和铣削型钢纤维这四种制作方法。这几种方法的共同特点是应用范围广、性能优越。钢纤维混凝土的稳定性很强，能够解决普通混凝土面对的问题，可在施工中添加适量的速凝剂，避免建筑因温度差异较大而出现质量隐患，减少裂缝产生的可能性，还可以达到房屋结构加固的目的。

1.4　预应力混凝土加固法

预应力混凝土加固技术在应用时比较方便，为达到理想的效果，需要提前对预应力进行计算，确定准确数值后，方可进行加固。这种加固方式主要是针对凝固后的混凝土裂缝问题。一般情况下，需要通过专业的施工人员拉长钢筋，这种操作方式会在混凝土的耐拉范围内，然后再进行预制品的制作。通过拉长的钢筋会产生回缩力，这一力量会作用在混凝土之上，以暂时储存的方式得以存在。制作完毕的预制品会在受到压力的时候提前将储存的压力进行消耗，直至完全抵消后，混凝土才会受到外力的影响。这种缓冲的方式能够有效延缓混凝土在受到压力情况下产生裂缝的时间。

1.5 钢筋网砂浆加固法

在既有钢筋混凝土结构构件外表面绑扎钢筋网，借助高压喷射设备将复合砂浆喷射到其表面，把钢筋网和复合砂浆变成一个紧密的加固体。通过喷射砂浆，使建筑构件截面积增加，承载能力有所提升，该方法在加固改造施工中得到广泛应用，且改造成本也比较经济。

1.6 植筋加固法

通过植入普通钢筋或螺栓式锚筋，达到加固建筑物的目的，该方法被普遍应用到建筑物的加固中。植筋加固技术是一种针对混凝土结构较简捷、有效的连接与锚固技术，在工程中没有预埋钢筋时，这种加固技术是一种有效的补救措施，如施工中漏埋钢筋或钢筋偏离设计位置的补救，构件加大截面加固的补筋，上部结构扩跨、顶升，对梁、柱的接长，房屋加层接柱和高层建筑增设剪力墙的植筋等，这些都可用植筋加固技术进行有效补救。

1.7 其他加固法

常用的加固方法还包括置换混凝土加固法、增设支点加固法、结构体系加固法等。置换混凝土加固法，把存在缺陷的原截面或强度较低的混凝土部位剔除，然后使用强度等级较高的混凝土进行浇筑，从而实现恢复或补强原构件的承载力的目的；增设支点加固法，为改善结构的受力状态，在原有结构内设置新的支承点，这样结构的计算跨度减小了，结构的内力也得以减小；结构体系加固法，通过新设置剪力墙或支撑的方式，对结构的整体缺陷进行修复，以提高结构整体性能。

2. 建（构）筑物整体移位技术的内容

建筑物整体移位技术是指在保护上部结构整体性前提下，将建筑物从原址迁移到新址的技术。其实施步骤为：首先在被移位建筑新址修建新的地基基础，在新址和旧址之间修建轨道；之后在建筑物底部施工整体托换底盘，在托换底盘和移位轨道之间安装移动支座；然后在托换底盘下方将上部结构和原基础或地基分离，形成可移动体；安装移动动力设备和同步控制设备，将建筑物移动到新址后进行就位连接。

移位技术是由多项关键子技术集成的综合改造技术，涉及结构、岩土、机械、电气、液压等技术领域，其突出特征是技术集成和综合。移位技术的专项子技术可以分解为：托换技术、临时性地基处理与轨道基础技术、结构切割分离技术、移位设备装置及同步控制技术、过程中的姿态监测监控技术、就位连接技术，组成该技术关键专项子技术的发展决定了移位技术的进步。

各关键子技术对被移动结构的安全性和经济性起到决定性作用，其构件形式、受力性能从移位技术出现以来就被工程技术人员重点关注，进行了大量研究，比如文献［1］［2］进行了新旧混凝土界面连接节点的破坏性试验，研究了节点的破坏形态，得出了抗剪承载力的计算公式，并通过工程实例验证了方法的有效性；文献［3］通过试验及有限元分析研究了凿毛、植筋、支承形式对抱柱梁节点极限承载力的影响；文献［4］对现有排架结构、砌体结构、框架结构和基础的托换技术进行了系统的总结；文献［5］通过建立不同截面托换梁模型，应用有限元分析模型的应力分布及破坏形态，提出了大截面柱的控制参数及定义；文献［6］设计了承重砖墙的混凝土托换试件，通过对试验结果的分析，假定了承重砖墙托换体系承载力平面桁架力学模型并推导了承载力计算公式。上述相关研究成果被编写入移位技术标准中，包括《桥梁顶升移位改造技术规范》GB/T 51256—2017、

《建筑物移位纠倾增层改造技术规范》CECS 225：2007、《建（构）筑物托换技术规程》CECS 295：2011、《建（构）筑物移位工程技术规程》JGJ/T 239—2011、《既有建筑地基基础加固技术规范》JGJ123—2012、《建筑物倾斜纠偏技术规程》JGJ 270—2012《建（构）筑物整体移位技术规程》DJG32/TJ 57—2015 等。

2.1　结构鉴定分析

对既有建筑的移动，在确定方案时应进行结构鉴定，结构鉴定的目的是根据检测结果，对结构进行验算、分析，找出薄弱环节，评价其安全性和耐久性，为工程改造或加固维修提供依据。在民用建筑可靠性鉴定中，根据结构功能的极限状态，分为两类鉴定：安全性鉴定和使用性鉴定。

安全性鉴定目的是对现有结构进行安全性评估，确保平移过程中和平移就位后结构在各种荷载作用下的安全性。其具体作用有三个方面：一是为平移技术应用可行性论证提供依据；二是根据鉴定结果确定平移技术方案；三是当委托方需要对平移后的建筑物进行结构和功能改造时，鉴定结果可提供技术依据。

正常使用鉴定的目的是保证平移就位后建筑物满足适用性和耐久性的要求。

对新建结构采用整体移动方法施工时，应根据移动过程的实际受力状况进行全过程分析，从而指导施工，保障安全。

2.2　结构加固技术

移位前，对被移位建筑结构进行鉴定和可行性评估后，对于结构现状不满足要求的则需要进行加固。移位前常见的加固有：临时填充门窗洞口、柱扩大截面、不稳定墙体设置支撑、地面基础加固、大空间设置临时支撑等。对于整体薄弱或损伤严重的历史建筑除局部构件加固外，往往采用满堂支撑架或型钢支架进行整体刚度加固。

临时加固保护一般不改变原受力状态，不损伤原构件，工程结束后可以恢复建筑原貌。在意外情况发生或受到不利工况扰动的情况下临时加固体系能够控制建筑物整体和局部构件的变形，保持结构的稳定性，保证建筑物在托换、平移和顶升全过程的建筑安全。

2.3　结构托换技术

托换技术是指既有建筑物进行平移或加固改造时，对整体结构或部分结构进行合理托换，改变荷载传力途径的工程技术。目前该技术被广泛用于建筑结构的加固改造、建筑物整体平移、建筑物下修建地铁、隧道等工程领域中。

在建筑物平移工程中经常遇到的托换结构为砖结构和混凝土结构。砖结构的托换方案主要有双梁式托换和单梁式托换，如图 22-1 所示。

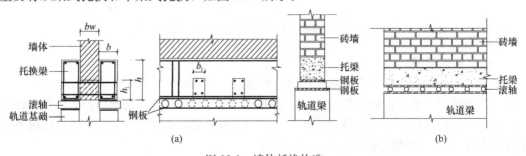

图 22-1　墙体托换构造

（a）双夹梁式托换；（b）单托梁式托换

混凝土结构的托换主要为混凝土柱的托换问题，一般采用混凝土抱柱梁的托换方案，实际工程中的照片如图 22-2 所示。

图 22-2　工程实例

2.4　移位轨道技术

移位轨道技术只在平移工程中应用，移位轨道由轨道基础和铺设的规定面层组成，轨道基础一般采用与托换形式对应的单梁钢筋混凝土条形基础或双梁钢筋混凝土条形基础，铺设面层一般采用 10～20mm 厚钢板、槽钢或型钢制作的专用轨道。为节省投资，个别工程采用型钢轨道。对于自重较轻的小型民房平移工程，则选择在枕木上直接铺设槽钢的轨道形式。

2.5　切割分离

托换结构准备完毕后，需要将平移部分建筑物切割开，机械切割的主要设备包括轮片机及线锯切割设备，轮片机需要的操作空间较大、适用于大面积钢筋混凝土墙体切割。

线锯切割设备包括液压机、驱动设备和驱动轮（主动轮）、导轨、线锯。其工作原理是电动设备驱动主动轮旋转，带动线锯高速运动，线锯将被切割构件磨断。液压设备施加压力使主动轮在导轨上移动，以保证线锯随切割进度随时拉紧，并保持相对稳定的拉力。见图 22-3。

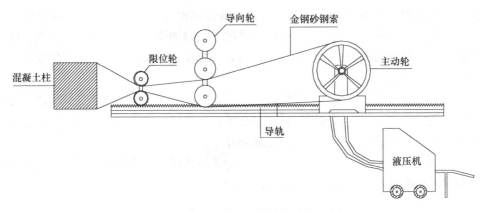

图 22-3　钢筋混凝土柱链锯切割示意图

2.6　移位装置系统

移位工程中的动力装置多采用千斤顶，根据被平移物整体结构的受力状况来分析计算取值，对于需要考虑动荷载的影响时也一并考虑，确定所选千斤顶的吨位、台数和分布的位置。在静定结构中，可以稍大于其上部结构恒载重量，而在超静定结构中，则应根据上部的具体结构受力状况来决定顶升力的取值。

千斤顶的行程，根据平移工程的类型（平移、顶升、提升），选择合适的行程范围。

移位工程中多采用大行程千斤顶，千斤顶一般为 1.0m 一顶推行程。千斤顶的数量根据工程实际情况确定，一般在平移方向上每条轴线设一套动力设备，隔轴设置则需要增大上托架的刚度和强度。见图 22-4。

在顶升工程中根据顶升高度及放置千斤顶的空间高低，可选择薄型、超薄型或不同本体高度的千斤顶，在顶升中千斤顶使用时必须垂直受力，严防失稳，否则会出现安全问题。在顶升工程中千斤顶的顶升行程多控制在 10cm，

图 22-4　千斤顶行程

每顶升一个行程千斤顶需要倒换受力支撑，在顶升中千斤顶会增加一组自锁装置，防止不可预见的系统及管路失压，从而保证负载的有效支撑。见图 22-5。

图 22-5　顶升过程

在桥梁顶推施工中多采用水平连续千斤顶，水平连续千斤顶为 2 台千斤顶串联。其前顶在顶推时后顶处于回程工况，后顶回程到位后前顶仍处在顶进状态。当前顶顶进行程未满前后顶与前顶同时顶进。在前顶顶进到位后，前顶回程，此时后顶仍连续顶进，直至前顶回程到位。如此反复进行，整个顶推过程不间断。见图 22-6。

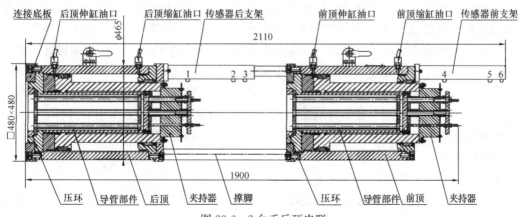

图 22-6　2 台千斤顶串联

在提升施工中多采用穿心千斤顶，穿心千斤顶分为松卡式千斤顶和穿心式牵引千斤顶，松卡式千斤顶具有操作简便、安全平移、可自动松卡和紧卡（自锁）、循环往复连续作业的特点。穿心式牵引千斤顶具有牵引力大，但操作较麻烦，平移性稍差，使用时注意多根钢绞线受力的同步均匀性和安全性。

2.7 整体移位同步控制

2.7.1 同步移动控制系统概述

同步移动自动控制系统是近年来新出现的一门综合控制技术，它集机械、电气、液压、计算机、传感器和控制为一体，依靠计算机全自动压力或位移岁末年初控制完成工程平移。该技术最早是为了解决大型预制结构的同步顶升施工问题，逐渐应用到顶升、纠倾和整体平移工程当中。

PLC液压同步控制系统由液压系统（油泵、油缸和管路等）、电控系统、反馈系统、计算机控制系统等组成。液压系统由计算机控制，从而全自动完成同步移位施工。

2.7.2 同步移动自动控制系统组成与原理

同步移动自动控制系统的组成及工作原理如图 22-7 所示。

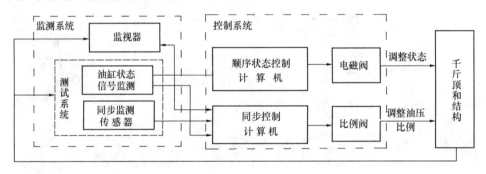

图 22-7 同步平移自动控制系统组成

电磁阀主要控制千斤顶的状态，如顶推、回油、锁定等，而比例阀主要调整各加荷千斤顶油压比例，从而调整加荷点的顶推速度。

2.8 移动过程的监测控制

控制监测精度，认真做好测量工作，是确保移动工程成功的关键一环。监测时要重点注意结构的薄弱环节或敏感环节，如柱截断时的沉降，轨道梁的沉降，柱边、墙角、托架和轨道梁内钢筋的应力等。设定报警值为结构出现危险提供预警，正常情况下，当构件受拉钢筋的应变超过 $500\mu\varepsilon$ 时，受拉区混凝土会出现第一批微裂缝，但构件远未破坏，把托梁应变超过 $500\mu\varepsilon$ 作为警戒线一般是比较安全的。观察建筑物的整体状况，如顶部与底部相对位移变形，记录楼体各点的前移距离、前移方向、楼体倾斜状况及裂缝情况。这些都属于静态监测；动态监测主要是振动加速度的测试，了解结构在动力作用下的响应。

此外还应注意移位工程对场地周围的建筑物和市政设施的影响。

2.9 就位连接

2.9.1 直接连接

建筑物或结构移动到新址后，对混凝土结构需要连接结构柱钢筋及混凝土，由于切割将同一截面的钢筋完全截断，采用焊接连接时不符合《混凝土结构设计规范》钢筋连接要求。一般参考《钢筋机械连接技术规程》JGJ 107，当采用挤压套筒连接时，达到一级连接后，可以在一个截面截断。当施工空间有限，或者钢筋无法上、下对应时，可采用扩大柱连接节点的截面，增加连接钢筋的方案处理。对钢结构，可采用焊接连接，或直接放在结构的永久支座上。

2.9.2　隔震连接方法

直接连接方式仍然将上部结构与基础固结在一起，建筑物抵御地震的能力没有本质提高。与此同时，减（隔）隔震技术应对地震的高效性与可靠性已经被世界各地的大量工程实例所验证，平移建筑物与新建基础的分离状态使基础隔震在平移工程中的实施成为可能。采用加设隔震层的方式进行就位连接，可以充分利用建筑迁移过程中的托换体系，而且形成了安全性和可靠度更有保证的基础隔震体系。

3. 膜结构主要技术内容

3.1　建筑膜材料的特性

膜材的物理和化学性能对建筑物的适用性和寿命影响很大，不同纤维基布、涂层或表面涂层，将构成具有不同性能的膜材，从而适应不同层次的膜建筑与特定技术需求。目前建筑膜材料分为织物膜材料和热塑性化合物薄膜两大类。

3.1.1　织物膜材料

织物膜材料是一种耐用、高强度的涂层织物，是在用纤维织成的基布上涂敷树脂或橡胶等而制成，具有质地柔韧、厚度小、重量轻、透光性好的特点。其基本构成见图 22-8，主要包括纤维基布、涂层、表面涂层以及胶粘剂等。

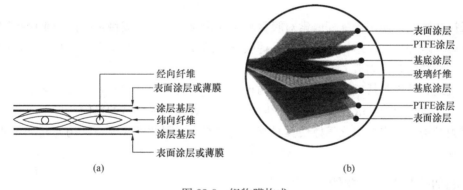

图 22-8　织物膜构成
（a）聚酯纤维基布 PVDF 涂层膜材；（b）玻璃纤维基布 PTFE 涂层膜材

3.1.2　热塑性化合物

热塑性化合物薄膜由热塑成形，薄膜张拉各向同性，一般厚度较薄。此类膜材能够作为外部建筑材料长期使用。热塑性化合物薄膜通常经膜压工艺成型已获得高质量以及持久的材料厚度，也能保证材料的最大透明度。建筑中用热塑性薄膜，主要有氟化物（ETFE 和 THV）、PVC 薄膜。

3.2　膜结构的设计

膜结构建筑可任凭建筑师创造、想象，但由于膜材柔性无定型，显著区别于其他建筑材料的特征，只有维持张力平衡的形状才能具有稳定的造型。在膜结构建筑的整个设计过程中，建筑与结构必须紧密结合，设计时应充分利用其优点，避免相应的缺点，采取合理技术措施，使结构、功能及审美三方面在设计中有机结合，充分发挥膜结构形式所具有的特性，取得良好的建筑效果与经济技术指标。

膜结构设计时，要根据设计使用年限和结构重要性系数进行设计，使膜结构在规定的使用年限内满足使用功能要求：自洁与建筑视觉效果，承受可能出现的各种作用，具备良好的工作性能，足够的耐久性，经历偶然事件后仍能保持必需的整体稳定性。

由于膜材的特殊性，膜建筑设计需包括建筑造型与体系、采光照明、音响效果、保温隔热等，还应包括消防与防火、排水与防水、裁切线、避雷系统、防护和维护、节点设计等。膜结构设计主要包括三个阶段：找形优化分析、荷载分析、裁剪分析。找形分析是基础，荷载分析是关键，裁剪分析是目标和归宿。找形分析需要建筑师、业主、结构工程师紧密配合，创造出具有个性特征的作品，既满足建筑意象，又符合膜受力特征的稳定平衡形态；荷载分析在结构几何非线性分析的基础上要建立正确合理的分析模型，考虑荷载作用的合理取值，结合结构响应评价，确定最优安全度、材料量、经济指标；裁剪分析必须准确模拟膜的任何边界约束，预张力与找形分析和荷载分析所认为合理预张力完全一致，以及考虑材料、加工、安装运输等因素，取得合理结果。

3.3 膜结构的分类

膜结构由膜材料和支撑组件构成。根据构造和受力特点不同，常见的膜结构可分为骨架式、张拉式、充气式等。

骨架式膜结构主要作为表皮材料使用，刚性骨架为其提供支撑，是结构的主要承力部分。这种结构的设计和施工简单，但无法体现出膜材料本身的特性，通常用于覆盖建筑表面。

张拉式膜结构使用支撑杆或索对膜材料施加预应力使其形成稳定的曲面来维持建筑的结构形态。这种形式膜结构能够充分发挥膜材料的性能，且具有很高的可塑性，最能够体现膜结构材料的艺术创造力。

充气式膜结构包括气承式和气囊式两种。气承式膜结构利用其内部与外部空气压力差为膜材料提供预应力。故受外界条件影响大，并且难以承受恶劣的气候条件。而气囊式采用双层膜结构，因内部填充气体使其具有一定的刚度，因此气囊式膜结构比气承式结构的稳定性好。

4. 建筑遮阳主要技术介绍

4.1 建筑遮阳产品分类

近年来，我国建筑遮阳产业取得了快速发展，建筑遮阳产品已经初步形成了较为完整的系列，能满足各类建筑遮阳工程的需求。与此同时，建筑遮阳的分类也越来越呈现出多元化的趋势。

构件式遮阳按其在建筑立面放置的位置分为水平遮阳、垂直遮阳、综合式遮阳和挡板式遮阳以及百叶式遮阳，一般是固定设置、不能调节的。

遮阳产品是在工厂生产完成，到现场安装，可随时拆卸，具有各种活动方式的遮阳产品，可按产品种类、安装部位、操作方式、遮阳材料等方面进行分类。其中按产品种类可分为建筑遮阳帘（图 22-9～图 22-11）、建筑遮阳百叶窗、建筑遮阳板（图 22-12）、建筑遮阳篷、建筑遮阳格栅以及其他建筑遮阳产品；按安装部位可分为外遮阳产品、内遮阳产品和中间遮阳产品（玻璃中间遮阳）；按操作方式分为固定遮阳和活动遮阳（活动式又可分为手动和电动操作）；按遮阳材料分类可分为金属、织物、非织造布、木材、玻璃、塑料、竹质、陶板等。

图 22-9　建筑遮阳帘（外遮阳百叶帘）

图 22-10　建筑遮阳帘（软卷帘）

图 22-11　建筑遮阳帘（室内天篷帘）

图 22-12　建筑遮阳板（条形板固定式遮阳）

对建筑而言，遮阳作为一种产品安装在建筑上，其安装方式和方法非常重要，影响其遮阳功能和安全性能。

4.2　建筑遮阳施工安装

建筑遮阳工程除保证遮阳效果和外观外，其关键是必须保证安装和使用过程中的安全和耐久性能。加强对建筑遮阳的施工管理，不仅对建筑本身有积极的影响，还有利于促进遮阳行业的持续发展要求。因此，遮阳产品的施工质量至关重要。

4.2.1　遮阳产品安装流程

（1）锚固件安装：后置锚固点应设置在建筑围护结构基层上，安装前应经防水处理。需要在结构构件上开凿孔洞时，不得影响主体结构安全。

（2）遮阳组件吊装：根据遮阳组件选择合适的吊装机具，吊装机具使用前应进行全面质量、安全检验，其运行速度应可控制，并有安全保护措施。

（3）遮阳组件运输：运输前遮阳组件应按照吊装顺序编号，并做好成品保护；吊装时吊点和挂点应符合设计要求，遮阳组件就位未固定前，吊具不得拆除。

（4）遮阳组件组装：遮阳组件吊装就位后，应按照产品的组装、安装工艺流程进行组装，安装就位后应及时进行校正，校正后应及时与连接部位固定，其安装的允许偏差应满足设计要求或《建筑遮阳工程技术规范》JGJ 237要求。

（5）电气安装：应按照设计要求及相关规范进行施工，并应检查线路连接以及各类传感器位置是否正确；所采用的电机以及遮阳金属组件应有接地保护，线路接头应有绝缘保护。

（6）调试：各项安装工作完成后，应分别单独调试，再进行整体运行调试和试运转。调试应达到遮阳产品伸展收回顺畅，开启关闭到位，限位准确，系统无异响，整体运作协调。对于智能建筑遮阳系统，还应重点调试控制部分的各项性能，包括气象环境监测实时性、准确度、控制网络通信运行的稳定性、各种场景的实现等。

4.2.2　遮阳百叶帘安装

外遮阳金属百叶帘主要有钢索导向和导轨导向两种形式。钢索导向式适合安装节点较少的窗户墙体；导轨导向式适合安装在各种建筑幕墙门窗表面。内遮阳百叶帘无需装配导向钢索或导轨，手动控制方式采用较多。安装要点：

（1）找平安装平面，控制上梁（顶槽）安装的水平误差。

（2）将外遮阳百叶帘安装支架固定于被安装的窗户墙体或建筑幕墙门窗表面部位，保持顶槽水平，确保安装定位准确、可靠。外遮阳百叶帘安装示意图见图22-13和图22-14；内遮阳百叶帘安装示意图见图22-15和图22-16。

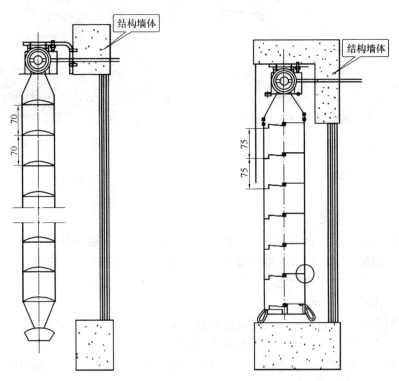

图 22-13　无罩壳百叶帘框外安装示意图　　图 22-14　无罩壳百叶帘框内安装示意图

（3）百叶帘安装支架与混凝土墙体连接要牢固。若墙体没有预埋件或不能可靠安装膨胀螺栓，应另外加装钢结构支座，确保能够承受百叶帘荷载，同时不得破坏保温层和墙面装饰结构。

（4）导轨式百叶帘，要将轨道通过安装支架与建筑主体结构固定，若导轨固定在钢结构上，可根据所安装的建筑物情况临时设计制作抱箍或安装支架，确保不影响建筑外观，不钻孔，不损伤建筑构件的强度。

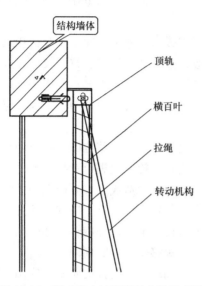

图 22-15　百叶帘内遮阳框外安装示意图

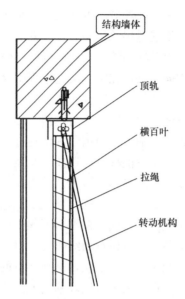

图 22-16　百叶帘内遮阳框内安装示意图

三、特殊工程施工技术最新进展（1～3 年）

1. 加固改造技术 1～3 年最新进展

由于加固技术出现的历史并不长久，在各种不同的加固方法中，对修复与加固混凝土结构的实质经验有限，很多加固方法特别是较新型的加固技术缺少必要的试验数据，设计施工标准及试验标准。对各种加固方法的受力特性及施工要点的研究还需要进一步深入，如加固结构的二次受力工作机理及计算方法研究；各种加固材料及外包和粘贴形式对原有结构的抗弯、抗剪、抗疲劳、延性、耐久性等试验研究。结构胶的力学性质，是保证钢筋混凝土结构与各种加固板材能否形成一个整体联合工作的关键，但对结构胶本身的力学特性如其本身与结构关系、抗拉性能、抗剪性能、流变性能有待进一步研究。引用有限元理论研究混凝土—粘结剂—加固材料应力应变，其受力模型的建立及计算方法的实现，以精确计算其受力特征。对各种加固形式进行可靠度分析，提出相应的实用计算模型及公式，并与现行规范相接轨，如采用分项系数形式和采用可靠度校准分析等，此项研究已列入我国国家基础研究重大项目（攀登计划）《重大土木与水利工程安全性与耐久性的基础研究》。中国建材院和冶金部建筑研究总院开发出修补用自流平砂浆；冶金部建筑研究总院正在进行碳纤维应用技术的研究；中国水科院研制出的机器设备地脚螺栓专用锚固剂；中国建筑科学研究院已经开展了混凝土结构后装锚固技术的研究，并将编制有关的行业标准。与此同时，中国建筑科学研究院设立了混凝土结构锚载钢筋技术、低价高效承重膨胀螺栓和提高混凝土强度加固技术等课题。

2. 整体平移技术1～3年最新进展

近年来，随着城市更新及老旧小区改造的快速推进，移位技术也在工程实践中得到了发展，其发展趋势总体涵盖三个方面：

（1）由单项的移位改造向群体移位改造、减隔震改造、地下空间拓建改造相结合的综合改造方向发展，在组合实施过程中会形成新的改扩建工艺。针对建筑群仅可在红线内做小范围移位的情况，工程实践中将平移技术与逆作法结合的施工工艺，利用平推逆作法增设地下空间，建筑物平移与逆作法结合的施工工艺，能够实现了规划用地平面及竖向空间的充分利用，地下空间拓建深度超过25m。

（2）新型智能移位建造技术及装备的研发，研发方向是提升移位施工的自动化水平及控制精度。传统平移旋转工艺采用在平移方向前端设置牵拉装置进行牵拉，或平移方向后端设置顶推装置进行顶推两种施工工艺，往往在旋转过程中造成平移方向上的偏斜。近年来为了解决这一难题，在平移工程中应用步履行走器装置将顶推点分散到各顶升位置，顶推方向按各顶升点位置切线布设，对横向水平分力进行抵消，保证旋转平移的精确性，该装置大大减小对人的依赖，提高移位的工作效率，缩短移位作业的周期

（3）可拆卸装配式循环利用的托换结构、临时基础结构及构件的研发与应用。便于重复应用的钢托换梁和滑道梁在建（构）筑物整体平移工程中具有显著经济优势，但至今在实际工程中应用很少，现行相关规范对其选用和设计施工方法也几乎未做详细规定。近年来针对快速施工、快速拆除等情况下及狭小既有支撑空间下应用钢结构的几个移位工程案例，涉及的钢构件在托换梁、滑道梁等临时性结构中应用的具体形式及作法为类似移位工程提供参考。托换结构与临时基础结构占传统移位工程造价1/3～2/3，此部分为移位完成后需要拆除的一次性投入。

3. 膜结构技术1～3年最新进展

在膜材领域，目前国内膜材厂家逐渐成熟，大都引进了国外的先进织造和涂覆设备，产品也应用到一些工程上，在此简要介绍几家国内与国外主要厂家的产品性能对比。不同国家对膜材料要求不尽相同，且国内外尚未有统一的国家级标准，但各生产厂家均都有各自的企业标准或行业标准，以下数据仅供参考。

第1类膜材：玻璃纤维织物＋聚四氟乙烯涂层，其产品性能见表22-1。

玻纤织物涂PTFE膜材主要生产商的产品性能　　　　　表22-1

生产商	产品型号	厚度(mm)	克重(g/m²)	抗拉强度（经/纬）(N/5cm)	撕破强力(N)	阻燃性能	透光率（%）(在550nm的光波长下)
美国圣戈班 chemfab	Sheerfil Ⅰ EC-3	1.0	1540	8500/7800	500	不燃	9
	Sheerfil Ⅱ EC-3	0.8	1305	7700/6400	500	不燃	12
	Sheerfil Ⅴ EC-3	0.6	985	4555/5160	265	不燃	16

生产商	产品型号	厚度 (mm)	克重 (g/m²)	抗拉强度 (纪/纬) (N/5cm)	撕破强力 (N)	阻燃性能	透光率（%） （在550nm的 光波长下）
德国 Verseidag	Duraskin Ⅰ型 EC-3/4		800	4200/4000		不燃	15
	Duraskin Ⅲ型 EC-3/4		1150	7000/6000		不燃	12
	Duraskin Ⅳ型 EC-3/4		1550	8000/7000		不燃	8
日本中兴 化成	FGT-1000 EC-3	1.0	1700	9100/8000	经400，纬450	不燃	10
	FGT-800 EC-3	0.8	1300	7300/5880	经294，纬294	不燃	12
	FGT-600 EC-3	0.6	1000	6100/4900	经226，纬226	不燃	15
宁波天塔	TAF-A090	0.9	1380	1380/1250	经250		
	TAF-B080	0.8	1330	1280/1100	经230		
	TAF-C075	0.75	1300	1280/1100	经230		
	TAF-D065	0.65	1060	1220/1050	经220		
	TAF-E040	0.4	750	650/550	经180		
江苏维维	WWW-H300	1.0	1600	9500/8500	经500，纬500	不燃	10
	WWW-H301	0.8	1400	8000/7000	经400，纬400	不燃	12
	WWW-H302	0.6	1100	6000/5500	经300，纬300	不燃	15
	WWW-M601	0.6	1100	5500/5000	经300，纬300	不燃	12
	WWW-M602	0.6	1050	4500/4000	经200，纬200	不燃	12

第 2 类膜材：聚酯纤维织物＋PVC 涂层＋表层 PVDF 涂层（或贴合 PVF），其产品性能见表 22-2。

聚酯纤维织物涂 PVC 加自洁层膜材主要生产商的产品性能　　表 22-2

生产商	产品型号	涂层	表层	厚度 (mm)	克重 (g/m²)	抗拉强度 (经/纬) (N/5cm)	撕破强力 (N)	备注
法国 法拉利	FluoTop1202T	PVC	PVDF	0.8		5600	850	
	FluoTop1302T	PVC	PVDF	1.0		8000	1200	
	FluoTop1502T	PVC	PVDF	1.2		10000	1600	
美国 Seaman	8424T	PVC	PVF	0.6		2700	230	
	8028T	PVC	PVF	0.7		4600	380	
	9032T	PVC	PVF	0.8		5700	630	
德国 Verseidag	Duraskin Ⅰ型	PVC	PVDF		800	2500/3000		组织 L1/1，1100dtex
	Duraskin Ⅱ型	PVC	PVDF		1050	4400/4000		组织 P2/2，1100dtex
	Duraskin Ⅲ型	PVC	PVDF		1350	5700/5000		组织 P2/2，1670dtex
	Duraskin Ⅳ型	PVC	PVDF		1500	7400/6400		组织 P2/2，1670dtex
	Duraskin Ⅴ型	PVC	PVDF		1650	9800/8300		组织 P2/2，2200dtex
沙特 阿拉伯 Obeikan	OBETex Ⅰ	PVC	不详		800	3500/3500	300	
	OBETex Ⅱ	PVC	不详		1150	5800/5000	500	
	OBETex Ⅲ	PVC	不详		1550	7500/7500	500	

续表

生产商	产品型号	涂层	表层	厚度 （mm）	克重 （g/m²）	抗拉强度 （经/纬） （N/5cm）	撕破强力 （N）	备注
意大利 耐驰	Type1	PVC	Roto Flo	0.60	750	≥3000		组织 T3/3，1670dtex
	Type2	PVC	Roto Flo	0.76	950	≥4000		组织 T3/3，1670dtex
	Type3	PVC	Roto Flo	0.88	1100	≥5500		组织 T3/3，1670dtex
	Type4	PVC	Titai W＋PVDF	1.05	1300	≥7000		组织 T3/3，1670dtex
	Type5	PVC	Titai W＋PVDF	1.16	1500	≥9000		组织 T3/3，1670dtex
浙江锦达	Arctex1	PVC	PVDF	0.60	750	≥3000		组织 L1/1，1100dtex
	Arctex2	PVC	PVDF	0.76	950	≥4000		组织 P2/2，1100dtex
	Arctex3	PVC	PVDF	0.88	1100	≥5500		组织 P2/2，1670dtex
	Arctex4	PVC	PVDF	1.05	1300	≥7000		组织 T3/3，1670dtex
	Arctex5	PVC	PVDF	1.16	1450	≥9000		组织 T3/3，1670dtex
北京佳泰	P	PVC	PVDF	0.4		≥2150	≥390	
	Z	PVC	PVDF	0.65		≥3230	≥580	
	CZ	PVC	PVDF	0.9～1.0		≥5000	≥980	
浙江 星益达	MC-9300	PVC	PVDF		850	3200/3000	≥350	组织 L1/1，1100dtex
	MC-9400	PVC	PVDF		900	4200/4000	≥500	组织 P2/2，1100dtex
	MC-9501	PVC	PVDF		1050	5600/5300	≥850	组织 P2/2，1450dtex
	MC-9502	PVC	PVDF		1250	5800/5500	≥850	组织 P2/2，1450dtex
上海 申达科宝	M3000	PVC	PVDF		950	3200/3000	380/350	组织 L1/1，1000dtex
	M4000	PVC	PVDF		1100	4400/4000	610/500	组织 P2/2，1000dtex
	M5000	PVC	PVDF		1100	5500/5000	770/630	组织 P2/2，1000dtex
	M7000	PVC	PVDF		1500	7500/7000	1250/1050	组织 P3/3，1500dtex

在设计领域，国内外对膜结构在风荷载、雪荷载作用下的安全性方面有大量创新成果，例如膜结构在风荷载作用下的流固耦合造成的大幅振动研究；在雪荷载不均匀分布作用下结构整体安全性研究；膜面积雪累积作用下结构抗连续性倒塌研究等。

在应用方面，膜结构正在从体育场馆应用向其他各领域拓展，建成了一系列商场、购物中心、餐厅、剧场、健身中心、工厂、仓库、物流中心等各种商业、工业和体育设施。

4. 建筑遮阳技术1～3年最新进展

4.1 建筑遮阳标准化建设

近年来，我国建筑遮阳领域陆续发布或修订了一系列国家和行业标准，包括：《遮阳用聚氯乙烯包覆丝织物》FZ/T 64075—2019、《建筑遮阳通用技术要求》JG/T 274—2018、《建筑用光伏遮阳板》GB/T 37268—2018、《建筑用遮阳金属百叶帘》JG/T 251—2017等遮阳产品和通用标准。这些标准建设对我国遮阳产品的推广和工程应用起到了很好的促进作用。

4.2 光电一体化遮阳

太阳能作为地球上清洁的可再生资源，具有价格低、资源丰富的特点，符合绿色建筑的发展需求。随着太阳能建筑一体化与建筑遮阳的发展，两者相结合的技术也逐步发展，复合太阳能遮阳体系层出不穷，太阳能光伏、光热技术均在建筑遮阳设计中得到体现。该技术主要是通过光伏、光热组件接受太阳辐射产生电能和热能的同时阻挡太阳光对室内的照射从而达到节能效果。现在多应用于屋面遮阳、窗口遮阳以及建筑玻璃幕墙等方面，越来越多的太阳能新能源建筑拔地而起。

光伏幕墙是利用现代建筑外立面大量采用玻璃幕墙，将光伏电池组件集成到幕墙玻璃中间，作为幕墙玻璃使用的一种建筑形式（图 22-17）。同时，光伏屋面遮阳也是有效利用这一特点，将具有半透明设计的太阳能电池的太阳能玻璃模块作为屋面构件，既起到遮阳作用，又为建筑物发电（图 22-18）。

图 22-17　光伏幕墙

图 22-18　光伏屋面遮阳

太阳能一体化光伏遮阳板是利用太阳能电池板作为遮阳系统的遮阳面板（图 22-19）。同时，太阳能百叶窗有效利用这一特点，将太阳能电池连接到百叶窗上的板条，形成一个能够将太阳能转换成电能的遮阳系统（图 22-20）。上述遮阳形式均可通过环境（辐照度、温度、湿度、风向、风速、日照角度等）数据采集及后续的数据处理，实现智能控制。

图 22-19　光伏遮阳板

图 22-20　太阳能百叶窗

未来光伏建筑一体化技术的发展，如果能与光伏遮阳技术密切结合，则将为光伏建筑技术的发展开辟一条新路。

4.3 智能化建筑遮阳

为了取得遮阳效果的最大化，遮阳构件的可调节性增强，同时自动响应性增强，智能化遮阳设施越来越多。

建筑遮阳智能化控制系统是利用智能传感、现场总线、自动控制、计算机信息管理、互联网、大数据分析等技术，将建筑遮阳装置的电机、控制器、气象站和计算机监控系统等整合，形成一个具有感知、传输、记忆、判断和决策等综合功能的控制系统及管理平台（图22-21、图22-22）。

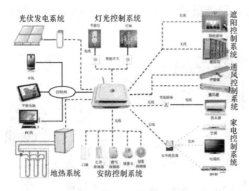
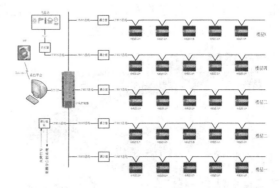

图 22-21　楼宇智能控制系统图　　　　图 22-22　智能化建筑遮阳系统网络结构示意图

目前遮阳智能化在住宅类建筑中可与智能家居无缝对接，可实现遮阳产品与室内空调、灯光等家庭智能设备的联动。可通过移动终端（如手机等）对遮阳产品的控制，提供更舒适的居住环境。在公共建筑中，可实现与开放的信息楼宇控制系统结合，实现整个大厦的遮阳产品集中控制、分区控制、本地控制及远程终端控制的高效管理。系统信息汇集在终端可了解大厦每一幅遮阳产品的工作状态；系统可以通过设置气象传感器捕捉实时的气象数据，使得遮阳产品实时地响应天气变化情况，实现太阳追踪、阴影管理，确保大厦不同朝向、不同房间可自动调节遮阳产品达到室内的最佳光环境（图22-23、图22-24）。

图 22-23　智能遮阳工程外景图　　　　图 22-24　智能遮阳工程内景图

四、特殊工程施工技术前沿研究

1. 加固改造技术

分析现有加固改造技术的出现顺序，可以发现工程结构加固改造技术发展大体分为三个阶段。即低水平维修加固阶段；预应力技术、结构胶、压力注浆技术；结构性能、功能提升改造技术。

由结构加固改造技术发展阶段的分析可知，其技术发展包括以下几个途径。

（1）基础性专业技术的研发创新。包括新工艺的提出、原工艺的改进、新型构造的研发、新型机械的研发、新型质量检测验收方法等。此类技术案例有界面凿毛机的研发、植筋胶配方的改进、线切割技术的出现等。

（2）新材料、新工艺、新理论的出现推动新技术的出现。该途径在各层级技术都有可能出现。比如各种高性能纤维材料的出现催生了粘贴纤维布加固技术。

（3）其他专业技术或设备引进，产生了交叉学科技术。例如，机械自动化控制行业中的 PLC 系统引入结构加固改造行业，使得大型结构的高精度同步顶升成为可能。随着计算机技术和电子通信技术的发展，既有结构智慧化加固改造技术市场在逐步发展。

（4）现有技术应用范围与功能进行拓展。例如，结构单柱托换荷载大幅提高，目前已超过 1500t，这开拓了大体型建筑物移位改造的市场；砖墙高精度水平取芯钻孔长度超过 10m，使老旧建筑墙内拉杆式抗震加固成为可能。

建立合理的加固技术体系结构可以帮助从业人员对结构加固改造技术领域建立全面而清晰的认知。本篇提出的几种发展途径力图为技术研发人员确定研究方向和研究思路，起到一定的指引作用。

2. 整体移位技术

移位理论的建立及自动化、智能化的升级是新时代移位技术高质量发展的重要途径，目前移位行业的专业化公司、高等院校、设计单位、施工总承包单位分别从不同的方面对移位技术进行研究，其内容包括移位关键力学模型研究、移位装备升级改造与智能化研究、移位施工技术的创新、移位建筑功能再生与韧性提升等方面，从而实现从结构理论分析、设计方法研究、设备装置升级、施工技术创新等方面的突破。

2.1 建（构）筑物托换与移位关键力学模型研究

比如整体结构力学模型与振动分析、托换形式及关键节点力学模型分析、移位条件下结构构件力学性能的评估研究等。其中托换技术是移位工程的一项至关重要的关键子技术，根据托换结构的不同（混凝土、砌体、钢结构、木结构等），托换的构造形式及受力机理也不相同。有必要以特定的典型工程为背景，对托换及移位工程进行系统的分析及总结，要根据截断情况建立几种极端状态下的模型，如整体托换模型、局部托换节点模型、结构模型，对比分析几种模型下的梁柱节点内力变化，同时对托换节点的受力机理有针对性的进行现场及试验室试验分析，验证力学模型。

2.2 移位装备升级改造与智能化

比如大体量建筑复杂体及大跨度桥梁结构的整体顶升同步控制技术的研究、全过程自动保护式顶升装置研发、智能感知装置的研究等。

建筑物在升降施工时，会因为液压千斤顶内泄、油管断裂、停电、机械故障等多种原因而突然回收，进而造成建筑物失稳或者内力变化过大的破坏情况。现有的建筑物顶升的安全保护方法为在液压千斤顶中安装液压锁或平衡阀来保持液压千斤顶工作时的安全，但存在一种概率极低的千斤顶内泄而无法绝对保障建筑物安全的极端情况。针对一些顶升面积大、顶升高度高、顶升工期长的情况，计划研究一种能够保证各种意外情况下均能保证建筑物的安全的设备。

2.3 托换与移位施工技术的创新

比如移位构件装配化与循环利用设计、预防性可调平主动托换技术研究、快速移位技术研究。

移位技术的发展，需求越来越大，应用场景越来越广泛，在某些特殊情况下（如铁路梁更换抢险等）对整体移位速度有着超常规的要求，目前的移位速度 1～3m/h 及常规施工工艺无法满足这些要求。因此在保证安全的前提下，研究快速移位的装置以及施工工艺，大大缩短移位的整体工期很有必要。

2.4 移位建（构）筑物功能再生与韧性提升研究

比如地下空间开发中托换移位协同施工技术研究、移位建（构）筑物结构减隔震与韧性提升协同施工技术研究。

移位技术的市场接受程度越来越高，应用场景越来越广泛，但是早期移位技术的市场应用都是工程进展到某个阶段后被动式的应用。其实，移位技术也应该积极参与到工程开发的前端，更早期的参与到规划阶段、方案阶段及设计阶段中，在恰当的阶段利用合适的移位技术手段解决工程中的难题，从而达到缩短工期、降低造价的目的。如对有移位需求的新建建筑，在建造设计阶段即考虑移位的设计，对有改造要求的建（构）筑物，在规划阶段即考虑移位技术的应用，将移位路线、地下空间开发、就位连接、移位动作组合等综合比选分析，并且与新建工程结合，达到建（构）筑物功能再生的目的，确定最优的改造方案。

3. 膜结构技术

目前，膜材的纤维材料绝大部分为玻璃纤维、聚酯和尼龙。随着科技的发展，高性能纤维不断涌现。高强度涤纶、高强聚乙烯纤维、有"纤维之王"之称的 PBO 纤维等也开始应用于纺织膜结构领域。另外，为了改善 PVC 膜材自洁性和抗老化性，在其表面再涂敷丙烯酸树脂或含氯树脂（如 PVDF）或在 PVC 表面粘贴含氯薄膜（如 PVF）。

随着织物结构、涂层材料的不断深入研究，在膜结构膜材自洁、热学性能、光学性能、抗紫外线等方面会取得更大的进展。仿荷叶效应的纺织膜结构织物、新型纳米溶液涂层技术使织物、加入相变材料的纺织物、新型立体纺织物、新型自洁膜材料——TiO_2 膜材料、EPTFE 膜材等新型膜材将会更加安全可靠，应用范围更广泛。

随着节能环保技术的综合应用，膜结构材料的发展已不仅仅是表面进行涂层处理，逐步转变为把另外一种材料与膜材进行夹层处理、铺设或附着合成。例如在 ETFE 膜结构上，把柔性太阳能电池板设置在 ETFE 气枕膜结构的下层膜上或直接铺设在 PTFE 膜材料表面的方法，实现了太阳能电池与膜结构的组合，自主产生能源，为建筑提供绿色辅助能源，即"发电膜"技术；将透光保温材料气凝胶（Nanogel）复合材料封闭于外膜与内膜之间，在保证建筑物的透光率的同时降低传热系数，减少能耗，防褪色，防水-防真菌、霉菌生长，截留噪音，且永远不会变质，即"聚能膜"技术。

4. 建筑遮阳技术

2020 年住房城乡建设部、国家发展改革委等七部委联合印发《绿色建筑创建行动方案》，建筑能效水平不断提高，住宅健康性能不断完善，对建筑遮阳技术的要求必将越来越高。建筑遮阳工程呈现复合化、智能化、绿色化、宜居健康等多方面发展趋势。

刚刚发布实施的《近零能耗建筑技术标准》GB/T 51350—2019 中要求，建筑遮阳应遵循冬季供暖期提高冬季建筑外窗（包括透光幕墙）的综合太阳得热系数以减少供暖能耗，夏季空调期降低夏季综合太阳得热系数以减少制冷能耗原则。加强建筑遮阳的可调节性和集成化、智能化设计与施工运维，是建筑遮阳未来发展方向。

五、特殊工程施工技术指标记录

1. 加固改造技术

1.1　钢绞线网片

钢绞线的各项性能指标应符合现行国家标准《混凝土结构加固设计规范》GB 50367 的规定。钢绞线网片应无锈蚀、无破损、无死折、无散束，卡扣无开口、脱落，主筋和横向筋间距均匀，表面不得涂有油脂、油漆等污物。网片主筋规格和间距应满足设计要求。钢绞线的基本力学性能指标应符合表 22-3 的规定：

钢绞线的基本力学性能指标（N/mm²）　　　　　　表 22-3

型号	公称直径（mm）	抗拉强度标准值 f_{ik}	抗拉强度设计值 f_{rw}	弹性模量 E_{rw}
6×7＋IWS 热镀锌钢绞线	2.5～3.6	1650	1050	1.30×10⁵
	4.5	1560	1000	
6×7＋IWS 不锈钢钢绞线	3.0～3.2	1800	1100	1.05×10⁵
	4.0～4.5	1700	1050	

1.2　加固用钢纤维

常见的钢纤维类型有切断型、剪切型、熔抽型和切削型等。切断型钢纤维在应用过程中，能够呈现出较强的抗拉强度，但实际水泥浆和钢纤维粘结性不足。剪切型钢纤维，主要原材料为剪切冷轧薄板，厚度范围集中在 0.2～0.5 mm，宽度为 0.25～0.9 mm，抗拉强度范围集中在 450～800 MPa，所呈现出的粘结性比切断型钢纤维好。熔抽型钢纤维主要由钢水制作而成，在通过钢水的热处理之后，表面会出现一层强度较高的氧化层，进而对其粘结性产生影响，但钢纤维本身弹性和抗拉强度得到了很大提升。切削型钢纤维主要由钢锭或者是厚钢板切削而来，本身强度会在之前材料基础上得到很大程度的提升，粘结性良好。

1.3 超高韧性水泥基复合材料（UHTCC）

超高韧性水泥基复合材料（UHTCC）是一种能够从源头上延缓通过混凝土裂缝进行钢筋侵蚀的材料，可将宏观有害裂缝分散为微细无害裂缝。UHTCC作为一种新型的纤维水泥基符合材料，因为其纤维的体积率不超过2.5%，因而使用常规搅拌工艺即可加工成型。UHTCC极限抗拉应变能力可达到3%以上，并可将极限裂缝宽度限制在100μm以内，甚至50μm以内。

2. 整体移位技术

相关指标见表22-4。

整体移位技术指标　　　　　　　　　　　　　　　　表22-4

性能指标	技术指标	要求
建筑物就位后的水平位置偏差	±40mm	符合CECS 255：2007要求
建筑物就位的标高偏差	±30mm	
桥面中心偏位偏差	±20mm	符合GB/T 51256—2017要求
桥头高程衔接偏差	±0.15mm	

3. 膜结构技术

在膜材方面，我国起步晚，技术水平低，大部分膜材还主要依靠进口。PTFE、PVC和表面改性的PVC、ETFE等膜材是市场的主流，应用比较广泛。我国已有PTFE膜材的自主知识产权，性能也基本达到国外同类产品的要求。很多公司、科研单位以及高校都在进行PVC表面涂层材料的研究，如聚丙烯酸酯（PA）、氟碳树脂（PVDF）、纳米TiO_2表涂剂等研究已初见成效，另外在表面防污自洁处理方面的研究如仿生荷叶构筑微粗糙表面也开始起步。在引进世界一流的生产设备和工艺技术的同时，加紧消化吸收并改进创新，尽快开发适合我国市场需求的膜材表面处理技术，对提升我国整个产业用纺织品产品档次和市场竞争力都具有重要意义。

4. 建筑遮阳技术

近几年受我国绿色建筑、被动式建筑以及建筑节能等相关政策推进和标准强制性要求的影响，大量公共建筑和居住建筑已采用遮阳设施，各类新型遮阳产品不断涌现，本部分将2018～2019年实施的新标准中对遮阳产品的新技术指标内容进行简要介绍。

4.1 指标更新情况

2018年6月住房城乡建设部发布了行业产品标准《建筑遮阳通用技术要求》JG/T 274—2018替代《建筑遮阳通用技术要求》JG/T 274—2010标准，与原标准相比，增加了非织造布、竹质、陶板3类遮阳材料的要求，更新了抗风性能、操作力、机械耐久性能等要求，见表22-5～表22-7。

4.1.1 增加遮阳材料技术指标

织物与非织造布技术指标 表 22-5

项目	要求
耐光色牢度	符合 GB/T 8427—2008 要求的 4 级
耐人造气候色牢度	符合 GB/T 8430—1998 要求的 4 级
紫外线性能（具有防紫外线功能的产品）	符合 GB/T 18830—2009 的规定
燃烧性能	符合 GB 8624—2012 要求的 B_2 级
有害物限量	符合 GB 18401—2010 的规定

竹质材料 表 22-6

项目	要求
遮阳用竹质材料	符合 LY/T 1815 的规定

注：内遮阳用竹质材料燃烧性能符合 GB 8624—2012 要求的 B_2 级。

陶板材料 表 22-7

项目	要求
遮阳用陶板	符合 JG/T 324 的规定

注：外遮阳用陶板在 GB 50178—1993 规定的 Ⅰ、Ⅵ、Ⅶ 区，吸水率宜不大于 3%；在 Ⅱ 区，吸水率宜不大于 6%；在 Ⅲ、Ⅳ、Ⅴ 区且冰冻区一个月以上的地区，吸水率宜不大于 6%。

4.1.2 遮阳产品物理性能指标更新情况

（1）增加了外遮阳产品抗动态风荷载分级，见表 22-8。

外遮阳产品抗动态风荷载分级（单位为 m/s） 表 22-8

等级	1 级	2 级	3 级	4 级	5 级
检测风速 V	$0.3{\leqslant}V{<}1.6$	$1.6{\leqslant}V{<}3.4$	$3.4{\leqslant}V{<}5.5$	$5.5{\leqslant}V{<}8.0$	$8.0{\leqslant}V{<}10.8$
等级	6 级	7 级	8 级	9 级	10 级
检测风速 V	$10.8{\leqslant}V{<}13.9$	$13.9{\leqslant}V{<}17.2$	$17.2{\leqslant}V{<}20.8$	$20.8{\leqslant}V{<}24.5$	$V{\geqslant}24.5$

（2）将原标准中外遮阳帘、遮阳篷、百叶帘、遮阳板、遮阳格栅分别规定的抗风性能等级合并统称为"外遮阳产品抗静态风荷载分级"，等级分别由原来的 7 级、8 级变为 10 个等级，额定荷载范围由 50～2000Pa，变为 40～1200Pa。见表 22-9。

外遮阳产品抗静态风荷载分级（单位：Pa） 表 22-9

等级	1 级	2 级	3 级	4 级	5 级
额定荷载 P	$40{\leqslant}P{<}70$	$70{\leqslant}P{<}110$	$110{\leqslant}P{<}170$	$170{\leqslant}P{<}270$	$270{\leqslant}P{<}400$
等级	6 级	7 级	8 级	9 级	10 级
额定荷载 P	$400{\leqslant}P{<}600$	$600{\leqslant}P{<}800$	$800{\leqslant}P{<}1000$	$1000{\leqslant}P{<}1200$	$P{\geqslant}1200$

注：遮阳篷、软卷帘、天篷帘、非金属百叶帘产品的安全荷载为 $1.2P$，其他遮阳产品安全荷载为 $1.5P$。

（3）针对手动操作遮阳产品中内置遮阳中空玻璃制品增加了磁控遮阳产品的性能要求，其中伸展与收回状态操作力不应高于 50N，开启与关闭状态操作力不应高于 30N。

（4）遮阳产品的机械耐久性方面：增加了内置遮阳中空玻璃产品的机械耐久性分级；

内遮阳产品分级指标中伸展与收回过程增加第 3 级要求，开启与关闭过程第 2 级指标提高为 10000～20000 次循环，并增加第 3 级要求。

（5）增加遮阳产品的综合遮阳系数的性能要求，见表 22-10。

遮阳产品的综合遮阳系数 表 22-10

等级	1 级	2 级	3 级	4 级	5 级
SC_{sg} 值	$SC_{sg} \geqslant 0.70$	$0.50 \leqslant SC_{sg} < 0.70$	$0.30 \leqslant SC_{sg} < 0.50$	$0.10 \leqslant SC_{sg} < 0.30$	$SC_{sg} < 0.10$

4.2 新技术指标要求

2019 年 1 月住房城乡建设部发布了国家标准《近零能耗建筑技术标准》GB/T 51350—2019，该标准中要求，冬季供暖期应提高冬季建筑外窗（包括透光幕墙）的综合太阳得热系数以减少供暖能耗，夏季空调期应降低夏季综合太阳得热系数以减少制冷能耗。因此，建议采用通过可调遮阳，实现冬夏季不同的得热需求，详见表 22-11。

建筑外窗（包括透明幕墙）太阳得热系数（SHGC）值 表 22-11

气候分区		严寒地区	寒冷地区	夏热冬冷地区	夏热冬暖地区	温和地区
居住建筑得热系数（SHGC）	冬季	$\geqslant 0.45$	$\geqslant 0.45$	$\geqslant 0.40$	—	$\geqslant 0.40$
	夏季	$\leqslant 0.30$	$\leqslant 0.30$	$\leqslant 0.30$	$\leqslant 0.15$	$\leqslant 0.30$
公共建筑得热系数（SHGC）	冬季	$\geqslant 0.45$	$\geqslant 0.45$	$\geqslant 0.40$	—	—
	夏季	$\leqslant 0.30$	$\leqslant 0.30$	$\leqslant 0.15$	$\leqslant 0.15$	$\leqslant 0.30$

六、特殊工程施工技术典型工程案例

1. 加固改造技术工程案例

南京长江大桥双曲拱桥加固工程

1.1.1 工程背景

南京长江大桥是长江上第一座由我国自行设计和建造的双层式铁路、公路两用桥梁，在中国桥梁史和世界桥梁史上具有重要意义，有"争气桥"之称。引桥采用富有中国特色的双曲拱桥形式，这也是 20 世纪 60 年代末至 80 年代初期我国修建的主要桥型之一。现存双曲拱桥具有存量大、老龄化情况严重等特点，且已进入维修改造高峰期，目前针对双曲拱桥改造以"拆"为主，经济性不佳且对我国的桥梁文化也是一种损失。见图 22-25。

南京长江大桥公路引桥双曲拱桥位于主线桥两端，分别与 T 梁引桥、引道连接，共计 22 孔，其中北岸 4 孔，长 137m；南岸 18 孔，长 623.18m。各孔均为等截面悬链线无铰拱，矢跨比 1/4～1/5。南、北岸引桥跨径为 27.68～34.9m。南北引桥双曲拱桥典型横断面见图 22-26。

1.1.2 主要应用的加固改造技术

维修加固主要包含 3 大部分内容：主拱圈加固及横系梁加强、填料及桥面更换、附属构造维修。根据主拱圈病害特征，对所有拱肋外包钢筋混凝土，拱脚附近的拱背加厚混凝土，增加结构刚度，提高桥梁承载能力及原结构的耐久性。主拱圈增大截面采用 C35 模

图 22-25　维修加固的南京长江大桥双曲拱桥段

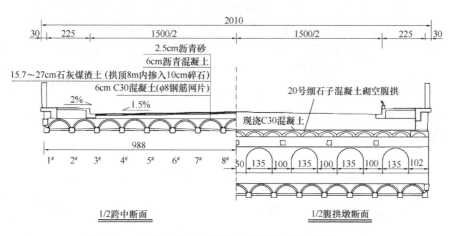

图 22-26　南北引桥双曲拱桥典型横断面图（单位：cm）

筑自密实混凝土，拱肋底面加厚 10cm，中拱肋侧面各加宽 7cm，边拱肋内侧加宽 10cm，外侧面尺寸不变。根据结构受力需要，在纵向腹拱墩之间的主拱圈顶面凿除 1cm 厚的混凝土层，并重新浇筑一层 8cm 厚混凝土，并在混凝土内设置一定数量的纵横向受力钢筋，拱背混凝土采用常规 C40 混凝土浇筑。在主跨跨中附近原 4 道小拉杆增大为横系梁，对横向联系进行了加强。将原有拱上石灰煤渣土填料全部更换为 A06 等级泡沫混凝土。泡沫混凝土上现浇 19～25cm 厚钢筋混凝土板。为保证桥面行车舒适性，同时降低钢筋混凝土板端部锚力对老桥的不利影响，在板端每两跨设一道伸缩缝，以提高桥面的耐久性与防水性能。钢筋混凝土板顶面设置 9cm 沥青混凝土。见图 22-27。

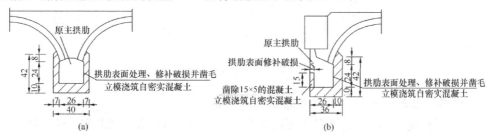

图 22-27　拱肋增大截面示意图（单位：cm）

（a）跨中截面中拱肋；（b）跨中截面边拱肋

2. 整体平移工程案例

2.1 文昌鲁能淇水湾旅游度假综合体和英迪格酒店整体平移工程

文昌鲁能淇水湾旅游度假综合体和英迪格酒店位于海南文昌市铜鼓岭国际化生态旅游区，建于2014年，为了保护海岸生态环境于2018年对两栋建筑进行平移施工。

其中，旅游度假综合体地上2层，主体为钢框架结构，基础为柱下独立基础，单层建筑面积4318.41m²，总建筑面积为6243.60m²，建筑总高度12.5m，建筑物总重约1.4万t，无地下室。新旧址角度相差13.4°，高差5m，距离143.91m。本工程顶升高度高，为了保证安全，采用多次顶升到位的方案，具体移位步骤为：（1）将建筑物沿旋转中心逆时针旋转13.4°→（2）顶升建筑物2.0m→（3）第一次平移90m→（4）再次顶升建筑物2.0m→（5）第二次平移53.91m→（6）顶升建筑物1.0m→（7）进行隔震就位连接。

英迪格滨海酒店工程为新建工程，位于海南省海口市龙楼镇铜鼓岭生态旅游区内淇水湾片区。精品酒店工程为既有建筑，迁移至新建建筑地下室顶板。精品酒店工程地下1层，地上2层，基础形式为筏板基础，主体结构形式为框架结构，由7栋单体建筑通过地下室和地上连廊连成整体形成一个单位工程，建筑面积合计为8058m²，建筑高度为10.6m，总重量约1.75万t，总迁移水平位移720m，抬升位移7.5m，分7块采用SPMT平板拖车整体平移。见图22-28。

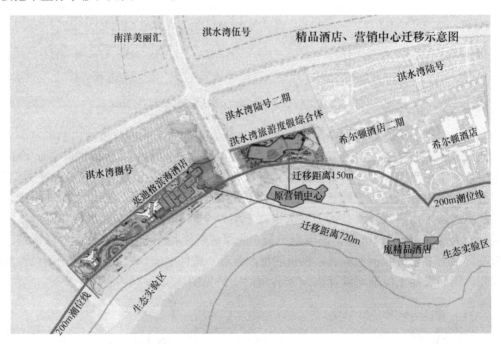

图22-28　迁移示意图

2.2 厦门后溪长途汽车站主站房平移工程

厦门后溪长途汽车站，地点位于厦门市集美后溪镇，厦门北站西北侧。建筑物性质为交通类公共建筑，后溪长途汽车站是服务岛外集美、同安大部分地区的一级客运站。主站房总用地面积35281.841m²，总建筑面积61709.327m²，其中地下39930.440m²，地上

$21778.887m^2$，建筑基底面积 $14534.450m^2$；其中汽车站主站房因正处于规划的福厦客专高铁主线之上，为避免拆除与重建的耗费，决定采用平移方式，将该主站房移至规划新址。

经过多种移位方案分析与对比，最终采取在地下二层切割分离，将主站房地上部分，连同地下二层一同绕虚拟旋转中心旋转平移 $90°$，平移最远弧长为 $288.240m$，创造了"建筑物整体旋转移动弧长最长"的世界记录。

平移主站房部分建筑总长 $162m$，宽 $33.6m$，建筑面积为 $22728.27m^2$，其中地下二层面积 $5482.36m^2$、地下一层面积 $5482.36m^2$、±0.000 面积 $5454.361m^2$、二层面积 $5032.713m^2$、局部三层面积 $949.06m^2$、局部三层屋顶面积 $327.416m^2$，建筑总重达 3 万 t。

针对该大体量建筑物绕虚轴旋转的特点，研发交替式步履行走器移位装置，并在该项目中成功应用，设备具有以下优点：

（1）顶升悬浮采用 AB 两组顶升的方式，使顶升的安全系数加倍，减少对上部结构的影响。

（2）精确实现曲线顶推：变频控制多点顶推，实现整体设备的曲线顶推，每个顶推轨道速度可控，位置可控。

（3）顶推位置灵活：该步履式平移方式，可以实现顶推设备在任意位置的停留和顶推，不受油缸行程影响。顶推过程中也不再需要制作反力后背，步履走行器会跟随建筑物一起行走，不再需要组织人员对底部轨道和滑移块进行搬运，有效减少现场的施工人员需求，顶推效率提高，过程可精确控制。

（4）降低对底部行走轨道的要求，底部不再需要钢结构轨道，有效减少了轨道的投入。

（5）避免卡轨现象的出现，该设备的顶推采用的是自行走方式，底部不存在卡轨的现象。见图 22-29。

图 22-29　平移示意图

3. 膜结构工程案例

3.1 儋州市体育中心"一场两馆"项目

儋州市体育中心主要有体育场、体育馆和游泳馆三个单体组成，结构形式均为钢结构。钢结构主要由以下四部分组成：屋盖下部圆钢管柱、顶部环形桁架，内圈支撑桁架、外圈幕墙钢龙骨。支撑桁架内圈中央空间设置索膜结构，膜结构总面积约 1 万 m^2，采用 PTFE 膜，塑造出了龙门激浪的气势，体现出儋州沉稳和大气，也体现出儋州古朴的独特气质。

3.2 贵阳火车站飞机坝棚改项目售楼中心 ETFE 膜工程

该工程为双曲面的 ETFE 膜结构幕墙，本案例使用了白色 ETFE 气枕膜，实现双曲的幕墙结构。

3.3 烨兴-杭州银泰广场 ETFE 膜结构景观雨棚

该项目是国内首个单层 ETFE 加双层气枕膜完美嵌合的景观雨棚建筑，利用 ETFE 膜材的高透光高自洁性以及双层气枕的隔热能力，雨棚在具有遮阳挡雨功能的同时还可以实现自然采光，行人没有传统密封建筑的束缚感；另一方面，ETFE 膜结构建筑是当代最新的建筑应用形式之一，工程高度定制，颜值高，具有唯一性，见图 22-30。

图 22-30　项目外景

4. 建筑遮阳工程案例

北京首所被动式超低能耗学校遮阳工程

万科翡翠公园学校（皇城根小学的分校）位于北京市昌平区北七家镇，是北京市首所被动式超低能耗学校，建筑面积约 2.9 万 m^2。2019 年 7 月完工。

该工程特点为宽幅幕墙与外遮阳系统相结合，采用遮阳与幕墙一体化安装方式，并结合楼宇智能化控制系统实现了建筑遮阳的智能化控制调节，满足被动式超低能耗建筑技术要求所需的冬、夏季不同的得热需求。

为确保该工程达到被动式超低能耗建筑技术要求，遮阳工程具有以下特点：

（1）百叶帘系统安装支架与墙体之间采用 10mm 厚被动式建筑专用防潮保温垫板设计，避免金属构件与围护结构直接接触形成热桥。

（2）遮阳装置电源线穿墙孔室外侧采用粘贴防水透汽膜，室内侧粘贴防水隔汽膜，穿墙线管中间部分使用发泡胶填充，穿墙线管室内外两端采用密封胶密封处理，以满足建筑整体气密性要求。

（3）遮阳工程最大单副遮阳百叶面积约 $12m^2$。

（4）为保证外遮阳百叶帘系统的安全性，设计采用了风光雨感应智能控制系统，当风速达到预设级别时，百叶帘自动收起，起到有效保护遮阳百叶帘系统作用。见图 22-31～图 22-33。

图 22-31　万科翡翠公园学校
外遮阳百叶系统实景图

图 22-32　万科翡翠公园学校
外遮阳百叶系统实景图

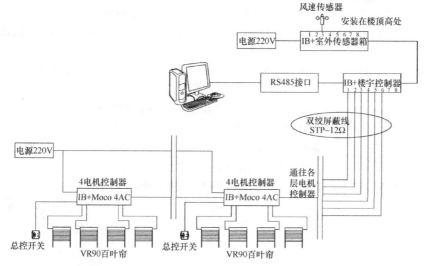

图 22-33　万科翡翠公园学校外遮阳智能化控制系统图

参考文献

[1] 中国建筑标准设计研究院．混凝土结构加固构造 13G311—1[S]．北京：中国计划出版社，2013．

[2] 中华人民共和国国家标准．混凝土结构加固设计规范 GB 50367—2013[S]．北京：中国建筑工业出版社，2013．

[3] 任文良．建筑结构加固改造技术研究[J]．山西建筑，2014．

[4] 陈林．房屋建筑工程结构加固改造技术[J]．建筑技术开发，2018(19)：10-11．

[5] 易建姣，王大可．有关房屋建筑工程结构加固改造技术初探[J]．科技致富向导，2012(27)：341．

[6] 夏玉英．谈建筑物结构加固改造的施工方法[J]．中小企业管理与科技（下旬刊），2010(8)：110．

[7] 张鑫，李安起，赵考重．建筑结构鉴定与加固改造技术的进展[J]．工程力学，2011(1)．

[8] 戴龙．对建筑改造工程结构加固技术研究分析[J]．工程技术研究，2018(5)：42-43．

[9] 张正先，黄小许，张原．新旧混凝土界面连接试验研究[J]．华南理工大学学报（自然科学版），2000(10)：81-86．

[10] 张正先．配有钢筋的新旧混凝土界面连接试验研究[J]．华南理工大学学报（自然科学版），2002(10)：97-101．

[11] 王琼．钢筋混凝土柱托换的试验研究[D]．天津大学，2009．

[12] 蔡新华．房屋结构托换技术研究[D]．同济大学，2007．

[13] 刘建宏．钢筋混凝土柱托换分析方法与应用[D]．同济大学，2007．

[14] 杜健民，袁迎曙，王波，陈耀，焦瑞敏．承重砖墙托换体系承载力预计模型研究[J]．中国矿业大学学报，2010(5)：642-647．

[15] 李爱群，吴二军，高仁华．建筑物整体迁移技术[M]．北京：中国建筑工业出版社，2006．

[16] 张鑫，徐向东，都爱华．国外建筑物平移技术的进展[J]．工业建筑，2002(7)：1-3．

[17] 吴定安．上海音乐厅顶升和平移工程的液压同步系统[J]．液压气动与密封，2004(1)：24-26．

[18] 张鑫，蓝戊己等．建筑物移位工程设计与施工[M]．北京：中国建筑工业出版社，2012．

[19] 白云，沈水龙．建（构）筑物移位技术[M]．北京：中国建筑工业出版社，2006．

[20] 陈务军．膜结构工程设计[M]．北京：中国建筑工业出版社，2005．

[21] 高新京，吴明超．膜结构工程技术与应用[J]．2010．

[22] 膜结构技术规程 CECS 158：2004[S]．

[23] 焦红，王松岩．膜建筑的起源、发展与展望．工业建筑，2006（增刊）．

[24] 中华人民共和国行业标准．建筑遮阳通用技术要求 JG/T 274—2018[S]．北京：中国建筑工业出版社．

[25] 中华人民共和国行业标准．近零能耗建筑技术标准 GB/T 51350—2019[S]．北京：中国建筑工业出版社．

[26] 牛微．遮阳与建筑一体化设计策略与构造技术研究[D]．山东建筑大学，2016．

[27] 可持续发展的太阳能遮阳技术[J]．遮阳天下，2019(6)．

[28] 当"遮阳产品"遇上"太阳能"[J]．遮阳天下，2019(2)．

[29] 复杂的国际环境下，中国建筑遮阳未来在何方[J]．遮阳天下，2019(5)．

[30] 张宝，任静等．建筑遮阳智能化控制技术浅析[J]．安装，2019(07)：56-57．

第二十三篇　城市地下综合管廊施工技术

中建工程产业技术研究院有限公司　　油新华　郭建涛　王强勋

重庆建工住宅建设有限公司　　　　　陈怡宏　张　意　李　潇　伍任雄

摘要

本篇主要对城市地下综合管廊技术历史沿革、主要施工技术、综合管廊技术发展方向、国内典型综合管廊案例进行论述。总结了近5年来国内管廊建设的成果，介绍了综合管廊适用的成型方式，包括明挖式现浇管廊架体搭设技术，全预制及分片预制式管廊拼装技术，暗挖式顶管法、盾构法等；讨论了综合管廊前沿施工技术如高压高温条件下盾构型管廊施工、大断面矩形顶管减阻技术应用研究、精细化预制管廊拼装技术、综合管廊自动化变形监测技术、BIM技术管廊工程应用等，辅以5个典型案例；给出了最新国内城市地下综合管廊施工技术指标记录。

Abstract

This paper mainly discusses the history of urban underground utility tunnel technology, the main construction technology, the development direction of comprehensive pipe gallery technology, and typical domestic comprehensive pipe gallery cases. Based on the analysis, the paper introduces the achievements of domestic pipe gallery construction in recent five years, and clarifies the suitable forming methods of comprehensive pipe gallery, including open cut cast-in-place pipe rack erection technology, fully prefabricated and segmented prefabricated pipe gallery assembly technology, concealed excavation pipe jacking method, shield method, etc; This paper discusses the front construction technology of comprehensive pipe gallery, such as shield structure pipe gallery construction under high pressure and high temperature conditions, application research of large cross-section rectangular pipe jacking technology to reduce drag, fine prefabricated pipe gallery assembly technology, automatic deformation monitoring technology of comprehensive pipe gallery, and engineering application of BIM Technology pipe gallery, etc; At the end of the paper, the latest technical index records of urban underground utility tunnel construction in China are given.

一、城市地下综合管廊施工技术概述

地下综合管廊，又称共同沟（英文为"Utility Tunnel"），指将两种以上的城市管线（即给水、排水、电力、热力、燃气、通信、电视、网络等）集中设置于同一隧道空间中，并设置专门的检修口、吊装口和监测系统，实施统一规划、设计、建设，共同维护、集中管理，所形成的一种现代化、集约化的城市基础设施。

综合管廊起源于法国，1833年巴黎建设的地下排水系统是历史上最早规划建设的综合管廊，2005年前后，巴黎规划出完整的综合管廊系统，迄今为止，巴黎建设综合管廊超过2100km，是世界城市里程碑之首。

日本是亚洲最早开展地下综合管廊建设的国家，1926年修建第一条地下综合管廊，目前已建成的地下综合管廊长达1100km，东京都中心城区规划建成约200km的地下综合管廊，成为世界上地下综合管廊建设最长的城市，标志着日本综合管廊建设达到了世界领先水平。

综合管廊建设在国内起步较晚，我国第一条综合管廊1958年建造于北京天安门广场下，1994年上海张杨路综合管廊（全长11.13km）完成建设并投入使用。2013年国务院出台《关于加强城市基础设施建设的意见》之后，政府将综合管廊的建设提升到国家战略层面，掀起了管廊建设的高潮，2015年我国确定了包含苏州在内的首批10个综合管廊试点城市，2016年确定了15个第二批综合管廊试点城市，城市综合管廊的建设规模和建设数量都有了可观的提高。

据住房城乡建设部数据统计，2015年全国69个城市累计开工建设城市地下综合管廊约1000km；2016年，全国城市新建地下综合管廊1791km，形成廊体479km；2017年，中国综合管廊开工长度已达4700km，形成廊体逾2500km。2018年，全国综合管廊拟建在建项目共455个，其中拟建项目359个，总投资约4000亿元。国务院在《全国城市市政基础设施建设"十三五"规划》中明确提出，至2020年，建设综合管廊8000km以上，全国城市道路综合管廊配建率达到2%左右。经过近五年的快速发展，通过以点带面、示范引领，全国各城市纷纷大力投入综合管廊建设，综合管廊的总体建设规模逐渐扩大，逐渐涌现出一批具有先进水平的城市地下综合管廊。

二、城市地下综合管廊施工主要技术介绍

城市地下综合管廊施工方法主要分为：明挖法和暗挖法。明挖法结构施工又可分为明挖结构现浇施工和明挖结构预制拼装施工；暗挖法中主要包括顶管法、盾构法以及浅埋暗挖法等。

1. 明挖结构现浇施工技术

明挖法施工工艺流程为：降低地下水位→土方开挖→基底处理→支模→绑扎钢筋→浇筑混凝土→回填土方→恢复地面。利用支护结构支挡条件下，在地表进行地下基坑开挖，

在基坑内进行内部结构的现浇施工。明挖现浇法是一种使用最为普遍的施工方法，能够在大面积范围内进行施工，且能对工程进行多标段划分同时进行施工，从而提高整体的施工效率，确定埋深标高后，在路面或地面直接开挖，待完成后再恢复。明挖法技术成熟、造价成本低、周期较短、安全保障高。适用于周边出行需求低及城市新建区的管网建设。但明挖基坑会形成大面积的工区，中断城市交通线路，影响居民出行。

1.1　满堂红支架现浇

满堂脚手架又称作满堂红脚手架，是一种搭建脚手架的施工工艺，由立杆、横杆、斜撑、剪刀撑等组成。满堂脚手架相对其他脚手架系统密度大，更加稳固。满堂脚手架主要用于单层厂房、展览大厅、体育馆等层高、开间较大的建筑顶部的装饰施工。目前国内综合管廊建设主要采用现场搭设脚手架，支模板现浇混凝土施工方式。

1.2　快拆现浇体系

管廊组合定型模板及快拆体系工艺流程为：配模设计→异形模加工→厂内预拼装→底板模板安装→支撑架搭设、侧壁模板安装→顶板模板安装→调整模板间隙、找平调直，混凝土浇筑→模板拆除、清理→下一流水段施工，该方法是一种施工速度快、施工成本低、防水效果好等优点兼有的明挖现浇施工方法。

管廊专用组合定型模板及快拆支撑体系，具有工厂定型化、可批量生产、周转次数多的优点，优化了土方回填、防水施工及管廊主体施工工艺和质量，在施工过程中凸显了机械化作业程度高、用工少、速度快、成型质量好、工程观感佳等优点，大大降低了施工成本，缩短了施工周期。

1.3　滑模现浇

滑模施工这一工艺技术是混凝土施工中机械化程度最高的，其速度快，对施工场地的要求不高。由牵引设备牵引移动固定尺寸的定型模板缓慢移动成型，不需要准备大量的固定模板架设，仅采用拉线、激光、声呐、超声波等作为结构高程、位置、方向的参照系，可连续施工完成条带状结构或构件。滑模工艺突破了传统模板的固定支模方式，"变静为动"，动态模板方便操作，还减少了固定模板所来回安装拆卸的繁重劳动，大大提高了工作的效率。

由于综合管廊地板、侧墙、顶板满足滑模现浇的条件，结构沿线方向呈规则状，应用滑模施工技术进行管廊施工，可减少人工强度，安全，保证施工质量，综合经济性较高。

2. 明挖结构预制拼装技术

综合管廊预制拼装施工是预先预制管廊节段或者分块预制，吊装运输至现场，然后现场拼装的施工形式。预制分为现场预制和工厂预制。预制拼装接头分为柔性接头、留后浇带现场浇筑接头等形式。

2.1　全预制拼装

全预制可按预制的切分形式分为以下三种：纵向拼缝式、纵横向拼缝式、管片式。其中，纵向拼缝式还可按接头形式进行分类，主要有：柔性承插接头、胶接预应力接头、纵向锁紧承插接头。目前，综合管廊预制拼装工艺在国内已得到较广泛的应用，厦门、上海、哈尔滨、重庆、长沙、郑州、十堰等多个城市近几年均有采用预制拼装方法施工综合管廊，应用的预制拼装工艺主要有：纵向锁紧型承插接头（直线螺栓、弧形螺栓、预应力钢筋）、柔性承插接头、胶接预应力接头、叠合装配式预制综合管廊等。由于综合管廊的十字交汇段、T字交汇段、节点口等构造较复杂，不利于预制，采用预制的通用性、经济性不大，国内目前主要针对标准断面采用预制的方式。

2.2 分片预制装配式

分片预制装配技术将综合管廊拆分为四部分：底板、外墙板、内墙板、顶板，而后用现浇混凝土将四部分连接成整体。其拆分形式和拼接方式都与传统的预制装配式综合管廊有较大区别。其优点体现为：预制构件较小，方便制作成型，利于批量运输，吊装方便，减少作业人员数量。目前国内，湖南省湘潭市霞光东路管廊工程采用了该施工技术。该技术可大大缩短施工的工期及工程成本，但拼装技术对拼装缝的防水性能有很高的要求。对于综合管廊设计使用年限为100年要求来说，目前耐久性对该施工技术接头的防水性能存在严峻的考验，还需要对接头接缝的防水材料进行深入的研究。见图 23-1。

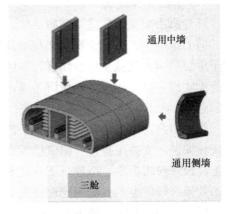

图 23-1　分片预制装配式管廊示意

3. 暗挖法

3.1 顶管法

顶管法即在暗挖施工后，通过传力顶铁和导向轨道，用支撑与基坑后座上的液压千斤顶将管线压入土层中，同时挖除并运走正面的泥土，适用于管廊穿越铁路、道路、河道或建筑物等各种障碍物。

顶管施工工艺主要包括工作井施工、设备安装调试、初始顶进、正常顶进、接收顶进、泥浆置换、拆除工作井或构筑检查井。根据施工时开挖面是否封闭，顶管法可分为敞开式顶管和密闭式顶管两种，敞开式顶管法开挖面不封闭，随着城市建设的现代化、施工环境日益复杂、施工安全与质量要求不断提高，此类施工工艺应用逐渐减少。

密闭式顶管法根据开挖面压力平衡方式可分为土压式、泥水式与土压泥水式三类，广泛用于管径 $\phi600\sim\phi4000$mm 的城市地下管道施工。土压式顶管法应用土质范围较广，可在覆土很浅的情况下施工。在掘进时控制螺旋输送机排土速度，使土仓内泥土具有能够支撑开挖面土压与水压的泥土压保证开挖面的稳定性，从而控制变形控制值；泥水式顶管法泥浆压力在开挖面形成泥膜或渗透区域，提高了开挖面的土体强度，使得开挖面土压和水压得到了平衡，能解决长距离顶管难题，总顶力小，施工工期短、进度快，但占地较大；土压泥水式顶管法在施工过程中可根据需要灵活转换土压平衡模式和泥水平衡模式，特别适用于同一顶管区间地质条件变化大的地层。

3.2 盾构法

盾构法是暗挖法施工中的一种全机械化施工方法。盾构系统一般由盾构工作井、吊出井、盾构掘进机、盾构管片等组成。开挖时，盾构掘进机切割土体，并通过出土机械将挖土运出洞外后，利用千斤顶在后部加压顶进，同时拼装预制混凝土管片，形成隧道结构。外壳和管片支承四周围岩防止隧道内坍塌。

盾构工法的最大优点是在盾构支护下进行地下工程暗挖施工，不受地面交通、河道、航运、潮汐、季节、气候等条件的影响，能较经济合理地保证隧道安全施工，盾构法施工前进阻力不因隧道长度增加而增加，因此，一个盾构始发井可以一次性在地下盾构 2～5km 甚至更长，对道路交通和现状地下管线的影响很小。目前，国内直径最大的城市管廊盾构项目为中铁十四局承建的成都成洛大道地下综合管廊工程，该工程是直径 9m 以上的盾构机首次运用于城市综合管廊的建设。

目前盾构法在管廊工程中的应用存有如下问题：

（1）施工要求深度较大：为控制地面沉降，隧道最小覆土一般控制在 1.5～2.0D（盾构直径），受最小覆土高度限制，盾构管廊的管线分支接驳、吊装、人员逃生等不如明挖管廊便利。

（2）转弯曲线半径要求较高：盾构管廊线路走向不如明挖管廊灵活，盾构法的最小转弯半径主要与预制管片环宽、楔形量有关。

（3）工程造价较高：以某盾构管廊为例，盾构直径 6m，常规埋深 18m，盾构管廊土建每延米综合造价约 8.3 万元［其中盾构隧道延米造价约 4.8 万元，盾构综合竖井（兼管廊附属设施功能）为 1800 万元/座］，满足同等管线规模的明挖管廊每延米综合土建造价约 6.3 万元。

综上所述，盾构管廊主要适用于交通繁忙、地下管线密集、不具备明挖施工条件的现状道路，以及管廊下穿大江大河、高速公路、铁路等开挖施工需要付出巨大代价的情形。

3.3 浅埋暗挖法

浅埋暗挖法即在地表以下距离较少时，根据地层条件以及沉降要求等因素进行各种类型地下洞室暗挖施工的一种方法。该方法以新奥法（New Austrian Tunneling Method）为基本原理，结构基本荷载通过初支完全承担，待围岩变形稳定后进行施加二次模筑衬砌，二次模筑衬砌作为安全储备；特殊荷载由初次支护和二次衬砌共同承担。

浅埋暗挖法突出了支护的及时性，并在施工过程中综合应用监控量测、信息反馈和优化设计等方式严格控制地表沉降，保证施工安全，可适用于地下工程中的各种软弱地层。浅埋暗挖法对专用设备需求较小，工程造价低，对周边环境影响小，有利于减少环境污染；开挖断面形状灵活多变，体现了较强的工程适应性，能结合实际工程情况，及时对设计施工方案做出更好的调整。

根据开挖方式不同，浅埋暗挖施工工法主要可分为三大类：全断面法、台阶法及分步开挖法。

（1）全断面法以隧道整体断面进行开挖，自上而下一次开挖成形，之后按照相应的施工工序，进行支护及防水设计。该方法适用于土质稳定、断面较小，跨度不大于 8m 的隧道工程。

（2）台阶法是将隧道工作断面自上而下分为两个或以上部分，在上台阶先开挖一定距离后，再开始开挖下台阶，而后保持上下台阶同时开挖的施工方法。根据台阶长度不同，可分为长台阶法、短台阶法和微台阶法。主要适用于土质较好、跨度不大于 10m 的中小型断面。

（3）分步开挖法是把隧道断面的开挖划分成几个小部分，分步进行多次开挖，最后完成隧道完整断面开挖支护的施工方法。主要适用于地质条件较差且沉降控制要求较高的软弱地。

采用浅埋暗挖法开挖作业时，所选用的施工方法及工艺流程，应保证最大限度地减少对地层的扰动，提高周围地层自承作用和减少地表沉降。根据不同的地质条件及隧道断面，选用不同的开挖方法，但其总原则是：预支护、预加固一段，开挖一段；开挖一段，支护一段；支护一段，封闭成环一段。

3.4 盖挖法

盖挖法是由地面向下开挖土方至一定深度后修筑管廊顶板，在顶板的保护作用下进行管廊下部结构施工的作业方法，有盖挖顺作法和盖挖逆作法两种作业方式：

（1）顺作法自地表向下开挖一定深度的土方后浇筑管廊顶板，在顶板的保护下再自上而下开挖土方，达到坑底设计高程后再由下而上进行管廊主体结构施工。

（2）逆作法自地表向下开挖一定深度的土方后浇筑顶板，在顶板的保护下再自上而下进行土方开挖和管廊主体结构施工直至底板。

三、城市地下综合管廊施工技术最新进展（1～3年）

2020年，是我国城市综合管廊建设关键之年。根据国务院办公厅发布的《关于推进城市地下综合管廊建设的指导意见》，到2020年，要建成一批具有国际先进水平的地下综合管廊并投入运营，管线安全水平和防灾抗灾能力明显提升，逐步消除主要街道蜘蛛网式架空线，城市地面景观明显好转。

2020年，《城市综合管廊工程技术规范》《综合管廊监控与报警系统工程技术标准》《城市地下综合管廊建设规划技术导则》《城市地下综合管廊运行维护及安全技术标准》《城市地下综合管廊工程维护消耗量定额》《城市地下综合管廊工程投资估算指标》等一批国家标准、行业标准、团体标准和指导性文件陆续发布，标志着我国城市综合管廊标准体系逐步建立。国内管廊建设已进入有序推进阶段。

在现浇管廊施工技术方面，盾构、顶管等非明挖方法建设综合管廊可避免过多的管线迁改、已有建筑拆迁、交通阻断、环境噪声，具有明显的优势。大断面矩形顶管减阻技术、复杂地质条件下顶进减阻技术、超挖式顶管施工、长距离顶管轴线精确定位技术等先进技术不断应用，为各类环境下现浇暗挖管廊建设提供了技术支撑。

预制管廊的主要技术难点体现在现场的吊装连接和接缝处理，近年来，矩形大断面综合管廊节段预制拼装技术、UHPC预制拼装综合管廊平曲线连接节段施工、管廊节段长线法匹配预制与拼装关键技术等整体式吊装工艺解决了大截面、大尺寸的节段管廊现场吊装问题，保证预制管廊的整体性，有效降低不均匀沉降，柔性接头技术和预应力技术在节段连接的应用，提高了接缝密实性、防水性能，提高了预制管廊工程的整体施工质量。

在管廊建设过程中，BIM（Building Information Modeling，即建筑信息模型）技术和自动化变形监测技术也得到了广泛应用，BIM技术实现图纸检查、可视化交底、信息查询、剖切分析、模拟巡检等功能，相比传统二维图纸，可减少设计错误，优化设计模型，提升项目质量。基于物联网的综合管廊自动化变形监测技术、高精度硅晶芯体传感监测系统、光纤光栅式水准仪监测等实时化、自动化监测技术的发展，可及时、迅速地获得管廊在施工过程中基坑、边坡、主体结构的变形信息，在保障施工安全、保证管廊运维稳定性方面起到极大的作用。

四、城市地下综合管廊施工技术前沿研究

1. 高压高温条件下盾构型管廊施工研究

综合管廊盾构隧道开始逐渐运用到实际工程。在盾构隧道中，防水是一个十分重要的课题。区别于一般盾构隧道，深水域条件下综合管廊盾构隧道接缝防水除了要面对高水压的挑战之外，还需考虑管廊内电力管线高温对接缝防水密封垫的影响。

苏通 GIL 综合管廊工程是目前国内埋深最深、水压最高的隧道，江中地质条件具有高透水性、高密实度、高石英含量等复杂特点，隧道盾构方面，开展大型振动台、管片原型加载试验研究，掌握隧道结构静、动力学特性，提出全面应用高强度螺栓、局部使用掺加钢纤维混凝土等技术措施，提升了高水压条件下隧道结构的承载性能和抗震安全裕度；提出双道密封防水技术，解决了盾构隧道高温、高水压极限环境下防水难题，成型隧道无一渗漏点；综合应用"克泥效"、水下常压换刀等盾构施工技术，隧道隆起沉降、水平位移、垂直位移和收敛均不超过 1cm，工程实体质量优，平均每天进尺 13.05m，盾构掘进速度创造新记录，创造行业标杆工程。

2. 大断面矩形顶管减阻技术应用研究

大断面矩形顶管在城市地下过街人行地道、地铁车站进出口连通道以及地下空间开发联络通道等工程中具有明显的优势，与其他地下非开挖施工技术相比较，具有非开挖、对环境影响小、综合成本低、施工安全性高等独特的优势，但是也存在着不足，比如城市地下大断面矩形顶管施工必然会对周围的土层产生很大的扰动，会导致施工周围土层应力释放、土体发生变形等一系列问题。

矩形顶管顶进力主要由迎面阻力和管壁摩阻力组成，对于大断面、长距离矩形顶管顶进，管壁摩阻力占了总顶进力的绝大部分，因此，最大程度降低开挖过程中的摩擦阻力成为大断面矩形顶管开挖施工的关键技术问题。

苏州姑苏区城北东路地下综合管廊（断面尺寸 6.9m×4.2m）采用管节配重、管节涂蜡和管节注浆等综合减阻方法以降低管壁摩阻力。在管节内放置重物平衡管节所受周围泥浆的浮力；通过涂蜡和喷蜡使管壁光滑，降低管壁与周围介质的摩擦系数；选择合适的材料和配比配制适合地层的泥浆，调整注浆量和注浆压力，使管节周围形成完好的泥浆套。整个顶管顶进过程中总顶进力保持在 10000～14000kN 之间，小于理论计算的总顶进力 15243.9～21779.58kN，管壁单位面积摩阻力降低了 40% 左右，减阻效果较好，证实该综合减阻方法解决了矩形顶管顶进力过大的问题。

深圳地铁 9 号线大断面地下隧道（最大长度约 133.5m，开挖截面 7.7m×4.3m）顶管施工过程中，通过在混凝土管周边压注由水、掺合剂、膨润土等根据一定比例混合起来而组成的触变泥浆，使得混凝土顶管与土壤之间的干摩擦转换成湿摩擦，顶管管道的外表面形成良好的泥浆套，注入的触变泥浆留在管道与泥浆套的空隙处，管节在泥浆的包围之

中顶进。使用触变泥浆进行减阻以后，混凝土的管壁与砂层土的摩擦阻力从 20000kN/m² 左右减少至 5000～8000kN/m²，减阻效果显著。

郑州市下穿中州大道隧道工程（长度 105m、顶管断面为 10.10m×7.25m）利用膨润土、CMC、纯碱、PHP（丙烯酰胺）和水按一定的比例配制而成的触变泥浆，顶管施工时分为同步注浆和二次补浆。同步注浆形成良好的泥浆套，二次补浆保证泥浆套的完好性。通过一系列技术优化如注浆孔布置、触变泥浆配制、注浆管路优化设计等，使顶管推力得到了有效控制，减阻效果明显。

3. 预制管廊拼装技术逐渐精细化与标准化

预制拼装综合管廊薄弱环节主要出现在接头部位，体现在应力和变形复杂，对防水性能要求较高。合理的连接形式是预制拼装综合管廊建造的关键，针对该类问题的研究不断精细化，目前较为普遍的有"预应力＋承插口＋压缩胶圈密封""预应力＋剪力键＋密封胶圈""预应力＋承插口＋剪力键＋防水橡胶"等刚性结合柔性接头形式。该类技术具有可靠性高、耐久性强、安装方便与性价比高的特点，柔性连接应力集中现象不明显，各节段通过带有纵向锁紧装置的连接形成一个受力整体，通过预留张拉孔道穿入预应力筋或高强度螺栓，张拉锚固后各预制节段就被串联成具有一定刚度的整体结构，产生了抵抗软土地基不均匀沉降的能力。接口处设置防水橡胶圈和密封胶，保证了接口处防水性能。

近年来，《城市综合管廊工程技术规范》《预制混凝土综合管廊》《预制混凝土综合管廊制作与施工》等一系列标准和图集的发布，标志着预制装配整体式混凝土管廊结构技术的标准化、规范化、程序化，为未来预制管廊工程的建设提供了有利的技术参考和质量保证。

4. 新型模板和快拆体系在现浇管廊工程中的应用

传统的木制模架体系具有加工周期较长、周转率较低、现场产生废料较多等缺点。随着对管廊工程的施工质量和周期要求不断提高，新型模板体系如铝模板、塑钢模板、复合材料模板逐渐得到广泛应用，相较于传统木模架，新型模板可根据管廊结构尺寸定制，成套使用，结合配套的快拆体系，在整体装卸上方便快捷，降低施工工作人员的劳动强度，从而有效减少了施工量，节约施工时间，提升施工效率；模板体系周转次数高达 200～300 次，且可回收利用，实现节能环保，低碳作业；施工后的混凝土墙、梁、板面，平整度高，达到了清水混凝土效果，提高了施工项目质量和施工企业的经济效益，能够缩短施工进度，节约管理、人工成本，具有较好的广泛推广应用价值。

5. 基于物联网技术的综合管廊自动化变形监测系统研究与应用

管廊工程的变形监测项目多、监测周期长，而且监测过程中往往存在安全隐患。传统的人工监测费时费力，已经无法满足综合管廊工程对信息化施工越来越高的要求。物联网技术的发展以及自动化测量仪器和各种不同类型的岩土类传感器的出现，为开展自动化变形监测提供了有利条件。

通过建立远程在线信息化监测和数据处理系统，以系统自动化测量仪器和岩土类传感器为感知层，实现形变信息的实时采集；以串口通信、GPRS（General Packet Radio Service）和 Internet 为网络层，实现远程控制和数据传输；以集成化的云平台和 APP（application）为应用层，实现监测信息的存储、处理、分析、挖掘、共享与发布。工程应用表明，该系统能够实时、可靠、高精度地监控，对管廊结构状态参数进行实时采集，通过远程数据传输，配合自动化的数据处理和发布系统，方便用户在不到场的情况下及时了解现场情况，实现安全远程在线监测，确保综合管廊施工安全。

6. BIM 技术在管廊工程施工中得到大范围推广和普及

城市综合管廊具有设计标准高、周期长、体量大等特点，利用 BIM 技术可视化、模拟性、优化性、协同性、可出图性等优势，以综合管廊设计方案为基础，通过模型建立、走向模拟、管线综合、资源配置等应用，形成一体的综合管廊建筑信息化模型，用于空间检查、碰撞检查、图纸复核、专业碰撞等分析，可模拟管廊建造过程、确定预留洞口尺寸和预埋构件定位、避免管线碰撞，大大提升审图及施工效率，减少后续工程变更，节约工期和成本；结合 VR 和 AR 等先进技术进行交底，将工程中的重点、难点问题全部可视化，可提高交底针对性和互动性；在工程管控方面，利用 BIM 技术动态分析计划进度与实际进度，通过虚拟建造，在优化资源配置等方面起到了实效。

五、城市地下综合管廊施工技术指标记录

国家地下综合管廊试点城市重点项目——青岛胶州国际机场综合管廊工程是国内试点城市中第一个集地铁、高铁、公交、航空零换乘于一体的大型构筑物综合管廊项目，也是第一个将污水、燃气管线入廊的机场管廊。

湖北省武汉市江夏区的谭鑫培路城市地下综合管廊，起点为武昌大道，终点为庙山大道，全长 6.25km，是世界最长的"500kV 及以上等级 GIL 地下综合管廊"及"国内首条 500kV 超高压线路入廊的城市地下综合管廊"。

广东省珠海市横琴新区地下综合管廊，是在海漫滩软土区建成的国内首个成系统的综合管廊，总长度为 33.4km，为国内最长的综合管廊。管廊纳入给水、电力（220kV 电缆）、通信、冷凝水、中水和垃圾真空管 6 种管线，同时配备有计算机网络、自控、视频监控和火灾报警四大系统，具有远程监控、智能监测（温控及有害气体监测）、自动排水、智能通风、消防等功能。

四川省绵阳市签约地下综合管廊及市政道路建设项目。项目总投资 81.27 亿元，其中地下综合管廊全长 33.654km，全部采用预制装配式建造方式，为目前国内里程最长的装配式地下综合管廊。

四川省成都市成洛大道地下综合管廊工程全长 4437m，是国内直径最大的城市管廊盾构项目。该工程将直径 9m 以上的盾构机首次运用于城市综合管廊的建设，项目部将盾构施工特点与管廊内部结构相结合，探索管廊非开挖设计、施工、管线及设备安装技术，为盾构法隧道在管廊领域的应用积累了宝贵的经验。

六、城市地下综合管廊施工技术典型工程案例

1. 苏通特高压 GIL 综合管廊

苏通 GIL（Gas-insulated Metal Enclosed Transmission Line，气体绝缘金属封闭输电线路，简称 GIL）长江隧道全长 5468.5m，盾构机开挖直径 12.07m，大直径盾构法隧道（外径 11.6m，内径 10.5m）与特高压输电线路的首次结合。该项目是目前穿越长江最长的盾构隧道，工程起于北岸（南通）引接站，止于南岸（苏州）引接站，工程投资 47.63 亿元，是目前国内埋深最深（水下 74m）、水压最高（0.8MPa）的盾构管廊。

项目重难点在于 GIL 特高压运行过程中环境对温度变化、极限负荷情况以及特殊工况下的累积变形十分敏感，对管廊的防水工程、结构稳定性要求极高。中铁十四局成立了以中国工程院院士钱七虎为组长的专家组，联合开展科技攻关，确定了隧道防水、管片结构设计、抗震性能、健康监测、盾构选型及快速掘进施工关键技术等 6 个科研课题，为综合管廊工程的安全性和可靠性提供了强力保障。为保障 GIL 特高压稳定运行，管片内不能出现任何渗漏点，项目团队通过不同密封垫、不同接缝张开量下的防水试验，最终采用了双道密封垫防水形式；为避免震动干扰，在工作井与隧道接头处、深槽处等关键节点增加钢纤维，采用 10.9 级高强度螺栓，保证了管片连接稳定性；采用"高铁"级精度的无缝线路、整体道床结构和高铁施工标准的 CPIII 测量等级，保证管廊内部轨道运行的稳定。见图 23-2、图 23-3。

图 23-2　盾构机掘进

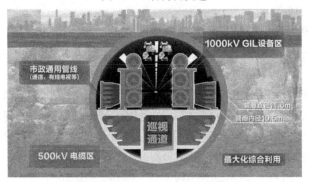

图 23-3　综合管廊内部布置图

2. 厦门翔安新机场片区综合管廊

翔安新机场片区地下综合管廊 PPP 项目建设总里程 19.75km，共包含综合管廊 8 条，主要为翔安东路（含顶管过海段）、机场大道、环嶝北路、蟳窟北路、横二路、机场北路、大嶝中路、机场快速路（含顶管过海段）。综合管廊内主要纳入电力、通信、给水、中水、燃气、雨水、污水等管线，管廊内设置消防、排水、通风、信息、电气、监控、标识等管理系统，是国内最长的过海地下综合管廊项目。

顶管过海段是翔安新机场片区地下综合管廊 PPP 项目的关键性工程，全长 708m，采用顶管专用钢筋混凝土管，外径 3.6m，由大嶝岛陆地始发至翔安区陆地接收。该工程属于超长、超大管径过海顶管工程，过海段建设中顶管每推进 1m，就会产生 50m 的泥浆，自开始施工以来，项目全体技术人员不断优化顶进方案、坚持绿色施工、强化过程控制、全力攻坚克难，成功攻克了海底不良地质处理、长距离顶管轴线精准定位、多级废泥浆分离等多项技术难题，实现了废弃泥浆海域零排放，为工程后续提供了坚实的保障。

3. 重庆市巴南区地下综合管廊试点工程

重庆市巴南区地下综合管廊试点工程涵盖龙洲湾 B 区和职教城片区，管廊总长约 10.12km，包含管廊主体及相关配套工程，管廊容纳电力、通信、给水、燃气等，管廊舱室 2~4 舱，项目总投资约 11.3 亿元，计划工期 1000 日历天。管廊由现浇段（5.61km）与预制段（4.51km）交替穿插而成。

现浇段采用了定型化铝模结合快拆架体技术，制作了一套 30m 长的定型铝模用于标准现浇节施工，提高了混凝土成型质量；在变形缝和施工缝部位内部设置镀锌钢板和止水橡胶钢带，外敷设卷材加强层作为防水构造，效果明显；预制段采用了节段式预制拼装技术，预制构件为三舱整体式结构，节段长 0.8m、最大断面尺寸 9.9×3.8m，最大起重重量约 26t，安装前先将管廊构件平吊到翻转架（最大翻转重量 120t）上，安装好密封胶条后完成构件翻转，由 150t 履带吊缓缓吊装到预先设置的滑动层上方，由专业安装工人精确就位，采用四个预应力设备分别进行上下对称张拉锁紧，并在 10min 内完成拼接缝的打胶施工，节段式预制管廊成型质量好，安装可靠，接缝防水性能优秀，安装效率较高。见图 23-4~图 23-6。

图 23-4　底板铝模排版

图 23-5　节段预制构件翻转

图 23-6　接缝注防水胶

4. 湖北黄冈综合管廊项目

黄冈管廊项目新建地下管廊 33.92km，其中顶管法施工段长 20.6km，为目前国内采用顶管法施工最长的综合管廊工程。项目采用非开挖式地下管道埋设施工技术，20.6km长的顶管法施工段中，有长达 15.1km 线路需顶管施工内径达 4m、外径达 4.8m，为全国最大直径的非开挖顶管工程。项目采用的"争先号"顶管机，根据管廊口径量身定制创新采用插拔式刮刀，单次顶进距离 334m，直径 4800mm，超出管道外径 60mm，进行适当"超挖"以加大管壁与周围岩体的空隙，增加管周触变泥浆厚度的同时在触变泥浆中添加进口高分子材料，采用自动减摩控制系统预留 30% 的富余动力，确保续航有力，保证顶管持续挺进，节省了刀梁空间，提高了固定强度。见图 23-7。

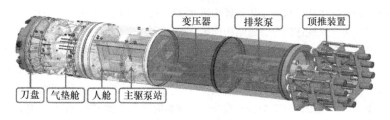

图 23-7　超挖顶管机

5. 云南滇中新区智慧综合管廊一期工程

云南滇中新区智慧综合管廊一期工程包括哨关路综合管廊和嵩昆路综合管廊，共18.05km。其中哨关路综合管廊全长约 10.6km，嵩昆路一期综合管廊总长约 7.45km，总投资概算约 2.6 亿元。管廊内配套有消防系统、给水排水系统、通风系统、照明系统、监测系统、电气控制系统等工程；纳入管线包括：给水管、中水管、电力管线、通信管线以及预留管位等，设置有智慧管廊监控室，是全国首个"智慧综合管廊示范工程项目"。

该工程为地下综合管廊构建了全过程标准作业体系，利用云平台、大数据、物联网、GIS+BIM 技术，通过全生命周期一体化智慧管控平台，以基于大数据分析的预前控制和专家系统的危机处理决策，实现了综合管廊的可视化管理、自动化维检、智能化应急、标准化数据、全局化分析、精准化管控，提高了综合管廊智能化管控水平与运行效率，可降低运维综合成本，见图 23-8。

图 23-8　全生命周期一体化智慧管控平台

参考文献

[1]　李宣，李杨，王玉娇，杨定华. 我国城市地下综合管廊建设现状分析及对策[J]. 中国市场，2019（27）：42-43.

[2]　向尧贤，赵元鹏. 城市综合管廊发展与应用[J]. 城市住宅，2019，26(10)：153-154.

［3］ 冯杨．现浇综合管廊主体结构施工质量评价研究［D］．西安建筑科技大学，2019．

［4］ 李妍，王小鹏．装配式城市综合管廊结构连接节点分析［A］．中冶建筑研究总院有限公司．2020年工业建筑学术交流会论文集(中册)［C］．中冶建筑研究总院有限公司：工业建筑杂志社，2020：4．

［5］ 唐培文．大断面矩形顶管减阻技术应用研究：以苏州综合管廊矩形顶管为例［J］．地质科技通报，2020，39(02)：198-203．

［6］ 袁广．盾构垂直下穿施工对地下综合管廊变形规律影响探究［D］．中国地质大学(北京)，2020．

［7］ 胡平．塑钢模板在城市综合管廊施工中的应用［J］．工程与建设，2020，34(05)：961-963．

［8］ 孙克新，吴淑忠．铝模板在地下综合管廊工程中的应用［J］．工程技术研究，2020，5(17)：125-126．

［9］ 张春涛，秦臻，白昀，孙敦权．基于物联网的GIL综合管廊自动化变形监测系统研究与应用［J/OL］．测绘地理信息：1-6［2020-11-15］．http：//kns．cnki．net/kcms/detail/42．1840．P．20201112．1312．002．html．

第二十四篇　绿色施工技术

中国建筑第八工程局有限公司　　亓立刚　张德财　杨晓冬　连春明

南京建工集团有限公司　　　　　鲁开明　张　怡　苏　斌　逯绍慧

华新建工集团有限公司　　　　　钱秀纯　王　清　钱忠勤　刘　洋

摘要

　　本篇简述绿色施工技术概念、原理、特点及发展的脉络，分类列示了180多项"五节一环保"技术。本篇侧重阐述了我国绿色施工技术1~3年最新进展，揭示了绿色施工技术研发与推广应用的特点，凸显了绿色施工实践对于建筑企业、施工现场的重要影响，同时还阐释了绿色施工技术推广、绿色施工示范达标竞赛、绿色施工配套条件等方面的重要变化。有关技术前沿研究，围绕国际前沿研究的长期愿景，归纳了近年来国际承包商十大领域的研发，展示了行业内绿色施工技术的主要研发方向。本篇绿色施工技术典型工程案例，再现了绿色施工示范工程的主要绿色施工技术。

Abstract

　　This paper briefly explains the concept and principle of the green construction technology, presenting its characteristics and evolution. Concerning the description of green construction, this paper publish a lists of more than 180 technologies, separately related to energy saving, water saving, material saving, land saving and environmental protection, which is called the five savings and one protection in the field. It particularly emphasizes the latest development of green construction technology in China during the last three years, revealing the features of application and popularization of green construction technology. Additionally it clarifies the importance of green construction technologies on the progress of the construction enterprises and construction site management. In the same time, it also tends to interpret the important changes in the different sides of green construction, covering the technology popularization and application, the construction demonstration and standard matching competition, and the supports for green construction. From the aspect of relevant advanced research, according to the world's long-term advancing direction, the researching and innovation from the international contractors in ten fields are concluded in the paper, which presents the main contents of the project and subjects integrated into the national science and technology support program of China. The typical engineering cases showed in this paper review the main green construction technologies applied in the demonstration projects of green construction.

党的十八届五中全会提出创新、协调、绿色、开放、共享"五大发展理念",将绿色发展作为关系我国发展全局的一个重要理念,作为"十三五"乃至更长时期我国经济社会发展的一个基本理念。近两年来,建筑业持续探索工程施工可持续发展道路,加强资源节约和环境保护意识,绿色施工技术得到长足发展。

一、绿色施工技术概述

绿色施工技术是指在工程建设过程中,在保证质量、安全等基本要求的前提下,能够使施工过程实现"五节一环保"目标的施工技术,其中资源节约和利用技术包括五个方面即:节材与材料资源利用技术、节水与水资源利用技术、节能与能源利用技术、节地与土地资源保护技术、人力资源节约与保护技术;环境保护技术包括噪声与振动、扬尘、光污染、有毒有害物质、污水以及固体废弃物控制技术等。推广应用绿色施工技术可确保工程项目的施工达到绿色施工评价的有关指标。

绿色施工技术摒弃传统施工技术机械主义的设计(Mechanical Design)、减量化的思路(Reductionist Thinking)以及局部孤立方式(Parts)等诸多弊端,其发展符合新经济的范式,具有以下特点:

(1)施工技术智能化与工业化相结合,形成新型工业化发展的趋势;

(2)以循环经济理论为指导,通过全生命周期的考量,确定绿色施工技术的经济技术指标;

(3)末端治理与施工工艺过程相结合,绿色施工技术渗透到施工全过程;

(4)均衡精细化与整合效应,绿色施工技术提升施工过程系统性绩效;

(5)低碳要求与健康指标相平衡,施工过程人与自然高度统一;

(6)仿生自然与高科技逐步渗透,技术进步更为符合自然法则;

(7)内外部效应相统一,绿色施工追求技术进步与经济合理的规则;

(8)绿色施工技术融合多学科的技术,技术的应用具有集成性与实践性。

我国传统的建筑业,也存在朴素的绿色施工的元素,但作为明确的概念和系统的方法,较大程度吸收了西方绿色建筑和绿色建造的营养。绿色建造形成绿色建筑,绿色施工是绿色建造的一个阶段。自20世纪70年代石油危机以来,环境承载能力及可持续发展的问题逐步成为全球关注的热点。在建筑行业,资源环境问题、可持续发展理论逐步渗透到设计、施工各个阶段。

二、绿色施工主要技术介绍

近年来,通过吸收和引进部分国外绿色施工技术,并经过有计划的研发活动和在工程实践中推广应用,我国已形成一批较成熟的绿色施工技术。主要包括:

1. 环境保护技术

1.1 空气及扬尘污染控制技术

包括暖棚内通风技术、密闭空间临时通风技术、现场喷洒降尘技术(作业层喷雾降尘技术、塔吊高空喷雾降尘、风送式喷雾机应用技术）、现场绿化降尘技术、混凝土内支撑切割技术、高层建筑封闭管道建筑垃圾垂直运输及分类收集技术、扬尘及有害气体动态监测技术、扬尘智能监测技术等。

1.2　污水控制技术

包括地下水清洁回灌技术、水磨石泥浆环保排放技术、泥浆水收集处理再利用技术、全自动标准养护水循环利用技术、管道设备无害清洗技术等。

1.3　固体废弃物控制技术

包括建筑垃圾分类收集与再生利用技术、建筑垃圾就地转化消纳技术、工业废渣利用技术、隧道与矿山废弃石渣再生利用技术、废弃混凝土现场再生利用技术、建筑垃圾减量化与再利用技术等。

1.4　土壤与生态保护技术

包括地貌和植被复原技术、场地土壤污染综合防治技术、绿化墙面和屋面施工技术、现场速生植物绿化技术、植生混凝土施工技术、透水混凝土施工技术、现场雨水就地渗透技术、下沉绿地技术、地下水防止污染技术、现场绿化综合技术、泥浆分离循环系统施工技术等。

1.5　物理污染控制技术

包括现场噪声综合治理技术、设备吸声降噪技术、噪声智能监测技术、现场光污染防治技术等。

1.6　环保综合技术

包括施工机具绿色性能评价与选用技术、绿色建材评价技术、绿色施工在线监测技术、基坑逆作和半逆作施工技术、基坑施工封闭降水技术、预拌砂浆技术、混凝土固化剂面层施工技术、长效防腐钢结构无污染涂装技术、防水冷施工技术、非破损检测技术、非开挖埋管施工技术等。

2. 节能与能源利用技术

2.1　施工机具及临时设施节能技术

包括使用变频技术的施工设备、溜管替代输送泵输送混凝土技术、混凝土冬期养护环境改进技术、空气源热泵应用技术、空气能热水器技术、智能自控电采暖炉、LED 照明灯具应用技术、自然光折射照明技术、塔式起重机镝灯使用时钟控制技术、现场临时照明声光控制技术、定时定额用电控制技术、现场临时变压器安装功率补偿装置、工地生活区节约用电综合控制技术、USB 低压充电和供电技术等。

2.2　施工现场新能源及清洁能源利用技术

包括电动运输车、太阳能路灯及热水的使用、太阳能移动式光伏电站、风力发电照明技术、风光互补路灯技术、光伏一体标养室、醇基液体燃料在施工现场的运用等。

3. 节材与材料资源利用技术

3.1　工程实体材料、构配件

3.1.1　高性能材料

包括高强混凝土施工技术、高强钢筋应用施工技术、塑料马镫及保护层控制技术、节材型电缆桥架应用技术。

3.1.2 建筑配件整体化或建筑构件装配化安装施工技术

包括预制楼梯安装技术、混凝土结构预制装配施工技术、可回收预应力锚索施工技术、建筑配件整体安装施工技术、整体提升电梯井操作平台技术等。

3.1.3 钢筋集中加工配送技术

包括钢筋集中加工配送技术、全自动数控钢筋加工技术、钢筋焊接网片技术。

3.2 周转材料及临时设施

3.2.1 工具式模板和各种新型模板材料新技术

包括超高层顶升模架、可周转的圆柱模板、自动提升模架技术、大模板技术、早拆模板、钢框竹胶板（木夹板）技术、可伸缩性轻质型钢龙骨支模体系、钢木龙骨、铝合金模板施工技术、塑料模板施工技术、定型模壳施工技术、下沉式卫生间定型钢模、木塑模板应用技术、钢网片脚手板应用技术，预制混凝土薄板胎模施工技术、覆塑模板应用技术、整体提升电梯并操作平台技术、集成式爬升模板技术等。

3.2.2 新型支撑架和脚手架技术

包括附着式升降脚手架技术、门式钢管脚手架、可移动型钢管脚手架施工技术、碗扣式钢管脚手架施工技术、销键式脚手架施工技术（盘销式钢管脚手架、键槽式钢管支架、插接式钢管脚手架）、电动桥式脚手架施工技术、工具式边斜柱防护平台、工具式组合内支撑、无平台架外用施工电梯、自爬式卸料平台、装配式剪力墙结构悬挑脚手架技术。

3.2.3 废旧物资再利用技术

包括混凝土余料再生利用，废弃水泥砂浆综合利用技术，废旧钢筋、模板再利用技术，废弃建筑配件改造利用技术等。

3.2.4 施工现场临时设施标准化技术

包括工具式加工车间、集装箱式标准养护室、可移动整体式样板、工具化钢管防护栏杆、场地硬化预制施工技术、拼装式可周转钢板路面应用技术、钢板路基箱应用技术、可周转装配式围墙、临时照明免布管免裸线技术、可周转建筑垃圾站、可移动式临时厕所等。

3.3 节材型施工方法

包括永临结合管线布置技术、布料机与爬模一体化技术、钢筋机械连接技术、隔墙管线先安后砌施工技术、压型钢板、钢筋桁架楼承板免支模施工技术、套管跟进锚杆施工技术、非标准砌块预制加工技术、清水混凝土施工技术、幕墙预埋件精准预理施工技术、大跨度预应力框架梁优化施工技术、钢结构整体提升技术、钢结构高空滑移安装技术、建筑信息模型（BIM）技术等。

4. 节水与水资源利用技术

4.1 节水技术

包括现场自动加压供水系统施工技术、节水灌溉与喷洒技术、旋挖干成孔施工技术、混凝土无水养护技术、循环水自喷淋浇砖系统利用技术、全套管钻孔桩施工技术等。

4.2 非传统水源利用技术

包括基坑降排水再利用、现场雨水收集利用技术、利用消防水池兼作雨水收集永临结合技术、非自来水水源开发应用技术、现场洗车用水重复利用及雨水补给利用技术等。

5. 节地与土地资源保护技术

5.1 节地技术

包括复合土钉墙支护技术、深基坑护坡桩支护技术、施工场地土源就地利用、现场材料合理存放、施工现场临时设施的标准化技术、现场装配式多层用房应用、集装箱办公、生活等临时用房、施工道路永临结合技术等。

5.2 土地资源保护技术

包括耕植土保护利用、地下资源保护、透水地面应用、施工道路利用正式道路基层技术、利用原有设施（房屋、道路等）作为办公生活用房及临时道路等。

5.3 减少施工用地扰动技术

包括钢筋集中加工配送技术、逆作法施工技术等。

6. 人力资源节约

包括施工现场预制装配率提升技术，施工现场食宿、办公用房的标准化配置技术，改善作业条件、降低劳动强度创新施工技术，自密实混凝土施工技术、自流平地面施工技术，混凝土超高泵送技术，砌块砌体免抹灰技术，钢结构安装现场免焊接施工技术，现场低压（36V）照明技术，信息化施工技术，结构预制装配施工技术，轻型模板开发应用技术，现场材料合理存放技术，施工现场临时设施合理布置技术。

三、绿色施工技术最新进展（1～3年）

1. 形成绿色施工技术创新体系，逐步完善绿色施工标准规范

近几年来，在全社会倡导"绿色发展"等大背景下，形成了基于绿色建造的绿色施工技术。在建筑物全生命周期内注重绿色策划、绿色设计和绿色施工，通过应用"资源节约和环境保护"技术措施，强化 EPC 总承包模式，推进绿色施工技术创新，实现绿色建造。

一批有实力和超前意识的建筑企业在工程项目中重视绿色施工策划与推进，研究开发绿色施工新技术，形成成套的绿色施工技术和较为完备的绿色施工工艺技术和专项技术体系。

有关研究将绿色施工标准规范体系划分为绿色施工相关导则与政策、绿色施工标准、基础性管理标准、支撑性标准和相关标准。近年来绿色施工标准进一步取得长足进展。首先，《建筑工程绿色施工规范》GB/T 50905—2014 实施以来，各施工单位根据规范要求以及施工现场特点，将绿色施工规范要求融入施工全过程，促进了行业绿色施工发展；其次，2017 年，我国启动了《建筑工程绿色施工评价标准》GB/T 50640—2010 新版标准的修订工作，2018 年 8 月开始向全行业征求意见修订，并于 2018 年 11 月底前正式报批，修订的主要内容拓展了绿色施工的内涵和外延，以"节约资源"代替"四节"，减少"四节"对绿色施工的约束；增加了"以人为本"的要求，新增了"人力资源节约和保护评价指标"章节，符合职业健康安全体系要求，强调了改善作业条件、减轻劳动强度；拓展了

适用范围,增加了市政工程领域,新增了市政工程绿色施工相关评价指标;为鼓励技术创新,增加了技术创新评价指标得分,并提出了绿色施工技术创新重点方向;根据目前的技术进步,对原有章节的一些评价指标进行了更新,增加了定量化指标,逐渐从措施得分向效果得分转变。

2. 确定了绿色施工技术 10 个发展方向

行业在推进绿色施工技术创新与研究中,确定了绿色施工技术的 10 个主题:(1) 装配式施工技术;(2) 信息化(数字化、智能化、BIM)施工技术;(3) 地下资源保护及地下空间施工技术;(4) 建材与施工机具和设备绿色性能评价及选用技术;(5) 钢结构、预应力结构和新型结构施工技术;(6) 多功能高性能混凝土应用技术;(7) 高强度、耐候钢材应用技术;(8) 新型模架开发与应用技术;(9) 建筑垃圾减排及回收再利用技术;(10) 其他先进施工技术。

2.1 装配式混凝土结构技术

作为住宅产业化的实施方式已成为建筑业发展的趋势,装配式建筑实施的同时也促进了绿色施工的实施。从预制构件及优化设计、预制构件生产、预制构件实施过程中,通过绿色施工技术的应用,使得资源重复利用,降低生产成本,达到了保护生产、生活环境,节能减排的目的,提高了项目精细化管理水平。采用住宅产业化方式,减少了建筑垃圾的产生、建筑污水的排放、建筑噪声的干扰、有害气体及粉尘对周围环境的影响,现场施工更加文明,有利于环境保护,实现文明施工。

2.2 BIM 与绿色施工技术

BIM 与绿色施工技术实质是推进信息化施工与"资源节约和环境保护"技术措施的结合,在深化设计方面,更多利用 BIM 技术进行钢筋节点深化设计、二次结构深化、机电管线综合排布及管线附件的统计计算,并控制复杂构配件的加工;在施工现场管理方面,采用 BIM 技术和无人机航拍技术,合理调配资源、动态布置场地。

建筑施工是一个高度动态的过程,建筑施工是不可逆的,一旦返工,不但造成资源和人力的浪费,还会降低质量,应用 BIM 技术,将空间信息和时间信息整合在一个 4D 施工模型中,直观、精确的反映整个施工过程,大大降低出错风险,同时优化施工资源、缩短工期、降低成本、提高质量。

2.3 施工现场降尘自动控制技术

随着建筑行业不断提高对施工现场防尘、治霾等文明施工的要求,建筑施工现场的降尘被认为是一个费时、费力而且效果不明显的问题。传统的降尘喷洒系统,一般都是由人工手动控制,人是流动的、有意识的,很可能因为某件事或者某种原因而影响现场降尘喷洒系统的正常开启或者关闭,不能充分发挥其作用,造成资源的浪费。而随着国内科技不断创新和变革,降尘技术正在增强与智能化、自动化结合,达到自动化控制应用,即应用喷淋系统与环境质量检测装置的信号输出端相连,在喷淋系统中设置有增压泵、电磁阀和水处理装置,检测装置内设置有控制单元,控制单元再与用于检测环境质量、分布在建筑施工现场的 PM2.5,PM10 传感器相连,以此来达到智能化、自动化控制应用。

3. 行业标杆施工单位组织开展的绿色施工新技术研发与应用，推动绿色施工技术发展

住房城乡建设部委托中国土木工程学会总工程师委员会开展了《绿色施工技术推广应用研究》的课题研究，通过对全国 30 个省近 2000 个全国绿色施工项目、特色项目进行调研，历时一年，总结行业开展绿色施工科技创新成果，筛选提炼出一批绿色施工技术，最终选定了 77 项先进适用绿色施工技术，列入《绿色施工技术推广目录》并于 2018 年 4 月发布公示，包括了近些年来行业创新研发应用并具有明显绿色发展效果的施工新技术、新材料、新工艺、新设备，也包括已应用多年、绿色施工效果明显，但还未能替代传统施工技术、工艺，没有进行大面积推广应用的技术。此外，还考虑到了我国幅员辽阔，各地自然条件、地质环境条件、建筑规模不同等因素，体现出绿色施工技术地域差异性及技术发展重点区域性特征。

根据上述的绿色施工技术 10 个发展主题以及《绿色施工技术推广目录》77 项创新技术确定了五大类的绿色施工技术。

3.1 保护和节约资源（节能、节水、节地、节材、节约人力资源、设备智能化）

逆作法一柱一桩技术与立柱桩调垂技术、逆作法垂吊模板技术、工具式钢结构组合内支撑施工技术、套管跟进锚杆施工技术、全自动数控钢筋加工技术、钢筋焊接网片技术、清水混凝土施工技术、铝合金模板施工技术、预制混凝土薄板胎模施工技术、覆塑模板应用技术、压型钢板、钢筋桁架楼承板免支模施工技术、钢木龙骨技术、预制混凝土板临时路面技术、拼装式可周转钢制（钢板和钢板路基箱）路面应用技术、临时设施与安全防护的定型标准化技术、高层建筑封闭管道建筑垃圾垂直运输及分类收集技术、成品隔油池、化粪池、泥浆池、沉淀池应用技术、建筑垃圾减量化与再利用技术、高强钢筋应用技术、塑料模板施工技术、定型模壳施工技术、早拆模板施工技术、整体提升电梯井操作平台技术、钢网片脚手板技术、装配式剪力墙结构悬挑脚手架技术、承插型盘扣式钢管脚手架技术、附着式升降脚手架技术、内隔墙与内墙面免抹灰技术、施工道路永临结合技术、消防管线永临结合技术、地下封闭止水帷幕技术、两墙合一地下连续墙技术、土钉墙支护技术、半逆作法施工技术、盖挖逆作法施工技术、钢筋集中加工配送技术、钢结构整体提升技术、钢结构高空滑移安装技术、集成式爬升模板技术、全套管钻孔桩施工技术、利用消防水池兼做雨水收集永临结合技术、钢结构整体提升技术、钢结构高空滑移安装技术、集成式爬升模板技术、布料机与钢平台一体化技术、布料机与爬模一体化技术、变频施工设备应用技术、工地生活区节约用电综合控制技术、现场临时变压器安装功率补偿技术、LED 灯应用技术、临时照明声光控技术、可再生能源综合利用技术、醇基燃料应用技术、地下封闭止水帷幕技术、两墙合一地下连续墙技术、土钉墙支护技术、半逆作法施工技术、盖挖逆作法施工技术、钢筋集中加工配送技术、水力吹填技术、施工现场建筑垃圾高效利用技术、高周转型模板技术、溜管替代输送泵送混凝土技术、现场非传统电源照明技术、现场热水供应节能技术、施工场地土源就地利用技术、人力资源精确调度和高效使用技术、施工现场高效配置和科学使用技术、塔吊镝灯使用时钟控制技术、废弃水泥砂浆综合利用技术、废弃建筑配件改造利用技术、可周转的圆柱木模板、现场雨水收集利用技术、非破损检测技术等技术。

3.2 保护环境和控制污染

地下封闭止水帷幕技术、两墙合一地下连续墙技术、土钉墙支护技术、逆作法施工技术、半逆作法施工技术、逆作法一柱一桩技术与立柱桩调垂技术、逆作法垂吊模板技术、逆作法回筑技术、盖挖逆作法施工技术、逆作法施工安全及作业环境控制技术、工具式钢结构组合内支撑施工技术、套管跟进锚杆施工技术、泥浆分离循环系统施工技术、基础底板、外墙、后浇带超前止水技术、全自动数控钢筋加工技术、钢筋焊接网片技术、清水混凝土施工技术、自密实混凝土施工技术、严寒地区混凝土养护技术、铝合金模板施工技术、预制混凝土薄板胎模施工技术、覆塑模板应用技术、压型钢板、钢筋桁架楼承板免支模施工技术、布料机与钢平台一体化技术、钢木龙骨技术、混凝土内支撑切割技术、电力车应用技术、超高层施工混凝土泵管水气联洗技术、加工棚降噪应用技术、预制混凝土板临时路面技术、拼装式可周转钢制（钢板和钢板路基箱）路面应用技术、临时设施与安全防护的定型标准化技术、寒区临时道路技术、混凝土输送降噪技术、高层建筑封闭管道建筑垃圾垂直运输及分类收集技术、地铁工程渣仓自动喷淋降尘技术、木工机械双桶布袋除尘技术、施工用车出场自动洗车技术、油烟净化技术、成品隔油池、化粪池、泥浆池、沉淀池应用技术、现场绿化综合技术、现场降尘综合技术、建筑垃圾减量化与再利用技术、现场智慧噪声综合治理技术、基坑施工封闭降水技术、施工现场固体废弃物近零排放技术、场地土壤污染综合防治技术、现场降尘综合技术、现场绿化降尘技术、现场光污染防治技术、现场雨水就地渗透技术、植生混凝土施工技术、透水混凝土施工技术、地下水清洁回灌技术、绿化墙面和屋面施工技术、地貌和植被复原技术、管道设备无害清洗技术、非自来水水源开发应用技术、水磨石泥浆环保排放技术、场地硬化预制施工技术等技术。

3.3 以人为本，减轻劳动强度，改善作业条件

施工现场预制装配率提升技术、施工现场临时设施的标准化技术、混凝土超高泵送技术、砌块砌体免抹灰技术、自动提升模架技术、钢结构安装现场免焊接施工技术、长效防腐钢结构无污染涂装技术、智慧化信息施工技术、结构预制装配施工技术、轻型模板开发应用技术等技术。

3.4 推进施工机械化、工业化和信息化

"基于BIM的信息化施工技术、基于互联网＋"的企业信息化管理技术、机器人施工技术、构配部件专业化生产和供应技术、3D打印建造技术、施工现场机械化施工技术、结构构件工业化制造技术、新型环保水泥搅浆器、建筑配件整体安装技术、施工机具绿色性能评价与选用技术、现场自动加压供水系统施工技术、施工竖井多滑轮组四机联动井架提升抬吊技术等技术。

3.5 双优化技术（对设计进行优化、施工组织设计和施工方案优化）

设计施工一体化技术，基于绿色化的施工图优化设计技术，施工组织设计和施工方案优化设计技术，PPP、EPC、BOT等新型模式的工程项目总承包技术。

通过绿色施工技术推广应用，增强了企业绿色施工技术应用和创新能力，促进建筑企业转型升级，实现了建筑企业和施工现场的五个方面转变。

第一，从粗放管理向精细化管理转变；第二，从外延式发展向内涵式发展转变，技术创新在绿色施工中发挥重要的支撑作用，呈现工业化、智能化、整合化的三大态势；第三，施工现场作业条件和现场生活临时设施得到较大程度的改善，施工人员素质不断提

高，职业形象较大幅度提升；第四，绿色施工的范围横向进一步延伸、影响进一步加深，并渗透到工程项目的各个专业领域；第五，绿色施工的范围纵向进一步延伸，更多施工企业重视和拓展深化设计业务，极大程度提高工程项目的可建设性。

近些年来，各级住房城乡建设行政主管部门相继出台了倡导和推动绿色施工发展的政策和标准，推动了绿色施工新技术的创新研发与应用，形成了一批较成熟的绿色施工技术，取得了一定的社会、经济和环境效益，进一步地鼓励了建筑施工区域技术创新，推动了建筑施工环节科技进步，并指导了施工企业利用技术创新最大限度地节能、节地、节水、节材，保护环境和减少污染，为实现行业绿色发展目标作出贡献。

四、绿色施工技术前沿研究

绿色施工技术是指在工程项目施工过程中，在提高生产率和优化产品效果的同时，又能减少资源和能源消耗率，减轻污染负荷，改善环境质量，促进可持续发展的技术。绿色施工技术是综合考虑资源、能源消耗的技术，其目标是使得工程施工过程中，对环境负面影响最小，资源和消耗最省，使企业效益和社会环境效益协调化。结合我国施工行业的整体发展，绿色施工技术也应朝着装配化、智能化、机械化、精益化、专业化的方向发展。同时他们之间并不是孤立的，而是相辅相成、互为补充的，需要协同研究，全面推进和发展。

1. 装配化施工技术

工厂化预制是将建筑构件、部品、材料在工厂中预制和生产，再运输到施工现场进行安装，进而形成的建筑产品。与传统现浇施工方式相比，工厂化预制技术具有缩短工期提高生产效率、减少现场工作量、减少加工对环境的影响及提高建筑质量等优点，具有节约利用能源和资源的优势，工厂化预制技术符合"绿色施工"的内涵要求，与国家可持续发展的原则一致。在环境保护越来越重要的今天，传统建筑业的施工方式已经不符合建筑业转型升级的需要，发展工厂化预制是建筑业转型升级的必然途径。最新研究涉及：新型装配式结构体系、装配式装饰装修技术、部品化设备集成安装技术等。

2. 智能化施工技术

智能化施工技术是指利用计算机、网络和数据库等信息化手段，对工程项目施工图设计和施工过程的信息进行有序存储、处理、传输和反馈的建造方式。建筑工程施工是一个复杂的综合活动，涉及众多专业和参与者；智能化有益于各方信息交换与共享、有利于设计和施工有效衔接、有利于各方协同和配合，通过智能化施工提高行业的精细化程度，提高施工效率，减小劳动强度，减少排放，减少更多的能耗。最新研究包括：全过程模拟与监控技术、BIM技术的广度和深度应用和施工企业信息化管理系统、基于末端事件驱动的智能传感器技术、基于工程仿真的监测数据分析技术、基于监测数据的工程检测技术等。

3. 机械化施工技术

随着建筑业整体的发展，建筑规模和施工难度呈几何级数增长，建筑施工对施工机械的依赖也与日俱增。绿色施工目标的实现离不开绿色施工机械的选择与应用。选用效率高、能耗低、排放少的施工机械是推进绿色建造的基础，也是改善施工现场环境、降低工人劳动强度的有效路径。目前的难点聚焦在建立统一、简单、可行的指标体系对施工机械进行评价，从而便于承包单位选择，促进绿色施工机械推广、应用。最新研究包括主要机械设备的排放因子、节能型施工机械、柴油机械的排放控制措施研究等。

4. 精益化施工技术

综合生产管理理论、建筑管理理论以及建筑生产的特殊性，面向建筑产品的全生命周期，持续地减少和消除浪费，最大限度地满足顾客要求的系统性方法。与传统的建筑管理理论相比，精益建造更强调面向建筑产品的全生命周期，持续的减少和消除浪费，把完全满足客户需求作为终极目标。目前研究主要集中在：基础理论研究、建筑生产系统设计、项目供应链管理研究、预制件和开放型工程项目实施研究等。

5. 专业化施工技术

施工生产专业化是指随着社会的进步和科学技术的发展，建筑施工生产过程日益分解为更多更细的、独立的新部门或新企业的过程。施工生产专业化，是社会劳动分工不断扩大、加深和精细化过程的产物，是社会化大生产的普遍规律。施工生产专业化的过程，也是施工生产社会化的过程。组织施工生产专业化，有利于改善劳动条件，提高工人的熟练程度和技术水平，提高劳动生产率；有利于保证和提高工作质量，节约原材料，降低劳动消耗；有利于减少管理层次，提高工作效率。在施工专业化方面主要研究涉及：施工对象专业化研究、施工工艺专业化研究和建筑服务专业化研究等。

五、绿色施工技术典型工程案例

山东科技馆新馆绿色施工技术介绍如下：

山东科技馆新馆项目位于济南市西部新城核心位置，是山东省新旧动能转化的唯一场馆类项目，全国十大科技馆之一。总建筑面积 8 万 m^2，2018 年 3 月 12 日开工建设，2020年 4 月 30 日竣工。该项目获得 2019 年"山东省绿色智慧建造示范工程"，策划实施了 69项绿色施工技术。在节材、节水、节能、节地、人力人源节约以及环境保护 6 个维度推行绿色施工技术，重点推行工具化、定型化、标准化、节能化的施工机具，同时进行智慧工地建设辅助现场绿色施工管理。

1. 节材与材料利用

策划实施技术 20 余项，包括木方接长、以钢代木、方柱加固件、非固化沥青防水、钢板路面硬化、标准化围挡、标准化护栏、标准化周转工具、废旧模板封洞口、废旧钢筋马镫、废弃混凝土回收、透水砖、植草砖等。

项目编制了政府淘汰材料汇总表，有效地杜绝了淘汰材料进场。材料选择遵循就近选材的原则，90％的材料选择了距离 500km 范围以内的。项目部通过 BIM 技术对钢筋节材进行策划，减少了钢筋废料产生。推行"以钢代木"替代 70 ％以上的木材，提高了材料周转次数。设置了木方接长作业区，接长总用量 500m³ 以上，显著降低木方损耗。项目选用了方柱加固件，提高了混凝土柱的一次成型质量，且减少施工损耗，方便施工的同时节约了木方的投入。见图 24-1、图 24-2。

图 24-1　以钢代木，提高周转

图 24-2　木方接长，重复利用

采用非固化沥青防水卷材，增强防水效果的同时减少找平层施工，从而节省材料用量。在土方施工阶段使用可周转的钢板路进行路面临时硬化，减少混凝土使用量。同时在施工现场主干道设置钢板路，重复利用，节约材料，绿色环保。现场采用了标准化防护、围挡、周转工具等进行项目间调拨使用，周转率达到 95％以上，可周转 3～5 个项目重复使用。见图 24-3。

图 24-3　钢板替代混凝土硬化道路

水平洞口利用废旧模板封闭，使用钢筋余料制作马镫，混凝土及商品砂浆余料进行临时道路的浇筑工作、垫块、制作屋面走道板、三角形斜砖及混凝土过梁等；木材余料用作楼梯踏步防护角、移动花池及安全通道等。项目累计使用植草砖及透水花砖 2300m²、绿化面积 850m²、透水混凝土 1100m³，减少混凝土用量 470m³，并减少二次破除量。见图 24-4。

图 24-4　余料回收利用

2. 节能

策划实施技术措施 7 项，包括太阳能移动充电站、太阳能充电棚、低压照明、太阳能路灯、风光互补太阳能路灯、LED 灯带照明、智能开关等。项目采用了太阳能移动充电站，将太阳能转换为施工用电，节省了电缆和电箱敷设。在工人生活区设置太阳能充电车棚，太阳能发电并进行储存，供电车充电使用。3 台塔吊上的镝灯安装智能定时控制开关，开关时间由电工根据实际情况每 2 个月调节一次，实现节约用电的同时还节省了劳动力。生活区采用 36V 低压照明，安装了空调时钟控制器以节约生活区用电，项目部大量采用 LED 灯带照明。项目部办公区、业主办公区、绿化区、道路照明均采用太阳能灯及风光互补太阳能灯，节约布线减少现场路灯数量 30 盏，节约用电 7.1 万 kW·h。见图 24-5。

图 24-5　太阳能移动充电站

3. 节水

策划实施了 6 项技术措施，包括雨水收集回收、基坑降水回收、洗车水循环、生活用水循环、混凝土蓄水膜养护、封闭空间自动加湿等。项目设置了雨水收集系统将雨水引排至泵房处集水坑，收集雨水以及基坑降水，经三级沉淀后，用于道路冲洗、日常洒水、车辆冲洗、菜园灌溉、雾炮降尘等，实现雨水、基坑降水回收利用。在工地主要出入口处设置 2 台节水型洗车台，工地进出车辆冲洗用水通过三级沉淀后二次使用。在工人厕所处设置共享洗衣机，洗衣用水用于厕所冲洗。混凝土水平结构采用蓄水膜养护替代传统洒水养护，内部封闭空间采用自动加湿养护，保持室内恒湿，提高养护效果。项目采取节水措施累计收集并利用基坑降水 7100m³、雨水 570m³、饮用废水 1200m³，累计节约用水 8800m³。见图 24-6。

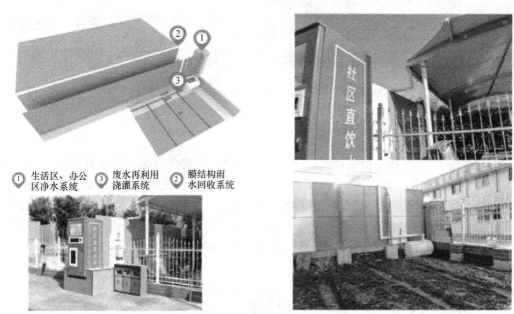

图 24-6　水回收系统

4. 节地与土地资源利用

策划实施了 5 项技术措施，包括结合地形规划场地、既有道路利用、就地势整平绿化、标准化箱式板房、智能平面管理等。项目部结合地形合理规划平面布置，将原有市政道路纳入场地内作为临时道路，利用原地形进行整平绿化，改造景观，同时采用箱式板房作为办公用房，节约空间。利用 BIM＋三维扫描＋无人机航拍辅助现场平面管理，绘制各阶段平面布置图，合理规划施工用地，提高场地利用率。见图 24-7、图 24-8。

图 24-7　永临结合节约用地

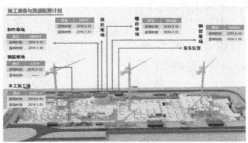

图 24-8 BIM+三维扫描+无人机航拍辅助现场平面管理

5. 环境保护

策划实施了 16 项技术措施，包括仿生自动喷淋、智能化降尘、物业化管理、现场机器人清扫车、自动化喷淋、裸土绿化、楼层临边喷淋、塔吊喷淋、封闭式垃圾站、电焊作业遮光棚、废旧物资分类存放、电池回收、废纸回收、垃圾分类、成品化粪池以及移动厕所等。项目场地周边设置仿真椰子树自动喷淋系统，能够自动监测场内环境，实现自动降尘，同时可通过手机进行远程遥测，节约人力资源。见图 24-9。

图 24-9 自动喷淋系统

为提高环境管理标准，项目实行扬尘环境治理物业化管理。划分责任区，采取现场机器人清扫车、自动化喷淋、裸土绿化、楼层临边喷淋、塔吊喷淋、封闭式垃圾站等一系列亮点措施，受到市、区环保主管部门多次表扬。

对场地内易起扬尘的部位实行封闭，且保证每天两次洒水，防止扬尘进入空气污染环境，具体措施包括封闭式垃圾池、封闭式砂浆罐。此外，项目还采用了电焊作业遮光棚、废旧物资分类存放、电池回收、废纸回收、垃圾分类、成品化粪池以及移动厕所等环保措施，有效改善了施工现场的环境。

6. 智慧工地

策划实施了智慧工地管理系统，通过 BIM 应用建立电子沙盘进行"物联"与"互联"，对各系统进行集成统一，通过 BIM+智慧工地将施工现场安全、质量、进度、物资及绿色施工进行有机结合，实现智慧建造，构建平安工地、优质工地、绿色工地以及数字工地。通过增加芯片对电缆末端电流、电压进行实时监测，当电缆被外力截断时出现电流、电压突变，芯片通过网络对截断信息进行传输，完成远程通信，实现断电发送信息，通过在二级箱设置断电报警，进行用电分路管理与电缆防盗管理。通过压力检测设备对现场消防用水及施工用水进行分路管理，对管路压力进行定时监测，每 5min 发送一组数据，通过信息化管理部后台数据对接，实现一台电脑的集成，并通过八一云＋APP 实现手机集成，实现手机信息推送，最终保证用水不间断供应。在现有的塔吊上安装在线监测系统，结合物联网技术将塔吊的智能感应系统与公司研发的智能监测平台联动，可远程监测塔吊型号、臂长、吊重、吊次等现场施工信息，并将以上信息实时传输至智慧工地应用管理平台。

通过在办公区及工人生活区设立自动烟感报警器，通过智能远程报警及智能联网传输，实现智能研判，精准报警，为现场防火防烟提供安全保障。将红外光栅对射报警器（图 24-10）安装于围墙、临边、料池、大型物资堆场等保安人员不易到达或者容易忽略的地方，以及用于现场基坑、临边、洞口等部位，保证人员安全、避免财产损失。项目部通过智慧技术应用，累计节约各方协调联络时间 51 天；缩短工期 63 天；减少了返工费用；减少了材料浪费；节约了建造成本。

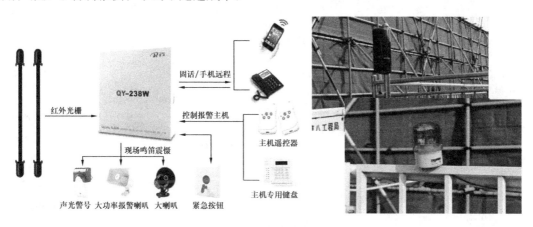

图 24-10　红外光栅报警器

第二十五篇　信息化施工技术

中国建筑第三工程局有限公司　　张　琨　黄立鹏　李文建　余　祥

福建建工集团有限责任公司　　　陈宇峰　潘一帆　苏亚森　魏绍鹏

摘要

　　近几年来，随着国内施工行业的发展，行业施工技术水平不断提高，众多企业开始不断研究使用新技术来应对行业的新挑战，很多的信息化技术在施工现场得到应用，信息化技术既是施工行业发展的必然需求也是推动施工行业发展的重要手段。目前，国内施工行业在BIM、物联网、数字化加工技术等方面的应用经过多年的探索和实践，取得了长足的发展和可喜的成果。在未来发展中，云平台以及大数据等技术也将在建筑施工中得到更多的应用。信息化技术将会大力推动建筑施工技术的革新以及项目施工管理水平的提高，有效促进项目施工向精细化、集成化方向发展，本篇将对以上技术的主要内容以及在施工行业的发展做一个简要的介绍。

Abstract

　　In recent years, with the development of the domestic construction industry, the technology level of construction industry has continuously improved, many companies began to study the use of new technologies to meet the new challenges of the industry, a lot of information technology has been applied at the construction site, Information technology is an important tool that is the inevitable development of the construction industry also needs to promote the development of construction industry, at present, the domestic construction industry applications in BIM, networking, digital processing technology, after years of exploration and practice, has made great progress and gratifying results. In the future development, cloud platform, and big data technologies will also be more applications in building construction. Information technology will vigorously promote innovation and improve construction management level of building construction technology, to effectively promote the fine, integrated direction of project construction, the main contents of this article will make a briefly presentation about the main content of the above techniques and the development of the construction industry.

一、信息化施工技术概述

现代施工信息技术的应用主要起源于美国、日本、韩国、英国等发达国家。20世纪90年代这些国家率先将信息化的理念在施工过程中加以实践，然后由单项的应用信息技术向系统化的施工管理方向发展，逐步形成现在的施工企业管理信息化模式。

信息化施工，是指在施工过程中所涉及的各部分各阶段广泛应用计算机信息技术，对工期、人力、材料、机械、资金、进度等信息进行数字化收集、存储、处理和交流，并加以科学地综合利用，为施工管理及时、准确地提供决策依据，同时智能化地实施建造。然而，建筑业这一传统的行业，其信息化应用程度在全行业中仅略高于农牧业和矿业，远低于社会平均水平。其原始和粗放的建造方式急需变革。

我国施工信息技术的应用起源于20世纪90年代后期，当时主要是以算量软件和绘图软件为代表的单项应用为典型代表。随着计算机软件、物联网、互联网、物联网、大数据、云计算、移动通信、人工智能、区块链等数字新技术的集成与创新应用以及机器人、3D打印、数字化加工等智能制造技术的发展，以人力、手动器械为主的传统建筑施工方式逐渐向以数字化和智能化为内涵的信息化施工方式转型。

2020年7月3日，《关于推动智能建造与建筑工业化协同发展指导意见》提出以大力发展建筑工业化为载体，以数字化、智能化升级为动力，形成建筑全产业链的智能建造体系。在施工环节的智能建造即以施工建造过程中所使用的材料、机械、设备的智能为前提，在建造的仿真、构件加工生产、安装、测量控制、结构和人员的安全监测、建造环境感知以及项目运营管理中采用数字化和智能化的信息技术结合建造技术的信息化施工方式，其应用又可分为传统的现场施工和工业化建造两种。

本篇将对近两年来，我国信息化施工的技术发展情况进行介绍，主要包括BIM技术、物联网技术、数字化加工技术、数字化测绘技术、数字新技术、项目施工信息综合管理技术、信息化与工业化的协同技术。

二、信息化施工主要技术介绍

1. BIM 技术

1.1 BIM 的概念

根据《建筑信息模型应用统一标准》，建筑信息模型（Building Information Modeling，BIM）是实现建设工程各相关方的协同工作、信息共享，可贯穿建筑工程全生命期的重要数据信息源。建设工程全生命期内，各方可根据各个阶段、各项任务的需求创建、使用和管理信息模型，并根据建设工程的实际条件，选择合适的模型应用方式。

BIM（建筑信息模型）技术是当前建筑设计数字化的革命性应用，其含义包含两个层次。一是名词建筑信息模型，包含建筑全生命期或部分阶段的几何信息及非几何信息的数字化模型，具备数据共享、传递、协同的功能。二是动词，即建筑信息模型的应用，在项目全生命期或各阶段创建、维护及应用建筑信息模型进行项目计划、决策、设计、建造、运营等的过程。一般认为，BIM具有可视化、协调性、模拟性、优化性和可出图性五大特点。可视化即BIM模型本身具有几何可视化的属性，同时模型中的信息也可以通过可视化的方式表现出来。协调性即BIM模型将不同专业、不同参与方的模型与信息集成在一个虚拟数字模型中，进行整合与协调，发现并消除冲突。模拟性即BIM模型除了包含与几何图形及数据有关的数据模型外，还包含与管理有关的行为模型，能够实现虚拟建造的行为。优化性即BIM模型与信息能有效协调建筑设计、施工和管理的全过程，促进决策进度、提高决策质量。可出图性即将三维模型转换为二维图纸的功能。

随着建筑业的迅猛发展，"互联网+"的多方位运用，我们可以获取的信息量越来越庞大，而随着建设项目规模的日益增大，管理过程也愈加复杂，管理人员需要处理的信息量也越来越多，而建设项目各参与方因为各自职责的不同，对于信息的提供和获取方式不一样，使得建设项目信息管理活动难以有效的实施。而BIM技术正是这样的一种技术、方法、机制和机会，提供了一个统一的信息交流平台，通过集成项目信息的收集、管理、交换、更新、存储过程和项目业务流程，为建设项目生命周期中的不同阶段、不同参与方提供及时、准确、足够的信息，支持不同项目阶段之间，不同项目参与方以及不同应用软件之间的信息交流和共享，以实现项目设计、施工、运营、维护效率和质量的提高，以及工程建设行业持续不断的行业生产力水平提升。BIM不是一个软件，而是业务流程；就是利用信息将现实通过模型更加精确和科学的模拟出来；它的核心就是解决信息共享问题，提供信息交流平台；其最终目的是使得整个工程项目在设计、施工和使用等各个阶段都能够有效的实现节省能源、节约成本、降低污染和提高效率。BIM技术摒弃了传统设计中资源不能共享、信息不能同步更新、参与方不能很好地相互协调、施工过程不能可视化模拟、检查与维护不能做到物理与信息的碰撞预测等问题。从2D过渡到以BIM技术为核心的多种建筑3D，将是未来计算机辅助建筑设计的发展趋势；精简项目数据管理压力，整合信息管理流程，完善管理组织体系，也是未来建筑行业的发展趋势。进入21世纪，基于BIM技术发展的建筑行业，可以高效的与物联网、云计算、4D可视化等新兴信息技术相结合并与之形成新的智慧建设理念，打造新的城市运营管理系统、交通运输管理系统、能源可持续化管理系统。

1.2 主要技术内容

1.2.1 基于BIM的深化设计

深化设计是指在设计单位提供的施工图或者合同图的基础上，打通设计阶段与施工阶段的信息壁垒，对其进行细化、优化和完善，形成各专业的详细施工图纸，同时对各专业设计图纸进行集成、协调、修订和校核，以满足现场施工及管理需要的过程。深化设计作为设计的重要分支，补充和完善了方案设计的不足，有力地解决了方案设计与现场施工的诸多冲突，充分保障了方案设计的效果还原。见图25-1。

BIM作为共享的信息资源，可以支持项目不同参与方通过在BIM中插入、提取、更新和修改各种信息，以达到支持和反映各自职责的协同工作，BIM具有的这种集成和全生命周期的管理优势对深化设计具有重要意义，基于BIM的深化设计能够对施工工艺、进度、现场施工重点难点进行模拟，实现对施工过程的控制，实现深化设计各个层次的全过程可视化交流。

在深化设计的过程中，总承包单位负责对深化设计的组织、计划、技术、组织界面等

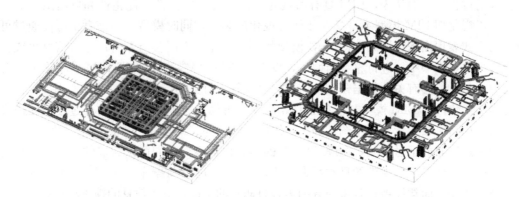

图 25-1 BIM 深化设计

方面进行总体管理和统筹协调，其中应当加强对分包单位的 BIM 访问权限的控制和管理，对下属施工单位和分包商的项目实行集中管理，确保深化设计在整个项目层次上的协调和一致。各专业承包单位均有义务无偿为其他单位提供最新版的 BIM 模型，特别是涉及不同专业连接界面的深化设计时，其公共或交叉重叠部分的深化设计分工应服从总承包单位的协调安排，并且以承包单位提供的 BIM 模型进行深化设计。

1.2.2 基于 BIM 的施工模拟

施工模拟是指将时间信息与 BIM 模型关联，形成 4D 的施工进度模拟。利用 BIM 技术的可视化特点，将施工过程中的每一项工作形象地展示出来。

基于 BIM 的施工进度模拟技术（图 25-2），在施工开展之前，结合施工部署及进度计划，进行施工模拟，让管理人员全面的掌握施工工序及主要控制节点，为工期的实现提供有效的保证，为现场施工组织、资源协调提供技术支撑。

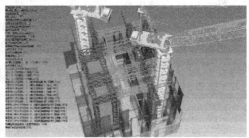

图 25-2 施工进度模拟

施工方案及工艺模拟技术（图 25-3），利用三维模型可视化的优点，辅助方案的编制选型。能够在三维环境中直观的展示施工的每一个过程，尤其对复杂节点，能够清楚的将空间关系及施工程序表达出来，提高施工方案的合理性，实现技术方案的可视化交底，避免二维交底引起的理解分歧。

1.2.3 基于 BIM 的工程算量

建设工程成本的合理计算和有效控制是各参与方最为关注的方面之一，也是精细化管理的重点。建设工程项目在规划、设计、施工阶段有估算、概算、预算、结算、决算等多次成本计价工作。受限于传统二维计算机程序辅助设计技术下的设计结果和工作模式，当

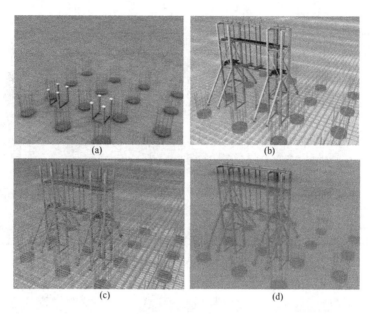

图 25-3　施工工艺模拟

（a）安装立柱并安装立柱柱脚角钢；（b）锚栓和支撑架整体安装并安装散件；

（c）拆除第一道横梁，绑扎钢筋；（d）安装锚栓及支撑架横梁，浇筑混凝土

前成本预算工作仍然存在重复性工作多、工作量大、易出错等问题，使编制招标控制价的60%～80%工作量被其占用。所以，在源头上改进工作模式和工程量计算方法，对于提高编制招标控制价质量和效率，加快编制招标控制价速度，减轻造价人员的工作量具有非常重要的意义。在传统的二维 CAD 技术中，建筑构件通过点、线、面等几何元素来表示，同一建筑构件在不同投影面上的点、线、面并无关联，只能通过感觉补全二维图纸上丢失的信息。相比之下，BIM 以面向对象的三维元素来储存构件，通过统计建筑基础、柱、墙、梁、楼板等构件的尺寸信息，设置清单和定义定额工程量计算规则，通过使用者的规则控制和软件的自动计算，自动计算工程量和相应预算。由于不需要对各种构件重复绘图，只需定义构件属性和进行构件的转化就能准确计算工程量，降低了造价人员工程计算量，极大提高了算量工作效率。

并且，传统人工计算过程非常枯燥和复杂，造价人员容易因自身原因造成各种计算错误，影响后续计算的准确性和完整性。BIM 技术的自动计算工程量功能，使工程量计算工作脱离人为因素的影响，能得到更加客观完整准确的工程量数据。

BIM 模型在成本预算中的直接应用，预算人员仅需做少量的人工审核和确认操作，就可以完成基本的预算编制工作，由于系统代替人进行了识读图纸、套用规范和成本计算，在缩短成本预算周期的同时也避免了人工操作的错误，提高了成本预算的效率和精度。见图 25-4。

1.2.4　基于 BIM 的三维激光扫描技术

3D 激光扫描技术（图 25-5），根据激光测距原理快速全面的获取空间范围内的结构尺寸数据，形成点云模型，三维点云数据模型拥有已完成建筑实体的所有几何信息。可以应用于以下几个方面：

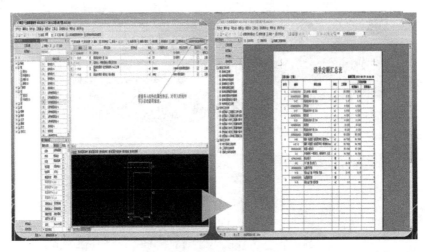

图 25-4　BIM工程算量

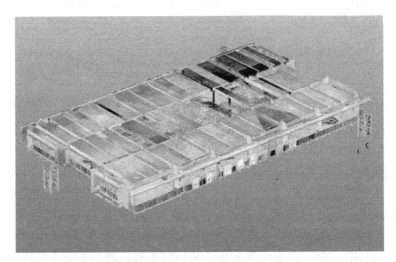

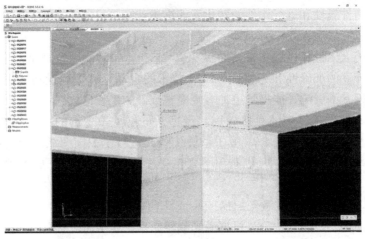

图 25-5　激光扫描

辅助实测实量。传统实测实量的内容是对建筑进行抽样检查，检查范围不全面，不能全面反映建筑整体的完成情况。BIM 模型拥有建筑设计的所有几何尺寸信息，可以将点云模型导入到 BIM 软件中与 BIM 模型进行数据比对，两者的数据比对可以全面反映建筑的实际建造误差，反映建筑的整体质量状况，辅助结构验收。

辅助机电幕墙安装。机电、幕墙的安装图纸是根据结构设计图纸进行设计的，在实际的安装过程中，结构的建造偏差可能会对后续机电、幕墙的安装造成不便。现在根据云数据模型更新 BIM 模型，并作为基础资料提供给机电、幕墙专业进行图纸的深化设计，根据实际结构数据对安装管线排布进行微调，以及对幕墙的预拼装。如图 25-6 所示，将机电 BIM 模型直接在 3D 激光扫描获得的结构模型上进行预拼装，辅助机电安装。

图 25-6　点云模型

1.2.5　基于 BIM 的进度管理

在传统工程项目中，进度管理通常采用 Project 横道图，但是由于进度计划与施工实体联系不够紧密，导致不能对实际工程进度有直观的判断，管理效率不高，管理效果不理想。通过将 BIM 模型与 Project 数据关联，可实现对计划编制的可视化审核，优化工作面，提高计划编制的可行性。同时，运用 BIM 平台进行现场进度管控，通过进度计划与实际工程进度的对比，实现关键节点偏差数据的自动分析、进度预警与深度追踪，同时，可以对任意时间的工况进行回顾及动态展示。通过 BIM 模型的链接，不仅可以直观感受项目进度随工期的推进，也可导入资金数据，对实际工程款项的合理规划和安排做统筹管理，对重大资金风险进行规避，对优化项目资金结构，推进项目工程款分拨、下发起到了重要作用。

基于 BIM 模型的可视化进度管理，让建设方能清晰地看到里程碑节点的建筑实体状态，让施工方能更好地控制工期，管理工作面，实时纠偏不合理规划，规避重大工期影响因素，通过相应的组织协调，可视化交底，让各专业队伍交流更通畅，工作面搭接更顺畅，组织运转更流畅。见图 25-7。

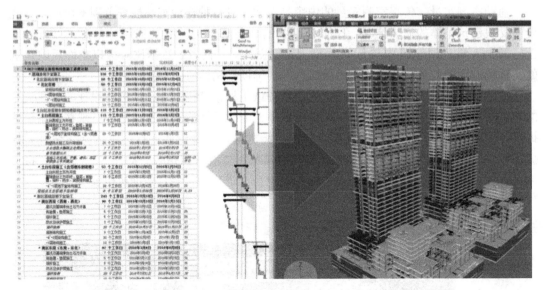

图 25-7　进度管理

1.2.6　基于 BIM 的总包项目管理

总包管理是项目施工管理的一个重要方式，基于 BIM 的总承包管理技术是总包管理技术的一项重要变革，基于 BIM 的总包管理需可以有效规范各项工作的管理流程，项目管理的过程就是我们不断的创造信息、传递信息、处理信息的循环过程，我们创造计划信息，收集每天各项工作的进展信息和遇到的问题信息，再推动相关方解决问题推动项目进展。

但总包管理过程中信息量太大，且散布的作业面太多，单纯靠经验和口口相传的形式，不可能保证信息的准确性、全面性和时效性，进而导致我们管理过程中做出错误的决策，导致项目受损。

而 BIM 的核心功能就是可以附含丰富项目信息的动态模型载体，其恰恰可以作为总包管理的支撑手段。总包单位可以在不同的施工阶段有针对性地进行信息筛查，信息更迭，信息提取。例如：总承包单位结合施工工艺和工序情况进行 BIM 模型的创建后，可以模拟专项工程的施工过程；也可以针对劳动力分配问题、设备材料采购选型问题、方案进度的编制合理性问题专项分析，发现施工方案的缺陷，对发现的问题进行优化完善，使其利于总承包单位对施工质量、进度、成本等方面的控制；BIM 技术在施工方案阶段应用的核心理念是"先试后建"，可以使用一个合适的 BIM 平台在施工前对施工中易产生的重难点问题进行提前分析，超前预警，全面预防。对各方需要协同完成的事项，清单列举，资料同步，总包进行权限管理，使许多问题在模型阶段就得到妥善处理。

搭建全专业 BIM 总承包管理平台是开展 BIM 总承包管理的基础，在平台上管理，实现信息与数据的高效传输，实时传输，以 BIM 模型作为信息交互的媒介，实现数据、模型、空间、时间的多位穿插，达到高效总包管理，为多专业协同联动起到有力支撑。

随工程进度，由所有参与单位的主要业务部门在多专业模型基础上添加各自的业务信息（包括进度、技术、商务、合约等），每种信息分策划、计划、实际、反馈四个层次输入，形成 PDAC 动态循环进而形成一个以模型为载体，以进度为主线，主要项目管理信息深度关联的集成信息模型平台，实现信息的实时交互。

1.2.7 基于 BIM 的运维管理

由于在项目设计阶段、施工阶段已经对 BIM 模型进行了所有更新，相关数据已经通过模型上传至相关平台，该模型涵盖了几乎所有的空间信息、设备信息、材料信息、工程信息等后期运维工作中所需要的完整因素，所以在后期运行维护中可以更方便地实现全方位 3D 展示、互动模拟、空间管理、设备与设施管理、资产管理、隐蔽工程管理、应急管理等，相较于传统运维管理具有明显的优势和便利。见图 25-8。

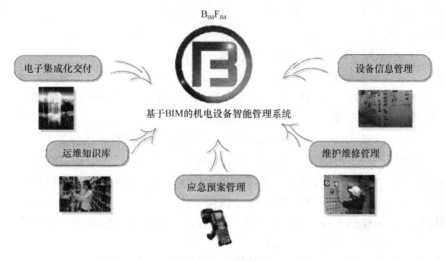

图 25-8　系统结构

综合应用 GIS 技术，将 BIM 与维护管理计划相链接，实现建筑物业管理与楼宇设备的实时监控相集成的智能化可视化管理，出现了基于 BIM 的运营阶段的精益管理。该管理方法能有效地提高运营机构的工作效率，提高服务质量，减少建筑运营阶段的突发状况，提高安全性能，从而减少资源浪费，实现建筑可持续发展。

设计、施工阶段的 BIM 模型的信息可以转移到运营维护阶段。在运营维护过程中，可以找到设备设施等硬件的位置，然后读取相应的信息资料，BIM 的可视化直观效果及集成的数据库管理工具能发挥巨大作用。通过各种模拟工具，再整合 CAFM，就能够进行建筑绩效分析，尤其是将运营维护一系列性能指标引入，无论是能源消耗，还是维修费用，还是人员开支，通过分配计算，能够得到很多关于建筑设施的性能绩效指标，用于衡量运营管理工作的成果。

2. 物联网技术

2.1 物联网的概念

物联网（Internet of Things，IOT）的定义是：通过射频识别（RFID）、红外感应器、全球定位系统、激光扫描器等信息传感设备，按约定的协议，把任何物品与互联网连接起来，进行通信和信息交换，以实现智能化识别、定位、跟踪、监控和管理的一种技术。

从技术上理解，物联网理解是指物体通过智能感应装置，经过传输网络，到达指定的信息处理中心，最终实现物与物、人与物之间的自动化信息交互与处理的技术。

从应用上理解，物联网是指把世界上所有的物体都连接到一个网络中，形成"物联网"，然后"物联网"又与先有的互联网结合，实现人类社会与物理系统的整合，达到更加精细和生动的方式管理生产和生活。

物联网应该具备三个特征：一是全面感知，即利用 RFID、传感器、二维码等随时随地获取物体的信息；二是可靠传递，通过各种电信网络与互联网的融合，将物体的信息实时准确地传递出去；三是智能处理，利用云计算、模糊识别等各种智能计算技术，对海量数据和信息进行分析和处理，对物体实施智能化的控制。

2.2　主要技术内容

2.2.1　技术依托（RFID 技术 WSN 技术）

物联网核心技术包括射频识别（RFID）装置、WSN 网络、红外感应器、全球定位系统、Internet 与移动网络、网络服务、行业应用软件。在这些技术中，又以底层嵌入式设备芯片开发最为关键，引领整个行业的上游发展。

RFID（Radio Frequency Identification），即射频识别，俗称电子标签。

RFID 射频识别是一种非接触式的自动识别技术。它通过射频信号自动识别目标对象并获取相关数据。识别工作无须人工干预，可工作于各种恶劣环境。RFID 技术可识别高速运动物体，并可同时识别多个标签，操作快捷方便。

RFID 是一种简单的无线系统，该系统用于控制、检测和跟踪物体。系统由一个询问器（或阅读器）和很多应答器（或标签）组成。

WSN 是 Wireless Sensor Network 的简称，即无线传感器网络。

无线传感器网络（Wireless Sensor Network，WSN）就是由部署在监测区域内大量的廉价微型传感器节点，通过无线通信方式形成的一个多跳的自组织的网络系统。其目的是协作地感知、采集和处理网络覆盖区域中被感知对象的信息，并发送给观察者。传感器、感知对象和观察者构成了无线传感器网络的三个要素。

2.2.2　基于物联网技术的预制构件跟踪管理

通过搭建管理平台可以从材料管理、制造过程两方面辅助预制构件的制作管理。材料进场时，将材料的尺寸、数量等信息录入服务器系统，在预制构件制造过程中，将制造信息和材料信息关联，即可统计不同材料的剩余数量，达到控制材料使用情况的目的。同时，将服务器的制造信息更新到 BIM 模型中，可直观显示构件制作进度，便于钢构件的制造管理及现场的协调。

结合定位技术可通过二维码的动态信息获得钢构件的即时位置信息。通过以上手段，即可确定构件进场的准确时间，从而及时安排人员设备卸车；其次可以通过定位信息及时了解运输车在运输过程中的突发状况，及时确定应对方案。

而构件进场后，通过手机终端对到场构件进行验收统计以及构件按照进度管理，并将信息更新至 BIM 模型中，便于管理人员了解到场构件信息，提高管理效率。

2.2.3　基于物联网技术的现场安全管理

在施工现场的洞口、临边等重大危险源处植入射频芯片，或者使用可周转式红外触发报警设备。当有人员靠近时可以向人员发出警示音，以避免人员受到伤害。报警系统可以自动记录警情，并自动转发报警信息至监控中心，为警情核实以及警后处理提供切实可靠的资料。

在高支模架体上布设变形监控装置，利用高精度倾角传感器实时采集沉降、倾角、横向位移、空间曲线等各项参数，超过安全阈值即启动声光报警。同时相关报警信息可自动上传至云平台，在 BIM 模型相应位置动态显示，自动发送信息给相关人员进行处理。

2.2.4 基于物联网技术的工人实名制管理

在施工现场的具体实践中，常见的做法是在工人的安全帽中植入射频识别芯片，芯片中记载有工人的个体信息，包括年龄、性别、工种、健康状况等基础资料。工人在进出施工现场的时候会被自动识别，信息即时采集传输至数据处理中心，进行分类统计上传，并将信息与 BIM 模型进行关联，人员数据信息在 BIM 模型上可视化。从而实现自动化工人实名制管理、考勤、现场劳动力分布统计、辅助劳动力管理等。当现场发生安全事故时，可以精确定位在危险区域活动的人员，以便快速准确的搜救。

2.2.5 基于物联网技术的大型设备管理

在大型施工塔吊上安装塔机安全监测预警系统，主要包括大臂仰角传感器、回转角传感器、风速仪、载重传感器，实时监测塔吊的大臂仰角、回转角、风速和载重数据，根据塔式起重机间的既定位置，对塔式起重机间碰撞提供实时预警，并自动进行制动控制；对于已知设备参数的塔式起重机，根据塔式起重机的载重和幅度关系曲线，可以对每次塔式起重机吊装是否超载进行实时监控和超载报警等。

在施工电梯里安装指纹识别器，实现专人操作，电梯司机通过指纹识别打卡上班，实时显示电梯操作人员基本信息：司机姓名、性别、出生年月、电梯司机证件编号、所属单位等。采用射频 RFID 技术，自动统计电梯所在楼层和停靠该楼层时电梯里的作业人员数据，集成到 BIM 模型中，可在 BIM 模型中直观显示现场各楼层的人员分布情况，并实时监控电梯安全载重情况。

2.2.6 基于物联网技术的绿色施工管理

通过在布置自动监测仪器，对施工现场的 PM2.5、PM10、温度、湿度、风速、风向、噪声、污水 pH 值、水电用量和固体废弃物回收利用率等信息进行实时监测和数据采集，并同步上传至云平台，通过数据分析及预警设置，形成直观可视化的图形和表格，并反馈至水泵、喷淋降尘系统等自动控制设备，实现环境、能耗实时监测及自动化管控。

2.2.7 基于物联网技术的施工监测管理

在实际工程项目中，通过对施工现场的预装监测信息模块，可以对现场环境进行实时监测，例如地基位移沉降实施监测情况；地下水位监测及自动降水控制；混凝土浇筑温度实施监测等。在传统工程项目中，现场基坑支撑、建筑物或已有构筑物的位移、沉降、变形等数据监测通常由第三方公司测得，并以书面的形式汇报给监理，而物联网的加入，使得数据自动上传至云端平台，生成相应表格，报送给相关责任人，做到第一时间规避安全风险，第一时间进行台账整理，第一时间进行现场留底，让质量问题有迹可循，质量风险超前规避，质量情况了然于心。

2.2.8 基于物联网技术的商务经营管理

通过 BIM 技术，项目管理人员可以清楚直观地了解到各施工阶段所需的工程材料清单以及工程量，并得到相应价款数值。而物联网技术，可以通过对各方拥有的票据依据，以及现场监测所反馈的实际数据进行归纳整理，整合后第一时间交给项目商务人员进行阶段性结款，并掌握工程材料实际用量和理论用量的偏差，及时调整相关系数，对项目及企业的经济活动分析起到加速和完善的作用。

2.2.9　基于物联网技术的采购及分供商管理

在工程建设过程中，不同的材料、物资有着不同的仓管要求，材料的采购和进场应与施工进度高度匹配。若采购过量，不仅增加了额外的富余物资仓储管理工作量，更极大缩减了施工场地的空间利用率；反之若采购不足，则会严重拖慢施工进度，造成各方的损失。基于物联网技术的采购模式，可以实现物资的精细化管理，不会造成由于过多采购导致的物资浪费，也不会造成因采购不足导致的工期延误，对工程项目管理起到了降本增效的作用。

在传统招标投标工作中，管理单位要招标，需对接招标投标平台；分供商要投标，也需对接招标投标平台。这种工作方式看似信息可以流通，却屏蔽了管理单位和分供商单位间的信息互通，造成信息孤岛，导致双方都需要在招标投标平台上进行询问，给平台的工作人员造成了很大的负担。通过分供商管理信息模块，将各分供商名录状态以及数字认证状态实时同步到此模块，以此打通电商招投标平台、分供商以及管理单位三方的数据壁垒。后期再对中标的分供商项目及时建库，及时把各分供商对应的综合单项报价、发货地点、运送方式、运送时长、结算方式等信息同步到 BIM 模型中，以便后期根据施工计划直接推送需求信息，发起采购邀约。

3. 数字化加工技术

3.1　数字化加工的概念

数字化是将不同类型的信息集成在适当的模型中，再将模型数据引入计算机进行处理的过程。数字化加工则在引用已经建立的数字模型的基础上，利用生产设备完成对产品的加工。依靠数字化加工设备，通过既定的数据输入和图形输入，设备控制中心控制器分析和处理这些数据并输出到相关执行点，自动加工成不同样式和功能的产品。

通过数字化加工，可以通过工厂精密机械自动完成建筑物构件的预制加工，制造出来的构件误差小，预制构件制造的生产率也可大幅提高，同时，建筑中的许多构件可以异地加工，然后运到建筑施工现场，装配到建筑中，如门窗、整体卫浴、管组、钢结构等构件，这样整个应用过程使得整个建造的工期缩短且容易掌控。

3.2　主要技术内容

3.2.1　BIM 与数字化技术集成原理

BIM 技术集成了工程项目各相关信息，是设施物理和功能特性的数字化表达。数字化加工是利用生产设备对已经建立的数字模型进行产品加工。BIM 与数字化加工的结合就是将 BIM 模型中的数据转换成数字化加工所需的数字模型，生产设备根据该模型进行数字化加工。

3.2.2　机电数字化加工

机电管线预制加工应用的核心在于数据的提取及集成，形成预制加工综合管理平台和全过程的数据库，利用数据库以及工厂化加工管理系统软件进行设计与建模，并将深化设计、预制加工、材料管理、物流运输、现场施工等各工作环节有效链接，各参与方在终端进行信息的录入和修改，并在云端进行信息的集成，实现多参与方协同合作。同时与

BIM 信息管理集成起来，实现机电设备工程预制加工和装配组合的综合信息化管理。

机电管线数字化加工，将深化和预制加工有效结合起来，做到了深化设计与预制加工的同步有序进行，有效提高了工作效率，其中在预制深化的过程中充分考虑工厂加工以及现在安装的需求，使得整个的预制拆分更合理，避免在工厂加工以及现场施工过程中出现需要返厂或者返工，完成预制深化之后，导出工厂设备可识别的文档格式，文档中应包含构件生产过程中的各项控制数据，将加工数据文件导入到工厂数控设备上，通过系统预先设置的计算程序，进行工厂加工，保证构件的加工精度。

机电数字化加工有效的解决了如下问题：

（1）将深化设计与预制加工有效结合；做到了深化设计与预制加工同步有序进行；

（2）实现了设计、加工、仓储、现场安装的协同工作；

（3）通过系统预先设置的计算程序，保证了构件的加工精度；

（4）采用自动生成管道构件分解与人工调整相结合的方式，提高了加工图绘制环节的自动化程度，保证了工作效率，有效地控制了错误率。

3.2.3　钢结构数字化加工

钢结构数字化加工主要包括模型自动化处理、钢结构数字化建造、资源集约化管理、工程可视化管理、施工过程信息智能管理等内容。通过这些应用解决项目中存在的多个问题，如：构件形式复杂、材料类型繁多、生产工序较多、对精度要求高，建造过程控制难度大等。数字化加工的应用，进行工位精细化管理，理清了深化设计、材料管理、构件制造、项目安装全过程的管理思路，建立了施工全过程追溯体系，打通了传统钢结构建造过程的信息壁垒，解决了施工过程中信息共享和协同工作的问题，提高了项目的生产效率和管理水平，保证了建筑结构的顺利施工，也为建筑工程管理模式转型升级、实现建筑工业化提供了新的发展思路。

钢结构数字化加工使用的原始数据信息可以直接从数字化加工模型中提取，这些数据包含：零件的结构信息，如长度、宽度等；零件的属性信息，如材质、零件号等；零件的可加工信息，如尺寸、开孔情况等。钢结构数字化加工使用的材料信息可以直接从企业的物料数据库中提取，通过二次开发连接企业的物料数据库，调用物料库存信息进行排版套料，对排版后的余料进行退库管理。排版套料结束后，根据实际使用的数控设备选择不同的数控文件格式，对结果进行输出，同时此结果又可以反馈到数字化加工模型中，对施工信息进行添加和更新操作。

钢结构加工前采用排版软件进行自动排版，工作效率大幅提高，排版软件直接从数字化加工平台中读取板材和零件数据，并返回包括余料在内的各类排版信息，相比人工排版，在板材利用率方面有明显提升，使钢结构制造至少提高 1% 的材料综合利用率等。完成加工排版之后将相关的加工信息导入到工厂相关设备的数控系统，数控设备根据数据输入进行加工。

3.2.4　PC 构件数字化加工

2013 年 1 月国家发展改革委和住房城乡建设部联合发布了《绿色建筑行动方案》，明确将推动建筑工业化作为卜人重点任务之一。在大力推动转变经济发展方式，调整产业结构和大力推动节能减排工作的背景下。建筑产业化在各地政府的推动下在全国范围内迅速推广开来进入高速发展期。建筑产业现代化是我国建筑业摆脱人工短缺、资源浪费、环境污染和安全事故频发的必由之路，对我国传统建筑业转型升级，实现绿色可持续发展具有重要意义。

PC构件数字化加工从建筑方案开始，建筑物和构筑物的设计就遵循工厂化设计标准，建筑物及其构配件按照一定的基本原则实现节点构造标准化、结构形式体系化，构件工厂化设计完成之后将相关加工控制数据导入到工厂数控设备中，构件在工厂按要求完成构件的加工后运输到施工现场，利用专门的机械设备完成构件施工。

PC构件数字化加工使得构件设计更加标准化，有效提高设计效率，工厂化预制生产的构配件，设备精良、工艺完善、工人熟练、质控容易，施工质量大大提高。

3.2.5 依据地理数据的数字化加工

随着我国基础工程的大力发展，越来越多的海上工程、海底工程以及需要依靠地形的特殊建筑物，这些需要构筑物构件配合精确的GIS数据，而精细的BIM模型可以将结构信息模型和地形地质信息模型相结合，以保证其完全性。实现了构筑物构件与工程项目颗粒度级别的管理，三维GIS+BIM技术集成了周边建筑物以及地形信息数据，其信息传递方式从传统的点对点变成集中共享模式。而结合GIS数据和BIM模型数据生成的构件信息能够在后台生成精确的预支构件信息，减少运输、拼装难度，提高产品质量，提高安装速度。

在新一代信息技术条件下，探索完善新基建与城市建设中的过程管控、运维管控的标准体系。探索BIM技术、三维GIS技术、IOT技术等在新基建建设以及运营管理过程中的高效融合应用。

4. 数字化测绘技术

4.1 数字化测绘技术的概念

数字化的测绘技术是一种全解析的计算机辅助出图的方法，与传统的测绘技术相比较而言，具有较高效率、高精度等优势。随着计算机技术的不断进步和电子技术的不断完善，以GPS为核心的测绘技术快速的发展，为测绘工作提供了新的手段、技术和仪器。特别是3s技术的集成与结合，使之成为空间对建筑物进行观测的重要方式，使人们能够运用信息化的手段，对空间与建筑物分布相关的信息和数据进行采集、测量、更新、获取、传播、应用、管理和存储，数字化测绘技术目前在三维空间扫描领域已经得到很好的普及应用。

4.2 主要的技术内容

数字化测绘技术实质是一种全解析、机助成图的方法，与传统测绘技术相比，具有显而易见的优势和广阔的发展前景，是地形测绘发展的技术前沿，数字地形图最好地（无损地）体现了外业测量的高精度，也就是最好地体现了仪器发展更新、精度提高的高科技进步的价值，不仅适应当今科技发展的需要，也适应了现代社会科学管理的需要，既保证了高精度，又提供了数字化信息，可以满足建立各专业管理信息系统的需要。

数字化测绘技术由测绘和图形数字化处理两方面组成，其技术主要包括以下几种：

4.2.1 GIS（地理信息系统）技术

GIS（地理信息系统）技术主要应用在地理勘测领域中，可实现对地理信息的全面收集、整理及处理，包括：一是对空间地理信息进行矢量分析，以图像的形式将地面空间信息展现出来；二是在 GIS 技术的支持下还可有效地对工程测量中的各类数据进行分析及提取，提高对信息资源的利用率。工程测量中 GIS 技术将收集到地理信息录入表格型数据库中，并将表格型数据以地理图形的方式呈现，显示地理结果，数据获取技术包括全站仪测量、GPS 测量、数字摄影测量等方式，并应用计算机对地理空间信息进行实时更新，以保证获取到的数据的真实性和准确性。

4.2.2　GPS（全球定位系统）技术

GPS（全球定位系统）可为工程测量提供精准的定位信息，主要借助导航卫星进行测绘信息的传递，其数据有两种形态，一是静态测量，能测量地形的角度、距离及水准等信息；二是动态测量，由两台以上接收器观察空间变化形态，根据观测数据的差异性测算出空间变化坐标、平差及变形数据等。GPS 在测量中的一大应用即 RTK 技术，RTK 技术是建立在实时处理两个测站的载波相位基础上的，其采用的载波相位动态实时差分方法能够在野外实时得到厘米级定位精度的测量方法，GPS-RTK 结合的定位技术可为工程测量提供动态数据，并且在测绘活动中使桩位放样更加准确。

4.2.3　RS（遥感）技术

RS（遥感）技术采用光学测量原理，利用可见光能扫描空间形态，并通过卫星把这些扫描数据传送到信息系统中，以转换成实景图片。RS 遥感技术有两种应用形式：其一，卫星遥感技术，其扫描范围相对比较广，图像的分辨率比较低，在大面积环境监测中应用价值比较高；其二，航空卫星技术，该技术得到的地理信息针对性更强，因为航空器能在特定位置进行监测，能多角度地搜寻地理信息。与此同时，应用数字信息技术绘图，按比例建立地理信息模型，能减少野外实地测量次数，进而降低工作强度和测量成本。遥感技术在工程测量运用的过程中，可对工程所在位置的地下水进行相应的勘测，主要包括：地下水的变化、位置等。

4.2.4　三维激光扫描（LIDAR）技术

三维激光扫描（LIDAR）技术是利用激光测距的原理，通过记录被测物体表面大量的密集的点的三维坐标、反射率和纹理等信息，可快速复建出被测目标的三维模型及线、面、体等各种图件数据。由于三维激光扫描系统可以密集地大量获取目标对象的数据点，因此相对于传统的单点测量，三维激光扫描技术也被称为从单点测量进化到面测量的革命性技术突破。该技术在文物古迹保护、建筑、规划、土木工程、工厂改造、室内设计、建筑监测等领域也有了很多的尝试、应用和探索。

4.2.5　无人机倾斜摄影测量技术

无人机倾斜摄影测量技术是近年来发展起来的一项高新技术，传统航空摄影只能从垂直角度拍摄地物，倾斜摄影则通过在同一平台搭载多台传感器，同时从垂直、侧视等不同的角度采集影像，有效弥补了传统航空摄影的局限，其可以被定义为：以无人机为飞行平台，以倾斜摄影相机为任务设备的航空影像获取系统。倾斜摄影技术三维数据可真实反映地物的外观、位置、高度等属性；借助无人机，可快速采集影像数据，实现全自动化三维建模；倾斜摄影数据是带有空间位置信息的可量测影像数据，能同时输出 DSM、DOM、TDOM、DLG 等多种成果。目前，无人倾斜摄影测量技术已被越来越多的行业认可和应用。

4.2.6 图形数字化处理技术

图形数字化处理技术，以计算机作为重要的处理工具，对工程中的数据和信息，进行相应的扫描、传输、处理、分析等工作，并且利用相关的软件从众多的数据和图像中，获取工程施工中有用的图形，在最大程度上保证工程施工各环节的顺利开展。另外，由于工程测量图像的不同，所选用的技术形式也有着很大程度上的不同，其技术形式主要包括：扫描矢量化、手扶跟踪数字化等。

5. 数字新技术

5.1 数字新技术的概念

数字新技术主要包括大数据、云计算、物联网、区块链、人工智能五大技术。根据数字化生产的要求，大数据技术为数字资源，云计算技术为数字设备，物联网技术为数字采集传输，区块链技术为数字信息，人工智能技术为数字智能，五大数字技术是一个整体。

5.2 主要技术内容

5.2.1 大数据技术

大数据是互联网、移动设备、物联网和云计算等技术快速发展的产物。大数据在数据获取、存储、管理、分析方面大大超出了传统数据库软件工具能力范围的数据集合，具有海量的数据规模、快速的数据流转、多样的数据类型和价值密度低四大特征。大数据技术是对人数据进行处理、存储和分析的技术。大数据技术在建筑上的应用即是形成建筑行业的大数据平台，为此要利用 BIM 和云计算技术，构建 BIM 协同云平台，通过云平台，利用大数据处理、存储和分析技术，可搜集大量数据，在此基础上，形成行业大数据，为施工的成本、质量、安全等控制提供决策依据，同时加强责任可追溯性。

5.2.2 云计算技术

云计算技术是将大量用网络连接的计算、存储等进行资源统一管理和调度，构成一个资源池通过网络向用户提供服务。云计算可使用户摆脱具体终端设备、软件的束缚，随时随地用任何网络设备访问云服务，实现云服务的共享。利用云计算基于 BIM 的协同，用户将 BIM 专业软件所创建的业务数据保存到云端，从而能够随时随地访问到相应的业务数据，在施工中，实现多人协同工作。

5.2.3 区块链技术

区块链技术是利用块链式数据结构来验证与存储数据、利用分布式节点共识算法来生成和更新数据、利用密码学的方式保证数据传输和访问的安全、利用由自动化脚本代码组成的智能合约来编程和操作数据的一种全新的分布式基础架构与计算范式。

5.2.4 人工智能技术

人工智能技术通过对已知数据的统计学分析，得出某种模型，再用模型进行对现实中的问题进行分析和预测，通过对海量数据的学习，达到模拟人的意识和思维的效果。

通过数字新技术的整合，又可衍生出虚拟技术、机器人等多种技术，通过将上述植入到现场的建筑、机械、人员穿戴设施、场地进出关口、建筑机器人等各类物体中，实现工程现场的智慧管理，有助于提高工地管理的信息化水平以及项目质量、安全和效益，打造智慧工地。

6. 项目施工信息综合管理技术

6.1 项目施工信息综合管理技术的概念

项目施工信息综合管理技术以项目计划管理为主线，按照"P-D-C-A"的思想，遵循"规范行为、辅助管控、操作便捷、知识共享"的总体原则来设计项目版信息系统整体框架，框架内容原则覆盖项目履约周期内容的各业务系统各项管理活动内容。

项目施工信息综合管理技术是以项目标准化为基础，将项目从开工到竣工全过程生命周期的各项工作进行系统梳理，对提炼出的各项任务从工作内容到工作标准、考核标准等方面进行统一，形成项目工作任务标准库。

项目施工信息综合管理技术同时整合绩效考核功能，由考核主体从每个岗位人员的工作任务安排中提取考核指标，系统自动根据工作任务完成情况（工作记录）进行计算，形成每个管理人员的绩效评分，作为项目绩效奖励、评先和晋级的依据。

6.2 主要的技术内容

（1）以计划管理为主线：计划管理是项目施工信息综合管理的核心及前提，各个板块的工作内容都是围绕计划管理开展的，先计划，再实施，有记录，有考核，做到过程中监督，实施中记录，记录配考核，考核配排名。

（2）以工作内容为载体：各岗位人员在编排周工作安排时可以从后台固化的工作内容库中选取本周应该进行的工作任务，达到规范现场管理行为的效果，同时也可以作为新员工或不熟悉岗位工作的员工的一个指导教材。

（3）以强制关联为约束：通过系统自身设置的横向业务关联关系和纵向逻辑约束关系，能保证每一步核心业务管理活动的开展都能对前后管理活动形成关联和制约，其间任何一项管理活动违反流程要求，都会造成后续活动无法完成，最终通过这种刚性的约束，来保证每项管理工作都必须按要求落实到位。

（4）以后台固化为服务：系统通过后台固化工作内容、交底、验收等方式为项目提供便利，减少录入量，提供学习参考资料。

（5）以绩效考核为促进：绩效考核的指标都是从工作内容中选取，考核成绩的好坏直接反映了现场计划的科学性、现场履约的能力和系统理解的水平。

（6）以移动终端为辅助：使用移动终端结合物联网技术直接在现场处理业务工作，将工序验收、实测实量等直接在现场处理，将现场需要填写表单的质量、安全问题整改，临边和洞口防护验收等管理活动，简化为照片及电子表单上传系统的审批流程等。

（7）以数据传输为支撑：以项目施工信息综合管理的信息为支撑，为企业的决策支持进行实时数据交互，保证上下信息的关联，避免重复工作。

（8）以精简高效为原则：项目施工信息综合管理系统设置的表单只涉及公司内部管控的过程资料，竣工资料一律都不在系统体现（资料软件中完成），减少项目的工作量，提高工作效率。

（9）以数据真实为目的：项目施工信息综合管理系统通过混凝土进场小票记录、钢筋加工过程管理记录及钢筋接头的取样送检记录等重点管控三大主材的进场数据的原始性和真实性。

（10）以提醒预警为服务：项目施工信息综合管理系统设置提醒和预警功能，项目各岗位人员都能收到未完成工作的提醒及未处理事项的预警，保证工作完成的及时性，提升履约水平。

（11）以打印签字为便捷：项目施工信息综合管理系统设置打印功能，现场管理表单（安全技术交底、施工日志、整改落实、实测实量等）可以通过打印后签字作为纸质版留存，避免做两套表单。

（12）以附件添加为补充：系统中每个表单都开发有添加附件功能，必须上传附件的表单都有标识，其他表单项目可根据实际情况添加附件对其进行补充说明。

7. 信息化与工业化的协同技术

7.1 信息化与工业化协同技术的概念

建筑信息化与工业化的深度融合能够使建筑项目逐步摆脱项目式工业产品的特征，接近于制造业装配线生产方式生产的产品，是实现建筑全产业链现代化转型升级，全面提升建筑工程质量、效率和效益的重要手段。截至目前，装配式建筑是实现建筑工业化的一种有效载体，在建筑产品形成过程中，在建筑设计标准化的指导下，有大量的构部件可以通过产品工厂化、施工机械化的方式来生产，工业化的生产方式也为信息技术手段的应用提供了空间，真正实现建筑业信息化与工业化的协同，其协同技术可应用在装配式项目管理的全过程中。

7.2 主要技术内容

随着结构理论和实验手段的发展，以及高性能材料的应用，装配式建筑的难题在技术上难题正在逐步被攻克，但是装配式建筑作为一个系统工程，其资源整合的难度正在随着建筑智能化和复杂化程度的提高而凸显，亟需通过信息化手段来解决这一难题。信息化在装配式建筑中的应用主要在如下两个方面：

7.2.1 基于BIM的设计、生产、装配全过程信息集成和共享

建筑工业化与信息化的融合有助于在设计、生产、装配一体化阶段将预制部品部件通过模数协调、模块组合、接口连接、节点构造和施工工法等一体化系统性集成装配。在这一过程中，可以打造基于BIM的信息共享平台，通过各专业设计人员的参与，实现信息交互和共享。

通过工厂生产对BIM设计信息的智能读取，BIM构件与工厂系统连接，实现BIM的信息直接导入加工设备实现设备对设计信息的识别和自动化加工，将设计信息与生产管理系统对接，实现工厂物料采购、排产、生产、库存、运输的信息化管控，借助信息化技术实现设计、生产一体化。

基于BIM的现场建造与工厂生产的信息交互和共享，实现装配式建筑、结构、机电、装修的一体化协同生产和建造，达到工期节省、成本可控、品质提高、高效建造的管理目标，实现设计、生产、装配一体化。

通过跨行业的技术融合将BIM信息化模型与逆向工程结合，借鉴航空和高端海工设备制造领域的成功经验，利用精度达0.085mm的工业级三维激光扫描仪，对实际钢构件扫描，通过对扫描模型的测量实现构件测量；在虚拟环境下仿真模拟实际预拼装过程，通过扫描模型与理论模型拟合对比分析，实现结构单元整体的数字预拼装。该技术具有：高效率、高精度、短工期、绿色环保等优点。

通过在 BIM 模型和内置部品件信息的编码及二维码，实现结构构件及部品件从设计、生产到装配相关信息全过程的录入和可追溯。

7.2.2　装配式建筑实施全过程的成本、进度、合同、物料等各业务信息化管控

建筑工业化的实现不仅仅是依赖于构件的工业化生产，更包含建造全过程的科学管理和工业化生产的组织体系。在 EPC 模式下，借助信息化技术，建立统一的技术、管理、市场一体化的信息管理平台，在统一的信息交互标准下集成各专业软件，保证各环节、各专业、各相关方的信息通过标准化接口进行共享与交互，同时，结合各个职能部门的管理流程和业务流程，统一对建造产业链上的所有参与方和项目全过程的采购、成本、进度、合同、物料、质量安全的信息化管控，实现工艺、流程及结果标准化的工业化生产装配施工管理。

三、信息化施工技术最新进展（1～3 年）

1. BIM 技术

近几年来，BIM 技术在"互联网＋""物联网""5G 技术"等前沿科技的助力下，已经给整个建筑行业带来了一些模式上的变化，BIM 技术已经从项目平台上升到行业平台，甚至国家平台。过去几年，住房城乡建设部颁发了一系列政策性文件来推进 BIM 技术，鼓励各级政府使用 BIM 技术。政府在《2016－2020 年建筑业信息化发展纲要》中明确提出，加快 BIM 普及应用、基于网络的协同工作技术应用，提升和完善企业综合管理平台，实现企业信息管理与工程项目信息管理的集成，促进企业设计水平和管理水平的提高。研究发展基于 BIM 技术的集成设计系统，逐步实现建筑、结构、水暖电等专业的信息共享及协同；深度融合 BIM、大数据、智能化、移动通信、云计算等信息技术，实现 BIM 与企业管理信息系统的一体化应用，促进企业设计水平和管理水平的提高。在 2016 年住房城乡建设部印发的《建筑工程设计文件编制深度规定（2016 版）》中规定绿色建筑评价标准中明确规定需要使用 BIM 技术。2017 年印发《城市轨道交通工程 BIM 应用指南》旨在完善 BIM 技术在工程行业的最后一块拼图。

近些年来，除了国家相关文件规定，各地政府响应国家号召，推行 BIM 技术，先后有广东、上海、福建、河南、湖北等地推行 BIM 图审要求，在招标投标中规范 BIM 技术的应用范围，规范 BIM 成果的交付方式，一些企业在相关案例中逐渐转变对 BIM 技术的看法，也跻身 BIM 技术推行的大潮当中。推进 BIM 应用已成为政府、行业和企业的共识。

正是因为大环境的良性循环，相关软件著作也开始发力，为 BIM 技术能更好地为企业所用，为工程服务而添砖加瓦。根据工程各阶段，各方需求的不一致，可使用的 BIM 软件也不尽相同，但唯一不变的是 BIM 模型所承载的数据。

从 2016 年国家标准《建筑工程信息模型应用统一标准》发布到 2019 年《建筑工程信息模型存储标准（征求意见稿）》的发布，BIM 的相关标准已经在国家的扶持下日益完善，而 BIM 技术在工程施工中的应用也越来越成熟。

1.1 施工现场可视化工艺工序交底和优化

施工方案及工艺模拟技术，利用三维模型可视化的优点，辅助方案的编制选型。能够在三维环境中直观地展示施工的每一个过程，尤其对复杂节点，能够清楚地将空间关系及施工程序表达出来，提高施工方案的合理性，实现技术方案的可视化交底，避免二维交底引起的理解分歧。

（1）高支模等脚手架方案交底

利用 BIM 模型对施工现场的高支模以及相关模架搭设进行交底，见图 25-9、图 25-10。

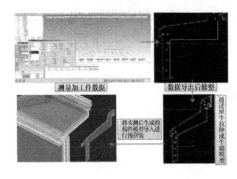

图 25-9　钢结构安装 BIM 模拟　　　　　图 25-10　高支模 BIM 可视化交底

（2）后浇带管理

利用模型对施工现场的后浇带区域及做法进行交底，并在节点处进行设置警示。

（3）预留预埋模拟

利用 BIM 模型对施工现场预留预埋进行交底和管理，对每个预留节点要有三维 BIM 模型图纸备案。

（4）自动排砖

对项目二次结构砌块进行自动排砖，优化排砖方案，对每个区域砌块进行统计，并对区域限额供料，减少二次搬运。

（5）预制构件加工

利用 BIM 模型为非常规构件、钢结构构件、管道构件等预制加工提供信息。

（6）各类碰撞检测

利用 BIM 构件三维模型对管道之间的碰撞、专业之间的碰撞进行检测。

（7）现场质量检查对比

根据现场实物与 BIM 模型对比，对现场施工质量进行检查。

（8）施工图校核

利用 BIM 模型对施工图图纸质量风险进行规避，避免因施工图质量风险带来的错、漏、碰、缺。

（9）施工图优化

利用 BIM 技术对施工图进行优化，例如一次结构、二次结构、机电管线综合优化、多专业间协同优化。

（10）钢结构深化

通过 BIM 对钢结构体系进行建模，以达到对钢结构构件错漏碰缺的检测、节点深化及出图，以及对用钢量的明晰。

1.2　基于 BIM 的模板脚手架设计

通过在 BIM 三维模型中植入力学求解器，对脚手架和模板进行快速三维建模和计算，一可快速智能生成架体，智能创建支撑和剪刀撑；二可支持扣件式和盘扣式两种架体，优化外脚手架搭设方案；三可快速智能化生成模板支架排布方案，支持多种扣件式、盘扣式、轮扣式、碗扣式和套扣式等多种架体形式，支持定制不同的构件模板支架形式；五可智能识别高支模，避免各类规范条文记忆和频繁试算；六可进行可视化交底，支持整栋、整层、任意剖切三维显示和高清图片输出，支持模板支架平面/立面/剖面以及不同位置详细节点输出，并将可视化设计成果应用于投标/专家论证/设计方案展示和现场交底；七可利用真实三维模型自动出图技术特点，可准确输出全方位多角度图纸，准确传递设计结果，内嵌结构计算引擎，协同规范参数约束条件实现基于结构模型自动计算模板支架参数，免去频繁试算调整的难处；八具备材料统计功能可按楼层和区域输出包括模板接触面积，扣件式支架和脚手架的总用量，不同杆件规格的杆件配杆用量统计。见图 25-11。

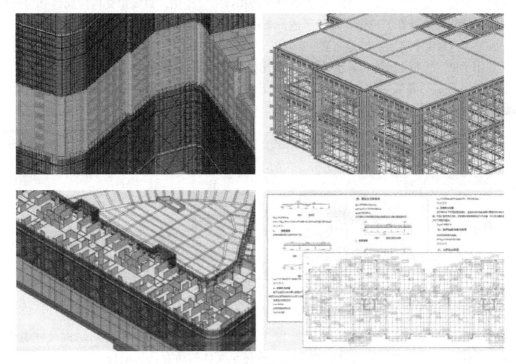

图 25-11　脚手架设计的 BIM 应用

1.3　BIM 在施工管理中的应用

（1）基于 BIM 的施工进度、成本模拟

施工进度模拟是指将时间信息与 BIM 模型关联，形成 4D 的施工进度模拟。施工成本模拟是在 3D 模型基础上加入成本因素，即可生成基于 BIM 模型的 4D 施工成本模拟。目前，通过将时间因素和成本因素与 3D 模型相结合，形成 5D 包含进度和成本管理的 5D 施工模拟。通过动态的施工模拟，既提高了方案编制的可读性和准确性，减少进度、施工空间等各种冲突问题，又增强了对项目的进度把控与资金、资源配置的整体把控。利用 BIM 技术的

可视化特点，将施工过程中的每一项工作形象的展示出来。见图 25-12、图 25-13。

图 25-12　4D 施工进度模拟　　　　　　　　　图 25-13　5D 施工模拟

（2）基于 BIM 的工程算量

BIM 智能翻模具有建筑基础、柱、墙、梁、楼板等构件的尺寸信息，软件可通过设置的清单和定额工程量计算规则，在充分利用几何数学原理的基础上，自动计算工程量，实现对土建、钢筋、安装的算量。由于不需要对各种构件重复绘图，只需定义构件属性和进行构件的转化就能准确计算工程量，降低了造价人员工程计算量，极大提高了算量工作效率。

（3）基于 BIM 的施工场地布置

利用 BIM 的建模和仿真，实现场地临建设施布置按照施工节点进行阶段化的管理；按照施工节点进行整体可视化仿真模拟，合理规划临建设施布局；根据国家标准规范，对临建设施及其布置进行合理性检查。见图 25-14。

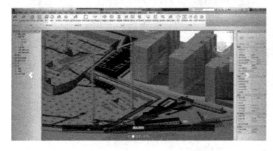 

图 25-14　基于 BIM 的场地临设布置

（4）基于 BIM 的三维激光扫描技术

3D 激光扫描技术，根据激光测距原理快速全面地获取空间范围内的结构尺寸数据，形成点云模型，三维点云数据模型拥有已完成建筑实体的所有几何信息。

1.4　基于 BIM 的施工全过程综合信息化管控

通过在项目三维模型里融入时间和成本因素构建的 5D 模型，一可实现对工程量的快速测算和校核。二可对技术标中的关键施工方案、施工进度计划可视化动态模拟，直观呈现整体部署及配套资源的投入状态，充分展现施工组织设计的可行性。三可对施工组织设计进行优化，包括对整个施工总进度进行校核，工程演示提前模拟，根据资源调配及技术方案划分施工流水段，实现整个工况、资源需求及物料控制的合理安排。同时利用曲线图，关注波峰波谷，对于施工计划从成本层面进行进一步校核，优化进度计划。四可实现对过程进度的实时跟踪，包括每日任务完成情况自动分析，全面掌握施工进展，及时发现偏差，避免任务漏项，为保证施工工期提供数据支撑。利用手机端 APP，在施工现场对生产任务进行过程跟踪，将影响项目进度的问题通过云端及时反馈，供决策层实时决策、处理，保证进度按计划进行。利用 BIM 模型进行多视口可视化动态模拟，将实际施工情况和计划进度通过模型进行进度复盘，分析进度偏差原因及时进行资源调配。最终实现管理留痕，精细化管理。五可实现对预制化构件的实时追踪，随时随地掌握构件状态，提高多方沟通效率；自动统计完工量，准确了解施工进度偏差；实测实量自动预警，提高质量管控力度。通过手机端对装配式等预制构件进行跟踪，参建各方可以实时了解到当前预制件所处阶段，提前规避风险；并通过 PC 端进行进度偏差分析以及 Web 端进行完工工程量自动汇总统计，完成对预制件，从加工到施工吊装完毕整个流程的进度、成本、质量安全管理管理。六可快速提取物资量，依据工作需要快速提量并对分包进行审核，避免繁琐的手算，提高工作效率。快速按照施工部位和施工时间以及进度计划等条件提取物资量，完成劳动力计划、物资投入计划的编制，并可支持工程部完成物资需用计划，物资部完成采购及进场计划。七可实现对质量安全的实时监控，对岗位层级而言，提高岗位工作效率，方便问题记录、查询，对常见问题及风险源提前做到心中有数。对问题流程实现自动跟踪提醒，减少问题漏项，提高整改效率。自动输出销项单，整改通知单等，实现一次录入，多项成果输出，减少二次劳动。对管理层级而言，常见质量问题，危险源推送现场，将管理要求落实到现场，提高管理力度。管理流程实现闭环，实现管理留痕，减少问题发生频度。所有数据自动分析沉淀为后期追责、对分包管理提供科学数据支撑。八可实现工艺、工法指导标准化作业，利用 BIM 积累项目工艺数据，对每日任务提供具体工艺、工法指导，让技术交底工作落到实处，从而让施工有法可依，有据可查，串联各岗位工作。同时，提高交底文件编制效率，有效避免工艺漏项。利用手机端 APP 将工艺推送到现场，将交底内容与日常进度任务相结合，全面覆盖现场施工业务。九是实现竣工交付输出三项成果，第一是交付竣工 BIM 模型，这将是未来竣工存档的一种必然方式；第二是对整个项目过程中的历史数据可追溯，领导层可查看项目过程中的各类信息；第三是过程中资金情况可实时反馈存档。见图 25-15。

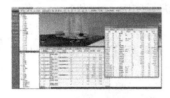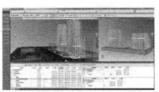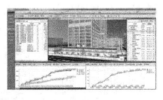
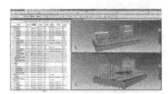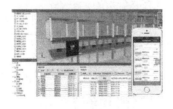
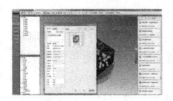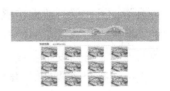

图 25-15　基于 BIM 的施工全过程管理

2. 物联网技术

建筑工业化是建筑业的一场革命，是生产方式方面的彻底变革，必然会带来生产力和生产关系两方面的重大改变，与之对应的，也需要整合现代科学技术和现代化管理来适应这场变革。通过物联网技术协同各关键环节，建立以 BIM 模型为基础，集成信息化技术，实现对整个建筑全生命周期过程中的质量监管和追溯。

通过信息化手段，采集建设、设计、生产、施工监理等相关参建单位工业化建筑全生命周期相关数据，搭载 BIM 模型，以编码系统为基础实现对建筑项目建设全生命周期进行质量监督与管理，建筑质量追溯系统，从而实现建筑质量可追溯。

2.1 智能系统在劳务实名制管理中的应用

在施工现场的具体实践中，常见的做法是在工人的安全帽中植入射频识别芯片，芯片中记载有工人的个体信息，包括年龄、性别、工种、健康状况等基础资料。工人在进出施工现场的时候会被自动识别，信息即时采集传输至数据处理中心，进行分类统计上传，并将信息与 BIM 模型进行关联，人员数据信息在 BIM 模型上可视化。从而实现自动化工人实名制管理，考勤，现场劳动力分布统计，辅助劳动力管理等。当现场发生安全事故时，可以精确定位在危险区域活动的人员，以便快速准确的搜救。

通过"人脸识别"智能门禁系统，实时获取现场人员进出信息，自动统计分析现场工人数量、工种，同时将数据实时上传至公司施工项目现场管理系统，进行人员产值对比、工效分析，辅助项目管理决策。

采用单兵视频安全帽技术，结合 5G 信号传输、音频视频切入、人员定位等功能，真正实现办公及施工现场的实时互动并结合 BIM、物联网、人工智能等技术应用便捷实现远程作战指挥。

2.2 绿色施工管理

通过布置自动监测仪器，对施工现场的 PM2.5、PM10、温度、湿度、风速、风向、噪声、污水 pH 值、水电用量和固体废弃物回收利用率等信息进行实时监测和数据采集，并同步上传至云平台，通过数据分析及预警设置，形成直观可视化的图形和表格，并反馈至水泵、喷淋降尘系统等自动控制设备，实现环境、能耗实时监测及自动化管控，见图 25-16。

2.3 物联网在物料、大型设备管理的应用

通过安装智能地磅和车辆进出管理系统，自动识别车牌、登记并获取进出现场的混凝土、钢筋、模板等运输量，对钢筋、木枋等材料进行手持端扫描自动盘点，实施上传数据，系统自动计算并生成报表，实时管控项目主材成本。实现对有关材料验收数量、质量"双控"，牢牢把好材料"入口关"。

在大型施工塔式起重机上安装安全监测预警系统，主要包括大臂仰角传感器、回转角传感器、风速仪、载重传感器，实时监测塔式起重机的大臂仰角、回转角、风速和载重数据，根据塔式起重机间的既定位置，对塔式起重机间碰撞提供实时预警，并自动进行制动控制；对于已知设备参数的塔式起重机，根据其载重和幅度关系曲线，可以对每次塔式起重机吊装是否超载进行实时监控和超载报警等。

在施工电梯里安装指纹识别器，实现专人操作，电梯司机通过指纹识别打卡上班，实

图 25-16 绿色施工管理系统
（a）环境及能耗监测站；（b）污水检测；（c）自动喷淋；（d）智能电表；（e）智能水表

时显示电梯操作人员基本信息：司机姓名、性别、出生年月、电梯司机证件编号、所属单位等。采用射频 RFID 技术，自动统计电梯所在楼层和停靠该楼层时电梯里的作业人员数据，集成到 BIM 模型中，可在 BIM 模型中直观显示现场各楼层的人员分布情况，并实时监控电梯安全载重情况，见图 25-17。

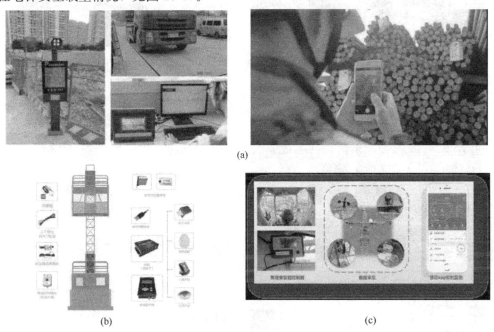

图 25-17 物料设备监控
（a）物料智能管理系统；（b）电梯监控系统；（c）塔式起重机监控系统

2.4 物联网在质量安全管理中的应用

施工安全预测。能够使用机器学习、语音和图画辨识将施工现场的相片和视频进行主动复核，主动复核施工数据并主动向客户供给安全措施主张。这种主动化工地监测能够为工地现场添加一对"眼睛"，动态辨识潜在危险要素，是有助于提高施工安全的。在施工现场的洞口、临边等重大危险源处植入射频芯片，或者使用可周转式红外触发报警设备。当有人员靠近时可以发出警示音，以避免人员受到伤害。报警系统可以自动记录警情，并自动转发报警信息至监控中心，为警情核实以及警后处理提供切实可靠的资料。

在高支模架体上布设变形监控装置，利用高精度倾角传感器实时采集沉降、倾角、横向位移，空间曲线等各项参数，超过安全阈值即启动声光报警。同时相关报警信息可自动上传至云平台，在BIM模型相应位置动态显示，自动发送信息给相关人员进行处理。

为把控现场混凝土浇筑质量，保证混凝土成型美观，通过混凝土无线测温装置及标养室远程监控系统，对混凝土温度及质量进行实时检测、严格把控。

在基坑和隧洞岩土稳定性监测等方面，通过构建监测系统，实时监控基坑和岩体的稳定性。

在实测实量过程中，通过三维激光扫描仪和电子化靠尺等设备，改变传统方式下"一人测量、一人记录"状况，测量数据自动读取、自动上传，质量问题自动判断，提高质量测量数据准确性、及时性与真实性，见图25-18。

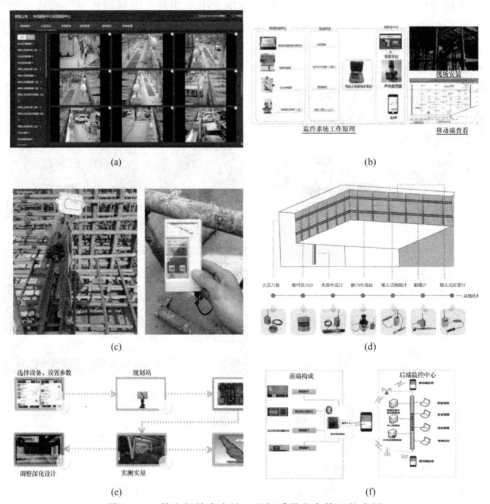

图 25-18　数字新技术在施工现场质量安全管理的应用

（a）危险报警系统；（b）高支模智能检测系统；（c）大体积混凝土无线测温；（d）基坑监控系统；

（e）三维激光扫描；（f）智能测量仪器

3. 数字化加工

随着建筑业的发展，工厂化需求也日益提高，数字化加工技术也在建筑各个专业开始应用。2020年，十三部门联合印发了《关于推动智能建造与建筑工业化协同发展的指导意见》指出，要以大力发展建筑工业化为载体，以数字化、智能化升级为动力，创新突破相关核心技术，加大智能建造在工程建设各环节应用，形成涵盖科研、设计、生产加工、施工装配、运营等全产业链融合一体的智能建造产业体系。

4. 数字化测绘技术

当前的测绘技术在电子信息技术高速发展的支持下，不断有更加新型的测绘技术和方法应用到实际测绘工作中，并取得了良好的效果。计算机网络技术、遥感技术以及电子科学技术在我国得到了高速发展。诸如三角测量、几何测量等传统测绘技术已经逐渐被新型测绘技术替代。数字化测绘技术的广泛应用，使得工程测量工作逐渐涉及地理信息领域。全球定位技术与遥感技术的应用，能够结合数字摄影测量技术实现对地理空间信息的实时捕捉；此外，地理数据采集与分析工作，可以通过地理信息技术得到实现。数字化技术主要分为数字化成图与地图数字化两方面，数字化成图主要结合电子平板与内外业一体化技术，对信息数据展开采集工作，进一步形成图纸内容；地图数字化是以已经存在的图纸为基础，展开编辑与输入工作，从而形成数字地图。

遥感技术在地图测绘领域的应用较为广泛，以电磁波理论为基础，结合外感仪通过电磁波的物理反射采集数据，形成相应地图。同时，数字摄影测量技术能够对影响处理匹配技术与计算机进行统一，利用数字形式表现摄影测量物体，一般分为影像数字化与计算机辅助测图两种形式。地理信息技术的科学性较明显，通过对信息数据的采集、分析工作，将测绘内容以三维形式加以呈现，能够提供完善的决策方案，预测功能突出。

目前，数字化测绘技术应用的最新进展主要体现在施工的测设放样、模型构建、土方计算、质量监测等领域。

4.1 GPS-RTK 在工程施工中的应用

GPS-RTK 定位有快速静态定位和动态定位两种测量模式，两种定位模式相结合，在工程测量中的应用及推广可以覆盖控制测量、碎部测量、施工放样、水下测量和断面及线路测量等各个领域。

（1）控制测量

控制测量是工程建设、管理和维护的基础，控制网的网型和精度要求与工程项目的性质、规模密切相关。城市控制网具有面积大、精度高、使用频繁等特点，城市 ⅰ、ⅱ、ⅲ级导线大多位于地面，随着城市建设的飞速发展，这些点常被破坏，影响了工程测量的进度。一般的工程控制网覆盖面积小、点位密度大、精度要求高。用常规控制测量如：导线测量、边角网，要求点间通视，且多数需要分段施测，以避免积累过大的误差，费工费时，且精度不均匀。采用 GPS-RTK 技术测量，只需在测区内或测区附近的高等级控制点架设基准站，流动站直接测量各控制点的平面坐标和高程，对不易设站的控制点，可采用手簿提供的交会法等间接的方法测量。采用载波相位静态差分技术，可以保证达到毫米级精度。与传统作业相比较，由于点与点之间不需要通视，可以敷设很长的 GPS 点构成的三角锁,以保持长距离线路坐标控制的一致性,同时还具有点位选择限制少、作业时间短、成果精度高、工程费用低等优点,对于建立工程勘探、施工控制网和变形监测控制网等具有显著的优势。与静态 GPS 测量相比,能实时知道定位结果,不需事后进行数据处理,出现内业精度不符合要求返工的情况,缩短了作业时间,因而大大提高了作业效率,功效提高了 3~5 倍。

(2) 碎部测量与放样

GPS-RTK 技术可应用于测绘地形图、地籍图、测绘房地产的界址点、平面位置的施工放样等。传统的平板仪测图、电子平板测图,需要布设图根控制点,并要求测站与测点之间能通视,需要 2~3 人操作。如果直接用 GPS-RTK 测图的话,可以不布设各级控制点,测图时仅需一个人背着仪器到测点上停留 1~2s 并同时输入特征编码,依据一定数量的基准点,便可以高精度并快速的测定界址点、地形点、地物点的坐标。在室内绘图时,把区域内的地形、地物特征点的数据传入计算机,即可由绘图软件成图。由于只需要采集碎部点的坐标和输入其属性信息,而且采集速度快,大大降低了测图的难度,既省时又省力。采用 GPS-RTK 技术进行放样,只需将参数如放样起点终点坐标、曲线转角、半径等输入 RTK 的外业控制器,即可放样。放样方法灵活,可以按桩号也可以按坐标放样,并能随时互换。放样时屏幕上有箭头指示偏移量和偏移方位,便于前后左右移动,直到误差小于设定值为止。由于每个点位的测量都是独立的完成的,不会产生累积误差,各点放样精度趋于一致。不像常规放样那样,需要后视方向、用解析法标定,因而简捷易行。

(3) 水下测量

水下测量一直是我们工作的一个难点,用常规方法测量,速度慢精度差。如果进行大面积水下测量,东北地区只能在冬天靠冰眼的方法来进行测量,费时费力,RTK 配合测深仪进行水下地形测量,改变了传统的水下地形测量方法,解决了大面积水域测量难定位、精度差的难题,使水下地形测量自动成图变为现实。在实际作业中,首先把 GPS 基准站在岸上架设好,然后在船上把 GPS 流动站、测深仪、手提电脑连接好,确认无误后,输入各种参数和数据就可以进行测量。测量过程中,可在计算机屏幕上看见船的实时位置,可随时校正船的方向。外业结束后,可以用专业软件处理数据资料,生成水下地形图。如果没有测深仪,可以采用 RTK 定位,用测深尺量测水深的方法,最后用展点程序把点位展到绘图软件中,生成水下地形图。这个方法只适用于小面积的水下测量作业中。

(4) 断面及线路测量

在常规断面测量中,由于遮挡或距离过长等原因,要不断地转站来满足测量的需要,耗费大量的人力、物力。采用 RTK 作业,首先把各拐点坐标输入手簿,在实际测量中,调出所要测的两点坐标,手簿内自动生成一条直线(断面线),并显示在屏幕上,手簿同时显示测量员所在原位置和距离起始点的桩号,这样测量员就可以知道自己是否在断面线上,也可以知道点位间距的大小。这样就避免了偏离方向和点位间距疏密不等。在大的断面测量中,如果拐点很多,可以分成几段同时测量。在测量时要注意记好点号和植被注记,如果分成几段测量,注意点号不能重复,以免内业处理时出错。由于 RTK 只是测量出各点的坐标和高程,而断面要用累加距离来表示,这就需要用 Excel 或其他软件换算过来。Excel 的公式计算功能可以很方便地求出各点的间距和累加距,最后应用断面 CAD

软件可以直接生成断面，实现断面的数字化测量。见图 25-19。

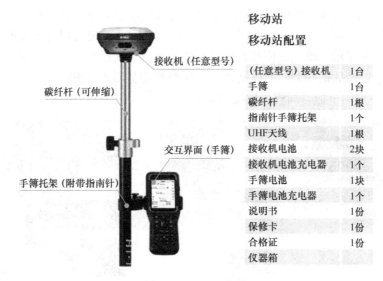

移动站

移动站配置

（任意型号）接收机	1台
手簿	1台
碳纤杆	1根
指南针手簿托架	1个
UHF天线	1根
接收机电池	2块
接收机电池充电器	1个
手簿电池	1块
手簿电池充电器	1个
说明书	1份
保修卡	1份
合格证	1份
仪器箱	

图 25-19　RTK 仪器

4.2　GIS 技术在综合管廊中的应用

当运用 GIS 与地下管线进行空间建模和数据叠加时，GIS 可以通过与遥感数据的集成和多维数据的综合考虑，模拟出不同的路线规划，通过对各方案的比较和选择做出优化，最终拟定最优方案。同时，将市政综合管廊的地理信息（如空间分布、地质结构、城市区域分工等）、周围环境（如人口密度、管线的几何物理等信息）以及相关的国家标准、地区标准、因地制宜的策略等信息录入 GIS 中，通过建模进行分析和风险预测控制，可以实现安全风险管理。另外 GIS 具有空间定位的功能，运用 GIS 技术的空间定位功能，可以将 GIS 的数据与力学分析模型相结合，实现对管道薄弱点的空间分析和可视化定位，见图 25-20。

图 25-20　GIS 在地下管廊施工中的应用

4.3　无人机倾斜摄影在土方计算中的应用

首先通过航线规划、像控点测量、航空摄影等步骤获得航片数据，内业通过 Photoscan 软件自动化处理。通过对齐照片、建立密集点、生成网格等流程导出 DEM 数据；然后通过 3D Analyst 工具→栅格表面→填挖方工具来计算土方量。输出栅格为最终提取出的开挖或回填范围内的 DEM。以不同颜色标记填挖方区域；最后利用 DEM 数据在 Arc-Scene 中进行三维显示，填挖方位置直接地反映出来，提供直观的变化效果，并可在 Arc-Scene 中将正射影像数据和 DEM 数据进行叠加可获得三维地表模型（DSM），在模型中可以查询任意一点的坐标、高程、坡度坡向等地形信息，见图 25-21。

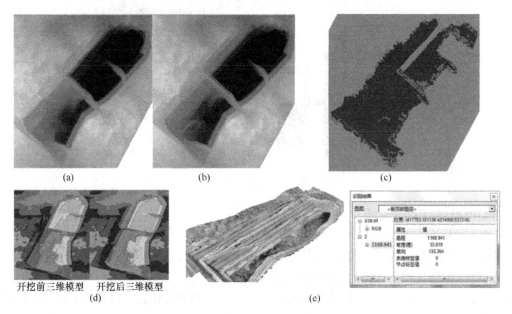

图 25-21　无人机倾斜摄影在土方计算中的应用

（a）开挖前 DEM；（b）开挖后 DEM；（c）开挖或回填范围内的 DEM；（d）土方计算可视化三维显示；
（e）三维显示及任意点查询显示

4.4　无人机测绘的应用

利用无人机分布式平台实现远程操控端与作业现场无人机超视距互联，项目人员远程遥控无人机一键起飞进行项目观摩、测绘勘察、日常巡检等任务采集的数据，还可在云端自动处理输出为航拍视频、航拍图片以及全景影像、正射影像、实景三维建模等成果，为建筑工程的数字化转型赋能，见图 25-22。

图 25-22　无人机自动巡航 720 云技术

无人机自动巡检，机器人三维建模技术。通过在无人机云端预设航线，对现场无人化自动巡检，通过图形算法自动建立工地矢量化模型，构建了时间和空间维度的工地大数据系统。同时点云三维测绘机器人可以根据设计 BIM 模型自主规划作业路径并完成自主避障，完成项目现场毫米级点云测绘扫描、通过 5G 网络回传数据，于云端自动建立建筑点云模型，并与无人机模型进行整合，实现与 BIM 设计数据自动比对、自动生成质量报告，见图 25-23。

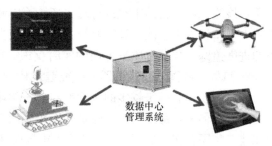

图 25-23　无人机自动巡检技术

5. 数字新技术

数字新技术的应用在近几年得到较大的发展，但由于工程施工领域的数字新技术应用对网络条件和硬件设施的要求较高，同时，在施工领域的技术设备专用性较强，费用也较为高昂，因此尚未在工程施工中得到大范围的应用和推广。但是数字新技术与在工程施工中的应用，仍为传统的施工作业带来极大的便利，通过数字新技术和相应的传感设备将施工现场的"人机料法环"的全有要素连接，将整个施工的过程、行为及质量、安全等监测实现智能化管理，将施工现场转换为智能的收集领域，智能系统实时对施工过程现场进行预测，一些不符合常规的现象，及时向施工人员发出警告，对设备进行控制，大大提高了传统工地的智能化水平。

下面将对数字新技术在施工中的最新应用进行介绍。

5.1　建筑机器人在施工中的应用

机器人执行建筑施工任务有着先天优势，如：地砖铺贴机器人通过机械臂，能够精准地实现抓取地砖和放置地砖，保证地砖平整度达 0.5mm、地砖间缝隙为 2mm，同时减小地砖的空鼓率。该产品的应用可大幅减轻工人的劳动强度，同时提高地砖铺贴的效率。

又如，外墙喷涂机器人代替了传统施工中的高空作业，安全性大大提升，且工效比传统人工提高了 4～6 倍；楼层清洁机器人能在粉尘环境下清扫施工现场楼层石头、碎块及灰尘，自动清空料盒等，清洁覆盖率达 90%，施工效率比人工提高 1 倍多等。

国外对建筑机器人的研究较早，主要以发达国家为主，建筑机器人技术发展比较成熟，部分机器人甚至已经实现商业化生产。美国 Construction Robotics 公司的 SAM100 砌砖机器人采用半自动化工作模式，是世界上第一款真正投入现场砌筑工程的商用机器人，主要用于配合工人完成砌筑作业，减少了工人的砖料抓举作业，据统计每台砌砖机器人可提高 3～5 倍的墙体砌筑效率，实现高效砌砖目的。澳大利亚 Fastbrick Robotics 公司的 Hadrian109 砌筑机器人可以根据 3D 计算机辅助设计系统绘制的住宅形状和结构实现自动砌砖，能够连续 24h 工作，只需 2d 时间就能建起整栋住宅。韩国机械与材料研究院 (KIMM) 开发的 WallBot 被用来进行外墙施工，实现墙体粉刷、平整和清洁等作业。瑞典 nLink 公司的 Mobile Drilling Robot 钻孔机器人被用来进行混凝土天花板的测量和钻孔工作，通过专用 APP 设置孔径、孔深等参数，便可在指定位置打孔，能够达到毫米级工作精度。新加坡未来城市实验室联合 ETH Zurich 开发的 MRT 机器人能够完成地瓷砖铺贴作业。新加坡 Transforma Robotics 公司开发的 PictoBot 墙面喷涂机器人、QuicaBot 建筑质量检测机器人目前正在进行真实环境施工测试。美国 Doxel 公司研发了施工监控管理机器人，基于人工智能的计算机视觉软件，根据数据扫描为项目管理人员提供建设项目全程的进度追踪、预算和质量方面的实时反馈，能够将项目的建造效率提升 38%，整体造价降低 11%。我国的建筑机器人研究起步比国外晚，相对于以前主要集中在大学和研究所的情况，现在有越来越多的企业参与到该领域中。比如，由哈尔滨工业大学研发的壁面清洗爬壁机器人，适用于高层建筑的瓷砖表面以及玻璃幕墙的清洗工作；河北工业大学与河北建工集团合作研发了 C-ROBOT-I 建筑板材安装机器人，可以做到大尺寸、大质量板材的自动干挂安装；碧桂园集团旗下的博智林机器人公司研发了多种对应不同工种，比如地砖铺贴、墙纸铺贴、内墙板搬运和室内喷涂等的建筑机器人，目前都已经进入建筑工地进行测试，见图 25-24。但是由于建筑施工现场作业的非标准化和复杂程度远超工业生产作业，对建筑机器人的应变性和灵活性提出了更高的要求，因此，建筑机器人的应用尚未大范围推广。

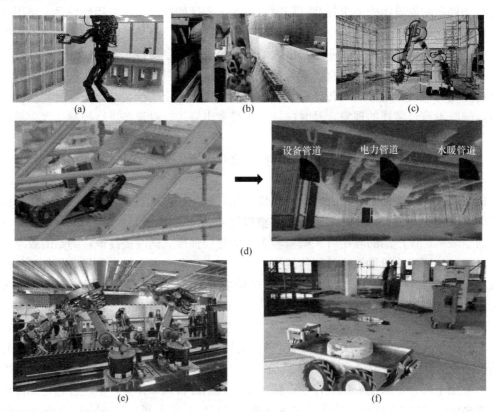

图 25-24　建筑机器人在施工中的应用

（a）内隔墙板安装机器人；（b）砌砖机器人；（c）钢筋绑扎机器人；（d）巡检机器人；

（e）吊顶安装机器人；（f）搬运机器人

5.2　虚拟技术在施工管理中的应用

虚拟现实技术（VR）、增强现实技术（AR）、混合现实技术（MR）与 BIM 等建筑技术结合，实现全景可视化仿真体验效果，比起传统的建筑效果图和动画，VR 虚拟现实技术在建筑施工中将其整合为多感知的、生动的、有机的整体，从而使设计体验更加真实，更能体现建筑的尺度感，使人身临其境地感受建筑空间与人的关系。一是通过在项目创新采用MR混合虚拟现实技术，施工人员带上MR头盔可将施工BIM模型精确地按1∶1的比例调整到现场结构上不仅可以检验施工质量、进行技术交底还可与业主、专家远程协同进行方案确认极大提高了协调作业及沟通效率。二是结合VR全景展示软件打通BIM模型信息共享渠道，形成全景沉浸式体验的"VR样板间"可为项目交付标准提供最直观的参考。三是在安全教育培训时，通过现场设置安全教育VR体验馆，让人真实感受建筑工程安全事故中诸如坠落、震动、摇晃等效果，切实增强人员安全意识，见图25-25。

图25-25　虚拟技术在施工中的应用

5.3　区块链在项目履约管理的应用

在建设数字城市的进程中，中国雄安集团推出了雄安区块链资金管理平台，它是国内首个基于区块链技术的项目集成管理系统，具有合同管理、履约管理、资金支付等功能。有了这个资金管理平台，就可以变单方管理为可视化的多方管理，对资金流向全程透明监管。雄安新区的工程项目，都将遵循"三个透明"的原则，即合同关系透明、工程履约透明、资金支付透明。雄安区块链管理平台多层主体均为三透明，能够有效实现项目全链条合同连续、工程进度明确、资金流转封闭等效果，真正做到工程项目全流程"穿透式管理"。企业与总包商之间，总包商与分包商之间、分包商与施工人员之间所有的合同都上传到区块链平台，通过智能合约的方式，把付款路径确认下来，可以实现一键式、穿透式付款。雄安区块链资金管理平台主要解决传统工程项目中的痛点问题，如违约转包、资金挪用、形成工程安全质量隐患；小微企业账期长、融资难、融资贵；农民工维权难、不能及时足额拿到工资等问题，见图25-26。

5.4　5G通信技术应用

5G是第五代移动通信网络的简称。随着5G的快速发展，由3D吹起的智能手机变革之风又逐渐强劲起来，并展现出巨大的潜力。4G网络的传输速度约为75Mbps，未来5G网络的传输速度可达到10Gbps，互联网传输将不再受速度的限制。5G解决了超高速数据传输问题，满足了客户高速度、高密度、高转换的需求，为实现万物互联、3D呈现等场景奠定基础，3D技术在过去由于受可视化角度的限制、色彩不均衡的局限一直不被人们看好，但由于云存储技术的进步，存储3D信息将毫不费力。

（1）5G通信技术助力施工准备阶段

在施工准备阶段，施工场地选择完成后，大型施工机械还没有进场时采用无人机集群

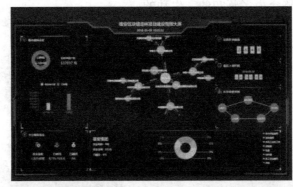

图 25-26　雄安新区区块链技术在工程合同履约管理中的应用

技术，将多旋翼无人机依靠施工场地为基础，呈阵列状分布到施工的两侧和上空。完成对施工场地的全信号覆盖，辅助后期工程机械的作业定位。在施工现场布置中央数据处理器及服务器，为后期施工过程中的万物互联提供中心数据平台。并通过 5G 网络将中央数据库的数据与工程各方单位联系起来，各方单位都可以在远程通过授权查看施工现场情况。

工程车辆、工程机械等设备装载视觉分析传感器、广播定位设备、RTK 接收器以及5G 信号装置的智能车辆，逐步实现机械科技代替人工作业的前景，使其可以依靠广播定位和 RTK 定位完成对自身位置的大致分析，主要依靠激光定位设备实现分米级定位，再使用视觉分析设备对施工作业目标分析按照程序施工. IIS。工程机械进场后，依照施工设计图纸，对工程机械进行程序规划和工作量计算后，上传至中央数据库，服务器处理数据后，再通过 5G 网络传送至各工程机械。并在施工现场周围架设激光雷达、视觉分析以及超高清摄像头等设备以方便后期的施工过程管理，和施工机械的控制。

（2）5G 通信技术加强安全监管

针对桥梁施工中的高空坠落危险性使用无人机技术进行控制，在垂直施工时采取无人机监管技术，对周围环境的安全性进行分析，通过视觉分析设备逐步代替以生命安全作为代价的危险工作中。通过各架无人机中的气压计对施工现场的天气因素进行采集，上传中央数据处理器并在计算后对施工现场的人员和器械发布实时天气情况如大风预警等。

（3）5G 通信技术提高工程精度

现有的定位技术主要分为室外定位和室内定位，根据隧道施工的特性，其无 GPS 定位信号、岩土对磁场的干扰较大的特点。施工现场使用以广播定位为基础构建米级定位网络，增设视觉分析定位和光追踪定位实现亚米级定位，在通过 5G 通信网络利用伪卫星技术和激光定位精准地完成工程机械的毫米级定位。将多个定位系统融合，能够有效减小定位盲区，降低定位误差，提高定位精度。通过基于地图的拟合技术、各级定位系统等多种途径和方式，通过反馈式融合定位决策机制统一输出最终的定位结果，以提升定位的精度。

5.5 项目综合管理的应用

在项目远程管理过程中，通过将智慧工地应用数据集成到企业统一大屏，实现全域可视、远程监督、风险预判、应急指挥等，见图 25-27、图 25-28。

图 25-27 施工动态看板

图 25-28 远程指挥系统

6. 项目施工信息综合管理技术

随着建筑业的发展，精细化，标准化的管理日渐成为行业的目标，然而项目施工现场的管理为其中的最重要一环，项目施工信息综合管理水平直接影响项目的管理效率，目前越来越多的施工企业开始研究项目施工信息综合管理技术，对项目进行统一管理，现在也有越来越多的施工企业在研发项目施工信息系统。

根据项目特点和需求，制定多参与方、多终端的综合管理模式。对不同使用情形分别采用相应的客户端、网页端、移动端等系统终端，有效将各参与方组织为一个整体，实现集成式管理，大幅提升了管理人员对项目整体把握的能力。一方面协同多方参与：融合政府监督平台，业主、设计、监理及总包协同办公平台，企业综合管理信息系统 IMS，施工项目现场管理系统 PMS，决策支持系统 DSS，集分包采购劳务管理于一体的云筑网平台，基于物联网技术的智慧工地云平台等多平台综合运行，形成多方参与多方沟通、多方数据统一集成决策的综合型运营功能；另一方面实现多端融合：企业机关管理人员使用云端及决策数据，项目内业管理人员使用计算机等设备的网页端进行方案、商务等详细管理数据的录入与审批，项目现场管理人员使用手持设备的移动端方便拍照记录和定位。融合智慧工地云平台的云端，计算机等设备的网页端，手持设备的移动端多端数据共通共享，以便适应各级管理人员进行操作与管理。

6.1 协同办公平台

协同办公平台的功能主要包括任务管理、待办待阅、公文管理、新闻管理等功能模块，用于业主、设计、监理及总包间相互协调沟通，各级公司有各自操作界面，既可以实现公司内部文件的传阅及新闻发布，又可以通过平台内部对其他单位间发布任务、传递工作联系单等，让用户轻松地完成日常办公工作。

协同办公平台可以实现沟通的实时化、可视化,工作痕迹记录清晰,信息共享迅速便捷,提高工作效率,见图 25-29。

图 25-29　协同办公平台界面

6.2　综合管理信息系统 IMS 平台

综合管理信息系统(IMS)贯穿于项目、分公司、公司,以流程审批为核心功能,管控企业商务、器材、财务等方面,起到承上启下的功能;围绕项目全过程管理,以成本控制为核心,以资金支付为抓手,对企业运营管控和业务管控实现系统化管理、集成化应用。审批过程规范高效、透明可视,可追溯性强,公司的规范要求落到了实处,过程风险得到控制,见图 25-30。

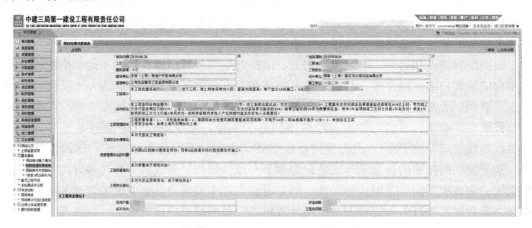

图 25-30　综合管理信息系统 IMS 平台界面

6.3　施工项目现场管理系统 PMS 平台

施工现场管理信息系统(PMS)在项目层级应用,主要收集现场进度、质量、安全、材料、设备等多方面数据。公司开发施工项目现场管理系统时,秉承着"以计划管理为主线、以绩效考核为抓手"的思路,实现了"周计划自动派生"和"自动绩效考核"两大核心功能。

其中周计划自动派生是以总承包计划管理的串联为核心,以工序分部分项为基本单元,梳理现场管理标准动作,建立标准管理动作底层数据库(标准的工作内容库、标准的项目管理岗位库、标准的岗位工作内容库),为项目各岗位自动派生周工作安排。遵循计划的自动生成、下达、执行、检查监督、绩效考核的 PDCA 循环过程,形成闭环。解决了项目现场履约匀质性不高问题,同时也为新分学生提供了标准的岗位工作指引,进而提升项目精细化管理水平

自动绩效考核是以强制关联为约束,智能区分兼职员工的兼职工作,根据周工作安排分类形成月度 KPI 绩效量表,根据员工的周工作安排完成情况自动打分,根据打分情况自动形成绩效等级并按月、季度汇总。在周计划的周围形成关联体系,自动完成绩效考核工作,仅需要员工上级进行周边绩效两项打分即可完成,见图 25-31~图 25-34。

图 25-31　施工项目现场管理系统界面

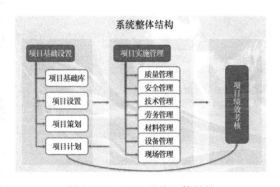

图 25-32　PMS 系统整体结构

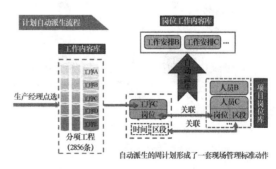

图 25-33　周计划自动派生流程

6.4　决策支持系统 BAP 及 DSS 平台

(1) 决策支持系统 BAP

顶层决策支持系统(BAP)在企业高级管理层应用,可以随时了解企业主要运营指标的完成情况、风险预警的化解情况、为企业决策提供大数据支持的智能集成。其开发是基

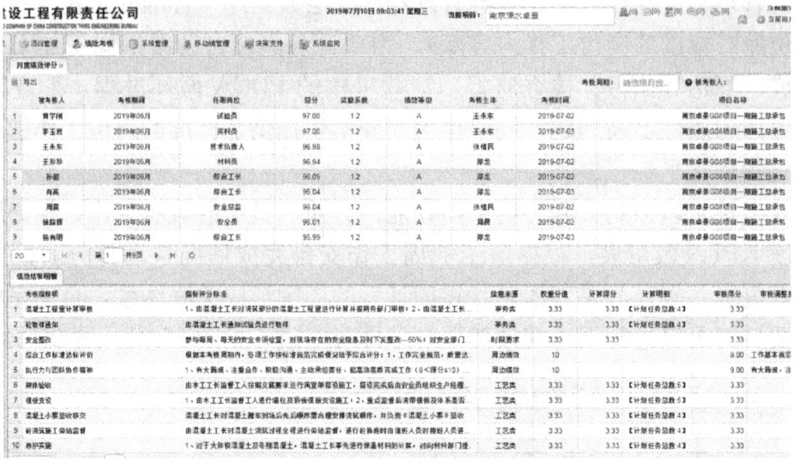

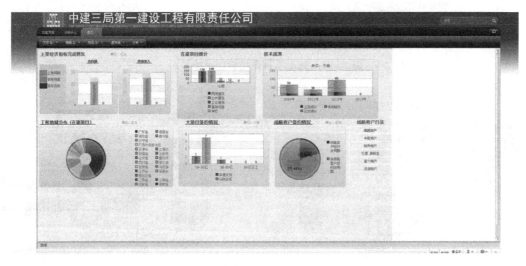

图 25-34　自动绩效考核界面

于公司综合管理信息系统（IMS）的基础数据，通过设计开发的统计分析、预测及评价模型，以人机交互方式辅助决策的计算机应用系统。

通过大数据的理念，经过平台预设的统计分析模型，可以快速提炼出管理层管理决策所需的核心信息，全面提升管理层对信息的获取效率和质量。分析结果结合项目管理流程进行智能预警，并同时反馈至公司管理层进行远程监控及决策分析，实现公司在计划管控、质量安全、材料成本、环境及能耗等多个维度的智能化应用，为公司进行科学化的决策提供大数据支持，见图 25-35。

图 25-35　决策支持系统（BAP）界面

（2）决策支持系统 DSS

项目决策支持系统（DSS）主要面向领导层以及管理层，其设计思路通过为自动提取综合管理信息系统（IMS）、项目现场管理信息系统（PMS）的基础数据，运用"大数据"的思想，结合企业管理制度进行集成汇总、分类分析，形成包含企业各类信息的分析图、汇总表及风险预警信息，为项目决策层提供及时、真实、有效、精准的决策支持依据。

项目决策支持系统（DSS）从项目经理、生产经理、安全、商务、财务、技术、设备、预警几个岗位或系统方面，分别汇总了各自需要重点关注的内容，从项目各自系统的数据形成需要的关键数据，见图 25-36。

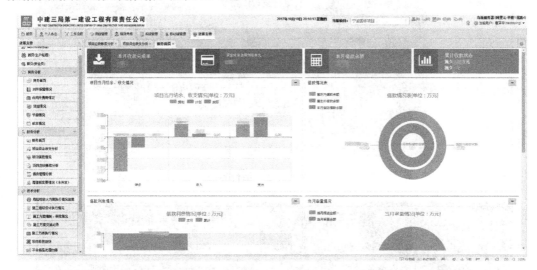

图 25-36　决策支持系统（DSS）界面

6.5　集分包采购劳务管理于一体的云筑网平台

云筑网依托于中国建筑，对行业内的生产商、贸易商、采购商进行深度挖掘，充分了解传统交易模式中存在的问题和困难，利用专业资源与线上先进技术完美融合，以便捷、优质的方式为客户提供在线展示、网络交易、即时通信、客户服务等功能；个性化的线上产品定制与体验，实现了供求双方的直接交易，增加了信息透明度，打破了信息不对称，降低成本、提高效率，满足了不同客户对于商品信息构建与实施的愿望

在企业管理层面，云筑网平台集成了集采招投标、建筑产品采购、劳务招投标及项目劳务班组管理、资金融投资等企业层级内容。

在项目管理层级，云筑劳务系统提供了施工队伍、班组、工人管理，工时统计、工资管理、项目培训、项目预警等各方面功能，并且与物联网设备相关联，配合身份证阅读器、摄像头、读卡器、指纹、虹膜识别器等设备，识别员工信息，上传云平台数据库，大数据汇总，实时分析对比，科学预警，见图 25-37。

6.6　基于 BIM 的智慧工地云平台

以 BIM 为核心，通过物联网、移动通信技术实时收集数据，上传至基于物联网技术的智慧工地云平台进行数据统计及分析，结合项目管理流程自动进行预警，数据及分析结果反馈至公司管理层，打通项目内部及与公司间的信息通道，实现项目的全面信息化、智能化管理。

平台内含质量、安全、人员、设备、绿色施工多个模块，可以根据项目现场需求合理增减，做到按需布置，不同项目不同展示，见图 25-38、图 25-39。

6.7　上述各平台的云端或客户端

协同办公平台开发了独立客户端，客户端既可以实现即时聊天、任务发布及处理功

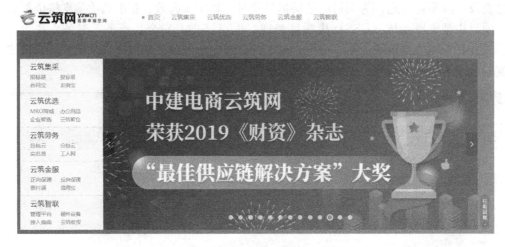

图 25-37　云筑网平台界面

图 25-38　智慧工地云平台界面

图 25-39　基于 BIM 的管理界面

能，又集成了各平台网址，点击网址后通过浏览器自动登录对应平台，便于操作，减少不同平台间切换时间。

施工项目现场管理系统布置在阿里云服务器内，便于与其他平台关联，也便于与其他移动端数据互通。

智慧工地云平台基于 BIM 和物联网技术，用移动通信技术将多方数据统计于云平台上，见图 25-40、图 25-41。

图 25-40　协同办公平台客户端界面　　　　　图 25-41　客户端集成各平台网址

6.8　上述各平台的移动端

施工现场管理信息系统（PMS）开发了移动端，移动端集成了现场、质量、安全、材料、设备、技术、试验、测量、绩效、基础配置 10 大板块，例如材料外观检测、技术施工方案执行情况复核、质量实测实量等共计 56 个菜单。移动端便于操作，便于现场拍照记录，配套移动端蓝牙基站能现场迅速定位，配套自主开发的智能实测实量设备，能实现实测实量的数据自动生成自动上传至移动端且同步至云端，实测实量操作人员仅需一人，并且减小人工读数误差和人为避重就轻等问题。

协同办公平台开发了独立的移动端，客户端既可以实现即时聊天、任务发布及处理功能，又集成了各平台网址，点击网址后通过浏览器自动登录对应平台，便于手机查看、处理工作。

云筑网云筑劳务的功能开发了移动端，为承包企业提供人员统计，项目库、统计分析等功能，便于承包企业随时随地把控项目信息，也可用于施工班组及工人，为现场班组长提供实名认证，班组人员信息，考勤，记账的功能；为现场工人提供实名认证、个人信息、考勤、工资发放、招聘等信息的查询，见图 25-42～图 25-44。

图 25-42　施工项目现场管理系统 PMS 的移动端界面

图 25-43　协同办公平台的移动端界面

图 25-44　云筑网云筑劳务的移动端界面

7. 信息化与工业化协同技术

7.1　装配信息共享

基于 BIM 设计信息，融合无线射频（RFID）、移动终端等信息技术，共享设计、生产和运输等信息，实现现场装配的信息化应用，提高装配效率和管理精度，见图 25-45。

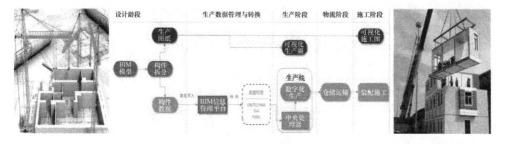

图 25-45　信息共享

7.2　深化设计

在工程总承包模式下，信息化与装配式建筑的协同，将使工业化建造更加便捷和高效。

一是基于 BIM 平台化设计软件，统一各专业的建模坐标系、命名规则、设计版本和深度，明确各专业设计协同流程、准则和专业接口，可实现装配式建筑、结构、机电、内装的三维协同设计和信息共享，见图 25-46。

二是基于 BIM，建立装配式标准化、系列化构件族库和部品件库，加强通用化设计，提高设计效率；创新装配式建筑构件参数化的标准化、模块化组装设计和深化设计，见图 25-47。

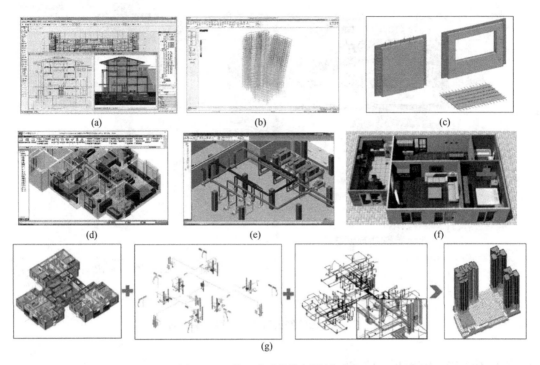

图 25-46　装配式建筑协同设计平台

(a) 建筑设计；(b) 结构设计；(c) 拆分设计；(d) 给排水设计；(e) 电气设计；(f) 内装设计；(g) 设计集成

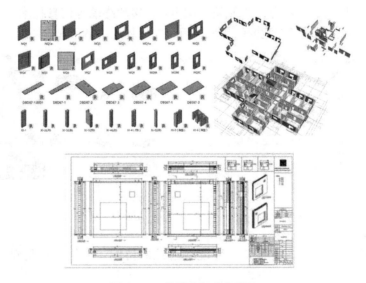

图 25-47　装配式标准化设计

　　三是基于 BIM，创新设计模型挂接设计，将生产及装配相关参数信息与模型进行关联，使信息数据自动归并和集成于模型中，便于后期工厂的构件数字化加工及现场装配的数据共享和共用，见图 25-48。

7.3　数字化加工技术

　　数字化是将不同类型的信息集成在适当的模型中，再将模型数据引入计算机进行处理

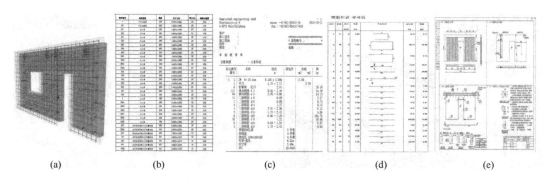

(a)   (b)   (c)   (d)   (e)

图 25-48　设计与生产装配信息的数字化传递

（a）构件；（b）构件清单；（c）构件料表；（d）钢筋详细清单；（e）生产图纸

的过程。数字化加工则在引用已经建立的数字模型的基础上，利用生产设备完成对产品的加工。依靠数字化加工设备，通过既定的数据输入和图形输入，设备控制中心控制器分析和处理这些数据并输出到相关执行点，自动加工成不同样式和功能的产品。

通过数字化加工，可以通过工厂精密机械自动完成建筑物构件的预制加工，制造出来的构件误差小，预制构件制造的生产率也可大幅提高，同时，建筑中的许多构件可以异地加工，然后运到建筑施工现场，装配到建筑中。如生产线加工设备通过基于 BIM 技术形成可识别构件设计信息，智能化地完成画线定位、模具摆放、成品钢筋摆放、混凝土浇筑振捣、抹平、养护、拆模、翻转起吊等一系列工序。例如在钢筋加工时，通过预制装配式建筑构件钢筋骨架的图形特征、BIM 设计信息和钢筋设备的数据交换，加工设备识别钢筋设计信息，通过对钢筋类型、数量、加工成品信息的归类，自动加工钢筋成品，此外，包括门窗、整体卫浴、管组、机电设备、钢结构等构件也可通过数字化加工生产，提高生产效率和质量。

智能生产线是智能建造的基础。中建科技采用的自动化预制构件生产线，真正实现了从预制构件生产至工程交付全过程的数字化建造。在生产车间，只需将项目 BIM 模型数据导入生产管理系统，便可对构件二维码数据识别转化成构件生产信息，分类传递给对应生产线排产，实现高效自动化生产。在项目现场，构件信息可进行全过程追溯，提高工程整体管理效率。项目交付时，能够通过虚拟现实技术展示实体空间，并提供全景建筑使用说明书、全景物业管理导航等服务，让后期运营更加轻松便捷。围绕智慧工厂的数据采集、传输及处理，中建科工开发了智能下料集成系统、能像系统、焊机群控系统等一系列生产管控系统，实现了建筑钢结构智能化制造全过程的数据采集、分析及反馈。

图 25-49 为中建科技自主研发带机器视觉的钢筋绑扎机器人，对钢筋进行标准化、模块化绑扎生产。对标先进制造业，提高预制构件质量，节约人力成本，实现精益建造。

图 25-50 为中建科技（深汕特别合作区）有限公司（进口）配套钢筋生产线，可与 BIM 系统无缝衔接，实现构建信息全过程可追溯。

图 25-51 为中建科工建筑钢结构智能制造生产线通过对建筑钢结构制造全工序智能化设备、基于智能控制集成技术的一体化工作站的研发，大幅提升了钢结构制造效率；通过对"无人"切割下料、机器人高效焊接、物流仓储过程定向分拣、自动搬运、立体存储等钢结构制造新工艺新技术的研发，推进了建筑钢结构制造自动化进程。

图 25-49　钢筋绑扎机器人　　　　　　　　　图 25-50　数字化钢筋生产线

图 25-51　钢构件智能生产线

（a）全自动切割机；（b）焊接机器人；（c）搬运机器人；（d）程控行车；（e）智慧工厂管理平台；

（f）智能下料中央控制室

数字化预拼装技术结合激光三维扫描测量在建筑行业有广泛的应用方向，包括逆向工程辅助设计、复杂构件/铸钢件扫描测量检测、结构单元数字化预拼装、大场景扫描测量等。图 25-52 为精工钢构的数字化拼装技术

■ 应用流程

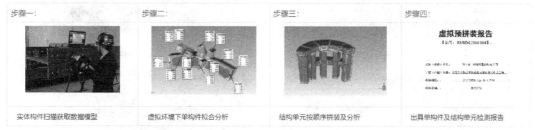

步骤一：	步骤二：	步骤三：	步骤四：
实体构件扫描获取数据模型	虚拟环境下单构件拟合分析	结构单元按顺序拼装及分析	出具单构件及结构单元检测报告

图 25-52　钢构件加工及安装精度保证解决方案

7.4　构件全生命周期管理

为实现对构件全生命周期的管理，在构件生产时植入 RFID 芯片，以此芯片作为构件的识别码及流转媒介，并开发 BIM 模型实时反映构件状态及属性，从生产订单、材料采购、生产工序环节、存储、运输、现场堆放、吊装、验收、维护、拆除等环节进行信息采集与分析，通过物联网、移动技术等信息化手段，实现部品部件生产、安装、维护全过程质量可追溯，见图 25-53。

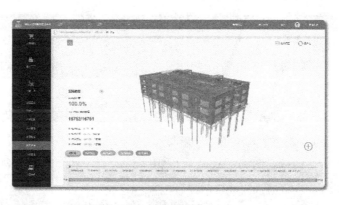

图 25-53　构件全过程可追溯管理

7.5　基于 BIM 的现场装配信息化管理

装配式建筑的现场装配施工是个复杂且精细的过程，利用 BIM 的特点，通过场地布置、方案模拟、构件管理、可视化交底、进度管理、构件管理等措施解决装配施工中存在的吊装偏差，安装连接错误、效率低、精度差等问题。

通过 BIM 模型以动态的方式进行 PC 构件堆放位置、顺序的模拟，对构件的吊装路径进行模拟，实现吊装路径优化，避免二次搬运。通过模拟，确定塔式起重机位置、PC 构件堆放位置及顺序，见图 25-54。

利用 Navisworks 软件，将 PC 构件的进场时间顺序、吊装顺序等输入 BIM 模型中进行预拼装模拟，对标准层 PC 构件吊装的每一个步骤进行精细化模拟，查找项目施工中可

桩基阶段平面布置 基坑阶段平面布置

正负零平面布置 主体阶段平面布置

图 25-54 施工现场动态管理

能存在的动态干涉，从而提前规划起重机位置及路径，并优化构件吊装计划，同时可以通过模拟发现施工组织安排中存在的矛盾和冲突，见图 25-55。

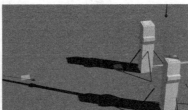

图 25-55 BIM 拼装模拟

利用 BIM 的技术交底功能，在关键节点的连接工艺，对现场施工人员进行可视化交底，见图 25-56。

利用信息化手段对灌浆施工的质量进行管控。将灌浆饱满度检测仪与信息管理系统进行对接，实时上传灌浆信息，检验灌浆饱满度，并准确上传检测结果到信息化系统进行信息储存。实现对灌浆质量的实时检测和过程、结果可追溯。

内窥镜法测灌浆饱满度检测技术：检测成本低，无须预埋传感器；检测结果直观可靠，

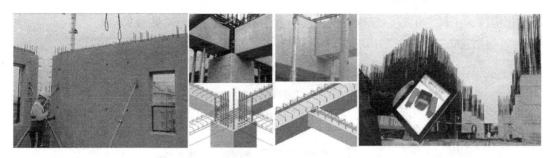

图 25-56　可视化装配节点

可以图像形式呈现检测结果并挂接到智慧建造平台大数据系统；可实现随机抽样检测，保证检测结果的客观性和科学性。通过该技术示范应用，实现装配式结构套筒灌浆质量可检，能够及时发现问题，消除安全隐患，具有良好的经济效益和社会效益，见图 25-57。

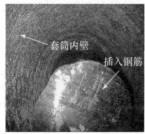
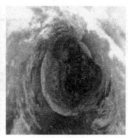
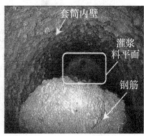

图 25-57　内窥镜法测灌浆饱满度检测技术

7.6　装配式项目信息化综合管理技术

装配式建筑信息化应用一方面在于上述设计、生产、装配全过程中的技术信息集成共享和数字装备技术，另一方面是实现装配式建筑实施全过程的成本、进度、合同、物料等各业务信息化管控，以达到提高效率和效益的目的。图 25-58 为中建科技的 BIM-ERP 信息化管理系统的应用，在 EPC 模式下，共享协同设计、生产、装配全过程信息，打造信息化平台，建立资源数据库，在装配式建筑实施全过程中，通过 BIM 与 ERP 的结合，并基于 BIM 数据信息，实现工期进度、成本、合同、物料、质量安全的信息化管控。

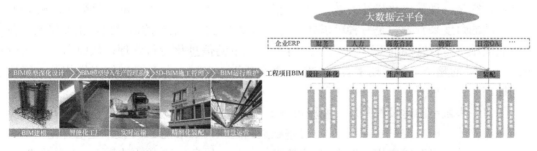

图 25-58　项目 BIM-ERP 一体化终端设备＋统一作业平台

围绕工程建造的效率和效益的提升，在同一信息平台下，按照统一信息交互标准，实现信息化平台接口不同专业软件，有效传递和共享信息，避免不同软件由于交互标准的不同而导致的信息传递失真，形成多区域公司、多项目、多工厂的集成管控平台，形成包括系列化构件、工料、工效、定额等信息的企业工程资源数据库，见图 25-59。

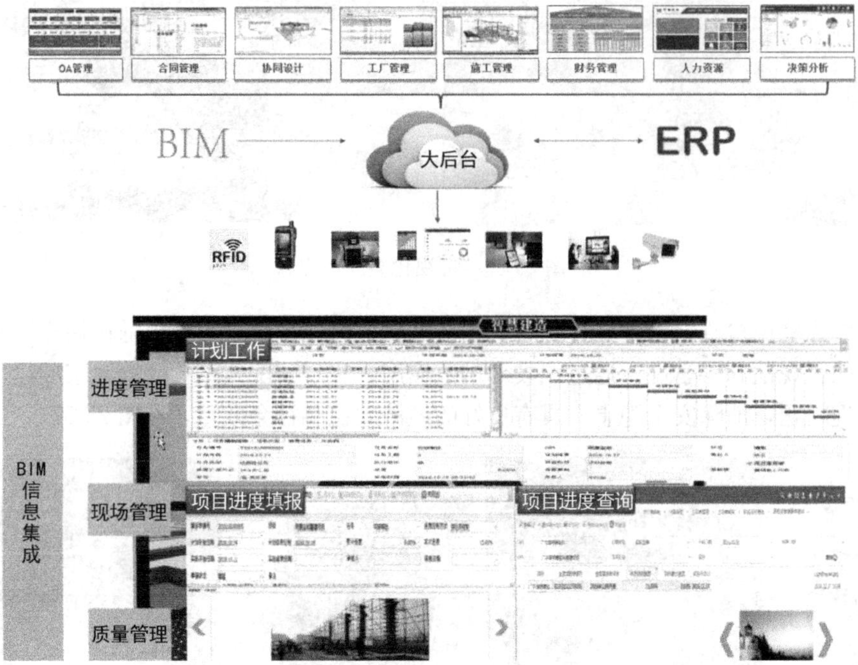

图 25-59　企业信息化管控平台

四、信息化施工技术前沿研究

1. BIM 技术

1.1　CIM 技术发展

在 BIM 技术日益成熟的今天，人们已经不单满足于单体建筑或群体建筑的全生命周期信息模型了，人们希望看到的是从建筑层次提升到城市层次。于是 GIS 连通 BIM 技术形成的 CIM（City Information Modeling，城市信息模型）被人提出来。从 CIM 本身的特性来看，它是一种数字化描述方式，其描述对象主要是城市的物理和功能特征；从 CIM 作为资源的角度来看，它是一种可以共享的且需要多方协同维护的信息集，主要体现为在基于面向城市运行管理的 CIM 平台上进行整个城市的信息化运行管理；从面向城市运行管理的 CIM 的整个工作周期来看，它是一个不断为改善城市服务和功能提供相关决策信息的周期循环过程。

任何一座城市的建设都是从一幅城市规划蓝图开始萌芽，从单体建筑的建设开始逐步落地和完善的。BIM 是构成 CIM 的重要基础数据之一，如果说 BIM 技术是信息化技术在建筑行业内的"点"式应用，那么 CIM 技术就相当于信息化技术浸润于各行业内的"面"式应用。基于 GIS 进行信息索引及组织的城市 BIM 信息，可直观反映出城市的功能划分、产业布局以及空间位置，而 CIM 则将视野由单体建筑拉高到区域甚至是城市，所涵盖的信息渗透至组织、城市基础设施以及各系统之间的生产生活等活动动态信息，可为大规模建筑群提供基于网络的 BIM 数据管理能力，因此，CIM 与 BIM 的关系是宏观与微观、整体与局部的关系。

在 2018 年 11 月 12 日，住房城乡建设部将雄安、北京城市副中心、广州、南京、厦门列入"运用建筑信息模型（BIM）进行工程项目审查审批和城市信息模型（CIM）平台建设"五个试点城市，这标志着 CIM 在我国由概念阶段开始正式进入到建设阶段。从这些城市数字化治理的建设目标来看，CIM 凭借其全面的信息集成特征会成为智慧城市和数字孪生城市的重要模型基础。

1.2 BIM 技术发展的问题和展望

BIM 技术在近几年的工程总承包建设中得到有效的应用，但同时也存在诸多的问题需要在未来逐步解决。一是模型和标准不统一，国家及地方标准明确提出了模型命名和分类等标准化应用的重要性及其需要包含的相关技术参数，但是到了应用层面，每个企业对标准的理解不一，做出来的东西也各不相同，造成在应用过程中各企业在模型及数据标准的不统一，难以形成体系进行标准化的应用和大范围推广，从而影响到建筑数据的应用价值，对上游的构配件、材料的生产以及施工装配、建筑人才的培养不具有系统性的指导意义；二是项目建设各方在 BIM 的使用相互割裂，互相制约。建设、设计、施工各方各用各的模型，难以在同一标准化平台进行信息的沟通；三是由于尚未建立三维模型的设计标准，导致正向设计的推广和应用受阻，BIM 的应用多限于翻模，为二维图纸服务，且在项目建设的全过程应用零敲碎打，没有连续性，应用流于表面形式。因此，对于 BIM 在工程总承包建设中的应用，有如下两点展望：

（1）BIM 应用机制优化展望

一是要推进国产 BIM 软件的开发，我国目前使用的 BIM 软件大多引自国外，软件的应用和开发都受限于人，且未建立 BIM 的应用标准，因此有必要加大国产 BIM 的软件的开发力度，加快三维模型设计标准和应用标准的制定步伐，以构建符合我国国情，具有数据标准的 BIM 应用体系。二是要促进各参与方积极应用 BIM 技术，BIM 技术系统是由各参与方相互作用形成，需要在共同的 BIM 平台中，设计、施工、建设等各方进行标准化的信息传递和共享，才能提高 BIM 的建设过程中的应用效率。三是推进 BIM 在全生命周期中应用，BIM 在全生命周期的应用实际是数据和信息在整个工程过程中的交互和衔接，而非割裂地存在于工程建设的各个阶段，只有推行 BIM 在全过程的一体化、标准化应用，才能让 BIM 发挥系统性的指导和协调作用。

（2）"BIM＋"的应用展望

随着虚拟技术、3D 打印技术、机器人、物联网、云计算等数字新技术的发展，BIM "所见即所得"的技术优势必将推动 BIM 技术与数字新技术的融合和集成应用，并将从现场应用进一步推广到企业信息化管理中，作为项目大数据的重要来源，成为企业信息化管理的支撑性技术。

2. 物联网技术

现有建筑智能化是以系统功能进行独立系统分类，分为六大系统（信息设施、信息化应用、公共安全、建筑设备管理、智能化集成、机房工程）以及几十个子系统的模式，从理论层面而言，通过智能化集成系统实现信息互联互通不是问题，但是实际实施时往往不尽如人意，难以相互兼容以子系统为特点的信息互通、信息共享以及系统联动。

全面感知、可靠互联以及智能处理是物联网的三大要素。建筑物联网将会具有以下主要特点：

（1）建筑内的智能设备（安装了传感器和微处理器的设备）具有以太网接口或接入无线网络的能力，可以将设备的数据或信息经建筑物联网节点传输到邻近节点直至送达目标地址，并能接受和执行收到的信息。

（2）建筑物联网是由等价节点组成的以太网结构，每个节点都能接收/传送数据，也和路由器一样，将数据传给它的邻接点。每个节点只和邻近节点进行通信，具有自组织、自管理的能力，为建筑内的智能设备提供基础通信与计算平台，实现 M2M 功能。

（3）云计算中心为智能设备提供智能处理的后台技术支撑服务。

建筑物联网是现代控制技术、通信技术与计算机技术融合的分布式网络计算平台，针对性地解决建筑智能化存在的系统异构问题，有效地融合各种信息应用，解决普遍存在的不同信息业务承载网络相互隔离的"信息孤岛"现象。

3. 数字化加工技术

工业制造数字化、网络化、智能化已是世界范围内新一轮科技革命的核心技术，作为承载智能制造的数字化工厂，则是国家"两化融合"战略发展要求的重要应用体现，更是实现智能化工厂的必由之路，它的出现给基础制造业注入了新的活力。可以预见，未来几年数字化工厂将主要朝着以下几个方向发展：

（1）企业通过局域网实现由传统的顺序工作方式向并行工作方式转变，达到模块化、集成化、数字化的综合协同管理，搭建 Internet 虚拟结构模式，实现跨区域的资源共享；

（2）通过各种加工制造先进技术的融合，将实现 CAD/CAPP/CAM/CAE 各功能软件技术的一体化，使产品制造的现场管理向无纸化的互联网辅助制造方向发展；

（3）数字化工厂的系统将实现智能化的快速响应执行能力，系统更具自主决策能力，能够采集与理解外部的信息资讯，并加以智能化的分析判断，规划出自身的优化结构形势；

（4）数字化工厂系统的协调、重组及扩充能力将进一步提高，依据工作任务，系统可自行组成最佳的结构形式；

（5）结合讯号处理、预测、仿真及多媒体技术，将实现从设计到制造过程的可视化实境展示；

（6）数字化工厂系统将根据设备的使用情况自动执行故障诊断，故障排除、设备维护、异常情况通报的执行能力；

（7）利用互联网＋技术催生的各种实用新型应用技术，必将促使加工制造企业向构建一个节能高效、环保绿色、舒适宜人的人性化工厂迈进，最终实现智慧化工厂的目标。

数字化工厂作为一项系统工程，消除了设计、制造、生产各环节的信息孤岛，保证了各种产品数据的完整性和一致性，形成一体化的数字化管理模式，建立起稳定可靠的数据传输、采集监测、制造过程管理等功能的信息化管理平台，从而实现数字化工厂的先进制造模式，这一模式也必将成为未来数控加工技术的主流发展方向。可以预见，未来的数字化工厂将向着更高集成化、更高智能化、更高可靠性方向发展，数字化工厂的建立与逐步普及也必将彰显出科技引领未来的时代发展趋势。

4. 数字化测绘技术

数字化测绘技术已在测绘工程领域得以广泛应用，使大比例尺测图技术向数字化、信息化发展，自动跟踪全站仪的推出和 GPS RTK 实时动态定位技术以及先进的数字化测图系统和电子平板测绘模式的应用，实现了地形图从野外或室内数据采集、数据处理、图形编辑和自动绘图的自动化成图。

为了保证规模巨大、技术先进、设备精尖和生产过程高度自动化的建设工程和工业生产，按设计要求顺利施工、安装和正常生产运营，需要采用高精度的特殊方法进行测量保障，便形成了特种精密工程测量创新技术和应用和工业测量。特种精密工程测量创新技术和应用是将现代大地测量学和计量学等学科最新成就结合起来，以高精度与高科技的特殊方法和技术，应用于特种工程和工业生产的测量工作。

新一代人工智能背景下测量机器人将作为多传感器集成系统在人工智能方面得到进一步发展，其应用范围将进一步扩大，影像、图形和数据处理方面的能力进一步增强。在变形观测数据处理和大型工程建设中，将发展基于知识的信息系统，并进一步与大地测量、地球物理、工程与水文地质以及土木建筑等学科相结合，解决工程建设中以及运行期间的安全监测、灾害防治和环境保护的各种问题，并且 GPS、GIS 技术将紧密结合工程项目，在勘测、设计、施工管理一体化方面发挥重大作用。

大型复杂结构建筑、设备的三维测量，几何重构及质量控制，以及由于现代工业生产对自动化流程，产品质量检验与监控的数据与定位要求越来越高，将促使三维工业测量技术的进一步发展和生产过程控制。工程测量创新技术和应用将从土木工程测量创新技术和应用、三维工业测量扩展到人体科学测量。传感器的混合测量系统将得到迅速发展和广泛应用，如 GPS 接收机与电子全站仪或测量机器人集成，可在大区域乃至国家范围内进行无控制网的各种测量工作。

5. 数字新技术

未来，数字新技术在施工中的应用拓展主要在于将技术应用在更多的施工场景以及在施工中应用更多的数字化技术，同时数字化技术结合无人机等新装备的使用将使工地更加智能。

5.1 区块链的应用

从区块链的优势与特性来看，区块链相当于一个超级大的网络平台，并且可信度极高，而 BIM 这一套方法体系的核心目标，是借助不同的技术产品在统一的平台进行信息录入、流程把控、资源分配、成本控制等一系列的协调运作，从而达到项目完成交付并将信息传递的目的。二者的结合，有望使工程建设全过程的各个环节，各个动作事项都得到记录，建立基于区块链技术的网络可信身份认证体系和证照库，项目信息、企业信息、人员信息、文件流转、资金支付等信息通过区块链技术加密备份，使之可追溯，从而促进各环节健康有序合规进行。

5.2 物联网技术的应用

随着算法和相关设备的研发，物联网技术在未来的现场施工管理中，将发挥更大的作用。如果施工现场的摄像头相当于工地的"眼睛"的话，特定的算法（AI）就相当于对工地的"大脑"，对"眼睛"看到的现象进行分析、判断，并向项目管理者输出相应提示。例如，通过摄像头加上一定的程序可以计算出施工现场人员移动速度，及时发现人员快速聚集，因为人员快速聚集可能是施工现场出现异状、事故后的最快、最直观的现场反应。识别出人员快速聚集后，及时向相关人员推送预警信息，这样项目管理者就能快速地识别项目的安全隐患，并及时处理；摄像头还能实现区域识别保卫。摄像头不仅能拍摄到是否有人夜间翻墙进入并实时推送危险信息，起到区域识别保卫的作用；而且还能抓拍施工工地人员，检查安全帽和安全带佩戴情况，对未佩戴安全帽或安全带的人员及时进行提醒。对于禁止入内的区域，实施24小时的视频监控，一旦发现人员进入，立即报警。做到工程施工过程全监控，风险问题及时发现、快速沟通、应急处理，降低安全风险，控制施工进度与质量，实现智慧工地的智慧建造。

5.3 人工智能的应用

人机协同、智能机器人等先进技术正在改变基础设施的传统建造方式。市场研究与咨询机构Tractica最新报告认为，建筑业的颠覆时机已成熟，世界范围内越来越多的建筑公司正在整合机器人，以解决劳动力短缺问题，并从提高速度、效率、安全和利润中获益，人工智能在工程施工中也将大有可为，例如，人工智能通过大数据和机器学习大量的施工项目排程，在施工计划排程模块内置了强大的算法库，能对施工项目组织问题进行建模和求解，可满足不同施工企业关于建筑施工排程方面的各种需求；使用探勘机器人和无人机，装备摄影镜头和无人飞机来监控和扫描工地现场；使用视觉数据选用深度学习算法处理，通过与客户要求的方案和规划进行匹配来衡量施工进度，将工地每天的画面扫描与规划模型做比较以侦测过错；利用图像识别技术对混凝土裂缝、孔洞等施工缺陷进行自动识别，对钢筋、模板等建筑材料进行自动计数盘点；利用语义识别技术，对施工合同、招标投标合同等进行自动分析审阅等，全方位提高工程项目生产水平；利用智能识别系统对工程项目实施过程进行在线自动化控制，包括使用人脸识别技术监控人员出入情况，利用姿态识别技术实时监控工人的动态，记录工人工作时长；利用语音识别技术控制智能化喷淋系统等，全面实现智能化控制，提高项目智能化水平。此外，虽然机器人技术等人工智能技术在建筑行业才刚刚开始研发，但根据预测，未来10年，可从事高危、高强度、重复性作业的机器人，将把建筑业利润提升71%。

5.4 无人机的应用

无人机在工程建设中的使用除了进行航拍成像、土方计算外，未来，无人机结合人工智能，还可以实现对现场质量安全的监测。例如对无人机设计飞行线路和拍照程序，对施工节点进行实时检查以及位置的测量，这些对于人来说无法实时检查、测量的工作，无人机可以轻松、准确地完成。还有，在日常检查塔式起重机的场景中，一般只有大型多机械项目有专职塔式起重机机械管理员，施工企业大多是公司安全部或机械部统一配备塔式起重机检查人员，依次对各项目塔式起重机进行检查，但是这样存在获取信息滞后，无法缩短过程检查检验时间等痛点，往往问题发现不及时，隐患处理会有缺漏。利用无人机的先进性并配合一定的算法、飞行路线设计、节点隐患拍照识别，就可以轻松、准确地每日了解塔式起重机状况，及时智能地排查塔式起重机隐患问题，数据及结果实时传输到项目和公司相关专业对口管理人员，第一时间停运并更换维修，实现塔式起重机的安全运行。

5.5　云计算的应用

云应用助力建筑业转型主要通过两种途径实现：一是打通产品全生命周期服务链，提升服务价值。利用云计算结合大数据、物联网、在线监测等技术，能够将建筑施工的运作过程虚拟化，传输到云资源中进行诊断、预测，一旦发现问题，就可以实时报警，避免不必要的损失；二是开放企业资源，创新服务内容。通过云平台，将项目协同过程中形成的不同的点，形成一个面，所有联通的数据全部存储在云上，同时搭载一定的算力、算法、算据，形成一些系统及子系统或工具，赋用于单项目多管理领域、多项目数据对比分析、企业统筹管理等功能，增强施工企业内部、公司与项目之间、项目各业务之间的协同。

5.6　数字孪生技术的应用

"Digital Twin"数字孪生，是由美国 NASA 首先提出的，工程建设行业的数字孪生一般包含如下含义：在数字空间内，使用高度精确的数字模型来描述和模拟现实世界中的实体工程，通过实时采集真实信息并反映到数字模型以确保数字模型与实体工程的实时一致性和真实性，同时我们可以对数字模型进行全过程仿真模拟、分析和优化，从而做出更明智的决策、改善管理过程和现实世界。工程建设行业的全过程数字仿真不仅包含建筑产品本身，更要把生产设备、施工工艺、人员、材料、机械、工期、质量记录等各种信息包含进来，形成建造过程的完整记录。对数字孪生应用在工程建设中的应用展望如下：

数字孪生辅助设计优化。在设计层面，数字孪生除了可以完成建筑场地规划、3D 正向设计、日照测算、能量负荷测算、碰撞检测等任务外，还可以借助其强大的仿真模拟能力和云计算能力优化设计。

数字孪生辅助施工组织方案优化及模拟。数字孪生可根据已有施工组织方案，将各模型构件按照施工工艺、工序和工期要求关联生成施工模拟动画。业主、施工及相关各方可通过此施工模拟动画研讨施工组织的进度安排、场地安排、工序安排、各类资源安排的合理性及问题，并进行优化和调整。

数字孪生辅助计量支付管理。实际工程中，业主和施工方对于计量的矛盾是很多工程的通病。在数字孪生理念的指导下，通过综合应用"新基建"各项技术，实际工程将轻松地获取工程各专业实际进度、材料用量、质量检查情况及现场安全情况。通过数字孪生平台可以辅助施工方自动完成工程量结算及相关费用的计算工作，并归集到适宜的构件颗粒度，接着就可以直接指导完成在线支付相关工作。

通过数字孪生平台实现项目各方协同管理和信息整合。传统项目在执行过程中，业主、总包、设计、施工、供应商等各方分别使用各自的专业 IT 系统工作，导致信息标准和精度不一致，无法在各方顺畅流转和共享，更谈不上构建数字孪生模型。通过数字孪生平台的构建，即使各方使用的系统不同，但可在数字孪生平台的规定下使用统一的数据交换标准，并逐渐形成整个项目的数字孪生模型。目前来看，数字孪生是解决工程建设行业建筑产品全生命周期管理的终极武器，而现场施工阶段在相当长一段时期内将依然是劳动密集型作业模式，因此工程建设的数字化实现路径也必定是漫长而充满荆棘的。

6. 项目施工信息综合管理技术

建筑工程施工管理信息化的特点主要是使用信息化的技术与设备来取代以前使用的手工方法来进行施工作业，信息化程度较高的系统具备的许多优势是以前使用的手工操作方法不能比较的，主要在自动化的信息收集、网络化信息交换、科学化信息利用以及工具化的信息检索等多方面体现出来。工程施工管理的信息化技术发展，通过增加能够利用的信息数量来使信息使用的高效性得到提高，从而使得在工程施工生产的过程中将信息资源转变为能够看见的实际生产力，对建筑工程施工企业的快速发展起到倍增器以及加速器的作用。并且由于在进行工程施工中产生的信息数据量大，种类繁多复杂，采用电子信息技术能够使需要保存的大量信息使用极小的空间与较低的价格来完成，从而大大地降低了工程的成本。信息交换在工程施工过程中一直是客观存在的，介于这一方面，采用网络化的信息管理技术能够协调工程施工单位的各个部门之间实现信息的高效传递，可实现对工程的工期、成本以及质量的分析，对下一个阶段的施工生产计划进行制定，还能够对成本进行及时的汇总，找到成本节约与资源浪费的主要环节，使得工程的工作效率以及经济效益得到大幅度的提高。

由于现在正处于开始阶段，建筑工程施工管理信息化所带来的经济效益通常还不能直观地以经济效益展现出来，而且还需要投入一定数量的资金来进行系统的搭建，尤其是在现在这个阶段，传统的管理模式还能够有效运行的情况下，一些企业将建筑工程管理的信息化技术看作是一个单纯技术开发与研究，没有看到应用的前景，仅仅停留在浅层的文件层面上，对其进行数字化的处理，不能充分使用管理信息化技术能够提供的集成优势来实现信息的共享与交流，忽视了信息化技术具有的互动性所能带来的管理作用。总的来说，由于正处于初始化阶段，缺少系统规划与整体理念，对信息化技术使用时仅仅关注某一个具体业务或是局部能够实现的管理功能，更加注重眼前利益与单元模块功能，使用的信息化软件间缺少沟通与集成管理，无法使信息的一致性得到保证，造成传输与使用数据存在失真的现象。而且不能实现信息的实时共享，管理人员看到的信息通常是业务管理工作中失真与不全面的部分，因而使得更加合理的决策制定以及实现远程的控制无法实现。

要成功建设建筑工程施工管理的信息化，需要长期的过程才能实现。在信息化建设的开始阶段，信息化管理所带来的经济利益往往不能很快地体现出来，而且需要各个部门之间的配合与支持，并投入一定数量的前期资金。配合程度以及投入的资金量通常是信息化能否建设成功的关键因素。对于这样的情况，单位的管理层需要具有清醒的意识，具有建设信息化的坚定信念，使得思想统一起来，加大力度持续地支持这一项目的建设，还要率先进行信息系统的安装与使用。建筑工程施工企业要想使得管理水平在信息化的建设后真正得到提升，使自己的核心竞争力提高，在进行信息化系统的建设与实施时，必须与自身的实际情况相结合，将企业现有的管理模式以及规模等多种因素充分考虑进来。信息化管理模式的规划实施应该采取自上向下的策略来实施，开始阶段先对企业投资经营等战略决策在信息系统环境下开展实施，再往下对各个专业职能管理的子系统进行信息化建设，对信息化的基层生产子系统进行管理，并且所有子系统的信息与功能必须要服务于企业总的战略决策，最后形成的企业信息化管理系统要实现上下贯通。

7. 信息化与工业化协同技术

建筑工业化和信息化在建筑中的应用在近几年得到长足的发展，但作为建筑工业化转型核心的装配式建筑在信息化应用机制方面，仍存在诸多的问题亟待解决。

一是传统建造的思维根深蒂固，参建各方在信息化技术储备和技术应用上步伐不一，此外缺乏成熟的管理系统，相关技术体系不完善，行业软件企业大都"各自为政"，缺乏统一、开放的数据接口，难以支撑装配式建筑各阶段、各专业之间的协同集成应用；二是装配式建筑信息化应用缺少相关标准；三是高新技术在装配式建筑中的应用较为初级，在技术创新应用上仍有较大的发展空间。展望今后装配式建筑信息化应用的发展，期望在未来能够在以下几个方面能够得到突破。

7.1 信息化管理系统的构建

通过信息化管理系统的构建，将信息化技术深入到建筑工业化的各个层面。一是实现设计、生产、装配的一体化，例如研究基于 BIM 设计信息的装配式结构构件信息化加工（CAM）和 MES 技术，无需图纸交付和人工二次录入，实现 BIM 信息直接导入加工设备实现设备对设计信息的识别和自动化加工，减少人工操作，提高效率和加工精度，并可实现工厂生产排产、物料采购、生产控制、构件查询、构件库存、运输、装配的信息化管理。二是通过集成实现整个数控车间规范化、信息化，对于设备控制层的数字化越来越多地采取嵌入式系统，从传统的一台计算机控制一台数控机床的模式转换为分布式数字控制技术，整合数控车间的设备布局和管理方式，实现数控信息的集中控制、集中管理，使数控加工设备的利用效率更高，数控车间的管理也逐步实现信息化，进而以工厂生产信息化为中枢，实现装配式建筑企业的数据流，信息流的流程和各种信息管理系统的高度集成，见图 25-60。

图 25-60 基于 BIM 的构配件智能加工

注：1. MES（Manufacturing Execution System）即制造企业生产过程执行系统，是一套面向制造企业车间执行层的生产信息化管理系统。MES 可以为企业提供包括制造数据管理、计划排产管理、生产调度管理、库存管理、质量管理、人力资源管理、工作中心/设备管理、工具工装管理、采购管理、成本管理、项目看板管理、生产过程控制、底层数据集成分析、上层数据集成分解等管理模块，为企业打造一个扎实、可靠、全面、可行的制造协同管理平台

2. CAM 技术即计算机辅助加工技术（数控）。

7.2 加快标准的制定

通过政府层面出台装配式建筑信息化应用相关标准、规范，对装配式建筑信息化应用进行政策引导，进一步出台相关技术规范、验收标准。引导装配式建筑信息化的有序高效发展。

7.3 技术的创新和应用

（1）数据交互和协同工作基于云开展

装配式建筑项目参建各方基于云的系统上维护"一个 BIM 模型"，各方根据事先约定好的数据标准和系统提供的接口将该系统与己方的各业务系统对接，对"一个 BIM 模型"

进行更新，其他方则可以实时在该系统上接收到更新并提供自己的反馈。基于云的 BIM 系统保证了数据交互的及时性，同时使得各参与方信息对等，使协同工作更为便利和高效。

（2）人工智能的应用

在装配式建筑构件的生产阶段，人工智能与 BIM 技术结合，形成综合考虑生产、运输和施工的进度计划编排和优化方法。在装配施工阶段，可以使用人工智能算法来进行施工场地布置的优化、预制构件吊装顺序的优化以及施工进度计划的编排和优化。

（3）机器人和 3D 打印辅助建造

除了采用在制造业式的机械手进行机械化生产加工外，未来将机器人和 3D 打印技术与 BIM 技术进行集成，让机器人或 3D 打印可以自动提取 BIM 模型中的信息、自动转化成指挥物理操作的指令以自动完成相关工作。

五、信息化施工技术典型工程案例

1. 武汉雷神山医院项目设计施工一体化 BIM 应用

1.1 工程介绍

雷神山医院位于武汉市江夏区黄家湖畔，用地面积约 22 万 m^2，总建筑面积约 7.99 万 m^2，其中，医疗隔离区约 $51000m^2$。医护住宿区约 $9000m^2$，可容纳 2300 余名医护人员，见图 25-61、图 25-62。整体规划按照最高标准的传染病医院设计，是一个专为收集新冠病毒肺炎重症、危重症患者建造的全国最大规模的抗疫应急医院。全院共设床位 1500 张，分别为 2 个重症医学科病区、3 个亚重症病区及 27 个普通病区，除重症病区外，病房均为 2 人间。设有一间手术室，用于住院期间需要手术治疗的新冠肺炎患者。

图 25-61　雷神山医院鸟瞰实景照片　　　　图 25-62　雷神山医院鸟瞰模型图

1.2 工程重难点

雷神山医院的设计重难点主要有四个，一是传染病医院系统复杂；二是要能快速建成投入使用；三是要防止对环境造成污染；四是要避免医护人员感染。BIM 技术的应用也应围绕上述四个项目难点展开。

1.3 BIM 实施标准

雷神山医院作为突发事件的应急项目，中南院和中建三局迅速组建 BIM 团队，助力其快速建设。双方各自依据企业 BIM 实施标准，统一项目 BIM 应用标准，见图 25-63。

设计方BIM标准　　　　　　　施工方BIM标准　　　　　　　项目BIM标准

图 25-63　雷神山 BIM 实施标准

1.4　施工阶段 BIM 应用

　　为实现箱房工业化生产，加快现场施工进度，项目根据市场供应能力分析、确定箱式房的型号，并将箱体标准化，建立模块化单元，实现模块化设计，固定模块化户型，固定项目整体布置。通过 BIM 模拟现场集装箱模块化组装过程，见图 25-64。

图 25-64　集成化模块单元拼装

1.4.1　BIM 助力模块化施工

　　隔离医疗区分为病区护理单元和医技区两种典型区域。其中病区护理单元均为尺寸规格一致的病房单元与医护办公单元，具有典型的标准化模块的特征，故采用轻型模块化钢结构组合房屋（箱式房）结构体系。

　　该体系是采用工厂预制的集成模块，由主体结构、楼板、墙板、吊顶、设备管线、内装部品等组合而成的、具有集成功能的三维空间体，满足各项建筑性能要求和吊装运输的性能要求，见图 25-65。

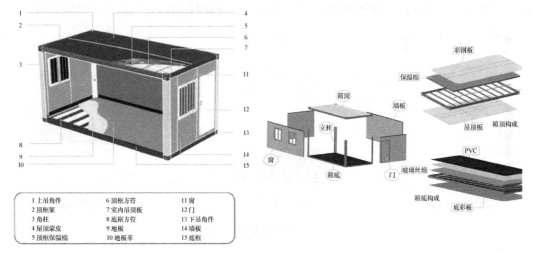

1 上吊角件	6 顶框方管	11 窗
2 顶框架	7 室内吊顶板	12 门
3 角柱	8 底框方管	13 下吊角件
4 屋顶蒙皮	9 地板	14 墙板
5 顶框保温棉	10 地板革	15 底框

两种集装箱尺寸：6m×3m×2.8m、6m×2m×2.8m。

图 25-65　装配式模块化设计

同一个隔离病区由四种功能模块组成，将建筑和结构构件、机电设备在数字模型中进行集成和归类，直接指导工厂制作，见图 25-66。

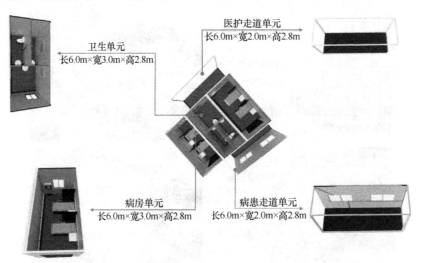

图 25-66　标准化功能板块

根据模块化设计标准及功能区特点，对医护区、病房单元进行箱体排布深化，将病房单元分为病床箱、卫浴箱、走道箱，图中用不同颜色进行区分，见图 25-67。

1.4.2　钢结构正向一体化设计

在传统钢结构设计模式中，通常采用建模计算→施工图→加工详图→设计认可→工厂加工的模式，但是在雷神山的钢结构设计中采用了建立深化设计模型→结构验算/设计认可/详图料表同时完成，大大缩短了钢结构设计阶段的所需时间，见图 25-68。

由于工期紧急，节点设计及优化初衷主要考虑方便制作、运输及安装的因素。且建筑本身的特殊性，在结构节点设计及优化的过程中，主要的初衷是考虑现材先用、便于制

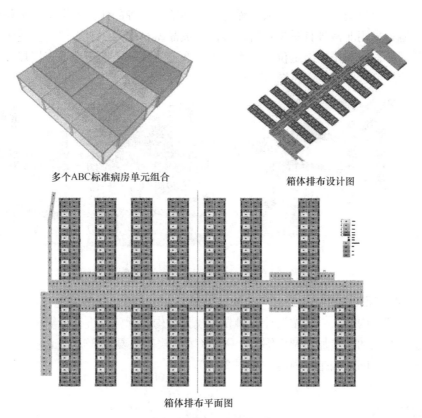

多个ABC标准病房单元组合　　　　　　　箱体排布设计图

箱体排布平面图

图 25-67　箱体排布设计图

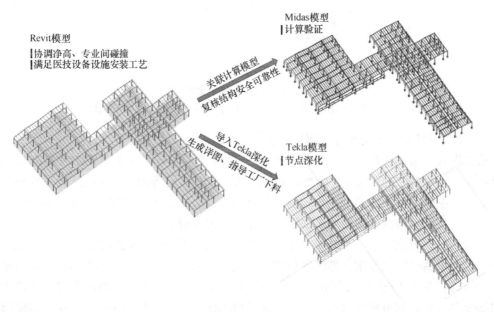

图 25-68　钢结构正向一体化设计流程

作、快速装运、简化安装等方面因素。深化设计在节点处理的建议中提出：多采用现有且量大材料，避免采用非常规且量少材料；多使用成品型材作为主要零件，少使用焊接板材作为批量零部件；多利用措施定位，少附带牛腿及连接件；多选用现场直接焊接方式，少选用栓接或栓焊组合的方式，见图 25-69。

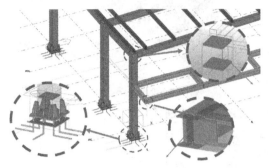

图 25-69　钢结构节点深化

本工程 BIM 深化设计图纸通过 Tekla 与 AutoCAD 软件结合使用进行绘制，Tckla 软件主要负责两部分内容，一是按设计资料先行模拟结构实际施工进行计算机建模，二是通过创建的模型匹配和调整加工制作图纸。AutoCAD 软件主要负责进行工艺文件绘制、重要信息补充和施工图纸编排等内容，见图 25-70。

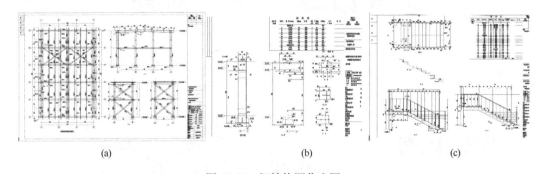

(a)　　　　　　　　　　(b)　　　　　　　　　　(c)

图 25-70　钢结构深化出图
（a）垃圾处理间布置图；（b）ICU 病区钢柱构件图；（c）医护区楼梯构件图

1.4.3　BIM 对施工总平面布置的优化

策划阶段，根据工程施工部署，采用 BIM 软件模拟出各个施工阶段工程所有和拟建建筑物、施工设备、各场地实体、临时设施、库房、加工厂等的现场情况，将需要布置的现场设施设备与工程 BIM 模型进行整合，通过调整位置来优化平面布置方案，见图 25-71。有关管理人员通过漫游虚拟场地，了解场地布置，提出修改意见。

策划阶段，根据工程施工部署，采用 BIM 技术模拟箱体汽车式起重机布置情况。通过模拟，得出最优施工方案：各区平行施工吊装，集装箱堆场临时征用军运路及黄家湖大道部分道路。配备 10 台 25m 臂长吊车。平板车经大门进入场内，自西向东将集装箱式活动房运至各汽车式起重机处进行吊装，完成后经 M4、M5、M6 大门驶出，返回集装箱临时堆场继续转运，见图 25-72、图 25-73。

场内吊装阶段，布置 16 台 30M 臂长汽车式起重机，7 台 25m 臂长汽车式起重机，10

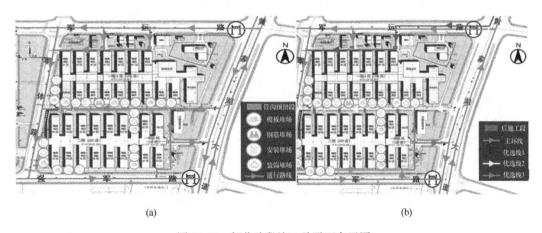

(a)　　　　　　　　　　　　　　　　(b)

图 25-71　部分阶段施工总平面布置图

（a）基础施工阶段平面布置及厂区道路规划示意图；（b）主体及机电阶段平面布置及厂区道路规划示意图

台 40m 臂长汽车式起重机，4 台 52m 臂式起重机车。吊装时，以 H 形集装箱群为一个单元，从 H 形腰部向首尾方向进行安装。

图 25-72　箱体汽车式起重机三维场地布置

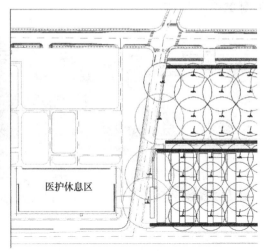

图 25-73　箱体汽车式起重机三维平面布置示意图

1.4.4　BIM 对室外管网跳仓法施工的优化

雷神山医院原设计室外管网布置在每个护理单元之间均有雨、污、废管线，如此施工将造成场内大面积开挖，对于厢房吊装影响极大，严重影响现场进。因此采用 BIM 技术进行设计优化，合并多余管道，将管道优化为"隔一设一"，进行室外管网跳仓法施工，减少现场管道开挖、埋施工工作量，为吊装场地提供充足的保障工作，见图 25-74。

原计划进场 50 台挖掘机、40 台推土机、250 辆渣土车，经过深化后工程量大大减少，实际进场 33 台挖掘机、26 台推土机、168 辆渣土车，机械投入减少 1/3。

1.4.5　BIM 对新型基础的优化

雷神山医院原设计基础形式为全混凝土条基，工程量大、工艺复杂，排污管道穿条基

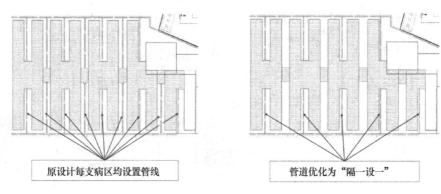

图 25-74　室外管网跳仓法优化对比

困难。通过 BIM 深化设计优化了基础形式，设计出一种混凝土条基＋钢结构组合式基础，将原全混凝土基础深化为外围采用全混凝土基础、内部采用梅花形布置型钢基础。

型钢规格 H500×200×10×16，长度 1m。以此大大简化施工工艺、加快施工速度，排污管道不需要穿多个条基，同时解决了基础排水的问题。经过深化设计共减少混凝土条基 22576m（共计 3387m³ 混凝土），减少管道穿孔 1036 个，减少劳动力投入约 200 人，见图 25-75、图 25-76。

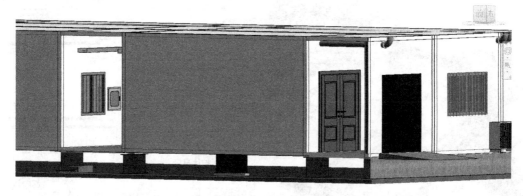

图 25-75　混凝土条基＋钢结构组合式基础 BIM 模型

图 25-76　混凝土条基＋钢结构组合式基础实景图片

医护休息改建区底部采用贝雷架＋工字钢基础，并通过 BIM 对基础进行深化设计，提供了一种呼吸类临时传染病医院装配式建筑体系基础结构。相较普通基础而言，大幅缩短工期的同时提高基础承载力，同时能快速高效用于后期穿管施工，大大缩短施工周期，可以在非常短的时间内高效完成大体量医院的建造，见图 25-77～图 25-79。

图 25-77　医护休息改建区贝雷架基础立面

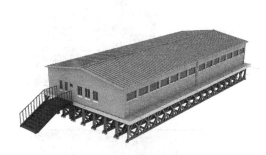

图 25-78　医护休息改建区贝雷架基础
整体效果图

图 25-79　医护休息改建区贝雷架基础
施工实物图

1.4.6　BIM 对钢管彩钢瓦施工的优化

钢管彩钢瓦组合式屋面结构 BIM 深化设计过程中，采用 PKPM 软件核算该支撑体系的安全性。对支撑体系进行计算分析，深化设计过程中，将钢管架在 PKPM 软件中模拟创建实体杆件模型，一方面为深化设计出图打下基础；另一方面根据所建 PKPM 模型的计算结果核算该支撑体系的安全性，见图 25-80。

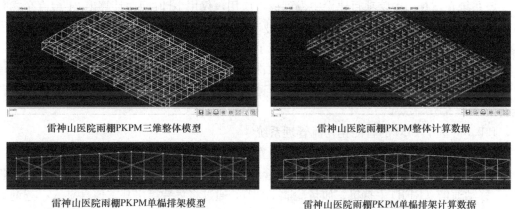

雷神山医院雨棚PKPM三维整体模型　　　　　雷神山医院雨棚PKPM整体计算数据

雷神山医院雨棚PKPM单榀排架模型　　　　　雷神山医院雨棚PKPM单榀排架计算数据

图 25-80　钢管彩钢瓦安全性验算

1.5　基于 BIM 的智能化管理平台

1.5.1　基于 BIM-QR 系统的钢结构智慧建造技术

雷神山医院项目从开工到完工仅 10d 时间，钢结构施工时间仅 6d，构件的加工生产、运输与进场验收、现场调配等工作紧张有序开展是保证施工进度的关键。

公司长期在 BIM 与物联网技术方面进行研究，开发了 BIM-QR 系统。在本工程中积极推广应用 BIM-QR 系统，在原料采购、构件生产、构件运输和质量验收全过程实现钢结构信息化管理，提升管理精细度，实现高效建造，确保工程顺利履约，见图 25-81。

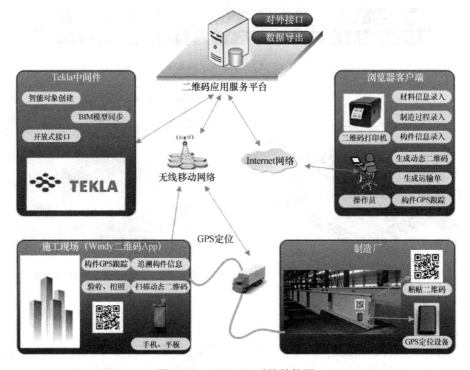

图 25-81　BIM-QR 系统结构图

1.5.2　轮式及履带式起重机行走及起重荷载计算系统

该系统在雷神山医院项目建设中得到成功应用，仅用 1d 时间便计算出 31 台汽车式起重机、15 台履带式起重机的行走和吊装作业时的地基承载力，并同步完成行走路线及吊装施工方案，减少了计算工作量，有力保障了项目施工效率。

相较而言，常规软件系统需要有限元软件整体建模受力验算，耗时较长，而该软件计算速度快，计算结果精度高、应用范围广，适用于多种施工场景，具有较大的经济效益和社会效益。

1.5.3　基于 BIM 的智能化物流管理系统

针对雷神山医院项目集装箱安装自主研发了"基于 BIM 的智能化物流管理系统"。

系统将 BIM 技术、集装箱调度技术与管理深度融合，综合应用物联网技术（RFID 芯片）、移动通信（RFID 手持机、质量验收 APP），通过将集装箱房基本信息录入、查询管理、入库检查、审核、现场安装调度等，实现数据自动采集、信息交互、智能分析，实现对集装箱房从深化设计、下单管理、工厂生产、物流运输、入场跟踪、质量验收及安装管理全过程的信息跟踪管理。实现了雷神山医院在 10d 内完成 3700 多个集装箱安装施工目标，为雷神山医院顺利移交提供了保障。

1.5.4　应急工程基于 BIM 的智能化管理平台

应急医院工程体量大，建设周期短，在短时间内需完成各个专业施工任务，公司为了保证工期及各专业的穿插，自主研发了应急工程基于 BIM 的计划管理软件平台，可实现建设各方及各专业计划管理协同，提升管理精细度，实现高效建造，确保工程顺利履约。

应急医院工程各系统交付完成后需立即投入使用，后期维护量较大，公司自主研发了应急医院维保管理软件平台。通过应急工程基于 BIM 的维保软件平台的应用，解决了维保管理流程繁杂的问题，系统自动新增并分配任务，实时查看维保的状态，保证维保任务及时处理无遗漏，大大提高维保效率。

1.5.5　VR 漫游与实景航拍

在项目还未建成时，通过 BIM 建模完成整个医院的模拟建造，BIM＋VR 全景漫游整体浏览竣工的效果。

1.6　自主创新 BIM 亮点

1.6.1　负压病房的气流组织和污染物扩散模拟

针对负压病房的气流组织及污染源扩散分析，旨在辅助设计，并对医护人员的安全问题提出建议。结合现场实施特点，制定了四种气流组织方案进行瞬态 XFLOW 仿真计算。其中方案 A 为侧边送风同侧排风、方案 B 为侧边顶部送风对侧排风、方案 C 为居中送风两侧排风，方案 D 为居中送风顶部排风，见图 25-82。

利用领先的流体仿真技术，对比多个通风系统布置方案，寻找污染物扩散最小的方案，最大程度保护医护人员和防止交叉感染。实现了负压病房气流组织设计由传统的宏观经验设计向精细化数值仿真的蜕变。

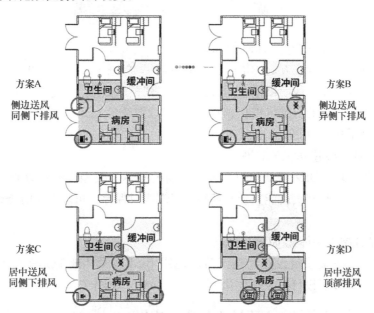

图 25-82　负压病房的气流组织和污染物扩散模拟方案比选

1.6.2　室外污染物扩散模拟

利用领先的流体仿真技术，建立了城市级大尺度的流场模型，模拟了医院病房外废气排放对周边环境的影响，为医院整体规划设计以及医护人员、患者以及公众的健康安全提供了依据。

1.6.3 环境监测平台

研发环境监测平台，由 BIM 模型、仿真软件、互联网技术共同构建，具有响应快、跨地域、不间断、大规模、适应性强等特点。

同时，与清华大学合作进行雷神山医院和多个方舱医院的室内环境监测，通过识别算法、优化通风系统和净化设备运行、优化医院日常运行，见图 25-83。

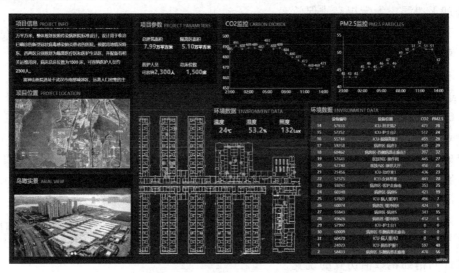

图 25-83　雷神山环境检测平台

1.6.4 基于图纸的交互式 BIM 快速建模

自主开发基于图纸的交互式 BIM 快速建模插件，打通 CAD 图纸和 BIM 软件的数据壁垒，提供交互式界面完成图纸信息的快速提取、建模参数的自由选取、匹配规则的自主确定，实现了翻模过程的可视可控化，避免了 CAD 图纸导入 BIM 软件卡顿、信息丢失等问题，大幅提高了建模效率。

1.6.5 BIM 在线建模、云渲染

和在线文档一样，BIM 在线建模是一种全新的技术，模型直接保存在云端，可多人协作的在线建模，打开网页就能查看和编辑，云端实时保存；可多人实时修改模型，权限安全可控。

1.6.6 设计施工一体化 BIM 应用技术

通过在雷神山医院项目设计和施工阶段应用 BIM 技术，施工提前介入设计并进行 BIM 设计优化，形成了设计施工一体化 BIM 应用技术，见图 25-84。

2. BIM 技术在苏州华贸中心项目 A 区中的应用

2.1 工程项目简介

苏州华贸中心项目位于苏州姑苏区济南路上，占地面积约 32985.6m²，建筑面积 242738.6m²。联合 20 多家国内外顶尖设计院，历时多年联合打造，既注重营造现代化的

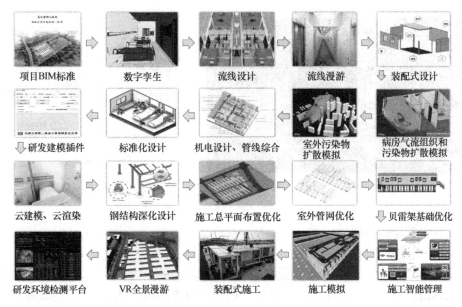

图 25-84　设计施工一体化 BIM 应用流程图

商业氛围，又注重与苏州传统历史文化进行深度融合。本项目 A 区由 3 栋办公塔楼和商业街组成。

2.2　工程重难点

（1）苏州华贸中心项目东临地铁二号线，西靠苏州第五中学。处于石路商业中心地带，对基坑变形量控制极其严格，须确保施工全过程的所有工况都有足够的支撑力抵抗土压力。

（2）地下主体结构体量大，工况复杂，存在大量超限梁，支模架计算任务艰巨；特殊节点构造复杂，需逐一罗列与劳务交底详细交底，满足生产进度。

（3）13 号主楼五层以下使用外架，五层以上使用爬架。因造型原因，外架需与主体结构紧密联系设计，图纸复杂，交底困难。

（4）地下商业街功能区域多，分布杂，各功能区对净高要求不同。机电及消防管线须满足功能和净高等多项限制进行深化设计。

2.3　深化阶段 BIM 应用

2.3.1　BIM 云平台

项目初期原计划选择公司开发的 BIM 数字化平台，经与业主方平台对比，最终选择BDIP 平台作为统一的管理平台，用于业主—设计院—施工单位的系统管理。利用其轻量化平台特点，相关各方可以通过该平台实现对基于 BIM 模型的图纸、方案、交底等相关文件的实时共享、查看和审批，见图 25-85。

整体运营模式为：设计院交付图纸及设计阶段模型，施工单位分析各功能分区净高节点等反馈修改意见，设计院更新图纸及模型，不断优化改进，以达到最佳成型效果。

2.3.2　场地布置

项目初期规划场地布置，因项目位于繁华地带，施工用地非常紧张，故将后期施工的A4 场地作为前期材料堆场以缓解用地压力。大门设置智能化门禁系统，CI 宣传标语，项

图 25-85　BDIP 管理平台

目部办公区设置于古树周边。

2.3.3　进度推演与场布调整

利用 BIM 技术，通过三维可视化模拟未来建造的关键节点时期，提前预见问题、避免重大问题的产生。伴随主体进度，模板、扣件、钢管、PC 及铝膜等材料堆场，以及钢筋加工棚等加工区域需调整，利用 BIM，模拟结构主体、拆撑及堆场的位置关系，避免堆场与拆撑影响主体施工（如泵车位置），为现场生产保驾护航。

2.3.4　塔式起重机基础深化

为防止后期拆除支撑栈桥影响到塔式起重机基础稳定性，塔式起重机基础需与支撑体系分隔开。利用 BIM 参数化功能，动态分析塔式起重机与栈桥位置关系，快速确定最佳方案，见图 25-86。

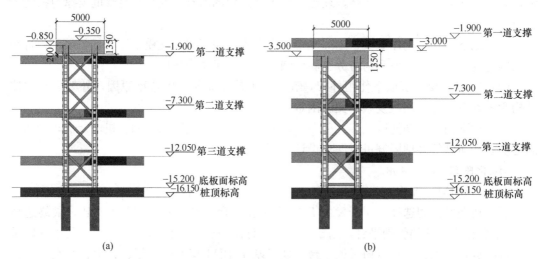

图 25-86　塔式起重机基础深化

（a）方案一：塔式起重机基础位于栈桥板之上；（b）方案二：塔式起重机基础位于栈桥板之下

2.3.5　砌体墙排砖

利用 BIM 技术，对砌体墙进行排砖深化设计，统计每堵建筑墙的砌体类型、材料、规格及工程量等，减轻材料部、生产部及劳务的工作量，见图 25-87。

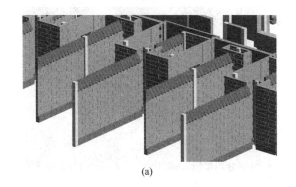

类型	材料	编号	规格(mm×mm×mm)	单位	工程量
砌体墙	蒸压加气混凝土砌块	1	600×120×200	块	7
砌体墙	蒸压加气混凝土砌块	2	490×120×200	块	7
砌体墙	蒸压加气混凝土砌块	3	490×120×120	块	1
导墙	实心蒸压灰砂砖	4	370×200×100	块	1
导墙	实心蒸压灰砂砖	5	330×200×100	块	2
导墙	实心蒸压灰砂砖	6	265×200×100	块	1
导墙	实心蒸压灰砂砖	7	230×200×100	块	2
砌体墙	蒸压加气混凝土砌块	8	130×120×200	块	7
砌体墙	蒸压加气混凝土砌块	9	130×120×120	块	1
砌体墙	蒸压加气混凝土砌块	10	120×120×200	块	7
砌体墙	蒸压加气混凝土砌块	11	90×120×200	块	7
砌体墙	蒸压加气混凝土砌块	12	90×120×120	块	1
导墙	实心蒸压灰砂砖	13	60×200×100	块	2
导墙	实心蒸压灰砂砖	14	30×200×100	块	1
导墙	实心蒸压灰砂砖	15	20×200×100	块	2
导墙	实心蒸压灰砂砖	16	10×200×100	块	2
导墙	实心蒸压灰砂砖	17	5×200×100	块	1

(a)　　　　　　　　　　　　　　　(b)

图 25-87　砌体墙排砖

(a) 标准层砌体墙深化；(b) 砌体排砖统计细目

2.3.6　碰撞检查与净高分析

通过对碰撞点结果的分析，提前发现问题解决问题，节省不必要的变更与浪费。实现可视化施工交底降低相关方的沟通成本；截至目前共发现 1535 处碰撞点，已解决 1286 处，见图 25-88。

(a)　　　　　　　　　　　　(b)

图 25-88　碰撞检查及报告

(a) 碰撞检查；(b) 碰撞报告

商业区净高要求极高，共 45 种功能区，净高要求各不相同，且地下室结构复杂，管线深化设计难度很大。利用 BIM 技术，出具净高分析图，调整至业主要求范围之内，为装饰装修留下充足空间，见图 25-89。

2.3.7　钢结构深化与幕墙深化

部分地上裙房为钢结构，利用 Tekla 对钢结构细部进行深化设计。利用 BIM 有效地控制整个钢结构设计的流程，所有的图面与报告完全整合在模型中，并生成具有统一格式的输出文件，见图 25-90。

幕墙深化阶段，我们利用国家 BIM 模型精细颗粒度要求做到模型 500LOD 颗粒度，对外立面消防窗设置，龙骨搭接，玻璃饰面层，盖板等进行模型构架分类及主要面材料清单下料统计，见图 25-91。

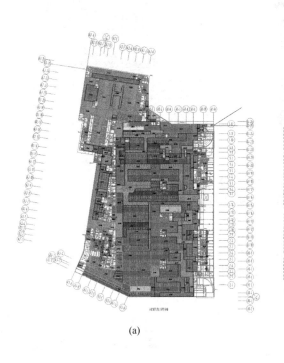

图 25-89　净高分析

(a) 净高分析平面图；(b) 走道净高分析；(c) 车库净高分析

图 25-90　钢结构深化

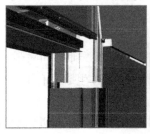
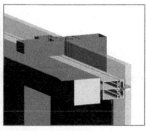

龙骨节点　　　　　　　标准节点　　　　　　　　深化效果

图 25-91　幕墙深化

2.4　BIM 技术创新点

2.4.1　大型换撑方案

为保证基坑的稳定性，临近地铁的工建项目浇筑地下室时必须遵守两个原则：（1）各个施工阶段必须保证主体结构与支撑栈桥体系连成一个整体，共同抵抗侧面土压力，以保证基坑的最小变形；（2）满足后续阶段的施工要求，并快速浇筑完成。

经过 359d 的持续监控，地铁侧冠梁水平位移 12mm，沉降 8mm，地连墙侧斜 3mm，对周边地铁、学校无影响。

经 BIM 进度推演分析，发现 A2 区出±0.000 时，存在主体结构与栈桥板未连接情况，对学校和地铁地基稳定性存在较大隐患。

针对东西方向，临近后浇带位置增加封口梁，预埋钢板，采用 H400×400 型钢与栈桥板支撑梁相连接，使主体结构与支撑体系形成一个整体，将基坑形变降至最低。

针对南北方向，临近支撑梁较大洞口，采用 800×600 换撑梁，支撑梁上采用圈梁＋短柱的构造形式与主体结构连接。至此，A2 首层结构成功替换原支撑梁结构，见图 25-92。

(a)

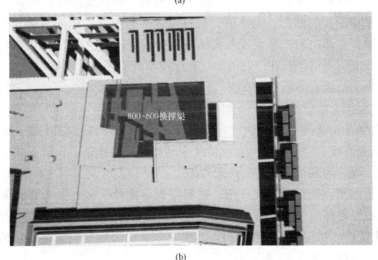

(b)

图 25-92　大型换撑方案

（a）东西向换撑；（b）南北向换撑

2.4.2 基坑监测

利用 dynamo 技术分析土体位移数据，每两天对每个监测点出具土体水平位移报告，并根据报告结果调节施工速度，提前预警，防止出现基坑变形过大，见图 25-93。

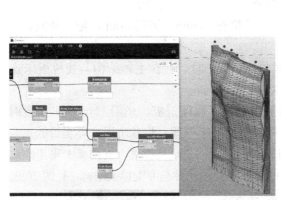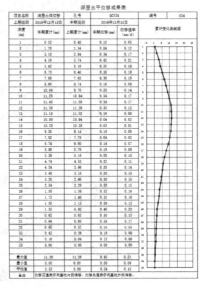

图 25-93 基坑监测

2.4.3 外架方案设计

本项目主楼外形独特，线条奔放，高低板纵横交错，传统外架设计模式无法满足现场生产需求。

将 BIM 模型导入外架设计软件，快速生成主楼建筑外架。并结合材料供应情况需要进行局部调整，真正意义上做到结合现场实际。利用 BIM 技术解决了阴阳角的设计问题，大大缩短设计周期且提高设计精度，使 BIM 技术落地，指导现场施工。

同步生成平面图、剖面图、大样图、材料报表、配架表、计算书和方案书等设计成果。设计成果减轻各部门的工作量，大大加快生产效率。利用 BIM 可视化特点，对施工班组进行技术交底，对可能存在问题的部位利用模型着重强调，对复杂节点详细讲解，确保外架按设计思路搭设，见图 25-94。

2.4.4 支模架方案设计

将 BIM 模型导入支模架设计软件，依据《建筑施工扣件式钢管脚手架安全技术规范》，自动识别高支模，并结合实际布设情况手动调整局部构造，BIM 技术大大缩短设计周期，模型即工况，为现场满负荷生产保驾护航。

同步生成平面图、剖面图、大样图、材料报表、配架表、计算书和方案书等设计成果，设计成果减轻各部门的工作量，大大加快生产效率，使施工前有充足的准备时间。利用 BIM 可视化特点，对超限梁高亮标出，方便安全部门现场验收支架搭设情况，做好安全施工的第一道防线，见图 25-95。

2.4.5 单边支模

地下室外墙采用单侧模板及支架系统，该系统具有周转次数多，组拆灵活，省工省成

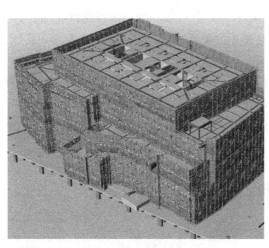

材料统计表				
序号	构件信息	单位	工程量	备注
1	立杆	m	14899.2	
1.1	钢管[Φ48.3×3.6]	m	14899.2	
1.1.1	1层~4层	m	12081.85	
1.1.2	2层~3层	m	473.1	
1.1.3	2层~3层	m	312	
1.1.4	3层~3层	m	114.75	
1.1.5	3层~4层	m	1058.8	
1.1.6	4层~4层	m	593.4	
1.1.7	4层~4层	m	265.3	
2	水平杆			
2.1	钢管[Φ48.3×3.6]	m	12340.663	
2.1.1	1层~4层	m	9196.138	
2.1.2	2层~3层	m	360.821	
2.1.3	2层~3层	m	369.482	
2.1.4	3层~3层	m	58.938	
2.1.5	3层~4层	m	764.977	
2.1.6	4层~4层	m	1197.461	
2.1.7	4层~4层	m	392.857	
3	剪刀撑	m	2099.144	
3.1	钢管[Φ48.3×3.6]	m	2099.144	
3.1.1	1层~4层	m	1633.949	
3.1.2	2层~3层	m	38.254	
3.1.3	2层~3层	m	34.012	
3.1.4	3层~3层	m	12.832	
3.1.5	3层~4层	m	143.517	
3.1.6	4层~4层	m	159.511	
3.1.7	4层~4层	m	77.069	
4	横向斜撑	m	971.477	

图 25-94　外架方案模拟

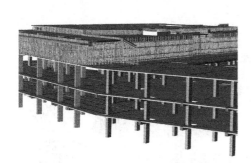

红色梁为超限梁，支架验收时需重点关注。

图 25-95　支模架方案模拟

本，防水效果好等优点。利用 BIM 技术可视化特征进行技术交底，并推广至其他项目，共同交流学习新型工艺技术，见图 25-96。

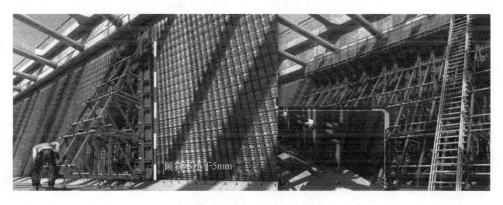

倾斜不大于5mm

图 25-96　单边支模方案模拟

2.4.6 样板展示

利用 BIM 技术深化主体结构样板做法和实物展示，推动项目标准化生产，强化预控管理，规避系统性质量风险，保证项目施工质量及进度，组建公司样板库，形成企业工艺标准，进一步提高品牌效应。

楼梯施工工艺复杂，为提高楼梯部位施工质量，利用 BIM 技术，生化楼梯样板工艺，清晰展示各工艺之间的关系，加强交底效率，提高施工人员素质，见图 25-97。

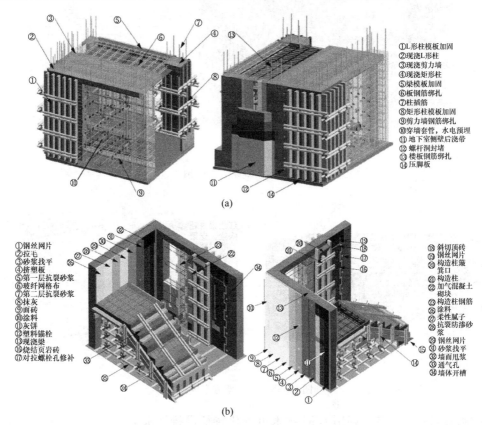

图 25-97 样板展示

(a) 结构样板展示；(b) 楼梯工艺展示

2.4.7 钢筋深化

对结构复杂的钢筋节点进行 BIM 深化设计，提前判断钢筋之间是否满足绑扎条件，并指导钢筋工人正确绑扎，确保顺利通过验收，见图 25-98。

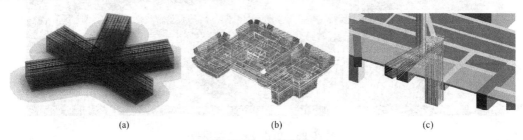

图 25-98 钢筋深化

(a) 支撑梁节点 G；(b) A1 区集水坑群；(c) A1 首层超限梁节点

2.4.8 铝膜设计

本项目标准层采用铝膜爬架支撑体系，结合精益建造，将一体化理念加入铝膜深化，在 BIM 结构模型基础上加上部分二次结构模型，作为铝膜深化的主体，并基于此模型进行铝膜深化设计。同步生成细部模型统计清单，并以此作为加工依据和结算依据。利用 BIM 可视化特点，将部分可疑节点反馈设计院，并提出优化建议。BIM 技术将铝膜设计工期和工作量极大减少，成型效果显著增加。配模组在用模型配好模之后，为避免现场组装模板混乱，对每块模板进行统计和编码，工厂根据编码和详图进行生产加工，每一块铝膜都有各自的"身份证"，加快现场组装速度，见图 25-99。

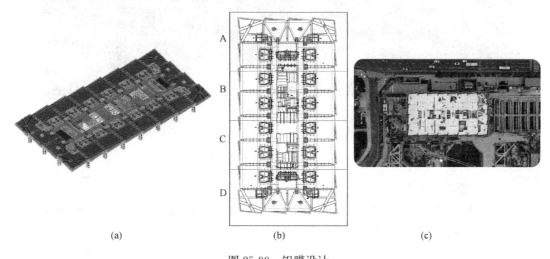

图 25-99 铝膜设计
(a) 标准层配模图；(b) 吊模分区安装图；(c) 现场航拍图

2.5 BIM 技术辅助精益建造

2018 年 10 月局第六次党代会明确要求大力推行精益建造，为了更好地诠释精益建造核心理念，本项目结合 BIM 技术和项目特点，推出四点精益建造核心策划：两图融合、低成本建造、永临结合和大穿插施工，见图 25-100。

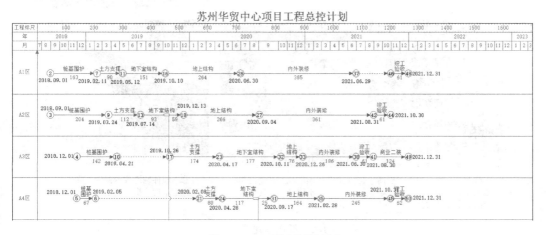

图 25-100 项目总控计划

2.5.1　两图融合

主要指"建筑图"和"结构图",在主体结构施工之前,根据建筑图、结构图进行深化设计,将需要二次浇筑的混凝土结构与主体结构一次施工,实现降本增效。通过融合BIM的结构和建筑模型,对二次浇筑构件逐个排查优化,见图25-101。

 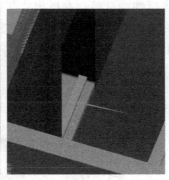 

电梯井、楼梯间、门洞位置　　水电井、卫生间等反坎一次　　优化砖砌消防箱洞口为混凝土
构造柱一次成型,一遍成活,　成型优化,降低后续质量渗　结构随铝模一次成型,便于工
一次成优　　　　　　　　　漏风险　　　　　　　　　序提前穿插

图 25-101　两图融合实例效果

2.5.2　低成本建造

利用BIM优化传统施工措施,提出创新性的施工方法,减少资源浪费、减少多余工序,降低质量风险、降低成本,见图25-102。

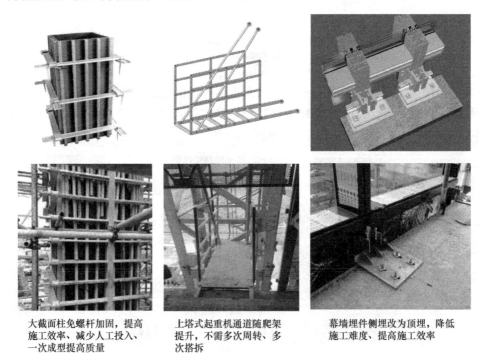

大截面柱免螺杆加固,提高　上塔式起重机通道随爬架　幕墙埋件侧埋改为顶埋,降低
施工效率、减少人工投入、　提升,不需多次周转、多　施工难度、提高施工效率
一次成型提高质量　　　　　次搭拆

图 25-102　低成本建造实例效果

2.5.3　永临结合

正式建筑中的一部分（属于永久性质），同时在施工时也需要该项工作所具备的功能，为避免重复设置，将此项工作优先完成，在施工阶段发挥临时使用功能代替施工措施投入，达到减小消耗，绿色建造的作用，见图 25-103。

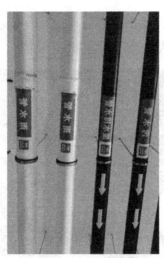

消防永临结合：随结构施工，同步安装正式消防主管，实现消防设施永临结合，降低临时消防投入，同时实现消防工序提前穿插

排水永临结合：使用正式强排管道，结合临时水泵，实现地下室抽排水永临结合，减少了临时设施投入

照明永临结合：根据施工需求，调整地下室照明回路，优先部置主要施工通道照明，其他区域逐步完善，实现永久分区照明提前启动

图 25-103　永临结合施工实例效果

2.5.4　大穿插施工

项目为了保证如期履约，精益建造的要求，对工期进行充分考量，对施工工艺的提升和对施工工作面的把控，利用大穿插施工理念，提质提效，见图 25-104。

N层：结构施工　　N-1层：拆模清理　　N-2层：螺杆洞封堵　　N-3层：楼层清理　　N-4层：砌体施工

N-5层：水平管线安装　　N-6层：消防箱安装　　N-7层：砌体抹灰　　N-8层：地面装饰　　N-9层：电梯前室精装

图 25-104　大穿插施工实例效果

2.6 BIM 管理现场施工

2.6.1 劳务实名制系统

公司统一使用智能化门禁系统，严格实名制管理工人，并在系统后台时时统计工种，在要求劳务增加劳动力时，可直接统计各工种人数，方便生产部门更有效管理劳务分包。

2.6.2 疫情测温系统

基于劳务系统，将测温仪与系统连接，疫情期间上传体温数据，对每个劳务人员形成体温记录，严格把关体温异常人员进入施工现场，见图 25-105。

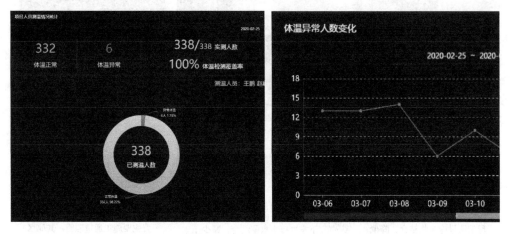

图 25-105　疫情测温系统

2.6.3 智能监控

项目采用广联达智慧工地平台，将集成工地的硬件设备，通过数字化手段呈现出硬件的使用状态、运行信息以及预警情况，扩大了项目管理人员的感知范围和对工地实时信息的感知速度，提升了项目生产的透明度、安全性。智能监控包含视频监控、塔机监控、环境监测等模块，见图 25-106。

2.6.4 项目管理平台

安全：平台将移动端采集的各类安全问题进行归集、整理、分析，将分析结果以图表形式呈现，对关键问题进行预警。安全管理人员利用移动端 APP 录入安全隐患，通知责任区域的工长、劳务负责、安全总监等，及时发现问题并督促整改，保证项目安全提升工程质量。

质量：平台将移动端采集的各类质量问题进行归集、整理、分析，将分析结果以图表形式呈现，对关键问题进行预警。管理人员能及时发现问题并督促整改，保证项目安全提升工程质量。

材料：运用数据集成和云计算技术，项目和企业及时掌握一手数据，系统自动出账，不受人为干预，保证数据准确；追溯原始信息核查问题单据，防止责任推诿；排除无效单据，避免多算、错算。

进度：利用无人机航拍现场进度情况，并与模拟进度计划对比，并分析原因，及时整改。

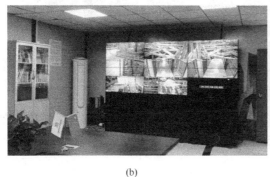

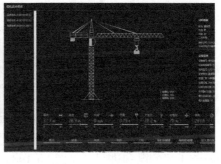

$$(b) \qquad\qquad\qquad\qquad (c)$$

图 25-106　疫情测温系统

(a) 数字智能工地；(b) 视频监控；(c) 塔机监控

3. BIM 技术在深圳华星光电 T7 厂房项目中的应用

3.1　工程项目简介

本项目为深圳市华星光电半导体显示技术有限公司的第 11 代 TFT-LCD 及 AMOLED 新型显示器件生产线，选址于深圳市光明新区凤凰社区红坳村，场地由长凤路连接光侨路，可由光侨路连接龙大高速等市内主要交通干道，场地交通条件便利。厂区用地平面大致为直角梯形，北面长约 560m，南面长约 1110m，本项目占地面积 287474.58m²，约合 431.2 亩，总建筑面积约 854746.10m²。其中 A 标段由 41 号建筑生产厂房 2 及 2A、2B、2C、2D 连廊组成。建设工程包括生产及辅助生产设备、动力设施、环保设施、安全设施、消防设施、管理设施、生活服务设施以及相应的建（构）筑物。生产工序包括阵列、彩膜、蒸镀、成盒等。建成后，玻璃基板（3370mm×2940mm）投片量9万片/月。

3.2 设计阶段 BIM 应用

3.2.1 项目广告牌规划方案

根据业主要求，项目部利用 BIM 模型 3D 显示特点，通过监理厂房模型及周边环境和其他构筑物模型，针对不同的角度选择不同类型的广告牌，利用其宽广的视野，进行项目广告牌规划方案综合比选，为业主带来第一视角的直观感受。

3.2.2 地下管线干涉排查

通过前期勘察资料以及已有管线资料，建立周边管线模型，并导入已建厂房 BIM 模型，在设计阶段就可以检查并规避地下桩基工程与原有埋地管线干涉的问题，有效避免后期施工损坏地下管线，也避免造成了相应设计变更，见图 25-107。

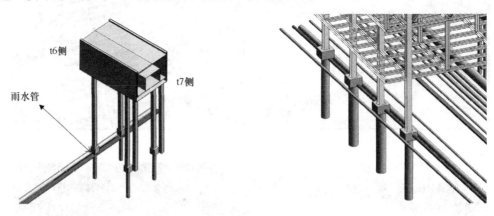

图 25-107　T7 项目室外管线排查

3.2.3 复杂节点排查

由于本项目管线复杂繁多，为了保证整体工程安装后的美观性，以及考虑在安装过程中的合理性，并消除碰撞问题，BIM 模型在设计阶段就对综合管线进行整体规划排布，保证安装工程的顺利进行，见图 25-108。

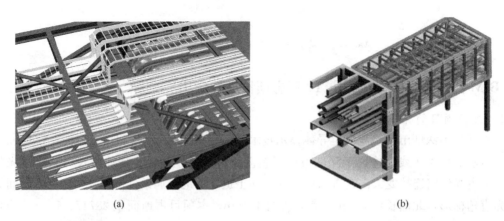

(a)　　　　　　　　　　　　　　　　(b)

图 25-108　复杂节点排查
(a) GJ24 与 GJ21 连接处斜撑取消；(b) GJ22 至 CUB（压缩空气过滤间）管线排布

3.2.4　合理规划建筑面积

依照业主方的要求，参照相关技术要求，对厂区内功能面进行划分，并在模型里进行色块标注，可以方便业主在前期对于整个项目有直观的判断，也方便前期对功能区面积进行调整，见图 25-109。

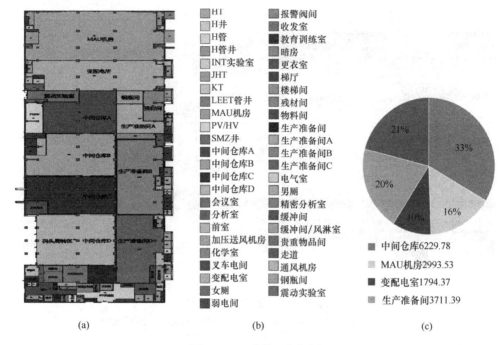

图 25-109　建筑面积规划

(a) 厂房平面规划图；(b) 图例；(c) 面积占比图

3.2.5　对原有项目的改造

在原有项目改造的过程中，设计师与业主都可以通过三维的方式，摆脱技术壁垒，直接获取原有项目信息，大大减小了业主与设计师之间的交流障碍，更顺畅地在原有的基础上优化改造，见图 25-110。

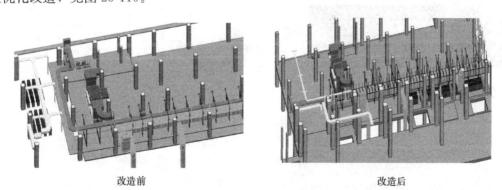

改造前　　　　　　　　　　改造后

备注：更改原先事故排烟风管走向，在新钢瓶间增加事故排烟。

图 25-110　原有项目改造对比图

3.3 施工阶段 BIM 应用

3.3.1 现场外脚手架模型建立

脚手架作为保证施工安全的重要防线,通过对模型进行二次深化,既考虑脚手架的安全性、实用性,又能保证其外架的美观性,见图 25-111。

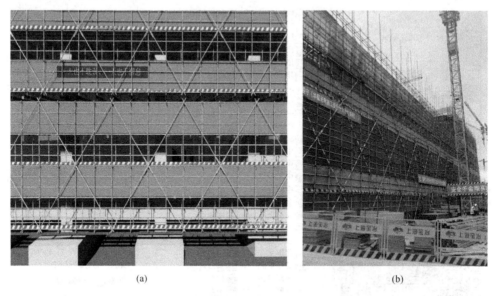

(a)   (b)

图 25-111 脚手架方案模拟
(a) 脚手架模型搭建;(b) 脚手架实际搭建

3.3.2 现场支吊架深化管理

目前各种管道支架,各有特点,但也暴露出不少缺点,而且有些支吊架不但影响观感,更存在着安全隐患,为了消除管道支吊架震动存在的各种隐患,使管道支吊架制安达到较高水平,特制华星管道支吊架防微震的统一标准做法,见图 25-112。

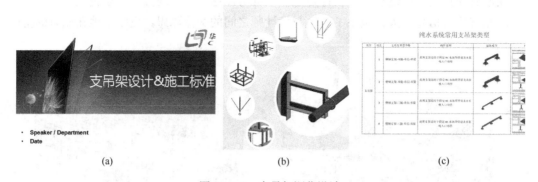

(a)   (b)   (c)

图 25-112 支吊架深化设计
(a) 支吊架设计、施工标准方案;(b) 支吊架拆分示意图;(c) 支吊架类型统计表

3.3.3 场内道路车辆通行检验

在工程的实际施工过程中,多专业交叉工作,各工作面交叉作业,受限于场地因素,大型机械设备需要在前期进行合理规划,合理部署,在完全释放工作面的条件下,最大化利用场地。通过 BIM 模型的施工组织可视化,在设计阶段模拟施工过程,进行虚拟施工,

确定施工时各路段的通行能力，见图 25-113。

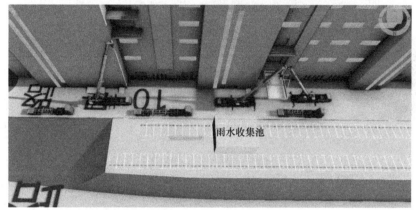

图 25-113 场内道路车辆模拟

3.3.4 连廊管廊钢结构深化

基于 BIM 技术，进行虚拟施工管理，能够在施工管理阶段，提前对重要部位的安装进行动态展示，提供施工方案讨论和技术交流的虚拟现实信息，从而选择合理的施工方案，见图 25-114。

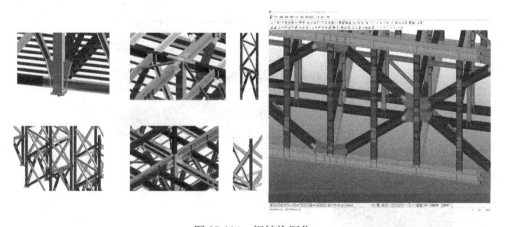

图 25-114 钢结构深化

3.3.5 危大方案施工模拟

基于 BIM 技术，进行虚拟施工管理，能够提前对重要部位的安装进行动态展示，提供施工方案讨论和技术交流的虚拟现实信息，从而选择合理的施工方案，见图 25-115。

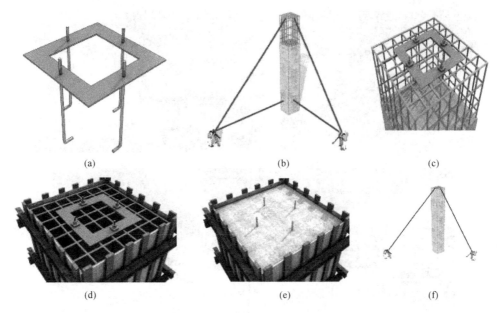

图 25-115　屋面高大柱顶锚栓安装

（a）定位板测量放线；（b）复测高大柱；（c）锚栓预埋安装；（d）锚栓矫正固定；
（e）混凝土浇筑；（f）锚栓测量复核

3.4　基于 BIM 的管理平台

3.4.1　4D-BIM 管理平台

为了提高各方工作效率，节省沟通成本，促进项目按质按量完成，借助 4D-BIM 对现场进度、质量、安全、文档进行平台管理，见图 25-116。

图 25-116　4D-BIM 管理平台

3.4.2　包商 BIM 管理

（1）因为项目持续时间长，在每一个节点对模型的需求不一致，所以在正确的时间节点进行模型升版有助于对包商模型的管控，减少因为版本不一致导致包商之间协调沟通的问题，见图 25-117。

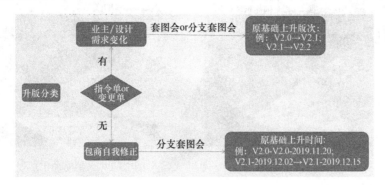

图 25-117　包商模型升级管理流程

（2）通过建立 BIM 包商考评体系，并且将包商模型—现场一致性校核纳入考评体系中，能够有效地促进包商发挥主观能动性，进行自我检查，见图 25-118。

图 25-118　包商模型—现场一致性校核管理

（3）基于 BIM 技术，进行虚拟施工管理，能够提前对重要部位的安装进行动态展示，提供施工方案讨论和技术交流的虚拟现实信息，三维的方式向工人交底更加直观便捷。

4. 钢筋工程 BIM 技术在大型群体住宅项目中的应用

4.1　项目概况

葛店新城 PPP 项目为群体性住宅项目，总建筑面积约 110 万 m²，主要由 33 栋住宅及小学、幼儿园、社区服务用房等组成，项目总体上分为 B、C 两个地块。地下结构一层，地上结构 28~33 层不等。主体结构施工工期约 8 个月。项目总体效果图如图 25-119 所示。

项目钢筋总量约 5 万 t，其中地下室钢筋含量 2.4 万 t，地上部分钢筋含量 2.6 万 t。钢筋规格分布呈典型住宅特点，地下室结构大小重量占比为 7:3，地上结构比例为 3:7。

本工程结构工期较短，加工厂使用年限以临时建筑考虑，按 200t/d 的钢筋加工产能来规划。加工厂长 120m，宽 88m，占地面积 10560m²。平面布置如图 25-120 所示，加工厂分为线材加工区、棒材加工区和套丝/线材加工区，其中套丝/线材加工区根据地下地上不同阶段钢筋加工特点进行动态调整。

图 25-119　项目总体效果图　　　　图 25-120　钢筋加工厂规划布置图

运输设计方面，现场规划循环装车路线，配置 1 台 TC6015A-10E 塔式起重机，2 台 25T 汽车式起重机，2 台叉车辅助垂直运输。加工厂钢筋原材堆场容量设计 2000t，半成品库存容量设计 600t。

生产配置方面，现场棒材加工区配置 1 个批量加工生产单元，5 个零星加工单元（2 个备用）；线材加工区配置 6 个批量加工单元，1 个零星加工单元；套丝加工区地下结构施工阶段布置 3 个套丝加工单元，地上结构施工阶段调整为 1 个套丝加工单元和 1 个线材批量加工单元。

4.2　BIM 翻样技术应用

中建三局工程技术研究院基于 BIM 软件自主研发了"钢筋 BIM 翻样辅助系统"，并依托葛店新城百万方大体量房建项目，结合集约化加工生产模式，在一线进行深入应用实践，旨在打通数据壁垒，突破 BIM 建模效率瓶颈，实现钢筋 BIM 翻样技术在房建项目中的落地和推广，为进一步推动 BIM 技术在钢筋工程中的应用和普及提供参考，见图 25-121。

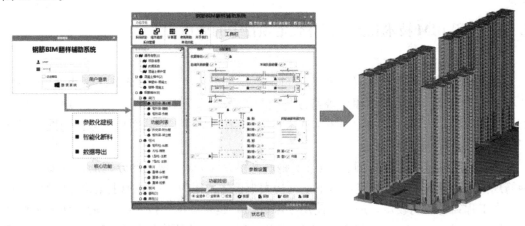

图 25-121　钢筋翻样系统

4.2.1　BIM 翻样流程

图纸交底→混凝土模型创建→钢筋模型创建→钢筋断料处理→模型审核→数据导出，见图 25-122。

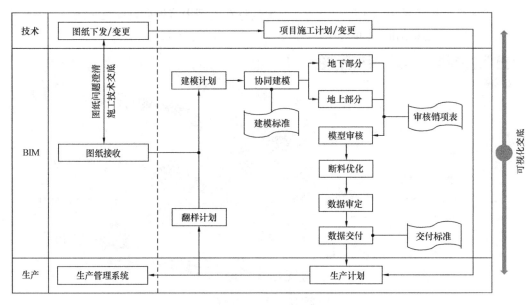

图 25-122 钢筋翻样流程

4.2.2 参数化建模

创建钢筋模型是一件繁琐且耗时的工作，是制约建模效率的主要原因，为此基于钢筋是依附于混凝土构件这一思路，按照构件类型和钢筋类别的不同开发了一系列参数化建模插件，见图 25-123。

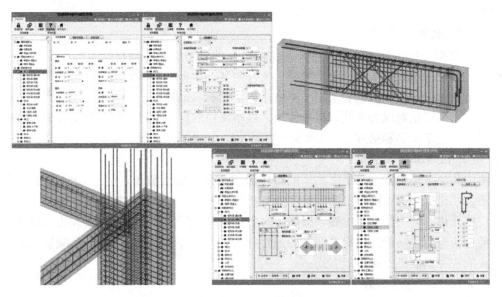

图 25-123 参数化建模

4.2.3 智能化断料

钢筋断料需要依靠丰富的专业知识、加工经验和现场经验，结合以上相关因素设计编写了算法程序，程序采取截断法、穷举法等计算方式推算出最优断点位置，也可根据实际情况实时调整，辅助系统则通过调用断点位置信息在模型中将钢筋自动批量断开，过程中无需人工干涉，快速精准，同时也降低了专业门槛，见图 25-124。

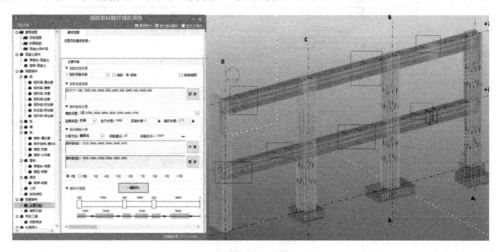

图 25-124　智能化断料

4.2.4　模型审核

结合设计图和标准化协同建模标准，制定相应的模型审核销项图表对模型进行严格审核。在实践过程中总结出了"两校一审"的分级审核方式，"两校"是指建模人员首先对自己负责的模型区域进行自校核，排除明显的错误"一审"则是指最后由技术负责人对翻样数据进行审定。通过"两校一审"的方式，在兼顾审核效率的同时也最大限度保障了BIM 模型的质量。

4.2.5　数据交付

BIM 数据交付相对于传统手翻料表交付是一种全新的尝试，根据实践制定了相关交付标准，标准中对数据格式、数据分类、文件命名等做出了具体要求，交付文件主要包括钢筋数据表和排布图，数据表采用文本格式记录钢筋模型数据，可直接导入生产管理系统中，而排布图则是对现场绑扎起指导作用，排布图中的构件编号与钢筋数据表中构件编号一一对应，便于识别和追踪。

4.3　集约化加工技术应用

集约化加工是根据钢筋半成品不同阶段需求变化及加工特点，基于 BIM 数据源将需求任务数字化拆分为不同批次的零构件加工任务，采用高效数控机械、优化工艺流程、加工工位单元化、动态化设备配置，提高协同生产效率，降低劳动强度，最大化利用设备产能，配合信息化钢筋管控，提升钢筋加工管理水平，改善生产力的组织，适应场外加工生产模式的一种钢筋工业化生产方式。

4.3.1　加工任务拆分

根据钢筋半成品的类别、现场绑扎要求，分为零件加工和构件加工两种组织方式（图 25-125、图 25-126）。根据钢筋半成品的特征采用不同性能的设备来组织生产：既能实现数控设备批量化生产，提高人均产能，又能采用小型设备进行定制化加工，确保构件钢筋的完整性，从而实现了设备投入（生产组织）的集约，解决了小设备产能不高、大设备生产不灵活的通病。

图 25-125　构件小批量加工任务单　　　　图 25-126　零件大批量加工任务单

4.3.2　加工工序优化

研发生产单元集约化组织技术，实现成组高效生产，人均产能提升 2 倍，见图 25-127。

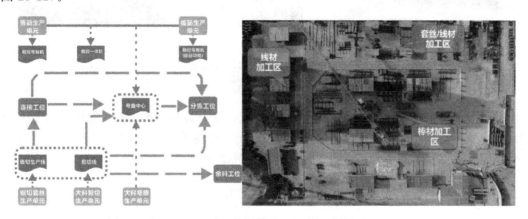

图 25-127　加工工序优化

4.3.3　设备改造

研发加工设备集约化改造技术，适应现场作业环境，工人需求及用地面积大幅减少，见图 25-128。

图 25-128　设备改造

4.3.4 数控加工

研发生产任务集约化拆分技术，实现任务合理分配，数据自动下发到设备，数字驱动生产，确保任务精准高效执行，见图25-129。

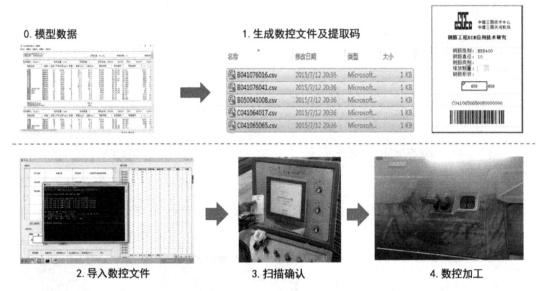

图 25-129　数控加工流程

4.4 基于云端的信息化管控技术应用

基于互联网技术，开发钢筋 BIM 云管理系统，集原材料管理、料单管理、加工生产管理、半成品管理、出库管理、统计管理以及各加工设备单元任务下发、加工时效统计于一体，对钢筋工程实施全流程做到实时管控，见图25-130。

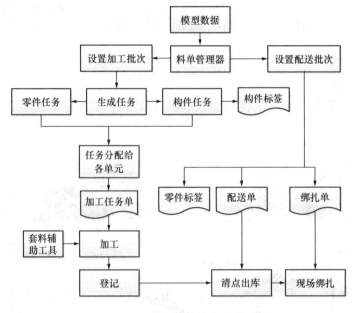

图 25-130　信息化管理核心流程图

4.4.1　料单管理

从钢筋 BIM 翻样软件导入的料单统一保存在该系统的料单管理器中，见图 25-131。

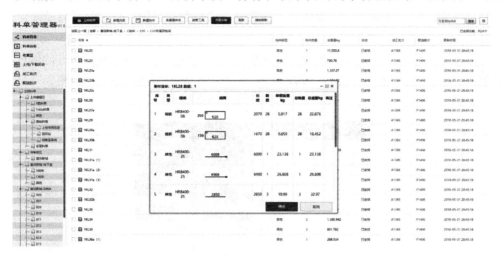

图 25-131　料单管理

钢筋半成品集约化加工时，通常涉及钢筋翻样、加工、配送、绑扎四大环节，应针对其工作特点，设计不同的料单形式。比如，绑扎时用的料单应注重钢筋间的逻辑关系，详细说明摆放位置、间距等；加工时用的料单则应将相同钢筋合并，以便于批量加工。

4.4.2　任务管理

将构件添加到加工批次后，系统自动将所有钢筋都拆分成单根钢筋，再将相同的钢筋合并起来。管理人员可自行确定将钢筋作为零件任务或是构件任务，并分配给对应的加工单元，生成加工任务单，见图 25-132。

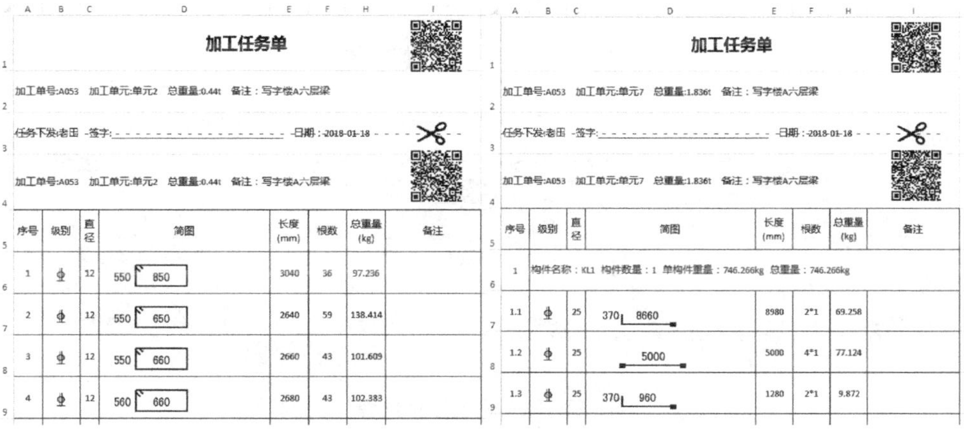

图 25-132　加工任务单

加工单中的每一条任务都自动生成对应的标签，详细标注其型号、尺寸、数量、使用部位。在钢筋半成品加工完成之后，通常会在堆场中存放 1～2d，需将加工任务对应的标签挂在半成品上进行标识，以便于查找清点。标签选用具备防水功能的材质，避免因淋雨造成标签文字变模糊。

4.4.3 材料管理

在原材入库时通过手机端进行登记，利用系统中的点数工具，可快速识别钢筋照片进行点数。入库登记后将标签挂在钢筋上，拆捆时再进行拆捆登记，系统便可自动统计原材的库存量。

系统可自动汇总已安排生产的加工任务单，计算出钢筋量后与原材库存进行比对，检测到短期内将出现库存不足时，可发出预警并生成原材需求计划，见图 25-133、图 25-134。

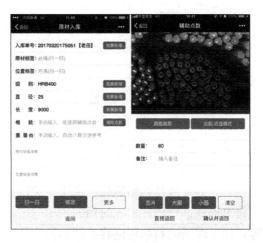

图 25-133 钢筋入库点数工具

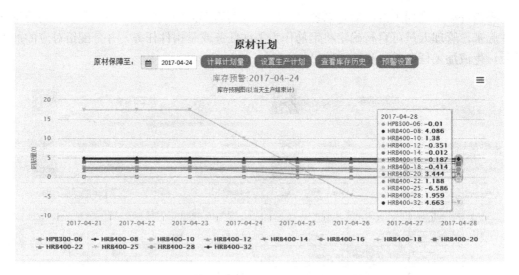

图 25-134 钢筋原材预警

4.4.4 增值服务

为适应场外集约化加工的生产方式，本工程中将 BIM 翻样数据根据不同的使用对象，利用信息化管理系统拆分为绑扎料单、加工单和配送单。既符合每个环节的使用需求，同时又相互关联，有效降低各个环节的沟通难度，保证了信息的有效传递。面向不同参与方，形成"三单一签"的数据应用体系及自助打印服务，见图 25-135、图 25-136。

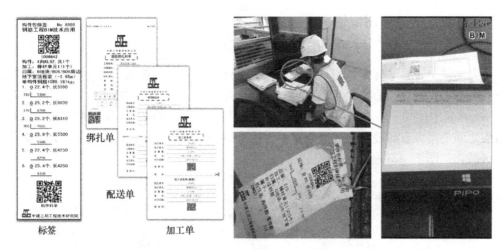

图 25-135　自助服务

通过信息化的管理，可实现对每一根钢筋的精准信息化管控。

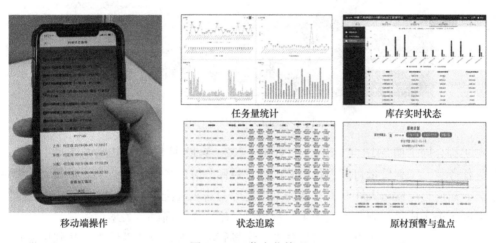

图 25-136　信息化管理

4.5　实施效果

本工程通过实施钢筋 BIM 集约化加工，探索了一种钢筋工业化生产模式，有利于实现钢筋加工生产力进一步的解放，为建筑工业化的发展提供了新的方向和思路。与此同时，也是钢筋半成品"商品化"发展的一次相关数据和管理经验的积累。

在应用过程中仍然有许多关键思路和想法需要进一步探索和验证：

（1）钢筋工程 BIM 技术实施，效益比较明显，但多为技术创新效益，规模化应用和发展以后才能更多的凸显其模式创新和管理价值。

（2）单（多）项目集约化到区域化商品钢筋中心模式的应用。

（3）基于 BIM 技术从设计源头推动标准化程度，实现钢筋翻样向钢筋深化设计转变，创造更大价值。

5. 雄安站智慧工地应用案例

5.1 工程概况

雄安站位于雄县城区东北部，距雄安新区起步区 20km。该项目由中铁十二局承建，总建筑面积 47.52 万 m^2，平面尺寸为南北向长 606m、东西向宽 355.5m，建筑高度 47.2m。建筑主体共 5 层，其中地上 3 层，地下 2 层，另外地面候车厅两侧利用地面层和站台层之间的高大空间设有地面夹层，包含铁路站房、市政配套、轨道交通、地下开发空间等区域，见图 25-137。

图 25-137 雄安站效果图

本工程合同工期 2018 年 12 月 1 日开工，2020 年 11 月 30 日竣工，总工期 720 天，工期紧、任务重。工程质量目标为鲁班奖，创优目标分解后各阶段的施工质量及安全管理的要求高。站房首层候车大厅和南北两侧城市通廊为清水混凝土结构，造型复杂，钢筋、模板、混凝土施工质量控制难度大。工程规模大、施工作业面广、大型设备多、交叉施工频繁，安全控制难度大。机电管综错综复杂，车场管综外露，专业系统多，达到规整有序施工控制难度大。结构、装修及机电安装工程复杂，工程体量大，涉及的专业分包多，人员高峰期可达 5000 余人，人员管理及现场协调难度大。

整个项目信息化的建设以"智慧工地大数据中心"为数据集成枢纽，通过数据集成、信息交互实现图纸文档协同管理、施工进度协同管理、质量安全协同管理。综合运用 BIM、物联网、大数据、人工智能、移动通信、云计算及虚拟现实等先进技术，实现建筑施工全过程的数据采集、智能分析及智能预警、数据共享和信息协同。通过人机交互、感知、决策、执行和反馈，将信息技术、人工智能技术与工程施工技术深度融合与集成，实现建造过程的环境、数据、行为三个透明。

5.2 整体布局信息化建设

围绕质量、安全、工期等施工目标，雄安站项目积极推进智慧工地建设，该智慧工地整体平台由雄安新区移动公司联合中国移动雄安产业研究院、中国移动物联网公司等，运用 5G、边缘计算、BIM、高精度定位、高清视频通信等技术，基于 5G 网络，结合超脑边缘计算搭建完成。依托智慧工地平台，通过应用层、传输层、平台层 3 个层级实现工作的互通互联、信息协同共享、决策科学分析、风险智能预控。综合运用 BIM 技术、物联网、云计算、大数据、移动和智能设备，提高施工现场生产管理效率和决策能力，打造数字化、精细化、智慧化施工管理新模式。

5.3 智慧工地平台应用介绍

5.3.1 BIM＋GIS 技术

雄安站周边铁路、市政及地方配套建设项目多，各项目之间施工交叉干扰多。利用 BIM＋GIS 技术，在 Google Earth 中规划好路线，采用无人机每个月对项目周边进行一次航拍扫描，建成三维实景模型，在三维实景模型中可量取地表及空间距离、面积、高度等实际尺寸数据。通过三维实景模型可多角度对施工现场及周边情况可快速直观查看并获取地表、空间尺寸，高效辅助现场施工组织规划。

5.3.2 BIM5D 智慧建造管理系统

BIM 智慧建造管理平台是通过 BIM 技术，将项目在整个施工周期内不同阶段的工程信息、过程管控和资源统筹集成，并通过三维技术，为工程施工提供可视化、协调性、优化性等信息模型，使该模型达到设计、施工一体化和各专业相互协同工作，从而达到节约施工成本的目的。此外 BIM 建造平台可实现 BIM 模型在线预览，联合生产、技术、质量、安全等关键数据，通过 BIM 模型展示进度、工艺、工法，将 BIM 技术应用的关键成果集中呈现，为施工奠定良好基础，见图 25-138。

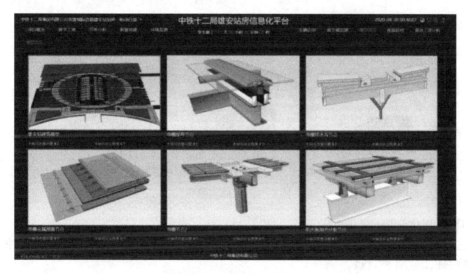

图 25-138 雄安站智慧平台

具体内容包含以下几个方面：

（1）工程量统计

在 BIM 模型创建完成后，通过对模型的解读，能够分析出各施工流水段各材料的工程量，如混凝土的工程量。在钢结构中，通过对模型的分解，直接根据模型对钢结构构件进行加工，见图 25-139。

（2）施工模拟

在制定完成施工进度计划后，通过软件把施工进度计划与 BIM 模型相关联，对施工

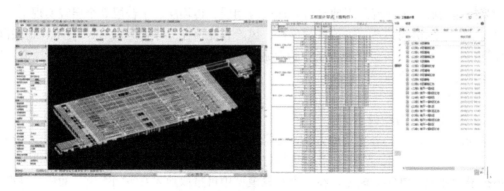

图 25-139　工程量统计

过程进行模拟。将实际工程进度与模拟进度进行对比，可直观地看出工程是否滞后。分析滞后的原因，以确保工程按计划完成，见图 25-140。

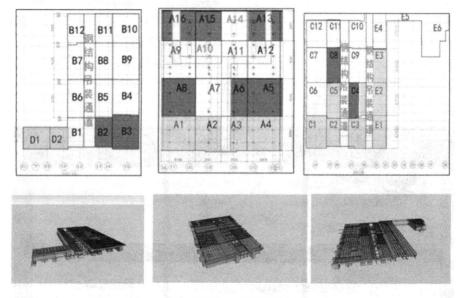

图 25-140　施工模拟

（3）可视化交底

通过 BIM 可视化特点，对施工方案进行模拟，对施工人员进行 3D 动画交底，提高交底的可行性，见图 25-141。

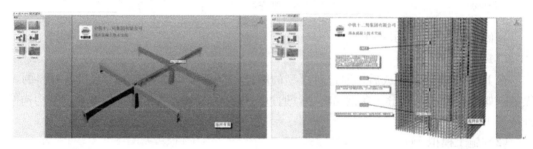

图 25-141　可视化交底

（4）节点分析

通过对设计图纸的解读，对复杂节点进行 BIM 建模，通过模型对复杂节点进行分析。比如复杂的钢筋节点，在模型建立后对模型进行观察，找到钢筋的碰撞点，对钢筋的布置进行优化；也可以模拟模板支撑体系的受力情况，以确保模板支撑体系的施工安全，见图 25-142。

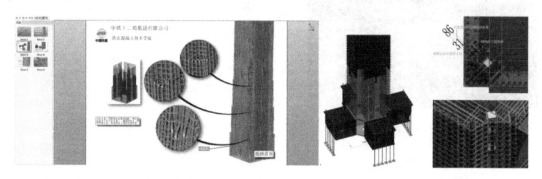

图 25-142　节点分析

（5）综合管线碰撞监测

在施工中，往往会出现预留孔洞未预留、机电设备管线安装时发生碰撞。面对这些情况，传统的施工过程中采取的措施就是在墙体、楼板上再次开凿，安装管线时相互交叉而减少楼层实际使用空间。而"智慧工地"建设中，在设计图纸下发后，根据设计图纸，对建筑物进行综合建模，把预留孔洞在三维模型中显示，直观地显示出各个位置的预留洞口，防止遗忘。在结构、建筑、机电、设备模型都创建完成后进行合模，分析出各碰撞点，与设计进行沟通，对设计图纸进行修改。在工程前期解决管线碰撞问题，节约工期，确保施工的顺利进行。

5.3.3　BIM＋VR 技术应用

通过搭建模型，在虚拟环境中，建立周围场景、结构构件及机械设备等的虚拟模型，形成基于计算机的具有一定功能的仿真系统，让系统中的模型具有动态性能，并对系统中的模型进行虚拟装配，根据虚拟装配结果在人机交互的可视化环境中对施工方案进行修改。同时，利用虚拟现实技术可以对不同方案在短时间内做大量分析，保证施工方案最优化。借助虚拟仿真系统，把不能预演的施工过程和方法表现出来，节省了时间和建设投资。

5.3.4　生产管理系统

雄安站是雄安新区首个开工的重大交通建设项目，为确保年底通车条件，项目部制定了五比五劳动竞赛活动，制订了每周施工进度计划，区域各工种施工人员对照周进度计划，每天上传完成工作量的情况并拍照留存，系统与总进度计划自动分析形成对比，针对进度滞后的采取增加人员或延长工作时间进行弥补。

5.3.5　技术管理系统

本工程由于配套功能改变多，结构复杂且施工图设计时间短，造成整个工程变更极度频繁。项目采用了 BIM＋技术管理系统，由项目工程部部长收集所有变更和所有方案及危大工程的三维交底文件上传至数字平台并发出通知。所有管理人员、班组长通过手机

APP 就能及时收到通知、通过与原图的链接查找到变更的具体位置与变更内容。根据三维交底和施工方案指导现场施工，加快信息传递，避免施工遗漏造成返工，见图 25-143、图 25-144。

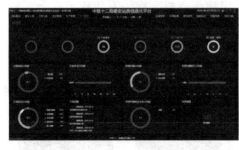 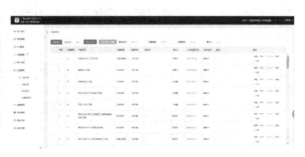

图 25-143　技术管理系统图　　　　　图 25-144　技术方案实时上传

5.3.6　劳务实名制系统

项目严格推行了劳务实名制管理，集成了各类智能终端设备对建设项目现场劳务工人实现高效管理。各劳务人员建立个人档案，通过劳务实名制的云端产品形式，使用闸机硬件与管理软件结合的物联网技术，实时、准确收集人员的信息进行劳务管理。劳务实名制系统可实时统计在场人员数量，并可按照劳务队伍和工种不同类型的实际用工数据进行统计，为项目提供人员生产要素用工分析。另外，还可分析项目所有作业人员的信息。

5.3.7　安全、质量巡检管理系统

安全、质量巡检系统，采用云端＋手机 APP 的方式，将施工现场实时监控、信息采集数据，系统自动进行归集整理和分类，根据隐患类别及紧急程度，对相关责任单位、责任人进行预警。同时针对安全质量问题，形成了从问题发起—整改—复查—关闭问题一套整改流程，完善了 PDCA 循环，有效解决了现场执行情况不清晰、落实不清楚、责任不清晰的问题。通过该系统的应用，规范了工作流程，相关责任人、整改期限明确清晰；工作成效全面提高，质量安全检查与治理周期大幅缩短，现场质量、安全管理体系增强，解决了从办公室到现场的管理问题，使得管理更简单、便捷、直观。

5.3.8　智能安全体验中心

中铁十二局集团有限公司雄安站房一标项目智能安全体验馆，总面积约 300m²，体验馆总共有四大区域，分别为前厅、智能安全体验区、实体安全体验区、互联网＋安全培训教室。体验馆建设后将积极有效地推动员工安全的教育培训工作，提高员工安全意识，增加员工的综合能力，减少项目安全事故。在整馆的展项设计中，运用 VR、物联网、互联网、云计算等多种高科技手段，以满足视觉、听觉、触觉需求，调动人们多种感官体验展现科技性、实用性、体验性、趣味性。针对企业项目部教育的特点，项目部可以组织一线人员包括农民工在培训教室集中组织培训，通过登陆"互联网＋安全教育"安培在线平台，可以实现身份证识别仪培训签到、打卡考勤、会议室投影仪视频学习、电子自动建档等功能，从而解决项目部教育的实际问题，提高了培训效率，增强了培训效果。

互联网＋安全培训不仅仅可以在电脑端培训教室学习，也可在手机 APP 移动学习，实现"随时随地"的学习。支持功能有在线或离线学习已选择课程（视频类）、选课、学习专题、问答、调查中心、考试中心、资料中心、消息中心和寻求帮助等，见图 25-145。

图 25-145　培训系统

5.3.9　塔式起重机防碰撞系统

本项目塔式起重机共计安装 12 台，因体量庞大，碰撞关系复杂，每台塔式起重机最少有 3 台发生碰撞关系，为解决 12 台塔式起重机同时运转下不发生安全事故，项目部采用了智能塔式起重机防碰撞系统。塔式起重机防碰撞系统可实时监控塔机工作吊重、变幅、起重力矩、吊钩位置、工作转角、作业风速，以及对塔机自身限位、禁行区域、干涉碰撞的全面监控，实现建筑塔式起重机单机运行和群塔干涉作业防碰撞的实时安全监控与声光预警报警，为操作员及时采取正确的处理措施提供依据。同时移动端和平台端会实时显示塔式起重机的运行数据。主体结构施工阶段每天会为操作员提供数百次的报警提醒，有效地防范和减少了塔机安全生产事故发生。同时塔式起重机防碰撞系统还可直观查看塔式起重机的吊装数量，进行塔机功效实时分析，工作结果透明化，以数据为支撑对塔式起重机工作状况进行客观评价，督促提升本项目塔式起重机整体工作效率，见图 25-146～图 25-149。

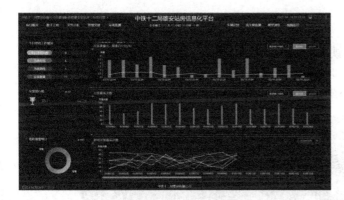

图 25-146　塔式起重机功效分析系统图

图 25-147　移动端塔式起重机监测实时数据与报警

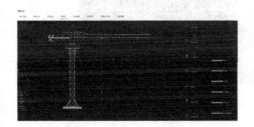

图 25-148　塔式起重机运行数据实时动态图

图 25-149　塔机驾驶室数据实时显示屏与设备

5.3.10 高支模监测

本工程 A 区承轨层施工为高大模板施工，通过对高大模板支撑系统的模板沉降、支架变形和立杆轴力的实时监测，实现了高支模实时监测、超限预警、危险报警的监测目标。数据实时上传到项目平台，现场并设有监测警报系统，当监测值超过预警值时，施工人员在作业时能从机器上读取预警信号。通过在高支模架体上布设柔性二元体变形监控装置，利用高精度倾角传感器实时采集沉降、倾角、横向位移，空间曲线等各项参数，监控数据实时传输，及时对安全问题进行预警，见图 25-150、图 25-151。

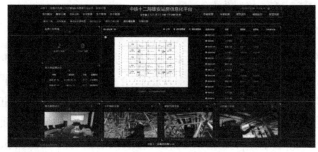

图 25-150　高支模管理系统图　　　　图 25-151　高支模系统监测流程图

5.3.11 视频监控

本项目还应用了 5G 技术与 AI 技术进行远程视频监控，施工场区共布设约 20 台摄像机，监控范围全面覆盖施工区、加工区、现场出入口等重点部位，24h 实时监控，并且支持手机查看、云台操作功能。

5.3.12 环境监测

为保障雄安整体建设环境，高铁站项目 24h 全天候实时在线监测 PM2.5、PM10、噪声、温度、湿度、风速、风向等，设定报警值，超限后及时报警，与雾炮喷淋、围挡喷淋装置实现联动，达到自动控制扬尘治理的目的，见图 25-152、图 25-153。

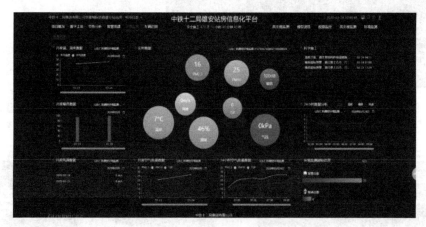

图 25-152　环境监测系统

5.4 应用成效

（1）有效提高施工现场作业工作效率

图 25-153　环境监测与雾炮联动环境治理

"智慧工地"通过 BIM、云计算、大数据、物联网、移动应用和智能应用等先进技术的综合应用，让施工现场感知更透彻、互通互联更全面、智能化更深入，大大提升现场作业人员的工作效率。

（2）有效增强工程项目的精益化管理水平

"智慧工地"有助于实现施工现场"人、机、料、法、环"、各关键要素实时、全面、智能的监控和管理，有效支持了现场作业人员、项目管理者各层协同和管理工作，提高施工质量、安全、成本和进度的管理水平，减少浪费。

（3）有效提升项目各管理人员监管能力

通过"智慧工地"的应用，及时发现安全隐患，规范质量检查、检测行为，保障工程质量，实现质量溯源和劳务实名制管理，有效支撑主管部门对工程现场的质量、安全、进度、人员的监管。

（4）京雄城际铁路雄安站站房作为雄安具有影响力的项目，通过 BIM＋智慧工地平台的应用，在原有独特意义的基础上，附加上了"智慧工地"的光环，在雄安作为一座灯塔，为雄安的建设项目树立了数字化建设的标杆。同时雄安高铁站智慧工地的建设，将为进一步探索构建雄安智慧工地和数字孪生城市建设提供示范作用。

6. 深圳裕景幸福家园-装配式建筑建造全过程信息化管理案例

6.1　工程概况

深圳裕景幸福家园项目由中建科技有限公司承建，位于深圳市坪山新区，总建筑面积 64050m²，共 3 栋楼，3 栋楼的标准层预制率分别为 49.3%、49.3%和 47.2%，是深圳首个采用 EPC 总承包模式建设的装配式保障房项目，该项目为装配整体式剪力墙结构，预制构件包括预制剪力墙、预制叠合梁、预制叠合楼板、预制阳台、预制楼梯、预制混凝土内隔墙板等，装配率达到 71.5%，为全国领先的装配率水平。该项目竣工于 2018 年，是全国装配式建筑领域第一个 EPC 住宅项目、全国装配式建筑质量提升大会指定唯一观摩项目。

该项目利用建造全过程信息化管理平台，实现设计—加工—装配一体化协同控制。引入基于 BIM 的虚拟制造和装配技术，整合 CAM 系统、MES 系统、无线射频、物联网等信息技术，实现装配式工程的动态全过程信息化管理。

6.2　全过程信息化管理平台介绍

中建科技自主研发的智慧建造平台为项目全过程信息化管理的控制中枢，涵盖设计、算量计价、招采、生产、施工以及运维环节，突破点对点、单方向的信息传递方式，实现了建造信息在建筑全生命周期的全方位、交互式信息传递和汇总，是一个基于 BIM 轻量化引擎的 BIM 平台。平台包括模块化设计、云筑网购、智能工厂、智慧工地、幸福空间五大模块，见图 25-154。

图 25-154　中建科技装配式建筑全过程信息化管理平台

6.3　装配式建筑智慧建造平台技术应用介绍

6.3.1　BIM 技术在 EPC 中的应用

在智能建造平台储存部品库和构件库，并可通过库查看构件三维模型及构件的效果图、厂家、尺寸等信息。在 EPC 工程总承包模式下，通过 BIM 实现建筑在设计、工厂生产、装配施工全过程的建筑模型信息交互和共享，提高建造过程的效率和项目管理水平，见图 25-155。

图 25-155　基于 BIM 的建造全过程信息交互

（1）BIM 在设计阶段的应用

BIM 在装配式建筑设计中的主要应用，一是利用 BIM 进行预制构件三维拆分设计、深化设计及三维出图；二是利用 BIM 进行机电管线设计及机电管线碰撞检查；三是利用 BIM 进行精装修设计，见图 25-156～图 25-158。

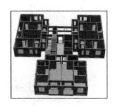

图 25-156　BIM 三维拆分设计

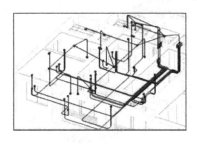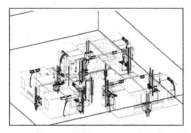

图 25-157　BIM 进行机电管线设计及碰撞检查

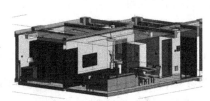

1号、2号标准层精装模型　　　　　　　　　3号标准层精装模型

图 25-158　BIM 进行装修设计

（2）BIM 在工厂生产阶段的应用

预制构件厂根据 BIM 三维图纸指导预制构件加工制作及工程量统计，见图 25-159。

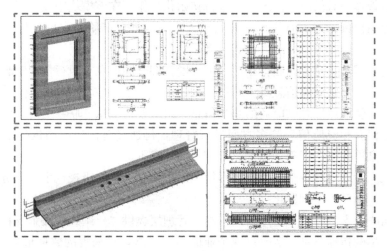

图 25-159　BIM 指导构件生产

（3）BIM 在施工中的应用

利用 BIM 进行现场平面布置模拟、施工方案模拟以及施工信息协同应用，见图 25-160、图 25-161。

图 25-160　BIM 在场地布置中的应用

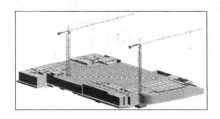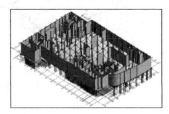

图 25-161　BIM 在装配施工模拟中的应用

6.3.2　云筑采购管理

在智慧建造平台的采购模块中，可以通过三维模型展示楼层的结构，并可精确查询构件和家具的详细信息及其造价表，并将所需订购的材料构件信息通过云技术传输到中建股份的云筑网上，实现由二级公司到集团公司的数据对接，进行精确快速的采购。

6.3.3　工厂生产管理

智能建造平台的工厂生产管理模块功能包括企业信息管理、工厂管理、合同管理、项目管理、生产数据管理、生产计划管理、材料库房管理、生产管理、成品库房管理、质量管理、设备管理、物流管理、施工管理、系统接口数据管理和技术管理。

（1）项目管理是对供应构件的项目进行初始化工作，在该模块中发布开工令，意味着生产数据和专用模具已经齐备，可以开始正式进入构件生产阶段，也是生产计划编制的起点。

（2）合同管理具备对合同履行跟踪，多维度查询合同信息、执行情况、付款状况、变更情况、结算情况、供应商信息等。

（3）供应商管理包括对供应商的基本信息、组织架构信息、联系信息、法律信息、材料价格、财务信息和资质信息等多方面进行管理，再通过对供应商的供货能力、交易记录、绩效等信息进行综合管理，以优化管理、降低成本。

（4）多工厂管理是对各工厂生产流程统一规范化管理，分级授权生产业务过滤，规范标准生产工艺，生产工序配置化。

（5）公司决策支持。工厂生产管理为高级管理层提供"一站式"决策支持的管理信息中心。通过详尽的指标体系，实时反映企业的运行状态，将采集的数据形象化、直观化、具体化。决策者可以动态地查看到项目合同情况及各个工厂产能饱和度等信息。

（6）设计、生产数据一体化。结构计算软件和 BIM 设计过程中所生成的数据，可以通过接口或导入的形式被生产管理系统接收，如带信息的三维构件、加工构件所需的物料表等。

（7）生产计划安排。按生产线、项目、楼号、楼层、构件类型，提前下达日生产任务单，待生产构件数量、已生产构件数量就能一目了然。根据日生产任务单，提前领取生产所需用料，并根据施工顺序生成构件唯一身份编号。

（8）生产过程管理。系统对每个构件的生产过程、工序流程进行管理，采集每道关键工序，记录工序开工时间、完工时间、班组、操作工、设备加工等信息，并根据构件标准生产工艺，使用 PDA 采集生产过程每道关键工序信息。构件生产状态与生产系统、BIM 平台数据实时同步，通过系统中的生产工序记录卡实时查看、监控每个工序作业时间，可以作为考核生产班组的依据，PDA 采集的所有生产过程的信息都将作为构件信息的一部分，随时追溯，不需要到工厂现场，随时查看构件的生产进度、生产状态，当前生产工序。

（9）质量追溯管理。PDA 采集质量检查信息，质量隐蔽信息、成品质量检查，数据与生产管理系统实时同步，自动生成合格证。

（10）成品库房管理。成品库房管理包括成品入库、装车出库、发货计划、成品退库四个部分。系统对成品库存实时统计，PDA 成品入库，数据与系统实时同步，并严格按发货计划使用 PDA 装车出库，出库按发货计划规则进行，PDA 出库数据与系统实时同步。

（11）项目形象进度。系统可按层、楼、项目动态实时统计构件状态。按未生产、在生产、待安装、已安装构件状态生成项目形象进度，数据与构件实际状态实时同步，并可追溯查询。

6.3.4　现场施工管理

在施工阶段，基于智慧工地的装配式建筑信息化管理模型集成了远程视频监控、绿色施工动态监控、大型设备动态监控、大数据技术、移动互联网、BIM 技术和 VR 虚拟现实等信息化应用技术，以辅助施工现场管理过程。包括：

（1）装配化施工

在 BIM 模型基础上，根据施工方案的文件和资料，在技术、管理等方面定义施工过程附加信息并添加到施工模型中，构建施工过程演示模型，对施工过程或施工工序的可视化模拟，可实现对预制构件施工安装重点部位进行施工工序及工艺模拟及优化，包括吊装、滑移、提升等，垂直运输、模板工程等通过施工模拟简化施工工艺及施工技术，优化各专业穿插施工工序，确保现场统一作业面各专业施工不出现交叉作业，提前发现问题，提高施工效率。

（2）施工质量管控

通过二维码对预制构件进行全过程信息跟踪，可查询预制构件从生产到验收的所有信息，提高预制构件质量管理效率，见图 25-162。

（3）成本管控

基于 BIM 技术的自动化算量，将 BIM 算量结果与计价软件自动关联，实现自动动态造价核算，对变更的内容进行直观显示，并将结果反馈给设计人员，使 EPC 模型下的成本控制得到有效实施，见图 25-163。

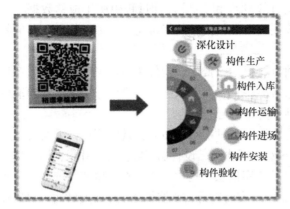 

图 25-162 构件信息追溯系统

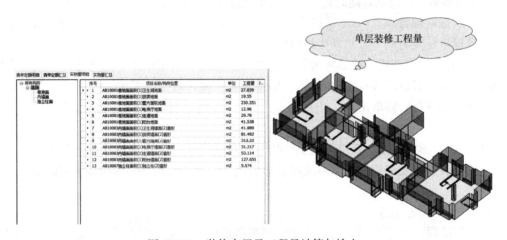

图 25-163 装饰布置及工程量计算与输出

（4）进度管理

基于 BIM 模型，通过将 BIM 模型与进度计划进行关联，及时跟踪实际进度，并将实际进度与计划进度进行偏差对比分析，直观地在模型中显示进度滞后的情况，并可生成报告，实现直观、便捷的动态进度管理，见图 25-164。

（5）施工安全和人员管控

智能建造平台通过物联网技术，将物联网接收器遍布整个工地，将芯片放置在安全帽，并通过手机定位，对人员位置进行实时监控，检测其是否靠近危险源。通过人脸识别技术，进行劳务实名制管理。

（6）施工现场智慧云管理

智慧工地模块产生的数据，可对接到集团的云平台上，实现数据的层级传递，方便上级单位进行统筹管控，并实现数据储存和共享。

6.3.5 幸福家园模块

幸福家园模块用全景形式展示室内装修风格，并支持通过热点进行场景切换，运用 VR 技术，让用户直观体验居住效果。

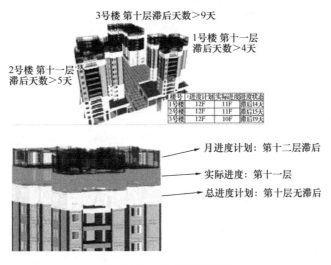

图 25-164　动态进度管理

6.4　应用成效

深圳裕景幸福花园装配式住宅项目智能建造管理平台将各个流程模块化，整合到各个功能模块。通过云数据储存信息，实现信息的共享与传递。通过共同的 BIM 模型，实现各个参与方的工作协同，包括各专业设计师工作的协同，在同一模型上完成各自的设计工作，查阅每一构件的工程信息，每一个预制构件的属性信息可以集成汇总。

该装配式建筑智能建造平台拥有三大成果：

（1）通过 BIM 技术一体化协同，实现模块化设计。

（2）继承装配式建筑全建造过程信息，为建筑全生命周期提供基础数据支持，实现设计、采购、生产、施工和运维全过程的信息交互。

（3）提供更加安全、可靠、绿色、环保的建筑产品。同时，为装配式建造的信息化应用提供了可行性的样板。